推荐系统
原理与实践

[美] 查鲁·C.阿加沃尔（Charu C. Aggarwal） 著

黎玲利 尹丹 李默涵 王宏志 等译

Recommender Systems
The Textbook

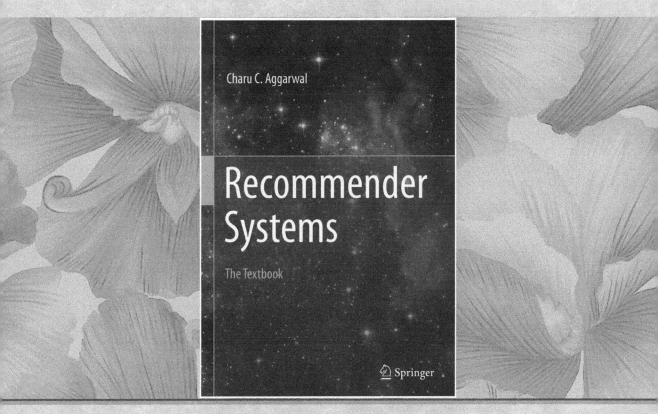

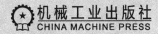

机械工业出版社
CHINA MACHINE PRESS

图书在版编目（CIP）数据

推荐系统：原理与实践 /（美）查鲁·C. 阿加沃尔（Charu C. Aggarwal）著；黎玲利等译 .
—北京：机械工业出版社，2018.5（2024.2 重印）
（计算机科学丛书）
书名原文：Recommender Systems: The Texbook

ISBN 978-7-111-60032-9

I. 推… II. ① 查… ② 黎… III. 计算机网络 – 研究 IV. TP393

中国版本图书馆 CIP 数据核字（2018）第 110208 号

北京市版权局著作权合同登记 图字：01-2016-6250 号。

Translation from the English language edition:
Recommender Systems: The Texbook
by Charu C. Aggarwal.
Copyright © Springer International Publishing Switzerland 2016.
Springer is part of Springer Nature.
All rights reserved.

本书介绍推荐系统的基本原理、方法和技术。不仅详细讨论了各类方法，还对同类技术进行了归纳总结，有助于读者对当前推荐系统研究领域有全面的了解。书中提供了大量的例子和习题来帮助读者深入理解和掌握相关内容。此外，本书还介绍了当前最新的研究方向，为读者进行推荐系统技术的研究提供参考。

本书既可以作为计算机及相关专业本科生和研究生的教材，也适合开发人员和研究人员阅读。

出版发行：机械工业出版社（北京市西城区百万庄大街 22 号　邮政编码：100037）
责任编辑：朱秀英　　　　　　　　　　　　责任校对：殷　虹
印　　刷：北京捷迅佳彩印刷有限公司　　版　　次：2024 年 2 月第 1 版第 4 次印刷
开　　本：185mm×260mm　1/16　　　　印　　张：24.25
书　　号：ISBN 978-7-111-60032-9　　　定　　价：129.00 元

客服电话：(010) 88361066　68326294

我们的时代已经由物品的缺乏时代进化到了丰富时代，随着物品的数量和种类越来越多，人的注意力成为稀缺资源，于是，推荐系统的重要性凸显了出来。推荐系统是一种预测用户对商品和信息的喜好或评分的模型，如何发现用户感兴趣的信息和商品是推荐系统要解决的问题，是用户从互联网上浩如烟海的信息中发现适合于自己信息和商品的重要渠道。

正因为推荐系统的重要性，它已经成为计算机科学中的一个热门领域，研究人员提出了大量模型和算法。推荐系统中需要考虑的因素很多，既要考虑效率，也要考虑有效性；既要考虑用户心理，也要考虑用户的行为；既要考虑商品和信息的外在属性，又要考虑商品和信息的相互关联。由于其综合性和复杂性，这个领域可以看成是数据库、自然语言处理、机器学习、信息检索、算法甚至心理学等领域的综合与交叉。

由于上述特点以及学科的快速发展，推荐系统的知识显得相当繁杂，从中梳理出一个明晰的知识体系对于学习者来说显得特别重要。本书就是能给推荐系统的学习者展示其完整体系的一本教材。

本书的作者 Charu Aggarwal 是数据库和数据挖掘领域知名专家，现就职于 IBM T. J. Watson Research Center，是 ACM Fellow、IEEE Fellow，其 H-index 达到 80。他在数据挖掘领域的多年的研究经历和深厚造诣保证了本书的广度、深度和厚度。

- **广度**　本书涵盖推荐系统的原理，并介绍推荐系统中的各类技术，大致可以分为协同过滤方法、基于内容的方法和基于知识的方法三类。除了推荐系统的相关主题以外，本书还探讨了和特定领域相关的技术，以及如何抵御攻击等高级话题。书中大量的示例和习题有助于读者对推荐系统技术的理解和掌握。

- **深度**　本书对推荐系统的内容介绍不仅仅流于技术层面，更深入阐述推荐技术背后的原理，特别是没有回避其中大量深入的数学方法，这保证了本书理论和技术的融合，使得读者知其然更知其所以然，做到理论和实际的衔接。

- **厚度**　推荐系统相关技术已经发展多年，并且现在仍然是研究热点。本书兼顾了推荐系统历史和发展，既介绍了一系列传统的推荐技术，也介绍了推荐系统最新的技术，体现了推荐系统发展的厚度。

由于这些特点，本书具有广泛的适用性，既适合作为初学者入门的教材，也适合作为进阶者深入学习的指导教材；既适合作为开发人员的参考资料，也适合作为研究人员的研究参考。

本书的翻译组织安排如下：黎玲利负责 1、2、6、11、12、13 章，前言，致谢及作者简介的翻译；尹丹负责 5、7、8、9、10 章的翻译；李默涵负责 3、4 章的翻译；王宏志组织了全书的翻译并进行统稿。参与翻译工作的人员还有哈尔滨工业大学的李东升、马靖昆、周昊天、王必聪同学，北京理工大学的郝俊卿、哈尔滨工程大学的张建川同学。另外，还要感谢黑龙江大学的邵鸿宇、冯博奇、徐绅宝等同学对译稿的审校。

限于译者水平，译文中存在许多不足，敬请读者批评指正。如有任何建议，请发送邮件至 lilingli@hlju.edu.cn。本书以及大数据相关资料将在"大数据与数据科学家"微信公众号和机工网站分享，欢迎读者关注。

译者

2018 年 6 月

大自然呈现在我们面前的只是一头狮子的尾巴。但不要怀疑狮子的存在，尽管它因为身型巨大不能马上现出全身。

——Albert Einstein

随着 Web 成为商务和电子交易的重要媒介，推荐系统在 20 世纪 90 年代变得越来越重要。人们很早就认识到 Web 为个性化服务提供了空前的机会，这是其他渠道是不可能做到的。特别是 Web 为数据收集提供了便利，并且提供了一种非侵入式地推荐物品的用户界面。

自此以后，在公众眼中，推荐系统已经得到了显著的发展。这一事实的证据是，有许多会议和研讨会专门探讨该领域。会议 ACM Conference on Recommender Systems 特别值得一提，因为它为该领域定期贡献了许多前沿工作。推荐系统领域非常多样化，因为它能够使用各种类型的用户偏好数据和用户需求数据来做推荐。推荐系统中最著名的方法包括协同过滤方法、基于内容的方法和基于知识的方法。这三种方法构成了推荐系统研究领域的基本支柱。近年来，已经设计了一些专门的方法来针对不同的数据领域和上下文，例如时间、位置和社会信息。针对专门的场景提出了大量高级的方法，这些方法可以调整用于不同的应用领域，例如查询日志挖掘、新闻推荐和计算广告。本书的结构安排体现了这些重要的话题。本书的章节可以分为三类：

1) **算法和评估**：这些章节讨论了推荐系统中的基本算法，包括协同过滤方法（第 2 和 4 章）、基于内容的方法（第 4 章）和基于知识的方法（第 5 章）。这些方法的混合在第 6 章中讨论。第 7 章讨论了推荐系统评估。

2) **特定领域和上下文的推荐**：推荐系统的上下文在提供有效推荐方面扮演了至关重要的角色。例如，一个用户想要用其位置作为附加的上下文（context）来查找饭店。推荐的上下文可以被看作是影响推荐目标的重要辅助信息。不同类型的域，例如时间数据、空间数据和社会数据，提供了不同类型的上下文。相关的方法在第 8~11 章中讨论。第 11 章也讨论了利用社会信息来增加推荐过程可信度的话题。最近的话题（如分解机和可信推荐系统）在这些章节中也有涉及。

3) **高级话题和应用**：在第 12 章中，我们将从各个角度讨论推荐系统的健壮性，例如欺诈（shilling）系统、攻击模式及其防御。此外，近期的一些话题，例如排名学习、多臂赌博机、组推荐系统、多标准推荐系统和主动学习系统，将在第 13 章中讨论。该章的一个重要目标是向读者介绍当前研究的基本思想和原则。虽然不可能在一本书里对当前所有的研究技术细节进行讨论，但我们希望最后一章能够在高级话题方面为读者"破冰"。在这一章中，我们也研究了推荐技术的一些应用环境，例如新闻推荐、查询推荐和计算广告。本章还讨论了如何将前面章节中介绍的方法应用于各个不同的领域。

尽管本书是作为教科书来编写的，但仍有很多来自于工业界和学术界的读者。因此，我们也从应用角度和文献角度来撰写此书。书中提供了大量的示例和习题，使得它可以被用作教科书。由于大部分推荐系统课程只涵盖基础话题，因此有关基础话题的章节和算法着重于课堂教学。另一方面，工业界人员也许发现讨论上下文敏感的推荐系统的章节很有用，因为在许多真实的应用中会有大量可用的上下文辅助信息。第 13 章的应用部分是特别为工业界人员编写的，不过教师也许会发现它在推荐课程中也是有用的。

最后，我们对所使用的符号进行简要的介绍。本书中一直使用一个 $m \times n$ 的评分矩阵，记为 R，其中 m 是用户的数量，n 是物品的数量。矩阵 R 是不完整的，因为只有一部分项是已观测的。R 的第 (i, j) 项表示用户 i 对物品 j 的评分，当它是已观测项时，被记为 r_{ij}。当项 (i, j) 是由推荐算法预测得到（而不是用户指定）时，被记为带"帽子"符号（即抑扬符号）的 $\hat{r}_{ij}$，表示它是一个预测的值。向量用"上划线"来表示，例如 $\overline{X}$ 或 $\overline{y}$。

感谢在撰书期间妻子和女儿给予我的爱和支持，感谢父母给我持续的爱。

本书得到了很多人直接和间接的帮助，我很感激他们。在撰写本书时，我收到了许多同事的反馈，他们是 Xavier Amatriain、Kanishka Bhaduri、Robin Burke、Martin Ester、Bart Goethals、Huan Liu、Xia Ning、Saket Sathe、Jiliang Tang、Alexander Tuzhilin、Koen Versetrepen 和 Jieping Ye。感谢他们所提供的建设性反馈。这些年来，我从大量合作者那里受益良多。这些见解直接或间接地影响了本书。首先感谢多年来与我合作的 Philip S. Yu。其他重要的合作者还包括 Tarek F. Abdelzaher、Jing Gao、Quanquan Gu、Manish Gupta、Jiawei Han、Alexander Hinneburg、Thomas Huang、Nan Li、Huan Liu、Ruoming Jin、Daniel Keim、Arijit Khan、Latifur Khan、Mohammad M. Masud、Jian Pei、Magda Procopiuc、Guojun Qi、Chandan Reddy、Saket Sathe、Jaideep Srivastava、Karthik Subbian、Yizhou Sun、Jiliang Tang、Min-Hsuan Tsai、Haixun Wang、Jianyong Wang、Min Wang、Joel Wolf、Xifeng Yan、Mohammed Zaki、ChengXiang Zhai 和 Peixiang Zhao。我也要感谢导师 James B. Orlin 在早期对我的指导。

还要感谢我的经理 Nagui Halim 在我撰写此书时所提供的巨大支持。他的专业支持对我过去和现在的许多书都起着重要的作用。

最后，感谢 Lata Aggarwal 用微软 PowerPoint 软件帮我绘制了一些图片。

Charu C. Aggarwal 是位于纽约州约克城的 IBM T. J. Watson 研究中心的杰出研究人员（DRSM）。他于 1993 年在印度坎普尔理工学院获得了学士学位，1996 年在麻省理工学院获得了博士学位。他对数据挖掘领域有着广泛的研究。他在国际会议和期刊上发表了 300 余篇论文，申请了 80 余项专利。他是 15 本书的作者或编辑，包括一本数据挖掘教材和一本关于孤立点分析的综合性著作。由于他的专利的商业价值，他曾三次被评为 IBM 的"发明大师"（Master Inventor）。由于提出了数据流上的生物恐怖威胁检测技术，他获得了 2003 年 IBM 公司奖；由于在隐私技术上的科学性贡献，他获得了 2008 年 IBM 杰出创新奖；由于在数据流和高维数据上的研究工作，他分别于 2009 年和 2015 年两次获得了 IBM 杰出技术成就奖。他因为提出了基于冷凝的隐私保护数据挖掘技术而获得了 EDBT 2014 的时间检验奖。他还于 2015 年获得了 IEEE ICDM 研究贡献奖，这是数据挖掘领域对具有突出贡献的研究的两个最高奖项之一。

他曾担任 IEEE 大数据会议（2014）的大会主席，ACM CIKM 会议（2015）、IEEE ICDM 会议（2015）和 ACM KDD 会议（2016）的程序委员会主席。他从 2004 年到 2008 年担任了《IEEE Transactions on Knowledge and Data Engineering》的副主编。他是《ACM Transactions on Knowledge Discovery from Data》的副主编，《IEEE Transactions on Big Data》的副主编，《Data Mining and Knowledge Discovery Journal》的执行主编，《ACM SIGKDD Explorations》的主编，《Knowledge and Information Systems Journal》的副主编。他在 Springer 的刊物《Lecture Notes on Social Networks》的咨询委员会任职。他担任过 SIAM Activity Group on Data Mining 的副主席。由于在知识发现和数据挖掘算法方面的贡献，他成为 SIAM、ACM 和 IEEE 的会士。

目 录

Recommender Systems: The Textbook

推荐系统概述

很多人获得过建议，却只有智者从中获益。

——Harper Lee

1.1　引言

作为电子和商务交易的媒介，Web 如今扮演着越来越重要的角色并推动了推荐系统技术的发展。其中一个重要的作用是能够让用户轻松地提供他喜欢或不喜欢的反馈。例如，Netflix（一家在线影片租赁提供商）的用户只需要简单地动动鼠标就能提供反馈。评分是一种提供反馈的典型方法，在某个特定的评分系统（例如五星评分系统）中，用户可以选择不同大小的数值来说明自己对不同物品的满意程度。

其他形式的反馈不像评分一样清晰明了，但却更容易采集。例如，可将用户在网上购买或是浏览一件物品的行为视为对该物品的认可。获取这类反馈形式的数据十分容易，这种方法被 Amazon.com 等网上商家广泛采用。推荐系统的基本思想是利用这些不同来源的数据来推断顾客的喜好。推荐系统面向的对象称为用户（user），推荐的产品称为物品（item）。由于用户曾经的兴趣喜好通常预示着未来的选择，因此推荐分析也通常是基于先前用户与物品之间的关系。但仍有一个特例——基于知识的推荐系统是根据用户指定需求而非用户的历史记录进行推荐。

那么，推荐算法背后隐藏着什么基本原则呢？以用户为中心的活动和以物品为中心的活动之间存在着显著的依赖关系。例如，对一个喜欢看历史纪录片的人来说，与动作片相比他更会对其他历史纪录片或者教育片感兴趣。在很多情况下，不同类别的物品可能显示出明显的相关性，可以利用这一点做出更精确的推荐。此外，这种关联可能表现在个别物品上而不是一类物品上。这些关联可以用数据驱动方式从评分矩阵中学习（learn）得到，产生的模型可用来预测目标用户的行为。单个用户评过分数的物品数量越多，对其做出准确预测就越容易。对目标用户行为进行预测的学习模型有很多种。例如，大量用户的购买信息或评分行为可以用于对用户的聚类，使得对相似产品感兴趣的用户被归为一组。同类群体的爱好与行为可以用来为组内个体做推荐。

上面描述的方法是基于一类非常简单的推荐算法——近邻模型（neighborhood model）。这类算法还属于更大的一类算法模型——协同过滤（collaborative filtering）。"协同过滤"是指协同处理大量用户的评分来预测遗失的评分。实际上，推荐系统可以变得更复杂，数据更丰富并包含大量的附加数据类型。例如，在基于内容的推荐系统中，用户的评分和物品的描述信息被用来做预测。其基本思想是根据其用户以往评价过或访问过的物品属性（attribute）对用户的兴趣建模。另一种推荐系统是基于知识的系统（knowledge-based system），用户先阐明他们的兴趣，系统结合用户的兴趣和相关领域知识来做推荐。在更高级的模型中，上下文数据，例如时间信息、外部知识、位置信息、社交信息或是网络信息等都可能被用于预测。

本书将会讲述所有基本类型的推荐系统，包括协同系统、基于内容的系统和基于知识的系统。我们还将探讨在不同领域推荐系统的基础模型与高级模型，学习推荐系统健壮性的各个方面，例如攻击模型、可信赖模型。此外，还会介绍推荐系统的多种评价模型和混合模型。本章是对推荐系统领域各类工作的概述并将各种话题与本书各个章节关联起来。

本章内容安排如下：1.2 节探讨推荐系统的主要目标；1.3 节介绍推荐系统中用到的基础模型与评价方法；1.4 节讨论推荐系统在不同领域的应用；1.5 节讲述推荐系统的高级模型；1.6 节是本章的小结。

1.2　推荐系统的目标

在讨论推荐系统的目标之前，我们先介绍推荐问题的几种不同表述方式。下面是两种主要的模型：

1）预测模型：第一种方法是对用户–物品组合的评分值进行预测。该方法假设描述用户对物品喜好的训练数据是可用的。对于 m 个用户和 n 件物品，这个训练集相当于一个 $m \times n$ 的不完全矩阵，矩阵中的已知值（或观测值）被用来训练。矩阵中的缺失值（或未观测值）则通过这个训练模型进行预测。因为是根据不完整的数值矩阵用学习算法预测出剩余的未知值，所以这个问题又被称作矩阵补全问题。

2）排名模型：实际上，对用户做推荐并不需要预测出用户对具体物品的评分。商家可能希望向特定的用户推荐前 k 种（top-k）物品或者是为某个指定物品确定前 k 个（top-k）感兴趣的用户。虽然这两种算法极其类似，但是对 top-k 物品的计算比确定 top-k 用户要应用普遍，因此本书中我们只讨论对 top-k 物品的计算。这个问题也被叫作 top-k 推荐问题，它是推荐问题的排名模型。

在第二种情况下，对评分的准确值的预测并不重要。由于排名模型可以由第一种预测模型得出结果后再排序得到，所以第一种模型的使用更加普遍。但是在很多情况下，直接设计算法解决排名问题更加自然，也更加简单。这类方法会在第 13 章中讲到。

推荐系统毕竟是商家用来提高利润的，所以其主要目的是增加产品销量。通过把仔细筛选后的物品推荐给用户，推荐系统能使相关物品得到用户的关注，从而达到增加销量、提高利润的目的。尽管主要目的是盈利，但要实现其功能，方法并不是所想的那么直观。为了实现商业性盈利，一般推荐系统操作上和技术上的目标如下：

1）相关性：推荐系统最重要的操作目标是推荐与用户相关的物品。用户更可能消费那些他们觉得有趣的物品。尽管相关性是推荐系统的主要操作目标，但并不充分。因此，我们下面会讨论一些不如相关性重要但仍具有很大影响力的其他操作目标。

2）新颖性：如果所推荐的物品是用户从没见过的，那么推荐系统确实很有用。例如，用户喜欢类型的流行电影很少会让用户眼前一亮。反复推荐受欢迎的物品也可能导致销售的多样性降低[203]。

3）意外性：意外性是指所推荐的物品出乎意料[229]。幸运的发现相比于明显的建议要温和得多。意外性不同于新颖性的地方在于其能真正让用户感到惊喜，而不是简单地推荐一些之前没见过的东西。通常情况下，用户可能只是消费一类特定的物品，然而并不排除同时存在着使他们惊喜的物品。和新颖性不同，意外性注重于发现这类推荐物品。

例如，如果隔壁新开了一家印度菜馆，推荐给一个平常就吃印度菜的顾客，他大概只会觉得新颖而不一定惊喜。另一方面，同样是这名顾客，如果向他推荐埃塞俄比亚菜，尝试之前，这名顾客并不知道是否喜欢这种食物，这种推荐就是意料之外的。意外性除了有着增加销售多样性的作用，还可能引起用户新的兴趣。对商家来讲增加推荐的意外性有着长远、策略性的好处。此外，意外性推荐算法倾向于推荐与用户兴趣不相关的物品。很多情况下，这种做法的长远好处要大于短期不足。

4）提高推荐的多样性：推荐系统通常列出一个物品的 top-k 推荐列表。当所有推荐的物品都非常相似时，用户一个都不喜欢的风险也随之而来。另一方面，当推荐列表包含不同类型的物品时，用户在这些物品中至少看上一个的可能性就变得很大。多样性确保用户不会对相似的物品反复推荐感到厌烦。

从用户和商家的角度来看，通过推荐不但实现了这些具体的目标，也实现了一些隐性目标。从用户的角度来看，推荐有助于提高用户对网站的满意度。例如，一个常常从 Amazon.com 收到相关推荐的用户会感到满意并更倾向于再次使用 Amazon.com 购物。这一举动可以提升用户的忠诚度，并进一步增加网站未来的销售额。对于商家，通过推荐可以洞察用户的需求，并有助于进一步改善用户体验。最后，向用户解释为什么向他推荐这些物品通常很有用。拿 Netflix 来说，推荐内容常常和先前看过的电影一起呈现给用户。我们之后将看到一些比其他算法更适合于提供解释的推荐算法。

推荐系统推荐的产品类型非常多样化。一些推荐系统如 Facebook（脸书网）不直接推荐产品，它们会通过推荐社交关系间接增加网站的易用性和广告收入。为了了解这些目标的本质，我们将讨论历史上和当今的一些推荐系统实例。这些例子也将展示推荐系统无论是作为研究原型，还是用于今天为商业系统解决问题，都具有广泛的多样性。

GroupLens 推荐系统

GroupLens 是推荐系统领域的先驱，它是 Usenet 新闻的推荐研究原型。该系统从 Usenet 网站收集用户评分并用它们来预测在读一篇文章前其他读者是否会喜欢这篇文章。一些最早的自动协同过滤算法在 GroupLens⊖ 下发展起来。这种开发的一般思路也扩展到其他产品中，例如书籍和电影等产品。相应的推荐系统分别被称为 BookLens 和 MovieLens。除了对协同过滤研究做出的开创性贡献外，GroupLens 研究小组也因发布多个数据集而闻名，这是因为这个领域的标准数据集在早些年很难获取。突出的例子包括三个从 MovieLens 推荐系统中得到的数据集[688]。这些数据集的规模依次增加，分别包含 10^5、10^6 和 10^7 个评分。

4

Amazon.com 推荐系统

Amazon.com[698] 是推荐系统领域在商业界的一大先驱。早年，它是为数不多的有远见地实现这项技术的零售商。Amazon.com 最初作为书籍的网上零售商而创立，如今销售几乎所有形式的产品，例如书籍、CD、软件、电器等。Amazon.com 上的推荐是根据明确的评分、购买行为和浏览行为给出的。Amazon.com 的评分为 5 星制，最差 1 星，最好 5 星。当用户用 Amazon.com 账号登录后，详细的购买和浏览数据很容易收集。无论访客是否登录，Amazon.com 的首页总会有推荐信息。在多数情况下，Amazon.com 会给出推荐物品的理由。例如，推荐物品和先前购买过的物品的关系可能会在推荐面板里出现。

相较于需要用户指定的具体评分而言，用户的购买或浏览行为可以被视为隐式评分。许多商业系统允许把推荐建立在显式和隐式反馈基础上。事实上，已经有若干推荐模型同时考虑了显式反馈和隐式反馈（第 3 章 3.6.4.6 节）。[360] 中讨论了一些使用 Amazon.com

---

⊖ "GroupLens" 指的是发明这些算法的明尼苏达大学的学术小组[687]。该组对推荐系统领域的研究工作仍在继续，而且这些年他们在该领域做出了许多开创性的贡献。

早期版本算法的推荐系统。

Netflix 电影推荐系统

Netflix 刚创建时是邮购数字化电影和电视节目视频光盘（DVD）的租赁公司[690]，最终扩大到流发送（streaming delivery）领域。目前，Netflix 的主要业务是向已订阅用户提供电影和电视节目的流发送。Netflix 让用户能在 5 分范围内对电影和电视节目进行评价。此外，在浏览各种物品时，用户行为也被 Netflix 存储起来。这些评价和行为接着被用来做出推荐。Netflix 在对推荐物品提供解释时表现出色。它明确给出基于用户浏览过的具体物品的推荐样例。这为用户决定是否观影提供了额外的信息。阐明推荐理由有助于用户理解为什么系统判断他可能会对推荐的影片产生兴趣。这种方法使用户更容易对推荐内容做出回应并且大大提升用户体验。这类有趣的方法能帮助提升用户的忠诚度并留住用户。

Netflix 对推荐系统研究团体的主要贡献是举办 Netflix 大奖赛。大赛旨在为不同参赛者的协同过滤算法提供比较的平台。Netflix 发布了一个 Netflix 电影评分数据集，任务是预测特定用户–物品组合的评分。为此，Netflix 给出一个训练（training）数据集和一个评估（qualifying）数据集。训练数据集包含了 480 189 个用户给 17 770 部电影的 100 480 507 个评分。该训练集包含了一个较小的探测集（probe set），该探测集具有 1 408 395 个评分。探测集相比于训练集具有更近的评分数据，并且它的统计特性和隐藏评分的数据集（即评估数据集）相似。评估数据集包含 2 817 131 个形式为〈用户，电影，评分日期〉的三元组。值得注意的是，三元组中并没有包含实际的评分，实际评分只有裁判才知道。选手需要在训练数据模型的基础上预测评估数据集的评分。预测结果由裁判（或等效的自动评分系统）打分。在排行榜上会告知选手其算法在某一半评估数据集上的预测结果。这一半评估数据集被称作评测集（quiz set）。剩下的一半评估数据集称为测试集（test set）并用作计算最终结果和决定获胜选手。直到最后，选手也不知道评估数据集中哪些数据属于评测集哪些属于测试集。这种对测试集的不寻常的安排是为了确保选手不会利用排行榜上的分数让算法过拟合测试集从而提高得分。过拟合相关的问题将在第 7 章讨论。的确，Netflix 处理算法竞赛的架构是评价推荐算法的榜样。

探测集、评测集和测试集被设计为有相似的统计特性。如果选手的算法能改进 Netflix 自身推荐算法，例如著名的 Cinematch，或是得分刷新先前的最高分纪录，则将予以奖励。许多知名的推荐算法，如潜在因子模型，就是通过 Netflix 竞赛而得到推广的。Netflix 大奖赛因为对推荐算法[71,373]做出巨大贡献而闻名。

Google 个性化新闻系统

Google（谷歌）的个性化新闻系统[697]能够基于用户的历史浏览记录向他们推荐新闻。根据用户所登录的 Gmail 账户，浏览记录可以与指定的用户相关联。在这种情况下，新闻文章被视为物品。用户点击一个新闻文章的行为可以被看作对这篇文章的积极评分。这样的评分方式可以被视为一元的评分（unary rating），即用户只能表达自己对某件物品的喜爱而不能表达是否厌恶的评分机制。此外，因为是从用户的行为中推断出来而不是由用户明确说明，所以这种评分是隐式的。尽管如此，这种方法的变体也可以应用于明确给出评分的情况。协同推荐算法可用于收集评分，因此其结果可用于对指定用户进行个性化文章推荐。谷歌新闻协同过滤系统的描述在 [175] 中给出。谷歌的新闻个性化引擎的更多细节在第 13 章 13.8.1.2 节讨论。

Facebook 好友推荐

为了增加网站的社交关系量，社交网站经常向用户推荐潜在的好友。Facebook（脸书网)[691]就是这样的一个社交网站。这种推荐与推荐产品的目的稍有不同。产品推荐能通过促进产品销售直接增加商家利润，而社交关系数量的增加会改善社交网络中用户的体验，从而促进社交网络的发展。社交网络靠的是网络规模、知名度的提高而增加广告收入。因此，推荐潜在的朋友（或链接），有助于社交网站更好地发展。这个问题在社交网络分析领域也被称为链接预测（link prediction）。这种形式的建议是基于结构关系，而不是评分数据。因此，其算法的本质也是完全不同的。在第 10 章中详细探讨了链接推荐问题。第 13 章讨论了计算广告学与推荐系统技术的关系。

1.2.1　推荐系统应用范围

接下来，我们将给出不同推荐系统中实际应用目标的概述。各个推荐系统所推荐的产品和目标如表 1-1 所示。大多数推荐系统都集中于传统的电子商务应用，推荐包括书籍、电影、视频、旅行、其他产品和服务。[530] 讨论了推荐系统在电子商务领域更广泛的应用。然而，推荐系统已经超越了传统的产品推荐领域。值得注意的是，表 1-1 中的一些系统不推荐具体的产品。比如 Google Search 应用程序，可以与搜索结果一同打出产品广告。这就涉及计算广告学，这是一个完全不同的领域，但毋庸置疑的是它与推荐系统密切相关。这方面内容会在第 13 章 13.8.2 节中详细讨论。同样，脸书网推荐朋友，在线招聘网站向雇主和求职者推荐彼此。在线招聘网系统也被称作相互推荐系统。其中一些推荐算法的模型与传统的推荐系统大不相同。这本书将仔细研究这些区别。

7

表 1-1　现实中不同推荐系统推荐产品的样例

系　　统	产品目标	系　　统	产品目标
Amazon.com[698]	书籍和其他产品	Google Search[696]	广告
Netflix[690]	DVD，视频流	Facebook[691]	朋友，广告
Jester[689]	笑话	Pandora[693]	音乐
GroupLens[687]	新闻	YouTube[694]	在线视频
MovieLens[688]	电影	Tripadvisor[695]	旅行产品
last.fm[692]	音乐	IMDb[699]	电影
Google News[697]	新闻		

1.3　推荐系统的基本模型

推荐系统的基本模型处理两种数据：（i）用户-物品之间的相互关系，比如评分或是购买行为；（ii）用户和物品的属性信息，例如文本画像或是相关关键词。用到前一种数据的方法叫作协同过滤法，用到后一种数据的方法叫作基于内容的推荐方法。基于内容的推荐方法尽管一般着重于个体而不是大众的信息，但大多数情况下仍然会用到评分矩阵。在基于知识的推荐系统中，推荐内容是基于用户提出的明确说明。基于知识的推荐系统不是根据以往的评分信息或购买数据进行推荐，而是利用外部知识库和约束为用户推荐。一些推荐系统结合这些不同的方面构建出混合系统。混合系统可以综合各种推荐系统的长处，从而能良好地适用于各种环境。接下来我们将大致地讨论这些基础模型，同时给出详细讨论这些模型的相关章节。

1.3.1　协同过滤模型

协同过滤模型通过对大量用户给出的评分协同处理给出推荐。设计这种模型的主要挑战是底层评分矩阵是稀疏的。例如在某个用户可以具体给出评分表达自己喜爱程度的观影 APP 中，大多数用户可能只看了浩如烟海的众多影片中的一小部分。因此评分大多是未知的。已知的评分也叫作已观测的评分。本书中，"已知的"和"已观测的"这两个术语可互换，未知的评分被称作"未观测的"或"缺失的"。

由于已知评分常常是与用户和物品密切相关的，因此协同过滤法的基本思想是由已知评分估计未知评分。例如，有两个用户分别叫 Alice 和 Bob，他们具有相似品味。当两人都给出具体评分时，给出的评分应当是十分相似的，这种相似度可以被底层算法检测出来。在这种情况下，对某个物品，两人中如果仅有一人做出了评分，另一个人的评分可能与该评分十分接近。多数协同过滤模型着重于借助物品之间或是用户之间内在的关联性做出预测，还有些模型两者都考虑了。更进一步，部分模型采用经过仔细设计的优化算法来创建训练模型（与分类器从已标记数据建立训练模型类似）。然后这个模型被用来估计矩阵中缺失的值。有两种方法在协同过滤算法中经常用到：基于记忆的方法以及基于模型的方法。

1）基于记忆的方法：基于记忆的方法也被称为基于近邻的协同过滤算法。这是最早的协同过滤算法之一，其中用户–物品组合的评分是在"近邻"的基础上进行预测。这些"近邻"可以用以下两种方式之一定义：

- 基于用户的协同过滤：在这种情况下，与目标用户 A 想法类似的用户评分被用来预测用户 A 的推荐内容。因此，基本思路是确定谁和目标用户 A 类似，并且用户 A 的未知评分可以由 A 的同类群体的加权平均值计算出来。因此，如果 Alice 和 Bob 过去曾以类似的方式评价过一部电影，Alice 看过并且评价了《Terminator》这部电影而 Bob 没看过，就可以用 Alice 的评分来预测 Bob 的评分。在一般情况下，可以用 k 个与 Bob 最相似的用户来预测 Bob 的评分。这里的相似度函数通过计算评分矩阵的每行来发现相似用户。
- 基于物品的协同过滤：为了对用户 A 与指定物品 B 做出评分预测，第一步是确定与 B 类似的物品集 S。用户 A 对 S 中物品的评分被用来预测 A 是否会喜欢物品 B。因此，Bob 对科幻电影《Alien》和《Predator》的评价可以通过他对类似科幻电影《Terminator》的评价推断出来。通过计算评分矩阵列之间的相似度函数来发现相似的物品。

基于记忆的方法的优点在于容易实现，并且其生成的推荐易于解释。然而，基于记忆的方法并不适用于稀疏的评分矩阵。例如，它很难找到与 Bob 足够相似并且评价过《Gladiator》的用户，这种情况下很难准确地预测 Bob 对《Gladiator》的评分。换句话说，这种方法缺少对评分预测的全面覆盖。但如果只需要预测出 top-k 个最相似的物品，覆盖面不全也没关系。基于记忆的方法将在第 2 章中详细讨论。

2）基于模型的方法：在基于模型的方法中会用到机器学习和数据挖掘技术。这是因为模型的参数需要通过一个优化框架学习得到。基于模型的方法包括决策树、基于规则的模型、贝叶斯方法和潜在因子模型。包括潜在因子模型在内的许多方法，即使对稀疏的评分矩阵也能有较高的覆盖率。基于模型的协同过滤算法将在第 3 章讨论。

基于记忆的协同过滤算法很简洁，但却是启发式的，并不适用于所有环境。基于模型的方法与基于记忆的方法之间的区别有点人为因素，因为基于记忆的方法实际上可以被认为是基于相似性的方法。在第 2 章的 2.6 节中将表明，一些基于近邻的方法变体可以形式化地表示为回归模型。由于 Netflix 大奖赛的影响，潜在因子模型近几年得到了推广，实际上，在不完整数据集上与其相似的算法很早就被提出了[24]。最近的研究表明，一些基于记忆和基于模型的方法的结合体[309]能提供非常准确的结果。

1.3.1.1 评分类型

推荐算法的设计受跟踪评分系统的影响。评分是由用户对手头物品的喜爱程度决定的。评分可能是连续的值，如在 Jester 笑话推荐引擎[228,689]中，评分可以是 $-10\sim 10$ 之间的任何值。然而，这是比较少见的。通常情况下评分是离散的，由一组离散的有序数来衡量喜爱程度。这样的评分被称为区间评分法。例如，一个 5 点评分表可以用集合 ｛-2，-1，0，1，2｝表示，其中 -2 表示极端厌恶，2 表示十分喜爱。一般推荐系统从集合 ｛1，2，3，4，5｝中取值。

身边推荐系统的评分的数量级可能会有所不同。5 点、7 点甚至是 10 点的评分都很常见。图 1-1 中展示的 5 星评分系统，是区间评分的一个例子。每一个评分都体现了用户的兴趣水平。这种体现可能由于商家的原因稍有不同，如 Amazon 或 Netflix。Netflix 采用的 5 星评分系统中，4 星表示"真的很喜欢"，3 星表示"喜欢"，因此，Netflix 评分系统中有三个积极的评分和两个消极的评分，称之为不平衡评分表。在某些情况下，可能有一个偶数数量级的评分系统，因此中性评分可能会缺失。这种方法被称作强制选择评分系统。

喜爱
喜欢
一般
不喜欢
厌恶

图 1-1　5 星评分示例

10

使用像〈强烈不同意，不同意，中立，同意，强烈同意〉这样具体的值来进行评分也可以达到相同的目的。总的来说，这样的评分被称为序数评分，这一术语源于有序属性这一概念。如图 1-2 所示，斯坦福大学课程评价表中就使用序数评分。二元评分中，用户对一种物品只表达喜欢或不喜欢。例如，评分可能是（0，1），或是对应于 0-1 的没有具体数值的信号。一元评分比较特殊，这是一种用户只能表达自己对某件物品的喜爱但却不能表达厌恶的机制。尤其是在隐式反馈数据集[259,260,457]中，一元评分很常见。这些情况下，客户的喜好是通过他们的行为而不是明确具体的评分体现的。例如，一个客户的购买行为可以转化为一元评分。当客户购买物品时，它可以被看作是对这个物品的喜爱。然而，在众多可能性中，不买这件物品并不总是表示不喜欢它。同样，许多社交网络，如脸书网，使用"喜欢"按钮表达用户对某物品感兴趣。然而，却没有一种机制来表明厌恶。隐式反馈可以看作类似数据分类领域正例和无标记样本学习问题中的矩阵完善[259]。

图 1-2　斯坦福大学课程评价的序数评分示例

显式及隐式评分的举例

量化的显式评分样例如图 1-3a 所示。图中有标记为 $U_1\sim U_6$ 的 6 个用户，以及 6 部有详细标题的电影。在图 1-3a 中更高的评分表示更积极的反馈。缺失的部分对应于未知评分。这张图只是一个小例子。在一般情况下，评分可以表示为一个 $m\times n$ 的矩阵，其中 m 和 n 通常很大，可能高达数十万。这个特定的例子使用了 6×6 的矩阵，而实际上 m 和 n

的值通常是不一样的。评分矩阵有时被称为效用矩阵（utility matrix），但这两个概念并不总是相同。严格地说，当效用指利润量时，用户-物品的效用即为因向指定用户推荐物品而产生的利润量。由于效用矩阵常常被设为与评分矩阵同样的规模，因此可以将评分按指定规则转化为效用值。相较于评分矩阵而言，所有的协同过滤算法都可以应用于效用矩阵。然而，这种用法在实践中很罕见，大多数协同过滤算法都用来直接处理评分矩阵。

一元评分矩阵的一个样例在图 1-3b 中给出。在评分是一元的情况下，矩阵又被称为积极效用矩阵，因为其中只允许积极的评价。图 1-3 中的两个矩阵具有相同的结构，但却给出了完全不同的含义。例如，图 1-3a 中的用户 U_1 和 U_3 因为评价大不相同而被区分开来。另一方面，因为图 1-3b 中这两个用户都表现了对相同的物品的积极评价，从而可以被认为是十分相似的。效用评分能使用户表达出对物品的负面评价。例如，用户 U_1 不喜欢图 1-3a 中的电影《Gladiator》。图 1-3b 的积极效用矩阵中没有对应机制来指定相对不确定的评分。换句话说，图 1-3b 中的矩阵不那么富有表现力。尽管图 1-3b 是一个二进制矩阵，它的非零项仍可能是任意的正值。例如，它们可以对应于不同用户买的物品数量。总的来讲，一元矩阵是由用户如购买一个物品的行为创建的，因此也被称为隐式反馈矩阵。

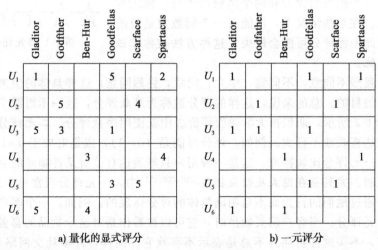

a) 量化的显式评分   b) 一元评分

图 1-3 效用矩阵示例

因为不需要用户是否喜欢该物品的信息，所以一元评分对目前的推荐算法有很大影响。对于一元矩阵，推荐将其初始化为全 0，这样可以使分析变得简单。然而，经过学习算法的计算，最终预测结果可能比 0 大得多，尤其是物品合乎用户兴趣时。因此推荐的物品应为矩阵值与初始 0 值相差最大的积极评价对应的物品。实际上，如果缺失的部分没有被初始"0"代替，就可能发生明显的过拟合。这种现象是由于对不同观测值的区分度不够的人为因素所造成的。在显式反馈矩阵中，不同评分对应着有显著区分的偏好；而在隐式反馈矩阵中，不同评分对应于区别度不大的信任程度。在后面的章节中，我们将给出一个把隐式反馈矩阵的缺失值置 0 所导致的过拟合的实例（参见第 3 章 3.6.6.2 节）。

在显式评分矩阵中并不推荐对缺失部分做预替换处理。因为在同时包含喜爱与厌恶的显式评分矩阵中，对缺失部分（如 0 或行/列/数据）使用任何值替代总会导致显著的分析偏差。在一元评分情况下，用 0 替代缺失内容也会导致一些偏差[457,467,468]（虽然由于使用隐式反馈数据的原因，这类偏差常常很小），比如购买情况数据，用户不可能购买多数物品。由于采用预替换减少了过拟合程度，一元情况下这种偏差还是可以接受的。还有一些这类选择方面的有趣的计算结果。这方面的权衡在第 2 章和第 3 章中讨论。

12

1.3.1.2　与缺失值分析的关系

协同过滤模型与缺失值分析密切相关。关于缺失数据分析的传统文献研究的是对不完整矩阵上的数据补全问题。协同过滤可以被看作是在大且稀疏的数据矩阵上这类问题的特例。统计文献中对缺失值分析方法的详细讨论可以在 [362] 中找到。许多缺失值分析方法也可以用于推荐系统，但某些方法还需要进行一些调整从而适应大且稀疏的矩阵。事实上，最近的一些推荐系统（如潜在因子模型）在缺失值分析领域早期[24]就被研究过。在推荐系统领域有类似的方法独立被提出[252,309,313,500,517,525]。一般来说，很多经典的缺失值估计方法[362]也可用于协同过滤。

1.3.1.3　协同过滤作为分类模型和回归模型的泛化

协同过滤方法可以视作分类和回归模型的泛化。在分类和回归模型中，类变量（或称因变量）可以被视为值缺失的属性。其他列被视为特征变量（或称自变量）。协同过滤问题可以看作是这一框架的泛化，因为它允许任何列上都可以有缺失值而不只是类变量上有。在推荐问题上，类变量和特征变量之间不存在明确的区别，这是因为每个特征变量都扮演着自变量和因变量的双重角色。而在分类问题中，类变量和特征变量之间存在明确区别的原因是缺失值被限制在特殊的列。此外，由于任何行都可能包含缺失内容，协同过滤中训练行与测试行并没有什么区别。因此，在协同过滤中提及训练元素、测试元素比训练行、测试行更有意义。协同过滤作为分类/回归模型的泛化，它是基于元素而不是基于行做预测。分类/回归模型与协同过滤的这种关系至关重要，需要牢记于心，因为分类和回归模型中的许多原则都能被推广到推荐系统中。这两个问题之间的关系如图 1-4 所示。这张图有效说明了协同过滤与分类的联系，它会在这本书中多次被提到。这两个问题的相似之处被应用于算法和理论发展。

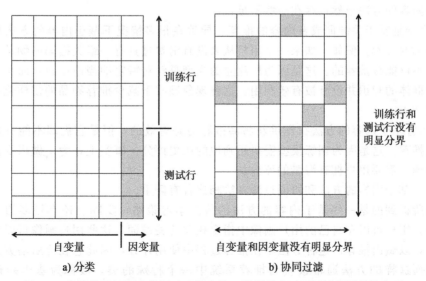

图 1-4　传统分类问题和协同过滤的比较。阴影项表示需要被预测的缺失项

13

矩阵补全问题也有诸多和直推式环境下的分类和回归问题一样的特性。直推式环境中，测试实例也包括在训练过程中（通常伴随着半监督算法的使用），在训练过程中不能获得的测试实例通常很难预测。另一方面，能容易地对新例子做出预测的模型称作归纳模

型。例如，分类问题中朴素贝叶斯模型可以认为是固有的归纳模型，因为可以容易地用它去预测测试实例的标签，但其中构建贝叶斯模型时的特征是未知的。

由于在 $m \times n$ 的评分矩阵 R 中训练数据和测试数据彼此之间结合紧密，而且多数模型不能轻易预测样本以外的用户和物品的评分，矩阵补全问题的设定是固有直推式的。例如，如果 John 在协同过滤矩阵建立后被加入评分矩阵（有许多具体评分）中，许多现成的方法将无法对 John 做出预测。对于这种基于模型的协同过滤方法尤其如此。然而，最近的一些矩阵补全模型也被设计为归纳型的，可以预测样本外用户和物品的评分。

1.3.2 基于内容的推荐系统

在基于内容的推荐系统中，物品的描述性属性用来做出推荐。术语"内容"指的就是这些描述。在基于内容的方法中，用户的评分和购买行为与在物品中可以获得的内容信息相结合。例如，考虑 John 给予电影《Terminator》很高的评分，但是我们没办法知道其他用户的评分。因此，协同过滤方法被排除在外。然而，电影《Terminator》的物品描述包含着与其他科幻电影如《Alien》和《Predator》类似的关键词。在这种情况下，这些电影可以推荐给 John。

在基于内容的方法中，被贴上评分的物品描述用作测试数据，以建立一个特定用户的分类或回归建模问题。对于每一个用户，训练文件对应于他所购买或者已评分物品的描述。类（因）变量对应于物品的评分或者购买行为。这些训练文件用来为特定用户（或者活跃用户）创建分类或回归模型。这种特定用户模型用来预测相应个人是否会喜欢他没有评过分或者没有购买过的物品。

基于内容的方法在推荐新物品（新物品的评分往往不够充分）时具有一些优势。这是因为其他具有类似属性的物品也许已经被活跃用户评分了。因此，即使在物品没有历史评分的情况下，该监督模型也能利用物品评分和物品属性之间的关联做出推荐。

基于内容的方法当然也存在一些不足：

1）由于是基于关键词或者内容的推荐，导致在很多情况下基于内容的方法仅仅提供了显而易见的推荐。例如，如果一个用户从来没有消费过具有一组关键词的物品，那么这种物品是不可能被推荐的。这是因为所建立的模型是针对特定的当前用户，而与该用户相似的用户群体的知识并没有被有效利用。这种现象倾向于减少推荐物品的多样化，这并不是理想的结果。

2）尽管基于内容的方法在提供新物品推荐时是有效的，但是它们却不能有效地为新用户做出推荐。这是因为训练模型需要用到他的历史评分。事实上，为了做出强健而不过拟合的预测，需要用户拥有海量的评分。

因此，基于内容的方法和协同过滤方法相比各有侧重。

前面所提到的是一些基于内容的方法的传统学习策略，实际上还有更多的方法被运用。例如，用户可以在自己的用户画像中指定相关的关键词。这些用户画像可以与物品描述相匹配，以做出推荐。这种方法不在推荐过程中使用评分，因此它在冷启动方案中是有用的。然而这样的方法通常被视为推荐系统中一个特殊的类，被称为基于知识的系统（knowledge-based system），因为相似性度量通常是基于领域知识的。基于知识的推荐系统与基于内容的推荐系统通常被认为是紧密相连的，并且，有时人们会质疑这两类方法之间是否存在明确的界限[558]。基于内容的推荐系统的方法会在第 4 章讨论。

1.3.3　基于知识的推荐系统

基于知识的推荐系统在不常购买的物品背景下特别有用，像购买房产、汽车、旅游需求、金融服务或者昂贵奢侈品这样的物品。在这些情况下，推荐过程可能不能获得足够的评分。当物品购买率低并且有不同类型的详细选择时，对于这种物品，是很难获得足够数量的对于一个特定的实例化（即各类选项的组合）的评分的。在冷启动问题的背景下，也会遇到这个问题，即推荐过程得不到足够的评分。此外，消费者对物品的偏好也可能随着时间的推移而改变。例如，汽车的模型几年后也许会发生变化，相应地，用户的喜好也许会发生变化。在其他一些情况下，也许很难凭借历史评分数据（例如用户的评分）完全抓住用户的兴趣。一个物品可能有着很多的属性，而用户仅仅对物品中的特定属性感兴趣。例如，汽车可能有制造商、模型、颜色、引擎选择和内设选项，用户的兴趣也许仅仅局限于这几个选项的一个特定组合。因此，在这些情形中，物品过多的属性导致很难将足够多的评分和这种庞大的组合建立关联。

这些情形可以通过基于知识的推荐系统来解决，在这种系统中，评分并不是用于做推荐的。相反，该系统是基于客户需求和物品描述之间的相似性做推荐，或利用指定用户需求的约束做推荐。这个过程需要用到知识库（knowledge base），知识库中包含检索过程中需要用到的规则和相似度函数。事实上，知识库对于这些方法的有效运作非常重要，以至于这个方法的名字来自这个事实。对需求的精确描述使得在推荐过程中可以更好地控制用户。在协同和基于内容的系统中，推荐完全是由用户过去的行为/评分、他的伙伴的行为/评分或者两者相结合所决定的。而基于知识的系统是不一样的，它允许用户明确地表达他们想要什么。这种差别在表 1-2 中体现。

表 1-2　各类推荐系统的概念上的目标

方　　法	概念上的目标	输　　入
协同	基于协同方法利用我的同组群体的评分和行为给出推荐	用户评分＋社区评分
基于内容的	基于我过去的评分和行为根据我所喜欢的内容（属性）做出推荐	用户评分＋物品属性
基于知识的	基于我对某种内容（属性）的精确要求给出推荐	用户要求＋物品属性＋领域知识

可以根据界面的类型（和相关的知识）将基于知识的推荐系统划分成如下几类：

1）基于约束的推荐系统：在基于约束的系统中[196,197]，用户通常在物品属性中指定他的要求和约束（例如下限或者上限）。这类界面的例子如图 1-5 所示。特定领域的规则被用来匹配用户对物品属性的需求。这些规则代表系统所使用的特定领域知识。规则的形式可以采用对物品属性值的约束（例如，"1970 年之前没有带导航系统的汽车"）。此外，基于约束的系统通常创建将用户属性与物品属性相关联的规则（例如，"年迈的投资者不投资超高风险的产品"）。在这种情况下，用户属性也会在搜索过程中被指定。通过返回结果的数量和类型，用户可以修改原始的需求。例如，在搜索结果太少的时候，可以放宽搜索约束，反之亦然。这个搜索过程会一直重复交互直到达到用户所期望的结果。

2）基于案例的推荐系统：在基于案例的推荐系统[102,116,377,558]中，用户指定特定的情形作为目标或者锚点。相似性度量被定义在物品属性上用于检索类似的物品。这类界面的例子如图 1-6 所示。相似性度量通常是基于特定的领域被仔细定义。因此，相似性度量构成了这类系统中的领域知识。返回的结果通常在用户反馈修改中作为新的案例使用。例如，当一个用户看到一个与他想要的最相似的返回结果时，他可能会重新发布一个与该目标一样但有少许修改要求的查询。这种互动的过程会引导用户找到他感兴趣的物品。

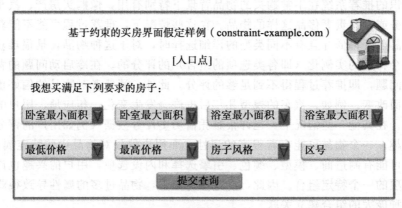

图1-5　一个基于约束的推荐系统中初始用户界面的假定样例

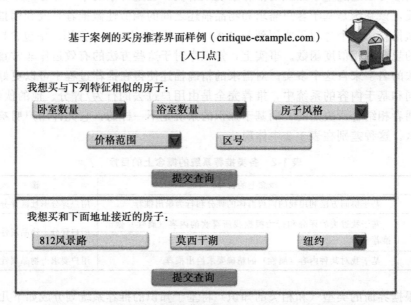

图1-6　一个基于案例的推荐系统中初始用户界面的假定样例

注意在这两种情形中，系统都为用户提供了改变预先需求的机会。然而，这种允许改变需求的方式在两种系统中是不同的。在基于案例的系统中，例子（或情形）被用作锚点，与相似性度量相结合来指导搜索。批评界面因为在这样的系统中表达反馈而受欢迎，在这种界面中，用户在每个迭代中反复修改一个或者多个喜欢的物品的属性。在基于约束的系统中，规则（或者约束）用来指导搜索。指导的形式通常采用基于搜索的系统，即用户在一个基于搜索的界面中指定约束。

如何实现基于知识的推荐系统的互动性？这种指导是通过以下一种或者多种方式来实现的：

1）会话式系统：在这种情况下，用户的喜好是由一个反馈循环不断迭代而确定的。这样设计的主要原因是物品域是复杂的，并且用户的喜好只有通过迭代的对话系统才能确定。

2）基于搜索的系统：在基于搜索的系统中，用户的喜好通过一个预先设定的顺序问题得出，比如："你喜欢郊区的房子还是城市的房子？"在某些情况下，可以通过设置特定的搜索界面来表达用户的约束。

3）基于导航的推荐：在基于导航的推荐中，用户对当前推荐的物品提出大量的修改请求。通过一组迭代的修改请求，很可能找到一个期望的物品。例如，对于一个系统推荐的房子，用户的修改请求可以是："我想要一个类似的房子，大约在目前推荐的房子的 5 英里（1 英里≈1609 米）以西。"这样的推荐系统也被称作批评推荐系统[417]。

值得注意的是，基于知识的系统和基于内容的系统很依赖物品的属性。由于它们对内容属性的使用，基于知识的系统继承了一些与基于内容的系统相同的缺点。例如，基于知识的系统和基于内容的系统一样，因为没有利用社区（例如，同组群体）评分的信息，它的推荐有时是显而易见的。实际上，基于知识的系统有时会被认为是基于内容的系统的"表兄妹"[558]。它们的主要区别是，基于内容的系统是从用户过去的行为中进行推荐，而基于知识的系统是以活跃用户的具体需求和喜好来进行推荐。因此，大多数推荐文献认为基于知识的推荐系统与基于内容的推荐系统属于不同类别。这些类别的区别是基于系统的目标和所使用的输入数据来判定的（见表 1-2）。基于知识的推荐系统的不同形式将在第 5 章中进行讨论。

1.3.3.1　基于效用的推荐系统

在基于效用的推荐系统中，定义了一个产品特征上的效用函数以计算用户喜欢物品的概率[239]。以效用为基础的方法的核心挑战是如何为当前用户定义一个合适的效用函数。值得注意的是，所有的推荐模式，无论是协同的、基于内容的还是基于知识的方法，都根据它们的目标用户的感知价值（或效用）隐式地将推荐的物品进行排序。在基于效用的系统中，这种效用价值基于一个称为先验的函数。从这个意义上来说，这样的函数可以看作是一种外部知识。因此，基于效用的系统可以被视为一种指定情形下的基于知识的推荐系统。实际上，我们将在第 5 章中展示，在基于知识的推荐系统中效用函数会被频繁地用于排列物品。

18

1.3.4　人口统计推荐系统

在人口统计推荐系统中，利用对用户的人口统计信息来学习可以映射特定的统计评分或者购买倾向的分类器。早期的推荐系统，简称格兰迪（Grundy）[508]，是基于图书馆手工组装模式来推荐书。用户的特征通过一个互动对话来收集。[320] 的研究工作中观察到市场调查的人口群体可以用来推荐物品。另一项工作[475] 根据对某个特定网页做出高评分用户的统计信息做出网页推荐。在许多情况下，人口统计信息可以与额外的内容相结合来指导推荐过程。这种方法与上下文敏感的推荐系统的方法是相关的。其中一些方法会在第 8 章 8.5.3 节进行讨论。

更多最近的技术注重用分类器来进行推荐。其中一个有趣的系统就是一种从用户的主页上提取特征来预测他们喜欢某些餐馆的可能性。基于规则的分类器[31,32] 经常以交互的方式关联人口统计信息和购买行为。尽管 [31，32] 中的方法没有专门用于推荐特定的物品，但它很容易与推荐系统配合使用。这样的推荐系统与香草分类和回归模型问题没有很大的不同，其中特征变量对应于人口统计信息而因变量对应于评分或者购买行为。虽然人口推荐系统通常不能独立地用于提供最好的结果，但是它们可以作为混合模型或集成模型的一个组成部分，显著地提高其他推荐系统的性能。人口统计技术有时会与基于知识的推荐系统相结合来提高健壮性。

1.3.5 混合集成的推荐系统

上述的三个系统利用不同的输入源，它们可能在不同的情况下工作得很好。例如，协同过滤系统依赖社区评分，基于内容的方法依赖文本描述和目标用户自己的评分，基于知识的系统依赖知识库环境下与用户的交互。类似地，人口统计系统利用用户的人口统计信息来做出推荐。值得注意的是，这些不同的系统采用不同的输入类型，并各有优缺点。一些推荐系统，如基于知识的推荐系统，当大量数据不可用时，在冷启动设置方面更有效。其他推荐系统，如协同方法，当大量数据可用的时候更有效。

在很多情况下，当可以使用广泛的输入时，人们可以灵活选择不同类型的推荐系统来做相同的任务。在这种情况下，有很多"杂交"的机会，让不同类型的系统相互结合来达到最好的效果。混合推荐系统与集成分析领域是密切相关的，其中多类型的机器学习算法被组合起来构建一个具有健壮性的模型。基于集成的推荐系统不仅能组合多个数据源的威力，还能将同一类型的多个模型结合起来，从而提高某一特定类的推荐系统的有效性（例如，协同系统）。这种方法与数据分类中的集成数据分析并没有什么不同。第 6 章将研究推荐系统的各种杂交策略。

1.3.6 对推荐系统的评价

给定一组推荐算法，它们执行得如何？如何评价它们的相对有效性？推荐系统与分类和回归建模问题共享了几个概念。在分类和回归建模中，缺失的类变量需要从特征变量中来预测。在推荐系统中，任何矩阵项都可能会缺失，需要从剩余矩阵可见的项中以数据驱动的方式来预测。从这个意义上来说，推荐问题可以被视为分类问题的一个泛化。因此，许多用于评价分类的模型只需稍作修改便可以用于评价推荐系统。对于不同的推荐系统，评估技术有很大的不同，例如评分预测或者排名。前者与分类和回归建模密切相关，而后者与信息检索应用中对检索有效性的评估密切相关。推荐系统的评价方法将在第 7 章中详细讨论。

1.4 推荐系统领域特有的挑战

在不同的领域，比如时间数据、位置数据和社交数据，推荐物品的上下文发挥着重要的作用。因此，提出了上下文推荐系统来处理与推荐有关的辅助信息。这一概念被用于各种类型的数据，比如时间数据、位置数据或者社交数据。

1.4.1 基于上下文的推荐系统

基于上下文或上下文感知的推荐系统在做推荐时考虑了各种类型的上下文信息。这种上下文信息可以包括时间、位置或社交数据。例如，零售商对衣服种类的建议取决于季节和客户的地理位置。另一个例子是特定类型的节日或假日影响潜在客户活动。

已经证明使用这类上下文信息可以大大提高推荐的有效性。基于上下文的推荐系统由于其潜在的想法与很多特定领域背景有关而非常强大。实际上，在许多基于特定上下文的推荐系统中会用到多维模型（multidimensional model）[7]（该主题会在后面的章节中多次提到）。上下文感知推荐系统将在第 8 章进行大致讨论。然而，上下文的各个方面，比如时间、位置和社交信息，将会在其他章节进行详细研究。下面提供这些方面的概括性论述。

1.4.2　时间敏感的推荐系统

在许多情况下,一件物品的建议可能会随着时间的推移而改变。例如,对一部电影的推荐从电影发布时到随后的几年可能会发生变化。在这些情况下,推荐过程中包含时间信息是很重要的。推荐系统的时间性会通过以下方式体现:

1) 由于社群态度、用户兴趣以及时尚风向会随着时间变化,物品的评分也会随着时间而变化 。

2) 物品的评分会由一天中具体时间点、星期几、几月、什么季节决定。例如,在夏季推荐冬天的服装或是在旱季推荐雨衣是没有什么意义的。

第一种推荐系统是通过将时间作为协同过滤系统的一个参数来实现的。第二种推荐系统可以被视为第一种推荐系统的特例。因为评分矩阵稀疏而且对特定时间上下文的使用加剧了稀疏性,这给时间敏感推荐系统带来了挑战。因此,在这些情况下获取大数据集是很重要的。

另一种常见情况是如网站点击流之类的隐式反馈数据集。用户在网页或是其他平台上的活动会产生很多有用的信息——可以被挖掘来对用户未来活动做出推荐。在这些情况下,离散序列模式挖掘和马尔可夫模型大有裨益。时间敏感推荐的问题在第 9 章中详细介绍。

1.4.3　基于位置的推荐系统

随着带 GPS 功能的手机的普及,消费者往往对基于位置的推荐感兴趣。例如,旅行的用户可能希望通过基于他过去对其他餐馆的评价来推荐一家最近的餐馆。总的来讲,对地点的推荐总会包含位置方面的因素。这类系统的例子如 Foursquare[⊖],它向用户推荐各种类型的餐厅或夜生活场所等。这类系统通常有两种空间位置关系:

1) 特定用户位置:用户的地理位置对他的喜好具有重要影响。例如,来自威斯康星州的用户和来自纽约的用户可能没有相同的电影喜好。这种类型的位置称为偏好位置。

2) 特定物品位置:根据用户当前的位置,物品(例如,餐厅)的地理位置可能对物品的关联性产生影响。用户一般都不愿意去距他们当前位置很远的地方。这类位置称为旅行位置。

偏好位置和旅行位置算法大不相同。前者更接近于上下文敏感的推荐系统,而后者通常设计为点对点启发式。近年来,由于移动电话和其他 GPS 设备的日益普及,基于位置的推荐系统越来越受欢迎。第 9 章详细讨论基于位置的推荐系统。

1.4.4　社交信息系统

社交信息系统基于网络的结构、社交线索和标签,或各个方面的组合。总的来讲,基于社交线索和标签的推荐系统一般与那些纯粹基于结构方面的系统略有不同。纯粹基于结构方面的推荐系统,用来推荐网络内的结点和链接。另一方面,社交信息系统还能利用社交线索来推荐产品。这两种形式的推荐系统都将在本书中进行研究。然而,这些推荐系统的形式大不相同以至于将在本书的不同章节中进行研究。值得注意的是,结构推荐系统的

⊖　http://foursquare.com

使用范围超出了社交网络,因为这样的方法适用于不同类型的网络。

1.4.4.1　结构推荐系统中的结点和链接

包括社交网络在内的各种类型的网络,都是由结点和链接组成的。在许多情况下,推荐结点和链接是可取的。例如,个性化的网络搜索中可能需要推荐与某一特定主题相关的材料。由于网络可以被看成是一个图,这种方法可以看作是一个结点的推荐问题。结点的推荐问题与网络搜索问题紧密相关。事实上,这两个问题都需要使用各种形式的排名算法。这些方法的一个关键组成部分就是 PageRank 算法的使用。因此,这类算法也统称为个性化的 PageRank 算法。在兴趣结点可用的情况下,此类结点可以被用作训练数据,以确定其他兴趣结点。这一问题被称为集合分类。一个紧密相关的问题是社交网络中向用户推荐好友(或潜在链接)的链接推荐或是链接预测问题。除了社交网络,链接预测问题还有许多其他应用。有趣的是,排名、集合分类和链接推荐问题之间密切相关。事实上,对一个问题的解决方案通常是作为其他问题的子程序。例如,排名和链接预测方法通常在用户-物品图中用于提供传统产品推荐。事实上,在许多可以转化为图的问题背景下,这些方法能被用于提供推荐。第 10 章中讨论结点和链接的推荐方法。

1.4.4.2　考虑社会影响的产品和内容推荐

网络连接与其他社交线索能帮助进行多种形式的产品和内容的推荐,这个问题也被称为病毒式营销。在病毒式营销中,使用口碑系统推荐产品。为了实现这一目标,至关重要的是要能够在网络中确定有影响力和实时相关的实体。这个问题在社交网络中被称为影响力分析[297]。当影响因素是话题敏感时,这一问题在社会流情况中的诸多变形已经被提出。例如,在 Twitter 中决定对特定话题有影响力的用户可能对病毒式营销很有用。在其他情况下,社交线索可以从社交网络得出从而做出推荐。这些方法将在第 10 章讨论。

1.4.4.3　信任推荐系统

很多社交媒体网站,如 Epinions[705] 或 Slashdot[706],都允许用户表达彼此是否信任,无论是以一种直接的方式还是通过各种反馈机制。例如,用户可以在对其他用户的评价中表达信任或不信任,或对其他用户直接指明信任或不信任的关系。这种信任信息有助于做出更具健壮性的推荐。例如,基于用户的近邻方法应该使用值得信赖的人群得到具有健壮性的推荐。最近的研究显示[221,588,616],信任信息的嵌入可以使推荐更具健壮性。第 11 章中介绍信任推荐系统。

1.4.4.4　利用社会性标签反馈作推荐

用户有许多方法在推荐系统中嵌入他们的反馈意见。最常见的反馈形式是社会性标签(social tagging)。这种形式的反馈在内容共享的网站上十分常见,如 Flickr(照片分享)[692]、last.fm[692](音乐分享)和 Bibsonomy[708](科学文献共享)。标签是用户用来为内容添加短关键词信息的元数据。例如,一个音乐网站上的用户可能会标记迈克尔·杰克逊的专辑《惊悚》为"摇滚"。此类标记提供有关用户兴趣和物品内容两方面的有用信息(因为标签与这两者相关联)。标签充当做出推荐的有用内容,上下文敏感的推荐方法可以直接将这种反馈纳入推荐过程。其他一些专门的方法也已在推荐过程中使用社会性标签反馈信息。第 11 章将详细讨论这些方法。

1.5　高级论题和应用

本书还将介绍一些高级的论题和应用。这些论题将散布在书中的对应位置,其中大部分会在第 12 章和第 13 章中集中讨论。在本节中,我们简单概述这些论题。

1.5.1　推荐系统中的冷启动问题

推荐系统的主要问题之一是，最初可用评分数据量相对较小。在这种情况下，它难以应用传统的协同过滤模型。在冷启动存在的情况下，虽然内容和信息不总是可获得，但是基于内容的方法和基于知识的方法比协同模型更加具有健壮性。因此，大量的特定方法被设计来改善推荐系统中的冷启动问题。在整本书中也强调了不同模型的冷启动问题的敏感性以及可能的解决方案。

1.5.2　抗攻击推荐系统

推荐系统的使用对销售各类产品及服务有重大的影响。因此，产品和服务的卖家有明显的经济刺激机制以操纵推荐系统的输出，如将自己产品的虚高评价提交给推荐系统。恶意的竞争对手可能会对竞争对手的产品提交有负面的评论。多年来，许多复杂的策略已经被开发来攻击推荐系统。这种攻击是极不可取的，因为它们降低了推荐系统的整体效用，降低了合法用户体验的质量。因此，为了构建具有健壮性的推荐系统，必须有用来应对这些恶意攻击的方法。第 12 章中详细讨论攻击方法，包括各种类型的算法的攻击的敏感性。此外，第 12 章将提供一系列应对这些攻击、构建具有健壮性推荐系统的策略。

1.5.3　组推荐系统

组推荐系统[168]的概念是传统推荐系统一个有趣的延伸。在这种情况下，推荐系统是针对一组用户而不是单个用户推荐某一特定活动。例子可能包括一群人[408,653]一起看电影或电视，健身中心音乐的选择，或向一群游客提供旅行推荐。最早的系统，如 PolyLens[168]，设计模型集中处理个体的偏好来做出组推荐。然而，多年过后，设计组推荐系统的共识演变为设计出比简单组合用户个体需求更好并且能根据不同用户间的互动而做出推荐[272,413]的组推荐系统。由于用户往往会基于社会心理、情感的传染和整合等现象对彼此产生影响，简单的平均策略在处理成分混杂、包含不同口味用户的组时并不是很好。关于这个问题的详细研究可以在 [45，271，407] 中找到。第 13 章的 13.4 节讨论组推荐系统。

1.5.4　多标准推荐系统

在多标准系统中，评分可能是基于单个用户的多个评价标准而产生的。例如，用户可能基于情节、音乐、特效等对电影进行评分。这种技术往往通过将用户对物品的使用建模为对应不同评价标准的评分向量给出推荐。在多标准推荐系统中，只采用传统推荐系统的总体评分通常会获得误导的结果。例如，如果两个用户对一部电影有相同的整体评分，但他们对情节和音乐的部分评分有很大不同，这时这两个用户不应该从基于协同过滤算法的角度被视作类似。在一些多标准系统中，用户可能根本没有给出整体评分。在这种情况下，问题更具挑战性，因为它需要基于多个标准向不同的用户提供物品的推荐排行清单。[11，398，604] 从不同的角度对多标准推荐系统进行了很好的概述。

已经证实[271,410]，一些组推荐系统的方法也适用于多标准推荐系统。然而，由于强调推荐过程的不同方面，这两个论题通常被视为不同。多标准推荐系统方法在第 13 章 13.5 节中讨论。

1.5.5 推荐系统中的主动学习

推荐系统中的一个重大挑战是获取足够的评分使预测具有健壮性。评分矩阵稀疏仍然是推荐系统有效运作的一个重大障碍。获得足够的评分可以减少评分矩阵稀疏的问题。实际使用的很多推荐系统有鼓励用户输入评分以完善系统的机制。例如，用户可能会为某些物品评分而获得奖励。一般情况下，由于获得过程的高成本，通常很难从单个用户处获得太多的评价。因此，必须明智地选择由特定用户进行评分的物品。例如，如果一名用户已经评价了大量的动作片，那么要求该用户去评价另一部动作电影对预测其他的动作电影评分帮助不大，并且对预测属于无关种类的电影评分的帮助甚至更少。另一方面，要求用户评价不太热门种类的电影将对预测这种类型的电影评分有显著帮助。当然，如果用户被要求评价无关的电影，他不一定能够提供反馈，因为他可能根本没有看过那部电影。因此，在推荐系统的主动学习问题中有许多在其他问题领域（如分类问题）没有遇到的有趣权衡问题。推荐系统的主动学习方法的回顾可以在 [513] 中找到。第 13 章 13.6 节中将讨论主动学习方法。

1.5.6 推荐系统中的隐私问题

在很大程度上，推荐系统的建立基于用户显式或是隐式的反馈。这种反馈包含有关用户兴趣的重要信息，并且可能泄露他们的政治观点和个人喜好。在很多情况下，这些信息可能高度敏感，从而导致隐私问题。隐私问题是很重要的，因为它们妨碍了推荐算法的必要的数据采集，而能采集到真实的信息对算法的发展至关重要。例如，Netflix 大奖赛的数据集对推荐系统的作用巨大，它对许多最先进的算法的发展起了促进作用[373]。近年来，在各种数据挖掘问题的背景下，隐私问题一直在探索之中[20]。推荐领域也不例外，许多用于保护隐私的算法[133,484,485]被开发出来。推荐系统中的隐私问题将在第 13 章的 13.7 节中详细讨论。

1.5.7 应用领域

推荐系统被用于许多应用领域，如零售、音乐、目录、网络搜索、查询和计算广告学。上述领域中有一些需要特定的方法调整推荐系统。特别地，第 13 章将研究三个具体领域的推荐系统：新闻推荐、计算广告和互惠推荐系统。实际上，所有这些应用领域都是以网络为中心的。推荐系统的一个重要方面是它们拥有强大的用于跟踪和识别用户长期兴趣的用户识别机制。在许多网络领域，强大的用户识别机制不能实现。在这种情况下，用推荐技术引导用户是不可行的。此外，由于新物品（广告）不断进入和离开系统，多臂赌博机这类特定的方法尤其合适。因此，第 13 章将讨论在哪些情况下推荐系统可以用在这些应用领域。针对现有推荐系统的特定变化也会在第 13 章中和类似多臂赌博机这类高级算法一起讨论。

1.6 小结

本书将对几类重要的推荐系统算法进行简介，包括它们的优缺点以及它们最有效的特定场景。推荐问题将在不同的特定领域场景和不同类型的输入信息以及知识基础的背景下进行研究。本书将说明推荐问题是一个丰富的值得研究的问题，当输入信息类型与具体场景不同时，推荐问题会具有不同的表现形式。此外，不同算法的有效性可能会随具体问题设置的不同而不同。在许多情况下，当开发混合推荐系统时会有效地利用这些权衡。

　　许多更高级的话题，比如攻击模型、组推荐系统、多标准系统和主动学习系统将在本书的后续章节进行研究。我们还将讨论一些特定的应用程序，比如新闻的推荐和计算广告。希望本书能为读者提供推荐系统在不同场景中的应用的全面概述。

1.7　相关工作

　　20 世纪 90 年代中期，推荐系统越来越受欢迎，例如 GroupLens[501] 推荐系统。自那时起，推荐系统的各类模型如协同系统、基于内容的系统和基于知识的系统等被广泛研究。关于此主题的详细综述和书籍可以在 [5，46，88，275，291，307，364，378，505，529，570] 中找到。其中，[5] 是一篇很好的综述，对基本思想进行了很好的概述。更多最近的综述可以在 [88，378，570] 中找到。[544] 是关于使用非传统信息（比如社会、实时、辅助信息或上下文相关的数据）的推荐系统的综述。推荐系统研究的分类可以在 [462] 中找到。[275] 给出一本极好的介绍书，而详细的手册[505] 详细讨论了推荐系统的各个方面。

　　协同过滤和不完整评分矩阵的问题与传统文献上的缺失数据分析[362] 密切相关，虽然这两个领域经常被独立研究。[33，98，501，540] 最早研究了基于用户的协同过滤模型。基于用户的方法是利用相似用户对同一物品的评分来进行预测。虽然这种方法最初很受欢迎，但是它们不易于扩展，而且有时不准确。随后，提出了基于物品的方法[181,360,524]，其中计算预测评分是对同一用户与类似物品的评分。做出推荐的另一种流行方法是使用潜在因子模型。在最早的研究中，潜在因子模型是独立出现在推荐[525] 和缺失值分析[24] 上下文中的。最终这些方法被重新发现，作为最有效的推荐方法[252,309,313,500,517]。除此以外，降维方法也被用来减少评分矩阵的维数，从而提高计算从用户到用户或是从物品到物品的相似度的效率[228,525]。然而，在缺失数据分析方面的工作只是与推荐文献有关。协同过滤的其他相关模型包括使用如聚类[167,360,608]、分类或关联模式挖掘[524] 的数据挖掘模型。稀疏性是这类系统中的主要问题，各种基于图的系统可用于减轻数据稀疏性问题[33,204,647]。

　　基于内容的方法与信息检索文献 [144，364，400] 的紧密联系在于在推荐过程中使用相似的检索方法。文本分类方法在推荐过程中也特别有用。各种文本分类方法的详细探讨可以在 [22] 中找到。一些最早基于内容推荐的研究在 [60，69] 中可以找到。[5] 中也详尽地讨论了基于内容的推荐。

　　由于物品领域非常复杂，许多情况下协同和基于内容的方法对于获得有意义的推荐是没有用的。在这种情况下，基于知识的推荐系统[116] 特别有用。人口统计推荐系统在 [320，475，508] 中讨论，而 [239] 讨论了基于效用的推荐系统。[598] 是一篇关于推荐系统的很好综述。

　　针对不同背景设计不同的推荐系统会更有效。推荐系统的评估[246] 对于判断不同算法的效率很重要。在 [538] 中可以找到一个详细的评估方法的讨论。混合系统[117] 可以结合不同的推荐系统，以获得更有效的结果。此外，集成方法还可以结合相同类型的算法以获得更有效的结果。Netflix 大奖赛的顶尖参赛作品，例如 "The Ensemble"[704] 和 "Bellkor's Pragmatic Chaos"[311]，都是集成方法。

　　推荐系统需要专门的方法，使它们在各种不同的情形下更有效。有效使用这种系统的一个主要问题是冷启动问题，即推荐过程启动之初没有足够数量的评分可用。因此，通常

27 有专门的方法来解决这一问题[533]。在许多情况下，推荐的上下文，如位置、时间或社交信息，可以用于显著改善推荐过程[7]。每个不同上下文都被当作推荐系统的一个独立领域来进行研究。时间感知的推荐系统在［310］中进行了研究，而［26］中讨论了位置感知的推荐系统。社会环境是特别多样的，因为它允许各种各样的问题背景。你可以在社交网络中推荐结点或链接，也可以通过社交线索的帮助推荐产品。这些背景与社交网络分析领域[656]密切相关。每个排名、结点分类和链接预测的传统问题[22,656]都可以看作是社交网络中的结构推荐问题。此外，在社交网络背景之外，这些形式的推荐也很有用。有趣的是，通过将用户-物品的相互作用转化为一个二分图结构[261]，链接预测等方法也可以用于传统推荐。社交信息的一个不同形式是将社交线索用于生成推荐[588]。社交网络结构也可以直接用于病毒式营销应用[297]。

由于推荐系统往往有助于产品的销售，这些产品或竞争对手的卖家有显著的动机来通过操纵评分攻击推荐系统。在这种情况下，推荐质量不会很高，因此不可信赖。近年来，大量的精力专门讨论值得信赖的推荐系统的设计[444]。［45，271，272，407，408，412，413，415，653］讨论了不同的组推荐系统。多标准推荐系统在［11，398，604］中进行了讨论。［513］讨论了主动学习方法。隐私保护方法在［20］中进行了大致的讨论。最早研究保护隐私推荐的论题在［133，451，484，485，667］中介绍。由于数据的高维性质，隐私对这类系统仍然是一个重大的挑战。［30，451］中说明了在不同类型的数据集上如何利用维数进行隐私攻击。

1.8 习题

1. 解释在推荐系统的设计中为什么一元评分是明显不同于其他类型的评分。
2. 讨论在何种情况下基于内容的推荐不如基于评分的协同过滤方式。
3. 假设你需要设计一个系统，能利用可视化界面来判断用户所感兴趣的产品。这种情况下应使用哪种类别的推荐系统呢？
4. 讨论在推荐过程中位置起着重要作用的一个场景。
5. 本章提到协同过滤可以视为分类问题的泛化这一事实。讨论一种将分类算法变成协同过滤的简单方法。解释为什么难以在稀疏评分矩阵上使用该方法。
6. 假设你有一个能够预测评分的推荐系统。如何利用它来设计 top-k 推荐系统？基于对预测算法的应用数量，讨论该系统的计算复杂性。在什么情况下，这种做法会变得不切实际？

28

基于近邻的协同过滤

邻居帮助邻居时，社区便更加健壮了。

——Jennifer Pahlka

2.1 引言

基于近邻的协同过滤算法，也被称为基于内存的算法（memory-based algorithm），是最早的为协同过滤而开发的算法之一。这类算法是基于相似的用户以相似的行为模式对物品进行评分，并且相似的物品往往获得相似的评分这一事实。基于近邻的算法分为以下两个基本类型：

1）**基于用户的协同过滤**：这种类型中，把与目标用户 A 相似的用户的评分用来为 A 进行推荐。这些"同组群体"对每件物品的评分的加权平均值将用来计算用户 A（对物品）的预计评分。

2）**基于物品的协同过滤**：为了推荐目标物品 B，首先确定一个物品集合 S，使 S 中的物品与 B 相似度最高。然后，为了预测任意一个用户 A 对 B 的评分，需要确定 A 对集合 S 中物品的评分。这些评分的加权平均值将用来计算用户 A 对物品 B 的预计评分。

基于用户的协同过滤与基于物品的协同过滤的一个重要区别是：前者利用相似用户的评分来预测该用户的评分；后者利用用户自己对相似物品的评分来预测用户对其他物品的评分。前者利用用户（评分矩阵的行）之间的相似性来定义近邻；后者利用物品（评分矩阵的列）之间的相似性定义近邻。因此，这两种方法是互补的关系。但是，这两种方法得到的推荐类型有明显差别。

为了进一步的讨论，我们假设用户-物品评分矩阵是一个不完全的 $m \times n$ 矩阵 $R = [r_{uj}]$，包含 m 个用户和 n 件物品，并且假设它只有一小部分是已知的或已观测的。和其他所有协同过滤算法一样，基于近邻的协同过滤算法能够被形式化为下列两种方式之一：

1）**预测用户-物品组合的评分**：这是最简单、最原始的推荐系统形式。这种情况下，预测了用户 u 对于物品 j 的评分 r_{uj}。

2）**确定前 k 件物品或前 k 个用户**：实际上，商家大部分时候并不需要知晓每个用户-物品评分的具体值。了解与特定用户最相关的前 k 件物品或者与特定用户最相关的前 k 个用户反而更加有意义。与确定前 k 个用户相比，确定前 k 件物品的问题更加普遍。这是由于前者将用户置于核心地位而向用户呈现推荐的物品。在传统的推荐算法中，"top-k 问题"几乎都是指找到前 k 件物品而非前 k 个用户的过程。然而对于商家来说，后者在决定市场运营的最佳目标用户时同样有用。

上述的两种问题具有紧密的联系。例如，为了判定为特定用户推荐的前 k 件物品，可以先预测这位用户对每件物品的评分。为提高效率，基于近邻的方法在线下预先计算一些预测所需的数据。然后利用这些预先计算的数据可以更高效地计算物品的评分。

本章将讨论多种基于近邻的方法。我们将学习评分矩阵的某些性质对协同过滤算法带来的影响。另外，我们将研究评分矩阵对推荐的有效性和效率的影响。我们将讨论利用聚类和基于图模型的表示方法来实现基于近邻的推荐系统。我们还会讨论近邻方法和回归建模技术之间的联系。回归方法为基于近邻的方法提供了一种优化框架。特别是，基于近邻的方法被证明是最小二乘法回归模型的启发式近似结果[72]。这种近似相等的性质将在 2.6 节中展示。这样的优化框架也为将近邻方法与其他诸如潜在因子模型的优化方法相结合铺平了道路。具体的做法将在第 3 章 3.7 节中详细讨论。

本章组织结构如下。2.2 节讨论评分矩阵的很多关键性质。2.3 节讨论基于近邻的协同过滤算法中的关键部分。2.4 节讨论如何利用聚类方法加速基于近邻的协同过滤算法。2.5 节讨论使用降维方法改进基于近邻的协同过滤算法。在 2.6 节中，我们从优化模型的视角讨论基于近邻的方法。一种线性回归的方式被用于模拟在基于学习和优化的框架下的近邻模型。2.7 节讨论如何使用图形表示来解决近邻方法中的稀疏问题。2.8 节是本章小结。

2.2 评分矩阵的关键性质

正如之前所讨论的，我们假设 R 代表 $m \times n$ 的评分矩阵，其中 m 表示用户数，n 表示物品数，r_{uj} 表示用户 u 对物品 j 的评分。矩阵中只有小部分数据是已知的，我们称已知的数据为训练数据，未知的数据为测试数据。这样的定义直接与分类、回归和半监督学习算法中的定义相对应[22]。在分类问题中，所有未知的数据都包含在特定的列中，被称为类变量或因变量。因此，推荐问题可以看成是分类和回归问题的泛化。

根据具体应用的不同，评分可以分为如下几类：

1) 连续评分：这种评分是连续变量，分值对应着对眼前物品的喜恶程度。比如 Jester joke 推荐引擎[228,689]就是使用这种评分的一个例子，这种引擎允许评分从 $-10 \sim 10$ 连续变化。其缺点是为用户带来了要从无穷多个数中想出一个的负担，因此采用这种方式的相对稀少。

2) 间隔评分：这种评分通常采用 5 分制或 7 分制，当然，也可能是 10 分制或 20 分制。其实例可以是 $1 \sim 5$，$-2 \sim 2$ 或者 $1 \sim 7$ 的整数。一个重要的假设是令分值明确定义评分之间的差距，并且通常情况下分值是等距的。

3) 顺序评分：顺序评分与间隔评分十分相近，唯一的不同是顺序评分使用有序的分类值，例如"强烈反对""反对""保留意见""赞同""强烈赞同"。顺序评分与间隔评分主要的区别在于：顺序评分不要求相邻评分等距。然而，这仅仅是理论情况，实际上这些不同的分类值常常被赋予等距的实用数值。比如令"强烈反对"为 1 分，"强烈赞同"为 5 分。在这种情况下，顺序评分几乎等同于间隔评分。通常来说，为避免偏差，正面评价与负面评价的数目是相等的。当设置偶数种评价时，不提供"保留意见"选项，这种方法就是强迫选择法，因为你必须表明立场。

4) 二元评分：在二元评分中，仅提供两个选项，分别对应正面与负面的评价。二元评分可以看作是间隔评分与顺序评分的特殊情况。例如，Pandora 网络广播站让用户能够选择喜欢或不喜欢特定的音乐曲目。二元评分迫使用户做出选择，以防止用户因持中立态度而总是不做出评价。

5) 一元评分：这种系统允许用户对某件物品选择一个正面的选项，但不提供负面选项。这往往是许多真实世界中的设置，比如 Facebook 中使用的"喜欢"按钮。更进一步，一元评分可以从顾客的操作中导出。例如，顾客购买某物品的行为可被视为对该物品的一项正面投票。另一方面，顾客没有购买某件物品并不一定意味着顾客不喜欢这件物品。一元评分很特别，因为它简化了用于设定评分的专业模型的开发过程。

值得一提的是，从客户操作中推导一元评分也被称为隐式反馈（implicit feedback），因为反馈不是由客户直接提供，而是隐式地从客户操作中推断出来。这种类型的"评分"往往更容易获得，因为用户更愿意与网站上的物品进行交互操作而不是显式地评价它们。隐式反馈（即一元评分）可以被看成是分类和回归建模中的正例−无标记学习问题的矩阵补全。

物品评分的分布常常满足现实世界中的长尾（long-tail）属性。根据这一属性可知，只有一小部分的物品被频繁地评价，这类物品被称为热门物品。而绝大多数的物品很少被评价。这导致了分布的高度偏斜。图 2-1 阐述了一个评分偏斜分布的例子。X 轴代表物品的序号，按被评价的频率降序排列，Y 轴代表物品被评价的频率。显然，大多数物品的评价次数很少。这样的评分分布对推荐过程有着重要意义：

1）在许多情况下，高频物品倾向于利润低的、竞争相对激烈的物品，另一方面，低频物品的利润率更大。这种情况下，推荐低频物品对商家来说是有利的。事实上，分析表明[49]，许多公司，比如 Amazon.com，通过销售长尾部分的物品使得利润最大化。

2）由于长尾部分的物品评价较少，对长尾部分提供健壮的评分预测通常更加困难。实际上，许多推荐算法倾向于推荐热门物品而非冷门物品[173]。这种现象制约了物品推荐的多样性，用户可能常常对相同的推荐感到厌倦。

3）长尾分布意味着经常被评价的物品数量较少。这一事实对基于近邻的协同过滤算法有着重要影响，因为近邻的定义常常是基于这些经常被评价的物品。在很多情况下，热门物品的评价并不能代表冷门物品的评价，因为这两类物品在评分模式上有着本质区别。故，预测过程可能产生具有误导性的结果。正如在第 7 章 7.6 节中将要谈到的，这种现象也能造成推荐算法的误导性评价。

推荐过程中，需要考虑评分的诸如稀疏性和长尾性这样重要的特性。通过调整推荐算法，考虑这种现实属性，就能够获得更有意义的预测[173,463,648]。

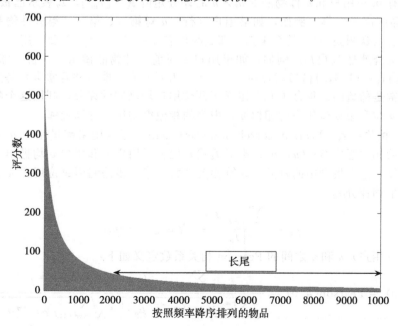

图 2-1　评分频率的长尾性质

2.3 通过基于近邻的方法预测评分

基于近邻的方法的基本思想是，利用用户–用户的相似性或物品–物品的相似性从评分矩阵中获得推荐结果。近邻这一概念说明我们需要确定相似的用户或相似的物品来预测评分。接下来，我们将讨论如何使用基于近邻的方法来预测特定的用户–物品组合的评分。基于近邻的模型有如下两个基本原则：

1）基于用户的模型：相似的用户对相同的物品有相似的评价。因此，如果 Alice 和 Bob 在过去对电影有相似的评价，我们就能利用 Alice 对电影《Terminator》的已知评价去预测 Bob 对这部电影的评价。

2）基于物品的模型：同一位用户对相似的物品评价是相似的。因此，Bob 对《Alien》和《Predator》这类科幻电影的评价可以用来预测他对相似电影《Terminator》的评价。

既然协同过滤问题能被看作是分类/回归建模问题的泛化，基于近邻的方法也能被看作是机器学习中最近邻分类器的泛化。分类是基于矩阵的行相似度来判定最近邻，而对于协同过滤来说，既可以是根据行也可以是根据列的相似度来判定最近邻。这是由于在分类问题中所有缺少的项都集中在某一列，而协同过滤中缺少的项散布在不同的行和列（见第1章1.3.1.3节）。接下来我们将讨论关于基于用户和基于物品的近邻模型的细节问题，以及它们的变形。

2.3.1 基于用户的近邻模型

在这种方法中，定义基于用户的近邻是为了识别与目标用户评分相似的用户。为了确定目标用户 i 的近邻，我们计算她与其他用户的相似度。因此，需要定义一个用户评分相似度函数。由于用户评价尺度的差别，计算这样的相似度是一件棘手的事情。某位用户可能倾向于喜欢大部分物品，而另一位可能倾向于不喜欢大部分物品。而且，不同的用户可能评价了不同的物品。因此，需要定义一种机制来解决这些问题。

对于拥有 m 位用户和 n 件物品的 $m \times n$ 的评分矩阵 $\boldsymbol{R} = [r_{uj}]$，$I_u$ 表示已被用户（行）u 评价的物品的序号之集。例如，如果用户（行）u 对第一、第三、第五件物品（列）的评价是已知的（观测到的），其余未知，那么我们有 $I_u = \{1,3,5\}$。因此，用户 u 和 v 均评价过的物品集合就是 $I_u \bigcap I_v$。例如，如果用户 v 对前 4 件物品做出了评价，那么 $I_v = \{1,2,3,4\}$，$I_u \bigcap I_v = \{1,3,5\} \bigcap \{1,2,3,4\} = \{1,3\}$。$I_u \bigcap I_v$ 有可能（并且常常）是空集，因为评分矩阵通常是稀疏的。集合 $I_u \bigcap I_v$ 定义了两位用户均已知的评分，利用这个集合，我们可以计算第 u 位和第 v 位用户的相似度，得到的相似度则用于计算近邻。

Pearson 相关系数（Pearson correlation coefficient）可以用来衡量用户 u 和用户 v 之间评分向量的相似程度 $\text{Sim}(u, v)$。鉴于 $I_u \bigcap I_v$ 代表了用户 u 和用户 v 均做出评分的物品序号集合，仅在这个集合中的物品上计算相关系数。第一步是利用每位用户 u 的评分计算每位用户的平均评分 μ_u：

$$\mu_u = \frac{\sum_{k \in I_u} r_{uk}}{|I_u|} \quad \forall u \in \{1 \cdots m\} \tag{2-1}$$

接下来，行（用户）u 和 v 之间的 Pearson 相关系数定义如下：

$$\text{Sim}(u, v) = \text{Pearson}(u, v) = \frac{\sum_{k \in I_u \bigcap I_v} (r_{uk} - \mu_u) \cdot (r_{vk} - \mu_v)}{\sqrt{\sum_{k \in I_u \bigcap I_v} (r_{uk} - \mu_u)^2} \cdot \sqrt{\sum_{k \in I_u \bigcap I_v} (r_{vk} - \mu_v)^2}}$$

$$\tag{2-2}$$

严格来说，传统意义上的 Pearson(u, v) 要求仅对用户 u 和用户 v 均做出评分的物品计算 μ_u 和 μ_v。与公式（2-1）不同，这样计算所得到的 μ_u 取决于用于 Pearson 相似度计算的另一位用户的选择。然而，如公式（2-1）所示，对每一位用户 u 仅计算一次 μ_u 是很常见（并且计算简单）的。我们很难证明两种计算 μ_u 的方式中，哪一种是严格意义上比另一种更优化的方法。在两位用户仅有一种共同评价过的物品这种极端情况下，能够证明使用公式（2-1）计算 μ_u 将会提供更多的信息，因为在传统定义下，只有单个共同物品时，Pearson 系数的含义是模糊的。因此，在本章中，我们将使用更简单的公式（2-1）。然而，需要读者牢记于心的重要的一点是，许多基于用户方法的实现中在计算 Pearson 系数时都成对计算 μ_u 和 μ_v。

我们计算目标用户和其他每一位用户之间的 Pearson 系数。一种定义目标用户的同组群体的方法是选择前 k 个 Pearson 系数最高的用户。然而，这样挑选出的同组群体对各个物品的评分情况有明显差别，因此需要对每个要预测评分的物品都单独找出前 k 位最相似的用户，这样对每个物品都有 k 个用户做出评分。这些评分的加权平均值能作为对那件物品的预测评分。在这里，每一个评分都以做出评分的用户与目标用户之间的 Pearson 系数作为权重。

这种方法的主要问题是，不同的用户可能以不同的尺度做出评价。某位用户可能对所有物品做出高度评价，而另一位用户也许对所有物品给出消极评价。因此，在确定同组群体的（加权）平均评分之前，用户的评分需要按行进行均值中心化。用户 u 对物品 j 按均值中心化后的评分 s_{uj} 被定义为原始评分 r_{uj} 减去其平均评分。

$$s_{uj} = r_{uj} - \mu_u \ \forall\, u \in \{1 \cdots m\} \tag{2-3}$$

34
~
35

正如之前所说，目标用户 u 的前 k 个同组群体对一件物品的均值中心化评分的加权平均值被用于提供一个均值中心化（mean-centered）的预测。再把目标用户评分的平均值加上这个预测，得到用户 u 对物品 j 的一个评分预测 $\hat{r}_{uj}$。r_{uj} 顶部的帽形记号"$\hat{\ }$"表示一个预测评分，与原始评分矩阵中已知的评分相对。令 $P_u(j)$ 表示与目标用户 u 最相近的 k 位对物品 j 做出评分的用户集合$\ominus$。作为一种启发式的改进，与目标用户 u 相关性很低或者负相关的用户有时会从 $P_u(j)$ 中剔除。于是，整体的基于近邻的预测函数表示如下：

$$\hat{r}_{uj} = \mu_u + \frac{\sum_{v \in P_u(j)} \mathrm{Sim}(u, v) \cdot s_{vj}}{\sum_{v \in P_u(j)} |\mathrm{Sim}(u, v)|} = \mu_u + \frac{\sum_{v \in P_u(j)} \mathrm{Sim}(u, v) \cdot (r_{vj} - \mu_v)}{\sum_{v \in P_u(j)} |\mathrm{Sim}(u, v)|} \tag{2-4}$$

这种泛化的方法可以允许定义不同类型的相似度函数或预测函数，以及物品被淘汰的策略。

基于用户的算法实例

考虑表 2-1 中的例子，表中展示了 1…5 这 5 位用户对标号为 1…6 的 6 件物品的评分。每一项评分从 $\{1 \cdots 7\}$ 中取值。假设目标用户是 3 号用户，我们希望基于表 2-1 中的评分进行物品预测。为决定最优的推荐物品，我们需要计算用户 3 对物品 1 和物品 6 的预测评分 $\hat{r}_{31}$ 和 $\hat{r}_{36}$。

第一步要计算用户 3 与其他用户的相似度。我们在这一表格的后两列展示了两种计算相似度的可行方法。倒数第二列展示了评分之间基于余弦的相似度，而最后一列展示了基于 Pearson 相关系数的相似度。例如，Cosine$(1, 3)$ 和 Pearson$(1, 3)$ 的值计算如下：

$\ominus$ 在许多情况下，与目标用户 u 相似的对物品 j 做出评分的 k 位有效用户可能不存在。这种情况在评分矩阵稀疏时尤其常见，比如已知的评分少于 k 个，此时 $P_u(j)$ 的基数将小于 k。

$$\text{Cosine}(1,3) = \frac{6*3+7*3+4*1+5*1}{\sqrt{6^2+7^2+4^2+5^2} \cdot \sqrt{3^2+3^2+1^2+1^2}} = 0.956$$

$$\text{Pearson}(1,3) = \frac{(6-5.5)*(3-2)+(7-5.5)*(3-2)+(4-5.5)*(1-2)+(5-5.5)*(1-2)}{\sqrt{1.5^2+1.5^2+(-1.5)^2+(-0.5)^2} \cdot \sqrt{1^2+1^2+(-1)^2+(-1)^2}}$$
$$= 0.894$$

表 2-1 的后两列展示了用户 3 与其他用户的余弦相似度和 Pearson 相似度。需要注意到，Pearson 相关系数更具有说服力，并且其符号的正负代表了相似或相异。根据两种相似度的计算方法，与用户 3 最相近的两位用户是用户 1 和用户 2。根据用户 1 和用户 2 的原始评分以 Pearson 系数为权重的加权平均值，对用户 3 未评分的物品 1 和 6 得到如下预测：

$$\hat{r}_{31} = \frac{7*0.894+6*0.939}{0.894+0.939} \approx 6.49$$

$$\hat{r}_{36} = \frac{4*0.894+6*0.939}{0.894+0.939} = 4$$

表 2-1 用户 3 和其他用户间的用户-用户相似度计算

物品 ID⇒ 用户 ID⇓	1	2	3	4	5	6	平均评分	Cosine(i, 3)(用户—用户)	Pearson(i, 3)(用户—用户)
1	7	6	7	4	5	4	5.5	0.956	0.894
2	6	7	?	4	3	4	4.8	0.981	0.939
3	?	3	3	1	1	?	2	1.0	1.0
4	1	2	2	3	3	4	2.5	0.789	−1.0
5	1	?	1	2	3	3	2	0.645	−0.817

因此，物品 1 应该先于物品 6 被推荐给用户 3。更进一步，预测结果显示，对用户 3 来说，与她评价过的任何电影相比，她或许会更喜欢电影 1 和电影 6。然而，这是由于同组群体 {1，2} 远比目标用户 3 要乐观，他们给出更多积极的评分。现在，让我们验证均值中心化的评分对预测带来的影响。表 2-2 展示了均值中心化的评分，与之对应的均值中心化的预测公式（2-4）如下所示：

$$\hat{r}_{31} = 2 + \frac{1.5*0.894+1.2*0.939}{0.894+0.939} \approx 3.35$$

$$\hat{r}_{36} = 2 + \frac{-1.5*0.894-0.8*0.939}{0.894+0.939} \approx 0.86$$

于是，均值中心化的预测结果仍然认为物品 1 应该优先于物品 6 被推荐给用户 3。然而，一个与之前的推荐至关重要的不同是，在这种情况下，物品 6 的预测评分只有 0.86，低于用户 3 评价过的任何物品。这与之前物品 6 的预测评分高于所有已知评分的情况有天壤之别。直接观察表 2-1（或者表 2-2），显然，用户 3 理应给予物品 6 很低的评分（和她的其他物品相比），因为与她最相近的用户（用户 1 和 2）对物品 6 的评分都比他们对其他物品的评分低。由此可见，均值中心化能够就已知的评分提供更好的相对预测。在许多情况下，这么做也会影响到所预测物品的相对顺序。这种结果唯一的缺点是物品 6 的预测评分 0.86 超出了允许的评分范围。这样的评分可以用来排名，也可以将预测值修正到最近的允许值。

表 2-2 将表 2-1 调整为均值中心化的评分矩阵和物品-物品的余弦相似度计算。最后两行显示了物品 1 和物品 6 与其他物品的调整后的余弦相似度

物品 ID⇒ 用户 ID⇓	1	2	3	4	5	6
1	1.5	0.5	1.5	−1.5	−0.5	−1.5
2	1.2	2.2	?	−0.8	−1.8	−0.8
3	?	1	1	−1	−1	?
4	−1.5	−0.5	−0.5	0.5	0.5	1.5
5	−1	?	−1	0	1	1
Cosine (1, j) (物品-物品)	1	0.735	0.912	−0.848	−0.813	−0.990
Cosine (6, j) (物品-物品)	−0.990	−0.622	−0.912	0.829	0.730	1

2.3.1.1 相似度函数的变形

在实践中也会用到一些不同形式的相似度函数。一种变形是将余弦函数应用在原始评分上，而不是应用在均值中心化的评分上：

$$\mathrm{RawCosine}(u,v) = \frac{\sum_{k \in I_u \cap I_v} r_{uk} \cdot r_{vk}}{\sqrt{\sum_{k \in I_u \cap I_v} r_{uk}^2} \cdot \sqrt{\sum_{k \in I_u \cap I_v} r_{vk}^2}} \tag{2-5}$$

在余弦函数的一些实现中，分母上的归一化因子被设为基于该用户所有已评分的物品而不是两个用户共同已评分的物品。

$$\mathrm{RawCosine}(u,v) = \frac{\sum_{k \in I_u \cap I_v} r_{uk} \cdot r_{vk}}{\sqrt{\sum_{k \in I_u} r_{uk}^2} \cdot \sqrt{\sum_{k \in I_v} r_{vk}^2}} \tag{2-6}$$

总的来说，相比于余弦函数中均值中心化的偏差调整（bias adjustment）效果，Pearson 相关系数往往更加可取。这种调整考虑了不同的用户在总的评价模式上宽容程度不尽相同这一事实。

相似度函数 Sim(u, v) 的可靠程度通常受用户 u 和用户 v 之间共有评分数量 $|I_u \cap I_v|$ 的影响。当两位用户的共有评分很少时，为了削弱这对用户的重要程度，应该引入一个削减因子以降低相似度。这种方法被称为显著性加权（significance weighting）。当两位用户的共有评价数小于特定的阈值 β 时，削减因子将被引入。削减因子的值定义为 $\frac{\min\{|I_u \cap I_v|, \beta\}}{\beta}$，它的取值在 [0, 1] 上。因此，削减过的相似度 DiscountedSim (u, v) 定义如下：

$$\mathrm{DiscountedSim}(u,v) = \mathrm{Sim}(u,v) \cdot \frac{\min\{|I_u \cap I_v|, \beta\}}{\beta} \tag{2-7}$$

削减过的相似度被用于确定目标用户的同组群体和公式（2-4）中来计算预测结果。

2.3.1.2 预测函数的变形

有许多预测函数的变形被用于公式（2-4）。例如，有人也许会用 s_{uj} 除以用户 u 已知评分的标准差 σ_u 而产生的 Z-分数 z_{uj} 来代替将原始评分均值中心化的 s_{uj}。标准差定义如下：

37

$$\sigma_u = \sqrt{\frac{\sum_{j \in I_u}(r_{uj} - \mu_u)^2}{|I_u| - 1}} \quad \forall u \in \{1 \cdots m\} \qquad (2\text{-}8)$$

标准化的评分计算如下：

$$z_{uj} = \frac{r_{uj} - \mu_u}{\sigma_u} = \frac{s_{uj}}{\sigma_u} \qquad (2\text{-}9)$$

令 $P_u(j)$ 表示与目标用户 u 最相近的且对物品 j 做出过评价的 k 位用户集合，于是目标用户 u 对物品 j 的预测评分 $\hat{r}_{uj}$ 表示如下：

$$\hat{r}_{uj} = \mu_u + \sigma_u \frac{\sum_{v \in P_u(j)} \mathrm{Sim}(u,v) \cdot z_{vj}}{\sum_{v \in P_u(j)} |\mathrm{Sim}(u,v)|} \qquad (2\text{-}10)$$

注意在这种情况下，加权平均值需要乘上 σ_u。通常来说，如果在评分归一化的过程中使用了某函数 $g(\cdot)$，那么在最终的预测过程中就要使用其反函数。虽然人们通常认为归一化能够改善预测结果，但是许多研究对均值中心化或 Z- 分数能否提供更高质量的结果得出了相反的结论[245,248]。Z- 分数的一个问题在于预测结果可能会频繁地超出允许的评分范围。当然，即使预测结果超出范围，它仍然能用来将物品按照特定用户的需求程度排名。

预测中的第二个问题是，公式（2-4）中的各种评分的加权。用户 v 与目标用户 u 的相似度 $\mathrm{Sim}(u,v)$ 被作为权重，加权给每一个用户 v 对物品 j 的均值中心化评分 s_{vj}。我们选择 Pearson 相关系数作为 $\mathrm{Sim}(u,v)$ 时，一个通用的技巧是使用它的 α 次幂去放大它，也就是说，我们有：

$$\mathrm{Sim}(u,v) = \mathrm{Pearson}(u,v)^\alpha \qquad (2\text{-}11)$$

选择 $\alpha > 1$，就能放大相似度在公式（2-4）中的重要性。

正如之前所讨论的那样，基于近邻的协同过滤方法是最近邻分类/回归方法的泛化。之前的讨论更接近最近邻回归建模问题，而不是最近邻分类问题，这是由于在预测过程中预测值被当作连续变量。我们也可以通过将评分看作分类变量并忽略评分之间的顺序来创建一种更接近分类方法的预测函数。一旦确定了目标用户 u 的同组群体，组中对每个可能的评分（比如，赞同、保留意见、反对）的投票数便确定了。票数最多的评分项被预测为相关评分。这种方法的优势在于能够输出最有可能的评分而非评分的平均分。这种方法在不同评分项数很少时通常会更加有效。在相邻评分项之间的评分间隔没有被定义的评分中，这种方法也是有用的。然而，在评分项粒度很高时，这种方法的健壮性较差，并且丢失了许多评分中的顺序信息。

2.3.1.3　筛选同组群体的各类变形

为目标用户定义并筛选同组群体的方法多种多样。最简单的方法是选择前 k 位与目标用户最相似的用户做他的同组群体。然而，这种方法也许会选中与目标用户相关性弱或者负相关的用户。弱相关的用户可能会增加预测的错误。更进一步，利用负相关的评价去预测潜在的评价反转通常没有很大的价值。虽然就技术而言允许预测函数使用弱相关或负相关的评价，但对它们的使用与近邻算法中更广泛的原则相违背，因此，弱相关或负相关的评分通常会被剔除。

2.3.1.4　长尾的影响

如 2.2 节所说，在许多真实的场景中，评分的分布通常呈长尾分布。某些电影可能非常受欢迎以至于它们经常作为被不同用户共同评价的项出现。这样的评价有时会降低推荐的质量，因为它们对不同的用户缺乏区分力。这种推荐的负面影响在同组群体计算和预测计算（见公式（2-4））中都有体现。这与在文档检索应用中很常见并且无具体信息的单词（例如，"a""an""the"）会使检索结果变坏的道理一样。因此，协同过滤中推荐的解决方法也与信息检索中的方法类似。正如信息检索中逆文档频率（idf）这一概念[400]一样，我们可以使用逆用户频率这一概念。设 m_j 为物品 j 的评价数，m 为用户总数，那么物品 j 的权重 w_j 定义如下：

$$w_j = \log\left(\frac{m}{m_j}\right) \quad \forall j \in \{1 \cdots n\} \tag{2-12}$$

在相似度计算和推荐过程中，每件物品 j 都被赋予权重 w_j。例如，对 Pearson 系数做如下修改以包含这些权重：

$$\text{Pearson}(u,v) = \frac{\sum_{k \in I_u \cap I_v} w_k \cdot (r_{uk} - \mu_u) \cdot (r_{vk} - \mu_v)}{\sqrt{\sum_{k \in I_u \cap I_v} w_k \cdot (r_{uk} - \mu_u)^2} \cdot \sqrt{\sum_{k \in I_u \cap I_v} w_k \cdot (r_{vk} - \mu_v)^2}} \tag{2-13}$$

物品加权也可以用在其他协同过滤方法中。例如，在基于物品的协同过滤算法中，即使两件物品加权后的余弦相似度保持不变，也可以在最终预测时进行加权。

2.3.2 基于物品的近邻模型

在基于物品的模型中，以物品而不是用户构建同组群体。因此，需要计算物品（即评分矩阵的列）之间的相似度。在计算列之间的相似度之前，每行的评分被以均值为零点中心化。和基于用户的模型一样，每一件物品的评分都被减去该物品的平均评分以得到一个均值中心化的矩阵。这一过程与之前计算均值中心化评分 s_{uj} 一样（见公式（2-3））。令 U_i 表示已对物品 i 做出评价的用户集合。因此，如果第一、第三、第四位用户对物品 i 的评价已知，那么我们有 $U_i = \{1,3,4\}$。

于是，物品 i 与物品 j 的调整余弦相似度定义如下：

$$\text{AdjustedCosine}(i,j) = \frac{\sum_{u \in U_i \cap U_j} s_{ui} \cdot s_{uj}}{\sqrt{\sum_{u \in U_i \cap U_j} s_{ui}^2} \cdot \sqrt{\sum_{u \in U_i \cap U_j} s_{uj}^2}} \tag{2-14}$$

这种相似度之所以被称为调整过的，是因为在计算相似度数值之前，评分被均值中心化了。虽然在基于物品的方法中仍然可以使用 Pearson 相关系数，但调整余弦通常会产生更好的结果。

假设我们需要确定用户 u 对物品 t 的评分。第一步是通过之前提到的调整余弦相似度确定与物品 t 最相似的 k 件物品。用 $Q_t(u)$ 表示用户 u 已评价且与 t 最相似的 k 件物品。这些（原始）评分的加权平均值即是预测结果。物品 j 与目标物品 t 的调整余弦相似度即为其权重。因此，用户 u 对目标物品 t 的预测评分表示如下：

$$\hat{r}_{ut} = \frac{\sum_{j \in Q_t(u)} \text{AdjustedCosine}(j,t) \, r_{uj}}{\sum_{j \in Q_t(u)} |\text{AdjustedCosine}(j,t)|} \tag{2-15}$$

基本思想是在最终预测阶段中利用用户自己对相似物品的评价。例如，在一个电影推荐系统中，物品的同组群体通常是同类型的电影。一位用户对这些电影的历史评价在预测这位用户的兴趣时是十分可靠的因素。

前一节讨论了许多基于用户的协同过滤的基本方法的变形。由于基于物品的算法与基于用户的算法十分相似，所以在基于物品的方法中，也可以在相似度函数和预测函数中设计类似的变形。

基于物品的算法实例

我们仍然利用表 2-1 的例子来说明基于物品的算法。我们将使用基于物品的算法来预测用户 3 的未知评分。因为用户 3 对物品 1 和物品 6 的评分是未知的，因此我们需要计算物品 1 和物品 6 与其他列（物品）的相似度。

首先，需要计算均值中心化以后的物品相似度。表 2-2 展示了均值中心化之后的矩阵。表的最后两行展示了物品 1 和物品 6 与其他物品对应的调整余弦相似度，物品 1 和 3 之间的调整余弦相似度 AdjustedCosine(1,3) 计算如下：

$$AdjustedCosine(1,3) = \frac{1.5 * 1.5 + (-1.5) * (-0.5) + (-1) * (-1)}{\sqrt{1.5^2 + (-1.5)^2 + (-1)^2} \cdot \sqrt{1.5^2 + (-0.5)^2 + (-1)^2}}$$
$$= 0.912$$

其他的物品–物品相似度以类似的方法计算，其结果在表 2-2 的最后两行。显然，物品 2 和物品 3 与物品 1 最为相似，物品 4 和物品 5 与物品 6 最相似。因此用户 3 对物品 2 和物品 3 的原始评分的加权平均值被用来预测她对物品 1 的评分 $\hat{r}_{31}$；同理，她对物品 4 和物品 5 的原始评分的加权平均值被用来预测她对物品 6 的评分 $\hat{r}_{36}$。

$$\hat{r}_{31} = \frac{3 * 0.735 + 3 * 0.912}{0.735 + 0.912} = 3$$

$$\hat{r}_{36} = \frac{1 * 0.829 + 1 * 0.730}{0.829 + 0.730} = 1$$

可见，基于物品的方法也表明，用户 3 可能更倾向于选择物品 1 而不是物品 6。然而由于此次预测利用用户 3 自己的评分，所以预测的结果与该用户对其他物品的评分有较高的一致性。在这个实例中，值得注意的一点是，与基于用户的方法不同，对物品 6 的预测评分并没有超出允许的评分范围。基于物品的方法的主要优势在于它具有更高的预测准确度。在某些情况下，基于物品的方法和基于用户的方法，虽然它们的推荐列表大致会相同，但可能会产生不同的前 k 个推荐物品。

2.3.3 高效的实现和计算复杂度

基于近邻的方法通常用来决定推荐给目标用户的最好物品或是目标物品的最合适用户。之前仅讨论了如何就一组特定的用户–物品组合做出评分预测，而没有讨论确切的排名过程。一种直接的方法就是为所有相关的用户–物品对（比如，某位用户对所有物品）计算评分预测并将它们排名。这的确是现代推荐系统中使用的基本方法，但其中很重要的一点是，在用户–物品组合的预测过程中重复用到了很多中间量。因此，建议在离线阶段存储这些中间计算结果，并在排名过程中使用它们。

基于近邻的方法常常被分成离线阶段和在线阶段。在离线阶段计算用户–用户（或者物品–物品）相似度和用户同组群体（或物品同组群体）。对每位用户（或每件物品），把计算出的同组群体存储起来。在线阶段时，把计算得到的相似度值和同组群体，使用公式（2-4）进行预测。令 $n' \ll n$ 表示用户（行）的已知评分的最大数量，$m' \ll m$ 表示物品（列）的已知评分的最大数量。注意，n' 是计算用户相似度的最大运行时间，而 m' 是计算物品相似度的最大运行时间。在基于用户的方法中，确定一位用户的同组群体可能需要 $O(m \cdot n')$ 的时间。因此，离线阶段计算所有用户的同组群体的运行时间为 $O(m^2 \cdot n')$。对基于物品的方法来说，对应的离线运行时间为 $O(n^2 \cdot m')$。

为了使该方法计算不同 k 值下的结果，可能需要存储所有的用户（或物品）之间非零的相似度值。因此，基于用户的方法需要 $O(m^2)$ 的空间，基于物品的方法则需要 $O(n^2)$

的空间。由于用户的数量通常多于物品的数量，因此基于用户的方法通常比基于物品的方法更占用空间。

无论基于用户还是基于物品，在线阶段根据公式（2-4）计算预测结果都需要 $O(k)$ 的时间，这里，k 是被预测的用户/物品近邻的大小。更进一步，如果需要预测目标用户对所有物品的评分以对物品进行排序，那么两种方法的运行时间均为 $O(k \cdot n)$。另一方面，我们也许想确定目标物品的最佳 r 个推荐对象。这种情况下，需要计算所有用户对这一物品的评分，花费 $O(k \cdot m)$ 的时间。值得注意的是，基于近邻方法的计算复杂度主要取决于离线阶段，而离线阶段只是偶尔需要被执行。因此，当基于近邻的方法被用于在线预测时是十分高效的。毕竟用户更愿意为离线阶段分配更多的时间。

2.3.4　基于用户的方法和基于物品的方法的比较

基于物品的方法常常产生更相关的推荐结果，这是因为它使用了用户自己的评分来做推荐。该方法通过识别与目标相似的物品，再利用用户对这些相似物品的评分，从而推断目标物品的评分。例如，历史电影的相似物品应该是其他历史电影。这种情况下，用户对相似物品的推荐应该能够高度反映她对目标的偏好。这和基于用户的方法不同。在基于用户的方法中，用来推测评分的其他用户的兴趣和目标用户的兴趣可能有相同点，但并不完全相同。因此，基于物品的方法通常展现出更高的准确性。

虽然基于物品的方法通常更加准确，但基于物品的方法和基于用户的方法之间的相对准确性仍取决于具体的数据。在第 12 章中你还会了解到，基于物品的方法面对欺诈攻击（shilling attack）时更加健壮。另一方面，这些差别也导致了基于用户的方法在推荐过程中比基于物品的方法更具有多样性。多样性指的是，推荐列表中的物品多少会有些变化。假如物品推荐不够多样，那么如果用户不喜欢第一件物品，她也许不会喜欢列表中的其他任何物品。更大的多样性还鼓励意外发现，即向用户推荐一些令人意外并有趣的物品。而基于物品的方法常常推荐"显而易见"的物品，或者说，与之前的体验区别甚微的物品。对新颖性、多样性、意外性的关注将在第 7 章详细讨论。如果推荐缺乏新颖性、多样性、意外性，那么用户对于那些与他们已经浏览过的物品很相似的推荐可能会感到厌烦。

基于物品的方法能为推荐结果提供一个具体的理由。例如，Netflix 常常对推荐附加如下陈述：

因为你观看过《Secrets of the Wings》，［推荐结果是］〈推荐列表〉.

基于物品的推荐方法⊖可以利用目标物品的近邻对推荐的理由给出具体的解释。与其相比，基于用户的推荐方法则很难给出这样的解释，因为同组群体只是匿名用户的集合，并且无法在推荐过程中直接使用。

然而基于用户的方法也可以提供不同类型的解释。例如，考虑《Terminator》《Alien》《Predator》被推荐给 Alice 的情况。可以向她展示与她相似的用户对这些电影的评分的直方图。图 2-2 展示了这类直方图的一个实例。Alice 也能利用这个直方图来确定她对这些电影的喜好程度。但是，这种解释方法有些局限性，因为它没有体现出所推荐的电影与 Alice 的喜好或 Alice 现实中认识并信任的朋友的喜好之间的关联。注意，出于隐私，与她相似的用户的身份对 Alice 来说是不可见的。

42

⊖　Netflix 所采用的方法因为版权保护所以无法得知。然而，基于物品的方法确实能提供一种可行的达到类似目标的方法。

　　最后，当评分动态变化时，基于物品的方法通常更加稳定。这是由于以下两个原因。第一，用户的数量通常远比物品的数量要多。这样一来，两位用户共同评价过的物品可能非常少，但更有可能的是两件物品被同一位用户评价。在基于用户的方法中，评分的少量增加能够引起相似度值的巨大改变，而基于物品的方法则不然，它对评分的变化会显得更加稳定。第二，在商业系统中，新用户的出现比新物品的出现更加频繁。这种情况下，相似物品的计算只需视情况进行，因为物品近邻不大可能随着用户的增加而剧烈变化。另一方面，随着用户的增加，需要频繁地计算用户近邻。因此，推荐模型的增量维护在使用基于用户的方法时会更有挑战性。

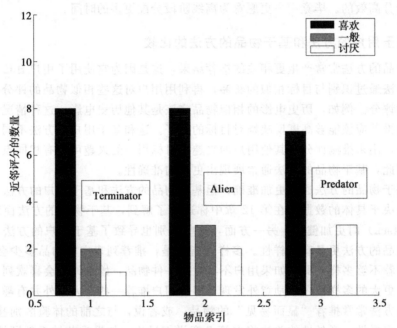

图 2-2　用 Alice 的近邻的评分直方图来解释 Alice 的置顶推荐

2.3.5　基于近邻方法的优劣势

　　基于近邻的方法的简单和直观为其带来了优势。由于简单直观，它们容易实现与调试。通常很容易说明一件物品为什么会被推荐，基于物品的方法的可解释性尤其明显。在之后将要讨论的许多基于模型的方法中，做出这种解释并非易事。除此以外，在用户与物品增加时，其推荐结果相对稳定。同时，这些方法可以对增量做出预估。

　　这类方法的主要缺点在于，其离线阶段在大规模数据上变得无法实现。基于用户的方法，其离线阶段要求至少 $O(m^2)$ 的时间和空间。在桌面计算系统下，当 m 达到千万量级时，其计算会变得很慢或空间不足。不过近邻方法的在线阶段总是很高效。这些方法最致命的缺点是由于稀疏性导致的覆盖度不足。例如，如果 John 的最近邻没有评价过《Terminator》，那么 John 对《Terminator》的评价就无法预测。另一方面，我们在大多数的推荐中只关心前 k 件物品。如果 John 的最近邻都没有评价过《Terminator》，那这部电影显然不是一个好的推荐。当两位用户共同评价过的物品很少时，稀疏性同样也对相似度计算的健壮性带来挑战。

2.3.6　基于用户的方法和基于物品的方法的联合

当决定最相似的项时，基于用户的方法的弱点在于它忽视了评分矩阵列之间的相似度，而基于物品的方法则忽视了行之间的相似度。那么一个自然的问题出现了：我们能否联合这两种方法来决定与目标最相似的项？这样做，我们便不再忽视行或者列，而是将行和列中的相似度信息组合起来。

为了达到这一目标，关键是要理解，一旦行已被均值中心化，基于用户的方法和基于物品的方法几乎是一样的（除了一些细微的差别）。我们可以设想均值中心化并不会导致失去一般性，因为在预测后，每行的平均值可以被加回每一项上。同时值得注意的是，如果每一行都已均值中心化，那么行之间的 Pearson 相关系数和余弦系数便相等$^{\ominus}$。基于这种设想，能够联合基于用户的方法和基于物品的方法来预测评分矩阵 $\boldsymbol{R}$ 中的项 r_{uj}：

1）对目标项 (u, j) 使用行/列之间的余弦系数决定与其最相似的行/列。基于用户的方法使用行，基于物品的方法使用列。

2）使用第一步中计算出的最相似的行/列的加权组合来预测目标项 (u, j)。

注意在上面每一步的叙述中都忽略了行/列，你当然也能对上面的步骤提出一种一般性的描述，使得行和列的相似度和预测信息被结合起来：

1）对目标项 (u, j)，用一个行相似度和列相似度的组合函数，来判定评分矩阵中与其最相似的项。例如，你可以使用行之间和列之间的余弦系数的和来决定与 (u, j) 最相似的项。

2）使用第一步中计算出的最相似的项的加权组合来预测目标项 (u, j) 的评分。其权重是基于第一步中计算出的相似度。

这里我们着重强调了与通常方法不同的步骤。这种方法利用组合函数融合了行和列的相似度。你可以测试多种组合函数来找到最有效的结果。这种联合的方法的详细描述见文献［613，622］。这一基本原则也被用于上下文敏感推荐系统的多维模型中，其中用户、物品以及其他上下文维度的相似度被整合进一个框架中（参见第 8 章 8.5.1 节）。

2.4　聚类和基于近邻的方法

基于近邻的方法的主要问题在于离线阶段的复杂度，当用户或物品的数目十分庞大时其影响尤为明显。例如，当用户的数量 m 达到几亿的量级，基于用户的方法的运行时间 $O(m^2 \cdot n')$ 即使对于偶尔的离线计算也将变得不可接受。考虑当 $m = 10^8$，$n' = 100$ 的情况，需要 $O(m^2 \cdot n') = O(10^{18})$ 次操作。如果我们保守地假设每次操作需要一个机器周期，一台 10 GHz 的计算机需要 10^8 秒来进行计算，这大概是 115.74 天。显然，从可扩展的角度来看，这种方法并不是很实用。

基于聚类的方法的主要思想是用离线聚类过程替代离线最近邻计算。离线最近邻计算过程创建了大量以目标为中心的同组群体，聚类过程创建了较少的同组群体，并且这些同组群体并不一定以目标为中心。聚类过程比起耗时 $O(m^2 \cdot n')$ 为每个可能的目标构建同组群体的过程要高效许多。聚类建立之后，预测过程与公式（2-4）中的方法相似。它们之间的主要区别在于同一聚类中前 k 个最相似的项被用于执行预测。值得注意的是，由于

$\ominus$　根据 Pearson 相关系数中平均值的计算方式会有一些细微的差别，如果平均值是使用所有已知项计算得来（而不是仅计算共同项），那么对于这个按行均值中心化的矩阵，Pearson 相关系数等于余弦系数。

只需在同一聚类中计算相似度，所以这种方法能够显著提升效率。这种高效也确实导致一些准确性的损失，因为在同一聚类中的最近邻比所有数据中的最近邻质量要低。更进一步，聚类的粒度可以调整准确度与效率之间的权衡。当聚类粒度小时，效率提高，但准确度降低。在许多情况下，准确度上较小的降低能换取效率上很大的提升。当评分矩阵很大时，这种方法以较低的代价提供了一种十分可行的替代方案。

这种方法面临的一个问题是，评分矩阵是不完全的。因此，聚类的方法需要能适应庞大的、不完全的数据集合。在这种环境下，k 均值方法能够轻松适应不完全的数据。k 均值方法的基本思想是考虑 k 个中心点（或"均值"），这些中心点代表 k 个不同的聚类。在 k 均值方法中，确定这 k 个中心点就能完全解决聚类问题。设已知 k 个中心点 $\overline{Y_1}\cdots\overline{Y_k}$，每个数据点根据相似度或距离附属于与其最近的中心点。这样一来，数据的划分就能通过中心点唯一确定。对于一个 $m\times n$ 的数据集合来说，每一个聚类 i 的中心点 $\overline{Y_i}$ 是一个 n 维数据点。理想情况下，我们希望这个中心点是聚类的均值。

因此，聚类依赖于中心点，中心点也依赖于聚类。这种相互依赖的关系通过一种迭代的方法达成。我们从一组随机生成的中心点 $\overline{Y_1}\cdots\overline{Y_k}$ 出发。不断利用中心点计算聚类，再用聚类的中心点代替原来的中心点。需要注意的是，在计算中心点时，在任何维度都必须仅使用观测到的值（已知的值）。执行这两步迭代直到收敛。这个两步法总结如下：

1）通过将 $m\times n$ 矩阵中的每一行分配到距其最近的中心点 $\overline{Y_1}\cdots\overline{Y_k}$ 来确定聚类 $\mathcal{C}_1\cdots\mathcal{C}_k$。可以采用有代表性的距离函数，例如欧几里得距离或者曼哈顿距离，计算相似度。

2）对于 $i\in\{1\cdots k\}$，置 $\overline{Y_i}$ 为 $\mathcal{C}_i$ 的中心点。

使用这种方法的主要问题在于，$m\times n$ 的评分矩阵是不全的。因此，平均值或距离的计算是没有定义的。但是，如果用已观测到的值来计算平均值相对容易。在某些情况下，中心点本身也是没有定义的，例如当该类中有一个或多个物品没有评分时。点之间的距离只能使用维度的子集来计算，该子集值无论对数据点还是聚类中心点都应是已观测的。距离同时要除以计算中用到的维度数量，以调整因维度数目不同所导致计算距离的偏差。当所有中心点都不是完全明确时，曼哈顿距离比欧几里得距离表现出更好的适应性，并且归一化的值能够更容易地转换成每个观测数据上的平均距离。

上面提到的方法对基于用户的协同过滤的行进行聚类。在基于物品的方法中，就要对列进行聚类。除了目标是列而不是行以外，其方法完全一样。一些高效的协同过滤聚类方法在 [146，167，528，643，644，647] 中有讨论。其中一些是基于用户的方法，另一些是基于物品的方法。一些协同聚类方法[643]可以用来同时对行和列进行聚类。

2.5　降维与近邻方法

降维方法能够同时提高近邻方法的质量和效率。尤其是在稀疏矩阵中很难健壮地计算每对之间的相似度的情况下，降维也能够根据潜在因子提供稠密的低维表示。因此，这样的模型被称为潜在因子模型。即使两位用户共同评价过的物品很少，也能够计算其低维潜在向量之间的距离。更进一步，这种方法利用低维潜在向量决定同组群体也更有效率。在讨论降维方法的细节之前，我们先说说推荐系统中潜在因子模型被使用的两种不同方法：

1）创建数据的降维表示可以基于行的潜在因子也可以基于列的潜在因子。换句话说，对数据的降维表示是将物品的维度或者用户的维度压缩成潜在因子。这种降维表示能够缓解基于近邻模型中由于稀疏性带来的问题。依据被压缩成潜在因子的不同维度，降维表示既能用于基于用户的近邻算法，也能用于基于物品的近邻算法。

2）对行空间和列空间的潜在表示是同时确定的。在不使用基于近邻的方法时，这种潜在表示被用于重建整个评分矩阵。

因为第二类方法与基于近邻的方法没有直接联系，所以本章不讨论它们。第二类方法将在第 3 章中详细讨论。本章我们将只关注第一类方法。

为方便讨论，我们将首先描述仅基于用户的协同过滤方法。基于用户的协同过滤方法的基本思想是利用主成分分析法将 $m \times n$ 的矩阵 R 转化到更低维度的空间中。得到的矩阵 R' 是一个 $m \times d$ 的矩阵，且 $d \ll n$。因此，代表用户评分的每一个（稀疏的）n 维向量被转化为低维的 d 维向量。而且，与原始评分向量不同，每一个 d 维向量都是完全确定的。当表示每位用户的 d 维向量都确定之后，我们就用降维后的向量来计算目标用户和其他用户的相似度。在降维表示上的相似度计算更具有健壮性，因为新的低维向量是完全确定的。而且由于低维向量维度较低，相似度的计算也更加高效。在低维空间中，简单的余弦或点积就足以计算相似度。

接下来要说明如何计算每个数据的低维表示。可以通过类 SVD 方法或类 PCA 方法计算低维表示。下面我们说明类 SVD 方法。

47

第一步是填充 $m \times n$ 不完全矩阵 R 中的未知项。以对应行的平均值（即对应用户的平均评分）作为未知项的估值。另一种方法是用列的平均值（即对应物品的平均评分）作为估值。结果表示为 R_f。接下来，我们计算 $n \times n$ 的物品相似度矩阵 S，$S = R_f^{\mathrm{T}} \cdot R_f$。这个矩阵是半正定的。为了确定 SVD 的控制基向量，我们对相似度矩阵 S 施行如下的对角化：

$$S = P \Delta P^{\mathrm{T}} \tag{2-16}$$

这里，P 是一个 $n \times n$ 的矩阵，其列包含 S 的正交特征向量。Δ 是一个对角矩阵，其对角线上是 S 的非负特征向量。令 P_d 为 $n \times d$ 的矩阵，仅包含 P 的最大的 d 个特征向量对应的列。那么，矩阵之积 $R_f P_d$ 就是 R_f 的低维表示。注意，由于 R_f 是 $m \times n$ 的矩阵，P_d 是 $n \times d$ 的矩阵，所以降维表示 $R_f P_d$ 的维度为 $m \times d$。因此这时 m 个用户每个都能够在 d 维空间内表示。这样的表示被用于决定每位用户的同组群体。一旦确定了用户的同组群体，便可以利用公式（2-4）预测评分。这样的方法也能被用于基于物品的协同过滤，只需用 R_f 的转置矩阵替代 R_f。

先前提到的方法可被看作评分矩阵 R_f 的奇异值分解（Singular Value Decomposition，SVD）。很多其他方法[24,472]使用主成分分析（Principal Component Analysis，PCA）而不是 SVD，但是总体结果非常相似。在 PCA 方法中，使用 R_f 的协方差阵替代相似度矩阵 $R_f^{\mathrm{T}} R_f$。对于列均值中心化的数据来说，这两种方法是一样的。因此，可以从每列的项中减去平均值，然后使用之前的方法得到转化的数据。这些转化后的数据被用于确定每位用户的同组群体。反过来说，均值中心化有利于减小偏差（见下节）。一种替代方法是先将行均值中心化，再将列均值中心化。SVD 能够被用于转化以后的矩阵。这类方法通常得出最健壮的结果。

2.5.1 处理偏差

值得注意的是，矩阵 R_f 是由不完全矩阵 R 以行或列的均值填入未知项而得到的。这种方法很可能会引起偏差。为了理解偏差的性质，考虑表 2-3 中由 12 位用户对 3 部电影《Godfather》《Gladiator》《Nero》的评价。我们假设使用 PCA 进行降维，因此需要估计协方差阵。我们假设未知值用列的均值代替。

表 2-3   估计协方差的方差的示例

用户索引	Godfather	Gladiator	Nero
1	1	1	1
2	7	7	7
3	3	1	1
4	5	7	7
5	3	1	?
6	5	7	?
7	3	1	?
8	5	7	?
9	3	1	?
10	5	7	?
11	3	1	?
12	5	7	?

本例中，评分范围为 1~7，由一组 4 个用户对 3 部电影的评价组成。显然，《Gladiator》和《Nero》之间的关联度非常高，因为在已有的用户评分中，它们的评分结果非常相似。《Godfather》和《Gladiator》之间的关联似乎不是很明显。但是，有很多用户没有对《Nero》做出评分。由于《Nero》的平均得分为（1+7+1+7）/4＝4，所以这些未知的评分被 4 代替。这些新项的加入明显降低了《Gladiator》和《Nero》之间的协方差。然而新添加的项对《Godfather》和《Gladiator》之间的协方差没有影响。填上未知评分后，3 部电影中每对电影的协方差估计如下：

	Godfather	Gladiator	Nero
Godfather	2.55	4.36	2.18
Gladiator	4.36	9.82	3.27
Nero	2.18	3.27	3.27

根据上面的估计，《Godfather》和《Gladiator》之间的协方差大于《Gladiator》和《Nero》之间的协方差。这看上去并不正确，因为表 2-3 中，《Gladiator》和《Nero》的评分在两者都已知的评价中是一样的。因此《Gladiator》和《Nero》之间的协方差应该更高。这个偏差是使用平均值填充未知项造成的。这类偏差在稀疏矩阵中很重要，因为其大部分项都是未知的。因此，需要设计一种方法来降低用平均值代替未知项所带来的偏差。接下来，我们探索两种可能的解决方案。

2.5.1.1　极大似然估计

概念重构法（conceptual reconstruction method）[24,472] 提出使用概率技术，比如 EM 算法来估计协方差矩阵。我们假设数据符合生成模型，即把已知项看成是生成模型的输出。对协方差矩阵的估计可以看作是生成模型参数估计的一部分。接下来，我们提供一种该方法的简化。这种简化的方法计算协方差矩阵的最大似然估计。每对物品之间的协方差仅使用已知项进行估计。换句话说，只有对某对物品做出评分的用户被用来估计协方差。当没有用户在一对物品上做出共同评价时，协方差被估计为 0。使用这种方法，表 2-3 的协方差估计如下：

	Godfather	Gladiator	Nero
Godfather	2.55	4.36	8
Gladiator	4.36	9.82	12
Nero	8	12	12

这种情况下，立刻可以看出《Gladiator》和《Nero》之间的协方差几乎是《Godfather》和《Gladiator》之间的协方差的 3 倍。而且，《Nero》的方差几乎是原始估计的 3 倍，并是所有电影中最大的。在使用平均填充策略中，协方差最大的电影对是《Godfather》和《Gladiator》，而现在敬陪末座。这个例子说明修正偏差在某些情况中可以有非常明显的效果。矩阵中未知项的比例越大，平均填充技术的偏差就越大。因此，改良的方法只利用已知项计算协方差。虽然这种方法并不总是有效，但是它比平均填充更加高级。降维后的 $n \times d$ 的基矩阵 P_d 通过选择协方差矩阵的前 d 个特征向量计算得到。

为了进一步减少表示的偏差，可以直接将不完全矩阵 R 投射到降维矩阵 P_d 上，而不是将填充过的矩阵 R_f 投射到 P_d。其基本思想是计算每个已知评分对投影到 P_d 中每个潜在向量的贡献，然后计算贡献的平均值。平均贡献计算如下。令 $\overline{e_i}$ 代表 P_d 的第 i 列（特征向量），其中第 j 项为 e_{ji}。令 r_{uj} 为 R 中用户 u 对物品 j 的已知评分。则用户 u 对投影到潜在向量 $\overline{e_i}$ 的贡献为 $r_{uj}e_{ji}$。设集合 I_u 代表用户 u 已评分的物品集合。用户 u 在第 i 个潜在向量上的平均贡献计算如下：

$$a_{ui} = \frac{\sum_{j \in I_u} r_{uj} e_{ji}}{|I_u|} \tag{2-17}$$

这种均值归一化的方法在不同的用户做出不同数量的评价时尤其有用。得到的 $m \times d$ 矩阵 $A = [a_{ui}]_{m \times d}$ 便是原始评分矩阵的降维表示。在基于用户的协同过滤中，这个降维矩阵被用来计算目标用户的近邻。同样，也可以将此方法用于 R 的转置矩阵，来降低用户的维度（而不是物品的维度）。在基于物品的协同过滤中利用这样的方法来计算物品的近邻是很有用的。在 [24，472] 中讨论了使用该降维表示方法来推断缺失值。

2.5.1.2　不完全数据的直接矩阵分解

虽然前面的方法能够在某些情况下修正协方差估计产生的偏差，但是当评分矩阵的稀疏程度很高时并不十分有效。这是因为协方差估计要求物品之间足够多的已知评分来进行健壮的估计。当矩阵稀疏时，协方差的估算在统计学上来说是不可靠的。

一种更直接的方法是使用矩阵分解方法。像奇异值分解之类的方法从本质上说就是矩阵分解方法。我们暂时假设 $m \times n$ 的矩阵 R 是完全已知的。在线性代数 [568] 中，一个众所周知的事实是，任何（完全已知）矩阵 R 都能分解成如下形式：

$$R = Q \Sigma P^T \tag{2-18}$$

这里，Q 是一个 $m \times m$ 的含有 RR^T 的 m 个正交特征向量的矩阵。P 是一个 $n \times n$ 的含有 $R^T R$ 的 n 个正交特征向量的矩阵。Σ 是一个 $m \times n$ 的对角矩阵，其中只有对角线项⊖是非零值，并且包含 $R^T R$（或 RR^T）的非零特征值的平方根。值得注意的是，$R^T R$ 和 RR^T 的特征向量并不相同并且当 $m \neq n$ 时维度不同。但是，它们总是拥有相同数量的非零特征值，且值相等。在 Σ 对角线上的值也被叫作奇异值。

50

⊖　对角矩阵常常是方阵。而这个矩阵不一定是方阵，矩阵中只有行列下标相同的元素为非零值。这是对角矩阵一般形式的定义。

更进一步，可以使用截断（truncated）SVD 近似分解矩阵，在该方法中，仅使用前 d 个最大的奇异值对应的特征向量，$d \leqslant \min\{m, n\}$。截断 SVD 计算如下：

$$R \approx Q_d \Sigma_d P_d^T \qquad (2\text{-}19)$$

这里 Q_d、Σ_d 和 P_d 分别是 $m \times d$、$d \times d$ 和 $n \times d$ 的矩阵。Q_d 和 P_d 分别包含 RR^T 和 R^TR 的前 d 个最大特征向量，Σ_d 包含 R^TR 或 RR^T 的沿对角线前 d 个最大的特征值的平方根。值得注意的是，P_d 包含 R^TR 中最大的特征向量，这是降维所需要的降维基表示。进一步地，$Q_d\Sigma_d$ 包含原始矩阵在 P_d 对应的基上转置并降维的 $m \times d$ 表示。可以证明，这种近似分解与其他 rank-d 分解相比，对近似项有最小的均方误差。因此，如果我们使用公式（2-19）对评分矩阵 R 进行近似分解，能得到更低的偏差和低维基下的表示。该方法的主要问题是评分矩阵并不是完全已知的。因此矩阵分解是未定义的。不过，我们可以把它转化为最优化问题，其中分解的均方差仅在已知的评分项上进行优化。同时也可以显式地使用非线性优化技术解决转化后的问题。这能得到一个健壮的、没有偏差的低维表示。并且，一旦确定了降维分解矩阵，便能够使用公式（2-19）来直接估计评分矩阵。换句话说，这种方法具有超越基于近邻的方法的直接效用。这些潜在因子模型和非线性优化技术将在第 3 章 3.6 节详细讨论。读者应该阅读该节来学习如何使用转化后的优化问题来计算低维表示。

2.6 近邻方法的回归模型视角

51

关于基于用户和基于物品的方法的一个重要发现是它们利用相同物品的近邻用户的评分或相同用户对近邻物品的评分的线性函数预测评分。为了理解这一点，我们复制基于用户的近邻方法的预测函数（即公式（2-4））：

$$\hat{r}_{uj} = \mu_u + \frac{\sum_{v \in P_u(j)} \mathrm{Sim}(u,v) \cdot (r_{vj} - \mu_v)}{\sum_{v \in P_u(j)} |\mathrm{Sim}(u,v)|} \qquad (2\text{-}20)$$

注意预测的评分是相似物品评分的加权线性组合。这个线性组合被限制在和目标用户 u 足够相似的用户对物品 j 所作出的评分上。这种限制是通过使用相似评分集合 $P_u(j)$ 达成的。回想本章早些时候的讨论，$P_u(j)$ 是由与目标用户 u 最相近的 k 位用户组成，他们都对物品 j 做出过评价。注意到如果我们允许集合 $P_u(j)$ 包含对物品 j 的所有评分（而不仅仅是确定的相似用户），那么预测函数将变得和线性回归[22]相似⊖。在线性回归中，仍然使用其他评分的加权组合来进行预测，并且权重（系数）由一种优化模型决定。在基于近邻的方法中，线性函数的系数是由一种启发式方法在用户-用户相似度中决定，而不是使用优化模型。

在基于物品的近邻方法中也观察到相似的情况，预测函数（即公式（2-15））如下：

$$\hat{r}_{ut} = \frac{\sum_{j \in Q_t(u)} \mathrm{AdjustedCosine}(j,t)\, r_{uj}}{\sum_{j \in Q_t(u)} |\mathrm{AdjustedCosine}(j,t)|} \qquad (2\text{-}21)$$

集合 $Q_t(u)$ 代表了与目标物品 t 最相近的 k 个也被用户 u 评价过的物品。这种情况中，用户 u 对目标物品 t 的评分表达为她自己做出过的评分的线性组合。正如在基于用户方法中，线性组合的系数是由相似度值启发定义的。因此，基于用户的模型将预测的评分表达为同一列中评分的线性组合。而基于物品的模型表达为同一行中评分的线性组合。从这种观点来看，基于近邻的模型是线性回归模型的启发式变形，其中系数被启发式地设定为相

⊖ 第 4 章 4.4.5 节中介绍基于内容的系统时会对线性回归进行讨论。

关（相邻）物品/用户的相似性，若物品/用户不相关，则系数设为 0。

值得注意的是，用相似度值作为组合权重是相当启发式的而且随意的。这样的系数不能表达物品之间的相互依赖。例如，如果一个用户对相关的物品做出了相似的评分，那么这些物品的系数之间就会相互依赖。把相似度作为启发式权重就没能考虑到这种相互依赖的关系。

那么问题来了，我们能否使用最优化方法来学习权重从而获得更好的结果。事实上，我们能够从类似回归的模型衍生出基于用户和基于物品的方法。在已有的研究工作中提出了几种利用基于用户的模型、基于物品的模型，或者基于两者结合的模型的优化方法。这些模型可以被看作启发式最近邻模型的理论泛化。这些模型的优势是它们被更好地构建成非模糊优化问题，并且组合评分的权重能够被调整得更好，因为从建模角度来说，它们具有可优化性。接下来，我们讨论一种基于最优化的近邻模型，它是 [309] 中方法的一种简化。这也为将该模型与其他最优化模型（如第 3 章 3.7 节中的矩阵分解模型）的结合做好了准备。

52

2.6.1　基于用户的最近邻回归

考虑公式（2-20）中基于用户的预测。我们可以把（归一化的）相似度系数用未知参数 w_{vu}^{user} 来替换，来建模目标用户 u 对物品 j 的预测评分 $\hat{r}_{uj}$：

$$\hat{r}_{uj} = \mu_u + \sum_{v \in P_u(j)} w_{vu}^{\text{user}} \cdot (r_{vj} - \mu_v) \qquad (2\text{-}22)$$

在近邻模型中我们可以使用 Pearson 相关系数来定义 $P_u(j)$。然而在这个模型里，对 $P_u(j)$ 的定义却有着微妙但重要的不同。在基于近邻的模型中，$P_u(j)$ 是与目标用户 u 最相似的且对物品 j 已做出过评价的 k 位用户。因此，当至少有 k 位用户评价过物品 j 时，$P_u(j)$ 的大小通常为 k。而在回归方法中，定义集合 $P_u(j)$ 要首先确定与每位用户最相近的 k 位用户，然后保留评分已知的用户。因此，集合 $P_u(j)$ 的大小通常明显小于 k。正因为它们对 k 的解释不同，所以在回归框架中对参数 k 的设置需要比近邻模型中的 k 大很多。

未知系数 w_{vu}^{user} 控制着用户 u 预测评分的一部分，即 $w_{vu}^{\text{user}} \cdot (r_{vj} - \mu_v)$，该系数是由用户 u 与用户 v 的相似度决定的。w_{vu}^{user} 和 w_{uv}^{user} 的值是有可能不同的。同样值得注意的是，根据公式（2-22），只有与用户 u（基于 Pearson 系数）最相近的 k 位用户对应的 w_{vu}^{user} 才被用于计算，其他用户的 w_{vu}^{user} 则没有被用到，因此也不需要学习。这能有效地减少回归系数的个数。

我们可以使用预测评分 $\hat{r}_{uj}$（根据公式（2-22））和已知评分 r_{uj} 的方差建立一个目标函数，来估计一组特定系数集合的质量。因此，我们能够使用矩阵中已知的评分对未知值 w_{vu}^{user} 建立一个最小二乘优化问题，来最小化总误差。其基本思想是在回归模型中，利用与用户 u 最相近的 k 位用户来预测用户 u 的每个（已知）评分。所有被用户 u 评价过的物品的方差被求和得到一个最小二乘。因此，我们可以为每个目标用户 u 建立一个最优化问题。令 I_u 代表用户 u 评价过的物品集合。第 u 位用户的最小二乘目标函数可被表示为在回归模型中利用 u 的 k 个最近邻对 I_u 中每个物品的预测评分的方差求和：

$$\text{Minimize } J_u = \sum_{j \in I_u} (r_{uj} - \hat{r}_{uj})^2 = \sum_{j \in I_u} \left(r_{uj} - \left[\mu_u + \sum_{v \in P_u(j)} w_{vu}^{\text{user}} \cdot (r_{vj} - \mu_v) \right] \right)^2$$

第二个关系式是通过用公式（2-22）中的表达式替换 $\hat{r}_{uj}$ 得到。注意这种优化问题需要对每个目标用户 u 分别构建。不过，我们也可以将不同用户 $u \in \{1 \cdots m\}$ 的目标函数值 J_u 加

53 到一起，其优化解并不会因此发生变化。这是因为不同的 J_u 是由彼此不相交的系数 w_{vu}^{user} 所决定的。因此，我们有下面的联合形式：

$$\text{Minimize} \sum_{u=1}^{m} J_u = \sum_{u=1}^{m} \sum_{j \in I_u} \left(r_{uj} - \left[\mu_u + \sum_{v \in P_u(j)} w_{vu}^{\text{user}} \cdot (r_{vj} - \mu_v) \right] \right)^2 \qquad (2\text{-}23)$$

我们可以在它们的分解形式中更高效地解决每个更小的最优化问题（比如，目标函数 J_u），而不影响总体的解。不过，联合形式具有其独特的优点，它可以和其他最优化模型相结合（比如第 3 章 3.7 节中的矩阵分解方法）相结合，这是分解形式所做不到的。无论如何，如果单独使用线性回归，那么在分解形式下求解是有意义的。

统一和分解的最优化模型都是最小二乘优化问题。这些方法可以通过任何现成的最优化解决方法解决。对线性回归问题的解析解请参考第 4 章 4.4.5 节。为了从一定程度上避免过拟合，大部分的解决方法都会进行正则化（regularization）。正则化的基本思想是通过对每个（分解的）目标函数 J_u 引入参数 $\lambda \sum_{j \in I_u} \sum_{v \in P_u(j)} (w_{vu}^{\text{user}})^2$ 来降低模型复杂度。其中 $\lambda > 0$ 是一个用户定义的参数，用来调整权重。$\lambda \sum_{j \in I_u} \sum_{v \in P_u(j)} (w_{vu}^{\text{user}})^2$ 加罚那些很大的系数，因此它能使系数的绝对值减小。更小的系数带来更简单的模型并且减少过度拟合。但是，正如接下来讨论的，有些时候仅使用正则化不足以减少过度拟合。

2.6.1.1 稀疏性和偏差问题

回归方法的一个问题是，由于评分矩阵的稀疏性，对同一用户 u 和不同的物品 j 来说，$P_u(j)$ 的大小可能相差很大。这导致回归系数严重依赖于评价过物品 j 且与 u 相似的用户的数量。例如，考虑一个目标用户 u 同时评价过《Gladiator》和《Nero》的情况。u 的 k 个最近邻中，仅有一名用户评价过电影《Gladiator》，同时所有的 k 位用户都评价过《Nero》。这就导致评价过《Gladiator》的用户 v 对应的回归系数 w_{vu}^{user} 将受到 "v 是唯一评价过《Gladiator》的与 u 相似的用户" 这一事实的严重影响。这会导致过度拟合，因为这个（统计上不可靠的）回归系数可能给其他电影评分的预测带来噪声。

一个基本的想法是改变预测函数并且假设物品 j 的回归仅预测目标用户 u 对物品 j 的一部分 $\dfrac{|P_u(j)|}{k}$。这隐含了回归系数对应的用户是所有与目标用户相似的用户这一假设，而且必须将不完全的信息插入为一部分。因此，这种方法改变了回归系数的解释方式。在这种情况下，公式（2-22）中的预测函数修改如下：

$$\hat{r}_{uj} \cdot \frac{|P_u(j)|}{k} = \mu_u + \sum_{v \in P_u(j)} w_{vu}^{\text{user}} \cdot (r_{vj} - \mu_v) \qquad (2\text{-}24)$$

有时，使用很多其他的启发性调整。例如，根据 [312] 的想法，我们可以使用启发式调

54 整因子 $\sqrt{\dfrac{|P_u(j)|}{k}}$。该因子也能被简化为 $\sqrt{|P_u(j)|}$，因为常数因子被最优化变量吸收。一个关联的改进是使用偏差变量 b_u 代替常量偏移 μ_v，这个变量在最优化过程中学习得到。对应的预测模型，包括启发式调整因子，定义如下：

$$\hat{r}_{uj} = b_u^{\text{user}} + \frac{\sum_{v \in P_u(j)} w_{vu}^{\text{user}} \cdot (r_{vj} - b_v^{\text{user}})}{\sqrt{|P_u(j)|}} \qquad (2\text{-}25)$$

注意到这个模型不再是线性的，因为含有两项最优化变量的乘积 $w_{vu}^{\text{user}} \cdot b_v^{\text{user}}$。但是，和上个例子一样，可以使用同样的最小二乘法。除了用户偏差，我们也可以引入物品偏差。在这种情况中，模型变为如下情况：

$$\hat{r}_{uj} = b_u^{\text{user}} + b_j^{\text{item}} + \frac{\sum_{v \in P_u(j)} w_{vu}^{\text{user}} \cdot (r_{vj} - b_v^{\text{user}} - b_j^{\text{item}})}{\sqrt{|P_u(j)|}} \tag{2-26}$$

更进一步，我们推荐通过减去所有已知项的平均值来中心化整个评分矩阵到它的全局中心。整体平均值最后需要被加到预测结果上。此模型的主要问题是计算代价。我们必须预先计算并储存所有的用户-用户关系，这是很消耗计算资源的，对于 m 位用户需要 $O(m^2)$ 的空间。这个问题和在传统基于近邻模型中遇到的类似。这种模型适合于随着时间的推移，物品空间变化剧烈，但用户相对稳定的情况[312]。其中一个例子是新闻推荐系统。

2.6.2 基于物品的最近邻回归

基于物品的方法和基于用户的方法类似，只是回归方法不是利用用户-用户的关联学习，而是利用物品-物品的关联进行学习。考虑公式（2-21）基于物品的预测，我们可以用未知的参数 w_{jt}^{item} 替换（泛化的）相似度系数 $\text{AdjustedCosine}(j, t)$ 来为用户 u 对目标物品 t 的评价预测建模：

$$\hat{r}_{ut} = \sum_{j \in Q_t(u)} w_{jt}^{\text{item}} \cdot r_{uj} \tag{2-27}$$

在 $Q_t(u)$ 中的最近邻物品可以和基于物品的近邻方法中一样，使用调整的余弦函数决定。集合 $Q_t(u)$ 代表目标物品 t 的 k 个最近邻的子集，这些物品均被用户 u 评价过。这种定义 $Q_t(u)$ 的方法与传统的基于近邻的方法略有不同，因为 $Q_t(u)$ 的大小可能明显小于 k。在传统的近邻方法中，我们确定用户 u 做出过评价的与目标物品 t 最相似的 k 件物品，因此近邻集合的大小通常为 k。这个改动是为了高效实现基于回归的方法所需要的。

未知系数 w_{jt}^{item} 控制着物品 t 的预测评分的一部分，即 $w_{jt}^{\text{item}} \cdot r_{uj}$，该系数是由物品 j 和物品 t 的相似度决定的。我们应该最小化公式（2-27）中的预测误差来保证最健壮的预测模型。我们可以利用矩阵中的已知评分对未知值 w_{jt}^{item} 建立最小二乘问题以最小化总体误差。其基本思想是对每一个已知评分的物品 t，利用与 t 最相似的 k 件物品预测 t 的评分，然后计算方差建立最小二乘的表达式。因此我们为每个目标物品 t 建立最优化问题。令 U_t 表示评价过目标物品 t 的用户集合。第 t 个物品的最小二乘目标函数可以被表示为对 U_t 中所有物品的预测评分的方差之和：

$$\text{Minimize } J_t = \sum_{u \in U_t} (r_{ut} - \hat{r}_{ut})^2 = \sum_{u \in U_t} \left(r_{ut} - \sum_{j \in Q_t(u)} w_{jt}^{\text{item}} \cdot r_{uj} \right)^2$$

注意这一最优化问题是针对每件目标物品 t 分别构建的。但是我们也能够将这些不同的值加起来，其优化解并不会因此发生变化。这是因为对于不同的目标物品 $t \in \{1 \cdots n\}$ 来说，不同目标函数 J_t 中的未知系数 w_{jt}^{item} 是彼此不相交的。因此，我们有下面的联合形式：

$$\text{Minimize} \sum_{t=1}^{n} \sum_{u \in U_t} \left(r_{ut} - \sum_{j \in Q_t(u)} w_{jt}^{\text{item}} \cdot r_{uj} \right)^2 \tag{2-28}$$

这是一个最小二乘回归问题，并且可以通过任何已有的解决方法解决。更进一步，我们也可以在分解形式中更高效地解决每一个更小的最优化问题（比如，对象函数 J_t），而不影响整体解。不过，联合形式具有其独特的优点，它可以和其他最优化模型相结合，比如矩阵分解方法（见第 3 章 3.7 节）。和基于用户的方法一样，该方法也面临着过度拟合的问题。我们可以对对象函数 J_t 引入正则化因子 $\lambda \sum_{u \in U_t} \sum_{j \in Q_t(u)} (w_{jt}^{\text{item}})^2$。

像 2.6.1.1 节中对基于用户模型的讨论一样，我们可以引入调整因子和偏差变量来提高性能。例如，公式（2-26）中基于用户的预测模型在物品空间上具有如下形式：

55

$$\hat{r}_{ut} = b_u^{\text{user}} + b_t^{\text{item}} + \frac{\sum_{j \in Q_t(u)} w_{jt}^{\text{item}} \cdot (r_{uj} - b_u^{\text{user}} - b_j^{\text{item}})}{\sqrt{|Q_t(u)|}} \tag{2-29}$$

更进一步，我们假设了评分已经被中心化到整个评分矩阵的全局平均值上。因此在构建模型之前要从每项评分中减去全局均值。所有预测都在中心化的评分上进行，然后将全局均值加回每项预测。在模型的某些变式中，括号中的偏差因子 $b_u^{\text{user}} + b_j^{\text{item}}$ 被统一的常量 B_{uj} 代替。这个常量是从第 3 章 3.7.1 节中描述的一种非个性化方法中获取的。得到的预测模型如下：

$$\hat{r}_{ut} = b_u^{\text{user}} + b_t^{\text{item}} + \frac{\sum_{j \in Q_t(u)} w_{jt}^{\text{item}} \cdot (r_{uj} - B_{uj})}{\sqrt{|Q_t(u)|}} \tag{2-30}$$

构建好一个最小二乘模型后，我们使用一种梯度下降法来解决最优化参数问题。这正是 [309] 中使用的模型。梯度下降步骤在第 3 章 3.7.2 节中讨论。用户−用户模型被公认为比物品−物品模型表现略好[312]。但是基于物品的模型在物品比用户少很多的情况下远比用户−用户模型的时空效率更高。

2.6.3　基于用户的方法和基于物品的方法的结合

在统一回归框架下，我们很自然地将基于用户的模型和基于物品的模型结合起来[312]。因此，我们同时基于它与相似用户和相似物品的关系来预测评分。这是通过结合公式（2-26）和公式（2-30）中的想法而产生的如下表达式：

$$\hat{r}_{uj} = b_u^{\text{user}} + b_j^{\text{item}} + \frac{\sum_{v \in P_u(j)} w_{vu}^{\text{user}} \cdot (r_{vj} - B_{vj})}{\sqrt{|P_u(j)|}} + \frac{\sum_{j \in Q_t(u)} w_{jt}^{\text{item}} \cdot (r_{uj} - B_{uj})}{\sqrt{|Q_t(u)|}}$$

$$\tag{2-31}$$

和之前的用例一样，我们假设了评分矩阵已经被中心化到其全局平均值上。相似的最小二乘法可以用来使在所有已知项上的预测产生的误差的方差最小化。在这种情况下，我们不再能够将最优化问题分解为相互独立的子问题。因此，单一的最小二乘模型被建立在评分矩阵中的所有已知项上。和上个用例一样，可以使用梯度下降法。[312] 中报告说，融合基于物品和基于用户而产生的模型通常比独立的模型表现更好。

2.6.4　具有相似度权重的联合插值

[72] 中使用了一种不同的思想来建立联合的基于近邻的模型。其基本思想是利用公式（2-22）基于用户的模型来预测目标用户 u 的每个评分，然后我们不再将其与相同物品的已知评分进行比较，而是将其与该用户对其他物品的评分进行比较。

令 S 代表评分矩阵中所有已知评分的用户−物品对的集合：

$$S = \{(u,t) : r_{ut} \text{ 已知}\} \tag{2-32}$$

我们建立一个目标函数，当对物品 j 的预测评分 $\hat{r}_{uj}$ 和该用户 u 对相似物品 s 的已知评分相差较远时，对其施加惩罚。目标用户 u 的目标函数定义如下：

$$\text{Minimize} \sum_{s:(u,s) \in S} \sum_{j:j \neq s} \text{AdjustedCosine}(j,s) \cdot (r_{us} - \hat{r}_{uj})^2$$

$$= \sum_{s:(u,s) \in S} \sum_{j:j \neq s} \text{AdjustedCosine}(j,s) \cdot \left(r_{us} - \left[\mu_u + \sum_{v \in P_u(j)} w_{vu}^{\text{user}} \cdot (r_{vj} - \mu_v)\right]\right)^2$$

我们可以正则化目标函数以减少过度拟合。这里 $P_u(j)$ 是目标用户 u 的最近的且评价过物

品 j 的 k 位用户。因此，在本例中，我们使用了基于近邻的方法中 $P_u(j)$ 的传统定义。

通过将调整余弦作为目标函数中的每个物品的乘法因子（multiplicative factor），这种方法迫使目标用户对相似物品的评分更加相近。值得注意的是，在该方法中，用户和物品相似度都被使用了，但使用的方式不同：

1）物品–物品相似度被用作目标函数中的乘法因子，来迫使预测的评分和相似物品的已知评分更加接近。

2）用户–用户相似度被用来将回归系数限制到与目标用户 u 相关的相似用户组 $P_u(j)$上。尽管原则上来说，也可以交换用户和物品的角色来建立一个不同的模型，但是在[72] 中说道，这种模型不如上面讨论的模型有效。这种模型能够通过许多现有的最小二乘法解决。在 [72] 中也讨论了很多处理稀疏问题的方法。

2.6.5　稀疏线性模型

2.6.2 节中介绍了一种有趣的基于物品–物品回归的模型[455]。这类模型被称为稀疏线性模型（sparse linear model），因为它们通过在回归系数中使用正则化方法从而支持稀疏性。与 [72，309] 中的方法不同，这类方法只适用于非负评分。因此，与之前章节中使用的技术不同，这类方法不再要求评分矩阵是平均中心化的，这是因为平均中心化会自动产生对应 "不喜欢" 的负值。而在非负评分中，没有方法来确定不喜欢。从特定角度来说，这种方法最适合⊖隐式反馈矩阵（比如，点击数据或成交数据），用户的这些行为中，只表达了正面的喜好。更进一步，在隐式反馈设定中，常常将未知值当作 0 以便于训练最优化模型。最优化模型最终会对某些值给出很高的预测评分，这样的用户–物品组合将是绝佳的推荐候选。因此，在训练数据集上预测误差为 0 的前提下，该方法对物品进行排序。

与 2.6.2 节中的技术不同，这些方法不再将回归系数限制在目标物品 t 的近邻上。因此，SLIM 中的预测函数表达如下：

$$\hat{r}_{ut} = \sum_{j=1}^{n} w_{jt}^{\text{item}} \cdot r_{uj} \ \forall u \in \{1 \cdots m\}, \forall t \in \{1 \cdots n\} \tag{2-33}$$

注意和公式（2-27）的关系。公式（2-27）中，仅使用目标物品的近邻来构建回归系数。其中很重要的一件事是需要将目标物品本身从公式右手边排除来防止过度拟合。可以通过设置 $w_{tt}^{\text{item}} = 0$ 来解决该问题。令 $\hat{R} = [\hat{r}_{uj}]$ 代表预测的评分矩阵并且令 $W^{\text{item}} = [w_{jt}^{\text{item}}]$ 代表物品–物品回归矩阵。因此，如果我们假设 W^{item} 的对角元素都被限制为 0，那么我们就能将公式（2-33）在不同用户和目标物品上的实例堆叠起来，以创建下面的基于矩阵的预测函数：

$$\hat{R} = RW^{\text{item}}$$
$$\text{Diagonal}(W^{\text{item}}) = 0$$

因此，主要目标是将 Frobenius 范数 $\|R - RW^{\text{item}}\|^2$ 与一些正则化参数一起最小化。这个目标函数在 W 的不同行（比如，回归中的目标物品）上是分离的。因此我们可以独立地解决每一个最优化问题（对于一个目标物品 t 的给定值），同时要将 w_{tt}^{item} 设为 0。为了建立一个更加可解释的部分之和的回归，权重向量被限制为非负。因此，对目标物品 t 的目标函数也许能被表达为如下：

⊖　该方法能适应于任意的评分矩阵。然而该方法的主要优势是体现在非负的评分矩阵上。

$$\text{Minimize } J_t^s = \sum_{u=1}^{m} (r_{ut} - \hat{r}_{ut})^2 + \lambda \cdot \sum_{j=1}^{n} (w_{jt}^{\text{item}})^2 + \lambda_1 \cdot \sum_{j=1}^{n} |w_{jt}^{\text{item}}|$$

$$= \sum_{u=1}^{m} \left(r_{ut} - \sum_{j=1}^{n} w_{jt}^{\text{item}} \cdot r_{uj} \right)^2 + \lambda \cdot \sum_{j=1}^{n} (w_{jt}^{\text{item}})^2 + \lambda_1 \cdot \sum_{j=1}^{n} |w_{jt}^{\text{item}}|$$

满足：

$$w_{jt}^{\text{item}} \geqslant 0 \quad \forall j \in \{1 \cdots n\}$$

$$w_{tt}^{\text{item}} = 0$$

目标函数中的最后两项对应弹性网络正则化方法（elastic-net regularizer），它结合了 L_1 和 L_2 正则化。[242] 证明，L_1 正则化组件会导致 w_{jt} 的稀疏性，这意味着大部分系数 w_{jt} 都为 0。这种稀疏性保证每个预测的评分能够被表达为少数相关物品评分的线性组合。更进一步，由于权重是非负的，物品的正相关性根据回归中每个评分的影响力的级别来确定，这种方法是高度可解释的。最优化问题可以使用坐标下降法解决，当然，原则上任何现有的解决方案都能够使用。一些更快的技术在 [347] 中讨论。这一技术还能与辅助信息（见第 6 章 6.8.1 节）相结合[456]。

显而易见，这一模型与前面几节中讨论的基于近邻的回归模型有很深的联系。SLIM 模型与 [309] 中的线性回归模型的主要区别如下：

1）[309] 中的模型将每个目标的非零系数限制在 k 个最相似的物品上。SLIM 模型能够使用 $|U_t|$ 个非零系数。例如，如果一件物品被所有用户评价过，那么所有的系数都会被使用。然而，w_{tt}^{item} 的值被置为 0 以防止过度拟合。更进一步，SLIM 方法通过使用弹性网络正则化方法来强制稀疏性，而 [309] 中的方法基于显式近邻计算预先选择权重。换句话说，[309] 中的方法使用一种启发式的方法选择特性，而 SLIM 方法使用学习（正则化）方法来选择特性。

2）SLIM 模型最初是为隐式反馈数据（比如，购买物品或顾客点击）设计的。在这些情况中，评分通常是一元的，顾客的行为表示积极偏好，而不购买或不点击的行为不一定表示消极偏好。这一方法也被用于"评分"是任意的表示积极偏好的值（比如，购买产品的数量）。注意这些场景通常有利于强制系数非负的模型。正如你将要在第 3 章学到的，这一观测结果也对其他模型有效，比如矩阵因子分解。例如，非负矩阵因子分解首先对隐式反馈数据集合有效，但是对随机评分并不那么有效。其部分原因是，当评分同时表示喜欢和不喜欢时，非负的部分之和的分解失去了它的可解释性。例如，两个"不喜欢"的评分之和不会是"喜欢"评分。

3）[309] 中的回归系数既可以为正，也可以为负。而 SLIM 中的系数被限制为非负。这是因为 SLIM 方法最初是为隐式反馈而设计的。在这些隐式反馈中，非负性通常更加显而易见，而且结果更加可解释。事实上，在某些情况下，强制非负或许可以提高⊖准确性。然而，[347] 中一些受限的实验结果表明，移除非负限制能够产生更好的表现。

4）虽然 SLIM 方法也提出了一种预测评分的模型（根据公式（2-33）），但是预测值的最终使用方法是将物品按预测值排序。注意这种方法通常用于一元评分。因此，利用预

⊖ 值得注意的是，施加一个附加的约束，例如非负，总是会降低在已知项上优化解的质量。另一方面，施加约束会增加模型的偏差并降低模型的方差，这会减少在未知项上的过拟合。事实上，当两个关联紧密的模型在已知项和未知项上的性能上具有冲突的相关表现时，常常是由于在两种情况下过拟合程度不同所导致的。在第 6 章中将介绍偏差-方差权衡的策略。一般而言，利用物品-物品之间的正关系比负关系预测的项评分更加可靠。非负约束就是基于这个观察。在小数据集上以这种自然约束的形式加入模型偏差会十分有效。

测值来排序物品比预测评分更有意义。一种可选择的解释预测值的方法是将它们每个都看成是用 0 替换一个非零评分所带来的误差。误差越大，评分的预测值就越大。因此，物品可以以预测值的顺序来排序。

5）与 [309] 中的方法不同，SLIM 模型没有使用启发式调整因子针对不同的具体评分显式调整。例如，一方面，公式（2-29）的右手边在分子上使用了调整因子 $\sqrt{|Q_t(u)|}$。另一方面，SLIM 方法中没有使用这样的调整因子。调整问题对于一元数据集合的情况来说并不显著，在一元数据中，物品的出现是唯一可用的信息。在这种情况下，用 0 代替未知值是共同的做法，并且这么做的偏差比用评分代表不同层次的喜欢和不喜欢时的误差小很多。

因此，这些模型有一些概念上的相似性，但是在细节上有一些差别。

2.7   基于近邻方法的图模型

基于近邻的方法中，已知评分的稀疏性给相似性计算带来了困难。因此一些图模型使用结构传递或者排序技术来定义基于近邻方法中的相似性。图是一种强大的抽象，它使许多从网络衍生的算法工具得以可用。图提供了很多用户或物品的一种结构化的表示。图可以在用户上建立，可以在物品上建立，也可以同时在两者上建立。这些不同类型的图导致了多种算法，这些算法使用随机游走或者最短路径法来做推荐。接下来，我们将描述多种图表示下的评分矩阵所使用的推荐算法。

2.7.1   用户-物品图

在用户-物品图上不必使用 Pearson 相关系数，而可以使用结构化测度来定义近邻。这一方法对于稀疏评分矩阵更加高效，因为我们可以使用边的传递结构来进行推荐工作。

用户-物品图是一个无向二分图 $G=(N_u \bigcup N_i, A)$，这里 N_u 代表用户的顶点集合，N_i 代表物品的顶点集合。图中的所有边仅在用户和物品之间存在。当且仅当用户 i 评价过物品 j 时，A 中存在用户 i 与物品 j 之间的无向边。因此，边的数目与评分矩阵中的已知项的数目相同。例如，图 2-3a 中的评分矩阵的用户-物品图表示为图 2-3b。基于图的方法的主要优势是两位用户不需要共同评价过许多物品才能被认为是近邻，而是只要两位用户之间存在许多短路径就行。因此，这种定义允许在非直接相连的结点间构建近邻。当然，如果两位用户共同评价过许多物品，那么这种定义也会认为他们紧密相邻。因此，基于图的方法提供了一种定义近邻的不同方式，这种方式在矩阵稀疏时很有用。

结点间是否非直接相连是通过路径或游走来判定的。一些常见的手段包括使用随机游走度量或用 2.7.1.2 节中介绍的 Katz 度量。这两种度量方法都与社交网络分析（见第 10 章 10.4 节）中的链接预测有紧密联系，并且它们阐述了一个事实：推荐系统的图模型将链接预测问题和普通的推荐问题联系在了一起。接下来，我们讨论在图模型表示下定义近邻的不同方法。

2.7.1.1   使用随机游走定义近邻

一位用户的近邻被定义为从该用户开始的一次随机游走中频繁遇到的用户集合。那么应该如何度量这种随机游走中期望的频率呢？这个问题的答案与随机游走的方法紧密相关，这些方法在网页排行应用中被频繁使用。我们可以使用个性化的 PageRank 或者 SimRank 方法（见第 10 章）来确定与给定用户最相似的 k 位用户来进行基于用户的协同过滤。类似的，通过从给定的物品开始随机游走，我们可以确定与给定物品最相似的 k 件物

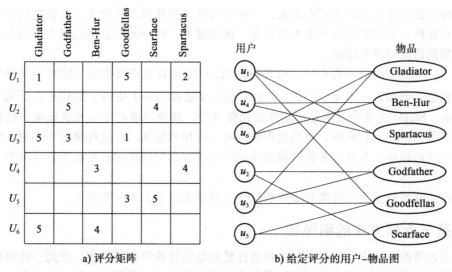

图 2-3 一个评分矩阵和对应的用户–物品图

品。这一方法对于基于物品的协同过滤十分有效。基于用户和基于物品的协同过滤的其他步骤保持不变。

为什么这种方法对于稀疏矩阵更加有效？在 Pearson 相关系数的情况下，两位用户需要与一个公共的物品集合直接相连才能被定义为近邻。而在稀疏用户–物品图中，很多结点可能都没有这种直接相连的关系。另一方面，随机游走也考虑了非直接相连的结点，因为其中一个结点到另一个结点的游动可能需要多步。因此，只要用户–物品图的大部分是连通的，就总是能够定义近邻。这种用户–物品图也可以通过多种多样的模型来直接预测评分。相关的方法将在第 10 章 10.2.3.3 节中讨论。

2.7.1.2 使用 Katz 度量定义近邻

除了使用随机游走一类的概率度量方法，我们也能够用顶点之间加权走（walk）的数目来确定它们之间的密切程度。每一走的权重是一个在（0，1）上的折扣因子，该因子是长度的递减函数。两点之间加权走的数量被称为 Katz 度量。两点之间加权走的数量常被用在链接预测中。直观思想是，如果两位用户属于同一近邻（基于走的连通性），那么在用户–物品图中就倾向于构建一个它们的链接。具体的倾向程度通过它们之间的（加权）走的数目决定。

定义 2.7.1（Katz 度量） 令 $n_{ij}^{(t)}$ 代表结点 i 和结点 j 之间长度为 t 的走的数量。那么，对于一个用户定义的参数 $\beta < 1$，结点 i 和 j 之间的 Katz 度量定义如下：

$$\text{Katz}(i, j) = \sum_{t=1}^{\infty} \beta^t \cdot n_{ij}^{(t)} \tag{2-34}$$

β 的值是一个折扣因子，用来使长的路径变得不再重要。对于足够小的 β 值，公式（2-34）将收敛。

令 K 代表 $m \times m$ 的用户对之间的 Katz 系数矩阵。如果 A 是一个无向网络的对称邻接矩阵，那么用户间的 Katz 系数矩阵 K 计算如下：

$$K = \sum_{i=1}^{\infty} (\beta A)^i = (I - \beta A)^{-1} - I \tag{2-35}$$

β 的值应该总小于 A 的最大特征值的倒数，以确保无限求和能收敛。Katz 度量与图中的扩散核紧密关联。事实上，一些协同推荐方法直接使用扩散核来进行推荐[205]。

这种度量的加权版本可以通过将 **A** 替换为图的带权矩阵来计算。当我们希望用已知评分为用户–物品图中的边进行加权时，该方法十分有用。与目标结点的 Katz 度量值最大的前 K 个结点被定义为目标结点的近邻。一旦确定了近邻，它就被用来根据公式（2-4）进行评分预测。这一准则的很多变形被用来做推荐：

1）在公式（2-34）中可以使用一个阈值来限制路径最大长度。这是因为更长的路径通常使预测过程变得有噪声。然而，因为使用了折扣因子 β，长路径带来的影响通常是受到限制的。

2）在之前提到的讨论中，Katz 度量仅用来确定用户的近邻。因此，Katz 度量被用于计算用户对之间的相似程度。在一位用户的近邻被确定之后，就可以像其他基于近邻的方法一样进行预测。

然而，一种不使用近邻方法而直接预测的方法是计算用户和物品之间的相似度。Katz 度量可以被用来计算这些相似度。在这些情况中，使用评分对链接加权，然后问题被简化为预测用户和物品之间的链接。这些方法将在第 10 章 10.4.6 节详细讨论。

2.9 节包含了很多基于路径的方法。

2.7.2　用户–用户图

在用户–物品图中，用户间的联系由用户–物品图中的偶数跳步定义。我们可以以用户之间的 2 跳步联系为基础，直接创建用户–用户图，而不用创建用户–物品图。用户–用户图与用户–物品图相比，其边包含更多信息。这是由于用户–用户图可以在创建边时参考用户间共同物品的数量和相似度。这些概念被称为 horting 和预测性（predictability），稍后将再做讨论。算法使用 horting 来量化两位用户（结点）之间共同评价的数量，用预测性来量化这些共同评价之间的相似度等级。

用户–用户图用以下方法创建。每个结点 u 对应在 $m \times n$ 大小的用户–物品矩阵中的 m 位用户之一。令 I_u 为用户 u 做出评价的物品集合，I_v 为用户 v 做出评价的物品集合。图中的边代表 horting。horting 是用户之间的一种非对称关系，是基于用户评价过的相似物品而定义。

定义 2.7.2（horting）　用户 u 以等级 (F, G) hort 用户 v，如果下面的条件之一为真：

$$|I_u \cap I_v| \geq F$$
$$|I_u \cap I_v| / |I_u| \geq G$$

这里，F 和 G 是算法的参数。注意只要以上两个条件有一个满足，用户 u 就 hort 用户 v。horting 用于进一步定义预测性。

定义 2.7.3（预测性）　用户 v 预测用户 u，如果 u hort v，并且存在线性变换函数 $f(\cdot)$ 使得

$$\frac{\sum_{k \in I_u \cap I_v} |r_{uk} - f(r_{vk})|}{|I_u \cap I_v|} \leq U$$

这里，U 是另一个算法参数。值得注意的是，用户 u 的评价和变形后的用户 v 的评价之间的距离 $\dfrac{\sum_{k \in I_u \cap I_v} |r_{uk} - f(r_{vk})|}{|I_u \cap I_v|}$ 是他们共同评价的曼哈顿距离的一种变形。它与曼哈顿距离的主要区别在于，该距离是使用两位用户之间共同评价的数量进行归一化之后的结果。该距离也被称为曼哈顿节段性距离（Manhattan segmental distance）。

horting 和预测性的方向恰好相反。换句话说，用户 v 要预测用户 u，u 必须 hort v。

对有向图 G 来说，如果 v 预测 u，则 G 中存在由 u 向 v 的边。该图被称为用户—用户预测性图。图中的每一条边对应一个在定义 2.7.3 中讨论过的线性变换。线性变换定义了一种预测方式：边的始点的评分可以用来预测边的终点的评分。更进一步，通过在有向路径上用传递的方式使用线性变换，我们可以用路径终点的评分来预测路径的源头的评分。

那么，目标用户 u 对物品 k 的评分可以通过计算所有从 u 出发，到所有已评价过物品 k 的用户（结点）的有向最短路径得到。考虑从 u 出发，到评价过物品 k 的用户 v 的长度为 r 的有向路径。令 $f_1 \cdots f_r$ 为路径上的线性变换序列，那么目标用户 u 对物品 k 的评分预测 $\hat{r}_{uk}^{(v)}$（只以 v 为基础）计算如下：将 u 到 v 路径上的 r 个线性映射的组合施用于用户 v 对物品 k 的评价 r_{vk} 上：

$$\hat{r}_{uk}^{(v)} = (f_1 \circ f_2 \circ \cdots \circ f_r)(r_{vk}) \tag{2-36}$$

预测结果 $\hat{r}_{uk}^{(v)}$ 含有上标 v，因为它只基于用户 v 的评分。因此，最终预测结果 $\hat{r}_{uk}$ 对所有评价过物品 k 并且与用户 u 的距离在给定阈值 D 之内的用户 v，取 $\hat{r}_{uk}^{(v)}$ 的平均值。

对于给定的用户（结点）u，我们只需确定该用户到其他评价过该物品的用户的有向路径。最短路径可以使用广度优先算法计算，效率不错。另一重要细节是，需要使用阈值来限制最大路径长度。如果在长度限制 D 内找不到评价过物品 k 的用户，则算法返回失败。换句话说，不能通过现有的评分矩阵健壮地预测用户 u 对物品 k 的评分。使用这样的阈值对于提升效率至关重要，并且非常长的路径上的线性变换可能增加预测的偏差。图 2-4 叙述了整个过程。注意，在 horting 图中，如果 u hort v，则 u 到 v 有一条有向边。另一方面，在预测性图中，如果 u hort v 并且 v 预测 u，则 u、v 之间存在边。因此，预测性图可以是通过丢弃 horting 图中的一些边来获得的。这张图在离线阶段建立并且被重复地查询以计算推荐。另外，在离线阶段还额外建立了一些索引数据结构。这些数据结构与预测性图一起使用以提高查询效率。关于 horting 方法的更多细节可以在 ［33］中找到。

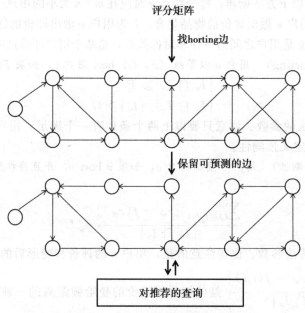

图 2-4 用户—用户的预测性方法

因为该方法使用传递性来进行预测，因此可以被用于极稀疏的矩阵。缺乏评分覆盖给近邻方法带来极大的挑战。例如，如果 John 的所有直接邻居都没有评价过《Terminator》，

就不可能对 John 做出预测。但是结构传导性允许我们检查 John 的间接邻居是否评价过 64 ~ 65
《Terminator》。因此，与竞争方法相比，这种方法具有更好的覆盖。

2.7.3　物品-物品图

我们也可以利用物品-物品图来进行推荐。这种图也被称为关联图（correlation graph）[232]。创建一个加权有向网络 $G=(N, A)$，N 中每个结点对应一件物品，A 中每一条边对应物品间的关系。每条 (i, j) 边都有权重 w_{ij}。如果物品 i 和物品 j 被至少一位共同用户评价过，那么网络中存在两条有向边，(i, j) 和 (j, i)。否则，结点 i 和结点 j 之间不存在边。但是，因为边 (i, j) 的权重与边 (j, i) 的权重不一定相等，所以有向网络并不对称。令 U_i 为评价过物品 i 的用户集合，U_j 为评价过物品 j 的用户集合。那么边 (i, j) 的权重使用下面这个简单的算法来计算。

首先，我们将每条边的权重 w_{ij} 初始化为 $|U_i \cap U_j|$。此时，边的权重是对称的，即 $w_{ij} = w_{ji}$。之后，对边的权重进行归一化，使得每个结点的出边的权重之和为 1。归一化的方法即用 w_{ij} 除以结点 i 的所有出边的权重之和。归一化的步骤使权重变得不对称，因为 w_{ij} 和 w_{ji} 分别除以了不同的量。这导致图中边的权重与随机游走概率相对应。图 2-5 说明了评分矩阵的关联图的一个例子。显然归一化的关联图中的权重是非对称的，因为权重已被缩放到转移概率。更进一步，值得注意的是，在构建关联图时，评分的值未被使用。只使用了物品间已知的共同评分的数量。有时候这并不是我们所希望的。当然，我们也可以用其他方式定义关联图，比如使用两件物品之间评分向量的余弦函数。

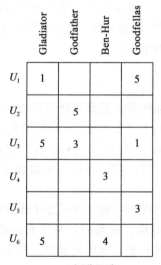

a) 评分矩阵

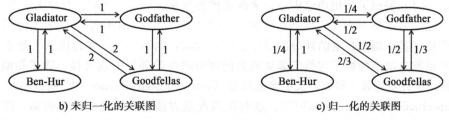

b) 未归一化的关联图　　　　　　c) 归一化的关联图

图 2-5　一个评分矩阵和它的关联图

如第 10 章所说，随机游走算法可以用来确定给定物品的近邻。计算出的近邻可以用于基于物品的协同过滤算法，而且可以用个性化的 PageRank 算法直接确定物品-物品图中的评分。这种方法被称为 ItemRank，它在第 10 章 10.2.3.3 节中讨论。

2.8 小结

由于协同过滤可以被看作是分类和回归问题的泛化，因此适用于后者的方法也可以适用于前者。基于近邻的方法从最近邻分类和回归方法中汲取灵感。在基于用户的方法中，第一步是确定目标用户的近邻。为了计算相邻项，很多相似度函数，比如 Pearson 相关系数和余弦函数被使用。近邻被用来推断未知评分。在基于物品的方法中，对于目标物品，与其最相似的物品被计算出来。然后，用户自己对这些相似物品的评分被用来预测该目标物品的评分。基于物品的方法能够产生相关性更高的推荐，但是它们难以产生多样化的推荐。为了加速基于近邻的方法，通常使用聚类。

基于近邻的方法可以被看作是线性模型，其中权重是使用一种基于相似度值的启发式方法来选择的。我们也可以使用线性回归模型学习这些权重。这种方法具有能够与其他最优化模型，比如矩阵分解，相结合以产生更好预测结果的优势。这类方法将在下一章中讨论。

由于数据的稀疏性，基于近邻的方法面临许多挑战。用户通常只对一小部分物品做出评分。因此一对用户可能常常只做出了一小部分评分。这种情况可以通过使用降维和基于图的模型来有效地处理。虽然降维方法通常作为一种协同过滤中独立的方法使用，但是它们也能够与基于近邻的方法结合，来提高协同过滤的效率和准确度。很多类型的图模型能够从评分矩阵中抽象出来，比如用户-物品图、用户-用户图和物品-物品图。典型地，随机游走或最短路径法被用于这些例子中。

2.9 相关工作

在推荐系统领域中，基于近邻的方法是最早使用的方法之一。最早的基于用户的协同过滤模型在 [33，98，510，540] 中研究。在 [183] 中能找到关于基于近邻的推荐系统的综述。稀疏性是这种系统面临的主要问题，[33，204，647] 设计了很多基于图的系统来缓解稀疏性带来的问题。在 [173，463，648] 中讨论了专门针对长尾而设计的推荐方法。

基于用户的方法利用相似用户在相同物品的评分来做预测。这类方法早期很流行，但它们的扩展性不好而且有时不够准确。逐渐的，基于物品的方法[181,360,524]被提出，该方法通过相同用户在相似物品上的评分来计算评分预测。基于物品的方法提供了更准确但不够多样性的推荐。

[98，501] 提出了使用均值中心化来改进推荐算法。[245，258] 中对比了 Z-得分和均值中心化，但这两项研究的结果有冲突。[163，281，282] 中讨论了许多不使用绝对评分，而专注于基于偏好权重的评分的排序。[71，245，247，380] 中讨论基于显著性加权方法，在该类方法中削弱了与给定邻居的共同评分过少的邻居的重要性。许多相似度函数的变形被用于计算近邻。例如，最小方差距离 (mean-squared distance)[540] 和 Spearman 排名相关 (Spearman rank correlation)[299]。这些距离度量方法的具体优势尚不明确，因为文献 [247，258] 中给出了冲突的结果。但是，共识倾向于认为 Pearson 等级相关能给出最准确的结果[247]。[98，280] 中讨论了如何调整很受欢迎的物品的影响度的技术。在 [98] 中讨论

了在基于近邻方法中使用指数扩增技术。[183] 中介绍了在最近邻方法中使用投票技术。投票方法可以被看作最近邻方法的直接衍生，而不是最近邻回归模型的衍生。

[181, 524, 526] 中提出了基于物品的协同过滤方法。[526] 中探讨了基于物品的协同过滤的不同变形，和基于用户的方法的对比。[360] 中的基于物品的方法值得注意，因为它描述了 Amazon.com 使用的一种协同过滤方法。也可以使用相似度融合技术[622]将基于用户和基于物品的协同过滤方法联合起来。更一般的联合框架能在 [613] 中找到。聚类方法被频繁地用于提高基于近邻的协同过滤方法的效率。在 [146, 167, 528, 643, 644, 647] 中讨论了很多聚类方法。[51] 中研究了将基于近邻的方法扩展到大规模数据集上。

降维方法用于缺失值估计[24,472]和推荐系统[71,72,228,252,309,313,500,517,525]的历史已久。事实上，这些方法中有很多直接使用潜在因子模型来预测评分而不依赖于近邻模型。但是，有一些降维方法[71,72,309,525]是专为提升基于近邻方法的效率和准确度而设计的。[72] 的一个重要贡献就是提供了近邻方法和回归建模的联系。这一关系很重要，因为它揭示了我们如何使用脆优化将基于近邻的方法构建成基于模型的方法。注意许多其他的基于模型的方法，如潜在因子模型，也能够被表达成最优化问题。这一观察为将基于近邻方法和潜在因子模型有效结合成统一的框架扫除了障碍[309]，因为我们现在可将两个目标函数结合起来。其他基于回归模型的推荐系统，如 slope one 预测方法和最小二乘法在 [342, 620] 中被提出。[469] 中探讨了对物品集合偏好的学习方法。[455] 研究了稀疏线性模型 (Sparse LInear Model，SLIM) 下的物品–物品回归模型，在该线性模型上使用了弹性网络规则化方法，不必将系数限制在物品的近邻上。[159] 中讨论了高阶稀疏学习方法，该方法对多个物品的组合构建影响模型。训练线性模型和微调规则化参数的高效方法在 [347] 中讨论。受限线性回归模型在 [430] 中讨论。

[68]

[669] 对如最小二乘回归和支持向量机这类的线性分类器进行了验证。但是，这类方法是针对隐式反馈数据集合设计的，这些数据中只有积极偏好。根据观察，在这种情况下，协同过滤和文本分类是类似的。不过，由于数据中的噪声和类型分布天然的不平衡，直接使用 SVM 方法有时是无效的。[669] 中建议修改损失函数以得到更加准确的结果。

为了改进协同过滤算法，很多基于图的方法被提出了。这些方法中的大部分是基于用户–物品图，但也有小部分是基于用户–用户图的。一个从基于图方法的角度的重要发现是，它们展现出了排序、推荐和链接预测之间的有趣关系。[204, 647] 中讨论了在推荐系统中使用随机游走来确定近邻。[262] 提出了一种使用用户–物品图中结点对之间的折扣路径数来进行推荐的方法。这一方法与在用户–用户对上使用 Katz 度量来确定它们是否在对方的近邻中是等价的。该方法与链接预测[354]相关，因为 Katz 度量常用于确定结点对之间的链接亲和力。在 [17] 中能找到一项关于链接预测的调查。一些基于图的方法不直接使用近邻。例如，[232] 中提出的 ItemRank 方法展示了如何直接使用排序来进行预测，[261] 中的方法展示了如何直接使用链接预测方法来进行协同过滤。这些方法也在本书第 10 章中讨论。利用用户–用户图的方法在 [33] 中讨论。这些方法的优势在于它们在图的边中直接表达了用户–用户相似度关系。因此，这类方法提供了比竞争方法更高的覆盖率。

2.10 习题

1. 考虑表 2-1 中的评分矩阵。预测用户 2 对物品 3 的绝对评分，使用以下方法：

（a）基于用户的协同过滤算法，使用 Pearson 系数和均值中心化。

（b）基于物品的协同过滤算法，使用调整的余弦相似度。

2. 考虑下面 5 位用户和 6 件物品之间的评分表：

物品 ID⇒	1	2	3	4	5	6
1	5	6	7	4	3	?
2	4	?	3	?	5	4
3	?	3	4	1	1	?
4	7	4	3	6	?	4
5	1	?	3	2	2	5

（a）使用基于用户的协同过滤算法预测用户 2 的未知评分。要求使用 Pearson 系数和均值中心化。

（b）使用基于物品的协同过滤算法预测用户 2 的未知评分。要求使用调整的余弦相似度。

假设在每例中，同组群体的规模最大为 2，并且负关联已被除去。

3. 讨论传统机器学习中的 k 最近邻分类器和基于用户的协同过滤算法之间的相似性。描述一个与基于物品的协同过滤相似的分类器。

4. 设计一个基于用户的评分矩阵对用户的聚类算法，将每一类的平均评分输出，作为该类中所有用户对物品的评分预测。与近邻模型相比，讨论其有效性和效率上的权衡。

5. 设计一种在用户－用户图上使用随机游走基于近邻的协同过滤的算法。〔解决该问题需要了解排序算法的背景知识。〕

6. 讨论利用图聚类算法来实现基于近邻的协同过滤算法的多种方式。

7. 实现基于用户和基于物品的协同过滤算法。

8. 假设你拥有基于内容的用户画像，展示着他们的兴趣所在，也有物品的简要描述。同时你还有用户和物品之间的评分矩阵。讨论怎样能在基于图的算法框架中使用这些基于内容的信息。

9. 假设你有一个一元评分矩阵。如果将物品的评分看作其特性，展示如何使用基于内容的方法来实现协同过滤算法。参考第 1 章对基于内容方法的描述。基于物品的协同过滤算法对应于哪种基于内容的分类器？

69
～
70

基于模型的协同过滤

不要熄灭你的灵感和幻想；不要成为模型的奴隶。

——Vincent van Gogh

3.1 引言

上一章提到的基于近邻的协同过滤方法可以被看作是机器学习中常用的 k- 近邻分类方法的泛化，它们都是基于案例的方法。这些方法必须是高效的，因为除了一些可选的预处理环节⊖，我们不会预先建立模型以用于预测。基于近邻的方法是基于案例的学习方法或懒惰学习的泛化，其预测方法针对实例的预测。例如，在基于用户的近邻方法中，要确定等价的目标用户群体才能实施预测。

与有监督及无监督的机器学习类似，在基于模型的方法中会预先建立一个总结模型。因此，训练（也称为模型建立）过程被明确地同预测过程分离开来。传统机器学习中，此类典型方法有决策树、基于规则的方法、贝叶斯分类器、回归模型、支持向量机以及神经网络[22]。有趣的是，几乎所有的此类模型都可以被泛化为协同过滤场景，就如同 k 近邻可以被泛化为基于近邻的协同过滤模型一样。这是因为传统的分类和回归问题恰好是矩阵补全（或协同过滤）的特例。

在数据分类问题中，我们有一个 $m \times n$ 的矩阵，其中前 $(n-1)$ 列是特征变量（或称自变量），最后一列（即第 n 列）为类变量（或称因变量）。前 $(n-1)$ 列的值均为已知，但第 n 列的值只有部分已知。因此，矩阵的行构成的集合的某个子集的值均是已知的，该子集被称为训练数据，其余包含未知值的行被称为测试数据。对于测试数据来说，需要填充其缺失值。图 3-1a 给出了上述情况的一个例子，其中灰色部分表示矩阵中的未知项。

如图 3-1b 所示，与数据分类问题不同，评分矩阵中的任何项都可能是未知的。因此，可以明显看出矩阵补全问题是分类问题（或回归问题）的泛化。这两类问题最本质的不同可以被总结如下：

1）在数据分类问题中，特征（自）变量和类（因）变量之间的界限很清楚，而在矩阵补全问题中，并不存在明显的界限。每一列都既是因变量又是自变量，取决于当前预测模型要预测的项是什么。

2）在数据分类问题中，训练数据和测试数据之间有清楚的界限，而在矩阵补全问题中，不同的行之间并不存在上述界限。人们最多能将已知项当作训练数据，而将未知项当作测试数据。

3）在数据分类问题中，列表示特征，行表示数据实例。但在协同过滤问题中，根据未知项的分布规律，一种方法可能同时适用于一个评分矩阵及其转置。例如，基于用户的近邻模型可以被看作最近邻分类方法的直接泛化。当此类方法被用在评分矩阵的转置上的

⊖ 从实践的角度来讲，预处理就是为了提高效率。用户完全可以使用不含预处理阶段的基于近邻的方法，不过那会导致更长的查询响应时间。

时候，可以将其看作是基于物品的近邻模型。一般而言，许多协同过滤算法既可以从用户角度来使用，又可以从物品角度来使用。

图 3-1 总结了数据分类和协同过滤问题的不同。因为协同过滤问题的泛化程度更高，所以与数据分类问题相比，其在算法设计方面也展现了更丰富的可能性。

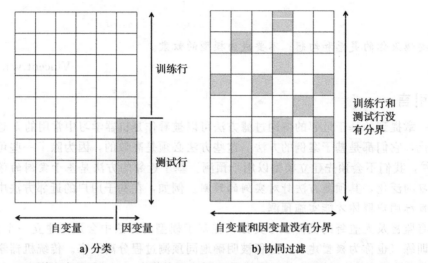

a) 分类　　　　　　　　　　　　b) 协同过滤

图 3-1　回顾第 1 章的图 1-4。比较传统的分类问题和协同过滤，阴影部分表示需要被预测的未知项

考虑协同过滤问题和数据分类问题的相似之处有助于设计前者的学习算法。这是因为数据分类相对来说是研究更成熟的领域，不同种类的分类算法能够为协同过滤算法的设计提供重要思路。事实上，大多数机器学习和分类算法本身就是协同过滤的一个分支。从与分类模型类似的角度去理解推荐系统，就可以更好地应用大量的分类问题的元算法（meta-algorithm）。例如，分类问题中一些经典的元算法，如引导聚集算法（bagging）、提升方法（boosting）或模型组合，可以被扩展为协同过滤算法。有趣的是，分类问题中的很多集成方法的理论被延续使用在推荐系统中。基于集成的方法[311, 704]是在 Netflix 的比赛中表现最好的方法之一。我们将在第 6 章讨论这些集成方法。

然而，想要直接对数据分类模型泛化来解决矩阵补全问题并不容易，尤其是当矩阵中的大部分元素未知时。而且，不同模型在不同的设置下效果也不相同。例如，很多最新的协同过滤模型，如潜在因子模型，对于解决协同过滤问题非常有效，但并不被认为是解决数据分类问题的有效模型。

基于模型的推荐系统很多情况下优于基于近邻的推荐系统：

1）节省空间：一般情况下，学习得到的模型的大小远小于原始的评分矩阵，所以空间需求通常较低。另一方面，基于用户的近邻算法可能需要 $O(m^2)$ 的空间复杂度，其中 m 是用户数目。基于物品的近邻算法则需要 $O(n^2)$ 的空间复杂度。

2）训练和预测速度快：基于近邻的方法的一个问题在于预处理环节需要用户数或物品数的平方级别时间，而基于模型的系统在建立训练模型的预处理环节需要的时间往往要少得多。在大多数情况下，压缩和总结模型可以被用来加快预测。

3）避免过拟合：过拟合在很多机器学习算法中是非常严重的问题。在这些算法中预测结果往往被一些随机因素影响。此类问题在分类和回归模型中同样存在。在基于模型的方法中，运用总结方法有助于避免过拟合。除此之外，还可以运用正则化方法使得这些模型更具健壮性。

虽然基于近邻的方法是最早被提出的协同过滤方法之一，且由于其简洁性被应用得非常广泛，但就目前的情况而言，它们并非总是最精确的方法。事实上，通常最精确的协同过滤方法都是基于模型的，尤其是潜在因子模型。

本章后续部分组织如下。3.2节讨论如何在推荐系统中运用决策和回归树。3.3节讨论基于规则的协同过滤方法。3.4节讨论基于朴素贝叶斯的推荐系统。3.5节讨论其他分类方法是如何被扩展为协同过滤算法的。3.6节讨论潜在因子模型。3.7节讨论如何集成潜在因子模型和近邻模型。3.8节总结全章。

3.2　决策和回归树

决策和回归树经常被用在数据分类中。决策树一般用于因变量是类别的情况，回归树则用于因变量是数值的情况。在介绍如何将决策树泛化为协同过滤之前，我们先对其如何应用于分类问题做一讨论。

考虑一个$m \times n$的矩阵$\boldsymbol{R}$。不失一般性的，假设前$(n-1)$列是自变量，最后一列是因变量。为了方便讨论，我们假设所有的变量都是二元的。因此，我们现在将讨论决策树而非回归树。在之后的讨论中我们会进一步描述如何泛化其他类型的变量。

决策树可以被看作是一个划分了层次的数据空间，划分使用层次决策，这在自变量中被称为拆分条件（split criteria）。在单变量的决策树中，每一层使用唯一特征进行划分。例如，在一个二元（特征变量的值为0或1）的矩阵$\boldsymbol{R}$中，对于一个精心挑选过的特征变量，我们将所有该变量取值为0的数据记录划分为一枝，将该变量取值为1的记录都划分到另一枝。不断选取与分类变量相关的特征并重复上述过程，则每一枝对应的记录集合的纯度会越来越高。换言之，大多数属于不同类别的记录会被分离到不同的分枝。又或者说，两个分枝中其中一个包含了大部分属于某个类别的数据记录，而另一枝则包含大多数属于另一类别的数据记录。如果决策树中每个结点有两个子结点，则该决策树被称为二元决策树。

可以使用划分后孩子结点的加权平均基尼指数来度量划分的质量。设$p_1 \cdots p_r$分别是结点S包含的r个不同类别的数据记录所占的比例，则结点S的基尼指数$G(S)$定义如下：

$$G(S) = 1 - \sum_{i=1}^{r} p_i^2 \tag{3-1}$$

基尼指数位于［0，1］区间，数字越小说明区分度越大。一次划分的整体基尼指数等于划分得到的孩子结点的基尼指数的加权平均。这里，权值被定义为孩子结点包含的数据量。因此，如果S_1和S_2是结点S在二元决策树中的孩子结点，n_1和n_2分别是S_1和S_2包含的记录数，则划分$S \Rightarrow (S_1, S_2)$的基尼指数可以如下计算：

$$\text{Gini}(S \Rightarrow [S_1, S_2]) = \frac{n_1 \cdot G(S_1) + n_2 \cdot G(S_2)}{n_1 + n_2} \tag{3-2}$$

基尼指数可用来对决策树的给定层次确定合适的划分属性。我们可以根据公式（3-2）来测试每一个属性的划分质量，并选择基尼指数最小的属性来进行划分。这个过程从高到低按层次进行，直到每个结点仅包含同一个类别的数据记录为止。如果一个结点包含了最少比例的特定类别的记录，上述过程也可以提前终止。不被进一步划分的结点称为叶结点，该结点的标签即为其包含的数据记录中占支配地位的类别。为了对测试数据中一个未知的因变量进行分类，需要将其对应的自变量与决策树中从根结点到叶结点的一条路径匹配。因为决策树是层次地去划分数据空间，所以测试数据会恰好匹配一条从根结点到叶结点的路径，叶结点对应的标签即是测试数据的类别。图 3-2 给出了一棵由 4 个二元属性划分得到的决策树。图中灰色的结点为树的叶结点。注意并非所有的属性都必须用来在决策树上做划分。例如，最左边的路径用到了属性 1 和 2，但没有用到属性 3 和 4。而且决策树上不同的路径可能会用到不同的属性序列。这种情况在处理高维数据时非常常见。例如当测试数据为 $A=0010$ 和 $B=0110$ 时，图 3-2 中指出了二者对应的叶结点位置。层次划分数据使得每个测试数据都唯一匹配了一个叶结点。

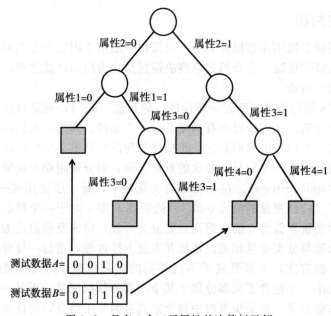

图 3-2   具有 4 个二元属性的决策树示例

经过少量修改，上述方法可以被扩展到数值型的因变量和自变量上。为了处理数值型的自变量（特征），属性值域可以被划分为不同的区间（注意随着每一个分支对应的区间不同，上述方法可能会导致多种划分方式），进而可以基于基尼指数选择属性进行划分。类似的修改可以被用来支持类别型的变量，其中每个分支对应一个类别。

为了处理数值型的因变量，划分标准可以从基尼指数变为一个更为适用的度量。确切地说，我们使用数值型因变量的方差来代替基尼指数。方差越低越好，这是因为低方差表示结点包含的训练数据根据因变量的取值区间被有区别地对待了。在预测时，可以使用叶结点对应的均值或线性回归模型[22]。

在许多情况下，为了防止过拟合，决策树会被剪枝。此时，一些训练数据在构建决策树时不会被用到。剪枝之后，再使用这些未被用到的数据去检查修剪的效果。如果某个结点被删掉会提升未使用数据的分类精度，那么该结点就会被删除。除此之外，其他分类指标的变种（如错误率和熵）也被广泛使用。文献 [18，22] 给出了不同决策树的设计方法细节。

3.2.1   将决策树扩展到协同过滤

将决策树扩展到协同过滤需要面临的主要挑战是需要预测的项并没有和已知项明确地

按列被区分开来，这一点与特征和类变量十分不同。首先，评分矩阵非常稀疏，矩阵中大多数的项是未知的。这些原因使得在建立决策树时对训练数据进行层次划分面临着极大挑战。其次，既然协同过滤中自变量和因变量（项）没有清晰的分界，如何知道决策树要预测哪些项呢？

后一个不同点可以通过对每个需要预测的物品分别建立决策树来解决。考虑一个 $m \times n$ 的评分矩阵 R，其中 m 是用户的数目，n 是物品的数目。对于任意一个属性（物品），我们需要将其余的变量当作自变量，建立一棵独立的决策树。因此，决策树的数目等于属性（物品）的数目 n。当预测某个用户对于给定物品的评分时，我们只需使用与待预测物品对应的决策树即可。

另一方面，如何处理缺失的重要特征相对来说是一个更难的问题。考虑下述情况：一个给定的物品（例如某个特定的电影）被用作划分属性，所有对该电影评分低于阈值的用户被分在一个分支，对该电影评分高于阈值的用户被分在另一个分支。由于评分矩阵是稀疏的，大多数用户对于该物品没有评分，那么这些用户应该被分在哪个分支呢？从逻辑上说，这些用户应该在两个分支里都出现。然而，如果这样操作，决策树将不再是对训练数据的严格划分。而且，根据上述方法，测试数据可能匹配决策树上的多条路径，进而会导致我们需要将多个冲突的预测结果合并以得到最终的唯一预测。

另一个（也是更合理的）想法是使用第 2 章的 2.5.1.1 节讨论的降维方法建立一个低维的数据表示。现在假设我们想预测第 j 个物品的评分。首先，除去第 j 列之外的 $m \times (n-1)$ 的评分矩阵被转化为一个低维的 $m \times d$ 的表示，其中 $d \ll n-1$，且所有属性是已知的。$m \times (n-1)$ 的评分矩阵中每一对项的协方差可以通过第 2 章的 2.5.1.1 节的方法估计。可以确定 $(n-1) \times (n-1)$ 大小的协方差矩阵中前 d 个特征向量 $\overline{e_1} \cdots \overline{e_d}$，每个特征向量包含 $(n-1)$ 个元素。公式（2-17）可以被用来将评分矩阵映射为特征值，不过在公式（2-17）的右侧没有包含第 j 个物品。通过上述方法可以对每个用户产生一个不包含未知元素的 d 维向量。通过将问题直接看作标准的分类或回归模型问题，上述约化表示（reduced representation）被用来建立第 j 个物品的决策树。令 j 从 1 变化到 n 并对每一个 j 使用上述方法，我们可以构建 n 个决策树，然后用第 j 个决策树对第 j 个物品进行预测。n 个物品对应的特征值和决策树都会被存储为模型的一部分。

为了预测用户 i 对第 j 个物品的评分，$m \times d$ 的矩阵第 i 行被用作测试数据，第 j 个决策/回归树被用来预测相应的评分。第一步是根据公式（2-17），使用除了物品 j 之外的 $n-1$ 个物品来为测试数据建立一个 d 维的约化表示。注意要使用第 j 个特征向量进行投影和约化。得到的表示被进一步和决策树或回归树一起用来对第 j 个物品进行预测。这里需要特别注意的一点是，这种合并了降维和分类模型的泛化方法输出的并不是一个严格的决策树。相对来说，这种方法易于与各种分类模型结合，而且降维的方法也会在推荐系统中被独立用于预测，这些问题会在本节的后续部分进行讨论。

3.3　基于规则的协同过滤

关联规则［23］和协同过滤的关系非常自然，这是因为关联规则问题最早的提出背景是为了发现超市数据之间的关联关系。尽管通过将分类和数值型的数据转化为二元数据，关联规则可以被扩展到多种类型的数据上，但从本质上说，关联规则是定义在二元数据上的。为了讨论方便，我们将假设数据是一元的。一元数据在超市交易数据和隐式反馈数据集合中非常常见。

考虑一个交易数据库 $T = \{T_1 \cdots T_m\}$，其包含定义在 n 个项（物品）构成的集合 I 上的 m 个事务。也就是说，I 是物品的全集，事务 T_i 是 I 的一个子集。挖掘关联规则即是要找出交易数据库中那些相关性较高的物品。为此，可以定义支持度（support）和置信度（confidence）来度量物品的相关度。

定义 3.3.1（支持度） 物品集 $X \subseteq I$ 的支持度定义为 T 中包含 X 的事务所占的百分比。

如果某物品集的支持度大于一个预先定义的阈值 s，则称物品集是频繁的。该阈值被称为最小支持度。支持度不小于阈值的物品集被称为是频繁项集或频繁模式。频繁项集可以为用户购买行为的关联性提供重要线索。

77

例如，考虑表 3-1 给出的数据集合。表中行表示客户，列表示物品。表中填"1"的位置表示客户购买了该物品。因为用 0 去近似缺失值是一种在隐式反馈数据集合中的常用方法，所以尽管数据是一元的，我们仍使用 0 表示物品不存在于事务中。很明显，该表格的列可以被分为两个高相关度的物品集：一个是｛面包，黄油，牛奶｝，另一个是｛鱼，牛肉，火腿｝。上述两个物品集是唯一包含不少于 3 个物品且支持度不低于 0.2 的物品集。因此，这两个物品集均是频繁项集或频繁模式。商家可以基于此类高支持度的物品集提供推荐以及做出其他市场决策，因此找到这些物品集对于商家非常有用。例如，我们可以合理地推断 Mary 倾向于购买面包，因为她已经购买了｛黄油，牛奶｝。类似的，John 更倾向于购买牛肉，因为他已经购买了｛鱼，火腿｝。从推荐系统的角度来看这样的推断非常有用。

表 3-1 市场购物篮数据示例

物品⇒ 客户⇓	面包	黄油	牛奶	鱼	牛肉	火腿
Jack	1	1	1	0	0	0
Mary	0	1	1	0	1	0
Jane	1	1	0	0	0	0
Sayani	1	1	1	1	1	1
John	0	0	0	1	1	1
Tom	0	0	0	1	1	1
Peter	0	1	0	1	1	0

更进一步的线索可能包含相关性的方向，这可以通过关联规则和置信度来表示。一条关联规则可被写作 "$X \Rightarrow Y$"，其中 "$\Rightarrow$" 表示物品集 X 和 Y 之间的相关性的方向。例如，由于我们已经知道 Mary 购买了黄油和牛奶，那么规则｛黄油，牛奶｝$\Rightarrow$｛面包｝就非常适用于给 Mary 推荐面包这一物品。规则的强度可以用置信度来衡量。

定义 3.3.2（置信度） 规则 $X \Rightarrow Y$ 的置信度是含 X 的事务中同时包含 Y 的条件概率 $P(Y|X)$，因此，其置信度等于 $X \cup Y$ 的置信度除以 X 的置信度。

注意 $X \cup Y$ 的置信度一定不大于 X 的置信度，因为如果一个事务包含 $X \cup Y$，那么它一定包含 X。不过反过来不一定成立，因此一条规则的置信度的值总是位于（0，1）区间内的。置信度越高则规则越强。例如，如果规则 $X \Rightarrow Y$ 为真，那么商家只要知道客户购买了 X 中的物品，就可以推断出客户会购买 Y 中的物品。基于最小支持度 s 和最小置信度 c 可以如下定义关联规则：

定义 3.3.3（关联规则） 规则 $X \Rightarrow Y$ 被称为是最小支持度 s 和最小置信度 c 下的关联

规则，如果下述两个条件同时被满足：

1. $X \cup Y$ 的支持度不小于 s；
2. $X \Rightarrow Y$ 的置信度不小于 c。

寻找关联规则的算法分为两步。首先，确定所有满足最小支持度阈值 s 的物品集。然后，对其中任一物品集 Z，用所有可能的二路划分 $(X, Z-X)$ 产生候选规则 $X \Rightarrow Z-X$。候选中满足最小置信度的规则被保留。第一步中确定频繁项集需要很大的计算量，当数据库非常大的时候该问题尤为严重。当前已经有很多高效的频繁项集发现算法被提出用于提高这一步的效率。这些算法在数据挖掘里属于专门的领域，因此不在本书的讨论范围之内。感兴趣的读者可以阅读文献［23］来获取频繁项集算法的细节。在本书中，我们将展示如何在协同过滤中使用这些算法。

3.3.1 将关联规则用于协同过滤

当使用一元评分矩阵来提供推荐时，关联规则非常有用。正如第 1、2 章所讨论的那样，一元评分矩阵是根据客户活动（如购买行为）创建的。其中有自然的机制可以得知用户喜欢某些物品，但没有机制来判断用户是否讨厌某些物品。在这些情况下，用户购买的物品被设置为 1，而未出现（未被购买）的物品则用 0 近似。用 0 来设置未出现的物品并不是大多数评分矩阵中常见的做法，因为这会导致预测偏差。然而，它通常在处理稀疏的一元矩阵时被认为是可接受的，因为在这些情况下，0 是最常见的属性取值。因此，偏差相对较小，我们可以将矩阵作为一个二元数据集合对待。

基于规则的协同过滤的第一步是在一个预先确定好的最小支持度和最小的置信度取值下发现所有的关联规则。最小支持度和最小置信度可以看作是能被调整⊖以使得预测准确度最大化的参数。只有后件包含单个物品的规则会被保留。该规则集合就是可以被用来为特定用户提供推荐的模型。给定需要获取相关物品推荐的用户 A，首先要确定 A 触发的关联规则。如果一条关联规则的前件表示的物品集包含于 A 喜欢的物品集合，则称该规则是 A 能够触发的。所有触发规则会被按照置信度排序，排好序后的规则的前 k 个后件即是要被推荐给 A 的物品。上述方法是文献［524］中算法的简化版本。许多基于此方法的变形常被应用于推荐系统中，如采用降维来处理稀疏性的方法等[524]。

上述关联规则均基于一元评分矩阵，其可以设置喜欢的物品，但不允许设置讨厌的物品。不过，对上述基础方法做一些简单的调整就可以处理数值型的评分矩阵。当可能的评分数很少时，每个评分–物品组合的值可以被当作是一个伪物品（pseudo-item）来处理。例如，一个伪物品可以是（物品＝面包，评分＝不喜欢）。基于这些伪物品可以产生新的事务，进而，之前讨论的一元矩阵的方法就可以被用来产生关联规则。

因此，这些规则可以表示为如下形式：

（物品＝面包，评分＝喜欢）⇒（物品＝鸡蛋，评分＝喜欢）；

（物品＝面包，评分＝喜欢）AND（物品＝鱼，评分＝不喜欢）

⇒（物品＝鸡蛋，评分＝不喜欢）

对于给定的用户，其触发的规则是通过检查规则的前件是否包含该用户的某些伪物品来确定的。这些规则可以按照置信度从高到低排序，排序后规则的后件可以进一步被用来确定前 k 个需要被推荐给用户的伪物品。一个额外需要考虑的步骤是，需要处理由不同的

⊖ hold-out 和交叉验证等调参方法将在第 7 章中讨论。

规则的伪物品冲突所导致的规则冲突。例如，伪物品（物品＝面包，评分＝喜欢）和（物品＝面包，评分＝不喜欢）就是冲突伪物品。可以对规则后件进行某种聚集操作，再根据聚集结果得到最终推荐排序。同时，也可以基于一系列的启发式规则对后件的评分数值进行聚集。例如，我们可以首先确定所有的后件包含相同物品的触发规则，接着通过加权投票来确定该物品的评分取值。投票的权重可以通过置信度的平均值来设定，例如，如果两个规则后件（物品）对应的评分为"喜欢"，且规则置信度分别为 0.9 和 0.8，那么"喜欢"对应的投票结果应为 0.9＋0.8＝1.7。该投票结果可以被用来预测该物品的平均评分。对于所有规则的后件都可以用类似方法确定评分值。最终的评分值可用于按优先级降序对物品进行排序。当评分值的粒度非常有限（例如只有"喜欢"或"不喜欢"）时，投票方法比较合适，而对于基于区间的高粒度的评分规则，可以将评分值域区间离散化为少数几个子区间，再使用刚才的方法产生推荐。在文献［18］中讨论了一些其他的启发式方法，可以用于聚合基于规则方法的预测结果。在许多情况下已经表明，对每个物品使用相同的支持度阈值不一定能得到最有效的结果，因此通常会对每个正在预测的物品设置专门的置信度阈值[358,359,365]。

3.3.2 面向物品的模型与面向用户的模型

面向物品的模型和面向用户的模型之间的双向关联性在协同过滤中是一个反复出现的主题。第 2 章的近邻模型给出了这种双向关联性的最重要的示例。总的来说，通过转置评分矩阵，每个面向用户的模型可以被转化为面向物品的模型，反之亦然。有时候需要做一些小的调整来转化两种情况下的语义。例如，有些情况下会使用修正的余弦相似度而不是Pearson 相关系数。

前面所述基于规则的协同过滤均是面向物品的。也可以类似地构建面向用户的模型。这些模型使用用户之间的相关性而不是物品之间的相关性[358,359]。在这些情况下，规则反映的是用户之间的相似性，而非物品之间的相似性。因此，和之前讨论的类似，伪用户也可以被用来合并用户的打分。例如：

$$（用户 = Alice，评分 = 喜欢）\Rightarrow（用户 = Bob，评分 = 不喜欢）$$
$$（用户 = Alice，评分 = 喜欢）AND（用户 = Peter，评分 = 不喜欢）$$
$$\Rightarrow（用户 = John，评分 = 喜欢）$$

第一条规则说明用户 Bob 倾向于不喜欢 Alice 喜欢的东西。第二条规则说明 John 倾向于喜欢 Alice 喜欢但 Peter 不喜欢的东西。可以使用与之前所讨论的完全相同的方法，在由事务矩阵转置得到的伪用户矩阵上挖掘这些规则。换言之，与每个物品相关的伪用户列表被看作是新问题中的"事务"。在这个新得到的事务数据库上挖掘满足最小支持度和置信度的关联规则即可。为了预测用户–物品组合的评分，需要确定与伪用户构成的"事务"有关系的物品。如果规则的前件包含事务中事务构成的一个子集，那么就称规则是被事务触发的。首先要确定所有触发的规则，接着在这些触发的规则中确定所有后件与用户兴趣相关的规则。通过求平均或者投票决定触发规则的后件的评分，并用于预测。在求平均的时候还可以通过给触发规则赋予不同的权值来增加健壮性，其中权值基于规则的置信度来确定。总之，面向用户的方法完全可以通过基于物品的方法来类推得到。值得注意的是，与基于用户和基于物品的近邻方法一样，上述两种协同过滤的方法是互补的关系。

关联规则的方法不仅在协同过滤中非常有用，在基于内容的推荐系统中也非常有用。后者会将客户的画像匹配为特定的物品。这些规则被称为画像关联规则，常被用于基于画像的推荐系统。文献［31，32］中展示了如何构建一个高效的交互界面来为不同类别的查询给出基于画像的推荐。

基于关联规则的推荐系统可以被看作是基于规则的分类方法的泛化[18]。这二者最主要的不同在于分类问题中产生的规则的后件通常包含的是表示类别的变量，但是在推荐系统中规则的后件可以包含Θ任何物品。除此之外，在协同过滤和分类中，对触发规则进行排序和冲突消解的规则的启发式策略也是类似的。这二者之间的自然的联系直接源于分类问题和协同过滤问题的联系。二者之间的区别主要在于协同过滤中特征变量和类别变量之间没有明显的界限。这也是为什么在协同过滤中可以产生任意的关联规则，而不是后件只包含类别变量的那种简单规则。

大量比较研究[358,359]表明使用了关联规则的系统只要经过某类专门的配置就可以给出精确的结果。这一方法对于 Web 推荐系统中常见的一元数据特别有用。因为这些方法针对的是适用于 Web 中常见的鼠标点击操作的稀疏事务数据，所以基于关联规则的方法在基于 Web 的个性化和推荐系统中得到了广泛的应用[441,552]。而且，通过使用序列模式挖掘模型，这些方法可以进一步扩展到包含时间信息的数据上[23]。

3.4　朴素贝叶斯协同过滤

在接下来的讨论中，我们将假设存在少量的不同级别的评分，从而可以将每个评分看作一个分类值。因此，在后续的讨论中评分的排序将被忽略。例如，"喜欢""中立"和"不喜欢"这三个评分就可以被看作是各不相同且无序的值。在这种情况下，不同的值的个数很少，我们可以合理地使用某些近似结果而不必损失太多精度。

假设现有 l 个不同的评分值，记为 $v_1 \cdots v_l$。与本章讨论的其他模型一样，我们假设有一个 $m \times n$ 的评分矩阵 $\boldsymbol{R}$，包含 m 个用户对 n 个物品的评分。矩阵的第 (u, j) 个值表示为 r_{uj}。

朴素贝叶斯模型是一个在分类问题中常见的生成模型（generative model）。在分类时，为了推断矩阵中缺失的值，可以将物品看作特征，用户看作实例。在协同过滤中使用此模型的难点在于，任意的特征（物品）都可以是协同过滤中的目标分类，而且必须处理特征变量不完整的情况。这一不同点可以通过对贝叶斯模型的基本方法做少量修改来解决。

设第 u 个用户对一些物品进行的评分结果为 I_u。换言之，如果评分矩阵的第 u 行的第 1、3 和 5 列已知，那么我们有 $I_i = \{1, 3, 5\}$。假设现在需要用贝叶斯分类器预测用户 u 对物品 j 的评分 r_{uj}，注意 r_{uj} 可以是 $\{v_1 \cdots v_l\}$ 中的任意一个。那么，我们希望能确定 r_{uj} 在观察到评分 I_u 的条件下取各个值的概率。因此，对于任意的 $s \in \{1 \cdots l\}$，我们希望能够确定概率 $P(r_{uj} = v_s | I_u$ 已观测的评分)，此表达式具有 $P(A|B)$ 的形式，其中 A 和 B 是 r_{uj} 取值和观察到评分 I_u 这两个事件。该表达式可以用概率论中著名的贝叶斯定理来简化。

$$P(A|B) = \frac{P(A) \cdot P(B|A)}{P(B)} \tag{3-3}$$

对 $s \in \{1 \cdots l\}$ 中的每个值，我们有下述等式成立：

$$P(r_{uj} = v_s | I_u \text{ 中的已观测评分}) = \frac{P(r_{uj} = v_s) \cdot P(I_u \text{ 中的已观测评分} | r_{uj} = v_s)}{P(I_u \text{ 中的已观测评分})}$$

$$\tag{3-4}$$

Θ　在基于用户的推荐系统中，规则后件可以包含任何用户。

我们需要确定令上式左部的 $P(r_{uj} = v_s | I_u$ 中的已观测评分) 最大的 s 的值。值得注意的是，公式（3-4）的右部的分母的值与 s 无关。因此，为了确定令等式右部最大的 s 值，我们可以忽略分母，把上述等式转化为一个比例常数的表示：

$$P(r_{uj} = v_s | I_u \text{ 中的已观测评分}) \propto P(r_{uj} = v_s) \cdot P(I_u \text{ 中的已观测评分} | r_{uj} = v_s)$$

$$(3\text{-}5)$$

如果有需要，上述比例常数可以导出以保证结果中对所有的 $s \in \{1 \cdots l\}$ 有 $P(r_{uj} = v_s | I_u$ 中的已观测评分）之和等于 1。一个关键的事实是公式（3-5）右部所有的参数都可以由数据驱动的方式导出。评分 r_{uj} 的先验概率 $P(r_{uj} = v_s)$ 可以根据对第 j 个物品评分为 v_s 的用户的比例来估计。注意计算上述比例的时候仅考虑对第 j 个物品给过评分的用户，未评分的用户则不应在考虑范围之内。概率 $P(I_u$ 中的已观测评分 $| r_{uj} = v_s)$ 通过朴素假设（naive assumption）来估计。朴素假设基于评分之间的条件独立性。条件独立性假设给定条件 $r_{uj} = v_s$，用户 u 对于 I_u 中各个物品的评分是互相独立的。进而，上述情况可以数学形式表示如下：

$$P(I_u \text{ 中的已观测评分} | r_{uj} = v_s) = \prod_{k \in I_u} P(r_{uk} | r_{uj} = v_s) \qquad (3\text{-}6)$$

$P(r_{uk} | r_{uj} = v_s)$ 的值可以根据用户对第 j 个物品的评分为 v_s 的条件下对第 k 个物品评分值的比例来估计。加入了先验概率 $P(r_{uj} = v_s)$ 并将公式（3-6）带入公式（3-5），就可以如下估计用户 u 对物品 j 的评分的后验概率：

$$P(r_{uj} = v_s | I_u \text{ 中的已观测评分}) \propto P(r_{uj} = v_s) \cdot \prod_{k \in I_u} P(r_{uk} | r_{uj} = v_s) \qquad (3\text{-}7)$$

可以通过下述两种方式之一来估计评分 r_{uj} 的后验概率：

1）先对所有的 $s \in \{1 \cdots l\}$ 计算公式（3-7）右部中的每一部分，然后找到令概率值最大的 s，我们可以确定缺失的 $\hat{r}_{uj}$ 最有可能的取值，换言之，我们有：

$$\hat{r}_{uj} = \text{argmax}_{v_s} P(r_{uj} = v_s | I_u \text{ 中的已观测评分})$$

$$= \text{argmax}_{v_s} P(r_{uj} = v_s) \cdot \prod_{k \in I_u} P(r_{uk} | r_{uj} = v_s)$$

上述方法将评分完全当作类别来处理，忽略了不同评分之间的序。当评分可能的取值很少时，这种方法是合理的。

2）除了计算最大概率，我们也可以使用不同评分的加权平均值来估计目标值，其中权值由概率值来确定。换句话说，和公式（3-7）中所示相同，v_s 的权值和概率 $P(r_{uj} = v_s | I_u$ 中的已观测评分）的值成正比。注意等式中的比例常数与计算加权平均值没有关系，因此矩阵 $\boldsymbol{R}$ 中缺失的 r_{uj} 的估计值 $\hat{r}_{uj}$ 可以如下计算：

$$\hat{r}_{uj} = \frac{\sum_{s=1}^{l} v_s \cdot P(r_{uj} = v_s | I_u \text{ 中的已观测评分})}{\sum_{s=1}^{l} P(r_{uj} = v_s | I_u \text{ 中的已观测评分})}$$

$$= \frac{\sum_{s=1}^{l} v_s \cdot P(r_{uj} = v_s) \cdot P(| I_u \text{ 中的已观测评分} | r_{uj} = v_s)}{\sum_{s=1}^{l} P(r_{uj} = v_s) \cdot P(| I_u \text{ 中的已观测评分} | r_{uj} = v_s)}$$

$$= \frac{\sum\limits_{s=1}^{l} v_s \cdot P(r_{uj}=v_s) \cdot \prod\limits_{k \in I_u} P(r_{uk}|r_{uj}=v_s)}{\sum\limits_{s=1}^{l} P(r_{uj}=v_s) \cdot \prod\limits_{k \in I_u} P(r_{uk}|r_{uj}=v_s)}$$

此方法更适用于评分的可能取值更多的情况。对于一个给定的用户 u，其未评分的物品的评分值可以根据上述方法估计，最终，前 k 个评分估计值最高的物品会被输出。

值得注意的是，上述方法基于其他物品的评分来计算当前物品的条件概率，因此是一类基于物品的贝叶斯方法。该方法是传统的分类方法的直接变形，唯一的不同之处在于，传统的分类方法中要预测的维度（类）是确定的，而协同过滤中该维度是可变的。这一不同之处也是源于协同过滤是分类问题的泛化（参见图 3-1）。在特定的协同过滤场景中，同样可以基于其他用户对相同物品的评分来计算待预测物品的评分的概率分布（参见习题 4）。这样的方法可以被认为是基于用户的贝叶斯方法。我们甚至可以合并基于用户的和基于物品的贝叶斯方法。事实上几乎所有的协同过滤算法，如基于近邻的和基于规则的方法，都可以给出基于用户的角度、基于物品的角度以及二者组合起来的预测结果。

3.4.1　处理过拟合

原始评分矩阵比较稀疏且评分的可能取值数目较少时，会有一个问题——数据驱动的估计可能不再具有健壮性。例如，如果只有少量的用户对第 j 个物品进行了评分，那么对于先验概率 $P(r_{uj}=v_s)$ 的估计的健壮性可能不强。例如，如果从来没有人对第 j 个物品进行评分，那么用上述方法估计会得到 $0/0$，这是一个不确定的结果。而且，对公式（3-6）右部的每个 $P(r_{uk}|r_{uj}=v_s)$ 的估计可能比先验概率的估计结果更加不健壮。这是因为评分矩阵中只存在很小一部分的值满足 $r_{uj}=v_s$ 的条件。此时我们只能使用对于物品 j 评分为 v_s 的用户数据来进行分析，如果这样的用户很少，那么估计就会不准确，进而导致公式（3-6）中的乘法的结果和真实情况有很大的偏差。例如，对于任意 $k \in I_u$，如果第 j 个物品的评分为 v_s 的情况下没有用户给出 r_{uk} 对应的评分，那么根据乘法的性质，公式（3-6）的结果会是 0。这显然是一个由于估计模型参数的数据量太小而导致的过拟合结果。

拉普拉斯平滑（Laplacian smoothing）常被用来处理过拟合问题。例如，给定 $q_1 \cdots q_l$ 是用户对第 j 个物品评分为 $v_1 \cdots v_l$ 的个数。那么，这次我们不是直接通过 $q_s \Big/ \sum\limits_{t=1}^{l} q_t$ 来估计 $P(r_{uj}=v_s)$，而是使用拉普拉斯平滑因子 α 来做如下平滑处理：

$$P(r_{uj}=v_s) = \frac{q_s + \alpha}{\sum\limits_{t=1}^{l} q_t + l \cdot \alpha} \tag{3-8}$$

注意，如果第 j 个物品没有得到任何评分，那么上述方法会对每个可能的评分值使用预设的先验概率 $1/l$。α 的值用来控制平滑的程度。α 越大则结果越平滑，但是也对于原始数据越不敏感。只需令分子和分母分别加 α 和 $l \cdot \alpha$，就可以使用类似的方法来估计 $P(r_{uk}|r_{uj}=v_s)$。

3.4.2　示例：使用贝叶斯方法处理二元评分

本小节我们将展示如何在 5 个用户、6 个物品的情况下使用贝叶斯方法处理二元评分矩阵。用户的评分可以是 $\{v_1, v_2\} = \{-1, 1\}$ 中的一个。评分矩阵如表 3-2 所示。虽然拉普拉斯平滑在实际处理这种情况时非常重要，但为了方便讨论，我们在这里将不使用拉普拉斯平滑。现在考虑我们要预测用户 3 的两个缺失评分。因此，我们要基于观察到的用户 3 的评分来计算 r_{31} 和 r_{36} 取 $\{-1, 1\}$ 对应的概率。通过使用公式（3-7），我们可以得到用户 3 对物品 1 的评分的后验概率如下：

$$P(r_{31} = 1 \mid r_{32}, r_{33}, r_{34}, r_{35}) \propto P(r_{31} = 1) \cdot P(r_{32} = 1 \mid r_{31} = 1) \cdot P(r_{33} = 1 \mid r_{31} = 1)$$
$$\cdot P(r_{34} = -1 \mid r_{31} = 1) \cdot P(r_{35} = -1 \mid r_{31} = 1)$$

右部的每一物品可以基于表 3-2 中的数据用之前给出的公式来计算：

$$P(r_{31} = 1) = 2/4 = 0.5$$
$$P(r_{32} = 1 \mid r_{31} = 1) = 1/2 = 0.5$$
$$P(r_{33} = 1 \mid r_{31} = 1) = 1/1 = 1$$
$$P(r_{34} = -1 \mid r_{31} = 1) = 2/2 = 1$$
$$P(r_{35} = -1 \mid r_{31} = 1) = 1/2 = 0.5$$

将上述值带入之前的等式，我们有：

$$P(r_{31} = 1 \mid r_{32}, r_{33}, r_{34}, r_{35}) \propto (0.5)(0.5)(1)(1)(0.5) = 0.125$$

对 $r_{31} = -1$ 的情况同样做上述计算可得：

$$P(r_{31} = -1 \mid r_{32}, r_{33}, r_{34}, r_{35}) \propto (0.5)\left(\frac{0}{1}\right)\left(\frac{0}{2}\right)\left(\frac{0}{2}\right)\left(\frac{0}{2}\right) = 0$$

因此，评分 r_{31} 取值为 1 的概率高于取值为 -1 的概率，因此其预测值为 1。可以使用类似的方法得知 r_{36} 的预测值为 -1。那么，如果只需选择评分最高的物品推荐给用户 3，物品 1 要好于物品 6。

表 3-2   在二元评分矩阵上的贝叶斯方法示例

物品 ID⇒ 用户 ID⇓	1	2	3	4	5	6
1	1	-1	1	-1	1	-1
2	1	1	?	-1	-1	-1
3	?	1	1	-1	-1	?
4	-1	-1	-1	1	1	1
5	-1	?	?	1	1	1

3.5   将任意分类模型当作黑盒来处理

许多其他的分类（或回归）方法可以被扩展来解决协同过滤问题。这些方法中最主要的挑战在于原始数据是不完整的。对于有些分类器来说，针对不完整的数据来调整模型显得更为困难。一元数据算是一个例外，因为缺失的值通常被估计为 0，非缺失项则通常被估计为 1。因此，底层的矩阵与高维的稀疏二元数据类似。在这些情况下，数据可以被看作是完整的，并适用于所有针对稀疏高维二元数据的分类器。幸运的是，许多类别的数据，包括客户事务数据、Web 点击数据以及其他类别的行为数据，都可以表示为一元矩阵。值得注意的是，文本数据同样是稀疏且高维的，因此，许多适用于文本挖掘的分类器可以直接应用于此类数据。事实上，文献 [669] 中的研究表明，可以直接将适用于文本数据的支持向量机应用于（一元）协同过滤，不过需要考虑一个平方形式的损失函数。该损失函数使得模型更像正则化的线性回归。同时，文献 [669] 中提出，由于类的分布并不均衡，这会使得稀有类学习算法在协同过滤中非常有用。例如，为了让支持向量机方法适用于协同过滤，我们可以对出现次数很多和很少的类使用不同的损失函数。大量方法被提出来将不同的分类和回归方法扩展到协同过滤。例如，平滑支持向量机[638]可以使用一种迭代的方法来估计用户-物品矩阵中的缺失项。

对于那些评分矩阵不是一元的情况，我们无法直接用 0 去填充缺失值，否则将会导致很大的偏差，这在第 2 章的 2.5 节已经讨论过了。虽然如此，就像在那一节中我们讨论的那样，一些降维的方法可以被用来创建完整的数据低维表示。这样一来，我们可以把数据的低维表示看作是特征变量，每个需要被填补的列都看作是类变量，那么就可以应用任意一个已知的分类方法。这样做的主要问题在于在分类过程中会损失可解释性。降维之后的表示是原始列的线性组合，因此我们很难对预测结果做出解释。

为了在原始的特征空间上进行分析，一个可行的办法是在迭代的过程中使用分类算法作为元算法。换言之，可以用现成的分类算法作为黑盒来基于评分已知的物品预测评分未知的物品。那么如何来处理训练数据中某些列的值缺失的问题呢？这里的诀窍在于要逐步求精，不断地迭代填充缺失值。逐步求精的目标通过黑盒（即现成的分类或回归建模）算法来达成。

考虑任一用于处理完整数据的分类/回归建模算法 A。首先，我们用行平均值、列平均值或其他任何可用的协同过滤方法来初始化缺失值。例如，我们可以用基于用户的算法来完成这一初始化的步骤。作为一个可选的优化，可以对评分矩阵的每一行做一些居中操作来去除用户偏差，然后在得到预测结果之后将每个用户的偏差和预测值相加。预处理时去除用户偏差的工作⊖通常可以使得预测结果有更高的健壮性。如果用户偏差被去除了，那么缺失值总是可以用行的平均值（也就是 0）来填充。

当使用人工方法填充训练数据中的缺失值时，上述的初始化和偏差去除方法仍会导致预测偏差。这些预测偏差可以通过下述两步迭代来去除。

1)（**迭代 1**）：将每一行分别作为目标列，其他列作为特征列，使用算法 A 估计缺失值。对于剩余的列，使用当前的数据集合来创建一个包含完整的特征值的矩阵，然后用目标列的已知值作为训练数据来预测缺失值。

2)（**迭代 2**）：基于算法 A 对目标列的预测结果更新所有缺失值。

上述两步不断迭代直到收敛。这种方法对于初始化和算法 A 的质量非常敏感，但优点在于其是一个非常简单且易于实现的方法，并且可以和任意现成的分类或回归模型组合。如果评分是数值化的，则可以用线性回归来处理。文献 [571] 给出了一种方法，可以集成不同类型的分类器来处理任意种类的评分值。

3.5.1 示例：使用神经网络作为黑盒分类器

本节我们给出前文所述方法的一个简单的示例。在本例中，我们使用神经网络方法作为黑盒分类器。为了方便讨论，我们假设读者已经非常了解神经网络的相关知识[87]，但在后续讨论中也会对相关知识做概要的介绍。

神经网络模拟了人类大脑使用通过突触连接神经元的方式。在生物系统中，学习是通过改变突触连接的强度来应对外界刺激的。在人工神经网络中，基本的运算单元同样被

⊖ 也可以用更复杂的方法来去除用户偏差以获得更好的算法性能。例如，偏差 B_{ij}（即用户 i 对第 j 个项的评分）可以用 3.7.1 节的方法计算。在预处理时，需要对所有的已知值减去这一偏差，并初始化所有的未知值为 0，在得出了预测结果之后，再在后处理阶段用偏差 B_{ij} 与预测结果相加。

称为神经元，突触连接的强度则对应神经网络中的权重。这些权重定义了学习算法中的参数。最基本的神经网络架构是感知器（perceptron），其包含了若干输入结点和输出结点。图 3-3a 给出了感知器的一个例子。对于一个包含 d 个不同维度的数据集合，感知器中有 d 个不同的输入结点。输出结点与权重集合 W 相关，用于计算出关于 d 个输入的函数 $f(\cdot)$。一个典型的函数是对二元输出非常有效的符号线性函数（signed linear function）：

$$z_i = \text{sign}\{\overline{W} \cdot \overline{X_i} + b\} \tag{3-9}$$

令 $\overline{X_i}$ 是一个 d 维行向量，表示第 i 个实例的 d 个输入，$\overline{W}$ 是系数向量。在协同过滤的语境下，d 个输入对应 $(n-1)$ 个物品，需要使用这 $(n-1)$ 个物品来预测剩余的那个物品。假设第 i 个实例的标签是 y_i，则 y_i 表示正要被预测物品的已知评分。参数 b 表示偏差。可以看出，除了预测函数不太相同，我们现在使用的方法与线性回归非常相似。z_i 的值是预测的输出，和线性回归类似，错误率 $(z_i - y_i)^2$ 被用来更新权值 $\overline{W}$。这与最小二乘中使用的梯度下降非常类似，在神经网络中，更新公式如下：

$$\overline{W}^{t+1} = \overline{W}^t + \alpha(y_i - z_i)\overline{X_i} \tag{3-10}$$

其中，$\alpha > 0$ 表示学习率，$\overline{W}^t$ 表示第 t 个迭代中权值向量的值。不难表示增量更新向量是关于 $\overline{W}$ 的负梯度。我们迭代项中所有已知评分来获得更新。由于我们假设 y_i 是二元，该方法适用于二元评分矩阵。当然，也可以设计输出不是二元的神经网络，预测函数也不必非得是线性。

通常说来，神经网络可以有多层，中间结点可以计算非线性函数。图 3-3b 给出了一个多层神经网络的例子。当然，这样的神经网络也会导致参数数目的增加。与此相关的学习算法是反向传播算法[87]。多层神经网络的优点在于能够计算其他分类器难以处理的复杂的非线性函数。因此，神经网络也称为万能函数逼近器（universal function approximator）。对于像评分矩阵这种存在噪声的数据，可以用回归来降低噪声的影响。

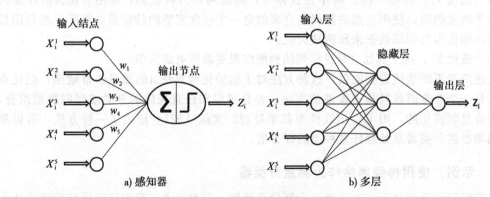

图 3-3 单层和多层神经网络

考虑图 3-4 左部所示的 4 个物品的评分矩阵。在这个例子中，物品对应电影。第一步是要对每行做均值中心化处理，以去除用户偏差。处理过后的矩阵如图 3-4 右部所示。注意缺失值被用行的均值（均值中心化后为 0）来填充了。由于一共有 4 个物品，因此有 4 种可能的神经网络模型，每个模型以评分矩阵中的三列为训练数据，剩余一列为测试数据。这 4 个神经网络如图 3-5 所示。图 3-4 中所示的完整的矩阵用来在第一轮迭代中训练神经网络。对于训练矩阵中的每一列，图 3-5 中对应的神经网络可以用来为之进行预测。神经网络输出的预测结果被用来更新缺失值从而得到新的矩阵。换言之，我们使用现成的神经网络的训练和预测方法，所得的神经网络只被用来更新图 3-4 中的阴影部分，更新之后图 3-4 中的引用部分不再是 0，新的矩阵会在下一轮迭代中被用来预测。此迭代过程一直重复直至收敛。注意，每一轮迭代都需要经历 n 个训练过程，其中 n 是物品的个数。然而，并不是每一轮迭代都需要从头开始训练参数。上一轮迭代的参数对新一轮迭代是一个好的开始。由于底层数据是高维的，所以应用正则化非常重要[220]。

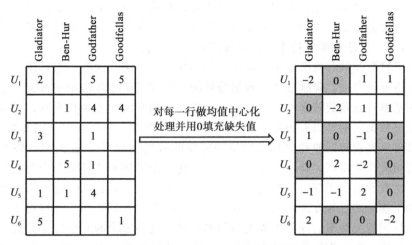

图 3-4　预处理评分矩阵。阴影部分会被反复更新

此模型中，输入表示不同种类的物品的评分，因此可以将其看作一个基于物品的模型。如果用输入表示不同用户的评分，我们同样可以创建一个基于用户的模型[679]。主要的挑战来源于神经网络的输入规模会变得非常大。因此，文献［679］建议输入结点不必包含所有用户，而只需包含不为空的评分物品的个数超过某个最小阈值的用户。再进一步，非常相似的用户也不必都出现在输入中，因此可以基于某些启发式策略[679]来在初始时刻区分用户的多样性。该方法可以当作神经网络的特征选择，并可以同样用于基于物品的模型。

3.6　潜在因子模型

在第 2 章的 2.5 节中，我们讨论了一些用来对不完整数据产生完整表示的降维方法。在第 2 章中，我们讨论了大量的启发式方法，这些方法能够在使用基于近邻的算法时给出完整的多维表达[525]。这样的数据降维技术同样可以用于以分类算法为子程序的其他基于模型的方法。因此，对于前面讨论过的所有方法，都可以使用降维的方法来获得更便于使用的数据表达。本章将讨论更为复杂的方法，这是因为

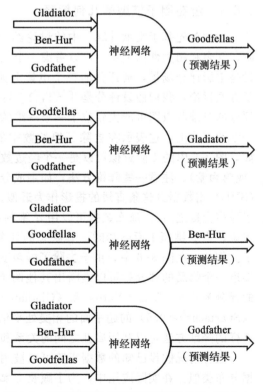

图 3-5　用神经网络来预测和更新缺失值（图 3-4 中的阴影部分的值由神经网络来迭代更新）

要通过降维来直接对评分矩阵进行估计。

最早使用潜在因子模型来完成矩阵填充的研究工作见于文献 [24, 525]。其基本思想基于一个事实——矩阵中大部分的行和列都是相关的。因此可以认为数据中包含冗余，我们可以使用一个低阶的矩阵来近似当前矩阵。基于数据中这种固有的冗余性，即便原始数据中只有非常少量的项已知，我们也可以给出原始矩阵的一个完整的低阶近似。这种完全的低阶近似通常能对缺失项提供一个高健壮性的估计。文献 [24] 就提供了一种能够综合最大期望（EM）方法和降维技术来补全数据矩阵的方法。

潜在因子模型在推荐系统中被认为是一种最先进的方法。这些模型利用了一些著名的降维方法来填充缺失项。降维方法在数据分析的其他领域中经常被用来得到原始数据的低维表示。其基本思想是旋转坐标系，以使得维度之间的两两相关性被去除，得到的降维和旋转后的完整数据表示可以有效地近似原始的不完整矩阵。一旦获得了完整的数据表示，则我们可以再反向旋转回原始坐标系以得到完整的数据表示[24]。在内部，降维利用了行和列之间的相关性来得到完整的数据表示。无论在基于近邻的还是基于模型的协同过滤算法中，相关性发挥的作用都是至关重要的。例如，基于用户的近邻方法利用了用户之间的相关性，基于物品的近邻方法则利用了物品之间的相关性。矩阵因子分解给出了一种优雅的同时利用行列相关性来估计整个数据矩阵的方法。这种方法的复杂性使其成为协同过滤中最先进的方法。为了更好地理解为什么潜在因子模型如此有效，我们将给出两种直观想法，一种是几何学的，另一种直接阐明了语义解释。这两种直观想法体现了如何利用高相关性数据中的数据冗余来创建低维近似。

3.6.1 潜在因子模型的几何解释

我们首先基于文献 [24] 中的讨论给出一个潜在因子模型的几何解释。为了理解低阶、冗余和相关性的关系，可以考虑一个三个物品的评分矩阵，三个物品是正相关的。假设是电影评分场景，被评分的三个电影分别是《Nero》《Gladiator》和《Spartacus》。为了方便讨论，我们假设评分是 [-1, 1] 区间内的连续数值。如果评分是正相关的，那么评分的三维散点图可能大致位于一个一维的直线上，如图 3-6 所示。由于数据大多分布在一维的直线上，这表示在去除了原始数据的噪声变量之后，数据应当近似是 1 阶的。例如，图 3-6 中的 1 阶近似可以是一个经过数据点中心且与数据的狭长分布对齐的一维直线（或隐向量）。注意一些降维方法，如主成分分析（PCA）和（均值中心化的）奇异值分解（SVD）用数据到这条直线的投影作为近似。$m \times n$ 的评分矩阵的阶 $p \ll \min \{m, n\}$（去除了噪声变量之后），那么数据可以用 d 维的超平面来近似。在这种情况下，对于一个用户来说，当 p 维超平面已知时，其缺失的评分值通常可以仅通过 p 个确定的评分就推断出来。例如，在图 3-6 中，由于去除了噪声变量之后，评分矩阵是 1 维的，因此我们只需要知道一个物品的评分就可以推断出其他两个物品的评分值。例如，假如电影《Spartacus》的评分为 0.5，那么《Nero》和《Gladiator》的评分可以在一维隐向量和与坐标轴平行的（《Spartacus》= 0.5）的超平面的相交处来估计⊖。该超平面如图 3-6 所示，因此，如 SVD 这样的降维方法可以利用属性之间的关系和冗余来推断缺失项。

这种情况假设已知的数据矩阵可以被用来推测隐向量。与图 3-6 所示的狭长的线性数据分布类似，在实际应用中，为了顾及支配（dominant）隐向量，数据矩阵不需要完全确

⊖ 第 3.6.5.3 节给出了如何基于该方法在不同场景下进行估计的细节描述。

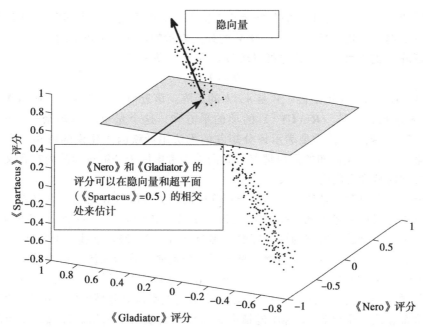

图 3-6　对于只对电影《Spartacus》评分 0.5 的用户，利用基于相关性的冗余来估计缺失数据

定。通过不完整的数据来估计隐向量的能力是潜在因子模型成功的关键。此类方法基本思想在于找到一个隐向量的集合，使得基于这些隐向量定义的从超平面到数据点（表示用户的单个评分值）的均方距离（average squared distance）尽可能小。因此，我们必须使用部分确定的数据集去恢复数据近似存在的低维超平面。这样，我们可以隐含地捕获数据关联结构中的潜在冗余并一次性获取缺失值，因为潜在的冗余能帮助我们来预测缺失项的值。不过值得注意的是，如果数据没有任何的关联性和冗余，那么潜在因子模型是无法工作的。

92

3.6.2　潜在因子模型的低秩解释

上一节给出的几何解释有助于在隐向量正交的情况下理解隐向量的作用。然而，隐向量不总是相互正交的。在这种情况下，线性代数的知识有助于理解。潜在因子模型之所以有效的一种解释是基于矩阵的因子分解（factorization）的作用的。事实上，当行（或列）之间存在关联性因而容易降维时，因子分解是一种更通用的估计矩阵的方法。绝大多数降维方法可以用因子分解来表达。

首先，让我们考虑简单的情形——评分矩阵中所有的项的值都是已知的。关键的想法在于任意 $m \times n$ 且秩 $k \ll \min \{m, n\}$ 的矩阵 R 可以表示成如下 k 个因子的乘积：

$$R = UV^{\mathrm{T}} \tag{3-11}$$

其中，U 是一个 $m \times k$ 的矩阵，V 是一个 $n \times k$ 的矩阵。注意，R 的行空间$^\ominus$和列空间的秩都是 k。U 的每一列可以被看作 R 的 k 维列空间的 k 个基向量之一，V 的第 j 行包含相应的系数，将这些基向量合并到 R 的第 j 列中。又或者，我们可以将 V 的列看作是 R 的行空间的基向量，将 U 的列看作是相应的系数。这里，秩为 k 的矩阵的因子分解基于线性代数

$\ominus$　矩阵的行空间定义为矩阵行的所有可能的线性组合。矩阵的列空间定义为矩阵列的所有可能的线性组合。

的一些基础知识[568]，对于不同的基向量集合的因子分解可能有无穷多种。SVD 是此类因子分解的一个例子，其中 U 的列（以及 V 的列）表示的基向量是正交的。

即使矩阵 R 的秩大于 k，其也可以近似表示为 k 秩因子的乘积。

$$R \approx UV^T \tag{3-12}$$

和之前一样，U 是 $m \times k$ 的矩阵，V 是 $n \times k$ 的矩阵。该近似的误差等于 $\| R - UV^T \|^2$，其中 $\| \cdot \|^2$ 表示剩余矩阵（$R - UV^T$）的项的平方和。这个量也称为剩余矩阵的（平方）Frobenius 范数。剩余矩阵主要表示评分矩阵的无法用低秩因子建模的噪声。为了简化讨论，我们来考虑 R 完全已知的简单情况。我们首先考虑因子分解过程的内在含义，然后讨论矩阵缺失项时该含义的引申意义。

因子分解的引申意义是什么，其对于矩阵中高相关性的行和列的意义又是什么呢？为了了解这一点，我们来考虑图 3-7 所示的评分矩阵。该图表示了一个 7×6 的评分矩阵，有 7 个用户和 6 个物品。所有的评分都取自集合 $\{1, -1, 0\}$，这些分值分别表达了喜欢、不喜欢和中立三个观点。被评分的物品是电影，分别属于爱情和历史两个分类。其中一个名为《Cleopatra》的电影同时属于两个分类。由于电影分类的特性，用户也在评分方面表现出明显的倾向性。例如，用户 1~3 明显喜欢历史电影但对爱情电影持中立态度。用户 4 对两类电影都喜欢。用户 5~7 喜欢爱情电影，但不喜欢历史电影。注意，该矩阵中用户和物品之间有很强的关联性，尽管两类电影的评分看起来是相对独立的。因此，该矩阵可以近似用 2-秩因子分解，如图 3-7a 所示。矩阵 U 是一个 7×2 的矩阵，表示了用户对于两个分类的倾向性，V 是一个 6×2 的矩阵，表示了电影的分类归属。换言之，矩阵 U 提供了列空间的基，矩阵 V 提供了行空间的基。例如，矩阵 U 表明用户 1 喜欢历史电影，而用户 4 两类电影都喜欢。类似的推理也可以用在矩阵 V 的行上。V 的列对应着隐向量，如图 3-6 所示。与 SVD 不同，这种情况下的隐向量不是相互正交的。

因子分解对应的剩余矩阵如图 3-7b 所示。剩余矩阵与用户关于《Cleopatra》的评分有关，该评分并不符合前面设定好的模式。有必要指出，在真实的应用中，因子矩阵的项多为实数（而非整数）。我们给出的整型的例子只是为了使例子看起来更方便。而且，一些情况下也无法对因子给出一个简洁的语义表述，尤其是因子同时包含正负值的时候。例如，如果我们将图 3-7 的 U 和 V 都乘以 -1，那么因子分解仍可行，但解释结果就变得很困难。虽然如此，不论是否能给出一个语义上的解释，U 和 V 的 k 列的确分别表示用户和物品之间的联系，它们可以被看作是隐概念（latent concept）。在一些类别的因子分解中，如非负矩阵因子分解，这些概念的可解释性在更大程度上得到保留。

在这个例子中，矩阵 R 是完全确定的，因此从缺失值估计的角度来说，分解不是特别有帮助。当矩阵 R 没有被完全确定时，但是仍然可以分别健壮地估计潜在因子 U 和 V 的所有项时，该方法变得非常有用。对于低秩来说，数据稀疏时上述可能仍然存在。这是因为不需要太多的已知数据来估计固有冗余数据的潜在因子。一旦估计了矩阵 U 和 V，整个评分矩阵可以一次估计为 UV^T，这提供了所有缺失的评分。

3.6.3 基本矩阵分解原理

在基本矩阵分解模型中，将 $m \times n$ 等级矩阵 R 近似分解为 $m \times k$ 的矩阵 U 和 $n \times k$ 的矩阵 V，如下所示：

$$R \approx UV^T \tag{3-13}$$

U（或 V）的每一列被称为隐向量或隐分量，而 U（或 V）的每一行被称为潜在因子。U 的

第 i 行 $\overline{u_i}$ 被称为用户因子，其包含与用户 i 对评分矩阵中的 k 个概念的亲和度（affinity）相对应的 k 个值。例如，在图 3-7 的情况下，$\overline{u_i}$ 是表示用户 i 对评分矩阵中历史和爱情类型的亲和度的二维向量。类似地，V 的每行 $\overline{v_i}$ 被称为物品因子，它表示第 i 个物品对这 k 个概念的亲和度。在图 3-7 中，物品因子包含物品对两类电影的亲和度。

从公式（3-13）可以看出，R 中的每个评分值 r_{ij} 可以近似表示为第 i 个用户因子和第 j 个物品因子的点积：

$$r_{ij} \approx \overline{u_i} \cdot \overline{v_j} \qquad (3\text{-}14)$$

94

由于潜在因子 $\overline{u_i} = (u_{i1} \cdots u_{ik})$ 和 $\overline{v_j} = (v_{j1} \cdots v_{jk})$ 可以视为用户对 k 个不同概念的亲和度，所以公式（3-14）的直观解释如下：

$$r_{ij} \approx \sum_{s=1}^{k} u_{is} \cdot v_{js} = \sum_{s=1}^{k} (\text{用户 } i \text{ 对概念 } s \text{ 的亲和度}) \times (\text{物品 } j \text{ 对概念 } s \text{ 的亲和度})$$

在图 3-7 的情况下，上述求和的两个概念对应于爱情和历史类别。因此，和可以表示如下：

$$r_{ij} \approx (\text{用户 } i \text{ 对历史的亲和度}) \times (\text{物品 } j \text{ 对历史的亲和度})$$
$$+ (\text{用户 } i \text{ 对爱情的亲和度}) \times (\text{物品 } j \text{ 对爱情的亲和度})$$

需要指出的是，概念的含义通常不能像图 3-7 中那样在语义上解释。隐向量通常可以是正值和负值的任意向量，因此变得难以给出语义解释。然而，它确实代表了评分矩阵中的主要相关模式，就像图 3-6 的隐向量表示几何相关模式一样。正如我们将在后面看到的那样，某些形式的因子分解（如非负矩阵分解）被明确地设计来保证隐向量有更高的可解释性。

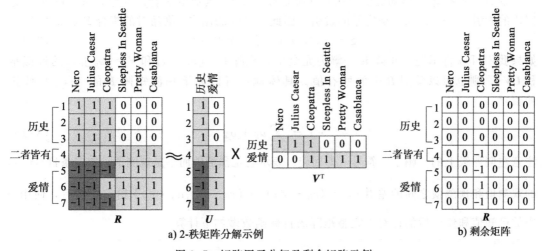

a) 2-秩矩阵分解示例

图 3-7　矩阵因子分解及剩余矩阵示例

各种矩阵分解方法之间的关键差异出现在对 U 和 V 的约束（例如潜在向量的正交性或非负性）和目标函数的性质（例如，最小化 Frobenius 范数或最大化似然性在生成模型中的估计）。这些差异在矩阵分解模型在各种现实世界情景中的可用性中起着关键作用。

3.6.4　无约束矩阵分解

矩阵分解的最基本形式是无约束的情况，其对因子矩阵 U 和 V 没有约束。许多推荐文献将无约束矩阵分解当作奇异值分解（SVD）。严格来说，这在技术上是错误的；在 SVD

中，U 和 V 的列必须是正交的。然而，在文献中使用 SVD 一词来指代无约束矩阵分解法⊖是相当普遍的，这导致了其他领域的实践者的一些混乱。在本章中，我们将修正这种不正确的做法，以不同的方式处理无约束矩阵分解和 SVD。本节将讨论无约束矩阵分解，后面的小节将讨论 SVD。

在讨论不完整矩阵的分解之前，我们先来看看分解完整矩阵的问题。如何确定因子矩阵 U 和 V，使得完整矩阵 R 尽可能接近 UV^{T}？可以针对矩阵 U 和 V 形式化优化问题，以实现这一目标：

$$\text{Minimize } J = \frac{1}{2} \parallel R - UV^{\mathrm{T}} \parallel^2$$

满足：

$$U \text{ 和 } V \text{ 上无约束}$$

这里，$\parallel \cdot \parallel^2$ 表示矩阵的平方 Frobenius 范数，其等于矩阵项的平方和。因此，目标函数等于剩余矩阵（$R - UV^{\mathrm{T}}$）中项的平方和。目标函数越小，因子分解 $R \approx UV^{\mathrm{T}}$ 的质量越好。这个目标函数可以被看作是一个二次损耗函数，它通过使用低秩分解来量化估计矩阵 R 的精度损失。可以使用各种梯度下降方法为该分解提供最优解。

然而，在具有缺失值的矩阵的上下文中，只有 R 的值的子集是已知的。因此，如上所述，目标函数也是不确定的。毕竟，在一些值缺失的情况下，人们无法计算矩阵的 Frobenius 范数！因此，为了学习 U 和 V，目标函数需要仅基于观察到的值重写。关于这个过程的很好的部分是，一旦潜在因子 U 和 V 被学习出来，整个评分矩阵可以使用 UV^{T} 被一次性重建出来。

令 S 表示在 R 中已知的所有用户–物品对 (i, j) 构成的集合。其中，$i \in \{1 \cdots m\}$ 是用户的索引，$j \in \{1 \cdots n\}$ 是物品的索引。因此，已知的用户–物品对的集合 S 定义如下：

$$S = \{(i, j) : r_{ij} \text{ 是已观测的}\} \tag{3-15}$$

如果我们可以将不完整矩阵 R 分解为完全指定矩阵 $U = [u_{is}]_{m \times k}$ 和 $V = [v_{js}]_{n \times k}$ 的近似乘积 UV^{T}，则也可以预测 R 中的所有值。具体地，可以如下预测矩阵 R 的 (i, j) 位置的值：

$$\hat{r}_{uj} = \sum_{s=1}^{k} u_{is} \cdot v_{js} \tag{3-16}$$

注意左侧评级上的"帽子"符号（即回旋）表示它是预测值而不是观测值。指定条目 (i, j) 的观测值和预测值之间的差由 $e_{ij} = (r_{ij} - \hat{r}_{ij}) = \left(r_{ij} - \sum_{s=1}^{k} u_{is} \cdot v_{js}\right)$ 给出。然后，使用 S 中的已知值和修改后的针对不完整矩阵的目标函数做如下计算：

$$\text{Minimize } J = \frac{1}{2} \sum_{(i,j) \in S} e_{ij}^2 = \frac{1}{2} \sum_{(i,j) \in S} \left(r_{ij} - \sum_{s=1}^{k} u_{is} \cdot v_{js}\right)^2$$

满足：

$$U \text{ 和 } V \text{ 上无约束}$$

注意，上述目标函数仅在 S 中的已知值上对误差求和。此外，每个项 $\left(r_{ij} - \sum_{s=1}^{k} u_{is} \cdot v_{js}\right)^2$

⊖   在 SVD[568]中，基向量也被称为奇异向量，根据定义，该向量必须是相互正交的。

是 (i,j) 观测值和预测值之间的平方误差 e_{ij}^2。这里，u_{is} 和 v_{js} 是未知变量，需要学习以最小化目标函数。这可以简单地用梯度下降方法来实现。因此，需要计算相对于决策变量 u_{iq} 和 v_{jq} 的 J 的偏导：

$$\frac{\partial J}{\partial u_{iq}} = \sum_{j:(i,j)\in S}\left(r_{ij}-\sum_{s=1}^{k}u_{is}\cdot v_{js}\right)(-v_{jq})\ \forall i\in\{1\cdots m\}, q\in\{1\cdots k\}$$
$$= \sum_{j:(i,j)\in S}(e_{ij})(-v_{jq})\ \forall i\in\{1\cdots m\}, q\in\{1\cdots k\}$$
$$\frac{\partial J}{\partial v_{jq}} = \sum_{i:(i,j)\in S}\left(r_{ij}-\sum_{s=1}^{k}u_{is}\cdot v_{js}\right)(-u_{iq})\ \forall j\in\{1\cdots n\}, q\in\{1\cdots k\}$$
$$= \sum_{i:(i,j)\in S}(e_{ij})(-u_{iq})\ \forall j\in\{1\cdots n\}, q\in\{1\cdots k\}$$

注意，全部偏导向量向矩阵 U 和 V 中的 $(m\cdot k+n\cdot k)$ 个决策变量向量提供梯度。令 $\overline{\nabla J}$ 表示这个梯度向量，且令 $\overline{VAR}$ 表示 U 和 V 中 $(m\cdot k+n\cdot k)$ 决策变量的向量，则可以用 $\overline{VAR}\Leftarrow\overline{VAR}-\alpha\cdot\overline{\nabla J}$ 更新整个决策变量向量。这里，$\alpha>0$ 是步长，可以使用非线性规划中的标准数值方法来选择[76]。在许多情况下，步长设置为很小的常数，迭代一直执行到收敛。上述方法被称为梯度下降。梯度下降的算法框架如图 3-8 所示。值得注意的是，中间变量 u_{iq}^+ 和 v_{jq}^+ 用于确保对 U 和 V 中条目的所有更新都同时执行。

```
Algorithm GD(Ratings Matrix: R, Learning Rate: α)
begin
    Randomly initialize matrices U and V;
    S = {(i,j) : r_ij is observed};
    while not(convergence) do
    begin
        Compute each error e_ij ∈ S as the observed entries of R − UV^T;
        for each user-component pair (i,q) do u_iq^+ ⇐ u_iq + α · Σ_{j:(i,j)∈S} e_ij · v_jq;
        for each item-component pair (j,q) do v_jq^+ ⇐ v_jq + α · Σ_{i:(i,j)∈S} e_ij · u_iq;
        for each user-component pair (i,q) do u_iq ⇐ u_iq^+;
        for each item-component pair (j,q) do v_jq ⇐ v_jq^+;
        Check convergence condition;
    end
end
```

图 3-8　梯度下降

还可以使用矩阵表示来执行图 3-8 中的更新。第一步，计算一个误差矩阵 $E=R-UV^T$，其中 E 的未知值（即不在 S 中的值）被设置为 0。注意，E 是非常稀疏的矩阵，只在计算值 $(i,j)\in S$ 的 e_{ij} 的值时有意义，并且使用稀疏数据结构存储矩阵。更新可以如下计算：

$$U\Leftarrow U+\alpha EV$$
$$V\Leftarrow V+\alpha E^T U$$

这些更新可以执行到收敛，同时注意使用中间变量同时更新两个矩阵中的所有值（如图 3-8 所示）。

3.6.4.1　随机梯度下降

上述方法被称为批量更新方法。一个重要的观察是，更新是评分矩阵的已知值的错误的线性函数。可以以其他方式通过将更新分解为与单个已知值（而非所有已知值）的错误相关联的较小分量来执行更新。根据（随机选择的）已知值 (i,j) 中的误差，该更新可以随机地近似如下：

$$u_{iq} \Leftarrow u_{iq} - \alpha \cdot \left[\frac{\partial J}{\partial u_{iq}}\right](i,j) \text{ 的贡献量 } \forall q \in \{1 \cdots k\}$$

$$v_{jq} \Leftarrow v_{jq} - \alpha \cdot \left[\frac{\partial J}{\partial v_{jq}}\right](i,j) \text{ 的贡献量 } \forall q \in \{1 \cdots k\}$$

可以一次（按随机顺序）循环遍历 R 中的已知值，并仅更新因子矩阵中的 $2 \cdot k$ 个值的相关集合，而不是因子矩阵中的所有（$m \cdot k + n \cdot k$）个值。在这种情况下，特定于值 $(i, j) \in S$ 的 $2 \cdot k$ 个更新如下：

$$u_{iq} \Leftarrow u_{iq} + \alpha \cdot e_{ij} \cdot v_{jq} \; \forall q \in \{1 \cdots k\}$$

$$v_{jq} \Leftarrow v_{jq} + \alpha \cdot e_{ij} \cdot u_{iq} \; \forall q \in \{1 \cdots k\}$$

对于每个已知的评分 r_{ij}，使用误差 e_{ij} 来更新 U 的行 i 中的 k 个值和 V 的行 j 中的 k 个值。注意，$e_{ij} \cdot v_{jq}$ 是 J 相对于 u_{iq} 的偏导数的分量，其特定于单个值 (i, j)。为了提高效率，k 个值中的每一个都可以用向量化的形式同时更新。令 $\overline{u_i}$ 表示 U 的第 i 行，$\overline{v_j}$ 表示 V 的第 j 行。那么，上述更新可以用 k 维向量化形式重写如下：

$$\overline{u_i} \Leftarrow \overline{u_i} + \alpha e_{ij} \, \overline{v_j}$$

$$\overline{v_i} \Leftarrow \overline{v_i} + \alpha e_{ij} \, \overline{u_i}$$

我们遍历所有已知值多次（即多次迭代）直到达到收敛。这种方法被称为随机梯度下降，其中梯度用矩阵中单个随机选择的值的误差来近似。随机梯度下降法的伪码如图 3-9 所示。值得注意的是，临时变量 u_{iq}^+ 和 v_{jq}^+ 用于在更新过程中存储中间结果，以使得 $2 \cdot k$ 个更新不会相互影响。这是一个通用的方法，尽管我们可能不会明确说明，但它应该在本书中讨论的所有面向群组的更新中使用。

```
Algorithm SGD(Ratings Matrix: R, Learning Rate: α)
begin
    Randomly initialize matrices U and V;
    S = {(i, j) : r_ij is observed};
    while not(convergence) do
    begin
        Randomly shuffle observed entries in S;
        for each (i, j) ∈ S in shuffled order do
        begin
            e_ij ⇐ r_ij − ∑_{s=1}^{k} u_is v_js;
            for each q ∈ {1 . . . k} do u_iq^+ ⇐ u_iq + α · e_ij · v_jq;
            for each q ∈ {1 . . . k} do v_jq^+ ⇐ v_jq + α · e_ij · u_iq;
            for each q ∈ {1 . . . k} do u_iq = u_iq^+ and v_jq = v_jq^+;
        end
        Check convergence condition;
    end
end
```

图 3-9 随机梯度下降

实际上，与批次更新方法相比，随机梯度下降法获得的收敛速度更快，尽管后者的收敛性更加平滑。这是因为在后一种情况下，使用所有已知值而非单个随机选择的值，U 和 V 的值被同时更新。随机梯度下降的这种噪声近似有时会影响解的质量和收敛的平滑度。通常，当数据大小非常大并且计算时间是主要瓶颈时，随机梯度下降更好。其他"折中"方法会使用更小的批次，用已知值的子集来构建更新。这些不同的方法提供了解决方案质量和计算效率之间的不同权衡。

当循环通过矩阵中已知值来更新因子矩阵时，最终将达到收敛。全局方法可以保证收敛，虽然它通常比局部的方法慢。步长（或学习率）通常设置为较小的常数，如 $\alpha = 0.005$。避免局部最小化和加速收敛的更有效的方法是使用 bold driver 算法[58,217]，在每次迭代中自适应地选择 α。原则上，也可以针对不同的因子使用不同的步长[586]。关于一些模型的一个有趣的观察是，执行它们太多次直到收敛有时可能轻微恶化未知值估计结果质量。因此，有时候我们会建议不要过分严格地设定收敛标准。

这些潜在因子模型的另一个问题是*初始化*。例如，可以将（-1，1）中的因子矩阵初始化为很小的数。但是，初始化的选择可能会影响最终的结果质量。可以使用一些启发式来提高质量，例如可以使用本节稍后讨论的一些简单的基于 SVD 的启发式方法来创建一个近似初始化。

3.6.4.2 正则化

当评分矩阵 R 稀疏且已知值相对较少时，会出现这种方法面临的一个主要问题。该情况在实际应用中几乎总是出现。在这种情况下，已知评分构成的集合 S 很小，可能导致过拟合。注意，当训练数据有限时，过拟合也是分类中的常见问题。解决此问题的一个常见方法是使用正则化。正则化减小了模型的过拟合倾向，以向模型中引入偏差⊖为代价。

在正则化中，该想法是要阻止 U 和 V 中出现非常大的系数值，以保证稳定性。因此，将正则化项 $\frac{\lambda}{2}(\|U\|^2 + \|V\|^2)$ 加到目标函数中，其中 $\lambda > 0$ 是正则化参数，$\|\cdot\|^2$ 表示矩阵的（平方）Frobenius 范数。其基本思想是，通过对大系数施加惩罚来创建对较简单的解决方案有倾向性的偏差。这是一种用于许多形式的分类和回归的标准方法，也可以用于协同过滤。参数 λ 总是非负的，它控制正则化项的权重。本节稍后将介绍 λ 的选择方法。

如上所述，假设 $e_{ij} = \left(r_{ij} - \sum_{s=1}^{k} u_{is} \cdot v_{js}\right)$ 表示 $(i,j) \in S$ 的已知值和预测值之间的差异。正则化目标函数如下：

$$\text{Minimize } J = \frac{1}{2} \sum_{(i,j) \in S} e_{ij}^2 + \frac{\lambda}{2} \sum_{i=1}^{m} \sum_{s=1}^{k} u_{is}^2 + \frac{\lambda}{2} \sum_{j=1}^{n} \sum_{s=1}^{k} v_{js}^2$$

$$= \frac{1}{2} \sum_{(i,j) \in S} \left(r_{ij} - \sum_{s=1}^{k} u_{is} \cdot v_{js}\right)^2 + \frac{\lambda}{2} \sum_{i=1}^{m} \sum_{s=1}^{k} u_{is}^2 + \frac{\lambda}{2} \sum_{j=1}^{n} \sum_{s=1}^{k} v_{js}^2$$

对于每个决策变量，对 J 求偏导，可以得到与非正则化情况几乎相同的结果，区别只在于在上述两种情况下会分别向梯度中增加 λu_{iq} 和 λv_{jq} 项。

$$\frac{\partial J}{\partial u_{iq}} = \sum_{j:(i,j) \in S} \left(r_{ij} - \sum_{s=1}^{k} u_{is} \cdot v_{js}\right)(-v_{jq}) + \lambda u_{iq} \ \forall i \in \{1\cdots m\}, q \in \{1\cdots k\}$$

$$= \sum_{j:(i,j) \in S} (e_{ij})(-v_{jq}) + \lambda u_{iq} \ \forall i \in \{1\cdots m\}, q \in \{1\cdots k\}$$

$$\frac{\partial J}{\partial v_{jq}} = \sum_{i:(i,j) \in S} \left(r_{ij} - \sum_{s=1}^{k} u_{is} \cdot v_{js}\right)(-v_{iq}) + \lambda v_{jq} \ \forall j \in \{1\cdots n\}, q \in \{1\cdots k\}$$

$$= \sum_{i:(i,j) \in S} (e_{ij})(-u_{iq}) + \lambda v_{jq} \ \forall j \in \{1\cdots n\}, q \in \{1\cdots k\}$$

⊖ 有关偏差方差折中的讨论，请参阅第 6 章。

执行梯度下降的步骤与没有正则化的情况类似。可以使用批次或局部更新。例如，考虑全局更新方法。令对应于 U 和 V 中的值的 $(m \cdot k + n \cdot k)$ 决策变量的向量由 $\overline{VAR}$ 表示，并将相应的梯度向量表示为 $\overline{\nabla J}$。然后，可以将整个决策变量向量更新为 $\overline{VAR} \Leftarrow \overline{VAR} - \alpha \cdot \overline{\nabla J}$。为了有效地实现这一点，可以通过修改图 3-8 中的（非正则化）更新使之包含正则化项。修改后的更新可以写成如下形式：

$$u_{iq} \Leftarrow u_{iq} + \alpha \Big(\sum_{j:(i,j) \in S} e_{ij} \cdot v_{jq} - \lambda \cdot u_{iq} \Big) \forall q \in \{1 \cdots k\}$$

$$v_{jq} \Leftarrow v_{jq} + \alpha \Big(\sum_{i:(i,j) \in S} e_{ij} \cdot u_{iq} - \lambda \cdot v_{jq} \Big) \forall q \in \{1 \cdots k\}$$

更新可以执行到收敛。还可以根据 $m \times n$ 的误差矩阵 $E = [e_{ij}]$ 写入这些更新，其中 E 的未知值被置为 0：

$$U \Leftarrow U(1 - \alpha \cdot \lambda) + \alpha E V$$

$$V \Leftarrow V(1 - \alpha \cdot \lambda) + \alpha E^{\mathrm{T}} U$$

注意，乘法项 $(1 - \alpha \cdot \lambda)$ 缩小了每一步的参数，这是正则化的结果。如果用矩阵形式更新，则必须小心计算并使用 E 的稀疏表示。仅对已知值 $(i, j) \in S$ 计算 e_{ij} 的值且使用稀疏数据结构存储 E 是非常重要的。

在局部更新（即随机梯度下降）的情况下，仅对于随机选择的已知值 (i, j)（而非所有值）的误差计算偏导数。可以以随机顺序对每个已知值 $(i, j) \in S$ 执行以下 $2 \cdot k$ 个更新：

$$u_{iq} \Leftarrow u_{iq} + \alpha (e_{ij} \cdot v_{jq} - \lambda \cdot u_{iq}) \forall q \in \{1 \cdots k\}$$

$$v_{jq} \Leftarrow v_{jq} + \alpha (e_{ij} \cdot u_{iq} - \lambda \cdot v_{jq}) \forall q \in \{1 \cdots k\}$$

为了提升效率，这些更新以向量化形式通过用户 i 和物品 j 的 k 维因子向量如下执行：

$$\overline{u_i} \Leftarrow \overline{u_i} + \alpha (e_{ij} \overline{v_j} - \lambda \overline{u_i})$$

$$\overline{v_j} \Leftarrow \overline{v_j} + \alpha (e_{ij} \overline{u_i} - \lambda \overline{v_j})$$

这些更新在图 3-9 所述算法的框架内使用。值得注意的是，局部更新与全局更新在如何处理正则化项上并不完全相同⊖。这是因为更新的正则化分量（$-\lambda u_{iq}$ 和 $-\lambda v_{jq}$）在所有已知值的局部更新周期中被多次使用；对行 i 中的每个已知值，都要对 u_{iq} 执行更新，且对列 j 中的每个已知值，要对 v_{jq} 执行更新。此外，不同的行和列可以具有不同数量的已知值，这可以进一步影响各种用户和物品因子的正则化的相对水平。在向量化全局方法中，由于每个值 u_{iq} 和 v_{jq} 仅更新一次，所以正则化会更加平缓均匀地进行。不过，由于在参数调整期间自适应选择 λ，所以局部更新方法将自动选择比全局方法更小的 λ 值。从启发式的角度来看，这两种方法提供了大致相似的结果，但在质量和效率之间有不同的权衡。

如前所述，$\alpha > 0$ 表示步长，$\lambda > 0$ 是正则化参数。例如，在 Netflix Prize 数据集的情况下，已知 α 取小常数值（例如 0.005）时能够很好地工作。或者，可以使用 bold driver 算法[58,217]在每次迭代中自适应地选择 α，以避免局部最优并加速收敛。剩下的就是要讨论如何选择正则化参数 λ。最简单的方法是在评分矩阵中保留已知值的一小部分不用于训练模型。用被保留的数据测试模型的预测精度，可以测试不同的 λ 值，并选取使精度最高的 λ 值。如果有必要，在选择了 λ 值之后，可以将模型在整个已知数据上重新训练（没有

⊖ 更精确的更新应该是 $\overline{u_i} \Leftarrow \overline{u_i} + \alpha (e_{ij} \overline{v_j} - \lambda \overline{u_i} / n_i^{\mathrm{user}})$ 和 $\overline{v_j} \Leftarrow \overline{v_j} + \alpha (e_{ij} \overline{u_i} - \lambda \overline{v_j} / n_j^{\mathrm{item}})$。这里，$n_i^{\mathrm{user}}$ 表示用户 i 的已知评分数量，而 n_j^{item} 表示对于项 j 的已知评分的数量。这里，各用户/项因子的正则化项在各用户/项的相应已知项之间被平均分配。实际中常用的是本章中讨论的（更简单）启发式更新规则。我们选择在本章中使用这些（更简单的）规则来与推荐系统的研究文献保持一致。通过适当的参数调整，在使用更简单的更新规则的情况下，λ 将自动调整为较小的值。

保留值）。这种参数调整方法被称为 hold-out 方法。更复杂的方法是使用交叉验证方法。本书第 7 章关于评估推荐系统的部分讨论了这种方法。为了获得更好的结果，不同的正则化参数 λ_1 和 λ_2 可以用于用户因子和物品因子。

通常，为了确定最优值，在 hold-out 方法中尝试不同的 λ 值可能导致较高的代价。这限制了尝试 λ 的许多选择的能力，因此 λ 的值通常难以很好地优化。文献 [518] 中提出的一种方法，将矩阵 U 和 V 的值作为参数，将正则化参数作为超参数进行处理，并基于概率方法一起优化这些参数。文献 [518] 提出了一种吉布斯采样法来同时学习参数和超参数。

3.6.4.3 增量式隐分量训练

这些训练方法的一个变体是增量式地训练隐分量。换句话说，我们首先仅对 $q=1$ 执行更新 $u_{iq} \Leftarrow u_{iq} + \alpha(e_{ij} \cdot v_{jq} - \lambda \cdot u_{iq})$ 和 $v_{jq} \Leftarrow v_{jq} + \alpha(e_{ij} \cdot u_{iq} - \lambda \cdot v_{jq})$。该过程对于 S 中的已知值和 $q=1$ 往复执行直到收敛。因此，我们可以分别学习 U 和 V 的第一列 $\overline{U_1}$ 和 $\overline{V_1}$。然后，从 R（已知值）中减去 $m \times n$ 外积$^{\ominus}$矩阵 $\overline{U_1}\,\overline{V_1}^{\mathrm{T}}$。随后，使用（剩余）评分矩阵对 $q=2$ 执行更新以分别学习 U 和 V 的第二列 $\overline{U_2}$ 和 $\overline{V_2}$。然后，从 R 中减去 $\overline{U_2}\,\overline{V_2}^{\mathrm{T}}$。用剩余矩阵不断重复该过程，直到 $q=k$。所得到的结果提供了所需的矩阵因子分解，因为整体秩 k 分解可以表示为 k 个秩 1 因子分解的总和：

$$\boldsymbol{R} \approx \boldsymbol{U}\boldsymbol{V}^{\mathrm{T}} = \sum_{q=1}^{k} \overline{\boldsymbol{U}_q}\,\overline{\boldsymbol{V}_q}^{\mathrm{T}} \tag{3-17}$$

该过程的描述如图 3-10 所示。这种方法与前面讨论的版本的差异可以从嵌套循环结构的差异来理解。增量分量训练循环遍历最外层循环中的 q 值，并在内循环中循环遍历已知值，以达到每个 q 值的收敛（参见图 3-10）。之前的方法在外层循环中遍历已知值，在内层循环中遍历 q，直到收敛（参见图 3-9）。此外，增量方法需要调整外循环的两次执行之间的评分矩阵。因为一次优化的变量数较少，这种方法会使得每个分量的收敛更快、更稳定。

Algorithm *ComponentWise-SGD*(Ratings Matrix: R, Learning Rate: α)
begin
    Randomly initialize matrices U and V;
    $S = \{(i,j) : r_{ij} \text{ is observed}\}$;
    for $q = 1$ to k **do**
    begin
        while not(convergence) **do**
        begin
            Randomly shuffle observed entries in S;
            for each $(i,j) \in S$ in shuffled order **do**
            begin
                $e_{ij} \Leftarrow r_{ij} - u_{iq}v_{jq}$;
                $u_{iq}^{+} \Leftarrow u_{iq} + \alpha \cdot (e_{ij} \cdot v_{jq} - \lambda \cdot u_{iq})$;
                $v_{jq}^{+} \Leftarrow v_{jq} + \alpha \cdot (e_{ij} \cdot u_{iq} - \lambda \cdot v_{jq})$;
                $u_{iq} = u_{iq}^{+}$; $v_{jq} = v_{jq}^{+}$;
            end
            Check convergence condition;
        end
        { Element-wise implementation of $R \Leftarrow R - \overline{U_q}\,\overline{V_q}^{\mathrm{T}}$ }
        for each $(i,j) \in S$ **do** $r_{ij} \Leftarrow r_{ij} - u_{iq}v_{jq}$;
    end
end

图 3-10 面向分量的随机梯度下降

$\ominus$ 两个列向量 $\overline{x}$ 和 $\overline{y}$ 的内积由标量 $\overline{x}^{\mathrm{T}}\overline{y}$ 给出，而外积由秩 1 矩阵 $\overline{x}\,\overline{y}^{\mathrm{T}}$ 给出。此外，计算外积时 $\overline{x}$ 和 $\overline{y}$ 不需要大小相同。

値得注意的是，梯度下降的不同策略将导致具有不同性质的解。这种特殊形式的增量式训练将导致较早的隐分量成为主要分量，这与 SVD 类似。然而，U（或 V）中得到的列可能不相互正交。也可以通过使用 $q>1$ 的投影梯度下降来强制 U（和 V）的列的相互正交性。具体来说，列 $\overline{U}_q$（或 $\overline{V}_q$）中的变量对应的梯度向量被投影在当前得到的 U（或 V）的 $(q-1)$ 列的正交方向。

3.6.4.4　交替最小二乘和坐标下降

随机梯度法是有效的优化方法。另一方面，其对于初始化和选择步长的方式非常敏感。除此之外的优化方法还有使用交替最小二乘法（ALS）[268,677]，该方法通常更稳定，基本思想是从初始的矩阵 U 和 V 开始按下述方法迭代：

1) 固定 U 不变，通过将问题转化为最小二乘回归问题来处理 V 的 n 行中的每一行。只有 S 中的已知评分可用于构建最小二乘模型。令 $\overline{v}_j$ 表示 V 的第 j 行，为了确定最优向量 $\overline{v}_j$，我们希望最小化 $\sum\limits_{i:(i,j)\in S}\left(r_{ij}-\sum\limits_{s=1}^{k}u_{is}v_{js}\right)^2$，这是 $v_{j1}\cdots v_{jk}$ 的最小二乘回归问题。$u_{i1}\cdots u_{ik}$ 被视为常数，而 $v_{j1}\cdots v_{jk}$ 被视为优化变量。因此，可以用最小二乘回归确定第 j 个物品的 $\overline{v}_j$ 的 k 个潜在因子分量。总共需要执行 n 个最小二乘问题，每个最小二乘问题都有 k 个变量。因为每个物品的最小二乘问题是独立的，所以此步骤可以容易地并行化。

2) 保持 V 固定，通过将问题转化为最小二乘回归问题来处理 U 的 m 行中的每一行。在每种情况下，只能使用 S 中的已知评分来构建最小二乘模型。令 $\overline{u}_i$ 表示 U 的第 i 行，为了确定最优向量 $\overline{u}_i$，我们希望最小化 $\sum\limits_{j:(i,j)\in S}\left(r_{ij}-\sum\limits_{s=1}^{k}u_{is}v_{js}\right)^2$，该问题是 $u_{i1}\cdots u_{ik}$ 上的最小二乘回归问题。$v_{j1}\cdots v_{jk}$ 被视为常数值，而 $u_{i1}\cdots u_{ik}$ 被视为优化变量。因此，可以用最小二乘回归确定第 i 个用户的 k 个潜在因子分量。总共需要执行 m 个最小二乘问题，每个最小二乘问题有 k 个变量。因为每个用户的最小二乘问题是独立的，所以此步骤可以容易地并行化。

这两个步骤迭代直到收敛。当在目标函数中使用正则化时，这相当于在最小二乘法中使用 Tikhonov 正则化[22]。正则化参数 $\lambda>0$ 的值可以在所有独立最小二乘问题中固定不变，也可以选择不同值。在任一种情况下，可能需要使用 hold-out 或交叉验证方法来确定 λ 的最优值。第 4 章 4.4.5 节简要讨论了利用 Tikhonov 正则化的线性回归。尽管第 4 章中的线性回归讨论是在基于内容的模型的背景下的，但基本回归方法在不同情境下是通用的。

有趣的是，加权版本 ALS 特别适合隐式反馈，其假定矩阵完全已知且包含许多零值。此外，在这些情况中，非零项通常权重更高。在这种情况下，随机梯度下降的开销变得太高。当大多数值为零时，可以使用一些技巧来使加权 ALS 更加高效。具体请参考文献 [260]。

ALS 的缺点是它的效率不如大规模已知评分情况下的随机梯度下降。其他方法，如坐标下降，可以有效地在效率和稳定性之间做出权衡[650]。在坐标下降中，固定变量子集（与 ALS 相同）的方法被运用到极限。这里，除了在两个矩阵之一中的某个特定值（或坐标），U 和 V 中的所有其他值都是固定的，可以使用 3.6.4.2 节的目标函数进行优化。所得到的优化解为封闭解，因为它是单个变量的二次目标函数。u_{iq}（或 v_{jq}）的对应值可以用下述两个更新之一来有效地确定：

$$u_{iq}\Leftarrow\frac{\sum\limits_{j:(i,j)\in S}(e_{ij}+u_{iq}v_{jq})v_{jq}}{\lambda+\sum\limits_{j:(i,j)\in S}v_{jq}^2}$$

$$v_{jq} \Leftarrow \frac{\sum\limits_{i:(i,j)\in S} (e_{ij} + u_{iq}v_{jq})u_{iq}}{\lambda + \sum\limits_{i:(i,j)\in S} u_{iq}^2}$$

这里，S 表示评分矩阵中已知值的集合，$e_{ij} = r_{ij} - \hat{r}_{ij}$ 是条目 (i, j) 的预测误差。利用上述更新方法对 U 和 V 中的 $(m+n) \cdot k$ 个参数循环，直到收敛。与梯度下降和增量分量训练的结合类似，也可以将坐标下降与增量隐分量训练相结合（参见 3.6.4.3 节）。

3.6.4.5　合并用户和物品偏差

Paterek[473]引入了无约束模型的变形，用以增加可以学习用户和物品偏差的变量。假设为了方便讨论，评分矩阵均经过均值中心化处理（通过从作为预处理步骤的所有值中减去整个评分矩阵的全局平均值 μ）。在使用潜在因子模型预测值之后，再将 μ 值作为后处理步骤加回到预测值。因此在本节中我们将简单地假设评分矩阵 R 已经以这种方式居中，并忽略预处理和后处理步骤。

与每个用户 i 相对应的，有变量 o_i，它表示用户评分值的一般偏差。例如，如果用户 i 是一个慷慨的人，其倾向于高度评价所有物品，那么变量 o_i 是一个正数量。反之，对于大多数物品的负面评价的吝啬鬼，o_i 的值将是负数。类似地，变量 p_j 表示物品 j 的评级中的偏差。非常受欢迎的物品（例如卖座电影）的 p_j 倾向于具有较大的（正）值，而不受大多数人欢迎的物品的 p_j 将具有负值。因子模型的工作是以数据驱动的方式学习 o_i 和 p_j 的值。对原始潜在因子模型的主要变化是 (i, j) 评分的一部分由 $o_i + p_j$ 解释，其余部分由潜在因子矩阵的乘积 UV^T 的 (i, j) 解释。因此，(i, j) 的评分的预测值由下式给出：

$$\hat{r}_{ij} = o_i + p_j + \sum_{s=1}^{k} u_{is} \cdot v_{js} \tag{3-18}$$

因此，观察条目 $(i, j) \in S$ 的误差 e_{ij} 由下式给出：

$$e_{ij} = r_{ij} - \hat{r}_{ij} = r_{ij} - o_i - p_j - \sum_{s=1}^{k} u_{is} \cdot v_{js} \tag{3-19}$$

注意，o_i 和 p_j 也是需要用潜在因子矩阵 U 和 V 通过数据驱动方式一起学习的变量。那么，最小化目标函数 J 可以通过聚集评分矩阵的已知值（即集合 S）的平方误差来形式化：

$$J = \frac{1}{2} \sum_{(i,j)\in S} e_{ij}^2 + \frac{\lambda}{2} \sum_{i=1}^{m} \sum_{s=1}^{k} u_{is}^2 + \frac{\lambda}{2} \sum_{j=1}^{n} \sum_{s=1}^{k} v_{js}^2 + \frac{\lambda}{2} \sum_{i=1}^{m} o_i^2 + \frac{\lambda}{2} \sum_{j=1}^{n} p_j^2$$

$$= \frac{1}{2} \sum_{(i,j)\in S} \left(r_{ij} - o_i - p_j - \sum_{s=1}^{k} u_{is} \cdot v_{js} \right)^2 + \frac{\lambda}{2} \left(\sum_{i=1}^{m} \sum_{s=1}^{k} u_{is}^2 + \sum_{j=1}^{n} \sum_{s=1}^{k} v_{js}^2 + \sum_{i=1}^{m} o_i^2 + \sum_{j=1}^{n} p_j^2 \right)$$

事实证明，这个问题与无约束矩阵因子分解只有微小的不同。我们可以增大因子矩阵以合并这些偏差变量，而不是为用户和物品分别设置偏差变量 o_i 和 p_j。我们需要为每个因子矩阵 U 和 V 添加两个附加列，以分别创建大小为 $m \times (k+2)$ 和 $n \times (k+2)$ 的更大的因子矩阵。每个因子矩阵的最后两列是特殊的，因为它们对应于偏置分量。具体来说，我们们有：

$$u_{i,k+1} = o_i \; \forall i \in \{1 \cdots m\}$$

$$u_{i,k+2} = 1 \; \forall i \in \{1 \cdots m\}$$

$$v_{j,k+1} = 1 \; \forall j \in \{1 \cdots n\}$$

$$v_{j,k+2} = p_j \; \forall j \in \{1 \cdots n\}$$

注意，条件 $u_{i,k+2}=1$ 和 $v_{j,k+1}=1$ 是因子矩阵的约束。换言之，我们需要将用户因子矩阵的最后一列全部约束为 1，而将物品因子矩阵的倒数第二列限制为全 1。上述情况如图 3-11 所示。进而，修改后的扩展因子矩阵的优化问题如下：

$$\text{Minimize } J = \frac{1}{2} \sum_{(i,j) \in S} \left(r_{ij} - \sum_{s=1}^{k+2} u_{is} \cdot v_{js} \right)^2 + \frac{\lambda}{2} \sum_{s=1}^{k+2} \left(\sum_{i=1}^{m} u_{is}^2 + \sum_{j=1}^{n} v_{js}^2 \right)$$

满足：

U 的第 $k+2$ 列只包含 1

V 的第 $k+1$ 列只包含 1

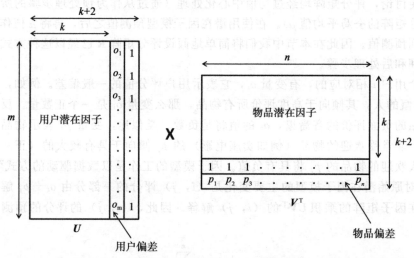

图 3-11 在潜在因子模型中嵌入用户和物品偏差

值得注意的是，目标的总和高达 $(k+2)$ 而不是 k。请注意，此问题几乎与无约束的情况相同，除了对因子有一点限制。另一个变化是因子矩阵被扩展来增加用户和物品的偏差变量。由于问题定义只发生了微小变化，那么只需要对梯度下降法做出相应的修改。初始化方面，V 的第 $(k+1)$ 列和 U 的第 $(k+2)$ 列被设置为全 1。可以使用与非约束情况下完全相同的（局部）更新规则，除了 V 的第 $(k+1)$ 列和 U 的第 $(k+2)$ 列的两个扰动项在每次更新后被重置为固定值（或根本不更新）。可以通过循环遍历所有 $(i,j) \in S$ 来执行以下更新：

$$u_{iq} \Leftarrow u_{iq} + \alpha(e_{ij} \cdot v_{jq} - \lambda \cdot u_{iq}) \,\forall q \in \{1 \cdots k+2\}$$
$$v_{jq} \Leftarrow v_{jq} + \alpha(e_{ij} \cdot u_{iq} - \lambda \cdot v_{jq}) \,\forall q \in \{1 \cdots k+2\}$$

将 U 中第 $(k+2)$ 列和 V 中第 $(k+1)$ 列的扰动项重置为 1

这些更新作为一组同时执行。也可以使用略微变化过的交替最小二乘法（参见习题 11）。上述讨论对于每种类型的变量使用相同的正则化参数和学习率。有时对用户偏差、物品偏差和因子变量使用不同的正则化参数和学习率会更好[586]，这可以通过简单修改对上述更新来实现。

一个自然产生的问题是为什么这种形式要比无约束矩阵分解更好。因子矩阵的最后两列的约束条件的增加只能降低全局解的质量，因为原本的方法是在更小的空间中寻求优化解。然而，在许多情况下，增加这些约束会减小过拟合。换句话说，虽然在已知值上的错误率可能更高，但添加这种直观约束通常可以提高学习算法在未知值上的通用性。当用户或物品的已知评分数量较少时，这一点尤其有用[473]。偏差变量为用户或物品的全局评分添加一个分量，当可用数据有限时，这种全局属性很有用。我们用一个具体的例子来说明这一点。考虑用户仅为少量（1或2个）物品提供评分的情况。在这种情况下，许多推荐算法，例如基于近邻的方法，将不能为用户提供可靠的预测。另一方面，物品偏差变量的（非个性化）预测则能够给出合理的预测。毕竟，如果某个电影在全球范围内票房大卖，那么相关用户也更有可能喜欢它。偏差变量反映了这一事实，并将其纳入学习算法中。

事实上，已经有研究显示仅使用偏差变量（即 $k=0$）就可以提供相当好的评估预测[73,310,312]。这是从 Netflix Prize 比赛中获得的重要实践经验之一[73]：

> "在众多新的算法贡献中，我想强调一点——这些谦卑的基准预测变量（或偏差）对数据的主要影响。虽然相关工作主要集中在更复杂的算法方面，但我们发现，对这些主要影响量的准确处理可能至少与模型方面的突破一样重要。"

这意味着评分很大程度上可以通过用户的慷慨程度和物品的受欢迎程度来解释，而非用户对物品的具体的个性化偏好。这种非个性化模型在 3.7.1 节中讨论，其相当于在上述模型中设置 $k=0$。因此，仅学习用户和物品的偏差，并且通过对偏差求和来预测用户 i 和物品 j 的基础评分 B_{ij} 可以增强任意已有的协同过滤模型。为此，可以在应用协同过滤之前对评分矩阵的 (i, j)（已知）值中减去相应的 B_{ij}。这些值在后处理阶段再加回到预测值。这种方法对于不易参数化偏差变量的模型特别有用。例如，（传统）近邻模型通过逐行均值中心化来实现这些偏差校正目标，尽管使用 B_{ij} 来校正矩阵项是一种更复杂的方法（因为它对用户和物品偏差都做了校正）。

3.6.4.6　引入隐含的反馈

一般来说，隐含的反馈的使用场景与一元评分矩阵相对应，用户通过购买物品来表达自己的兴趣。然而，即使在用户对物品给出明确评分的情况下，被其评分的物品的"身份"可以被视为隐含反馈。换句话说，不用考虑评分的具体值，仅通过被用户评分的物品的身份就可以给出较为显著的评分预测值。最近的一篇论文[184]在音乐领域给出了上述现象的优雅描述：

> "直观上，可以用一个简单的过程来解释结果［显示隐含反馈的预测值］：用户对他们听到的歌曲进行评分，并倾听他们期望喜欢的音乐，同时避开不喜欢的类型。因此，大部分会得到不良评分的歌曲无法得到用户的自愿评分。而由于人们很少听随机的歌曲，或很少随机选择要观看的电影，所以我们应该能在许多领域观察到随机物品的评分分布与用户选择的物品的相应分布之间的差异。"

目前，研究人员已经提出了各种框架来处理隐含的反馈，如非对称因子模型和 SVD++。这些算法使用两个不同的物品因子矩阵 V 和 Y，分别对应于显式和隐式的反馈。用户潜在因子完全或部分地由与用户评分物品相对应的（隐含）物品潜在因子矩阵 Y 的行的线性组合来导出。其思想在于，用户因子与用户偏好相对应，而且用户偏好应受到他们评分的物品的影响。在最简单的非对称因子模型中，用户因子通过评分项的因子向量的线性组合来构造。这导致了一种不对称性——用户因子不再有独立变量。取而代之的是两组独立物品因子（即显式和隐式），用户因子通过隐含物品因子的线性组合导出。有文献讨论了这种方法的许多变体[311]，其原始思想被归功于 Paterek[473]。SVD++模型进一步将这种非对称方法与（显式）用户因子和传统的因子分解框架相结合。因此，非对称方法可以被视为 SVD++ 的简化前体。为了清楚地说明这一点，我们首先简要讨论非对称模型。

非对称因子模型：为了捕获隐含的反馈信息，我们首先从显式评分矩阵中导出隐式反馈矩阵。对于 $m \times n$ 的评分矩阵 R，如果值 r_{ij} 已知，则将 $m \times n$ 隐式反馈矩阵的 $F = [f_{ij}]$ 置为 1，如果未知，则置为 0。随后，反馈矩阵 F 被归一化，使得每行的 L_2 范数为 1。因此，如果 I_i 是由用户 i 评分的物品的索引集合，则第 i 行中的每个非零项是 $1/\sqrt{|I_i|}$。评分矩阵 R 及其对应的隐式反馈矩阵 F 的示例如下：

$$\underbrace{\begin{bmatrix} 1 & -1 & 1 & ? & 1 & 2 \\ ? & ? & -2 & ? & -1 & ? \\ 0 & ? & ? & ? & ? & ? \\ -1 & 2 & -2 & ? & ? & ? \end{bmatrix}}_{R} \Rightarrow \underbrace{\begin{bmatrix} 1/\sqrt{5} & 1/\sqrt{5} & 1/\sqrt{5} & 0 & 1/\sqrt{5} & 1\sqrt{5} \\ 0 & 0 & 1/\sqrt{2} & 0 & 1/\sqrt{2} & 0 \\ 1/\sqrt{1} & 0 & 0 & 0 & 0 & 0 \\ 1/\sqrt{3} & 1/\sqrt{3} & 1/\sqrt{3} & 0 & 0 & 0 \end{bmatrix}}_{F}$$

$n \times k$ 的矩阵 $Y = [y_{ij}]$ 被用作隐含物品-因子矩阵，矩阵 F 提供线性组合系数用于创建用户因子矩阵。Y 中的变量将因子-物品的组合对隐式反馈的贡献的倾向性进行编码。例如，如果 $|y_{ij}|$ 很大，那么这意味着，无论评分的实际值是多少，仅仅是对物品 i 进行评分这一简单的行为，就已经为此动作对于第 j 个隐分量的倾向性提供了重要信息。在简化非对称模型中，用户因子被编码为评分物品的隐含物品因子的线性组合；基本思想是使用用户动作的线性组合来定义他们的偏好（因子）。具体来说，矩阵乘积 FY 是 $m \times k$ 的用户-因子矩阵，其中每个（特定于用户的）行是隐含物品因子的线性组合（取决于用户评分的物品）。矩阵 FY 用于代替用户因子矩阵 U，评分矩阵被分解为 $R \approx [FY]V^T$，其中 V 是 $n \times k$ 的显式物品因子矩阵。如果需要，偏差变量可以通过均值中心化评分矩阵引入，将两个附加列追加到 Y 和 V 中，如 3.6.4.5 节所述（参见习题 13）。

110　　这种简单的方法经常提供出色的结果[⊖]，因为它通过将它们导出为物品-因子的线性组合来减少用户因子的冗余。其基本思想是，如果两个用户已经评价了类似的物品，就会有类似的用户因子，而无须考虑具体的评分值。注意，$n \times k$ 矩阵 Y 包含的参数比 $m \times k$ 用户因子矩阵 U 更少，因为 $n \ll m$。这种方法的另一个优点是可以通过将其并入隐式反馈矩阵 F 来引入其他类型的独立隐式反馈（例如购买或浏览行为）。在这种情况下，基于其使用显式和隐式评分的能力，该方法通常可以比大多数其他形式的矩阵分解（具有明确的评分）更好。然而，即使在没有独立的隐式反馈可用的情况下，该模型似乎比用户数量大且非常稀疏的矩阵（与物品数量相比）的矩阵分解的简单变形更好。该模型的另一个优点是不需要用户参数化；因此可以很好地适用于样本外的用户（尽管它不能用于样本外的物品）。换句话说，与大多数矩阵分解方法不同，模型至少是部分归纳的。我们省略了此模型的梯度下降步骤，因为其泛化会在下一节讨论。但是，在习题 13 的问题描述中列举了相应的步骤。

　　非对称因子模型的基于物品的参数化也提供了很好的可解释性。注意，可以将因子分解 $[FY]V^T$ 重写为 $F[YV^T]$。矩阵 YV^T 可以被视为 $n \times n$ 的物品到物品预测矩阵，其中 $[YV^T]_{ij}$ 告诉我们评分物品 i 对物品 j 的预测评分有多大贡献。矩阵 F 提供相应的 $m \times n$ 个用户到物品的系数，因此，用 F 与 $[YV^T]$ 相乘提供了用户到物品的预测。因此，现在可以解释哪些过去用户消费/评分过的物品对 $F[YV^T]$ 中值的预测做出了最大贡献。这种可解释性是以物品为中心的模型所固有的。

⊖ 在许多情况下，这种方法优于 SVD++，特别是当已知值数量很小时。

SVD＋＋：纯粹基于评分物品身份的用户因子的推导似乎是非对称因子模型中隐式反馈在极端情况下的应用。这是因为这样一种方法根本不区分用户之间的差别，一些用户可能对同一组物品进行了评分，但是给出了非常不同的评分值。一对这样的用户将得到完全相同的未评分物品的预测值。

SVD＋＋使用更细致的方法。隐含用户-因子矩阵 $\boldsymbol{FY}$ 不用于创建显式用户-因子矩阵 $\boldsymbol{U}$，而仅是调整它。因此，在与 $\boldsymbol{V}^{\mathrm{T}}$ 相乘之前，需要将 $\boldsymbol{FY}$ 添加到 $\boldsymbol{U}$ 中。然后，重建的 $m \times n$ 评分矩阵 $\boldsymbol{R}$ 由 $(\boldsymbol{U} + \boldsymbol{FY})\boldsymbol{V}^{\mathrm{T}}$ 给出，并且预测评分的隐式反馈分量由 $(\boldsymbol{FY})\boldsymbol{V}^{\mathrm{T}}$ 给出。SVD＋＋带来的额外的灵活性要付出的代价是参数数量增加，这可能导致非常稀疏的评分矩阵过拟合。隐式反馈矩阵可以从评分矩阵（如非对称因子模型）中导出，也可以包括其他形式的隐式反馈，如购买或浏览行为。

用户和物品偏差以类似于 3.6.4.5 节的方式处理。不失一般性地⊖，我们可以假设，评分矩阵基于全局平均值 μ 做了均值中心化处理。因此，我们将分别处理 $m \times (k+2)$ 和 $n \times (k+2)$ 的因子矩阵 $\boldsymbol{U}$ 和 $\boldsymbol{V}$，其中最后两列包含全 1 或偏差变量（如 3.6.4.5 节所述）。我们还假设⊖ $\boldsymbol{Y}$ 是 $n \times (k+2)$ 矩阵，$\boldsymbol{Y}$ 的最后两列全为 0，这是因为偏差分量已经由 $\boldsymbol{U}$ 的最后两列解决了，但我们需要 $\boldsymbol{Y}$ 中的最后两个虚拟列，以确保我们可以将 $\boldsymbol{U}$ 和 $\boldsymbol{FY}$ 作为相同大小的矩阵来处理。因此，预测评分 $\hat{r}_{ij}$ 可以表示如下： 〔111〕

$$\hat{r}_{ij} = \sum_{s=1}^{k+2} (u_{is} + [\boldsymbol{FY}]_{is}) \cdot v_{js} \tag{3-20}$$

$$= \sum_{s=1}^{k+2} \left(u_{is} + \sum_{h \in I_i} \frac{y_{hs}}{\sqrt{|I_i|}} \right) \cdot v_{js} \tag{3-21}$$

上述等式的右侧第一项 $\sum_{s=1}^{k+2} u_{is} v_{js}$ 是 $\boldsymbol{UV}^{\mathrm{T}}$ 的第 (i, j) 项，第二项 $\sum_{s=1}^{k+2} \sum_{h \in I_i} \frac{y_{hs}}{\sqrt{|I_i|}} v_{js}$ 是 $[\boldsymbol{FY}]\boldsymbol{V}^{\mathrm{T}}$ 的 (i, j) 项。请注意，$[\boldsymbol{FY}]$ 的 (i, s) 值由 $\sum_{h \in I_i} \frac{y_{hs}}{\sqrt{|I_i|}}$ 给出。可以将该模型视为前一节讨论的无约束矩阵分解模型（含偏差）和不对称因子分解模型的组合。因此，它结合了两种模型的优势。

相应的优化问题，即在评分矩阵中最小化所有已知值（由集合 S 表示）的聚合平方误差 $e_{ij}^2 = (r_{ij} - \hat{r}_{ij})^2$，可以表示如下：

$$\text{Min. } J = \frac{1}{2} \sum_{(i,j) \in S} \left(r_{ij} - \sum_{s=1}^{k+2} \left[u_{is} + \sum_{h \in I_i} \frac{y_{hs}}{\sqrt{|I_i|}} \right] \cdot v_{js} \right)^2 + \frac{\lambda}{2} \sum_{s=1}^{k+2} \left(\sum_{i=1}^{m} u_{is}^2 + \sum_{j=1}^{n} v_{js}^2 + \sum_{j=1}^{n} y_{js}^2 \right)$$

满足：

　　$\boldsymbol{U}$ 的第 $(k+2)$ 列只包含 1

　　$\boldsymbol{V}$ 的第 $(k+1)$ 列只包含 1

　　$\boldsymbol{Y}$ 的最后两列只包含 0

请注意，就隐含的反馈项及其正则化算子而言，这里的优化公式与上一节中的优化公式不同。可以使用该目标函数的偏导数来导出矩阵 $\boldsymbol{U}$ 和 $\boldsymbol{V}$ 的更新规则以及 $\boldsymbol{Y}$ 中的变量。然后，根据已知值的误差值 $e_{ij} = r_{ij} - \hat{r}_{ij}$ 来表示更新规则。对于评分矩阵中的每个观察条目 〔112〕

　⊖　对于非均值中心化的矩阵，可以在预处理期间减去全局平均值，然后在预测时间加回。

　⊖　我们使用与原始论文略有不同的符号[309]，但方法的效果相同。这里的描述简化了符号，其引入了较少的变量，并将偏差变量看作因子分解过程的约束。

$(i, j) \in S$ 可以如下更新[⊖]

$$u_{iq} \Leftarrow u_{iq} + \alpha(e_{ij} \cdot v_{jq} - \lambda \cdot u_{iq}) \forall q \in \{1 \cdots k + 2\}$$

$$v_{jq} \Leftarrow v_{jq} + \alpha\left(e_{ij} \cdot \left[u_{iq} + \sum_{h \in I_i} \frac{y_{hq}}{\sqrt{|I_i|}}\right] - \lambda \cdot v_{jq}\right) \forall q \in \{1 \cdots k + 2\}$$

$$y_{hq} \Leftarrow y_{hq} + \alpha\left(\frac{e_{ij} \cdot v_{jq}}{\sqrt{|I_i|}} - \lambda \cdot y_{hq}\right) \forall q \in \{1 \cdots k + 2\}, \forall h \in I_i$$

重置 U、V 和 Y 的固定列的扰动项

通过重复循环 S 中的所有已知值来执行更新。U、V 和 Y 的固定列中的扰动项由这些规则重置为 1 和 0。更有效和实际的替代方案是在更新期间不更新固定项，而只是跟踪它们。此外，这些列总是初始化为与优化模型约束相对应的固定值。随机梯度下降的嵌套循环结构在一系列矩阵分解方法中是相似的。因此，可以使用图 3-9 中描述的基本框架，以及基于上述讨论的更新。通过使用不同因子矩阵的不同正则化参数可以获得更好的结果。文献 [151] 中描述了随机梯度下降的一个快速变形。同时，也可以使用交替的最小二乘法来解决上述问题（参见习题 12）。虽然该模型被称为 SVD++[309]，但由于因子分解矩阵的基向量不正交，所以名称有一定误导性。事实上，术语 "SVD" 通常在潜在因子模型的文献中被广泛使用。在下一节中，我们将讨论奇异值分解与正交向量的使用。

3.6.5 奇异值分解

奇异值分解（SVD）是矩阵分解的一种形式，其中 U 和 V 的列被限定为相互正交的。相互正交性的优点在于，概念可以完全独立于彼此且可以在散点图中进行几何解释。然而，这种分解的语义解释通常更加困难，因为这些隐向量包含正数和负数，并且受其与其他概念的正交性约束。对于完全已知的矩阵，使用特征分解方法执行 SVD 是比较容易的。我们将首先简要回顾第 2 章 2.5.1.2 节中关于奇异值分解的讨论。

考虑评分矩阵完全已知的情况。可以通过使用秩 $k \ll \min\{m, n\}$ 的截断 SVD 近似分解评分矩阵 R。截断 SVD 计算如下：

$$R \approx Q_k \Sigma_k P_k^T \tag{3-22}$$

这里，Q_k、Σ_k、P_k 分别是 $m \times k$、$k \times k$、$n \times k$ 的矩阵。矩阵 Q_k 和 P_k 分别包含 RR^T 和 R^TR 的 k 个最大特征向量，而（对角线）矩阵 Σ_k 包含沿其对角线的任一矩阵的 k 个最大特征值的（非负）平方根。值得注意的是，RR^T 和 R^TR 的非零特征值是相同的，即使当 $m \neq n$ 时它们将包含不同数量的零特征值。矩阵 P_k 包含 R^TR 的顶部特征向量，它是行空间降维所需的简化基本表示。这些特征向量包含关于评分的物品-物品相关性的方向性信息，因此它们能够在旋转坐标系中用较少的维度表示每个用户。例如，在图 3-6 中，顶部特征向量与表示物品-物品相关性的主要方向的隐向量相关。此外，矩阵 $Q_k \Sigma_k$ 包含在以 P_k 为基经过变换和简化的原始评分矩阵的 $m \times k$ 表示。因此，在图 3-6 中，矩阵 $Q_k \Sigma_k$ 是包含了沿

⊖ 论文中通常以向量化形式描述这些更新，这些更新可以应用于 U、V 和 Y 的行，如下所示：

$$\overline{u_i} \Leftarrow \overline{u_i} + \alpha(e_{ij} \overline{v_j} - \lambda \overline{u_i})$$

$$\overline{v_j} \Leftarrow \overline{v_j} + \alpha\left(e_{ij} \cdot \left[\overline{u_i} + \sum_{h \in I_i} \frac{\overline{y_h}}{\sqrt{|I_i|}}\right] - \lambda \cdot \overline{v_j}\right)$$

$$\overline{y_h} \Leftarrow \overline{y_h} + \alpha\left(\frac{e_{ij} \cdot \overline{v_j}}{\sqrt{|I_i|}} - \lambda \cdot \overline{y_h}\right) \forall h \in I_i$$

重置 U、V 和 Y 的固定列的扰动项

着主要隐向量的评分坐标的一维列向量。

从公式（3-22）可以很容易地看出，SVD 被定义为矩阵分解。当然，这里的因子分解是要分解为三个矩阵而不是两个矩阵。然而，对角矩阵 $\boldsymbol{\Sigma}_k$ 可以被用户因子 $\boldsymbol{Q}_k$ 或物品因子 $\boldsymbol{P}_k$ 吸收。按惯例，用户因子和物品因子定义如下：

$$U = Q_k \boldsymbol{\Sigma}_k$$

$$V = P_k$$

如前所述，评分矩阵 $\boldsymbol{R}$ 的因子分解被定义为 $\boldsymbol{R} = \boldsymbol{U} \boldsymbol{V}^{\mathrm{T}}$。只要用户和物品因子矩阵具有正交的列，就很容易将得到的因子分解转换成满足 SVD 的形式（参见习题 9）。因此，分解过程的目标是用正交列发现矩阵 $\boldsymbol{U}$ 和 $\boldsymbol{V}$，故 SVD 可以表示为矩阵 $\boldsymbol{U}$ 和 $\boldsymbol{V}$ 上的优化问题：

$$\text{Minimize } J = \frac{1}{2} \| \boldsymbol{R} - \boldsymbol{U} \boldsymbol{V}^{\mathrm{T}} \|^2$$

满足：

$$\boldsymbol{U} \text{ 的列相互正交}$$

$$\boldsymbol{V} \text{ 的列相互正交}$$

很容易看出，与无约束因子分解的情况的唯一区别是存在正交性的约束。换句话说，与无约束矩阵分解相比，是在更小的解空间上优化相同的目标函数。尽管人们可能会认为约束的存在会增加近似误差 J，但是事实证明，如果矩阵 $\boldsymbol{R}$ 完全已知且未使用正则化，在 SVD 和非约束矩阵分解的情况下 J 的最优值是相同的。因此，对于完全已知的矩阵，SVD 的最优解是无约束矩阵分解的替代最优解之一。在 $\boldsymbol{R}$ 不完全已知且目标函数 $J = \frac{1}{2} \| \boldsymbol{R} - \boldsymbol{U} \boldsymbol{V}^{\mathrm{T}} \|^2$ 仅在已知值上计算的情况下，这不一定正确。此时，无约束矩阵分解通常在已知值上能够保证较低的误差。然而，由于不同模型的可泛化的程度不同，对于未知值来说其性能是不可预测的。

3.6.5.1　SVD 的简单迭代方法

在本节中，我们将讨论当矩阵 $\boldsymbol{R}$ 不完全已知时如何解决优化问题。第一步是通过从 $\boldsymbol{R}$ 中减去用户 i 的平均评分 μ_i 来对 $\boldsymbol{R}$ 的每一行做均值中心化处理。这些行平均值需要被存储，因为最后要依赖它们来重构缺失值的原始评分。令 $\boldsymbol{R}_c$ 表示处理之后的矩阵。接着，将 $\boldsymbol{R}_c$ 的缺失值置为 0。因为均值中心化处理后的矩阵的缺失值被设置为 0，所以该方法实际上是将缺失值设置为相应用户的平均评分。然后，将 SVD 应用于 $\boldsymbol{R}_c$ 以获得分解 $\boldsymbol{R}_c = \boldsymbol{Q}_k \boldsymbol{\Sigma}_k \boldsymbol{P}_k^{\mathrm{T}}$。所得到的用户因子和物品因子由 $\boldsymbol{U} = \boldsymbol{Q}_k \boldsymbol{\Sigma}_k$ 和 $\boldsymbol{V} = \boldsymbol{P}_k$ 给出。令 $\boldsymbol{U}$ 的第 i 行为由 $\overline{u_i}$ 表示的 k 维向量，$\boldsymbol{V}$ 的第 j 行为由 $\overline{v_j}$ 表示的 k 维向量，那么，用户 i 对物品 j 的评分 $\hat{r}_{ij}$ 被估计为调整后的 $\overline{u_i}$ 和 $\overline{v_j}$ 的点积：

$$\hat{r}_{ij} = \overline{u_i} \cdot \overline{v_j} + \mu_i \tag{3-23}$$

请注意，第一步中应用均值中心化处理，需要将用户 i 的平均评分 μ_i 添加到评分的估计上。

这种方法的主要问题是，用行均值替代未知值可能会导致很大的偏差。第 2 章 2.5.1 节给出了一个使用列均值替代从而导致偏差的具体例子。行替代和列替代的原理是完全类似的。有几种方法可以减少这种偏差，其中一种是使用最大似然估计[24,472]，这在第 2 章 2.5.1.1 节中已经讨论过了。另一种方法是通过改进未知值的估计来迭代地减少偏差。该方法包含以下步骤：

1）**初始化**：将 $\boldsymbol{R}$ 的第 i 行中的未知值初始化为该行的平均值 μ_i 以创建 $\boldsymbol{R}_f$。

2）**迭代步骤 1**：以 $Q_k \Sigma_k P_k^{\mathrm{T}}$ 的形式执行 R_f 的秩 k SVD。

3）**迭代步骤 2**：仅将 R_f（原始）未知值重新调整为 $Q_k \Sigma_k P_k^{\mathrm{T}}$ 中的相应值。跳转到迭代步骤 1。

迭代步骤 1 和 2 执行直到收敛。在这种方法中，尽管初始化的步骤在前期的 SVD 迭代中会导致偏差，但后来的迭代则倾向于提供更好的估计。这是因为矩阵 $Q_k \Sigma_k P_k^{\mathrm{T}}$ 与 R 在偏置值上会有较大程度的不同。最终，在收敛时 $Q_k \Sigma_k P_k^{\mathrm{T}}$ 会给出评分矩阵。

当未知值数量较多时，该方法可能会困于局部最优。特别地，收敛的局部最优会对初始化选择敏感。也可以使用 3.7.1 节中讨论的基准预测器来执行更强大的初始化。基本思想是使用学习到的用户和物品偏差来计算用户 i 和物品 j 的初始预测值 B_{ij}。这相当于在 $k=0$ 的情况下应用 3.6.4.5 节中的方法，然后将用户 i 的偏差加到物品 j 的偏差以得到 B_{ij}。接着，在评分矩阵中从每个已知值 (i, j) 中减去 B_{ij} 的值，并在初始化时将未知值置为 0。再将上述迭代方法用于调整后的矩阵，将 B_{ij} 的值在预测时加回到 (i, j)。因为用了较好的初始化方法，所以结果往往更好。

正则化可以与上述迭代方法结合使用。其思想是在每次迭代中执行 R_f 的正则化 SVD，而不是仅使用 vanilla SVD。由于矩阵 R_f 在每次迭代中完全已知，因此对这些中间矩阵应用正则化 SVD 方法相对容易。文献［541］讨论了完整矩阵的正则化奇异值分解方法。正则化参数 λ_1 和 λ_2 的最优值可以通过使用 hold-out 或交叉验证方法来自适应地选择。

115

3.6.5.2　基于最优化的方法

迭代方法代价很高，因为它需要和完全已知的矩阵一起工作。这对于较小的矩阵实现起来很简单，但在数据量很大时可扩展性不佳。更有效的方法是对前一节的优化模型添加正交约束。可以使用各种梯度下降法来求解模型。令 S 表示评分矩阵中已知值的集合。（正则化）优化问题表示如下：

$$\text{Minimize } J = \frac{1}{2} \sum_{(i,j) \in S} \left(r_{ij} - \sum_{s=1}^{k} u_{is} \cdot v_{js} \right)^2 + \frac{\lambda_1}{2} \sum_{i=1}^{m} \sum_{s=1}^{k} u_{is}^2 + \frac{\lambda_2}{2} \sum_{j=1}^{n} \sum_{s=1}^{k} v_{js}^2$$

满足：

U 的列相互正交

V 的列相互正交

该模型与无约束矩阵分解的主要区别在于增加了正交性约束，从而使问题更加困难。例如，如果尝试直接使用上一节的更新方程来解决无约束矩阵分解，则会违反正交性约束。然而，存在一些改良的更新方法可以处理这种情况。例如，可以使用投影梯度下降法[76]，其中 U 或 V 的特定列的所有分量一次性更新。在投影梯度下降中，U（或 V）的第 p 列的下降方向（如上一节的等式所示）被投影在与 U（或 V）的前 $(p-1)$ 列正交的方向上。例如，3.6.4.3 节的实现可以修改为在已经学习到的部分的正交方向上投影每个因子来学习正交因子。可以通过计算基准预测 B_{ij}（如上一节中所讨论的）并在建模之前从评分矩阵中的已知值中减去它们来轻松地引入用户和物品偏差。随后，可将基准预测作为后处理步骤加回到预测值。

3.6.5.3　样本外的推荐

诸如矩阵分解的许多用来补全矩阵的方法本质上是可以转化的，在这些方法中，只能对训练中已经包括在评分矩阵中的用户和物品进行预测。如果在因子分解的时候未包含在原始评分矩阵 R 中，则根据 U 和 V 来对新用户或新物品进行预测并不容易。正交基向量的一个优点是可以更容易地利用它们来为新用户和新物品进行推荐。该问题也称为归纳矩阵补全。

图 3-6 中提供的几何解释有助于理解为什么正交基向量能够帮助预测缺失的评分。一旦获得了隐向量，就可以在相应的隐向量上投影评分信息；当向量相互正交时这很容易。考虑 SVD 获得潜在因子 U 和 V 的情况，V 的列定义了通过原点的 k 维超平面 $\mathcal{H}_1$。在图 3-6 中，潜在因子的数量为 1，因此图中所示为单个隐向量（即 1 维超平面）。如果使用了两个因子则是一个平面。

现在考虑一个新的用户的评分被添加到系统中。请注意这个新用户没有在 U 或 V 的潜在因子中表示。假设新用户共给出了 h 个评分。该用户可能的评分空间是 $(n-h)$ 维超平面，其中 h 值是确定的。图 3-6 给出了一个例子，其中 Spartacus 的一个评分是固定的，超平面是在另外两个维度上定义的。令 $\mathcal{H}_2$ 表示这个超平面，则我们的目标就是确定 $\mathcal{H}_2$ 上尽可能接近 $\mathcal{H}_1$ 的点。在 $\mathcal{H}_2$ 上的这个点确定了其他评分。会出现三种可能的情况：

1）$\mathcal{H}_1$ 和 $\mathcal{H}_2$ 不相交：返回最接近 $\mathcal{H}_1$ 的 $\mathcal{H}_2$ 上的点。一对超平面之间的最小距离可以表示为一个简单的平方和优化问题。

2）$\mathcal{H}_1$ 和 $\mathcal{H}_2$ 在唯一的点相交：这种情况类似于图 3-6，可以使用交点的对应的评分。

3）$\mathcal{H}_1$ 和 $\mathcal{H}_2$ 在 t 维超平面上相交，其中 $t \geqslant 1$：应该找到尽可能接近于 t 维超平面的所有评分，并返回相应用户的评分的平均值。请注意这种方法结合了潜在因子和近邻方法。与近邻方法的主要区别是利用潜在因子模型的反馈，以更精准的方式来发现近邻。

正交性在几何可解释性方面具有显著的优势。发现样本外推荐的能力是该优势的一个案例。

3.6.5.4　奇异值分解示例

为了说明奇异值分解的使用，我们将这种方法应用于表 3-2 给出的例子。我们将使用迭代方法反复估计未知值。第一步是将未知值设为每行的平均值，这会令填充后的评分矩阵 $\mathbf{R}_f$ 变为：

$$
\mathbf{R}_f = \begin{pmatrix} 1 & -1 & 1 & -1 & 1 & -1 \\ 1 & 1 & -0.2 & -1 & -1 & -1 \\ 0 & 1 & 1 & -1 & -1 & 0 \\ -1 & -1 & -1 & 1 & 1 & 1 \\ -1 & 0.2 & -1 & 1 & 1 & 1 \end{pmatrix}
$$

将 2 秩截断的 SVD 应用于矩阵，并在用户因子内吸收对角阵，所得如下：

$$
\mathbf{R}_f \approx \begin{pmatrix} 1.129 & -2.152 \\ 1.937 & 0.640 \\ 1.539 & 0.873 \\ -2.400 & -0.341 \\ -2.105 & 0.461 \end{pmatrix} \begin{pmatrix} 0.431 & 0.246 & 0.386 & -0.518 & -0.390 & -0.431 \\ -0.266 & 0.668 & -0.249 & 0.124 & -0.578 & 0.266 \end{pmatrix}
$$

$$
= \begin{pmatrix} 1.0592 & -1.1604 & 0.9716 & -0.8515 & 0.8040 & -1.0592 \\ 0.6636 & 0.9039 & 0.5881 & -0.9242 & -1.1244 & -0.6636 \\ 0.4300 & 0.9623 & 0.3764 & -0.6891 & -1.1045 & -0.4300 \\ -0.9425 & -0.8181 & -0.8412 & 1.2010 & 1.132 & 0.9425 \\ -1.0290 & -0.2095 & -0.9270 & 1.1475 & 0.5535 & 1.0290 \end{pmatrix}
$$

请注意，即使在第一次迭代之后，也会获得对未知值的合理估计，如估计得到的结果

为 $\hat{r}_{23} \approx 0.558\,1$，$\hat{r}_{31} \approx 0.43$，$\hat{r}_{36} \approx -0.43$，$\hat{r}_{52} \approx -0.209\,5$。当然，由于这些值开始是用行平均值填充的，因此是有偏差的，没有准确地反映正确值。因此，在下一次迭代中，我们填充原始矩阵中的这 4 个缺失值，以获得以下矩阵：

$$\boldsymbol{R}_f = \begin{bmatrix} 1 & -1 & 1 & -1 & 1 & -1 \\ 1 & 1 & 0.558\,1 & -1 & -1 & -1 \\ 0.43 & 1 & 1 & -1 & -1 & -0.43 \\ -1 & -1 & -1 & 1 & 1 & 1 \\ -1 & -0.209\,5 & -1 & 1 & 1 & 1 \end{bmatrix}$$

这个矩阵仍然是有偏的，但是比之前用行平均值填充的那个要好。在下一轮迭代中，我们对这个新的矩阵应用 SVD，这显然是一个更好的起点。再次应用 2 秩 SVD，我们在下一次迭代中获得以下矩阵：

$$\boldsymbol{R}_f = \begin{bmatrix} 1 & -1 & 1 & -1 & 1 & -1 \\ 1 & 1 & 0.927\,4 & -1 & -1 & -1 \\ 0.669\,4 & 1 & 1 & -1 & -1 & -0.669\,4 \\ -1 & -1 & -1 & 1 & 1 & 1 \\ -1 & -0.508\,8 & -1 & 1 & 1 & 1 \end{bmatrix}$$

请注意，新估计的值在下一次迭代中已进一步更新。新估计值为 $\hat{r}_{23} \approx 0.927\,4$，$\hat{r}_{31} \approx 0.669\,4$，$\hat{r}_{36} \approx -0.669\,4$，$\hat{r}_{52} \approx -0.508\,8$。此外，值的改变比第一次迭代更小。在将该过程再次迭代以获得最新的 $\boldsymbol{R}_f$ 时，我们获得以下矩阵：

$$\boldsymbol{R}_f = \begin{bmatrix} 1 & -1 & 1 & -1 & 1 & -1 \\ 1 & 1 & 0.937\,3 & -1 & -1 & -1 \\ 0.799\,3 & 1 & 1 & -1 & -1 & -0.799\,3 \\ -1 & -1 & -1 & 1 & 1 & 1 \\ -1 & -0.699\,4 & -1 & 1 & 1 & 1 \end{bmatrix}$$

估计值现在是 $\hat{r}_{23} \approx 0.937\,3$，$\hat{r}_{31} \approx 0.799\,3$，$\hat{r}_{36} \approx -0.799\,3$，$\hat{r}_{52} \approx -0.699\,4$。请注意，值的改变比之前的迭代更小。事实上，$\hat{r}_{23}$ 的变化非常小。在连续迭代中，值的变化趋向于越来越小，直到达到收敛。所得到的值可以用作预测值。此过程通常不需要大量的迭代。事实上，对于给定用户的评分进行排序，只需要进行 5～10 次迭代。在这个特殊的例子中，可以在第一次迭代之后对用户 3 的两个缺失评分进行正确排序。该方法也可以在以行或列为中心对齐（或两者都做）之后使用，其具有在预测之前去除用户和物品偏差的效果。应用这种偏差校正方法通常对预测有正面的影响。

该方法不能保证收敛到全局最优值，特别是初始化点较差时。当矩阵中的大部分值未知时，这一点尤为明显。在这些情况下，初始偏差可能足以影响最终解的质量。因此，有时会建议使用简单的启发式，如近邻模型，以便获得未知值的第一个估计。选择如此有力的估计作为起点将加快收敛速度，同时也会获得更准确的结果。此外，可以很容易地将该整个过程应用于填充后矩阵的正则化奇异值分解。主要区别在于每次迭代使用正则化的奇异值分解用估计值填充的当前矩阵。文献［541］中的工作可以用作正则化奇异值分解的子程序。

3.6.6 非负矩阵分解

非负矩阵分解（NMF）可用于非负的评分矩阵。这种方法的主要优点不一定是准确性，而是在理解用户和物品的交互中提供的高可解释性。与其他形式矩阵分解的主要区别在于 U 和 V 因子必须是非负的。因此，非负矩阵分解的优化公式如下：

$$\text{Minimize } J = \frac{1}{2} \| R - UV^{\mathrm{T}} \|^2$$

$$\text{满足：}$$

$$U \geqslant 0$$

$$V \geqslant 0$$

虽然非负矩阵分解可以用于任何非负评分矩阵（例如评分从 1～5 的情况），但是其最大的可解释性优点出现在有机制令用户表达"喜欢"但没有机制让用户表达"不喜欢"的情况。这样的矩阵包括一元评分矩阵或用矩阵的非负值表示动作频率的情况。这些数据集也称为隐式反馈数据集[260,457]。可以给出一些例子：

1）在客户交易数据中，购买物品对应于表示对物品的喜好。然而，不购买物品并不一定意味着不喜欢，因为用户可能在其他地方购买了该物品，或者他们可能不知道该物品。当金额与交易相关联时，矩阵 R 可以包含任意非负数。但是，所有这些数字都指定了一个物品的喜好程度，但并不表示不喜欢。换句话说，隐式反馈中的数值表示置信度，而显式反馈中的数值表示偏好。

2）类似于购买物品的情况，对物品的浏览可以表示喜欢。在一些情况下，购买或浏览行为的频率可以量化为非负值。

3）在 Web 点击数据中，物品的选择对应于喜欢物品的一元评分。

4）Facebook 上的"喜欢"按钮可以被认为是为物品提供一元评分的机制。

隐式反馈设置可以被认为是与分类和回归建模中的正-未标记（PU）学习问题类似的矩阵补全问题。在分类和回归模型中，当已知正类别是少数类时，将未标记的物品视为负类别通常可以获得合理的结果。类似地，如此设置矩阵和问题的一个有用的方面是，将未知值设置为 0 而非缺失值往往是合理的。例如，考虑客户交易数据集，其中值表示客户购买的数量。在这种情况下，当该物品未被客户购买时，将值设置为 0 是合理的。因此，在这种情况下，只能对完全已知的矩阵进行非负矩阵分解，这是机器学习文献中的典型问题。这个问题也被称为单类协同过滤。虽然最近的一些文献认为，为了减少偏差，在这种情况下不应将缺失值设置为 0[260,457,467,468]，但大量工作表明，在建模过程中将缺失值当作 0 能够获得合理的鲁棒解，尤其是当评分为 0 的先验概率非常大时。例如，在超市购物的场景下，客户通常都不会购买绝大多数的物品。此时，将缺失值设置为 0（用于因子分解的初始矩阵中，但不用于最终预测）只会导致很小的偏差，但明确地将值定义为初始矩阵中的未知值将导致复杂的解。这种不必要的复杂性总是导致过拟合，尤其是在较小的数据集中⊖。

注意，非负矩阵分解对应的优化问题是带约束的优化问题，可以使用诸如拉格朗日松弛之类的标准方法来解决。非负矩阵分解算法的详细推导超出了本书的范围，我们建议读者参考文献 [22]。在这里，我们仅简要介绍如何执行非负矩阵分解。

我们迭代地更新矩阵 U 和 V。令 u_{ij} 和 v_{ij} 分别表示矩阵 U 和 V 的 (i, j) 值，使用下述 u_{ij} 和 v_{ij} 的乘法更新规则：

[119]

⊖ 这些影响在机器学习中的偏差方差折中方面得到最好的理解[22]。将未知值设置为 0 会增加偏差，但会减少方差。当大量值未知，且未知值的先验概率为 0 时，方差的作用占据主导地位。

$$u_{ij} \leftarrow \frac{(\boldsymbol{RV})_{ij} u_{ij}}{(\boldsymbol{UV}^\mathrm{T}\boldsymbol{V})_{ij} + \epsilon} \ \forall\, i \in \{1 \cdots m\}, \forall\, j \in \{1 \cdots k\} \qquad (3\text{-}24)$$

$$v_{ij} \leftarrow \frac{(\boldsymbol{R}^\mathrm{T}\boldsymbol{U})_{ij} v_{ij}}{(\boldsymbol{VU}^\mathrm{T}\boldsymbol{U})_{ij} + \epsilon} \ \forall\, i \in \{1 \cdots n\}, \forall\, j \in \{1 \cdots k\} \qquad (3\text{-}25)$$

这里，为提高数值上的稳定性，ϵ 设为如 10^{-9} 这样的小值。在更新方程的右侧的 $\boldsymbol{U}$ 和 $\boldsymbol{V}$ 中的所有条目都被固定为上一次迭代结束时获得的值。换句话说，$\boldsymbol{U}$ 和 $\boldsymbol{V}$ 中的所有条目都被"同时"更新。有时会将较小的值添加到更新方程的分母中，以防止分母为 0 的问题。$\boldsymbol{U}$ 和 $\boldsymbol{V}$ 中的条目初始化为 $(0，1)$ 中的随机值，并且迭代被执行到收敛。通过使用更好的初始化方式可以获得更好的解 [331,629]。

如在其他类型的矩阵分解的情况下，可以使用正则化来提高解的质量。基本思想是将目标函数的惩罚 $\frac{\lambda_1 \| \boldsymbol{U} \|^2}{2} + \frac{\lambda_2 \| \boldsymbol{V} \|^2}{2}$ 加到目标函数中。这里 $\lambda_1 > 0$ 和 $\lambda_2 > 0$ 是正则化参数。这导致更新等式被修改 [474] 如下：

$$u_{ij} \leftarrow \max \left\{ \left[\frac{(\boldsymbol{RV})_{ij} - \lambda_1 u_{ij}}{(\boldsymbol{UV}^\mathrm{T}\boldsymbol{V})_{ij} + \epsilon} \right] u_{ij}, 0 \right\} \ \forall\, i \in \{1 \cdots m\}, \forall\, j \in \{1 \cdots k\} \qquad (3\text{-}26)$$

$$v_{ij} \leftarrow \max \left\{ \left[\frac{(\boldsymbol{R}^\mathrm{T}\boldsymbol{U})_{ij} - \lambda_2 v_{ij}}{(\boldsymbol{VU}^\mathrm{T}\boldsymbol{U})_{ij} + \epsilon} \right] v_{ij}, 0 \right\} \ \forall\, i \in \{1 \cdots n\}, \forall\, j \in \{1 \cdots k\} \qquad (3\text{-}27)$$

最大化函数用于强制非负性，并且使用分母中的小加法项 $\epsilon \approx 10^{-9}$ 来确保数值稳定性。可以使用与前述相同的方法来确定参数 λ_1 和 λ_2。除了使用梯度下降法，也可以用使用非负线性回归交替的最小二乘法。在回归模型中可以使用 Tikhonov 正则化来防止过拟合。非负矩阵分解的交替最小二乘法的细节可以在 [161,301] 中找到。这些现成方法面临的主要挑战是，由于所有条目都被视为已知，它们在数据量大时计算效率不佳。在 3.6.6.3 节中，我们将讨论如何解决这些问题。

3.6.6.1 优秀的可解释性

非负矩阵分解的主要优点是在解决方案中实现了高度的可解释性。将推荐系统配以相关的解释是非常有用的，这一点非负矩阵分解可以提供。为了更好地理解这一点，考虑包含客户购买的物品数量的偏好矩阵的情况。具有 6 个物品和 6 个客户的 6×6 矩阵示例如图 3-12 所示。很明显，乳制品和饮料分别属于两类产品，同时，尽管所有客户似乎都喜欢果汁，但客户购买行为在物品类别的基础上还是高度相关的。这些类别的物品被称为特性。相应的因子矩阵还提供了客户和物品对这些特性的亲和程度的明确解释。例如，客户 1~4 喜欢乳制品，而客户 4~6 喜欢饮料，这些都在 6×2 用户因子矩阵 $\boldsymbol{U}$ 中清楚地反映出来。在这个简化的例子中，我们将 $\boldsymbol{U}$ 和 $\boldsymbol{V}$ 中的所有因子值都简单地设为整数。实际上，最优值通常是实数。用户在两列中的每一行中输入的数量量化了她对相关特性的感兴趣程度。类似地，因子矩阵 $\boldsymbol{V}$ 示出了物品如何与各个特性相关。因此，在这种情况下，条件 $r_{ij} \approx \sum_{s=1}^{k} u_{is} \cdot v_{js}$ 在 $k = 2$ 的情况下，可以给出如下语义解释：

$$r_{ij} \approx (\text{用户 } i \text{ 对乳制品的亲和度}) \times (\text{物品 } j \text{ 对乳制品的亲和度})$$
$$+ (\text{用户 } i \text{ 对饮料的亲和度}) \times (\text{物品 } j \text{ 对饮料的亲和度})$$

这种预测 r_{ij} 值的方法显示了矩阵的"部分和"分解。这些部分中的每一个都可以被视为用户-物品的共同簇。这也是聚类中经常使用非负矩阵分解的原因之一。在实际应用中，通常可以检查每一个簇并在语义上解释用户和物品之间的关联关系。当语义标签可以手动附加到各种群集时，因子分解过程就能够对各种"语义类型"物品对评分的贡献给出清晰的说明。

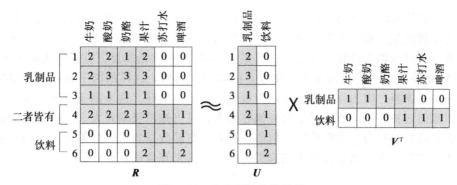

图 3-12　非负矩阵分解示例

"部分和"分解可以数学地表示如下。通过分别表示 U 和 V 的 k 列 $\overline{U_i}$ 和 $\overline{V_i}$ 的矩阵乘积，可以将 k 秩矩阵分解 UV^T 分解成 k 个分量：

$$UV^T = \sum_{i=1}^{k} \overline{U_i}\ \overline{V_i}^T \tag{3-28}$$

每个 $m \times n$ 矩阵 $\overline{U_i}\ \overline{V_i}^T$ 是对应于数据特性的 1 秩矩阵。由于非负分解的可解释性，很容易将这些方面映射到簇。例如，分别对应于上例中乳制品和饮料的两个隐分量分别如图 3-13 所示。注意，公式（3-28）按照 U 和 V 的列因子分解，而公式（3-14）则是对 U 和 V 的行分解的另一种理解方式。对于给定的用户-物品组合，评分预测是这些特性的贡献的总和，通过这种方式可以更好地了解为什么通过该方法预测评分。

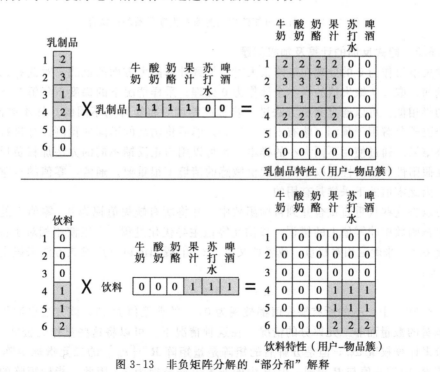

图 3-13　非负矩阵分解的"部分和"解释

3.6.6.2　关于隐式反馈因子分解的一些观察

非负矩阵分解特别适用于隐式反馈矩阵，其中评分表示积极的偏好。与显式反馈数据集不同，由于在这些数据中缺乏负反馈，因此不可能忽略优化模型中的缺失值。值得注意的是，非负矩阵分解模型将未知值设置为 0 作为负反馈。不这样做会大大增加未知值上的错误。为了理解这一点，考虑一个一元评分矩阵，其中 1 分表示喜欢。图 3-14 所示的因子分解将仅在已知值上计算时在任意一元矩阵上提供 100% 的精度。这是因为图 3-14 中的用 U 和 V^T 的乘法会获得只包含 1 而没有 0 的矩阵。当然，这样的因子分解对于未知值将具有非常高的误差，因为许多未评分行为可能对应于负偏好。这个例子展示了由缺乏负反馈数据引起的过拟合。因此，对于消极偏好缺失，且已知消极偏好大大超过正面偏好的评分矩阵，将缺失值视为 0 非常重要。例如，在客户交易数据集中，如果值表示用户购买的金额，大多数物品在默认情况下未被购买，则可以将未知值用 0 来近似。

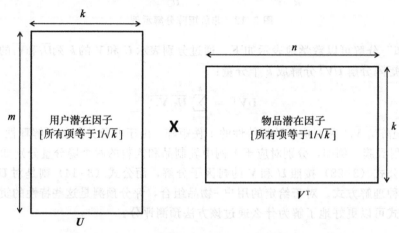

图 3-14 一元评分矩阵中由忽略缺失项导致的过拟合

3.6.6.3 隐式反馈的计算及加权问题

将缺失条目作为 0 的处理在矩阵很大时会导致计算能力方面的挑战。对此有几种解决方案。例如，取一个缺失值的样本全部作为 0 处理。采样情况下的梯度下降解与下一节即将讨论的很相似。可以通过集成方法进一步提高精度，将矩阵用不同的 0 样本多次分解，并将每个因子分解用于预测（略有不同）评分。然后将物品的不同的预测评分进行平均以产生最终结果。通过使用不同大小的样本，也可以用与正反馈不同的方法加权负反馈。这种方法在假阳性和假阴性加权不同的代价敏感的情境下很重要。通常，零值的权重应小于非零值，因此零值的下采样是有用的。

也可以将这些权重直接合并到目标函数中，并将所有缺失值视为 0。零值上的错误应该小于目标函数中非零值上的错误，以防止零值主导优化过程。可以使用相对于特定精度测量的交叉验证来确定相对权重，或者如文献 [260] 提出的以下启发式方法来确定 (i, j) 的权重 w_{ij}:

$$w_{ij} = 1 + \theta \cdot r_{ij} \tag{3-29}$$

在公式（3-29）中，r_{ij} 的所有缺失值都被视为 0，θ 的典型值为 40。该方法也适用于评分 r_{ij} 表示购买的数量而非二元评分的情况。在这种情况下，可以将这些量作为公式（3-29）中的评分来计算权重 w_{ij}，但是分解后的矩阵是量矩阵 $R = [r_{ij}]$ 的二元指标矩阵 R_I。该指标矩阵 R_I 中的 0 值与 R 相同，但 R 中的非零值被替换为 1。因此，指标矩阵的加权因子分解方法与图 3-12 的示例略有不同，纯粹仅用作解释目的。

使用加权条目时，可以使用权重来修改随机梯度下降法（参见第 6 章 6.5.2.1 节）。然而，问题是隐式反馈矩阵完全已知，且许多梯度下降方法在数据量大时难以进行计算。

为了避免处理大量零值导致的计算挑战，在［260］中提出了一种有效（加权）ALS方法进行因子分解过程。虽然这种方法不强制因子非负，但可以很容易地将其推广到非负情境下。

3.6.6.4　对喜欢和不喜欢都进行评分

到目前为止，我们对非负矩阵分解的讨论仅集中在隐式反馈矩阵上，其中有机制来表达对物品的喜欢，但没有机制能表达不喜欢。因此，底层的"评分"矩阵总是非负数。尽管人们可以将非负矩阵分解法用于"名义上"非负的评分（如1~5），其明确地指定了喜欢和不喜欢，但是在这种情况下非负矩阵分解并不能带来其特有的可解释性优点。例如，评分可以是1~5，其中值1表示非常不喜欢。在这种情况下，不能将未知值视为0，只能使用已知值。如前所述，我们将评分矩阵 $\boldsymbol{R}=[r_{ij}]$ 中的已知值集合表示为 S：

$$S = \{(i,j): r_{ij} \text{ 是已观测的}\} \qquad (3\text{-}30)$$

根据这些已知值，（正则化的）优化问题表示如下：

$$\text{Minimize } J = \frac{1}{2} \sum_{(i,j) \in S} \left(r_{ij} - \sum_{s=1}^{k} u_{is} \cdot v_{js} \right)^2 + \frac{\lambda}{2} \sum_{i=1}^{m} \sum_{s=1}^{k} u_{is}^2 + \frac{\lambda}{2} \sum_{j=1}^{n} \sum_{s=1}^{k} v_{js}^2$$

满足：

$$\boldsymbol{U} \geqslant 0$$

$$\boldsymbol{V} \geqslant 0$$

该定义与无约束矩阵分解的正则化相似。唯一的区别是增加了非负约束。在这种情况下，需要修改用于无约束矩阵分解的更新方程。首先，必须将 $\boldsymbol{U}$ 和 $\boldsymbol{V}$ 的物品初始化为 $(0, 1)$ 内的非负值。然后，可以像无约束矩阵分解那样进行类似的更新。实际上可以直接使用3.6.4.2节中的更新方程。主要的不同是确保在更新过程中保持非负。如果 $\boldsymbol{U}$ 或 $\boldsymbol{V}$ 的任何部分违反了非负约束，则将其置为0。和所有随机梯度下降一样，更新将一直执行到收敛。

其他方法也常被用于计算这些模型的最优解。例如，可以将交替最小二乘法用于非负矩阵分解。主要区别在于最小二乘回归的系数被限制为非负。多种投影梯度下降、坐标下降和非线性规划方法也可用于处理此优化模型[76,357]。

在评分可以表达喜欢和不喜欢的场景中，非负矩阵分解在解释性方面并不优于无约束矩阵分解。这是因为人们无法从部分和的角度对解进行解释。例如，添加三个不喜欢的评分无法被解释为其导致了喜欢的评分。此外，由于增加了非负约束，当在已知值上计算时，解的质量比无约束矩阵分解的质量低。不过这并不总是意味着在未知值上的计算结果会更差。在实际情况下，用户和物品之间的正相关性比用户和物品之间的负相关性更为重要。因此，非负约束往往引入了可以帮助避免过拟合的偏差。与无约束矩阵分解的情况类似，还可以引入用户和物品偏差以进一步改善整体性能。

3.6.7　理解矩阵因子分解方法族

很明显，之前各节中的各种矩阵分解有很多共同之处。所有之前提到的优化问题都在对因子矩阵 $\boldsymbol{U}$ 和 $\boldsymbol{V}$ 的各种约束下使得剩余矩阵 $(\boldsymbol{R}-\boldsymbol{U}\boldsymbol{V}^{\mathrm{T}})$ 的 Frobenius 范数最小化。注意，目标函数的目的是使 $\boldsymbol{U}\boldsymbol{V}^{\mathrm{T}}$ 尽可能近似评分矩阵 $\boldsymbol{R}$。对因子矩阵的限制则实现不同程度的可解释性。事实上，更广泛的矩阵分解模型家族可以使用任何其他目标函数或约束来达到很好的近似。这个更广泛的家族可以写成如下形式：

$$\text{Optimize } J = [\text{对 } \boldsymbol{R} \text{ 和 } \boldsymbol{U}\boldsymbol{V}^{\mathrm{T}} \text{ 的匹配进行量化的目标函数}]$$

满足：

$$\boldsymbol{U} \text{ 和 } \boldsymbol{V} \text{ 上的约束}$$

当使用最小化形式时，矩阵分解方法的目标函数有时被称为损失函数。注意，优化问题可以是最小化或最大化问题，但是目标函数的目的总是迫使 UV^T 尽可能接近 R。Frobenius 范数是最小化目标的一个例子，一些概率矩阵分解方法使用最大化公式，如最大似然目标函数。在大多数情况下，正则化因子被添加到目标函数中以防止过拟合。各种约束通常用来对这些因子做出不同类型的解释。这种可解释性的两个例子是正交性（其提供几何解释）和非负性（其提供部分和解释）。此外，尽管约束增加了已知值上的错误，但是当它们具有有意义的语义解释时，其有时可以减小未知值上的错误。这是因为约束减少了未知值的方差⊖并增加了偏差。因此，该模型具有更好的通用性。例如，将 U 和 V 的列值固定几乎总是能获得更好的性能（参见 3.6.4.5 节）。选择正确的使用限制通常是依赖于数据的，需要了解当前的应用领域。

其他形式的因子分解可以对因子给出概率解释。例如，考虑一个非负一元评分矩阵 R 被当作相对频率分布且其值总和为 1 的情景。

$$\sum_{i=1}^{m} \sum_{j=1}^{n} r_{ij} = 1 \qquad (3\text{-}31)$$

请注意，通过将 R 除以其值的总和可以轻松地将 R 归一化。这样可以用与 SVD 相似的方式对矩阵进行分解：

$$R \approx (Q_k \Sigma_k) P_k^T = UV^T$$

如在 SVD 中，对角矩阵 Σ_k 在用户因子矩阵 $U = Q_k \Sigma_k$ 中被吸收，并且物品因子矩阵 V 被设置为 P_k。与 SVD 的主要区别在于 Q_k 和 P_k 的列不是正交的，但它们是和为 1 的非负值。此外，对角阵 Σ_k 的值是非负的，和也为 1。这样的因子分解有概率的解释；矩阵 Q_k、P_k 和 Σ_k 包含生成评分矩阵的概率参数。目标函数学习这个生成过程的参数，使生成过程得到评分矩阵的概率尽可能大。因此，目标函数是最大化形式。有趣的是，这种方法被称为概率隐语义分析（PLSA），它可以看作是非负矩阵分解的概率变形。显然，这种因子分解的概率本质使其具有不同类型的可解释性。关于 PLSA 的详细讨论可以在 [22] 中找到。在许多这样的问题中，梯度下降（或上升）等优化技术很有帮助。因此，大多数这样的方法在定义优化问题和底层解决方案方面的思想非常相似。

类似地，最大裕量因子分解[180,500,569,624]借用支持向量机的想法，为目标函数添加最大裕量正则化，其一些变体[500]对离散评分特别有效。这种方法与 3.6.4 节讨论的正则化矩阵分解方法有许多概念上的相似之处。实际上，最大裕量分解的正则化矩阵与无约束矩阵分解中差不多。然而，铰链损耗（而非 Frobenius 范数）被用于量化近似误差。详细讨论这些变体超出了本书的范围，读者可以查阅文献 [500, 569]。在存在过拟合的情况下，最大化裕量通常提供比某些其他模型更好的因子分解。表 3-3 给出了各种分解模型及其特征的列表。在大多数情况下，增加诸如非负等约束会降低已知值的底层解质量，因为它缩小了可行解空间。因此无约束和最大裕量分解能给出最高质量的全局最优解。然而，由于在大多数情况下通过可用（迭代）方法难以发现全局最优，所以约束方法有时会比无约束方法更易执行。此外，由于过拟合的影响，已知值的准确性可能与未知值的准确性有所不同。事实上，非负约束可以提高某些场景下未知值的准确性。某些形式的因子分解，如非负矩阵因子分解不能应用于有负值的矩阵。显然，模型的选择取决于问题的应用场景、数据噪声和所需的可解释程度。没有方法能够实现上述所有目标。仔细理解问题背景对于选

⊖ 有关协同过滤中偏差方差折中的讨论，请参阅第 6 章。

择正确的模型非常重要。

表 3-3 矩阵因子分解方法族

方　法	约　束	目　标	优　缺　点
无约束	无约束	Frobenius＋正则化	最优质的解；对大多数矩阵适用；正则化避免过拟合；可解释性差
SVD	正交	Frobenius＋正则化	可视化的解释；样本外推荐；适用于密集矩阵；语义可解释性差；稀疏矩阵效果不好
最大裕量	无约束	铰链损失＋裕量正则化	最优质的解；避免过拟合；与无约束情况类似；可解释性差；适用于离散评分
非负矩阵分解	非负	Frobenius＋正则化	优质解；高语义可解释性；可以同时对喜欢和不喜欢进行评分时可解释性差；一些情况下较少出现过拟合；最适合用于隐式反馈
概率隐语义分析	非负	最大似然＋正则化	优质解；高语义可解释性；概率可解释性；可以同时对喜欢和不喜欢进行评分时可解释性差；一些情况下较少出现过拟合；最适用于隐式反馈

3.7　集成因子分解和近邻模型

　　基于近邻的方法通常被认为与其他优化模型有本质上的不同，因为它们具有启发式性质。然而，第 2 章 2.6 节显示，近邻方法也可以在优化模型的上下文中得到理解。这是一个相当方便的框架，因为它为近邻模型与其他优化模型（如潜在因子模型）的集成铺平了道路。文献［309］中的方法将第 2 章 2.6.2 节中面向物品的模型与 3.6.4.6 节的 SVD ++模型进行了集成。

　　假设评分矩阵 R 是均值中心化的。换句话说，已经从所有值中减去了评分矩阵的全局平均值 μ，所有的预测都将以均值中心化后的值进行。全局平均值 μ 可以在后处理阶段加回到预测值。基于评分矩阵 $R=[r_{ij}]$ 上的此假设，我们将重新回顾模型的各个部分。

3.7.1　基准估计：非个性化偏倚中心模型

　　非个性化偏倚中心的模型单纯作为用户和物品偏差的补充预测了 R 中的（以均值中心化的）的评分。换句话说，评分是完全由用户的慷慨程度和物品的流行程度来解释的，而不是用户的具体和个性化的兴趣。令 b_i^{user} 表示用户 i 的偏差变量，b_j^{item} 是物品 j 的偏差变量。那么此模型的预测如下：

$$\hat{r}_{ij} = b_i^{\text{user}} + b_j^{\text{item}} \tag{3-32}$$

令 S 表示与评分矩阵中已知值相对应的下标构成的集合。

$$S = \{(i, j) : r_{ij} \text{ 是已观测的}\} \tag{3-33}$$

然后，可以基于已知值上的错误 $e_{ij} = r_{ij} - \hat{r}_{ij}$ 制定目标函数来确定 b_i^{user} 和 b_j^{item}：

$$\text{Minimize } J = \frac{1}{2} \sum_{(i,j) \in S} (r_{ij} - \hat{r}_{ij})^2 + \frac{\lambda}{2} \left(\sum_{u=1}^{m} (b_u^{\text{user}})^2 + \sum_{j=1}^{n} (b_j^{\text{item}})^2 \right)$$

对 S 中每个已知的 (i, j) 使用以下随机梯度下降的更新规则就可以基于梯度下降来解决此优化问题：

$$b_i^{\text{user}} \Leftarrow b_i^{\text{user}} + \alpha(e_{ij} - \lambda b_i^{\text{user}})$$

127
～
128

$$b_j^{\text{item}} \leftarrow b_j^{\text{item}} + \alpha(e_{ij} - \lambda b_j^{\text{item}})$$

梯度下降的基本框架与图 3-9 类似，除了优化变量的选择和相应更新步骤有所差异。有趣的是，纯偏差中心模型通常可以提供合理预测，尽管它是非个性化的。当评分数据的量有限时尤其如此。在求解了 b_i^{user} 和 b_j^{item} 的值之后，根据公式（3-32），将 B_{ij} 作为预测值 $\hat{r}_{ij}$。然后，B_{ij} 的这个值被当作常数而非变量。因此，集成模型求解的第一步是通过求解非个性化模型来确定常数值 B_{ij}。此非个性化模型也可以被视为基准估计，因为 B_{ij} 是对评分 r_{ij} 的值的粗略基准估计。从每个已知的 r_{ij} 中减去 B_{ij} 的值会得到一个新的矩阵，进而可以通过前面章节中讨论的大多数模型更加健壮地估计。本节提供了一个具体的例子，说明如何使用基准估计器来调整近邻模型，尽管其适用范围更广泛。

3.7.2 模型的近邻部分

我们重申公式（2-29）（参见第 2 章 2.6.2 节）的基于近邻的预测如下：

$$\hat{r}_{ij} = b_i^{\text{user}} + b_j^{\text{iterm}} + \frac{\sum_{l \in \mathbf{Q}_j(i)} w_{lj}^{\text{item}} \cdot (r_{il} - b_i^{\text{user}} - b_l^{\text{item}})}{\sqrt{|\mathbf{Q}_j(i)|}} \tag{3-34}$$

虽然上述式子与第 2 章的公式（2-29）相同，但下标符号改变了，以确保与本节中潜在因子模型一致。这里 b_i^{user} 是用户偏差，b_j^{item} 是物品偏差。变量 w_{lj}^{item} 表示物品 l 和物品 j 之间的物品-物品回归系数。集合 $\mathbf{Q}_j(i)$ 表示⊖已经由用户 i 评分的物品 j 的 K 个最近物品构成的子集。此外，公式（3-34）中的 $b_i^{\text{user}} + b_l^{\text{item}}$ 被替换为常数 B_{il}（使用前面的方法导出）。得出的预测如下：

$$\hat{r}_{ij} = b_i^{\text{user}} + b_j^{\text{item}} + \frac{\sum_{l \in \mathbf{Q}_j(i)} w_{lj}^{\text{item}} \cdot (r_{il} - B_{il})}{\sqrt{|\mathbf{Q}_j(i)|}} \tag{3-35}$$

值得注意的是，b_i^{user} 和 b_j^{item} 是要优化的参数，而 B_{il} 是常数。可以建立除正则化项之外的求和平方误差 $e_{ij}^2 = (r_{ij} - \hat{r}_{ij})^2$ 的和的优化模型。随机梯度下降法可用于确定模型近邻部分的解。所得到的梯度下降步骤如下：

$$b_i^{\text{user}} \leftarrow b_i^{\text{user}} + \alpha(e_{ij} - \lambda b_i^{\text{user}})$$
$$b_j^{\text{item}} \leftarrow b_j^{\text{item}} + \alpha(e_{ij} - \lambda b_j^{\text{item}})$$
$$w_{lj}^{\text{item}} \leftarrow w_{lj}^{\text{item}} + \alpha_2 \left(\frac{e_{ij} \cdot (r_{il} - B_{il})}{\sqrt{|\mathbf{Q}_j(i)|}} - \lambda_2 \cdot w_{lj}^{\text{item}} \right) \forall l \in \mathbf{Q}_j(i)$$

通过引入物品-物品隐式反馈变量 c_{lj}，可以进一步增强该近邻模型的隐式反馈。基本思想是，如果物品 j 与用户 i 的许多相邻物品一起评分，则应该对预测的评分 $\hat{r}_{ij}$ 产生影响。这种影响与 j 的这些相邻物品评分的实际值无关，该影响等于 $\dfrac{\sum_{l \in \mathbf{Q}_j(i)} c_{lj}}{\sqrt{|\mathbf{Q}_j(i)|}}$。请注意，

使用 $\sqrt{|\mathbf{Q}_j(i)|}$ 来缩放表达式是为了在不同的用户-物品组合中调整稀疏性的级别。进而，包含隐式反馈的近邻模型可以写成如下形式：

⊖ 请注意，我们用大写变量 K 来表示定义 $\mathbf{Q}_j(i)$ 的近邻的大小，这与第 2 章 2.6.2 节的不同。用小写变量 k 来表示因子矩阵的维数。k 和 K 的值通常是不同的。

$$\hat{r}_{ij} = b_i^{\text{user}} + b_j^{\text{item}} + \frac{\sum\limits_{l \in Q_j(i)} w_{lj}^{\text{item}} \cdot (r_{il} - B_{il})}{\sqrt{|Q_j(i)|}} + \frac{\sum\limits_{l \in Q_j(i)} c_{lj}}{\sqrt{|Q_j(i)|}} \tag{3-36}$$

在构建关于误差 $e_{ij} = r_{ij} - \hat{r}_{ij}$ 的最小二乘优化模型时，可以计算梯度并得到随机梯度下降步骤。这会引出以下修改后的更新操作：

$$b_i^{\text{user}} \Leftarrow b_i^{\text{user}} + \alpha(e_{ij} - \lambda b_i^{\text{user}})$$

$$b_j^{\text{item}} \Leftarrow b_j^{\text{item}} + \alpha(e_{ij} - \lambda b_j^{\text{item}})$$

$$w_{lj}^{\text{item}} \Leftarrow w_{lj}^{\text{item}} + \alpha_2 \left(\frac{e_{ij} \cdot (r_{il} - B_{il})}{\sqrt{|Q_j(i)|}} - \lambda_2 \cdot w_{lj}^{\text{item}} \right) \forall l \in Q_j(i)$$

$$c_{lj} \Leftarrow c_{lj} + \alpha_2 \left(\frac{e_{ij}}{\sqrt{|Q_j(i)|}} - \lambda_2 \cdot c_{lj} \right) \forall l \in Q_j(i)$$

文献［309］中的工作假定了一个更一般的框架，其中隐式反馈矩阵不一定仅来自于评分矩阵。例如，零售商可以基于浏览、评分或购买物品的用户创建隐式评分矩阵。通过将公式（3-36）的最终项改变为 $\dfrac{\sum\limits_{l \in Q_j'(i)} c_{lj}}{\sqrt{|Q_j'(i)|}}$。这里 $Q_j'(i)$ 是用户 i 的最近邻的集合（基于显式评分），其还为物品 j 提供了某种形式的隐式反馈。虽然我们将一直使用隐式反馈矩阵从评分矩阵导出这一简单假设，但该修改也可以应用于模型的潜在因子部分。

3.7.3　模型的潜在因子部分

上述预测是基于近邻模型进行的。3.6.4.6 节介绍了相应的潜在因子模型，其使用隐式反馈与评分信息相结合进行预测。我们从这一节中复制公式（3-21）如下：

$$\hat{r}_{ij} = \sum_{s=1}^{k+2} \left(u_{is} + \sum_{h \in I_i} \frac{y_{hs}}{\sqrt{|I_i|}} \right) \cdot v_{js} \tag{3-37}$$

如 3.6.4.6 节所述，I_i 表示用户 i 评分的物品集。$m \times (k+2)$ 的矩阵 $Y = [y_{hs}]$ 包含隐式反馈变量，其构造如 3.6.4.6 节所述。此外，U 的第 $(k+2)$ 列仅包含 1，V 的第 $(k+1)$ 列仅包含 1，Y 的最后两列为 0。请注意，公式（3-37）的右侧已经解释了用户和物品的偏倚。由于因子矩阵的最后两列包含偏倚变量，所以公式（3-37）的分量 $\sum\limits_{s=1}^{k+2} u_{is} v_{js}$ 包含偏倚项。

3.7.4　集成近邻和潜在因子部分

现在可以将公式（3-36）和公式（3-37）中的两个模型集成，以给出单个预测值，如下所示：

$$\hat{r}_{ij} = \underbrace{\frac{\sum\limits_{l \in Q_j(i)} w_{lj}^{\text{item}} \cdot (r_{il} - B_{il})}{\sqrt{|Q_j(i)|}} + \frac{\sum\limits_{l \in Q_j(i)} c_{lj}}{\sqrt{|Q_j(i)|}}}_{\text{近邻组件}} + \underbrace{\sum_{s=1}^{k+2} \left(u_{is} + \sum_{h \in I_i} \frac{y_{hs}}{\sqrt{|I_i|}} \right) \cdot v_{js}}_{\text{潜在因子组件+偏差}} \tag{3-38}$$

注意，这里缺少公式（3-36）的初始偏倚项 $b_i^{\text{user}} + b_j^{\text{item}}$，因为它们被包含在潜在因子模型的最终项中。现在，模型的两个组件共享相同的用户和物品偏倚。

在（已知值集合）S 上最小化平方误差 $e_{ij}^2 = (r_{ij} - \hat{r}_{ij})^2$ 的和的相应优化问题如下：

$$\text{Minimize } J = \frac{1}{2} \sum_{(i,j) \in S} (r_{ij} - \hat{r}_{ij})^2 + \frac{\lambda}{2} \sum_{s=1}^{k+2} \left(\sum_{i=1}^{m} u_{is}^2 + \sum_{j=1}^{n} v_{js}^2 + \sum_{j=1}^{n} y_{js}^2 \right)$$

$$+ \frac{\lambda_2}{2} \sum_{j=1}^{n} \sum_{l \in \cup_i Q_j(i)} \left[(w_{lj}^{\text{item}})^2 + c_{lj}^2 \right]$$

满足：

U 的第 $(k+2)$ 列只包含 1

V 的第 $(k+1)$ 列只包含 1

Y 的最后两列只包含 0

利用公式（3-38）可以实现上述目标函数中的 $\hat{r}_{ij}$ 的值。如在所有潜在因子模型中，优化变量的平方和被包含在内以用于正则化。注意，不同的参数 λ 和 λ_2 分别用于从潜在因子模型和近邻模型中正则化变量集合，从而在优化过程中获得更好的灵活性。

3.7.5　求解优化模型

与本章讨论的所有其他优化模型类似，我们用梯度下降法解决优化问题。在这种情况下，优化模型是相当复杂的，因为它包含较多的物品和变量。解决优化模型的方法与 3.6.4.6 节的潜在因子模型完全相同。使用对于每个优化变量的偏导数来导出更新步骤。我们省略了梯度下降步骤的推导，并且在这里简单地根据误差值 $e_{ij} = r_{ij} - \hat{r}_{ij}$ 来表示它们。对于评分矩阵中的每个已知值 $(i,j) \in S$ 可以使用以下规则：

$$u_{iq} \Leftarrow u_{iq} + \alpha(e_{ij} \cdot v_{jq} - \lambda \cdot u_{iq}) \, \forall q \in \{1 \cdots k+2\}$$

$$v_{jq} \Leftarrow v_{jq} + \alpha \left(e_{ij} \cdot \left[u_{iq} + \sum_{h \in I_i} \frac{y_{hq}}{\sqrt{|I_i|}} \right] - \lambda \cdot v_{jq} \right) \, \forall q \in \{1 \cdots k+2\}$$

$$y_{hq} \Leftarrow y_{hq} + \alpha \left(\frac{e_{ij} \cdot v_{jq}}{\sqrt{|I_i|}} - \lambda \cdot y_{hq} \right) \, \forall q \in \{1 \cdots k+2\}, \forall h \in I_i$$

$$w_{lj}^{\text{item}} \Leftarrow w_{lj}^{\text{item}} + \alpha_2 \left(\frac{e_{ij} \cdot (r_{il} - B_{il})}{\sqrt{|Q_j(i)|}} - \lambda_2 \cdot w_{lj}^{\text{item}} \right) \, \forall l \in Q_j(i)$$

$$c_{lj} \Leftarrow c_{lj} + \alpha_2 \left(\frac{e_{ij}}{\sqrt{|Q_j(i)|}} - \lambda_2 \cdot c_{lj} \right) \, \forall l \in Q_j(i)$$

重置 U、V 和 Y 的固定列的扰动项

前三个更新也可以写成 $(k+2)$ 维向量化形式。参照 SVD++ 的那节来理解上述更新规则中的下标。我们用随机梯度下降法反复循环遍历 S 中所有已知值。随机梯度下降的基本算法框架如图 3-9 所示。α 的值控制与模型的潜在因子部分相关联的变量的步长，α_2 则控制与模型的近邻部分相关联的变量的步长。根据优化模型的约束，U、V 和 Y 的固定列不应该被这些规则更新。这在实践中通过在迭代结束时将它们重置为固定值来实现。此外，根据优化模型的约束，这些列总是初始化为其固定值。正则化参数可以通过在训练期间保留已知值的一小部分来进行选择，并调整被保留值上的准确度。更有效的方法是使用第 7 章中讨论的交叉验证方法。对模型的近邻和潜在因子部分使用不同的步长和正则化参数尤其重要，这可以避免得到很差的结果。

3.7.6　关于精度的一些观察

在文献［309］中显示，组合模型提供了与每个单独模型的结果更好的结果。这是因

为组合模型能够适应数据集的不同部分的特征。基本思想与混合推荐系统中经常使用的（参见第 6 章）用于组合不同类型的模型的想法类似。可以基于加权平均来组合两个模型的预测结果，权值可以通过之前提过的 hold-out 或交叉验证方法来学习。然而，与取平均值的模型相比，本节的集成模型更加强大。一个原因是偏倚变量由两个组成部分共享，这阻止了偏倚变量过拟合到每个模型的具体细节。此外，公式（3-38）的预测函数在优化过程中自动选择每个变量的适当值来隐式地调节模型的每部分的重要性。因此，这种集成通常提供非常好的预测精度。然而，该模型的性能只是略微优于 SVD++，具体结果与数据集相关。需要记住的一个问题是，近邻模型有比 SVD++ 更多的参数要优化。除非数据集足够大，否则近邻部分将无法获得其显著的优势。对于较小的数据集，增加参数的数量往往会导致过拟合。在这个意义上，在非对称因子模型、包含偏倚的纯 SVD、SVD++ 以及集成近邻的因子分解之间做出的恰当选择往往取决于手头数据集的大小。更复杂的模型需要较大的数据集以避免过拟合。对于非常小的数据集，使用非对称因子模型就能做到最好。对于非常大的数据集，集成近邻的因子分解模型是最好的选择。在大多数情境下，SVD++ 通常比（包含偏倚的）纯 SVD 更好。

3.7.7　将潜在因子模型集成到任意模型

潜在因子模型与基于近邻的模型的集成为前者与其他类型的模型（如基于内容的方法）集成提供了有用的提示。这种集成自然地导致创建混合推荐系统。一般来说，物品的简介可能以产品说明的形式提供。类似地，用户可能已经明确地创建了描述其兴趣的画像。假设用户 i 的画像由关键词向量 $\overline{C}_i^{\text{user}}$ 表示，关键词向量 $\overline{C}_j^{\text{item}}$ 则表示物品 j 的画像。此外，假设用户 i 的已知评分由 $\overline{R}_i^{\text{user}}$ 表示，物品 j 的已知评分由 $\overline{R}_j^{\text{item}}$ 表示。这样就可以写出预测函数的一般形式如下所示：

$$\hat{r}_{ij} = \underbrace{\left[(U+FY)V^{\text{T}}\right]_{ij}}_{\text{潜在因子部分}} + \beta \underbrace{F(\overline{C}_i^{\text{user}}, \overline{C}_j^{\text{item}}, \overline{R}_i^{\text{user}}, \overline{R}_j^{\text{item}})}_{\text{另一个预测模型}} \tag{3-39}$$

这里，β 是控制两个模型的相对重要性的平衡因子。第二项 $F(\overline{C}_i^{\text{user}}, \overline{C}_j^{\text{item}}, \overline{R}_i^{\text{user}}, \overline{R}_j^{\text{item}})$ 是用户画像、物品画像、用户评分和物品评分的参数化函数。可以与潜在因子联合优化该函数的参数，以使公式（3-39）中的预测误差最小化。

近邻和潜在因子模型的集成可以被视为这种方法的特例，其中函数 $F()$ 是仅使用 $\overline{R}_j^{\text{item}}$ 并忽略所有其他参数的线性回归函数。然而，可以通过改变函数 $F()$ 的选择来得到这种方法的（几乎）无穷多个变形。也可以通过使用其他数据来源（如社交数据、位置或时间）来扩大 $F()$ 的范围。事实上，几乎任何以参数化预测函数形式提出的协同过滤模型都可以与潜在因子模型相结合。在相关文献中提出了许多方法，它们将各种基于特征的回归、主题建模或其他新颖的数据源与潜在因子模型相结合。例如，社会正则化方法（参见第 11 章 11.3.8 节）将潜在因子模型与社会诚信信息相结合，以改进预测。通过识别新的数据来源，可以在推荐系统中改进现有技术水平，其预测能力可以使用上述框架与潜在因子模型集成在一起。

3.8　小结

本章讨论了多种协同过滤模型。协同过滤问题可以看作是分类问题的泛化。因此，适用于分类的许多模型也可以通过泛化应用于协同过滤。一个显著的例外是针对协同过滤问题的潜在因子模型。潜在因子模型使用不同类型的因子分解来预测评分。这些不同的因子分解在其目标函数性质和对其基础矩阵的约束上有所不同。此外，它们在准确性、过拟合和可解释性方面可能有不同的权衡。潜在因子模型是协同过滤中最先进的技术。基于目标函数和优化约束的选择，可以提出各种潜在因子模型。潜在因子模型还可以与近邻方法相结合，以构建集成模型来同时获得潜在因子模型和近邻方法的优势。

3.9　相关工作

协同过滤的问题与分类密切相关。大量文献中提出了许多推荐系统，通过修改各种分类模型来给出推荐。文献 [82] 讨论了协同过滤和分类之间的关系。最早的基于关联的方法在文献 [524] 中给出。文献 [358，359，365] 中给出了许多使用现有物品的支持度的加强方法，其中前两种方法利用用户关联而非物品关联[358,359]。基于关联规则的系统已经在基于 Web 的个性化和推荐系统中被发现是非常有用的[441,552]。关联规则方法可以与近邻方法组合，以便在物品之间或用户之间提取局部关联[25]。局部关联通常能提供比全局的基于规则的方法更精细的推荐。在文献 [437] 中讨论了如何使用贝叶斯方法进行协同过滤。文献 [219] 提出了基于概率关系模型进行协同过滤的方法。文献 [638] 讨论了推荐系统中的支持向量机方法。

最近，神经网络也被用于协同过滤[519,679]。受限玻尔兹曼机（RBM）是一个具有一个输入层和一个隐藏层的神经网络。这种网络已被用于协同过滤[519]，其中可见单元对应于物品，在每阶段中对所有用户进行训练。用户对物品的评分会激活可见单元。由于 RBM 可以在单元内使用非线性，它们有时会优于潜在因子模型。RBM 使用大参数空间的因子分解表示来减少过拟合，并且在 Netflix 比赛中被证明是非常准确的。分解参数表示这种基本思想也被用于其他的新方法，如分解机[493]。

关于各种维数降低方法的详细讨论可以在文献 [22] 中找到。在文献 [525] 中提出了使用基于近邻的过滤降维方法。文献 [24，525] 各自独立地最早讨论了潜在因子模型的作用，以之独立作为推荐和缺失值填充的方法。文献 [24] 的工作结合了 EM 算法和潜在因子模型来估计缺失值。单独用潜在因子方法对于协同过滤特别有效，目前是最先进的方法。Paterek 在文献 [473] 中讨论了正则化潜在因子方法，其还介绍了潜在因子模型中用户和物品偏倚的概念。在这项工作中讨论了非对称因子模型，其中用户不被潜在因子明确表示，此种情况下用户因子被表示为她所评价的物品的隐含因子的线性组合，从而减少要学习的参数的数量。事实上，Paterek（相对被忽视）的工作[473]几乎引入了后来以各种方式组合和完善[309,311,313]的所有基本创新用以创建最好的方法，如 SVD ++。

早期文献[133,252,300,500,569,666]展示了如何将不同形式的矩阵分解用于推荐。矩阵分解的各种形式之间的区别在于目标（损失）函数和因子矩阵约束。文献 [371] 中的方法提出了核协同过滤的概念，其发现了评分分布的非线性超平面，这种方法能够对更复杂的评分分布进行建模。这些不同类型的因子分解在结果质量、过拟合和可解释性方面做出了不同的权衡。文献 [96] 中讨论了矩阵分解的增量式协同过滤。

基本目标函数和约束的许多变体被用于不同形式的矩阵分解。文献 [180，500，569，624] 探索了最大裕量因子分解，其与无约束矩阵分解密切相关，主要区别在于，在目标函数中使用最大裕量正则化矩阵与铰链损失，而不是使用误差矩阵的 Frobenius 范数来量化损耗。文献 [252，666] 讨论了矩阵的非负分解，关于完整数据上的非负矩阵分解的详细讨论可以在文献 [22，537] 中找到。文献 [666] 探讨了基于 Frobenius 范数的传统非负因子分解方法，而文献 [252，517] 探索了矩阵分解的概率形式。一些概率版本也使

[134]

Frobenius 范数最小化，但同时会对正则化进行优化。文献［518］讨论了贝叶斯方法与矩阵分解方法（为了准确地确定正则化参数）的组合，其使用吉布斯采样来实现这一目标。文献［331］讨论了非负矩阵分解方法的初始化技术。在通过 Netflix 比赛[73]推广潜在因子模型之后，一些其他的基于因子分解进行协同过滤的方法被提出[309,312,313]。最早使用隐式反馈的潜在因子模型之一在文献［260］中提出。本书中的 SVD ++描述借鉴自文献［309］。最近的一项工作[184]通过对建立 UV^T 的 Frobenius 范数的惩罚机制来使得未知值具有较低的评分，基本思想是对高评分施加惩罚。这种方法比文献［309］中使用的偏倚更强，因为其明确地假定未知评分具有较低的值。此外，文献［184］中的评分是非负数，因此 Frobenius 范数会在较大程度上惩罚高评分。一些潜在因子方法[309]展示了诸如 SVD++之类的技术如何与基于回归的近邻方法相结合（参见 3.7 节），从而合并了线性回归与因子分解模型。在文献［127］中讨论了基于奇异值分解的矩阵分解方法。文献［267］讨论了具有辅助信息的协同过滤矩阵的归纳矩阵补全方法。

在文献［72，309，342，434，620，669］中讨论了各种基于回归的模型。文献［669］提供了线性分类器的一般检验，如最小二乘回归和支持向量机（SVM）。尽管它仅用于只有积极的偏好可用的隐式反馈数据集，如 Web 点击数据或销售数据，但这是线性方法的最早尝试之一。据观察，此情况下的协同过滤在形式上与文本分类很相似。然而，由于数据噪声和类分布的不平衡性，直接使用 SVM 方法有时效果不好。为了提供更准确的结果，文献［669］建议对损失函数进行修改。该方法表明，通过在 SVM 优化中使用二次损失函数，可以更接近最小二乘。修改后的 SVM 与最小二乘法相近，甚至更优。文献［72，309]中的方法与基于近邻的方法密切相关，它们在第 2 章 2.6 节中讨论。文献［620］使用线性模型集合，其被建模为普通最小二乘问题。文献［342］中讨论了基于回归的模型，如 slope-one 预测器。如第 2 章 2.6 节所述，回归模型能够显示基于模型的方法与基于近邻的方法之间的形式化的关联关系[72,309]。文献［13］讨论了回归与潜在因子模型的其他组合方法。文献［321，455］研究了各种类型的稀疏线性模型（SLIM），将近邻方法与回归和矩阵分解相结合，主要用于隐式反馈数据集。

大量的工作已经开始研究如何选择底层优化问题的解决方案。例如，文献［351］进行了梯度下降与随机梯度下降之间权衡的讨论，并提出了小批量方法来弥合两者之间的差距。交替最小二乘法在文献［268，677］中讨论。文献［460］在讨论完整矩阵的正矩阵分解时提出了交替最小二乘法的原始思想。文献［217］提出了潜在因子模型中大规模分布随机梯度下降的方法。随机下降与交替最小二乘法之间的主要折中是要权衡稳定性与效率。前一种方法更有效率，而后者更为稳定。有文献指出，坐标下降方法[650]可以在保持稳定性的同时兼顾效率。文献［651］表明，非参数方法对于使用潜在因子模型的大规模协同过滤有一些优势。在文献［676］中讨论了潜在因子模型中解决冷启动问题的方法。Netflix 比赛在潜在因子模型的历史上有特别突出的贡献，因为它为有效地运用这些模型提供了一些有用的经验教训[73]。最近，潜在因子模型已被用于建立更丰富的用户偏好。例如，文献［322］中的工作展示了如何将全局偏倚与特定于兴趣的偏好结合起来以提出建议。

3.10　习题

1. 实现一个基于决策树的预测器来对不完整的数据集预测评分。使用本章描述的降维方法。
2. 如果评分是［-1，1］之间的实数，那么你将如何使用基于规则的协同过滤系统？

3. 设计一种将关联规则方法与聚类结合在一起的算法，用来发现一元数据中的局部关联。这种方法与基于 vanilla 规则的方法相比有什么优势？

136

4. 本章讨论的朴素贝叶斯模型预测使用用户的其他评分作为条件来预测每个物品的评分。试设计一个使用某物品的其他评分作为条件的贝叶斯模型。讨论两种模型各自的优缺点，以及两种模型能够更好工作的情况。你会如何组合两类模型来做出预测？

5. 假设一个商家有一个一元矩阵，包含各种客户的购买行为。矩阵中的每个值指示了客户是否购买了某个物品。对于尚未购买物品的用户，商家希望按其购买倾向性的顺序排列所有用户。试用贝叶斯模型来实现这一目标。

6. 使用表 3-1 中的贝叶斯模型来确定 John 将来可能购买面包的概率。将表中的 0 作为实际评分值而非缺失值（John 对面包和牛肉的评分除外）。请确定他将来可能购买牛肉的可能性。John 更有可能在未来购买面包还是牛肉？

7. 实现基于朴素贝叶斯模型的协同过滤。

8. 通过将缺失值视为 0，执行表 3-2 中矩阵的简单 2 秩 SVD。根据 SVD 的使用，用户 3 的缺失值的预测评分是多少？比较结果与 3.6.5.4 节的示例中使用不同初始化的结果。同时，比较结果与使用本章描述的贝叶斯模型获得的结果。

9. 假设给定一个可以被分解为 $R = UV^T$ 的矩阵 R，其中 U 的列是相互正交的，V 的列也是相互正交的。展示如何将 R 因子分解为 3 个矩阵，形式为 $Q\Sigma P^T$，其中 P 和 Q 的列是正交的，Σ 是非负对角矩阵。

10. 用随机梯度下降和批量更新来实现无约束矩阵分解。

11. 当限定用户因子矩阵的最后一列仅包含 1 时，讨论使用交替最小二乘法的无约束矩阵分解所需的变化，物品因子矩阵的倒数第二列仅包含 1。该方法对于将用户和物品偏倚纳入无约束矩阵分解中是非常有用的。

12. 讨论如何应用交替最小二乘法设计具有隐式反馈的潜在因子模型。

13. 令 $m \times k$ 矩阵 F、$n \times k$ 矩阵 V 和 $n \times k$ 矩阵 Y 如 3.6.4.6 节中的非对称因子模型部分所述来定义。假设使用不包含用户和物品偏倚的非对称因子模型的简化配置。

(a) 请说明评分矩阵 R 中的每个已知值 (i, j) 的随机梯度下降更新如下：

$$v_{jq} \Leftarrow v_{jq} + \alpha \left(e_{ij} \cdot \left[\sum_{h \in I_i} \frac{y_{hq}}{\sqrt{|I_i|}} \right] - \lambda \cdot v_{jq} \right) \forall q \in \{1 \cdots k\}$$

$$y_{hq} \Leftarrow y_{hq} + \alpha \left(\frac{e_{ij} \cdot v_{jq}}{\sqrt{|I_i|}} - \lambda \cdot y_{hq} \right) \forall q \in \{1 \cdots k\}, \forall h \in I_i$$

137 ≀ 138

这里，$e_{ij} = r_{ij} - \hat{r}_{ij}$ 是已知值 (i, j) 上的误差，I_i 是用户 i 已经评分的物品的集合。

(b) 需要对各种矩阵的定义以及考虑用户和物品偏差的更新策略进行哪些更改？

基于内容的推荐系统

形式必须有内容，内容必须与本质相关。

——Alvar Aalto

4.1 引言

前几章讨论的协同系统使用用户评分模式的相关性来给出推荐。而另一方面，这些方法并不使用物品的属性来计算预测评分——这似乎相当浪费。毕竟，如果 John 喜欢科幻电影《Terminator》，那么他很可能会喜欢属于同类别的《Aliens》。在此情况下，根据其他用户的评分无法做出有意义的推荐。基于内容的系统设计时尝试使用描述性的属性集来描述物品。在这种情况下，用户自己的评分和对其他电影的评分动作足以帮助我们发现有意义的推荐。当某个物品是新的并且对其评分很少时，这种方法非常有用。

基于内容的推荐系统尝试为用户匹配那些与其喜欢的物品相似的物品。这种相似性不一定基于用户之间的评分相关性，而是基于用户喜欢的对象的属性。不同于使用与目标用户相关的其他用户评分的协同过滤方法，基于内容的系统更关注目标用户自己的评分，以及用户喜欢的物品的属性。因此，其他用户在基于内容的系统中扮演的角色不太重要。换句话说，基于内容的方法利用不同的数据源来给出推荐。正如我们将在第 6 章中看到的那样，许多推荐系统同时利用了这两种优势，这样的推荐系统被称为混合推荐系统。

在基础层面上，基于内容的系统依赖于两个数据来源：

1）第一个数据来源是根据以内容为中心的属性对各种物品的描述，例如制造商对物品的文本描述。

2）第二个数据源是用户画像，其根据用户对各种物品的反馈而生成。用户可能有显式或隐式的反馈，显式反馈可以对应于评分，而隐式反馈可以对应于用户动作，其中评分通过与协同系统类似的方式收集。

用户画像将各种物品的属性与用户兴趣（评分）相关联。用户画像的一个简单例子是描述物品的经过标签标记的训练文档，用户评分作为标签，分类或回归模型用于将物品属性与用户评分关联起来。具体的用户画像严重依赖于所使用的方法。例如，可以在一个场景下使用显式评分，也可以在另一个场景下使用隐式反馈。用户也可以根据感兴趣的关键词定制自己的个人画像，这种方法与基于知识的推荐系统有一些共同的特征。

值得注意的是，在基于内容的推荐算法中，其他用户的评分通常没有任何作用。这既是优势也是劣势，要视具体情况而定。一方面，在冷启动方案中，如果没有关于其他用户评分的信息可用，只要有足够的用户自己的兴趣信息可用，那就仍可以使用基于内容的推荐方法。这一点至少部分地减轻了推荐系统中其他用户很少时的冷启动问题。此外，当一个物品是新的时，不可能获得关于该物品的其他用户评分。基于内容的方法可以在这种情况下给出推荐，因为这种方法可以从新物品中提取属性，并使用它们进行预测。另一方面，新用户的冷启动问题无法用基于内容的推荐系统来解决。此外，由于不使用其他用户的评分，推荐物品的多样性和新颖性被削弱了。在许多情况下，推荐的物品可能对用户来说是非常明显的感兴趣物品，或者可能是用户之前购买过的其他物品。这是因为基于内容的属性总是会推荐与用户过去看到的物品有类似属性的物品。具有相似属性的物品通常很难给用户带来惊喜。上述优点和缺点将在后续章节中讨论。

基于内容的系统主要适用于手里有大量可用的属性信息的场景。在许多情况下，这些属性是从产品描述中提取的关键词。事实上绝大多数基于内容的系统从底层对象中提取文本属性。因此，基于内容的系统特别适合在文本丰富和非结构化数据中提供建议。使用这种系统的一个典型例子是网页推荐，如可以利用用户之前的浏览行为来创建基于内容的推荐系统。然而，这种系统的使用不仅仅限于 Web。产品说明中的关键词用于创建物品和用户画像，从而为其他电子商务场景提供推荐。在其他情况下，除了关键词之外，还可以使用制造商、分类和价格等关系属性。这些属性可以用于创建能够在关系数据库中存储的结构化表示。在这些情况下，有必要在单一结构化表示中组合结构化和非结构化属性。然而，基于内容的系统的基本原理在使用结构化或非结构化表示时是相同的。这是因为结构化数据上的大多数学习方法在非结构化领域都有直接的推广，反之亦然。为了保持一致性，本章的讨论将集中在非结构化情况下。然而，大多数方法很容易适应结构化场景。

基于内容的系统与基于知识的推荐系统密切相关。各种类型的系统之间的关系摘要在第 1 章的表 1-2 中提供。与基于内容的系统一样，基于知识的推荐系统使用物品的内容属性来提出建议。主要区别在于基于知识的系统支持明确规定用户需求以及用户与推荐系统之间的交互。知识库与交互结合使用，以将用户需求与物品相匹配。而基于内容的系统通常使用基于历史评分的学习方法。因此，基于知识的系统在推荐过程中为用户提供更好的控制，而基于内容的系统更有效地利用过去的行为。不过这些差异并不那么重要，一些基于内容的方法也允许用户明确指定他们的兴趣资料。许多系统在统一的框架内同时支持学习和交互。这样的系统被称为混合推荐系统。第 5 章讨论基于知识的推荐系统，而第 6 章讨论混合推荐系统。

本章组织如下：4.2 节概述基于内容的推荐系统的基本组件；4.3 节讨论特征提取和选择方法；4.4 节给出学习用户画像并将其用于推荐的过程；4.5 节比较协同过滤和基于内容的系统的主要特性；4.6 节探讨协同过滤和基于内容的方法之间的联系；4.7 节总结全章。

4.2　基于内容的系统的基本组件

基于内容的系统具有一些基本组件，这些组件在这种系统的不同实例中保持不变。由于基于内容的系统具有关于用户的各种物品描述和知识，因此必须将这些不同类型的非结构化数据转换为标准化描述。在大多数情况下，优先的选择是将物品的描述转换为关键词。因此，基于内容的系统在很大程度上（但并不仅仅）被用来操作文本数据，其常见的应用场景也是以文本为中心的。例如，新闻推荐系统通常是基于内容的系统，它们也是以文本为中心的系统。一般说来，文本分类和回归建模方法广泛用来建立基于内容的推荐系统。

基于内容的系统的主要组件包括（离线）预处理部分、（离线）学习部分和在线预测部分。离线部分用于创建汇总模型（一般是分类或回归模型），然后将该模型用于在线生成给用户的推荐。基于内容的系统的各个组成部分如下：

1）预处理和特征提取：基于内容的系统广泛应用于各种领域，如网页、产品描述、新闻、音乐功能等。在大多数情况下，特征提取自这些不同的数据来源，并被转换成基于关键词的向量空间表示。这是所有基于内容的推荐系统的第一步，它是与领域高度相关的。然而，正确提取最具信息性的特征对于有效运行基于内容的推荐系统来说至关重要。

2）基于内容的用户画像学习：如前所述，基于内容的模型与给定的用户密切相关。因此，需要构建特定于用户的模型，进而根据他们过去的购买或评分历史来预测用户对物品的兴趣。为了实现这一目标，需要利用用户反馈，这可以通过当前已知评分（显式反馈）或用户活动（隐式反馈）的形式表现。这些反馈与物品的属性一起使用以建立训练数据，从而构建学习模型。本阶段通常与分类或回归建模基本相同，这取决于反馈是分类（例如是否选择物品的二元操作）还是数字（例如评分或购买频率）类型的。因为所得到的模型在概念上将用户兴趣（评分）与物品属性关联起来，所以该模型被称为用户画像。

3）过滤和推荐：在此步骤中，使用上一步学习的模型对特定用户给出推荐的物品。因为推荐需要实时进行，所以这个步骤的效率是非常重要的。

在以下各节中，我们将详细介绍每个阶段。第二阶段的学习经常使用现成的分类模型。数据分类本身是一个广泛研究的领域，详细讨论分类模型超出了本书的范围。因此，在本章中，我们将假设读者已经熟悉分类模型。本章的目标是展示如何将特定的分类模型用作推荐系统中的黑盒，并介绍特别适用于基于内容的推荐系统的分类模型。本章会给出两个最常用的模型的简要描述。对于不熟悉分类模型的读者，参考书目中会给出一些有用的资源。

4.3　预处理和特征提取

所有基于内容的模型的第一阶段是提取用于表示物品的鉴别性特征。鉴别性特征是能在预测用户兴趣时发挥巨大作用的特征。这一阶段与具体应用高度相关，如网页推荐系统与产品推荐系统就是截然不同的。

4.3.1　特征提取

在特征提取阶段，不同物品的描述会被提取出来。尽管我们可以使用任意一种表示，例如多维数据表示，但最常见的方法是从底层数据中提取关键词。做出这种选择是因为非结构化文本描述通常在各种领域中广泛使用，并且它们仍然是最自然的描述物品的方式。在许多情况下，可以用多个字段来描述物品的各个方面。例如，书商可能会提供书籍的文字描述，以及描述内容、标题和作者的关键词。在一些情况下这些描述会被转换成一系列的关键词。而在其他情况下，可以直接使用多维（结构化）表示。当属性包含数值（如价格）或从某个较小的域中取出的值（如颜色）时，后者更为适用。

为了便于在分类过程中使用，各字段需要适当加权。特征加权与特征选择密切相关，因为前者是后者的"软"版本。在后一种情况下，特征基于其相关性被选择或被放弃；而在前一种情况下，特征则基于其重要性被赋予不同的权值。特征选择问题将在 4.3.4 节详细讨论。由于特征提取阶段与具体应用高度相关，我们在此讨论的是不同应用场景下应当提取的特征的类型。

4.3.1.1　产品推荐示例

考虑一个电影推荐网站⊖IMDb[699]，其提供个性化的电影推荐。每部电影通常与电影描述相关联，例如其简介、导演、演员、类型等。在 IMDb 网站上对《Shrek》的简短描

⊖　IMDb 使用的确切推荐方法是其特有的（保密），作者无从得知。这里的描述仅用于说明目的。

述如下：

　　"在沼泽地充满神奇的生物之后，怪物史瑞克同意为邪恶国王弗瓜拯救菲欧

　娜公主，以便挽回他的沼泽地。"

许多其他属性（如用户标签）也可以使用，可将其视为内容为中心的关键词。

　　在《Shrek》的例子里，可以简单地连接各个字段中的所有关键词来创建文本描述，其主要问题在于推荐过程中各关键词的重要性可能并不相同。例如，特定的演员在推荐中的重要性可能要超过摘要中的某个词。这可以通过两种方式解决：

　　1）领域相关的知识可以用来决定关键词的重要性。例如，电影名和主演可能比描述中的单词更重要。许多时候这个过程是以试探性的启发式方式进行的。

　　2）在许多情况下，自动学习各特征的重要性是可能的。该过程被称为特征加权，与特征选择密切相关。特征加权和特征选择都将在后文中进行描述。

4.3.1.2　网页推荐示例

　　Web 文档需要专门的预处理技术，因为其在结构上有一些共性，且其中包含了许多链接。Web 文档预处理的两个主要方面包括删除不重要的文档部件（例如标签）和充分利用文档的具体结构。

143　　　Web 文档中的字段的重要性各不相同。HTML 文档中有许多字段，如标题、元数据和文档的正文。通常，分析算法对待这些字段的重要性级别不同，因此它们的权重也不同。例如，文档的标题被认为比正文更重要，因此有更高的权重。另一个 Web 文档特殊处理的示例是锚文本。锚文本包含链接指向的网页的描述。由于其是描述性的，所以被认为是重要的，但它有时与页面本身的主题无关。因此，通常会将它从文本中删除。如果可能，在某些情况下，锚文本可以添加到它指向的文档的文本当中。这是因为锚文本通常是其指向的文档的摘要描述。可以自动学习这些特性的重要程度，这将在 4.3.4 节中讨论。

　　网页常被组织成与页面的主要主题无关的内容块。一个典型的网页将有许多无关的方块，例如广告、免责声明或通知，这对于挖掘不太有帮助。已经有结论表明，当仅使用主块中的文本时挖掘结果的质量会得到改善。然而，如何（自动）确定 Web 内容中的主块本身就是一个数据挖掘中正被研究的问题。虽然将网页分解为块很容易，但有时很难识别谁是主块。大多数用于确定主块的自动化方法依赖于以下事实：特定站点通常将对其所有文档使用类似的布局。因此，网站的文档结构通常通过提取标签树来学习。然后，再通过使用树匹配算法[364,662]提取其他主块。机器学习方法也可用于此任务。例如，标记页面主块的问题可以视为分类问题。我们在 4.8 节会讨论一些从 Web 文档中提取主块的方法。

4.3.1.3　音乐推荐示例

　　潘多拉网络电台[693]是一个著名的音乐推荐引擎，它将音轨与音乐基因组计划[703]中提取的特征相关联。这种音轨特征的例子包括 "feature trance roots" "synth riffs" "tonal harmonies" "straight drum beats" 等。用户最初可以指定一个他们感兴趣的曲目来创建一个 "电台"。从这个单一的训练示例开始，为用户推荐类似的歌曲。对于这些推荐的歌曲，用户可以标记喜欢或不喜欢。

　　用户反馈用于构建更精细的音乐推荐模型。值得注意的是，即使在这种情况下底层特征是完全不同的，它们也可以被视为关键词，而给定歌曲的 "文档" 对应于与之相关联的一系列关键词。或者也可以将特定属性与这些不同的关键词相关联，从而得到结构化多维表示。

与基于内容的推荐系统相比，感兴趣音轨的初始确定过程更类似于基于知识的推荐系统。这种基于知识的推荐系统被称为基于案例的推荐系统。然而，当利用评分来提供推荐时，该方法变得更加类似于基于内容的推荐系统。在许多情况下，潘多拉还提供了基于物品属性的推荐的解释。

4.3.2 特征表示和清洗

此过程在使用非结构化表示时显得尤为重要。特征提取阶段能够从产品或网页的非结构化描述中得到一系列单词。然而，这些表示需要被清洗并以适当的格式表示以便处理。清洗过程包含以下几个步骤：

1) **停止词删除**：从物品的自由描述中提取的大部分文本将包含许多与物品相关性不强的常用词。这样的词通常是高频词。例如，"a""an"和"the"这样的词对于正在处理的物品来说没什么作用。在电影推荐应用中，通常会在剧情介绍中找到这样的词。一般来说，冠词、介词、连词和代词被视为停用词。在大多数情况下，各种语言都有停用词的标准化列表。

2) **词干提取**：词干提取过程合并了同一个词的不同变形。例如，同一单词的单复数或不同时态会被合并。在一些情况下，会从各种词汇中提取共同的词根。例如，"hoping"和"hope"这样的词汇被合并成了共同的词根"hop"。当然，词干提取有时会产生副作用，因为类似于"hop"这样的词可能具有多种不同的含义。许多现成的工具[710-712]可用于词干提取。

3) **短语提取**：这一步工作是检测出文档中频繁同时出现的单词。例如，"hot dog"这样的短语具有与组成它的单词不同的含义。短语提取可以基于手动定义的字典进行，也可以使用一些自动化的方法[144,364,400]。

执行这些步骤后，关键词被转换为向量空间表示。每个单词也称为项。在向量空间表示中，文档被表示为一组单词及它们出现的频率。尽管使用单词出现的原始频率可能是诱人的想法，但这通常不可取。因为经常出现的词通常在统计学上差异较小，所以这些词经常被降低权重。这与停止词的原理相似，只不过采用的是"软"的权重打折的方式，而不是完全剔除。

如何对单词打折？这可以基于逆文档频率的概念来实现。第 i 项的逆文档频率 id_i 是其出现过的文档数量 n_i 的递减函数。

$$id_i = \log(n/n_i) \tag{4-1}$$

其中集合中的文档总数由 n 表示。

此外需要注意的是，集合中出现频率过高的单个词的重要性并不高。例如，当从不可靠来源或开放式平台（如 Web）收集物品描述时，其将包含大量垃圾信息。为了达到上述目的，可以对相似度计算之前的频率应用阻尼函数 $f(\cdot)$（如平方根或对数）。

$$f(x_i) = \sqrt{x_i}$$
$$f(x_i) = \log(x_i)$$

频率阻尼是可选的且经常被省略。省略阻尼过程等效于令 $f(x_i)$ 等于 x_i。第 i 个字的归一化频率 $h(x_i)$ 通过组合逆文档频率与阻尼函数来定义：

$$h(x_i) = f(x_i)id_i \tag{4-2}$$

该模型通常被称为 tf-idf 模型，其中 tf 表示词频，idf 表示逆文档频率。

4.3.3 收集用户的偏好

除了关于物品的内容之外，还需要为推荐过程收集用户喜欢和不喜欢的相关数据。数据收集离线完成，而推荐过程则在用户与系统交互时在线完成。我们将在任何给定时间执行预测的用户称为活动用户。在在线阶段，需要将用户自己的偏好与内容相结合以提供偏好预测。有关用户喜欢和不喜欢的数据可以采取以下形式表示：

1）评分：在这种情况下，用户通过评分来表示他们对物品的偏好。评分可以是二元的、基于区间的或者基于顺序的。在极少数情况下，评分甚至可以是实数。评分的性质对学习用户画像的模型有重要的影响。

2）隐式反馈：隐式反馈是指用户的行为，例如购买或浏览物品。在大多数情况下，只能捕获用户的正面偏好和隐式反馈，而难以获得明确的负面偏好信息。

3）文本观点：在很多情况下，用户可以用文本的形式表达观点。在这种情况下，可以从这些观点中提取隐含的评分。这种形式的评分提取与意见挖掘和情感分析有关。对此的讨论超出了本书的范围，感兴趣的读者请参考文献 [364]。

4）案例：用户可以指定他们感兴趣的物品的示例（或案例），这可以用作最近邻或 Rocchio 分类器的隐式反馈。然而，当相似性检索与精心设计的效用函数结合使用时，这些方法与基于案例的推荐系统更紧密相关。基于案例的系统是基于知识的推荐系统的子类，其使用领域知识来发现匹配物品，而不是学习算法（参见第 5 章 5.3.1 节）。基于内容的推荐系统的结束和基于知识的推荐系统的开始情况通常很难描绘。例如，潘多拉网络电台经常使用一个有趣的音乐专辑的初始案例为具有类似音乐物品的用户设置"广播电台"。在后面的阶段，用户对喜欢和不喜欢的反馈被用来进一步改进推荐。因此，该方法的第一部分可以被视为基于知识的系统，第二部分可以被视为基于内容（或协同）的系统。

在所有上述情况下，用户对物品的喜欢或不喜欢最终被转换为一元、二元、基于区间的或实数评分。获取评分的过程也可以被看作是提取要用于学习的类标签或因变量的过程。

4.3.4 监督特征选择和加权

特征选择和加权的目标是确保在向量空间表示中只保留提供信息最多的词。事实上，许多著名的推荐系统[60,476]明确提出，应该限制关键词数量。在文献 [476] 中，多个领域的实验结果表明提取的词数应在 50～300 之间。基本思想是噪声单词常常导致过拟合，因此应该提前删除。当考虑到可用于学习特定用户画像的文档数量通常不是很大时，这一点尤为重要，因为当可用于学习的文档数量很少时，模型会更倾向于过拟合。因此，减小特征空间至关重要。

向文档表示中引入特征信息量可以从两个不同的方面来考虑。一个是特征选择，对应于删除单词。第二个是特征加权，这涉及词的重要程度。停止词删除和使用逆文档频率分别是特征选择和特征加权的例子。然而，这些是无监督的特征选择和加权方式，用户反馈对其来说不重要。在本节中，我们将研究特征选择的有监督方法，结合用户评分来评估特征的信息量。大多数这些方法评估因变量对特征的敏感性，从而评估其信息量。

特征信息量度量一方面可以用于特征的硬性选择，另一方面也可以使用关于信息的函数来启发式地对特征加权。针对用户评分是被视为数字或类别值的不同情况，特征信息量的度量也不同。例如，在二元评分（或具有少量离散值的评分）的场景下，使用类别而不是数字是更有意义的。我们讨论一些常用于特征加权的方法。在大多数后文描述中，我们将假设使用了非结构化（文本）的表示，尽管这些方法也可以很容易地被概括为结构化（多维）的表示。这是因为文本的向量空间表示可以被视为多维表示的特殊情况。4.8 节给出了关于特征选择方法的参考文献。

4.3.4.1 基尼指数

基尼指数是特征选择最常用的度量之一。这是一个简单直观的度量，很容易理解。基尼指数本质上适用于二元评分、顺序评分或分布在少量区间中的评分值。最后一种情况有时可以通过离散化评分来获得。评分的顺序被忽略，评分的每个可能值均被视为一个类别值。这可能看起来像是一个缺点，因为它丢失了关于评分相对顺序的信息。然而，在实践中，可能的评分数通常很小，因此整体上不会损失精度。

令 t 为评分的可能值的总数。在包含特定单词 w 的文档中，令 $p_1(w)\cdots p_t(w)$ 表示在这 t 个可能值中的每一个相关的文档数目。那么，单词 w 的基尼指数定义如下：

$$\text{Gini}(w) = 1 - \sum_{i=1}^{t} p_i(w)^2 \tag{4-3}$$

147

$\text{Gini}(w)$ 的值总是位于范围 $(0, 1-1/t)$ 中，较小的值表示更大的区分能力。例如，当单词 w 的存在总是导致文档被评为第 j 个可能的评分值（即 $p_j(w)=1$）时，这个单词对于评分预测是非常有区分能力的。相应地，在这种情况下，基尼指数的值为 $1-1^2=0$。当 $p_j(w)$ 的每个值都等于 $1/t$ 时，基尼指数取最大值 $1 - \sum_{i=1}^{t}(1/t^2) = 1-1/t$。

4.3.4.2 熵

熵在原理上与基尼指数非常相似，除了使用信息理论原理来设计度量。与以前的情况一样，令 t 为评分的可能值的总数，$p_1(w)\cdots p_t(w)$ 表示包含特定词 w 的文档中与 t 个可能评分相关的文档的数目。那么，词 w 的熵定义如下：

$$\text{Entropy}(w) = -\sum_{i=1}^{t} p_i(w)\log(p_i(w)) \tag{4-4}$$

$\text{Entropy}(w)$ 的值总是位于范围 $(0, 1)$ 中，值越小区分能力越强。很容易看出熵具有和基尼指数相似的特性。事实上，尽管它们具有不同的概率解释，但这两个度量往往产生非常相似的结果。基尼指数更容易理解，而熵度量有更坚实的信息论的数学基础。

4.3.4.3 χ^2 统计量

χ^2 统计量可以通过将单词和类的共同出现处理为列联表来计算。例如，假设我们现在试图确定特定单词是否与用户的购买兴趣相关。设用户已经收集了该集合中约 10% 的物品，并且在大约 20% 的描述中出现了词 w。假设集合中的物品（和相应的文档）总数为 1000。那么，单词与类别共同出现的期望次数如下：

	单词出现在描述中	单词未出现在描述中
用户购买物品	1000 * 0.1 * 0.2 = 20	1000 * 0.1 * 0.8 = 80
用户未购买物品	1000 * 0.9 * 0.2 = 180	1000 * 0.9 * 0.8 = 720

上述期望值是在假设描述中的词的出现和相应物品中的用户兴趣彼此独立的情况下计算的。如果这两个量是独立的，那么这个词显然与学习过程无关。然而，在实践中，可能存在高度的相关性。例如，考虑列联表偏离预期值的情况，并且用户非常有可能购买包含该词的物品。在这种情况下，列联表可能如下所示：

148

	单词出现在描述中	单词未出现在描述中
用户购买物品	$O_1 = 60$	$O_2 = 40$
用户未购买物品	$O_3 = 140$	$O_4 = 760$

χ^2 统计量可以度量列联表中不同格子的观测值和期望值之间的归一化偏差。在这种情况下，列联表包含 $p = 2 \times 2 = 4$ 个格子。令 O_i 为第 i 个格子的观测值，E_i 为第 i 个格子的期望值。χ^2 统计量计算如下：

$$\chi^2 = \sum_{i=1}^{p} \frac{(O_i - E_i)^2}{E_i} \tag{4-5}$$

因此，在上述例子中，χ^2 统计量计算如下：

$$\chi^2 = \frac{(60 - 20)^2}{20} + \frac{(40 - 80)^2}{80} + \frac{(140 - 180)^2}{180} + \frac{(760 - 720)^2}{720}$$
$$= 80 + 20 + 8.89 + 2.22 = 111.11$$

也可以在不显式计算期望值的情况下，将 χ^2 统计量作为列联表中观测值的函数来计算。这是可行的，因为期望值是行和列聚集的观测值的函数。在 2×2 列联表中计算 χ^2 统计量的简单公式如下（参见习题 8）：

$$\chi^2 = \frac{(O_1 + O_2 + O_3 + O_4) \cdot (O_1 O_4 - O_2 O_3)^2}{(O_1 + O_2) \cdot (O_3 + O_4) \cdot (O_1 + O_3) \cdot (O_2 + O_4)} \tag{4-6}$$

在这里，$O_1 \cdots O_4$ 是上表的观测值。很容易证实这个公式得出了值为 111.11 的相同的 χ^2 统计量。注意，χ^2 检验也可以使用 χ^2 分布来解释概率层面的显著性。然而，从实践角度看，知道较大的 χ^2 统计量意味着特定词和物品有更高的相关程度就足够了。请注意，如果观测值完全等于预期值，则表示相应的词与当前物品无关。在这种情况下，χ^2 统计量将为最小值 0。因此，可以保留最大 χ^2 统计量的 top-k 特征。

4.3.4.4　归一化偏差

大多数上述度量的问题是失去了有关评分的相对顺序信息。对于评分具有高粒度的情况，归一化偏差是一个合适的度量。

令 σ^2 为所有文档评分的方差。此外，令 $\mu^+(w)$ 是包含单词 w 的所有文档的平均评分，$\mu^-(w)$ 是不包含单词 w 的所有文档的平均评分。那么，单词 w 的归一化偏差定义如下：

$$\text{Dev}(w) = \frac{|\mu^+(w) - \mu^-(w)|}{\sigma} \tag{4-7}$$

较大的 $\text{Dev}(w)$ 值表示单词更有区分能力。

上述量化基于包含特定单词的文档的评分相对于所有文档的评分的相对分布。评分是数值型时这种方法特别合适。一个相关的度量是费雪判别指数（Fisher's discrimination index），其计算特征空间（而不是评分维度）中类间分离与类内分离的比例。这个度量在文献[22]中有详细描述。然而，费雪判别指数更适合于分类因变量，而不是数值因变量，如评分值。

4.3.4.5　特征加权

特征加权可以被视为特征选择的软版本。在本章前面部分的特征表示中，已经讨论了如何使用逆文档频率等度量来加权文档。然而，逆文档频率是不依赖于用户偏好的无监督度量。还可以使用有监督度量来进一步对向量空间表示进行加权，以表达对单词的不同重要程度。例如，在电影推荐的应用中，描述电影类型或演员名的关键词比从电影概要中选择的词更重要。另一方面，简介中的词也能一定程度上表达用户的偏好。因此，它们也不能被删除。特征加权是一种更精细的通过使用权重而非"硬"二元决策来表示词语区分能力的方法。特征加权的最简单方法是采取任何特征选择度量并使用它们来导出权重。例如，可以使用基尼指数或熵的倒数。在许多情况下，启发式函数可以进一步应用于选择度量，以控制加权过程的灵敏度。例如，考虑词 w 的加权函数 $g(w)$，其中 a 是大于 1 的参数。

$$g(w) = a - \text{Gini}(w) \tag{4-8}$$

所得到的权重 $g(w)$ 将始终位于 $(a-1, a)$ 范围内。通过改变 a 的值，可以控制加权过程的灵敏度。a 取值越小则灵敏度越大。然后将向量空间表示中的每个单词 w 的权重乘以 $g(w)$。可以基于熵和归一化偏差来定义类似的加权函数。选择适当的特征加权的过程是高度启发式的过程，与当前应用密切相关。a 的值可以被视为加权函数的参数。还可以使用交叉验证技术来学习最佳参数，第 7 章讨论了这些技术。

4.4　学习用户画像和过滤

　　用户画像的学习与分类和回归建模问题密切相关。当评分被视为离散值（例如"赞"或"踩"）时，问题类似于文本分类。另一方面，当评分被视为一组数值时，问题类似于回归模型。此外，在结构化和非结构化领域中都可以定义学习问题。由于问题的同质性，我们将假设物品的描述是文档的形式。然而，该方法可以很容易地被推广到任何类型的多维数据，因为文本是一种特殊类型的多维数据。

　　在每种情况下，假设我们有一个训练文档的集合 $\mathcal{D}_L$，这些文档由特定用户标记。当用户从系统中获得建议时，这些用户也称为活动用户。训练文档对应于物品的描述，在预处理和特征选择阶段被提取出来。此外，训练数据还包含活动用户对这些文档的评分。这些文档用于构建训练模型。请注意，在训练过程中不使用其他用户（非活动用户）分配的标签。因此，训练模型特定于给定用户，而无法用于任意用户。这与传统的用矩阵分解在所有用户上建立模型的协同过滤方法不同。这里特定用户的训练模型代表用户画像。

　　文档上的标签对应于数值、二元或一元评分。假设 $\mathcal{D}_L$ 中的第 i 个文档具有评分 c_i。我们还有一组测试文档 $\mathcal{D}_U$，它们是未标记的。请注意，$\mathcal{D}_L$ 和 $\mathcal{D}_U$ 都是专门针对（活动）用户的。测试文档对应于可能推荐给用户但尚未被用户购买或评分的物品的描述。在新闻推荐等领域中，$\mathcal{D}_U$ 中的文档对应于要推荐给活动用户的候选 Web 文档。$\mathcal{D}_U$ 的精确定义取决于当前正在处理的领域，其中的单个文档以与 $\mathcal{D}_L$ 中类似的方式提取。$\mathcal{D}_L$ 上的训练模型用于从 $\mathcal{D}_U$ 中选取要推荐给活动用户的物品。和协同过滤的情况类似，该模型可用于提供评分预测值或 top-k 推荐的排名列表。

　　很明显，这个问题类似于文本领域的分类和回归建模。读者请参考最近的一份综述 [21]，里面详细讨论了许多相关技术。在下文中，我们将讨论一些常见的学习方法。

4.4.1　最近邻分类

　　最近邻分类器是最简单的分类技术之一，它可以以相对直接的方式实现。第一步是定义一个将在最近邻分类器中使用的相似度函数。最常用的相似度函数是余弦函数，令 $\overline{X} = (x_1 \cdots x_d)$ 和 $Y = (y_1 \cdots y_d)$ 是一对文档，其中第 i 个单词的归一化频率分别由两个文档中的 x_i 和 y_i 给出。请注意，需要使用无监督 tf-idf 加权或上一节中讨论的有监督方法对这些频率进行归一化或加权。然后，基于这些归一化频率来定义余弦测量：

$$\mathrm{Cosine}(\overline{X},\overline{Y}) = \frac{\sum_{i=1}^{d} x_i y_i}{\sqrt{\sum_{i=1}^{d} x_i^2}\ \sqrt{\sum_{i=1}^{d} y_i^2}} \qquad (4\text{-}9)$$

余弦相似性经常在文本领域中使用，因为它能够调整底层文档的长度。当该方法用于其他类型的结构化和多维数据时，会使用其他相似度/距离函数，例如欧几里得距离和曼哈顿距离。对于具有分类属性的关系数据，可以使用各种基于匹配的相似性度量[22]。

　　该相似度函数在对用户偏好未知的物品（文档）进行预测时很有用。对于 $\mathcal{D}_U$ 中的每个文档，使用余弦相似度函数来确定 $\mathcal{D}_L$ 中的 k 个最近邻居。确定 $\mathcal{D}_U$ 中每个物品的 k 个邻居的评分均值。该均值是 $\mathcal{D}_U$ 中对应物品的预测评分。额外可以使用的启发式增强是可以使用相似度对每个评分进行加权。在评分被视为类别的情况下，需要确定每个评分值的投票数，并将票数（频次）最高的值作为预测的评分值。然后根据评分的预测值对 $\mathcal{D}_U$ 中的文档进行排名，并向用户推荐分值最高的物品。

　　使用这种方法的主要挑战是其高计算复杂度。注意，需要确定 $\mathcal{D}_U$ 中每个文档的最近邻，并且每个最近邻确定所需的时间与 $\mathcal{D}_L$ 的大小呈线性关系。因此，计算复杂度等于 $|\mathcal{D}_L| \times |\mathcal{D}_U|$。使方法更快的一种方法是使用聚类来减少 $\mathcal{D}_L$ 中训练文档的数量。对于评分的每个不同的值，$\mathcal{D}_L$ 中对应的文档子集被聚成 $p \ll |\mathcal{D}_L|$ 组。因此，如果有 s 个不同的评分值，则组的总数是 $p \cdot s$。通常，使用快速基于质心（即 k 均值）的聚类来创建每组 p 个簇。注意，组的数量 $p \cdot s$ 明显小于训练文档的数量。在这种情况下，每个组都转换成该组中文档合并⊖后的较大文档。可以通过将其组成部分的单词频率相加来获取这个较大文档的向量空间表示。与文档相关的评分标签等于其组成部分的评分。对于每个目标文档 T，为其从这新创建的包含 p 个文档的集合找到最相近的 $k < p$ 个文档。这 k 个文档的平均评分被作为目标标签返回。与前一种情况一样，对 $\mathcal{D}_U$ 中的每个物品预测评分，并将评分最高的物品返回给活动用户。这种方法加快了分类过程，因为只需计算目标文档和相对较少数量的聚合文档之间的相似性。即便这种方法导致了额外聚簇预处理开销，但与 $\mathcal{D}_L$ 和 $\mathcal{D}_U$ 的较大时的推荐时间相比，这一开销还是比较小的。

　　这种基于聚类的方法的特殊情况是将属于某个特定评分值的所有文档聚合成一个组。因此，p 的值被设置为 1。每个组的结果向量的向量空间表示也被称为原型向量。对于测试文档，最接近的文档的评分被作为是目标的评分值。这种方法与 Rocchio 分类密切相关，其允许来自活动用户的相关性反馈。Rocchio 方法最初是为二元类别（在我们的例子中，其被转换为二元评分）设计的。4.8 节给出了 Rocchio 方法的参考文献。

4.4.2　与基于案例的推荐系统的关联性

　　最近邻方法通常与基于知识的推荐系统相联系，特别是基于案例的推荐系统。基于知识的推荐系统在第 5 章中有详细的讨论。其主要区别在于，在基于案例的推荐系统中，用户交互地指定了一个感兴趣的例子，并且与该例子最接近的邻居认为是用户可能感兴趣的物品。

　　此外，因为只有一个例子可用，所以在相似度函数的设计中使用了大量的领域知识。因为例子是以交互方式指定的，所以这个单一的例子被视为用户需求而非历史评分要更恰

　　⊖　对于结构化数据，可以使用组的质心。

当。在基于知识的系统中，不太注重使用历史数据或评分。像 Rocchio 方法一样，这种方法也是互动的，但在基于案例的系统中交互会更加复杂。

4.4.3 贝叶斯分类器

我们在第 3 章 3.4 节中讨论协同过滤时讨论了贝叶斯分类器。然而，第 3 章中的讨论是贝叶斯模型的非标准使用，其通过已知评分来预测缺失评分。在基于内容的推荐系统的应用中，问题转化为更常规的用贝叶斯模型分类文本。因此，我们将在文本分类的语境中重新审视贝叶斯模型。

在这种情况下，我们有一个包含训练文档的集合 $\mathcal{D}_L$，以及一个包含测试文档的集合 $\mathcal{D}_U$。为了方便讨论，我们假设标签是二元的，用户可以分别为 $\mathcal{D}_L$ 中的每个训练文档用 $+1$ 或 -1 指定喜欢或不喜欢的评分。当然，也可以较容易地将此分类器转化为两个以上不同值的评分情况。

如前所述，假设 $\mathcal{D}_L$ 中的第 i 个文档的评分由 $c_i \in \{-1,1\}$ 表示。因此，此标记的集合表示用户画像。在文本数据中通常使用两种模型，分别对应于伯努利和多元模型。在下文中我们仅讨论伯努利模型。多元模型在文献 [22] 中有详细的讨论。

在伯努利模型中，单词的频率被忽略，只考虑文档中单词存在或不存在。因此，每个文档被视为仅包含 0 和 1 值的 d 个单词的二进制向量。考虑对应于物品描述的目标文档 $\overline{X} \in \mathcal{D}_U$。假设 $\overline{X}$ 中的特征由 $(x_1 \cdots x_d)$ 表示。非正式地，我们想确定条件概率 P（活动用户喜欢 $\overline{X} \mid x_1 \cdots x_d$）。这里，每个 x_i 是 0 或 1，其表示文档 $\overline{X}$ 中是否存在第 i 个词。如果 $\overline{X}$ 的类（二元评分）由 $c(\overline{X})$ 表示，则我们的目标就是确定概率值 $P(c(\overline{X})=1 \mid x_1 \cdots x_d)$。通过确定 $P(c(\overline{X})=1 \mid x_1 \cdots x_d)$ 和 $P(c(\overline{X})=-1 \mid x_1 \cdots x_d)$ 并选择两者中较大的一个，可以推测活动用户是否喜欢 $\overline{X}$。这些表达式可以通过使用贝叶斯定理进行计算，并应用如下朴素假设：

$$
\begin{aligned}
P(c(\overline{X}))=1 \mid x_1 \cdots x_d &= \frac{P(c(\overline{X})=1) \cdot P(x_1 \cdots x_d \mid c(\overline{X})=1)}{P(x_1 \cdots x_d)} \\
&\propto P(c(\overline{X})=1) \cdot P(x_1 \cdots x_d \mid c(\overline{X})=1) \\
&= P(c(\overline{X})=1) \cdot \prod_{i=1}^{d} P(x_i \mid c(\overline{X})=1) [朴素假设]
\end{aligned}
$$

朴素假设指出，单词是否在文档中出现（在特定类上）是条件独立的，因此可以用 $\prod_{i=1}^{d} P(x_i \mid c(\overline{X})=1)$ 代替 $P(x_1 \cdots x_d \mid c(\overline{X})=1)$。此外，由于分母与类无关，因此可以直接使用比例常数。因此，分母在确定类评分时不起作用，但是，分母会在对用户喜欢的物品（文档）排序时发挥作用。这与基于 $P(c(\overline{X})=1 \mid x_1 \cdots x_d)$ 对某个特定用户的评分进行排序的问题有关。

如果需要物品的排名，则比例常数不再无关紧要。这在无法推测确切的评分值，但需要评分相对顺序的推荐应用中非常常见。这种情况下就需要确定比例常数。假设 K 表示比例常数，通过使用 $c(\overline{X})$ 的所有可能情况的概率之和应始终为 1 的事实可以获得 K 的值。因此，我们有

$$
K \cdot \left[P(c(\overline{X})=1) \cdot \prod_{i=1}^{d} P(x_i \mid c(\overline{X})=1) + P(c(\overline{X})=1) \cdot \prod_{i=1}^{d} P(x_i \mid c(\overline{X})=1) \right] = 1
$$

进而可以如下计算 K 的值：

$$K = \cfrac{1}{P(c(\overline{X}) = 1) \cdot \prod\limits_{i=1}^{d} P(x_i | c(\overline{X}) = 1) + P(c(\overline{X}) = -1) \cdot \prod\limits_{i=1}^{d} P(x_i | c(\overline{X}) = -1)}$$

该方法用于确定用户喜欢 $\mathcal{D}_U$ 中每个可能物品的概率。然后将 $\mathcal{D}_U$ 中的物品，根据该概率进行排序并呈现给用户。这些方法特别适用于二元评分。还有一些使用概率来估计评分的其他方法，可以处理不必须是二元评分的情况，并对物品进行排序。第3章3.4节详细讨论了这些方法。

4.4.3.1 估计中间概率

贝叶斯方法需要计算中间概率，如 $P(x_i | c(\overline{X}) = 1)$。到目前为止，我们还没有讨论如何以数据驱动的方式估计这些概率。上述贝叶斯定理的主要效用是其能够基于其他的概率值（如 $P(x_i | c(\overline{X}) = 1)$）来计算所需概率，从而更容易以数据驱动的方式进行估计。我们重新整理贝叶斯条件如下：

$$P(c(\overline{X}) = 1 | x_1 \cdots x_d) \propto P(c(\overline{X}) = 1) \cdot \prod_{i=1}^{d} P(x_i | c(\overline{X}) = 1)$$

$$P(c(\overline{X}) = -1 | x_1 \cdots x_d) \propto P(c(\overline{X}) = -1) \cdot \prod_{i=1}^{d} P(x_i | c(\overline{X}) = -1)$$

为了计算贝叶斯概率，我们需要估计上述等式右侧的概率，包括先验类概率 $P(c(\overline{X}) = 1)$ 和 $P(c(\overline{X}) = -1)$。此外，还需要估计特征条件概率，例如 $P(x_i | c(\overline{X}) = 1)$ 和 $P(x_i | c(\overline{X}) = -1)$。概率 $P(c(\overline{X}) = 1)$ 可以被估计为训练数据 $\mathcal{D}_L$ 中正训练样本 $\mathcal{D}_L{}^+$ 的比例。为了减少过拟合，通过将与小参数 $\alpha > 0$ 成比例的值加到分子和分母来执行拉普拉斯平滑。

154

$$P(c(\overline{X}) = 1) = \frac{|\mathcal{D}_L^+| + \alpha}{|\mathcal{D}_L| + 2 \cdot \alpha} \tag{4-10}$$

以完全类似的方式估计 $P(c(\overline{X}) = -1)$ 的值。此外，条件特征概率 $P(x_i | c(\overline{X}) = 1)$ 被估计为正例中第 i 个特征取值为 x_i 的比例。令 $q^+(x_i)$ 代表第 i 个特征取 $x_i \in \{0, 1\}$ 的正例的数目。然后，我们可以使用拉普拉斯平滑参数 $\beta > 0$ 来估计概率如下：

$$P(x_i | c(\overline{X}) = 1) = \frac{q^+(x_i) + \beta}{|\mathcal{D}_L^+| + 2 \cdot \beta} \tag{4-11}$$

可以使用类似的方法来估计 $P(x_i | c(\overline{X}) = -1)$。请注意，拉普拉斯平滑在可用的训练数据较少时很有帮助。在极端情况下，当 $\mathcal{D}_L^+$ 为空时，概率 $P(x_i | c(\overline{X}) = 1)$ 将作为一种先验知识被估计为 0.5。如果没有平滑，则分子和分母都将为 0，估计会变成不确定的。像许多正则化方法一样，拉普拉斯平滑可以在训练数据有限时加强先验知识的重要性。虽然我们讨论的是二元评分情况的估计方法，但当有 k 个不同的评分值时，推广上述估计方法是比较容易的。在第3章3.4节的协同过滤的上下文中讨论了类似的估计。

4.4.3.2 贝叶斯模型示例

我们提供了贝叶斯模型的一个例子，用于6个训练实例和2个测试实例。在表4-1中，列对应于表示各种歌曲的属性的特征。用户喜欢或不喜欢对应的歌曲在表的最后一列中说明。因此，最后一列可以视为评分。前6行是训练实例，其对应于用户画像。最后一行是需要为当前正在服务的特定用户排名的两个候选歌曲。在机器学习的说法中，这些行也称为测试实例。请注意，最终（因变量）列仅为训练行指定，因为用户喜欢或不喜欢（评分）对于测试行是未知的，需要预测。

表 4-1   基于内容的推荐系统中贝叶斯方法示例

关键词⇒ 歌曲 Id⇓	Drums	Guitar	Beat	Classical	Symphony	Orchestra	Like 或 Dislike
1	1	1	1	0	0	0	Dislike
2	1	1	0	0	0	1	Dislike
3	0	1	1	0	0	0	Dislike
4	0	0	0	1	1	1	Like
5	0	1	0	1	0	1	Like
6	0	0	0	1	1	0	Like
Test-1	0	0	0	1	0	0	?
Test-2	1	0	1	0	0	0	?

检查表 4-1 中的特征，很明显，前三个特征（列）可能经常发生在许多流行的音乐流派中，例如摇滚音乐，而后三个特征出现在古典音乐中。表 4-1 所示的用户个人资料清楚地表明，用户喜欢古典音乐多于摇滚乐。同样，在测试实例中，似乎只第一个与用户的兴趣相匹配。让我们来看看贝叶斯方法如何能够以数据驱动的方式得出这个事实。尽管在实际应用中使用这种平滑方法很重要，但为了便于计算，我们将假设不使用拉普拉斯平滑。

通过使用贝叶斯模型，我们可以基于测试实例观察得到的特征导出喜欢和不喜欢的条件概率：

$$P(\text{Like} \mid \text{Test-1}) \propto 0.5 \sum_{i=1}^{6} P(\text{Like} \mid x_i)$$

$$= (0.5) \cdot \frac{3}{4} \cdot \frac{2}{2} \cdot \frac{3}{4} \cdot \frac{3}{3} \cdot \frac{1}{4} \cdot \frac{1}{3} = \frac{3}{128}$$

$$P(\text{Dislike} \mid \text{Test-1}) \propto 0.5 \prod_{i=1}^{6} P(\text{Dislike} \mid x_i)$$

$$= (0.5) \cdot \frac{1}{4} \cdot \frac{0}{2} \cdot \frac{1}{4} \cdot \frac{0}{3} \cdot \frac{3}{4} \cdot \frac{2}{3} = 0$$

通过将两个概率归一化，得到的结果为 $P(\text{Like} \mid \text{Test-1})$ 为 1，$P(\text{Dislike} \mid \text{Test-1})$ 为 0。在 Test-2 上会得到正好相反的结果——$P(\text{Like} \mid \text{Test-2})$ 为 0。因此，应向活动用户推荐 Test-1 而非 Test-2。这与我们在这个例子里目测的结果是一样的。

当使用拉普拉斯平滑时，我们不会获得 0-1 的概率值，尽管一个类别的概率值要比另一个类别更高。在这种情况下，所有的测试实例可以按照"喜欢"的概率的顺序排列，并按顺序向用户推荐。拉普拉斯平滑是可取的，因为贝叶斯规则右侧表达式的乘积形式中的单个 0 值可导致条件概率值为 0。

4.4.4 基于规则的分类器

基于规则的分类器可以通过各种方式进行设计，包括留一法以及关联方法。文献 [18，22] 中给出了各类基于规则的分类器的详细描述。在下文中，我们将仅讨论关联分类器，因为它们基于关联规则的简单原则。第 3 章 3.3 节提供了对基于规则的方法的讨论。关于关联规则及其度量的基本定义（如支持度和置信度）请参见该节。一个规则的支持度定义了满足规则的前件和后件的行所占的比例。规则的置信度是满足规则前件的行中也满足后件的行所占的比例。下面更详细地描述"满足"前件或后件的行的概念。

基于内容的系统中基于规则的分类器与协同过滤中基于规则的分类器相似。在协同过滤的物品–物品规则中，规则的前件和后件都对应于物品的评分。与基于内容的系统的主要区别在于协同过滤规则的前件对应于⊖各物品的评分，而基于内容的方法中规则的前件则与物品描述中特定关键词的存在性相对应。因此，规则具有以下形式：

Item contains keyword set A ⇒ Rating = Like

Item contains keyword set B ⇒ Rating = Dislike

因此，如果规则中的所有关键词都包含在该行中，则称该行（物品的关键词表示）满足规则的前件。后件对应于各种评分，我们假定为简单的喜欢或不喜欢。如果结果中的评分值与该行的因变量（评分）匹配，则表示满足该规则的后件。

第一步是利用活跃的用户画像（即训练文档）以所需的支持度和置信度水平挖掘所有规则。与所有基于内容的方法一样，这些规则是特定于当前活动用户的。例如，在表 4-1 所示的情况下，活动用户似乎对古典音乐感兴趣。在这种情况下，具有 33% 支持度和 100% 置信度的相关规则的示例如下：

{Classical, Symphony} ⇒ Like

因此，基本思想是为给定的活动用户挖掘所有这些规则。然后，对于用户兴趣未知的目标物品确定哪些规则被触发。如果规则的前件关键词包含在物品的描述中，则目标物品描述触发规则。一旦为活动用户确定了所有这样的触发规则，则这些规则的后件的平均评分会被当作目标物品的评分。存在许多启发式方法来合并后件的评分。例如，我们可以选择在计算平均值时以规则的置信度加权评分。如果没有任何规则被触发，则需要使用默认启发式方法。例如，可以计算活动用户在所有物品上的平均评分，以及所有用户对目标物品的平均评分。然后用两个量的平均值作为预测评分。因此，基于规则的分类的整体方法可以描述如下：

1)（训练阶段）从训练数据集 $\mathcal{D}_L$ 中以所需的最低支持度和置信度确定用户画像中的所有相关规则。

2)（测试阶段）对于 $\mathcal{D}_U$ 中的每个物品描述，确定被触发的规则和平均评分。根据该平均评分对 $\mathcal{D}_U$ 中的物品进行排名。

基于规则的系统的一个优点是它们提供了高度的可解释性。例如，对于推荐的物品，可以使用已触发规则的前件中的关键词告诉目标用户为什么她可能会喜欢某个特定物品。

4.4.4.1 基于规则的方法示例

为了说明使用基于规则的方法，我们给出表 4-1 中为活动用户生成的规则的示例。在 33% 的支持度水平和 75% 的置信度水平下，可以生成以下规则及其支持–置信度值：

规则 1：{Classical} ⇒ Like(50%, 100%)

规则 2：{Symphony} ⇒ Like(33%, 100%)

规则 3：{Classical, Symphony} ⇒ Like(33%, 100%)

规则 4：{Drums, Guitar} ⇒ Dislike(33%, 100%)

规则 5：{Drums} ⇒ Dislike(33%, 100%)

规则 6：{Beat} ⇒ Dislike(33%, 100%)

规则 7：{Guitar} ⇒ Dislike(50%, 75%)

⊖ 协同过滤的另一种方法是利用用户–用户规则。对于用户–用户规则来说，先行词和结果可能都包含特定用户的评分。参见第 3 章 3.3 节。

上述规则按照置信度下降的顺序进行排序，置信度相同时按支持度排序。显然，规则 2 由 Test-1 触发，而规则 5 和规则 6 由 Test-2 触发。因此，Test-1 应优先于 Test-2 推荐给活动用户。请注意，Test-1 触发的规则解释了为什么它是活动用户的最佳建议。从顾客的角度和商家的角度来看，这种解释通常在推荐系统中非常有用。

4.4.5　基于回归的模型

基于回归的模型其优点在于可用于各种类型的评分，如二元评分、基于区间的评分或数值型评分。诸如线性模型、逻辑回归模型和 ordered probit 模型之类的大类回归模型可用于对各种类型的评分进行建模。在这里，我们将描述最简单的线性回归模型。4.8 节包含更复杂的回归方法的文献。

令 D_L 是一个 $n \times d$ 矩阵，表示基于大小为 d 的词典标注过的 n 个文档的训练集 $\mathcal{D}_L$。类似地，令 $\overline{y}$ 是包含训练集中 n 个文档的活动用户的评分的 n 维列向量。线性回归的基本思想是假设评分可以被建模为单词频率的线性函数。令 $\overline{W}$ 表示将词频与评分相关联的线性函数中的每个单词的系数的 d 维行向量。然后，线性回归模型假设训练矩阵 D_L 中的单词频率与评分向量相关如下：

$$\overline{y} \approx D_L \overline{W}^T \qquad (4\text{-}12)$$

因此，$(D_L \overline{W}^T - \overline{y})$ 是预测误差的 n 维向量。为了最大化预测的质量，必须最小化该向量的平方范数。此外，为了减少过拟合，可以将正则化项 $\lambda \|\overline{W}\|^2$ 加到目标函数中。这种正则化形式也被称为 Tikhonov 正则化。这里，$\lambda > 0$ 是正则化参数。因此，目标函数 O 可以表示如下：

$$\text{Minimize } O = \| D_L \overline{W}^T - \overline{y} \|^2 + \lambda \| \overline{W} \|^2 \qquad (4\text{-}13)$$

通过将该目标函数的梯度相对于 $\overline{W}$ 设置为 0 可以解决问题。这导致以下条件：

$$D_L^T (D_L \overline{W}^T - \overline{y}) + \lambda \overline{W}^T = 0$$

$$(D_L^T D_L + \lambda I) \overline{W}^T = D_L^T \overline{y}$$

矩阵 $(D_L^T D_L + \lambda I)$ 为正定的，因此可逆（参见习题 7），故我们可以直接求解权重向量 $\overline{W}$ 如下：

$$\overline{W}^T = (D_L^T D_L + \lambda I)^{-1} D_L^T \overline{y} \qquad (4\text{-}14)$$

这里，I 是一个 $d \times d$ 的单位矩阵。因此，$\overline{W}^T$ 总是存在封闭解。对于来自未标记集合 $\mathcal{D}_U$ 的任何给定文档向量（物品描述）$\overline{X}$，其评分可以被预测为 $\overline{W}$ 和 $\overline{X}$ 之间的点积。Tikhonov 正则化使用 L_2 正则化项 $\lambda \cdot \|W\|^2$。也可以使用 L_1 正则化，其中该项被 $\lambda \cdot \|W\|$ 代替。所得到的优化问题没有封闭解，并且必须使用梯度下降方法。这种正则化形式也被称为 Lasso[242]，其可以用于特征选择。这是因为这种方法具有选择 $\overline{W}$ 的稀疏系数向量的趋势，其中 $\overline{W}$ 的大多数分量取值为 0。这样的特征可以被丢弃。因此，L_1 正则化方法为推荐过程的重要功能子集提供了高度可解释的结果。这些模型的详细讨论可以在文献 [22] 中找到。

线性模型是适用于实数型评分的回归模型的一个例子。在实践中，评分可能是一元的、二元的、基于区间的或分类的（少量的序数值）。目前已经为不同类型的目标类变量设计了各种线性模型，如逻辑回归、probit 回归、ordered probit 回归和非线性回归。一般评分通常被视为二元评分，其中未标记的物品被视为负实例。然而，对于这种情况，存在专门的 positive-unlabeled（PU）模型[364]。ordered probit 回归对于基于区间的评分特别有用。此外，在特征和目标变量之间的依赖是非线性的情况下，可以使用诸如多项式回归和核回归等非线性回归模型。当特征数量大，训练样本数量小时，线性模型通常表现相当好，实际上可能优于非线性模型。这是因为线性模型不太容易过拟合。表 4-2 显示了各种回归模型与目标变量（评分）的特点之间的映射关系。

表 4-2　回归模型及适用的评分类型

回归模型	评分特点（目标变量）	回归模型	评分特点（目标变量）
线性回归	实数	多路逻辑回归	分类、顺序
多项式回归	实数	probit	一元、二元
核回归	实数	multiway probit	分类、顺序
二元逻辑回归	一元、二元	ordered probit	顺序、区间

4.4.6　其他学习模型和比较概述

由于基于内容的过滤的问题是分类和回归建模的直接应用，所以可以从文献中获得许多其他技术。各种分类模型的详细讨论可以在 [18, 86, 242, 436] 中找到。第 3 章讨论的决策树模型也可以应用于基于内容的方法。然而，对于非常高维的数据，例如文本，决策树通常不能提供非常有效的结果。与其他分类方法相比，实验结果显示出决策树的性能不佳[477]。即使基于规则的分类器与决策树密切相关，但它们通常可以提供优异的结果，因为它们不会对特征空间进行严格的划分。基于规则的电子邮件分类器获得了成功的结果[164,165]。在各种模型中，贝叶斯方法具有可以使用适当的模型来处理所有类型特征变量的优点。基于回归的模型是非常强大的，它们可以处理所有形式的目标变量。逻辑回归和 ordered probit 回归对二元和基于区间的评分特别有用。

在二元评分的情况下，支持向量机[114]是受欢迎的选择。支持向量机与逻辑回归非常相似，主要区别在于损失量被定义为铰链损耗而非使用对数函数。支持向量机能够高度抵抗过拟合，并且存在许多现成的实现。在文献中已经使用了线性和基于内核的支持向量机。对于高维数据（例如文本）的情况，已经知道线性支持向量机就足够了。对于这种情况，已经有具有线性性能[283]的专门方法被设计出来。虽然神经网络[87]可以用于构建任意复杂的模型，但是当可用数据量很小时，它们是不可取的。这是因为神经网络对底层数据中的噪声敏感，当尺寸较小时，可能导致过拟合。

4.4.7　基于内容的系统的解释

由于基于内容的系统基于内容特征构建模型，因此通常会为推荐过程提供高度的可解释性。例如，在电影推荐系统中，告诉用户为什么他们可能喜欢特定电影（例如特定类型特征、演员特征或信息性关键词的存在）通常是有用的。因此活动用户就能够对他们是否应该看电影做出更明智的选择。类似地，音乐推荐系统中的描述性关键词集可以帮助更好地理解用户为什么喜欢特定的音轨。作为一个具体的例子，潘多拉网络电台[693]提供了推荐音轨的解释，例如：

"我们正在播放这条音轨，因为它具有如下特征：trance roots, four-on-the-floor beats, disco influences, a knack for catchy hooks, beats made for dancing, straight drum beats, clear pronunciation, romantic lyrics, storytelling lyrics, subtle buildup/breakdown, a rhythmic intro, use of modal harmonies, the use of chordal patterning, light drum fills, emphasis on instrumental performance, a synth bass riff，synth riffs，subtle use of arpeggiatted synths，heavily effected synths，and synth swoops。（这段是各种音乐术语。——译者注）

上述性质中的每一个都可以被看作是一个重要的特征，它们负责将测试实例分类为"喜欢"。请注意，协同过滤系统中常常缺乏这样详细的解释，其只能使用与推荐物品类似的物品来给出解释，而不是使用这些物品的详细特征。不过这种可解释性在特性上和程度上都对所使用的具体模型非常敏感。例如，贝叶斯模型和基于规则的系统在分类的具体因果关系方面高度可解释。考虑表 4-1 的示例，其中针对实例 Test-1 触发了以下规则：

$$\{Symphony\} \Rightarrow Like$$

很明显，Test-1 描述的物品被推荐给用户，因为它是交响乐。类似地，在贝叶斯分类模型中，$P(Symphony \,|\, Like)$ 的贡献在分类的乘法公式中是最大的。其他模型，如线性和非线性回归模型，则更难解释。然而，这些模型的某些实例（如 Lasso）可以确定分类过程中最相关的那些特征。

4.5　基于内容的推荐与协同推荐

比较基于内容的方法与第 2 章和第 3 章讨论的协同方法是有启发性的。与协同方法相比，基于内容的方法具有一些优缺点。基于内容的方法的优点如下：

1）当一个新物品被添加到评分矩阵中时，它没有任何来自用户的评分。基于记忆和基于模型的协同过滤方法都不会推荐这样的物品，因为没有足够的评分可以用于推荐。但是，基于内容的方法是利用用户之前评分的物品来给出推荐，因此，只要不是新用户，就可以通过与其他物品比较来以一种公平的方式对新物品做出有意义的推荐。协同系统对于新用户和新物品都具有冷启动问题，而基于内容的系统仅对新用户具有冷启动问题。

2）如上一节所述，基于内容的方法在物品的特征方面提供了解释，但协同推荐通常没有办法给出这样的解释。

3）基于内容的方法通常可以与现成的文本分类器一起使用。此外，每个特定于用户的分类问题通常规模不会像协同系统中那么大。因此，它们在相对较少的工程量下比较容易使用。

另一方面，基于内容的方法也具有协同推荐所没有的缺点。

1）基于内容的系统倾向于找到与用户迄今为止所看过的类似的物品。这个问题被称为过度特化（overspecialization）。在推荐中总应该有一定的新颖性和偶然性。新颖性指的是该物品与用户在过去看到的不一样，偶然性意味着用户想要发现他们可能没有发现的令人惊讶的相关物品。这是基于内容的系统的问题，其中基于属性的分类模型倾向于推荐非常相似的物品。例如，如果用户从未听过或评价过古典音乐，那么基于内容的系统通常不会向她推荐这样的物品，因为古典音乐将通过与用户迄今为止所评估的属性值非常不同的属性值进行描述。另一方面，协同系统可以利用其同组群体的兴趣来推荐这些物品。例如，协同系统可能会自动发现某些流行歌曲和古典音乐之间令人惊讶的关联，并将相应的古典音乐推荐给流行音乐爱好者。过度特化和缺乏偶然性是基于内容的推荐系统面临的两个最重要的挑战。

2）即使基于内容的系统有助于解决新物品的冷启动问题，它们也无法帮助新用户解决冷启动问题。事实上，对于新用户而言，基于内容的系统中的问题可能更为严重，因为文本分类模型通常需要足够数量的训练文档来避免过拟合。只利用一个用户特定的（小）训练数据集，而丢弃所有其他用户的训练数据似乎是相当浪费的。

尽管存在这些缺点，但基于内容的系统通常可以作为协同系统的很好的补充，因为其能够在推荐过程中利用基于内容的知识。混合推荐系统（参见第 6 章）通常会采用这种互补的行为，其目标是结合两者的最佳状态来创建更加强大的推荐系统。通常，基于内容的系统很少被单独地使用，它们通常与其他类型的推荐系统结合使用。

4.6 将基于内容的模型用于协同过滤

协同过滤模型和基于内容的方法之间有一个有趣的联系。事实证明，基于内容的方法可以直接用于协同过滤。虽然物品的内容描述是指其描述性关键词，但是可以设想某种情景，其利用用户的评分来定义基于内容的描述。对于每个物品，可以将已评分的用户名（或标识符）连接到该评分的值以创建新的"关键词"。因此，每个物品将被描述为该物品的评分数。例如，考虑电影描述如下：

Terminator：John♯Like，Alice♯Dislike，Tom♯Like

Aliens：John♯Like，Peter♯Dislike，Alice♯Dislike，Sayani♯Like

Gladiator：Jack♯Like，Mary♯Like，Alice♯Like

"♯"符号是分界符号，并确保每个用户-评分组合是唯一的。当可能的评分值数量较少（例如，一元或二元评分）时，这种方法通常更有效。在构建了这样的基于内容的描述之后，可以结合现成的基于内容的算法来使用。所得到的方法和各种协同过滤模型之间几乎有一对一的映射，这取决于分类的基本方法。虽然每种这样的技术都能映射到协同过滤模型，但是反之则不然，因为许多协同过滤方法不能被这种方法所包含。我们提供一些映射示例如下：

1）这种表示的最近邻分类器大致映射到协同过滤中基于物品的近邻模型（参见第 2 章 2.3.2 节）。

2）内容上的回归模型大致映射到协同过滤中基于用户的回归模型（参见第 2 章 2.6.1 节）。

3）内容上的基于规则的分类器大致映射到协同过滤中基于用户的基于规则的分类器（参见第 3 章 3.3.2 节）。

4）内容上的贝叶斯分类器大致映射到协同过滤中基于用户的贝叶斯模型（参见第 3 章的习题 4）。

因此，可以通过定义适当的内容表示，并直接使用现成的基于内容的方法来捕获许多用于协同过滤的方法。这是重要的，因为它们提供了许多组合的机会。例如，可以将基于评分的关键词与实际的描述性关键词组合，以获得更加健壮的模型。事实上，这种方法常用在一些混合推荐系统中。这样可以不再浪费来自其他用户的可用评分数据，并且在统一框架内共享基于内容和协同过滤模型的能力。

4.6.1 利用用户画像

使用内容属性创建协同过滤模型的另一种情况是，当用户画像以特定的关键词的形式可用时。例如，用户可以选择以关键词的形式指定他们的兴趣。在这种情况下，我们不是为每个用户创建局部的分类模型，而是通过使用用户特征来创建所有用户的全局分类模型。对于每个用户-物品的组合，可以通过使用相应用户和物品[50]的属性向量的 Kronecker 乘积来创建以内容为中心的表示，进而在该表示上构建分类或回归模型以将用户-物品的组合映射到评分。第 8 章 8.5.3 节详细讨论了这种方法。

4.7　小结

本章介绍基于内容的推荐系统的方法，其中为推荐过程创建特定于用户的训练模型。物品描述中的内容属性与用户评分相结合，以创建用户画像。分类模型则在这些模型的基础上创建。接着，这些模型被用于对尚未被用户评分的物品描述进行分类。本章的系统使用了许多分类和回归模型，如最近邻分类器、基于规则的方法、贝叶斯方法和线性模型。由于贝叶斯方法具有处理各种类型内容的能力，因此贝叶斯方法在许多场景下得到了极大的成功。基于内容的系统可以处理关于新物品的冷启动问题，但其不能处理与新用户相关的冷启动问题。基于内容的系统给出的推荐的偶然性相对较低，因为基于内容的推荐是基于用户从前的评分物品的。 163

4.8　相关工作

最早的基于内容的系统归功于文献 [60] 以及 Syskill 和 Webert[82,476-478] 系统。然而，Fab 使用了部分组合设计，其中使用基于内容的方法确定同组群体，但是在推荐过程中利用了其他用户的评分。文献 [5，376，477] 提供了基于内容的推荐系统的文章的概述。后者的工作旨在发现有趣的网站，因此提供了许多文本分类器的有效性测试。特别地，文献 [82] 提供了关于各种基于内容的系统的相对性能的有用指标。文献 [83] 讨论了对用户建模的概率方法。文献 [163，164] 在电子邮件分类中使用基于规则的系统并获得了显著成效。虽然没有理论基础，但是 Rocchio 的相关性反馈[511] 也在早期被使用，且在许多情况下表现不佳。在文献 [21，22，400] 中讨论了许多可用于基于内容的推荐的文本分类方法。文献 [599] 中提供了信息检索背景下偶然性概念的讨论。一些基于内容的系统会明确过滤非常相似的物品，以改善偶然性[85]。文献 [418] 讨论了如何跳出精度指标来衡量推荐系统的质量。

在文献 [21，364，400] 中讨论了文本分类中的特征提取、清洗和特征选择的方法。文献 [364，662] 中树匹配算法有利于从包含多个块的网页中提取主内容块。文献 [126] 描述了使用可视化的表示法从 Web 页中提取内容结构。有关分类的特征选择度量的详细讨论可在文献 [18] 中找到。最近的文本分类调查[21] 讨论了文本数据在某些特定情况下的特征选择算法。

许多现实世界的系统都是使用基于内容的系统设计的。最早的一些系统包括 Fab[60] 以及 Syskill 和 Webert[477]。一个被称为 Personal WebWatcher 的早期系统[438,439]，通过用户访问的网页学习用户的兴趣，进而给出推荐。此外，在推荐过程中还使用了被访问页面能链接到的网页。Letizia 系统[356] 使用 Web 浏览器扩展来跟踪用户的浏览行为，并使用它来给出推荐。Dynamic-Profiler 系统使用预定义的类别分类来实时向用户发布新闻推荐[636]，用户 Web 日志用于学习偏好并进行个性化推荐。IfWeb 系统[55] 以语义网络的形式表示用户兴趣。WebMate 系统[150] 以关键词向量的形式学习用户画像。该系统旨在跟踪正面的用户兴趣而不是负面兴趣。Web 推荐中的一般原则与新闻过滤没有太大不同。文献 [41，84，85，392，543，561] 讨论了新闻推荐。这些方法中的一些使用增强的表示，如 WordNet，来改进建模过程。Web 推荐系统通常比新闻推荐系统更具挑战性，因为底层文本通常质量较差。Citeseer 系统[91] 能够通过识别论文中的共同引文来发现引用数据库中有趣的文献。因此，它明确地使用引用作为确定内容相似性的机制。

基于内容的系统也被用于其他领域，如书籍、音乐和电影。文献 [448] 中讨论了基于内容的书籍推荐方法。音乐推荐中的主要挑战是容易获得的特征与用户喜欢音乐的可能 164

性之间的语义差距。这是音乐和图像领域之间的共同特点。一些方法在拟合语义差距方面取得了一些进展[138,139]。潘多拉[693]使用"音乐基因组计划"中提取的特征做出推荐。ITR 系统讨论如何使用物品（例如书籍或电影）的文本描述[178]来做出推荐。进一步的工作[179]显示了如何在基于内容的推荐器中集成标签。该方法使用诸如 WordNet 之类的语言工具来提取推荐过程需要的知识。INTIMATE 系统[391]是使用文本分类的电影推荐系统。文献［520］中讨论了一种组合基于内容和协同推荐系统的方法。文献［117］提供了混合推荐系统的更广泛的概述。文献［376］中提到潜在工作方向是通过百科知识（如维基百科）获取增强基于内容的推荐系统[174,210,211]。当前已经有一些使用维基百科进行电影推荐的方法[341]。不过有趣的是，这种方法并不能提高推荐系统的准确性。高级语义知识在基于内容的建议的应用被认为是未来工作的方向[376]。

4.9 习题

1. 假设一个用户对一组 20 个物品提供喜欢/不喜欢评分，她将其中 9 个物品评为"喜欢"，剩下的均为"不喜欢"。假设 7 个物品描述包含"惊悚"，用户不喜欢其中 5 个。计算相对于原始数据分布，以及相对于包含单词"惊悚"的物品的子集的基尼指数。特征选择算法应该在物品描述中保留该单词吗？

2. 使用关联模式挖掘实现基于规则的分类器。

3. 考虑电影推荐系统，其中电影属于表中所示的一种或多种类型，并且某个用户为每个电影提供以下一组评分。

类型⇒ 电影 ID⇓	喜剧	戏剧	爱情	惊悚	动作	恐怖	Like 或 Dislike
1	1	0	1	0	0	0	Dislike
2	1	1	1	0	1	0	Dislike
3	1	1	0	0	0	0	Dislike
4	0	0	0	1	1	0	Like
5	0	1	0	1	1	1	Like
6	0	0	0	1	0	1	Like
Test-1	0	0	0	1	0	0	?
Test-2	0	1	1	0	0	0	?

挖掘所有至少有 33% 支持度和 75% 置信度的规则。根据这些规则，你会向用户推荐物品 Test-1 或 Test-2 吗？

4. 用拉普拉斯平滑实现贝叶斯分类器。

5. 使用贝叶斯分类器重复习题 3。不要使用拉普拉斯平滑。解释为什么拉普拉斯平滑在这种情况下很重要。

6. 重复习题 3，使用 1-近邻分类器。

7. 对于训练数据矩阵 D，正则化的最小二乘回归需要反演矩阵（$D^{\mathrm{T}}D + \lambda I$），其中 $\lambda > 0$。请说明该矩阵总是可逆的。

8. 本章讨论的 χ^2 分布由下列公式定义：

$$\chi^2 = \sum_{i=1}^{p} \frac{(O_i - E_i)^2}{E_i}$$

请说明对于 2×2 列联表，上述公式可以重写如下：

$$\chi^2 = \frac{(O_1 + O_2 + O_3 + O_4) \cdot (O_1 O_4 - O_2 O_3)^2}{(O_1 + O_2) \cdot (O_3 + O_4) \cdot (O_1 + O_3) \cdot (O_2 + O_4)}$$

其中 $O_1 \cdots O_4$ 的定义方式与正文中的表格所示的例子相同。

基于知识的推荐系统

知识是知道西红柿是一种水果。而智慧是知道不要把西红柿放进水果沙拉里。

——Brain O'Driscoll

5.1 引言

基于内容的系统和协同系统都要求关于过去购买和评分的大量历史数据。例如，协同系统需要合理范围内大量的评分矩阵，以用于未来的推荐。在数据有限的情况下，推荐系统要么很差，要么无法覆盖用户-物品的所有组合。这个问题也被称作冷启动问题。关于这个问题，不同系统的敏感度不同。例如，协同系统具有最高的敏感度，它不能很好地处理新增物品和新增用户。基于内容的推荐系统在某种程度上能够更好地处理新增物品，但是仍然无法为新增用户提供推荐。

此外，一般情况下，这些方法不适用于产品高度定制的领域。如不动产、汽车、旅游产品、金融服务或昂贵的奢侈品。这些物品很少被购买，不能得到充分的评分。在很多情况下，物品的定义域可能很复杂，那些具有特殊性质的特定物品可能只有很少的实例。例如，用户可能需要购买要求规定数量的卧室、草坪、位置等的房子。由于物品描述的复杂性，可能很难获得一个合理的集合用于反映用户对于类似物品的评分历史。类似地，对于某种特定配置的汽车的历史评分可能也不适用于当前情况。

如何处理这种个性化配置和评分缺失呢？基于知识的推荐系统很少依赖明确的用户请求。然而，在这样复杂的领域，用户很难清晰阐明甚至清楚了解其需求如何与产品匹配。例如，用户可能根本不知道汽车的燃料效率和马力之间的对应关系。因此，这些系统利用与用户的交互反馈，允许用户探索内在复杂的产品空间以及学会在多种选择之间进行折中。知识库描述了物品域中不同特征的效用及其折中，从而促进检索和探索过程。知识库在实现检索和探索的过程中十分重要，这样的推荐系统被称为基于知识的推荐系统。

基于知识的推荐系统尤其适用于非定期购买的物品推荐。此外，在这样的物品域中，用户在明确其需求上是活跃的。用户很愿意在提供较少输入的情况下接受电影的推荐，但是不愿意在没有指定物品特征的具体信息的情况下接受房子或汽车的推荐。因此，基于知识的推荐系统适用的物品是不同于协同过滤和基于内容的推荐系统的。通常说来，基于知识的推荐系统适合如下情况：

1）用户想要明确描述其需求。因此，系统中必须有交互组件。协同过滤和基于内容的系统都不允许这种类型的用户反馈。

2）由于物品的类型和选项所导致的物品域的复杂性，某些特定类型的物品的评分可能很难获得。

3）在一些领域中（例如计算机），评分可能是对时间敏感的。陈旧的汽车或计算机的评分在推荐系统中是没有用的，因为这些物品会随着用户需求的变化进行更新换代。

在基于知识的推荐系统中，一个重要的部分是用户在推荐的过程中拥有更强的控制权。这种更强的控制权是在复杂问题域中将需求细化的直接结果。表 5-1 给出三种推荐系统概念层次上的比较。注意在不同的推荐系统中，输入的数据也是明显不同的。协同系统和基于内容的推荐系统主要基于历史数据，而基于知识的推荐系统是基于用户描述的需求说明。基于知识的推荐系统的一个显著特征就是在特定领域中的高度个性化定制。通过知识库来实现个性化的定制，知识库中以域或相似性度量的方式嵌入领域知识。除了利用物品属性，某些基于知识的推荐系统也会利用查询时指定的用户属性（如人口统计属性）。在这种情况下，领域知识也可以包含用户属性和物品属性之间的关系。然而，这些属性的应用在基于知识的推荐系统中并不普遍，因为在此类推荐系统中主要关注的是用户需求。

表 5-1　不同推荐系统的概念目标

方　　法	概 念 目 标	输　　入
协同	基于协同的方法利用用户本人或同伴的评分和活动，给出推荐结果	用户评分＋社区评分
基于内容	基于用户过去对内容（属性）的评分和活动，给出推荐结果	用户评分＋物品属性
基于知识	基于用户明确的内容（属性）需求说明，给出推荐结果	用户需求说明＋物品属性＋领域知识

根据用户的交互方法和辅助用户交互的相关知识库，基于知识的推荐系统可以被分为两类：

1）**基于约束的推荐系统**：在基于约束的推荐系统中[196,197]，用户指定需求或约束（如物品属性的下限或上限），然后利用特定领域的规则匹配用户需求或物品属性。这些规则代表了系统中使用的领域知识。这些规则使用物品属性上的特定域约束条件（如 "1970 年以前的汽车没有恒速操纵器"）。此外，基于约束的系统建立关于用户属性和物品属性关系的规则（如 "较年长的投资者不会投资超高风险的物品"）。在这些情况下，也可以在搜索过程中指定用户属性。基于返回结果的数量和类型，用户有机会修改最初的需求。例如，当返回结果较少时，可以适当放松约束条件的限制，返回结果多时，可以增加一些约束条件。这个交互式的搜索过程不断重复，直到用户达到他期望的目的才终止。

2）**基于案例的推荐系统**：在基于案例的推荐系统中[102,116,377,558]，由用户来指定特定实例作为目标或锚点。在物品属性上定义相似性度量，以便检索与目标相似的物品。相似性度量通常以领域相关的方式谨慎地被定义。因此，相似性度量就构成了该系统中的领域知识。返回的结果通过与用户交互被当作新的目标实例。例如，当用户看到一个与其预期结果很相近的返回结果时，他就会再发出一个查询，通过修改一些属性，找到他最想得到结果。与此同时，有针对性的批评可以对一些属性值大于或小于特定值的物品进行剪枝。这个交互过程会引导用户得到最终的推荐结果。

注意，上述两种系统都允许用户修改其需求。然而，这两种系统的实现方法是不同的。在基于案例的系统中，将实例作为 "锚点"，再结合相似性度量，二者共同引导搜索。然而在基于约束的系统中，使用特定的标准/规则（约束）来指导搜索。这两种情况下，返回的结果都被用来修改搜索标准，以便得到进一步的推荐结果。根据向约束中嵌入的领域知识不同（如约束、规则、相似性度量、效用函数），基于知识的推荐系统被赋予不同的名字。例如，相似性度量或约束的设计要求特定的领域知识，这对于推荐系统的有效性是至关重要的。总的来说，与需要不同域上的相似类型数据的基于内容和协同的推荐系统相比，基于知识的推荐系统可以在高度异构、领域相关的源上工作。所以，基于知识的系统是个性化的，在不同的领域上是不能够统一的。不过，个性化定制中的很多原则是不随着领域的变化而变化的。本章就是讨论这些不变的原则。

利用会话系统、基于搜索的系统、导航系统进行用户和推荐之间的交互。这些不同形式的引导要么独立执行，要么组合执行，定义如下。

1）会话系统：用户偏好由反馈循环的内容决定。因为物品的域很复杂，且用户的偏好只能在会话系统的交互过程中决定。

2）基于搜索的系统：用户偏好由预先设置的问题序列决定，例如"你想要近郊还是市区的房子？"。

3）导航系统：用户指定当前推荐物品的更改请求。通过迭代地更改需求，最终找到用户想要的物品。一个用户更改请求的例子如：当系统推荐一个特定的房子时，用户提出"我想要当前推荐房子西部大概 5 英里范围的相似房子"。这类推荐系统也被称为批评推荐系统（critiquing recommender system）[120, 121, 417]。

上述不同类型的引导系统适合不同类型的推荐系统。例如，批评系统主要是为基于案例的推荐系统设计，通过批评一个特定实例达到最终结果。另一方面，基于搜索的系统可以为基于约束的推荐系统设置用户需求。某些引导形式可以同时运用在基于约束和基于案例的系统中。更进一步，基于知识的推荐系统可以对不同的引导形式进行组合。基于知识的系统，其设计和接口没有严格的规则限制。目标就是通过复杂的产品空间引导用户。

基于约束推荐和基于案例推荐的交互过程分别在图 5-1a 和图 5-1b 中给出说明。总体的交互过程是相似的。这两种情况的最大不同在于用户通过特定查询以及与系统交互，来对后面的结果进行提炼。在基于约束的系统中，用户指定特定需求（约束）。在基于案例的系统中，用户指定特定的目标（案例）。相应地，在两个系统中使用不同类型的交互过程和领域知识。在基于约束的系统中，原始用户设置的查询需求通过增加、删除、修改、放松等操作进行修改。在基于案例的系统中，要么通过用户交互修改目标，要么通过用户有方向的引导对搜索结果剪枝，用户只需要简单地说明在搜索结果中是否需要通过某种方法增加、删除、改变一个特定的属性。这样的方式比普通的修改目标方式显示出更明显的对话特点。这些系统假设用户在复杂物品域中无法清晰陈述其需求。在基于约束的系统中，利用知识库规则把用户需求映射到物品属性来解决这个问题；在基于案例的系统中，通过批评的会话方式来解决这个问题。这两个系统都存在交互的过程，帮助用户在复杂物品域中发现符合需求的物品。

170

值得注意的是，大多数基于知识的推荐系统都更依赖于以关系属性描述物品，而不是像在基于内容的系统中把它们看作文本关键词⊖。这是因为基于知识的推荐中包含特定领域的知识，并可以很容易用关系属性描述。例如，考虑不动产的应用，表 5-2 给出房子的属性描述。在基于案例的推荐中，相似性度量根据这些属性定义，用于匹配与用户目标相似的结果。每个关系属性在匹配过程中具有重要的意义和权重，这个依赖于特定领域的标准。在基于约束的系统中，查询以特定属性的方式描述，例如房子的最高价格或特定的位置。因此，该问题可归约为约束可满足问题的一个实例，约束可满足问题是发现满足所有约束的实例相关集合。

⊖ 基于内容的系统在信息检索和基于关系的环境中都有应用，而基于知识的系统主要应用于基于关系的环境。

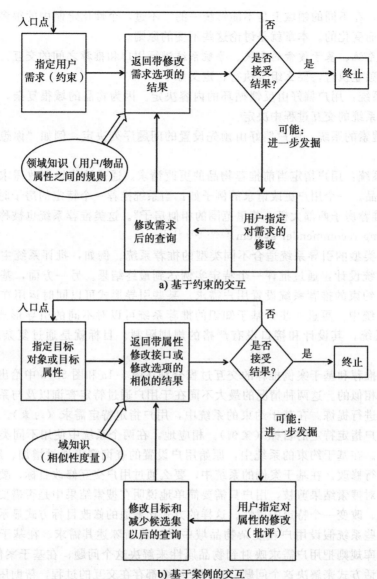

a) 基于约束的交互

b) 基于案例的交互

图 5-1　基于知识的推荐系统的交互过程

表 5-2　购房推荐应用中的属性举例

物品 ID	Bedrooms	Bathrooms	Locality	Type	Floor Area	Price
1	3	2	Bronx	Townhouse	1600	220 000
2	5	2.5	Chappaqua	Split-level	3600	973 000
3	4	2	Yorktown	Ranch	2600	630 000
4	2	1.5	Yorktown	Condo	1500	220 000
5	1	2	Ossining	Colonial	2700	430 000

本章组织结构如下。5.2 节介绍基于约束的推荐系统。5.3 节介绍基于案例的推荐系统。5.4 节介绍基于知识系统中的个性化设置。5.5 节给出本章小结。

5.2 基于约束的推荐系统

基于约束的推荐系统允许用户在物品属性上指定需求或约束，并利用规则集匹配用户需求和物品的属性。然而，顾客不可能永远基于物品的同一属性描述查询。因此，需要增加一个规则的额外集合，将顾客需求与物品属性相关联。针对表 5-2 给出的房屋购买的例子，下面给出一些顾客指定属性的实例：

Marital-status (categorical), *Family-Size* (numerical), *suburban-or-city* (binary), *Min-Bedrooms* (numerical), *Max-Bedrooms* (numerical), *Max-Price* (numerical)

这些属性可能代表顾客的固有特性（如人口统计资料），也可能表示顾客对物品的需求。这些需求通常通过顾客与推荐系统之间的规划来交互式地确定。有很多需求属性在表 5-2中并没有给出。某些顾客需求属性到物品属性的映射是显而易见的，如最高价格；而有些属性的映射不是特别明显，如郊区还是市区。类似地，在金融应用中，顾客给出产品需求"保守投资"，需要映射到产品属性（如"Asset-type＝Treasuries"）。很明显，必须将顾客属性/需求映射到产品属性上来用于推荐系统的过滤，这是通过利用知识库实现的。知识库包含额外的规则，将顾客属性/需求映射到产品属性上：

$$Suburban\text{-}or\text{-}rural = Suburban \Rightarrow Locality = \langle List\ of\ relevant\ localities \rangle$$

这些规则可以被当作过滤条件，它们将用户需求映射到产品属性上，并利用该映射过滤检索结果。这些类型的规则大多数来自产品域，少部分来自数据集的挖掘结果。在这种特殊情况下，利用公开获得的地理信息来得到这些规则。另一个例子是汽车领域，其中某些属性是可选的。例如，高扭矩引擎只有在运行模型中才能得到。这些条件被称为相容性条件，因为其可以被用来快速发现产品域与用户需求的不一致。在很多情况下，这样的相容性约束集成在用户接口中。例如，汽车定价网站 Edmunds.com 不允许用户输入与用户接口不一致的请求。在其他应用中，不一致检测在用户接口中是无法实现的，此时只能通过查询结果返回空集来进行不一致检测。

其他的一些相容性约束将顾客属性相关联。当顾客在交互过程中指定与其相关的个人信息时（如人口统计信息），这样的约束是有用的。例如，人口统计属性可能与基于特定域约束或历史经验的顾客产品需求相关。下面举出此类约束的例子：

$$Marital\text{-}status = single \Rightarrow Min\text{-}Bedrooms \leqslant 5$$

基于领域相关的经验或对历史数据的挖掘结果，可以推测单身者不会购买非常大的房子。类似地，小房子也不适合大家庭。该约束可以形式化为下述规则：

$$Family\text{-}Size \geqslant 5 \Rightarrow Min\text{-}Bedrooms \geqslant 3$$

因此，基于约束的推荐系统有三种类型的基本输入：

1）第一种类型的输入由属性描述用户的固有性质（如人口统计或风险报告），以及产品的特定需求（如最小卧室数）。这些属性中的一些可以直接和产品属性关联起来，而另一些必须通过知识库才能与产品属性关联。大多数情况下，在交互环节说明顾客性质和需求，但是这些需求在不同的环节可能会不一样。因此，如果另一个用户在一个环节中指定了相同的需求集合，他们就会得到相同的结果。这与其他类型的推荐系统不同，它们的个性化推荐是基于历史数据的，不会发生改变。

2）第二种类型的输入由知识库表示，把顾客属性/需求映射到不同的产品属性上。映射可以通过直接或间接方法得到：

- **直接**：规则将顾客需求与硬性产品属性需求相关联。下面给出示例：

$$Suburban\text{-}or\text{-}rural = Suburban \Rightarrow Locality = List\ of\ relevant\ localities$$
$$Min\text{-}Bedrooms \geqslant 3 \Rightarrow Price \geqslant 100\ 000$$

这样的规则也被看作过滤条件。

- **间接**：规则将顾客属性/需求与期望的典型产品需求相关联。因此，这类规则可以被看作关联顾客属性与产品属性的间接途径。下面给出示例：

$$Family\text{-}Size \geqslant 5 \Rightarrow Min\text{-}Bedrooms \geqslant 3$$
$$Family\text{-}Size \geqslant 5 \Rightarrow Min\text{-}Bathrooms \geqslant 2$$

上面规则的两边都代表顾客属性，尽管右边一般表示顾客的需求，但是可以很容易地被映射到产品属性上。这些约束表示相容性约束。相容性约束或过滤条件和顾客指定的需求不一致时，推荐列表为空。

前文提到的知识库由公开可得信息、领域专家、经验以及历史数据集的挖掘结果得到。因此，构建知识库需要耗费较多精力。

3) 最后，产品目录包含具备相应的物品属性的所有产品。表 5-2 给出一个房屋购买的产品目录快照的例子。

因此，该问题可归结为如何确定所有满足用户需求和知识库规则的产品列表。

5.2.1 返回相关结果

返回相关结果的问题可以被看作是约束可满足问题的一个实例，把目录中的每个物品看作是属性中的约束，用析取范式表达目录。表达式与知识库中的规则相结合，判断物品空间是否存在相互一致的区域。

更简单地说，规则和需求的设置可以被看作是日志中的过滤任务。所有顾客需求和与顾客相关的活跃规则被用于构建数据库选择查询。创建过滤查询的步骤如下：

174

1) 对于用户在用户接口中指定的请求（个人属性），检查其是否匹配知识库中规则的前件。如果存在匹配，规则的结果就被看作有效的选择条件。例如，前面提到的不动产例子中，如果顾客在用户接口中指定属性和个人偏好 Family-Size＝6 且 ZIP Code＝10547，用下面规则可发现 Family-Size＝6：

$$Family\text{-}Size \geqslant 5 \Rightarrow Min\text{-}Bedrooms \geqslant 3$$
$$Family\text{-}Size \geqslant 5 \Rightarrow Min\text{-}Bathrooms \geqslant 2$$

因此，这些条件的结果被加到用户需求里，用这些扩展的需求重新检查规则库。新加入的约束 Min-Bedrooms≥3 引入下面新的规则：

$$Min\text{-}Bedrooms \geqslant 3 \Rightarrow Price \geqslant 100\ 000$$
$$Min\text{-}Bedrooms \geqslant 3 \Rightarrow Bedrooms \geqslant 3$$
$$Min\text{-}Bathrooms \geqslant 3 \Rightarrow Bathrooms \geqslant 2$$

因此，条件 Price≥100 000 和属性 Min-Bedrooms、Min-Bathrooms 上的范围约束由物品上的属性 Bedrooms、Bathrooms 代替。在下一次迭代中，没有额外的条件可以被加入用户请求中。

2) 在析取范式中，用扩展需求构建数据库查询。这表示传统数据库选择查询，计算物品目录中下列约束的交集：

$$(Bedrooms \geqslant 3) \wedge (Bathrooms \geqslant 2) \wedge (Price \geqslant 100\ 000) \wedge (ZIP\ Code = 10547)$$

这种方法本质上将顾客属性约束和请求属性约束映射到物品域的约束上。

3) 用选择查询检索与用户请求相关的目录中的实例。

值得注意的是，大多数基于约束的系统允许用户在自己的部分对需求或属性（如偏好、人口统计信息）进行说明。换句话说，指定的信息并不是一成不变的；如果另一个用户也提出了相同的需求，他们将得到相同的结果。对于大多数基于知识的系统，这种情况是普遍存在的。5.4 节讨论了基于知识的系统的不变性最近的研究进展。

满足约束的物品结果列表提供给用户。本节后面将讨论排序物品的方法。用户可以修改请求，获取更准确的推荐。探索和提炼的总过程让顾客发现意想不到的推荐。

175

5.2.2　交互方法

用户和推荐系统之间的交互进行过程如下：

1）用户利用交互界面说明初始偏好。一种常见的方法是利用网页表格，其中可以填入需要属性的值。图 5-2 给出一个房屋购买的例子。用户会被问到一系列问题，来明确他们的初始偏好。例如，汽车推荐网页 Edmunds.com 给用户提出一些问题，关于一些特定的特征让用户说明其偏好。第一个界面的答案可能影响到下一个界面的问题。

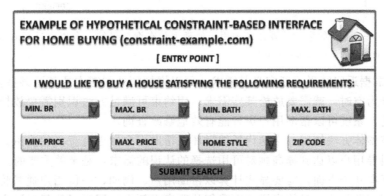

图 5-2　一个基于约束的推荐系统中初始用户界面的假设示例（constraint-example.com）

2）给用户提供匹配物品的排序列表，并解释一下物品返回的原因。一些情况下可能没有满足用户需求的物品。此时，可以对请求进行适当的放松。例如，在图 5-3 中，查询没有返回结果，建议采取可能的放松条件。在某些情况下，返回的物品太多，需要增加一些约束（需求）。例如，在图 5-4 中，返回了过多的结果，因此给查询增加了一些可能的约束条件。

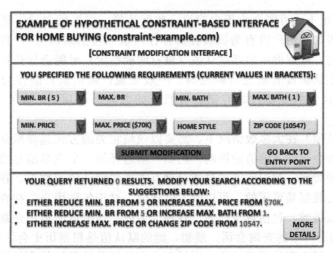

图 5-3　在一个基于约束的推荐系统中用于处理空查询结果的一个用户界面的假设示例（constraint-example.com）

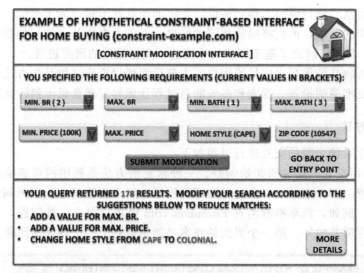

图 5-4   在一个基于约束的推荐系统中用于处理大量查询结果的一个用户界面的假设示例
（constraint-example. com）

3）用户根据返回结果重新定义其需求，可以增加额外的需求或移除某些需求。例如，当返回的结果为空时，就需要放松某些需求。用约束可满足方法识别需要放松的可能候选约束集。因此，系统可以帮助用户更智能有效地修改查询。

因此，该整体方法使用一个迭代反馈循环来帮助用户做出有意义的决策。设计一个系统，其可以引导用户以达到提高她对可用选择的认识的需求，是至关重要的。

这种交互有几个方面，需要显式计算以帮助用户。例如，一位用户通常将不会为所有产品的属性指定期望值。具体来说，在我们的购房示例中，用户可能仅对卧室的数量指定约束，但不对价格指定任何约束。在这种情况下有几种解决方案是可行的：

1）系统可以使其他属性不受约束，并且仅基于已指定的约束来检索结果。例如，可以考虑所有可能的价格范围，以便向用户提供第一组响应。虽然这可能是最合理的选择，但是当用户的查询被明确指定好时，在响应数量较多的情况下这可能不是一个有效的解决方案。

2）在某些情况下，可能会为用户建议一些默认值，以提供向导。默认值只用于指导用户选择值，或者如果用户没有为该属性选择任何值（包括默认值），则默认值将实际用于查询。可以认为，在查询中包括默认值（没有明确指定）可能会导致推荐系统中的显著偏差，特别是在默认值没有被充分研究时。一般来说，默认值只能作为给用户的一条建议。这是因为默认值的主要目的应朝着自然值的方向引导用户，而不是替代未指定的选项。

如何确定默认值？在大多数情况下，需要以领域相关的方式选择默认值。此外，默认值中的某些值可能会受到其他值的影响。例如，所选择的一个汽车型号的功率可能经常反映出所期望的燃油效率。知识库需要显式存储有关这些默认值的数据。在某些情况下，来自用户会话的历史数据是可用的，可以学习默认值。对于各种用户，在查询会话中其指定的属性值是可能获得的，包括缺少的值。各种会话的平均值可能被用作默认值。考虑一个由 Alice 发起的购买汽车的查询会话。最初，她的默认值是根据历史会话的平均值计算的。然而，如果她指定了汽车的所需功率，则界面会自动调整其燃油效率的默认值。这个新的默认值是基于汽车的燃油效率的平均值，这是在具有相似功率的汽车的历史会话中指定的。在某些情况下，系统可能会根据知识库的可行性约束自动调整默认值。当用户在界面中指定越来越多的值时，只能通过在当前规定的近邻中的会话来计算平均值。

在发出查询后，系统会提供一个目录中可能匹配的排名列表。因此，能够有意义地对这些匹配进行排序是很重要的，并且如果需要，还要提供推荐结果的说明。在返回的匹配结果集太小或太大的情况下，可以放宽或收紧需求以向用户提供进一步的指导。值得注意的是，提供解释也是指导用户进行更有意义的查询优化的一种聪明的方法。接下来，我们将讨论交互式用户指导的各个方面。

5.2.3　排序匹配的物品

存在一些根据用户需求对物品进行排序的自然方法。最简单的方法是允许用户指定一个单一的数字属性，根据该属性对这些物品进行排序。例如，在购房应用中，系统可能向用户提供基于住宅价格、卧室数量或与特定邮政编码的距离来对物品进行排序的选项。事实上，这种方法用于许多商业界面。

使用单个属性会削弱其他属性的重要性。一个常用的方法是使用效用函数来排列匹配的物品。令 $\overline{V} = (v_1 \cdots v_d)$ 是定义匹配产品属性的值的向量。因此，内容空间的维度为 d。效用函数可以被定义为各个属性的效用的加权函数。每个属性具有一个分配给它的权重 w_j，以及一个由函数 $f_j(v_j)$ 定义、依赖于匹配的属性值 v_j 的贡献值。然后，匹配物品的效用 $U(\overline{V})$ 由下式给出：

$$U(\overline{V}) = \sum_{j=1}^{d} w_j \cdot f_j(v_j) \tag{5-1}$$

显然，需要实例化 w_j 和 $f_j(\cdot)$ 的值才能学习效用函数。有效的效用函数的设计通常需要特定领域的知识，或者从过去的用户交互中学习数据。例如，当 v_j 是数值时，可以假设函数 $f_j(v_j)$ 在 v_j 中是线性的，然后通过抽出来自各种用户的反馈来学习线性函数和 w_j 的系数。通常，来自某些用户的训练数据被抽取出来，这些用户被赋予对一些样本物品进行排序的任务。然后使用这些排序结合使用回归模型来学习上述模型。这种方法与联合分析的方法相关[155,531]。联合分析定义了人们如何评估构成一个个人产品或服务的不同属性的正式研究的统计方法。5.6 节包含一些通常用于设计效用函数的方法的指示。

5.2.4　处理不可接受的结果或空集

在许多情况下，一条特定的查询可能返回一个空结果集。在其他情况下，返回的结果集可能不足以满足用户的要求。在这种情况下，用户有两个选择。如果认为不存在修改约束的直接方式，她可以选择从入口点重新开始。或者，她可以决定改变或放宽下一次交互式迭代的约束。

用户如何在是否放宽约束上做出一个有意义的选择，以及该以何种方式去做？在这种情况下，向用户提供放宽当前需求的指导通常是有帮助的。这些建议被称为修补建议。这个想法是能够确定最小的不一致约束集，并将它们呈现给用户。用户更容易接受最小的不一致约束集，并找到放宽这些集合中的一个或多个约束的方法。考虑购房案例，其中可以发现用户已经规定了许多要求，但是唯一相互矛盾的要求是 "Max-Price<100 000" 和 "Min-Bedrooms>5"。如果呈现给用户这对约束，她可以明白，要么她需要增加她愿意支付的最高价格，要么她需要选择较小的卧室数量。找到不一致约束的最小集合的一种朴素的方法是对用户需求的所有组合执行一次自底向上的搜索，并确定不可行的最小集合。在

176
~
179

许多交互界面中，用户可能仅指定了少量（例如 5～10 个）的要求，并且涉及这些属性（领域知识）的约束数也可能很小。在这种情况下，对所有可能性的详尽的探索并非是一种不合理的做法。由于其本质，交互式需求的规定通常会导致一个相对较少数量的约束规定。用户在一次交互查询中指定 100 个不同的要求是不常见的。然而，在某些情况下，当用户指定的要求数量很大，并且领域知识很重要时，这种详尽的自底向上的探索可能不是一个可行的选择。也已提出了更复杂的方法，例如 QUICKXPLAIN 和 MINRELAX，可用于快速发现小的冲突集和最小的松弛[198,273,274,289,419]。

这些方法大多使用类似的原则，确定违规的约束的小集合，并且基于一些预定义的标准来建议最适当的松弛。然而，在实际应用中，有时难以提出约束松弛的具体标准。因此，一个简单的替代方案是向用户呈现不一致约束的小集合，这些集合通常可以在制定修改的约束时向用户提供足够的直觉。

5.2.5   添加约束

在某些情况下，返回结果的数量可能非常大，用户可能需要建议添加到查询中的可能约束。这时可以使用各种方法来给用户建议约束以及可能的默认值。经常通过挖掘历史会话日志来选择此类约束的属性。历史会话日志可以在所有用户上定义，也可以在当前特定的用户上定义。后者提供更具个性化的结果，但对于不经常购买的物品（例如汽车或房屋）来说是不可获得的。值得注意的是，基于知识的系统通常被设计为不精确地使用这种持久的和历史的信息，因为它们需要在冷启动环境中工作。尽管如此，这样的信息通常可以在改善用户体验的时候变得非常有用。

如何使用历史会话数据呢？其思想是选择受欢迎的约束。例如，如果一位用户已经对一组物品属性指定了约束，则其他包含这些属性中的一个或多个的会话就会被识别。例如，如果一位用户对卧室数量和价格指定了约束，则包含卧室和价格约束的先前的会话会被识别。特别地，根据公共属性的数量可以识别前 k 个最邻近的会话。如果确定在这些前 k 个会话中最受欢迎的约束是浴室的数量，则该属性作一个可添加的附加约束的候选被建议。

在许多情况下，用户在过去指定约束的时间顺序是可用的。在这种情况下，通过将约束看作一个有序集而不是无序集[389]，也可以使用用户指定约束的顺序。实现此目标的一个简单方法是确定在先前会话中遵循当前指定约束属性集的最频繁属性。序列模式挖掘可用于确定这种频繁属性。文献 [389，390] 中的工作将序列学习问题模拟为马尔可夫决策过程（MDP），并使用强化学习技术来度量各种选择的影响。可以基于约束在数据库中的选择性或基于在过去会话中用户的平均规定来建议约束。

5.3   基于案例的推荐系统

在基于案例的推荐系统中，使用相似性度量来检索与指定目标（或案例）相似的示例。例如，在表 5-2 的房地产示例中，用户可以指定期望位置、卧室数量和一个期望价格来规定一组目标属性。与基于约束的系统不同，没有在这些属性上强加硬性约束（例如最小值或最大值）。还可以设计一个初始查询界面，其中将相关物品的示例作为目标。但是，在初始查询界面中指定所需的属性才是更为自然的。一个相似度函数被用来检索与用户指定的目标最相似的示例。例如，如果确实没有找到满足用户指定需求的房屋，则使用相似度函数来检索和排序尽可能类似于用户查询的物品。因此，与基于约束的推荐系统不同，在基于案例的推荐系统中，检索结果为空集并不是一个问题。

在如何改进结果方面，基于约束的推荐系统和基于案例的推荐系统之间也存在重大差异。基于约束的系统使用需求放宽、修改和收紧来改进结果。最早的基于案例的系统主张重复修改用户查询的要求，直到找到合适的解决方案。因此，"批评"方法被提出。批评方法的基本思想是，用户可以选择一个或多个检索结果，并指定以下形式的进一步查询：

"给我更多像 X 的物品，但根据指南 Z，它们的属性 Y 要不同。"

关于是否选择一个或多个属性进行修改以及如何给定修改属性的指南有很多方法。批评的主要目标是支持物品空间的交互式浏览，其中用户逐渐通过已检索的示例来了解更多的可用选项。物品空间的交互式浏览具有以下优点：它是迭代查询制定过程中的一个用户学习过程。通常，通过重复和互动的探索，用户可能会达到一开始就无法达到的物品。

例如，考虑表 5-2 的购房示例。用户可能最开始指定了期望的价格、卧室的数量和期望的位置。或者，用户可能指定了一个目标地址以提供一个她可能感兴趣的房屋的示例。图 5-5 中给出了用户可以以两种不同方式指定目标的一个初始界面的示例。界面的顶部说明了目标特征的规定，而界面的底部则说明了目标地址的规定。后一种方法对于用户在技术上指定隐藏的特征存在很大困难的领域是很有帮助的。举一个数码相机的例子，很难为一位非专业摄影师确切地指定所有的技术特征。因此，一位用户可能会将其朋友的相机指定为目标案例，而不是指定所有技术特征。请注意，此界面是假设的，仅用于说明目的，而不是基于实际的推荐系统。

[181]

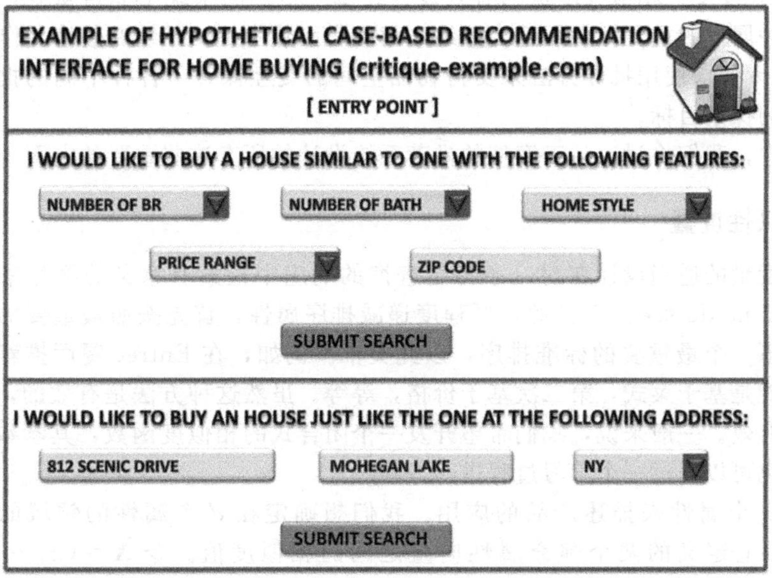

图 5-5 在一个基于案例的推荐系统中的一个初始用户界面的假设示例（critique-example. com）

系统使用目标查询并结合相似度或效用函数来检索匹配的结果。最终，在检索结果之后，用户可以决定喜欢某所房屋，除非房屋特征中包含她特别不喜欢的特征（例如，殖民地）。在这一点上，用户可以利用这个例子作为一个锚并在其中指定她想要的不同的特殊属性。请注意，用户能够做出第二组批评查询规范的原因是，她现在有一个具体的例子来处理，而在这之前她并没有意识到。批评界面可以通过多种不同的方式进行定义，这将在5.3.2 节进行详细讨论。然后，系统将使用已修改的目标执行一个新的查询，并使用一组减少的候选项，这些候选项是先前查询的结果。在许多情况下，效果是简单地修剪不被认为是相关案例的搜索结果，而不是提供对返回结果的重新排序。因此，与基于约束的系统不同，在基于案例的迭代中的返回响应数通常从一个周期减少到下一个周期。然而，也可以设计一个基于案例的系统，其中通过将每个查询的范围扩展到整个数据库，而不是当前已检索到的候选结果集，使得候选结果并不总是从一次迭代减少到下一次迭代。这种设计的选择有其自己的权衡考虑。例如，通过扩展每个查询的范围，用户将能够导航到比当前查询距离更远的一条最终结果。另一方面，结果也可能在后来的迭代中变得越来越无关紧要。出于本章的目的，我们假设返回的候选结果总是从一次迭代减少到下一次迭代。

通过反复批评，用户有时会得到与初始查询指定的完全不同的最终结果。毕竟，用户通常很难在一开始就表达出他们所期望的所有特征。例如，在查询过程开始时，用户可能不会意识到期望的房屋特征的一个可接受的价格。这种交互方法弥合了她的初步理解与物品可用性之间的差距。正是这种辅助浏览的功能使得基于案例的方法在提高用户意识方面变得如此强大。用户有时也可能通过重复地减少候选集而得到一组空的候选集。这样的会话可以被视为无结果的会话，并且在这种情况下，用户必须在入口点从头重新开始。请注意，这与基于约束的系统不同，在后者中用户还可以选择放宽当前的要求集来增大结果集。产生这种差异的原因是基于案例的系统通常将候选结果的数量从一个周期减少到下一个周期，而基于约束的系统则不会。

为了使基于案例的推荐系统有效运行，系统的两个关键方面必须进行有效的设计：

1) 相似性度量：相似性度量的有效设计在基于案例的系统中非常重要，以便检索相关结果。各种属性的重要性必须适当地纳入相似度函数中，使系统有效地工作。

2) 批评方法：使用批评方法来支持物品空间的交互探索。各种不同的批评方法可用于支持不同的探索目标。

在本节中，我们将讨论基于案例的推荐系统设计的所有这些重要的方面。

5.3.1　相似性度量

相似性度量的适当设计在对一条特定查询的响应中检索有意义的物品来说是至关重要。最早的 FindMe 系统[121]按照重要程度递减排序属性，首先按照最重要的标准进行排序，然后按下一个最重要的标准排序，以此类推。例如，在 Entree 餐厅推荐系统中，第一次排序可能是基于菜式，第二次基于价格，等等。虽然这种方法是有效的，但不一定对每个领域都有效。一般来说，我们希望开发一个闭合式的相似度函数，其参数可以由领域专家设置，也可以通过一个学习过程进行调整。

考虑由 d 个属性来描述产品的应用。我们想确定在 d 个属性的领域的子集 S（即 $|S|=s \leqslant d$）上定义的两个部分属性向量之间的相似度值。令 $\overline{X}=(x_1 \cdots x_d)$ 和 $\overline{T}=(t_1 \cdots t_d)$ 表示可能部分指定的两个 d 维向量，其中 $\overline{T}$ 表示目标。假设在两个向量中至少指定属性子集 $S \subseteq \{1 \cdots d\}$。请注意，我们使用部分属性向量，因为这些查询通常仅在用户指定的一小部分属性上定义。例如，在上述房地产示例中，用户可能仅指定查询特征的一个小的集合，例如卧室或浴室的数量。然后，两组向量之间的相似度函数 $f(\overline{T}, \overline{X})$ 定义如下：

$$f(\overline{T}, \overline{X}) = \frac{\sum_{i \in S} w_i \cdot \text{Sim}(t_i, x_i)}{\sum_{i \in S} w_i} \tag{5-2}$$

这里，$\mathrm{Sim}(t_i, x_i)$ 表示值x_i和y_i之间的相似度。权重w_i表示第i个属性的权重，它规定了该属性的相对重要性。那么相似度函数 $\mathrm{Sim}(t_i, x_i)$ 和属性重要性w_i是如何被学习的呢？

首先，我们将讨论如何确定相似度函数 $\mathrm{Sim}(t_i, x_i)$。请注意，这些属性可能是定量的或分类的，这进一步增加了这种系统的异构性和复杂性。此外，属性可以根据较高或较低的值是对称的或不对称的[558]。例如，考虑表5-2的购房示例中的价格属性。如果返回的产品的价格低于目标值，则相比返回的产品的价格比目标值更大的情况来说是更容易接受的。对于不同的属性，不对称的精确程度可能不同。例如，对于一个属性，如相机的分辨率，用户可能更期望找到更大的分辨率，但这种倾向可能不如考虑价格那么强烈。其他属性可能是完全对称的，在这种情况下，用户想要属性值准确地定在目标值t_i上。一个对称度量的示例如下：

$$\mathrm{Sim}(t_i, x_i) = 1 - \frac{|t_i - x_i|}{\max_i - \min_i} \tag{5-3}$$

这里，$\max_i$和$\min_i$表示属性i的最大或最小的可能值。或者，可以使用标准差σ_i（在历史数据上）来设置相似度函数：

$$\mathrm{Sim}(t_i, x_i) = \max\left\{0, 1 - \frac{|t_i - x_i|}{3 \cdot \sigma_i}\right\} \tag{5-4}$$

请注意，在对称度量的情况下，相似度完全由两个属性之间的差异定义。在一个非对称属性的情况下，可以额外添加一个非对称的奖励，这取决于目标属性值是更小还是更大。对于属性值较大是更好的情况，可能的相似度函数的示例如下：

$$\mathrm{Sim}(t_i, x_i) = 1 - \frac{|t_i - x_i|}{\max_i - \min_i} + \underbrace{\alpha_i \cdot I(x_i > t_i) \cdot \frac{|t_i - x_i|}{\max_i - \min_i}}_{\text{非对称奖励}} \tag{5-5}$$

这里，$\alpha_i \geq 0$ 是一个用户定义的参数，$I(x_i > t_i)$ 是一个指示函数，如果$x_i > t_i$，则取值为1，否则为0。注意，只有当属性值x_i（例如，相机分辨率）大于目标值t_i时，奖励才生效。对于属性值较小是较好的情况（例如价格），奖励函数是类似的，只是该情况使用如下指标函数进行奖励：

$$\mathrm{Sim}(t_i, x_i) = 1 - \frac{|t_i - x_i|}{\max_i - \min_i} + \underbrace{\alpha_i \cdot I(x_i < t_i) \cdot \frac{|t_i - x_i|}{\max_i - \min_i}}_{\text{非对称奖励}} \tag{5-6}$$

α_i 的值以一个高度领域特定的方式选择。对于$\alpha_i > 1$的值，"相似度"实际上随着与目标的距离增加而增大。在这种情况下，将 $\mathrm{Sim}(t_i, x_i)$ 视为一个效用函数而不是一个相似度函数是很有帮助的。例如，在价格的情况下，人们总是更喜欢较低的价格而不是更高的价格，虽然这种情况下目标价格可能会定义一个转折点。当α_i的值正好为1.0时，这意味着一个人不关心在其中一个方向上目标值的进一步改变。举一个相机分辨率的例子，人们可能不会关心超出某一点后的分辨率。当$\alpha_i \in (0, 1)$时，这意味着用户对某个目标的喜好程度超越了其他目标，但是在目标的两侧可能具有非对称偏好。例如，用户对马力的偏好可能会大大增加到目标，并且由于燃料消耗更大，她也可能会对比目标的马力更大的马力产生轻微的厌恶。这些例子表明，没有简单的方法来预先定义这种相似性度量，领域专家仍需要做很多的工作。

对称和非对称相似度函数的例子如图5-6所示。范围为$[0, 10]$，使用6作为目标值。对称相似度函数如图5-6a所示，其中相似度与目标距离呈线性关系。然而，在上面讨论的功率示例中，图 5-6b 中的不对称相似度函数可能更为合适，其中 $\alpha_i = 0.5$。对于诸如相机分辨率的一个属性，可以决定在用户的目标之外不再分配任何效用，因此相似度函数可能平坦地通过该点。这种情况如图 5-6c 所示，其中 α_i 设置为 1。最后，在价格的情况下，较小的值被奖励，尽管用户的目标价格可能在效用函数中定义一个转折点。这种情况如图 5-6d 所示，其中 α_i 的值设置为 1.3，并给予下冲目标奖励。这种特殊情况值得注意，因为"相似性"实际上会随与目标的距离增加而增加，只要该值尽可能小。在这种情况下，这种函数的效用解释比相似度解释更有意义。在这种解释中，目标属性值仅表示效用函数的关键转折点。

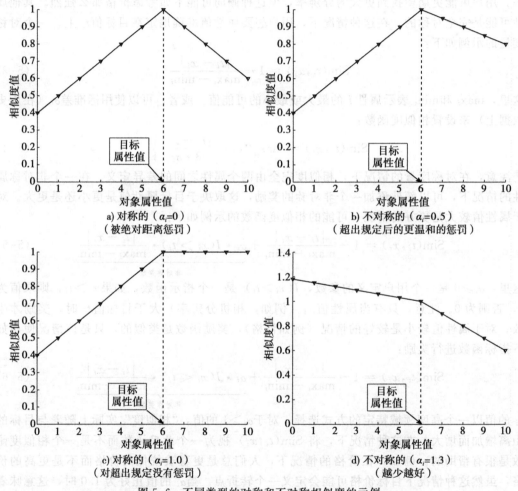

图 5-6 不同类型的对称和不对称相似度的示例

对于分类数据的情况，相似度值的确定往往更具挑战性。通常构建领域层次结构以确定相似性值。在域层次结构的上下文中彼此更接近的两个对象可能被认为是更相似的。这种领域层次结构有时可以直接从北美行业分类系统（NAICS）等来源直接获得，而在其他情况下，需要通过人工来直接构建。例如，电影类型等属性可以分级分类，如图 5-7 所示。请注意，相关的类型往往在层次结构中彼此更接近。例如，儿童电影被认为与适合普通观众观看的电影截然不同，它们在分类的根部就被分开了。领域专家可以使用此层次结构来编码相似性。在某些情况下，也可以使用学习方法来帮助进行相似度计算。例如，可以从用户那里取得关于类型对的反馈，并可以使用学习方法来学习物品对之间的相似性[18]。更广泛的学习方法也可用于确定相似度函数的其他参数，如公式（5-5）和公式（5-6）中α_i的值。值得注意的是，根据数据域，相似度函数的具体形式可能与公式（5-5）和公式（5-6）中的具体形式不同。在这里，领域专家必须投入大量的时间来决定如何对具体问题进行建模。这种投入是基于知识的推荐系统需求的特定领域工作固有的一部分，也从此来获得它们的名称。

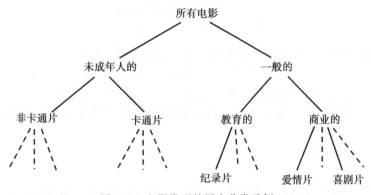

图 5-7　电影类型的层次分类示例

185
〜
186

设计相似度函数的第二个问题就是不同属性之间的相关度的测定。第 i 个属性的相关重要性用公式（5-2）中的参数w_i来规定。对于领域专家来说，通过实验和经验来硬编码w_i的值是可能的。别的可能是使用用户的反馈来了解w_i的值。可以把成对的目标对象呈现给用户，而且用户可能会被要求给这些目标对象的相似度进行评分。可以使用这些反馈结合一个线性回归模型来确定w_i的值。有关线性回归模型的细节讨论可参考第 4 章 4.4.5 节，而且文献［18］讨论了这些模型在相似度函数学习上的应用。一些其他结果[97,163,563,627]讨论了在推荐系统的特定上下文中用户反馈的学习方法。很多这样的方法，比如文献［627］中提到的那些，展示了如何使用用户反馈来获得特征的权重。文献［563］的工作得出用户在返回实例中的相关排序的反馈，而且使用这些反馈来学习相关的特征加权。通常，由用户指定相关排名，而不是给成对的对象去指定明确的相似度，要更加简单。

5.3.1.1　在相似度计算中合并多样性

像基于案例的系统使用物品的属性来检索相似物品那样，它们和基于内容的系统在返回多种结果上面临很多相同的挑战。在多数情况下，通过基于案例的系统返回的结果都是很相似的。缺乏多样性带来的问题就是如果一个用户不喜欢排名靠前的结果，那么她将总是不喜欢其他类似结果。比如，在一个购房应用中，推荐系统可能返回在同样管理的相同建筑群下的成套的公寓单元。很显然，这种情况减少了排名靠前的结果中对于用户来说那些真正有用的选择。

考虑这样一种情况，我们希望检索出和某个例子匹配的排名最前的 k 项结果。一种可能就是检索出排名最前的 $b \cdot k$ 项结果（对于 $b > 1$），然后从结果列表中随机地选择 k 个物品。这种策略也被称为是有界随机选择策略，不过在实际中，这种策略的表现并不太好。

一个更加有效的方法是有界贪婪选择策略[560]。在这种策略中，我们首先选择出和目标相似的排名最前的 $b \cdot k$ 种情况，然后递增地从这 $b \cdot k$ 种情况中创建一个多样的包含 k 种实例的集合。因此，我们是从一个空集合 R 开始，然后通过递增地从基础集 $b \cdot k$ 种情况中添加实例来创建它。第一步就是建立一个结合相似性和多样性的质量指标。不失一般性地，相似度函数 $f(\overline{X}, \overline{Y})$ 总是取（0，1）之间的某个值。进而，多样性函数 $D(\overline{X}, \overline{Y})$ 可以被看作是 $\overline{X}$ 和 $\overline{Y}$ 之间的距离：

$$D(\overline{X}, \overline{Y}) = 1 - f(\overline{X}, \overline{Y}) \tag{5-7}$$

然后，介于候选者 $\overline{X}$ 之间的平均多样性和当前被选择的实例的集合 R 被定义为在 $\overline{X}$ 和 R 中的实例的平均多样性：

$$D^{\mathrm{avg}}(\overline{X}, R) = \frac{\sum\limits_{\overline{Y} \in R} D(\overline{X}, \overline{Y})}{|R|} \tag{5-8}$$

接着，对于目标函数 $\overline{T}$，用如下公式来计算总体质量 $Q(\overline{T}, \overline{X}, R)$：

$$Q(\overline{T}, \overline{X}, R) = f(\overline{T}, \overline{X}) \cdot D^{\mathrm{avg}}(\overline{X}, R) \tag{5-9}$$

递增地把有最大质量值的 $\overline{X}$ 的实例添加到集合 R 中，直到集合 R 的大小等于 k 为止。把这个结果集呈现给用户。对于其他的在文献中使用过的增强多样性的具体技术请参考5.6 节。

5.3.2　批评方法

批评的动机是基于这样的一个事实，那就是在最初的查询中用户往往不能够准确地声明他们的需求。在某些复杂的领域，他们甚至没有发现以一种语义上有意义的方式把他们的需要翻译成产品领域的属性值是非常困难的。只有在看过一个查询的结果之后，这个用户可能才意识到她已经有点难以表达她的查询。批评就是被设计用来在这个事实之后提供给用户这样的能力。

在结果已经被呈现给用户之后，在使用批评的过程中反馈是典型可行的。在多数情况下，尽管对于某个用户来说，批评包含 k 项的检索列表中的任意的物品在技术上都是可行的，但是设计界面是为了评论大部分相似的匹配物品。在批评时，用户具体说明请求需要在某个或者某些他们可能喜欢的有关物品的具体属性上发生改变。例如，在图 5-2 中的购房应用中，用户可能喜欢某个特别的房子，但是她可能想要一个不同位置的房子或者多一个卧室的房子。因此，用户可能具体说明需要改变的特征。这个用户可能具体说明一个很直接的评论（比如"更便宜"）或者一个更换评论（比如"不同的颜色"）。在这些情况下，那些不满足特定用户评论的例子被排除掉，然后那些和用户所喜欢的物品类似的（但是迎合评论当前趋势）的例子被检索。当多种评论都指定在顺序推荐循环中时，偏爱于那些最新的评论。

在一个给定时刻，用户可能具体说明一个单一的特征或某些特征的结合体。这种程度下，有三种不同的批评类型分别对应于简单批评、复合批评和动态批评。我们将在接下来的章节中分别来讨论这三种不同类型。

5.3.2.1　简单批评

在一个简单批评中，对于推荐中的某个物品的某一个特征，用户具体说明一个单独的改变。在图 5-8 中，我们已经使用了早期的基于案例的情景（critique-example. com）来展示一个简单批评界面的例子。注意，这个用户只能具体说明在这个界面中的推荐房子的特征之一。通常，在很多系统中，比如 FindMe 系统中，使用的是一个更加像交谈的界面，其中用户具体说明是否增加或者减少一个具体的属性值而不是明确地修改某个目标属性的值。这称为定向批评。在这种情况下，候选列表仅仅是修剪掉那些与用户强调的偏好的批评属性不符的物品。这种方法的优势在于用户可以强调他们的偏好，而不必以一种明确的方式具体说明或改变属性值对产品空间进行指导。在那些用户可能不知道属性的确切值的领域（比如发动机的马力），这种方法特别重要。定向评论的另外一个优势就是它有一个传统的简单风格，这种风格可能直观上更加吸引用户。在那些用户一点也不能找到当前的使用过的检索结果集合的情况下，她可能会回到最初的观点。这是在批评过程中的一种无结果的循环。

188

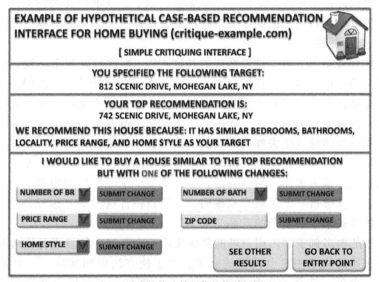

a) 通过直接修改特征值的简单批评

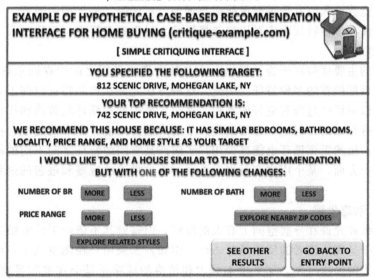

b) 会话风格的定向批评

图 5-8　基于案例的推荐系统中简单批评的用户界面的假设示例（critique-example.com）

189

简单批评方法的主要问题就是它难以导航。如果推荐的物品包含太多需要改变的属性，那么就会产生一个特别长的连续链。而且，当其中的一个属性改变的时候，推荐系统可能需要自动改变一些其他取决于物品的可用性的属性值。大多数情况下，在一个给定的循环中，保持其他的属性值在一个明确的常数值是不可能的。因此，当用户已经把一些属性值修改成他们的期望值的时候，他们可能发现其他的属性值已经变得不能被接受。推荐循环的值越大，用户对于在别的早期迭代中可接受的属性值的变化的控制将会越少。这种问题往往是因为用户不了解问题领域中的自然权衡。比如，某个用户可能不理解马力和燃料效率之间的权衡，从而尝试去寻找一个大马力且有着 50 英里（1 英里≈1.61 千米）高能源效率的汽车[121]。有关这种在推荐循环中徒劳问题的细节讨论请见文献［423］。很多批评界面的主要问题就是推荐物品的下一个集合是基于最近被批评的物品，而且没有一种方式能够导航回早期的物品。因此，简单批评的长循环有时候可能会导致没有结果。

5.3.2.2　复合批评

复合批评的发展是为了减少推荐循环的长度[414]。在这种情况下，用户能具体说明如何修改一个单一循环中的多种特征。例如，一个汽车导航系统[120]允许用户去具体说明多种隐藏在用户能够理解的（比如优等的、宽敞的、便宜的、漂亮的）非正式描述信息之后的修改。例如，领域专家可能认为"优等的"暗示某个有着更高价值和精致的内部构造的型号。当然，用户也能够直接去修改需要的产品特征，但是这会增加其负担。常见的批评是一个用户可能需要一个"优等的"汽车，但是就产品特征而言，如汽车的内部构造，他们可能没法简单具体地去表述。另一方面，一个类似"优等的"判定是更直观的，而且就产品特征而言，它能够被一个领域专家编码。之所以设计这种交互过程，就是为了帮助他们以一种直观的方式来了解复杂的产品空间。

在表 5-2 中的购房例子中，用户可能具体说明一个不同的位置或者价格改变。图 5-9a 阐释了一个有关购房例子中复合批评的例子。为了使方法更加常规，一个类似于图 5-9b 的界面将会对一个单一选择的多种改变自动编码。例如，如果用户选择的是"宽敞的"，那就暗示着卧室数量和浴室数量都可能需要增加。对于第二种类型的界面，领域专家必须在设计相关界面和多种特征改变对用户选择影响上付出更多努力。编码过程是静态的而且是一开始就做好的。

复合批评的主要优势在于为了发出一个新的查询或者用之前的查询来修剪查询结果，用户可以改变目标推荐的多种特征。因此，这种方法允许在产品特征空间上大的跳跃，而且用户经常可以对评论过程有更好的掌控。这对于减少推荐循环的数量和作出更有效率的探索过程都是有帮助的。但是，在帮助用户了解产品空间上，尚不清楚复合批评是否总是优于简单批评；短的批评循环也能减少用户了解产品空间的特征之间不同的权衡和相关性的可能性。另一方面，某个用户有时也可能通过简单批评的缓慢和艰苦的过程来更多地了解产品空间。

5.3.2.3　动态批评

尽管复合批评允许在导航空间上有大的跳跃，但是就其不依赖于检索结果这个意义而言，其缺点在于呈现给读者的反馈是静态的。例如，如果用户在浏览汽车，而且她已经浏览了很多大马力的昂贵汽车，那么增加马力和价格的选项还是会在推荐界面中。很显然，具体说明这些选项将会导致一个无意义的结果。这是因为用户对于复杂的产品空间的固有权衡的了解往往不足。

在动态批评中，目标就是在检索结果中使用数据挖掘来决定探索过程中最有成效的路径然后把它们推荐给用户。因此，动态批评在定义上是复合批评，因为它们大部分总是代表呈现给用户的变化的结合体。主要的区别在于基于当前的检索结果，呈现最相关的可能性的那部分子集。因此，动态批评的设计是为了在搜索过程中给用户提供更好的指导。

动态批评的一个重要的方面就是发现产品特征变化的频繁结合。为了决定在检索结果

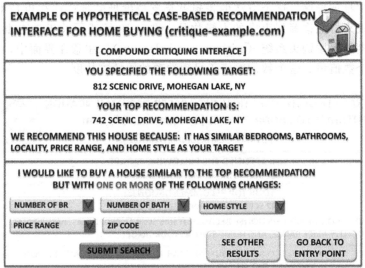

a) 修改多个特征值的复合批评

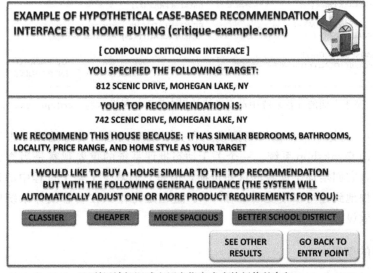

b) 利用域知识减少用户指定多个特征值的负担

191
～
192

图5-9　在基于案例的推荐系统中复合批评的用户界面的假设示例（critique-example.com）

中的频繁共同发生的产品特征的模式，支持度的概念改编自频繁模式挖掘[23]。检索结果中满足模式的那部分被定为模式的支持。可查看第 3 章 3.3.1 节关于支持度的正式定义。因此，这种方法确定了特定于某个预先定义的最小支持度的所有改变的模式。例如，在表5-2 的购房应用中，系统可能以支持度的顺序来决定接下来的动态批评。

更多卧室、更高价格：支持度＝25％

更多卧室、更多浴室、更高价格：支持度＝20％

更少卧室、更低价格：支持度＝20％

更多卧室、位置＝扬克斯：支持度＝15％

注意，基于最小支持度，相冲突的选项，比如"更多的卧室、更低的价格"被包含机会更低，因为它们可能被淘汰。但是，即使是低支持度的模式也不一定是无趣的。实际上，一旦决定了所有的满足最小支持度阈值的模式，那么很多推荐系统就会用支持度升序的方式来对用户批评排序。这个方法的逻辑就是支持度低的批评往往也是不显著的模式，能够用这些模式来排除推荐列表中的大量物品。图 5-10 阐述了关于动态批评界面的一个例子，基于早期的房屋购买系统（critique-example. com）。注意在界面中，每个呈现出的选项都配有一个数值量。这个数值对应于呈现选项的原始支持度。

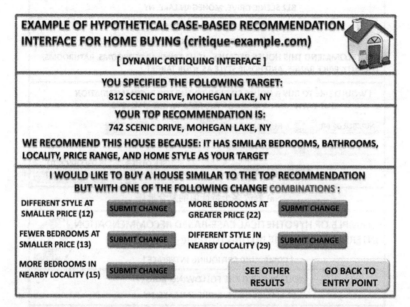

图 5-10　基于案例的推荐系统中动态批评的用户界面的假设示例（critique-example. com）

文献 [491] 讨论了一个使用频繁模式和关联规则挖掘的动态批评方法的一个现实生活中的例子，即 Qwikshop 系统。一个关于动态批评系统的重要观察是当查看一个预循环的根据的时候，它们增加了读者的认知负荷，但是它们减少了整个过程中的进程负荷，因为它们能够更快地到达可以接受的推荐[416]。这也是为什么在动态批评系统中，批评循环解释过程的有效设计很重要。

5.3.3　批评的解释

给出批评过程的解释是有用的，因为这能够帮助用户更好地理解信息空间。有几种用来提高批评质量的解释方式，以下是一些例子：

1）在简单批评中，对于用户来说以一种无结果的方式进行导航很常见，因为其不了解物品空间中固有的权衡。例如，一个用户可能成功地增加了马力，增加了每加仑的里程数，然后尽力去减少预期的价格。这时系统可能无法给用户展示一个可以接受的结果，而且用户也将必须重新开始导航过程。在会话的最后，系统需要自动确定无效对话的内在权衡。使用相关性和同现统计来决定这样的权衡往往是可行的。然后用户可以获得他们之前输入的批评上冲突的见解。这种方法被用在 FindMe 系统中[121]。

2）文献 [492] 已经展示了在一段会话内解释是如何与动态的复合批评相结合的。例如，Qwikshop 系统提供了满足每个复合批评的那部分实例的信息。这就可以在用户做出批评选择之前，给用户提供一个有关其将要探索的空间大小的直观展示。在这段会话中给用户提供更好的解释可以提高获取有意义结果的可能性。

基于批评系统的主要风险就是，用户以无目的的方式漫游知识空间，从而无法成功找到他们想要寻找的内容。通过给界面增加解释可以减少这种风险发生的可能性。

5.4　基于知识的系统的持久个性化

尽管基于知识的系统，如基于约束的系统，允许用户偏好、特征以及人口统计学属性的详细说明，但是输入的信息是典型地特定于某次会话的，而且在多次会话期间无法持久。大多数这样的系统中，唯一持久的数据是各种特定于系统的数据库形式的领域知识，例如约束或相似性度量。基于知识的系统中数据持久性的缺乏问题是一个自然的结果，这是因为与基于内容的系统和协同系统相比，基于知识的系统只通过有限的方式使用历史数据。这同时也是基于知识系统的一个优点，因为相对于其他的只依赖历史数据的系统来说，这些系统的冷启动问题相对没有那么严重。实际上，基于知识的系统往往是为了给更昂贵和偶尔购买的物品设计的，其是高度量身定制的。这种情况下，应该谨慎使用历史数据，即使数据是可用的。尽管如此，已经有一部分的基于知识的系统被设计用来使用个性化的持久方式。

用户在不同阶段的表现可以被用来建立一个有关用户认为他们喜欢什么和不喜欢什么的持久画像。例如，CASPER 是一个在线招聘系统[95]，用户在这个系统中检索工作的行为（如保存广告、用邮件转发给自己或者申请某些职位）都会被保存起来以便将来引用。而且，当广告不相关时，允许用户为广告给出消极评分。注意这个过程会生成一个隐式反馈文件。此推荐过程分为两步。第一步，基于用户需要返回检索结果，类似于其他基于知识的推荐。第二步，基于与用户喜欢的物品的相似度，将结果进行排名。还可以识别具有相似画像的其他用户，并在学习过程中将他们的会话信息用作协作信息。

当用户交互信息可用的时候，基于知识的系统中的很多步骤都是可以个性化的。这些步骤如下：

1）在不同属性值上的效用/相似度函数的学习可以对基于约束的推荐（排序阶段）和基于案例的推荐（检索阶段）进行个性化。当对于一个特定用户的过去反馈是可用的时候，对于效用函数中的用户的不同属性之间的相关重要性的学习是可行的。

2）在用户的很多会话都是可用的情况下，对一个用户的限制建议的过程（参考 5.2.5 节）可以被个性化。

3）如果从某个用户处获得了足够的数据以确定相关模式，则该用户可用使用个性化的动态批评。和大部分常见的动态批评的唯一区别是利用用户专有数据而非所有数据来决定频繁模式。在挖掘过程中把具有相似会话的用户会话打包来增加推荐的协同能力也是可行的。

尽管有很多途径，通过这些途径可以把个性化过程融入基于知识的框架中，但是最大的挑战通常是对于某个特定用户没有充分可用的会话数据。基于知识的系统是为复杂的领域空间中的高度定制物品而设计的，因而基于知识的领域中个性化程度非常有限。

5.5　小结

基于知识的推荐系统通常是为了给那些高度定制的领域而设计的，而且评分信息难以直接反映更强的偏好。在这种情况下，通过明确需求和交互来使用户对推荐过程有更强的掌控权是明智的。基于知识的推荐系统分为基于约束的系统和基于案例的系统。在基于约束的系统中，用户具体说明他们的需求，通过把这些需求和特定领域的规则相结合来生成推荐。用户可以添加约束或者根据结果的大小来减少约束。在基于案例的系统中，用户通

194

过批评过程来交互地修改目标和候选列表。对于检索，使用的是领域相关的相似度函数，这些相似度函数也可以通过学习得到。批评可以是简单的、复合的或者动态的。基于知识的系统很大程度上基于用户需求，而且它们只利用有限的历史数据。因此，它们在处理冷启动问题上表现得很好。这种方法的缺点就是历史信息不是用来"填充空白"。在最近几年，使用用户会话的历史信息来达到更高个性化程度的方法已经被提出。

5.6　相关工作

可以在文献［197，417］中发现有关不同的基于知识的推荐系统和偏好引出方法的概述。基于案例的推荐系统可见文献［102，116，377，558］。有关偏好引出和批评的概述可参考文献［148，149］。文献［196，197］讨论了基于约束的推荐系统。从历史角度来看，基于约束的推荐系统的提出要晚于基于案例的推荐系统。实际上，Burke[116]所写的在基于知识的推荐系统方面的原始论文大多数描述的是基于案例的推荐。但是，也描述了基于约束的推荐的一些方面。文献［155，531］则讨论了在基于约束的推荐系统中的上下文中学习实用性函数的方法。在基于约束的系统中，处理空结果的方法，比如在小冲突集上的快速发现以及最小关联的讨论可见［198，199，273，274，289，419，574］。这些工作也讨论了这些冲突集合如何能被用来提供解释和对用户查询作出判断。文献［196，389］讨论了选择下一个约束属性的基于流行度的方法。对于属性约束的默认值的选取的讨论可见［483］。一个广为人知的基于约束的推荐系统就是 VITA 推荐[201]，它是在 CWAdvisor 系统[200]的基础上建立的。

文献［18，97，163，563，627］讨论了基于案例的推荐的相似度函数的学习。文献［563］中的研究值得注意的是，它学习了各种特征的权重，以进行相似度计算。对基于案例系统的学习相似度函数的强化学习方法的讨论可见［288，506］。为增加基于案例推荐系统的多样性，文献［560］讨论了随机选择边界和贪婪选择边界策略。文献［550］中的工作也像贪婪边界方法中那样，结合了相似度和多样性，但是它使用的仅仅是在检索的 $b \cdot k$ 个例子的集合中的多样性，而不是创建一个结合相似度和多样性的质量指标。文献［420］讨论了对于强化多样性的相似度层数和相似度间隔的概念。文献［421］讨论了一个对于强化多样性的妥协驱动的方法。对于相似度的多样化的基于顺序的检索的能力可见［101］。文献［94，560］的实验结果展示了合并多样性到推荐系统中的优势。有关基于案例的推荐系统中批评的问题的细节讨论可参考［417，422，423］。文献［120］首先讨论了复合批评，尽管这个观点首先是［414］创造的。一个关于不同复合批评技术的对比讨论可见［664］。把解释用在复合批评中的讨论可见［492］。

文献［120，121］提出了早期的基于案例的推荐在进入 Entree 餐厅推荐的上下文中。这些系统的早期形式也指的是 FindMe 系统[121]，已经表明可以适用于很多领域。Wasabi 个人购物车是一个基于案例的推荐系统，可见［125］。基于案例的系统已经被用于旅游建议服务[507]、在线招聘系统[95]、汽车销售（Car Navigator）[120]、录像销售（Video Navigator）[121]、电影（Pick A Flick）[121]、数字影院推荐（比如 Qwikshop）[279,491]和租赁财产住所[263]。

大部分基于知识的系统影响用户的需求和偏好，如在单一时间段说明的那样。因此，如果不同的用户输入了相同的输入，他们将会获得完全一样的结果。尽管这样的方法可以给用户提供很好的控制，但是它也不能很好地处理冷启动问题，这种时候，它会倾向于忽略历史数据。最近几年已经见证了关于用户在基于知识的推荐系统的长久和可持续的信息的增加[95,454,558]。这种系统的一个例子是 CASPER 在线招聘系统[95]，这个系统生成了可用于将来推荐的持久化的用户画像。一个使用用户画像的个性化旅游推荐系统的讨论可参考 [170]。相似用户的时间段会影响个性化的旅游推荐[507]。这种方法不仅影响目标用户的行为而且影响在一个用户社区中可用的协同过滤信息。文献 [641] 中的工作以协同方式使用在多种时间段的批评信息来建立用户画像。另一个相关工作是 MAUT 方法[665]，这种方法是基于多属性实用性理论。这种方法为每个用户在他们过去时间段的批评上学习了一个实用性偏好函数。有关更好地在系统中使用持久化数据的另一个例子是人口统计信息。尽管人口统计信息推荐系统在使用中是变化的[117,320]，但是当以在线方式画像关联规则被用来给用户交互地建议偏好的时候[31,32]，有一些人口统计系统可以被当作基于知识的系统。这些系统允许对查询进行逐步细化，从而为特定的统计组派生出最适当的规则集。相似地，不同类型的基于实用性的推荐和排名技术也用在基于知识的推荐上下文中[74]。

[196]

5.7　习题

1. 实现一个算法来决定是否一个特定用户的需求和一个基于知识的规则集将会从产品目录中检索一个空集。假定规则的前件和后件都包含一个单一的产品特征上的约束，在数值属性上的约束是以不等式的形式（比如 Price≤30），在类别属性上的约束是以实例化的形式（比如 Color=Blue）。而且，用户的需求也在特征空间中以类似的约束来表示。
2. 设想你有关于一个特定用户和某个特定领域的大的物品集合（比如汽车）的包含效用值的信息集合。假定第 j 个产品的效用值是 $u_j (j \in \{1 \cdots n\})$。每个物品用一个包含 d 个属性的集合来描述。讨论在这个用户的其他相同产品领域，你将会如何使用这些数据来对其他物品评分。

[197 ∼ 198]

基于集成的混合推荐系统

诗人的直觉和理性的思考相比，哪一种更可靠？我认为它们相得益彰。

——Manuel Puig

6.1 引言

在前几章中，我们讨论了三种不同的推荐方法。协同方法使用一个社区（community）中所有用户的评分来做推荐，其中基于内容的方法是使用单一（single）用户的评分和以属性为中心的物品描述来做出推荐。基于知识的方法需要根据用户明确的需求来做推荐，而不需要任何历史评分。因此，这些方法使用不同的数据来源，并且也有着自身的优缺点。例如，因为并不需要使用评分，基于知识的系统比基于内容的系统和协同系统能更好地处理冷启动问题。另一方面，在使用源于历史数据的持续个性化（persistent personalization）信息时，基于知识的系统不如协同系统和基于内容的系统高效。如果不同的用户在基于知识的交互接口输入了相同的需求和数据，他们也许会得到完全相同的推荐结果。

所有这些模型看上去都彼此孤立，尤其当用户能够获取多种来源的数据时更是如此。通常，为了得到一个鲁棒的推荐，用户往往会利用来自不同数据源的各种可用的知识，同时也会利用不同推荐系统的各类算法。为了探索所有的可能性，我们引入混合推荐系统。

199 有三种建立混合推荐系统的主要方法：

1）**集成式设计**（ensemble design）：在这种设计方案中，由各种现有算法产生的所有结果被整合进一个单一的更加具有健壮性的输出中。例如，我们也许会将一个基于内容的推荐系统和一个协同的推荐系统产生的评分输出整合进一个单一输出中。根据整合过程中所使用的不同方法，会产生各种具有明显差异的结果。这种设计方法在实现过程中的基本原则同聚类、分类和离群值分析等许多数据挖掘应用中的集成式设计方法十分相似。

集成式设计的形式化描述如下。令 $\hat{R}_k$ 为一个由第 k 个算法输出的 m 个用户对于 n 个物品的评分预测的 $m \times n$ 矩阵，$k \in \{1 \cdots q\}$。也就是说，共有 q 个不同的算法被用于产生这些预测。$\hat{R}_k$ 中的第 (u, j) 个元素包含了第 k 个算法产生的用户 u 对物品 j 的评分的预测。需要注意的是，初始评分矩阵 R 中已知的评分在每一个 $\hat{R}_k$ 中都是相同的，只有 R 中那些未知的元素在不同的 $\hat{R}_k$ 中才会因为算法的不同而产生不同的预测。算法的最终结果通过将各个预测矩阵 $\hat{R}_1 \cdots \hat{R}_q$ 整合为单一输出得到。这一整合过程可以通过多种方法实现，例如计算各种预测的加权平均值。此外，在一些流水线（sequential）集成算法中，预测矩阵 $\hat{R}_k$ 也许取决于前一预测矩阵 $\hat{R}_{k-1}$。在其他情况中，输出有可能不是被直接整合起来的。也就是说，前一系统的输出被作为特征（feature）用于下一系统的输入。这些系统的共同特征是：（a）它们使用现有的常用的推荐系统；（b）它们产生一个整合后的评分或者排序。

2）**整体式设计**（monolithic design）：在这种设计方案中，我们可以通过使用多种数据类型创建一种整体式的推荐算法。与集成式设计方法不同，算法的各部分（例如基于内容和协同方法）之间有时并不会产生明显的差别。在其他情况下，即便基于内容的阶段和协同阶段已经存在着很明显的差别，现有的基于内容的或者协同的推荐算法也需要改进，使其能够应用在整体式设计中。因此，这种方法趋向于将各种数据来源更加紧密地整合在一起，而且用户不能轻易地将各个独立部分看作现成的黑箱。

3）交叉式系统（mixed system）：与集成式设计方法类似，交叉系统将多种推荐算法作为黑箱使用，并且推荐算法推荐出的物品被并列地展示出来。例如，某一天的全部电视节目是包含许多物品的整合实体。独立地考虑某一单独的推荐物品是没有意义的，即推荐内容是由许多物品整合产生的。

因此，"混合系统"这一术语比"集成系统"可用于更广泛的语境中。根据定义，所有的集成系统都是混合系统，但反之则不一定是正确的。

虽然混合系统通常包含多种推荐系统（例如基于内容的和基于知识的推荐系统），但这仍不能解释为什么这些系统不能将同种模型整合在一起。因为基于内容的模型从本质上来说是文本分类器，所以存在着多种用于提高分类器精确度的集成模型。因此，任何基于分类器的集成系统都可以被用于提高基于内容模型的效率。这一论证同样适用于协同推荐模型。例如，用户可以很容易地将一个潜在因子模型产生的预测结果和近邻模型产生的结果相结合，来获得更准确的推荐信息[266]。实际上，Netflix 大奖赛中胜出的两种⊖被称为"Bellkor's Pragmatic Chaos"[311] 和"The Ensemble"[704] 的方法都是集成系统。

从更广泛的层面来说，混合推荐系统与分类领域中集成分析关系密切。例如，正如我们在第 3 章中讨论过的，协同模型是分类模型的泛化。在 6.2 节中，我们将会讨论到分类中的集成分析的理论基础与协同过滤的理论基础很相似。因此在这一章中，我们会集中讨论推荐方法如何被用于提高协同推荐系统的有效性，类似于在数据分类领域对集成方法的使用。

根据 Burke[117] 的论述，混合推荐系统可以被分为如下几类：

1）加权型（weighted）：在这种情况中，将几个推荐系统上的分数通过加权整合成一个单一的统一的分数。权重函数的定义可能是启发式的，也可能是使用某些统计模型。

2）切换型（switching）：这种算法根据当前需要在各种推荐系统之间进行转换。例如，在初期阶段，这一算法使用基于知识的推荐系统来避免冷启动问题。之后当能够获得更多的评分数据时，算法会切换使用基于内容的推荐系统或者协同推荐系统。换句话说，在某一特定时间点，系统会相应地选择那种能够产生最精确推荐信息的推荐方法。

3）级联型（cascade）：在这种情况中，后面的推荐方法对前面推荐方法产生的推荐结果进行优化。在例如 boosting 算法等广义形式的级联型算法中，后一推荐系统的训练过程会受前一推荐系统输出的影响，并且所有的推荐结果都会被整合进一个单一的输出中。

4）特征放大型（feature augmentation）：前一推荐系统的输出被用于创建后一推荐系统的输入特征。级联型混合方法依次将之前推荐系统产生的推荐结果进行优化，而特征放大型方法则将这些推荐结果作为下一系统的输入（input）。这一方法和经常被用于分类的堆叠（stacking）算法在概念上有很多相似之处。在堆叠算法中，前一分类器的输出被用作后一分类器的输入特征。因为不同的推荐系统通常被作为现成的黑箱使用，这一方法在大多数情况下仍然被视为一种集成方法，而不是整体式方法。

5）特征组合型（feature combination）：在这种情况中，源于不同数据来源的特征被组合起来并且被用于一个单一推荐系统中。这种方法可以被看作是整体系统，而不能被称为集成方法。

6）元级型（meta-level）：被用于一个推荐系统的模型也会被用作另一系统的输入。一

⊖　两种方法在错误率上不分胜负。前者因为早提交了 20 分钟而最终获奖。

种典型的整合方式是将基于内容的系统和协同系统整合在一起。协同系统被加以修改以使用内容特征来创建同类群体。接下来同类群体与评分矩阵被共同用于预测。需要注意的是，这种方法将协同系统加以修改以使用一个内容矩阵来寻找同类群体，但是最终的预测结果仍然被以评分矩阵的形式表现出来。因此，协同系统需要被修改，并且使用者不能将其当作现成的流行的方法使用。这使得元级型方法更类似于整体系统，而不是集成系统。其中一些方法也因为它们整合了协同和内容信息的方式而被称作"通过内容协作的系统"。

7）交叉型（mixed）：来源于多个推荐引擎的推荐信息被同时呈现在用户面前。严格来说，这种方法不是集成系统，因为它不会将各部分对于特定物品的评分整合在一起。而且，这种方法通常用于推荐内容是复合（composite）实体的情况。在这种复合实体中，各种物品可以被作为一个相关集合进行推荐。例如，电视节目可以由多个推荐物品构成[559]。因此，这种方法和前文提到的方法都有很大的不同。另一方面，这种方法确实将其他推荐系统，如集成系统等，当作黑箱使用，但是这种方法又不会将来源于不同推荐系统对于同一物品的预测评分整合在一起。因此，交叉推荐系统不能被看作是整体系统或者集成系统，于是就被划分为一个独立的分类。这种方法和复杂物品域相关度很高，并且它经常与基于知识的推荐系统协同工作。

前文提及的前4种类型是集成系统，接下来的两种是整体系统，最后一种是交叉系统。最后一种交叉型分类不能直接被分为整体系统或者集成系统，因为这种方法将许多推荐信息作为合成的整体展示出来。图6-1展示了这些系统的层次化分类。即使我们已经使用了如论文[275]所介绍的那种更高层的分类方法来将并行系统和流水线系统⊖加以分类，我们仍然要强调Burke所阐述的这种6个分类的分类方法和［275］中的分类方法相比有微小的不同。与［275］中介绍的将元级型系统分为流水线系统的方法不同，我们将元级型系统看作整体系统，因为用户不能像在真正的集成系统中那样使用现有的推荐系统算法。类似的，［275］将特征放大型混合系统看作是整体系统。尽管各个独立的推荐系统在特征放大型混合系统中以更加复杂的方式被组合在一起，但从更高层面来说，这些独立的推荐系统仍然被作为现成的黑箱来使用。这是集成系统区别于整体系统的最显著特征。特征放大型方法与分类中的堆叠算法十分相似。因此，我们将特征放大型混合系统看作是集成系统而不是整体系统。但是，在特征放大型混合系统的某些情况中，需要将现有的推荐系统进行一些微小的改动。在这些情况中，严格来说这些系统可以被视为整体式设计系统。在图6-1中我们用虚线表示这种可能性。

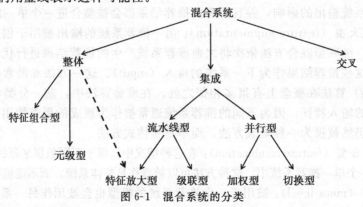

图 6-1 混合系统的分类

⊖ 这种系统也可以被称为有序系统[275]。

除了整体系统和交叉系统不能被视为真正意义上的集成式设计系统之外，所有的集成式设计系统要么是并行系统，要么是流水线系统[275]。在并行设计中，各种推荐系统相互独立地运行，各个独立推荐系统产生的预测结果在程序的末尾被组合起来。加权型方法和切换型方法可以被看作并行设计。在流水线设计中，一个推荐系统的输出被用于另一个推荐系统的输入。级联型方法和元级型系统可以被看作是流水线方法的实例。图 6-2 展示了并行系统和流水线系统的组合过程。在这一章中，即便我们会用 Burke 的低级别分类法[117]的结构来进行探讨，我们仍会对这些分类中的每一种推荐系统进行详细介绍。

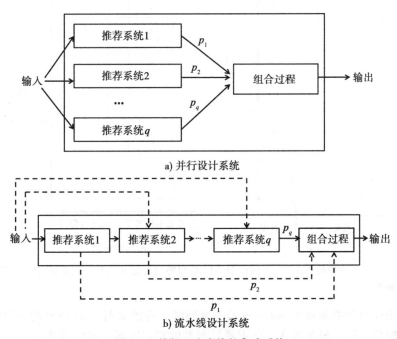

a) 并行设计系统

b) 流水线设计系统

图 6-2　并行和流水线的集成系统

本章内容安排如下。在 6.2 节，我们从分类角度讨论基于集成的推荐系统。我们也会探索分类领域中集成方法的现有理论和方法论如何被应用于推荐系统。在 6.3 节，我们会讨论一些加权型混合推荐系统的实例。在 6.4 节，我们会讨论一些转换型混合推荐系统。6.5 节讨论级联型混合推荐系统。6.6 节对特征放大型推荐系统进行介绍。元级型推荐系统在 6.7 节进行讨论。特征组合型方法在 6.8 节进行介绍。交叉型系统会在 6.9 节进行介绍。6.10 节给出本章小结。

6.2　从分类角度看集成方法

集成方法在数据分类领域得到了广泛应用，这种方法经常被用于提高学习算法的健壮性。正如下文即将讨论的，这一理论同样被应用于许多形式的推荐系统中。例如，基于内容的推荐系统通常是文本分类算法的直接应用。因此直接应用现有的数据分类领域的集成算法通常已经足够获取高质量的推荐结果。

我们在第 1 章讨论过，协同过滤是数据分类问题的泛化。我们将第 1 章中的图 1-4 复制到第 6 章中图 6-3 的位置来说明这两个问题之间的关系。从图 6-3a 中可以清晰地看出分类中的特征变量和类变量是有很明显差别的。协同过滤区别于分类的最主要特征就是前者的特征变量和类变量不存在显著差别，并且任何一行都有可能出现元素丢失的情况。任何一行都有可能出现元素丢失这一事实也意味着训练实例和测试实例之间不存在明显差别。由此产生了一个突出问题，即分类领域的偏差-方差理论[242]是否同样适用于推荐系统中。重复试验[266,311]已经证明了将多个协同推荐系统组合起来通常会产生更加准确的结果，进而证明了分类中的偏差-方差理论同样适用于协同过滤中。这意味着许多传统意义上分类领域的集成技术同样适用于协同过滤中。而且，由于丢失元素可能出现在数据中的任何一行，有时将数据分类中的集成算法应用于协同过滤中是一种很有挑战性的做法。

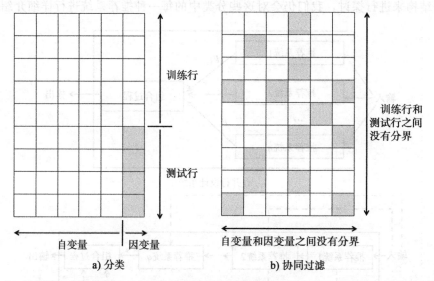

图 6-3   回顾第 1 章中的图 1-4。将传统分类问题和协同过滤相比较。阴影块是需要被预测的
缺失项

我们首先介绍分类领域的偏差-方差平衡问题。考虑如图 6-3a 所示的一个简化了的分类或者回归模型。这一模型包含一些需要被预测的特定区域。可以看出一个分类器在预测因变量时产生的误差可以被分解为以下三个部分：

1) 偏差（bias）：每个分类器都会对各个类之间的判定边界做出模型假设。例如，线性支持向量机分类器会假设两个类之间可以被线性判定边界分开。这在实际中当然是错误的。换句话说，任何一种线性支持向量机都存在着固有偏差。当一个分类器具有高偏差时，即使在学习过程中使用不同样本的训练数据，它总会在邻近判定边界的测试实例上做出持续性的错误预测。

2) 方差（variance）：选取训练数据时的随机性会导致产生不同的模型，从而对一个测试实例上的因变量产生不一致的预测结果。训练模型的方差与过拟合紧密相关。当一个分类器有过拟合的倾向时，对于同一测试实例，分类器会由于训练数据集的不同而产生不一致的预测结果。

3) 噪声（noise）：噪声指的是目标类的标记中固有的错误。由于这是数据质量的一个本质特性，我们基本没有办法减弱噪声。因此通常集成分析的重点就在于减小偏差和方差。

一个分类器在某一特定测试集上的期望均方误差是偏差、方差和噪声之和。这种关系可以被表示如下：

$$误差 ＝ 偏差^2 ＋ 方差 ＋ 噪声 \tag{6-1}$$

不论是减小偏差还是减小方差，我们都可以减小一个分类器的总体误差。例如，bagging

算法[99]等集成分类方法通过减小方差来减小误差，而 boosting 算法[206]则通过减小偏差达到这一目的。分类与协同过滤之间的唯一区别就在于前者的未知元素可以出现在任何一列中，而后者却只能出现在类变量中。然而，无论其他列的元素是否是完全已知，当被应用于预测某一特定列时，偏差-方差理论中的结论依然成立。这就意味着数据分类中集成分析的基本原则在协同过滤中同样有效。实际上，正如我们即将在这一章中讨论的，例如 bagging 算法或者 boosting 算法等分类中的经典集成算法已经被应用于协同过滤中了。

205

6.3　加权型混合系统

令 $\boldsymbol{R}=[\hat{r}_{uj}]$ 为一个 $m \times n$ 的评分矩阵。在加权型混合系统中，各个推荐系统的输出被按照一系列权重组合起来。令 $\hat{\boldsymbol{R}}_1 \cdots \hat{\boldsymbol{R}}_q$ 为 $m \times n$ 的完全确定（completely specified）的评分矩阵。$\boldsymbol{R}$ 中的未知元素由 q 个不同的算法加以预测。需要注意的是，初始 $m \times n$ 评分矩阵 $\boldsymbol{R}$ 中已知的元素 r_{uj} 在每一个预测矩阵 $\hat{\boldsymbol{R}}_k$ 中被固定为其观测值。接下来，对于一系列权重 $\alpha_1 \cdots \alpha_q$，加权型混合系统生成一个如下的组合预测矩阵 $\hat{\boldsymbol{R}}=[\hat{r}_{uj}]$：

$$\hat{\boldsymbol{R}} = \sum_{i=1}^{q} \alpha_i \hat{\boldsymbol{R}}_i \tag{6-2}$$

在最简单的情况中，我们可以令 $\alpha_1=\alpha_2=\cdots=\alpha_q=1/q$。然而，我们更希望为不同的推荐系统赋予不同的权重，也就是为更加准确的推荐系统赋予更大的权重。有若干方法可以完成这一过程。对于矩阵中的每一个独立元素，我们也可以将前文提到的公式写作如下形式：

$$\hat{r}_{uj} = \sum_{i=1}^{q} \alpha_i \hat{r}_{uj}^{i} \tag{6-3}$$

这里的 $\hat{r}_{uj}^{i}$ 表示第 i 个集成部分对用户 u 和物品 j 做出的预测，$\hat{r}_{uj}$ 表示最终的预测结果。

为了确定最理想的权重，我们需要评估每一组权重组合 $\alpha_1 \cdots \alpha_q$ 的有效性。这一问题将会在第 7 章中详细介绍，但在此为了方便讨论，我们仍然会给出一种简单的评估方法。一种简单的方法是从 $m \times n$ 评分矩阵 $\boldsymbol{R}=[\hat{r}_{uj}]$ 中取出一部分（例如 25%）已知元素，然后通过将 q 种基于不同方法的算法应用于 $\boldsymbol{R}$ 中剩下的 75% 的元素上来产生预测矩阵 $\hat{\boldsymbol{R}}_1 \cdots \hat{\boldsymbol{R}}_q$。接下来按照公式（6-2）把这些预测矩阵 $\hat{\boldsymbol{R}}_1 \cdots \hat{\boldsymbol{R}}_q$ 整合成预测矩阵 $\hat{\boldsymbol{R}}$。我们将这些取出的用户-物品元素 (u, j) 表示为 H。接下来，对于给定权重向量 $\bar{\alpha}=(\alpha_1 \cdots \alpha_q)$，某一特定权重组合的有效性可以被通过计算预测矩阵 $\hat{\boldsymbol{R}}=[\hat{r}_{uj}]_{m \times n}$ 中取出元素的均方误差（Mean-Squared Error，MSE）或者平均绝对误差（Mean Absolute Error，MAE）来进行评估。

$$\mathrm{MSE}(\bar{\alpha}) = \frac{\sum_{(u,j) \in H} (\hat{r}_{uj} - r_{uj})^2}{|H|}$$

$$\mathrm{MAE}(\bar{\alpha}) = \frac{\sum_{(u,j) \in H} |\hat{r}_{uj} - r_{uj}|}{|H|}$$

这些测度提供了一种对于特定权重组合 $\alpha_1 \cdots \alpha_q$ 的评估方法。我们怎样才能取到 $\alpha_1 \cdots \alpha_q$ 的最优值使得这些测度最小化呢？对于均方误差 MSE，使用线性回归进行分析是一种简单而有效的方法。我们假设元素集 H 中的评分提供了因变量的真实数据，而参数 $\alpha_1 \cdots \alpha_q$ 则为自变量。这一方法的思路是选择合适的自变量，使得对于 H 中已知评分的线性组合的均方误差最小化。在第 4 章 4.4.5 节中我们已经对线性回归模型的基本知识进行了介绍。相比于前文中的线性回归模型，两者之间最主要的区别是自变量和因变量的确定方法，以及线

206

性回归问题的形式化表示。这里的自变量指的是若干模型对元素 (u, j) 产生的预测评分，因变量指的是 H 中集成组合的每一个预测评分 $\hat{r}_{uj}$ 的值。因此，H 中的每一个已观测元素都为线性回归模型提供了一个训练样本。我们使用线性回归方法在训练集 H 上学习得到回归系数，即对应了各个独立模型的权重。在获得权重之后，除去 H 后剩下的训练集被用于重新学习各个独立的推荐模型。使用取出元素集合 H 学习得到的权重与这 q 个模型协同使用。需要注意的是，不要忘记最后这一步骤，其目的从评分矩阵的所有已知信息来获得最大程度的学习。论文［266］介绍了线性回归方法和模型整合方法。与上文相关的交叉确认方法是另一种可以对训练数据中的所有信息进行充分利用的方法。这一方法将在第 7 章中进行介绍。

尽管许多系统都只是简单地对各个模型产生的预测结果取平均数，回归分析却能够保证不同的模型被赋予了合适的权重。Netflix 大奖赛[311,554]中的很多高性能方法都使用了这种基于回归分析的算法，并且这些方法和数据分类中堆叠算法的概念十分相似。

然而，线性回归方法对于噪声和异常值十分敏感。这是因为均方误差函数会被数据中的最大误差过度影响。为了解决这一问题，我们可以使用对噪声和异常值的出现敏感性较小的一系列具有健壮性的回归分析方法。其中一种方法是使用平均绝对误差取代均方误差作为目标函数。众所周知，因为不会对大误差过分强调，平均绝对误差对噪声和异常值具有更高的健壮性。梯度下降法是确定公式（6-3）中参数矩阵 $(\alpha_1 \cdots \alpha_q)$ 最优值的一种常用方法。这一算法在开始时令 $\alpha_1 = \alpha_2 = \cdots = \alpha_q = 1/q$。接下来这一梯度使用取出元素集合 H 进行计算，计算过程如下：

$$\frac{\partial \mathrm{MAE}(\bar{\alpha})}{\partial \alpha_i} = \frac{\sum_{(u,j) \in H} \dfrac{\partial |(\hat{r}_{uj} - r_{uj})|}{\partial \alpha_i}}{|H|} \tag{6-4}$$

$\hat{r}_{uj}$ 的值可以使用公式（6-3）计算，偏导数可以通过计算各独立模块的评分而简化如下：

$$\frac{\partial \mathrm{MAE}(\bar{\alpha})}{\partial \alpha_i} = \frac{\sum_{(u,j) \in H} \mathrm{sign}(\hat{r}_{uj} - r_{uj}) \hat{r}_{uj}^i}{|H|} \tag{6-5}$$

这一梯度可以被写作独立偏导数的形式：

$$\overline{\nabla \mathrm{MAE}} = \left(\frac{\partial \mathrm{MAE}(\bar{\alpha})}{\partial \alpha_1} \cdots \frac{\partial \mathrm{MAE}(\bar{\alpha})}{\partial \alpha_q} \right)$$

这一梯度接下来通过将参数空间 $\bar{\alpha}$ 用于迭代梯度下降法来进行参数下降，其过程如下：

1) 初始化，令 $\bar{\alpha}^{(0)} = (1/q \cdots 1/q)$，并使 $t = 0$。

2) **迭代步骤 1**：令 $\bar{\alpha}^{(t+1)} \Leftarrow \bar{\alpha}^{(t)} - \gamma \cdot \overline{\nabla \mathrm{MAE}}$。可以通过使用线性搜索方法确定 γ（$\gamma > 0$），以获得平均绝对误差的最大修正值。

3) **迭代步骤 2**：令迭代次数 $t \Leftarrow t + 1$。

4) **迭代步骤 3（收敛性检验）**：如果平均绝对误差自上一迭代循环后减小了，那么进行迭代步骤 1。

5) 返回 $\bar{\alpha}^{(t)}$。

我们可以加入正则化方法来防止过拟合。我们也可以为 α_i 的各个值加上其他约束条件，例如非负性或者总和为 1。这些自然约束条件提高了系统对于未出现元素的普适性。我们可以对梯度下降公式进行优化来遵守这些约束条件。在确定了最佳权重之后，所有的独立模型使用从完整训练集中去除取出元素集 H 的训练集重新进行训练。接下来，我们将这些模型产生的预测结果与迭代方法产生的权重向量结合使用。

我们还有其他的方法来进行参数搜索。一种更加简单的方法是在取出评分集合 H 上尝试若干种经过仔细选择的参数组合。例如，我们可以通过保持其他元素不变，只对某一元素尝试不同值的方法依次调整 α_i 中的各个元素。这种方法被广泛应用于多种类型的参数调整[311]，并且经常能提供相当准确的结果。[162，659] 中介绍了几种参数搜索方法的实例。

还可以通过使用不同种类的元级内容特征[65,66,554]来进一步优化这类方法。6.8.2 节中讨论了这些优化方法。许多现有的集成方法不需要这种复杂的组合方法。通常情况下，这些现有方法仅仅对不同组成部分的预测值取平均值。当可用预测值比例相差很大，或者当一些集成部分比其他部分预测得准确得多时，为不同部分赋予权值是特别重要的。我们会在下文介绍一些不同种类模型的常见组合实例。

6.3.1　几种模型组合的方法

若干推荐引擎在加权模型组合过程中被组合起来。以下是两种具有代表性的模型组合方法：

1) 同构数据类型和模型类：在这种情况中，不同的模型使用相同的数据。例如，我们也许会将若干不同的协同过滤引擎，例如基于近邻的方法、奇异值分解和贝叶斯方法应用在同一个评分矩阵上。接下来，这一方法产生的若干结果被整合为一个单一的预测值。这种方法具有较高的健壮性，因为它避免了特定算法对于一个给定数据集合产生特有偏差的情况，尽管所有作为成分的模型属于同一类（例如协同方法）。[266] 提供了这种整合方法的一个实例。[637] 展示了由三个不同的矩阵分解方法组成的集成系统是如何产生高质量结果的。这种方法的特别之处在于它将正则化矩阵分解方法、非负矩阵分解方法和最大间隔矩阵分解方法作为集成系统的部件，再将相应的结果取平均值作为最终结果。[67]讨论了一种有趣的融合集成（fusion ensemble）方法，这种方法使用相同的推荐算法作为集成系统的部件，但是却选用不同的参数或者算法设计方法。例如，这种方法在奇异值分解算法中使用不同数量的潜在因子，在基于近邻算法中使用不同数量的最近邻，或者使用不同的相似性度量算法。接下来，这种方法将各个系统产生的预测评分取平均值。[67]中论证了这种简单的方法几乎总会提高基础模型的效率。这一方法的一种较早的变形[180]使用最大间隔矩阵分解方法的集成系统，但是使用了不同的参数设定。[338] 介绍了一种将基于用户的近邻算法和基于物品的近邻算法相结合的方法。

2) 异构数据类型和模型类：在这种情况中，不同类型的模型使用不同的数据来源。例如，集成模型的一个部件也许是使用评分矩阵的协同过滤推荐系统，而另一个部件则有可能是基于内容的推荐系统。从本质上来说，这种方法在组合过程中利用了若干数据来源的优势。其思想是利用各种数据来源的互补信息来产生最准确的推荐结果。例如，论文[659] 将协同推荐系统和基于知识的推荐系统相结合，而论文 [162] 将基于内容的推荐系统和协同推荐系统相结合。当使用不同数据类型时，更加需要慎重地为各个集成部分产生的预测评分赋予权重。

这两种不同的组合方法为探索其他种类的模型组合方法提供了极好的灵活性。

6.3.2　对分类中的 bagging 算法的调整

正如我们在本章前文讨论过的那样，偏差－方差平衡中的理论结果同样适用于协同过滤问题，因为协同过滤问题是分类问题的泛化。bagging 算法是分类中一种常用的权重组合方法。因此，这一方法也适用于协同过滤问题，但需要被稍稍地调整来适应协同过滤问题与分类问题之间或多或少的不同。我们首先讨论分类中的 bagging 算法。

bagging 的基本思想是降低误差中的方差部分。在 bagging 算法中，我们使用自举抽样（bootstrapped sampling）方法建立 q 个训练数据集。在自举抽样过程中，我们使用有放回的方法对数据矩阵中的行进行抽样，以创建一个与原数据集大小相同的新数据集。这一新的训练集的特点是包含许多从原训练数据集复制过来的元素。对于原数据矩阵中的所有行，其不在给定自举抽样样本集中的比例的期望是 $1/e$，这里 e 为自然常数。对应抽样的 q 个训练集，这一算法创建了 q 个训练模型。对于一个给定的测试实例，bagging 算法将返回这 q 个模型的平均预测值。bagging 算法通常会提高分类的准确性，因为它减少了误差中的方差部分。subagging 算法 [111，112] 是 bagging 算法的一种特殊变形，这种算法将矩阵中的行进行二次抽样（subsample）。例如，我们可以仅使用自举抽样样本中所有的不同的行来对模型进行训练。对于协同过滤来说，bagging 算法和 subagging 算法可以被泛化为如下形式：

1）行上的自举抽样方法：在这种情况中，评分矩阵 $\boldsymbol{R}$ 的行被使用有放回的方法进行抽样，来创建一个相同规模的新的评分矩阵。这样就会产生 q 个评分矩阵 $\boldsymbol{R}_1 \cdots \boldsymbol{R}_q$。需要注意的是，在抽样过程中，虽然被视为独立行，这些行也可能会被复制而产生重复行（用户）。接下来，一个现成的协同过滤算法（例如潜在因子模型）会被应用于这 q 个训练数据集中。对于每个训练数据集，只有当某一用户在用户矩阵中出现至少一次时，算法才会为这一用户预测物品评分。在这样的情况下，该集成部件中该用户对物品的评分即是取所有该用户行上的评分的平均值⊖。接下来，我们将所有这一用户出现的集成部分所产生的物品预测评分取平均值。需要注意的是，对于一个较大的 q 值，通常每一个用户都会在至少一个集成部分中出现。这一可能性为 $1-(1/e)^q$。因此，我们可以说所有的用户都有很高的概率被表示出来。

2）行上的二次抽样方法：这种方法和行上的自举抽样方法十分相似，只是该方法是无放回的抽样。被抽样行占所有行的比例系数 f 是 0.1～0.5 之间的一个随机数。集成部件的数量 q 应远大于 10，以确保所有的行都能被选中。这一方法的主要问题是算法在对评分矩阵中所有元素进行预测时十分麻烦，我们不得不对少数量的集成部件取平均数。这种方法并不能充分获取方差缩减方法的优势。

3）元素上的 bagging 抽样方法：在这种情况中，原评分矩阵中的元素被有放回地抽样，以产生 q 个不同的评分矩阵 $\boldsymbol{R}_1 \cdots \boldsymbol{R}_q$。我们将元素进行加权以应对可能有元素被重复抽样的情况。因此，我们需要使用基本的协同过滤算法来处理加权元素。这些算法将在6.5.2.1 节进行讨论。它与行上的 bagging 算法相似，最终的预测结果是各个集成部分的预测评分的平均数。

4）元素上的二次抽样方法：在元素上的二次抽样方法中，评分矩阵 $\boldsymbol{R}$ 中的一定比例的元素被随机保留以创建一个抽样训练数据集。通常这一比例系数为 0.1～0.5 之间的一个随机数。原评分矩阵中的这一比例的元素被随机选择并保留下来。重复这一过程，我们将得到 q 个训练数据集 $\boldsymbol{R}_1 \cdots \boldsymbol{R}_q$。这样所有的用户和物品都会在这 q 个二次抽样矩阵中被表现出来，但是二次抽样矩阵中元素的数目要小于原训练数据集中元素的数目。协同过滤算法（例如潜在因子模型）会被应用于每一个评分矩阵来产生一个预测矩阵。最终的预测结

⊖ 重复行中的未知项可能会有不一致的预测，尽管这一现象在大多数协同过滤算法中较为少见。

果是这 q 个不同预测评分的简单平均数。

在前文提到的方法中，集成系统的最后一步是取各个部件的预测评分的简单平均数而不是加权平均数。这样做的原因是所有的模型部件都是使用等概率方法创建的，因此应当被赋予相同的权重。在许多这类情况中，我们往往会选择不太稳定的基础方法来获取更高的性能。

尽管我们在前文的讨论中提供了若干方差缩减方法的概述，但是在实际研究领域仅有一小部分方法被开发或是评估。例如，我们仍未发现关于二次抽样方法有效性的任何实验性结论。尽管在分类领域[658]的 bagging 算法中，二次分类方法经常会提供很好的结果，但是二次分类方法在协同过滤系统中处理稀疏矩阵时的有效性却难以预测。在稀疏矩阵中，零元素经常会导致系统根本无法对某些用户或物品进行预测，进而影响整个系统的运行。论文［67］讨论了 bagging 算法在协同过滤系统中的应用。这篇论文使用行上的自举抽样方法，并且对冗余行进行加权处理。也就是说，这种方法假设基础预测方法可以处理加权行。正如论文［67］所述，尽管对基础预测方法的选取有些敏感，bagging 算法仍然显著地降低了误差。值得注意的是，根据论文［67］的研究结果，除了分解近邻模型[72]以外，bagging 算法提高了其他大部分基础预测方法的准确性。bagging 算法不能提高分解近邻模型的准确性时，这也许是由于在使用基于分解近邻模型时各个 bagged 模型的预测结果之间的相互关联性所导致的。通常来说，我们更倾向于将低偏差高方差的不相关的基础模型进行整合，以将 bagging 算法的优势最大化。在由于基础预测方法之间高度的相关而使 bagging 算法不适用的情况中，我们可以使用随机性注入算法。

6.3.3　随机性注入算法

随机性注入算法和分类中的随机森林算法有很多相似点[22]。这一方法的基本思想是使用一个基础分类器，再将随机性注入这一分类器中。有很多方法可以被用于随机性注入。以下是一些实例[67]：

1）向近邻模型中注入随机性：这种方法并没有使用基于用户或基于物品的近邻模型中的前 k 个最近邻用户或者物品，而是选择了前 $\alpha \cdot k$ 个最近邻元素，其中 $\alpha \gg 1$。接下来，我们从这 $\alpha \cdot k$ 个最近邻元素中随机选择 k 个元素。这种方法可以被视为一种因子为 $1/\alpha$ 的行上的二次抽样方法的一种间接变形。这种方法可以返回各个集成部分评分的平均值。

2）向矩阵分解模型中注入随机性：矩阵分解方法从本质上来说是随机性算法，因为这种方法在对因素矩阵进行随机初始化后，其解空间是梯度下降的。因此，选择的初始化方法不同，获得的结果通常也不同。将这些不同的解决方案组合起来通常会获得更加准确的结果。

通过随机化集成系统，我们可以获得不同集成部分产生推荐结果的平均值。与随机森林相似，这种方法可以减小集成系统的方差值，而不对偏差值产生显著影响。在许多情况中，这种方法在 bagging 算法不适用的情况下工作得很好，因为随机化集成系统在各个预测方法之间建立了更高级的关联。正如论文［67］所示，当使用分解的近邻模型作为基础预测方法[72]时，随机性注入方法具有很高的效率。值得注意的是，bagging 算法在分解的近邻模型中并不适用。

6.4　切换型混合系统

切换型混合系统通常用于推荐系统的模型选择（model selection）问题中，但是它们一般不被正式地认为是混合系统。切换系统的最初目的[117]是解决冷启动问题。在冷启动问题中，在刚开始没有足够的评分可用时，某一种推荐模型会工作得更好。而之后当有足够的评分数据可以获取时，另一种推荐模型会更加有效，这时推荐策略就切换至这一模型。

我们可以用更加一般意义上的模型选择来看待模型切换。例如，在大多数推荐模型的参数选择阶段，这种模型可以在多个参数值之间运行以选择最佳参数。这种特定形式的模型选择源于分类领域，它也被称为桶模型。在下文中，我们将就这两种切换型混合系统进行讨论。

6.4.1　为解决冷启动问题的切换机制

切换机制通常被用于解决冷启动问题。因为在冷启动问题中，往往一种推荐系统在评分数据少的时候表现得更好，而另一种在评分数据多时更好。在仅有少量评分数据可用时，切换系统使用基于知识的推荐方法，因为基于知识的推荐系统不依靠任何历史评分而仅依靠用户需求。当可以获取更多的评分数据时，推荐策略会切换至协同过滤推荐系统。我们也可以将基于内容的推荐系统和协同推荐系统用这种方法组合起来，因为基于内容的推荐系统在有新物品时工作得更好，而协同推荐系统不能有效地对新物品做出推荐。

在论文［85］中提出了一种名为"Daily Leaner"的推荐系统。在这种系统中不同的推荐方法被有序地使用。如果前一推荐方法没有找到足够的推荐信息，那么后一推荐方法会继续进行寻找。论文［85］的特点是使用了两次基于内容的推荐方法和一次协同推荐方法。推荐策略首先使用最近邻内容分类器，紧接着使用协同系统，最后一个朴素贝叶斯分类器被用于与长期画像进行匹配。因为所有的基础学习算法都需要一定的数据，这一方法并不能完全解决冷启动问题。另一论文［659］将各种混合版的协同系统和基于知识的协同系统进行组合。在冷启动过程中，基于知识的系统提供更多的准确结果，而协同系统在之后的阶段提供更多的准确结果。在解决冷启动问题时，将基于知识的系统整合起来通常会得到更加理想的结果。

6.4.2　桶模型

在这种方法中，一定比例的（例如25％~33％）元素被从评分矩阵中取出，并且有多种模型被用于所产生的矩阵。接下来，这些取出的元素被用于计算均方误差（MSE）或平均绝对误差（MAE）等参数来评估这一模型的有效性。均方误差或平均绝对误差最小的模型被用作相关模型。这一方法也普遍应用于参数调整中。例如，每一个模型都对应算法中参数的一个不同的值，产生最优解的值被选作相关值。一旦相关模型被确定，这一模型会在所有评分矩阵中被重新训练，并且返回推荐结果。除了提取方法之外，另一种广泛应用的方法被称作交叉确认。我们会在第7章中讨论更多提取技术和交叉确认技术。即使只有当不同的模型的数据来源不同时桶模型才会被认为是集成系统，这种模型仍然是推荐系统中最有效的单一集成方法。当桶模型被用于动态变化的评分矩阵中时，这种系统可以从一种方法转换至另一种方法。当被用于静态数据时，这一系统可以被看作是加权型推荐方法的一种特殊情况。在这种情况中，一个成分的权重被设为1，其余成分的权重被设为0。

6.5　级联型混合系统

在 Burke 的原著[117]中，级联型混合系统被以狭义的方式定义：在级联型混合系统中，每一个推荐方法都会对前一推荐方法产生的推荐结果进行优化。这里我们给出级联型混合系统的一种更加广义的定义：在级联型混合系统中，每一个推荐系统可以以任意方式（除了只进行直接优化以外）使用前一个推荐系统的结果，然后所有的结果被整合产生最终的推荐结果。这一广义的定义包含更多重要的混合系统，例如 boosting 算法。相应地，我们定义两种类型的级联型推荐系统。

6.5.1　推荐结果的逐步优化

在这种方法中，推荐系统依次将前一迭代过程中产生的结果进行优化。例如，第一个推荐方法排除了许多潜在项并提供了一个粗略的排名。接下来第二层的推荐方法使用这一排名来进一步优化排名并且断开排名中的并列关系。最终的排名会呈现给用户。这种推荐系统的一个实例是 EntreeC[117]。它首先根据用户提出的兴趣信息产生一个粗略的排名。接下来推荐结果被按照大致相等的偏好划分到不同的桶中。在第一阶段的最后，同一桶中的不同推荐信息被认为是并列的。协同过滤方法被用于断开并列关系，然后对每一个桶中的推荐信息进行评分排列。最先使用的基于知识的推荐方法明显被赋予更高的优先级，因为第二层的推荐方法不能改变第一层推荐方法所产生的推荐信息。换句话说，第二层的推荐方法更加有效，因为这些方法只需要关注每一个桶内部的并列关系。因此，第二层的推荐方法中的物品空间，即桶，就会小得多了。

6.5.2　boosting 算法

boosting 算法已经被广泛地应用在分类[206]和回归[207]分析中。最早的 boosting 算法之一是 AdaBoost 算法[206]。这一算法的基于回归的变形被称为 AdaBoost.RT[207]。这一回归变形与协同过滤方法的相关性更强，因为将评分视为数值属性会使得分析过程更加简单。传统的 boosting 算法通常在训练循环过程中使用加权训练样本。在每一次循环中，权重都会根据前一次循环中分类器的表现进行修改。这种算法的特别之处在于提高错误训练样本的权重，而降低正确分类样本的权重。这样分类器就会偏向于将前一循环中分错的样本进行重点训练。通过若干次这样的循环，我们可以获得一系列的分类模型。所有的模型都被应用于某一给定的测试实例，并且把返回的预测结果整合起来得到一个加权的预测结果。

为了适用于协同过滤系统，boosting 算法需要被适当地修改。在协同过滤系统中，训练行和测试行之间没有明显的界限，自变量列和因变量列之间也没有明显的差别。论文 [67] 中提出了一种将 boosting 算法改进以适用于协同过滤系统的方法。与分类和回归模型中权重与行相关不同，协同过滤中的训练样本权重是和各个评分相关的。因此，如果集合 S 表示训练数据中的已观测评分集，则共有 $|S|$ 个权重。需要注意的是，S 是 $m \times n$ 评分矩阵 R 中一系列位置 (u, j) 的集合，其中 r_{uj} 表示被观测的元素。我们同样假设这些基础协同过滤算法有能力处理加权评分问题（同 6.3 节相比较）。在每一次迭代过程中，每一个评分所对应的权重都会根据协同过滤算法预测特定元素的准确程度被加以修改。

整个算法共使用 T 次迭代循环。在第 t 次迭代过程中，评分矩阵中第 (u, j) 个元素所对应的权重被表示为 $W_t(u, j)$。在算法开始时，各个元素被赋予相同的权重。接下来，算法使用基准模型预测所有的评分。如果预测评分 $\hat{r}_{uj}$ 和实际评分 r_{uj} 之间的差值不小于预设值 δ，那么对于集合 S 中元素 (u, j) 的预测就被称为"错误的"。第 t 次迭代过程中的错误率 ϵ_t 被定义为集合 S 中被错误预测的评分所占的比例。被正确预测的样本的权重通过

213

乘以 ϵ_t 来减小,而错误预测样本的权重则保持不变。在每一个迭代过程中,权重都会被归一化使其求和为 1。因此,被错误分类的元素的相关(relative)权重总是随着迭代而增加。接下来,在权重被更新后的数据上再一次使用基线模型。这一迭代过程重复 T 次,目的是为未知元素产生 T 个不同的预测结果。这 T 个不同预测结果的加权平均数被作为元素的最终预测结果,在这一过程中,第 t 个预测值的权重是 $\log\left(\frac{1}{\epsilon_t}\right)$。值得注意的是,论文 [67] 中介绍的权重更新和模型组合法则与分类和回归模型中的法则有一些不同。但是在论文 [67] 之外,很少有关于使用 boosting 算法来解决协同过滤问题的研究。我们相信 [67] 中的简单推荐策略可以通过实验进一步优化。

6.5.2.1　加权基础模型

boosting 算法和 bagging 算法需要使用加权基础模型,其中每一个元素有与其关联的权重。在这一节中,我们将展示现有的协同过滤模型是如何被优化以适用于加权模型的。

我们假设权重 w_{uk} 与评分矩阵中代表用户 u 对物品 k 的评分的元素相对应。一种相对直观的做法是将现有的模型加以改进使其能够处理元素的权重:

1)**基于近邻的算法**:一个用户的平均评分通过用加权的方法进行计算以得到评分的均值中心。Pearson 相关系数和余弦函数都可以被改进以将权重纳入考虑范围。因此,可以对第 2 章的公式(2-2)进行如下改进,来计算用户 u 和用户 v 之间的 Pearson 相关系数。

$$\text{Pearson}(u,v) = \frac{\sum_{k \in I_u \cap I_v} \max\{w_{uk}, w_{vk}\} \cdot (r_{uk} - \mu_u) \cdot (r_{vk} - \mu_v)}{\sqrt{\sum_{k \in I_u \cap I_v} w_{uk}(r_{uk} - \mu_u)^2} \cdot \sqrt{\sum_{k \in I_u \cap I_v} w_{vk}(r_{vk} - \mu_v)^2}} \qquad (6\text{-}6)$$

读者可以参考第 2 章 2.3 节来回顾这一公式的详细知识。另一种[⊖]优化方法如下:

$$\text{Pearson}(u,v) = \frac{\sum_{k \in I_u \cap I_v} w_{uk} \cdot w_{vk} \cdot (r_{uk} - \mu_u) \cdot (r_{vk} - \mu_v)}{\sqrt{\sum_{k \in I_u \cap I_v} w_{uk}^2 (r_{uk} - \mu_u)^2} \cdot \sqrt{\sum_{k \in I_u \cap I_v} w_{vk}^2 (r_{vk} - \mu_v)^2}} \qquad (6\text{-}7)$$

对于物品-物品相似性测度,调整过的余弦函数可以用类似的方法进行改进。这些加权相似性测度可以被用于计算最近邻或者对等组中的加权平均评分数。

2)**潜在因子模型**:潜在因子模型被定义为将指定元素的误差平方和最小化的最优化问题。而在这里,我们需要求解误差的加权平方和的最小值的最优化问题。因此,第 3 章 3.6.4.2 节中的目标函数可以被修改为如下:

$$\text{Minimize } J = \frac{1}{2}\sum_{(i,j) \in S} w_{ij} e_{ij}^2 + \frac{\lambda}{2}\sum_{i=1}^{m}\sum_{s=1}^{k} u_{is}^2 + \frac{\lambda}{2}\sum_{j=1}^{n}\sum_{s=1}^{k} v_{js}^2 \qquad (6\text{-}8)$$

这里,$U = [u_{ij}]$ 和 $V = [v_{ij}]$ 分别是 $m \times k$ 用户-因素矩阵和 $n \times k$ 物品-因素矩阵。需要注意这个公式中的权重是与矩阵中的误差相关联的。梯度下降法也需要相应地调整,即对相关更新进行加权:

$$u_{iq} \Leftarrow u_{iq} + \alpha(w_{ij} \cdot e_{ij} \cdot v_{jq} - \lambda \cdot u_{iq})$$
$$v_{jq} \Leftarrow v_{jq} + \alpha(w_{ij} \cdot e_{ij} \cdot u_{iq} - \lambda \cdot v_{jq})$$

许多其他基础协同过滤算法都可以被修改以适用于加权模型。这些加权基础算法在许多协同过滤集成系统中,例如 boosting 算法和 bagging 算法等,都是有效的。

⊖ [67] 仅提出了第一种计算相似度的方法。

6.6　特征放大型混合系统

特征放大型混合系统与分类中的堆叠集成方法有许多相似点。在堆叠算法[634]中，第一层的分类器被用于为第二层的分类器产生特征或者放大特征。在大部分情况下，特征放大型混合系统和对现有推荐算法的集成系统一样使用。但是在另外一些情况中，我们需要对推荐系统部件做出一些改变使其能适用于修改后的数据，因此特征放大型混合系统并不是真正的集成系统。

Libra 系统[448]将亚马逊微网站的推荐系统和其自身的贝叶斯分类器相结合。这种方法使用亚马逊生成的"相关作者"和"相关标题"作为描述物品的特征。需要注意的是，亚马逊使用协同过滤系统产生这些推荐信息。接下来这些数据与基于内容的推荐方法共同作用来生成最终的预测结果。从原则上讲，任何现有的基于内容的系统都可以被使用，因此这一方法可以被看作是一种集成系统。[448] 选择朴素贝叶斯文本分类器实现这一过程。通过实验发现，亚马逊的协同过滤系统生成的特征质量很高，并且这些特征对产生更高质量的推荐信息做出了显著贡献。

除了首先使用协同系统，我们也可以首先使用基于内容的系统。这一方法的基本思想是使用基于内容的系统来填充评分矩阵中的未知元素，让评分矩阵不再稀疏。换句话说，基于内容的系统预测评分矩阵中的未知元素以产生一个更加密集的矩阵。这些新加入的评分元素被称为伪评分 (pseudo-rating)。接下来，协同推荐系统凭借密集评分矩阵来进行评分预测。最后，协同预测结果和基于内容的推荐系统产生的预测结果按权重组合起来，构成评分矩阵中对未知元素的整体预测结果[431]。就相似度计算来说，第一阶段对缺失值的填充使得第二阶段对相似度的计算更加具有健壮性。然而，对相似度的计算需要进行如下调整：相比于已知评分，伪评分应赋予更低的权重。这是因为伪评分是由大致估计得到的，因此容易出错。

这些权重是如何被确定的呢？伪评分的权重直观地表示了第一阶段里预测的确定性，它是用户评分数量$|I_i|$的一个递增函数。若干启发性函数被用于为评分确定权重，读者可以参考 [431] 获取这一过程的详细知识。需要注意的是，这种方法需要对协同过滤过程的第二阶段加以改进，并且现有的算法没有能够被使用的。这些模型可以被看作整体式设计系统。

特征放大型系统在推荐系统中有着很长的历史。特征放大型系统的最早实例之一是 GroupLens 系统[526]。在这一系统中，基于知识的推荐系统被用于生成一个人工评分的数据库。被称为过滤机器人的代理模仿人类用户的行为，使用一些例如拼写错误的个数或者信息长短等特殊规范来为各个物品评分。随后，这些评分被用在协同过滤系统中来产生推荐结果。

6.7　元级型混合系统

在元级型混合系统中，由前一推荐方法学习得到的模型被用作下一层的推荐方法的输入。Pazzani 的一篇早期论文 [475] 介绍了通过内容的协同方法的一个重要实例。这一实例构建了一个基于内容的模型[363]来描述对餐馆进行预测所需的差异性特征。这些差异性特征可以通过第 4 章 4.3 节介绍的任何一种特征选择方法进行确定。每一个用户被表示成一个差异性关键词的向量。一个餐馆推荐系统的用户-关键词的矩阵示例如下：

215

关键词⇒ 用户⇓	牛肉	烤的	羊肉	煎的	鸡蛋
Sayani	0	3	0	2.5	1.7
John	2.3	1.3	0.2	1.4	2.1
Mary	0	2.8	0.9	1.1	2.6
Peter	2.4	1.7	0	3.5	1.9
Jack	1.6	2.2	3.1	1.0	0

上面表格中的权重值可以根据自己已访问物品的描述信息来获取。注意，无关的词已经被移除了。因为在第一阶段，基于内容的特征选择方法已经为每一个用户创建了一个差异性向量空间表示。这种表示法比一般的评分矩阵更加密集。因此我们可以使用这种新的表示方法计算用户之间的相似度，来获得一个更加具有健壮性的结果。这种方法的中心思想是使用基于内容的对等组来确定目标用户中相似度最大的用户。一旦对等组被确定下来，各个对等组评分的加权平均数就被用于确定预测评分。请注意，这种方法需要对原始的协同推荐系统进行一定的改进（至少在相似度计算这一问题上）。协同系统中两个阶段都使用了相同的矩阵，而对等组的形成必须使用用户-关键词矩阵（即第一阶段创建的模型），而最后一个推荐方法需要使用评分矩阵。而且，这种方法的第一阶段不能完整地使用现有的基于内容的模型，因为这一阶段主要是特征选择（预处理）阶段。因此，在许多情况中，这些系统不能被认为是真正的集成系统，因为这些系统不能直接使用现有的推荐方法。

元级型混合系统的另一个实例是 LaboUr 系统[534]。在该系统中，基于案例的模型被用于学习基于内容的用户画像。接下来，用户画像基于协同方法进行比较。这些模型进行跨用户比较来实现预测。这些方法中的大部分都属于前文提到的通过内容的协同推荐策略，然而这并不是建立混合推荐系统的唯一方法。

6.8　特征组合型混合系统

特征组合型混合系统的基本思想是在应用推荐算法之前，将来自若干来源（例如基于内容或者协同）的输入数据整合成一种统一的表示方法。大多数情况使用的推荐算法是一种使用协同信息作为附加特征的基于内容的算法。[69] 介绍了这种方法的一个实例。这一实例将 RIPPER 过滤器应用于增广数据集。[69] 表明在纯粹的协同方法上能显著地提高算法有效性，但是需要精细地选择内容特征来达到这一结果。也就是说，这种方法对数据集的挑选和特征的表示非常敏感。这种方法减少了系统对于已对物品做出评价的用户数量的敏感性。当然，任何一种基于内容的系统都具有以下性质：对于有新物品加入的冷启动问题具有健壮性。

需要注意的是，组合过程可以根据不同种类的背景知识以不同的方法进行。例如，考虑以下情况：每一个物品都和一个更高层次的代表物品类型的分类法相联系。用户和物品的画像可以被按照层次体系中的相关类型进行扩展。接下来，评分矩阵通过这些相关类型而不是物品的信息来建立。在稀疏矩阵中，这种方法可以提供更加有效的结果，因为它减少了列的个数，并且在压缩矩阵中大多数元素都已被填充。

另一种方法是将评分矩阵进行扩展，并且将物品之外的关键词作为列填充入矩阵中。这样原来的评分矩阵就变成了一个 $m \times (n+d)$ 的矩阵，n 代表物品个数，d 代表关键词个数。"关键词物品"的权重是将用户获得、购买或评分的物品的描述进行加权整合得到的。

传统的近邻方法和矩阵分解方法都适用于这一扩充矩阵。我们可以通过使用交叉确认方法进行学习来获得物品行和关键词行之间的相关权重（具体方法参考第 7 章）。这种将两种最佳模型组合起来的方法在混合设置中很常见，以参数向量 $\bar{\theta}$ 为自变量的目标函数建立如下：

$$J = \text{CollaborativeObject}(\bar{\theta}) + \beta\,\text{ContentObjective}(\bar{\theta}) + \text{Regularization} \qquad (6\text{-}9)$$

接下来我们使用参数向量 $\bar{\theta}$ 使目标函数最优化。一种伴随辅助信息的稀疏线性模型一般化方法（参考第 2 章 2.6.5 节）将在下文作为一种特殊实例加以讨论。

217

6.8.1　回归分析和矩阵分解

令 R 为一个 $m \times n$ 的隐式反馈评分矩阵，C 为一个 $d \times n$ 的内容矩阵。在这一内容矩阵中，每一个物品都被 d 个关键词的非负频率加以描述。样本包含物品的介绍或者物品的简要反馈。R 是一个隐式反馈矩阵，所以我们可以将未知元素的值设为 0。正如在 2.6.5 节中讨论过的，令 W 为一个 $n \times n$ 的物品-物品系数矩阵，其中的评分通过公式 $\hat{R} = RW$ 进行预测。但是，在这种情况中，我们也可以将评分预测为 $\hat{R} = CW$。因此，除了仅使用 $\|R - RW\|^2$ 进行优化之外，我们也加入了一个附加的基于内容的部分 $\|R - CW\|^2$。加入了弹性网正则化方法和对角线非负约束条件的改进最优模型[465]可以被写为如下形式：

$$\text{Minimize } J = \|R - RW\|^2 + \beta \cdot \|R - CW\|^2 + \lambda \cdot \|W\|^2 + \lambda_1 \cdot \|W\|_1$$

满足：

$$W \geqslant 0$$

$$\text{Diagonal}(W) = 0$$

权重参数 β 可以通过参数调整过程来确定。虽然可以用 $\hat{R} = RW$ 或 $\hat{R} = CW$ 进行评分预测，我们在这里只使用前一种预测函数，$\|R - CW\|^2$ 仅作为附加的正则化项对目标函数进行调整。换句话说，这一附加项的目的是为了提高模型预测用户未来行为和未知行为的泛化能力。[456] 讨论了这种基础目标函数的一些变形。

这种方法可以被用于将任何类型的协同过滤最优模型与基于内容的方法整合起来。例如，在矩阵分解中，我们可以使用一个 $d \times n$ 的用户因子矩阵 U，一个共享物品因子矩阵和一个内容因子矩阵来建立如下的一个最优模型[557]：

$$\text{Minimize } J = \|R - UV^{\text{T}}\|^2 + \beta \cdot \|C - ZV^{\text{T}}\|^2 + \lambda(\|U\|^2 + \|V\|^2 + \|Z\|^2)$$

需要注意的是，物品因子矩阵 V 在评分矩阵和内容矩阵的因子分解过程中被共用。这种共用矩阵分解模型也被用于合并其他种类的辅助信息，例如社交信任度数据（参考第 11 章 11.3.8 节）。第 3 章 3.7.7 节对任意模型下的组合矩阵分解方法进行了综述。

6.8.2　元级特征

在很多推荐系统（例如基于内容的系统和协同系统）中没有必要使用特征组合方法。新的元级特征可以从特定种类的推荐系统的特征中提取，并且接下来被整合进集成模型中。例如，我们可以将元级特征从一个与若干用户和物品提供的评分的数量相对应的评分矩阵中提取出来。当一个用户将许多电影进行评分，或者当一部电影被许多用户打分时，不同推荐算法产生的推荐信息准确性会被影响。不同推荐系统对这些特征的敏感程度不同，因此对于不同用户和物品的预测效果也不同。元级特征的基本思想是在模型组合过程中使用元级特征对这些元素特化的差异做出解释。生成的元级特征可以与其他集成算法配对来创建一种集成式设计方法，这种设计方法包含了各种混合系统的特征，但是又不完全

属于 Burke 对于混合系统的 7 种分类[117]。但是，这种集成方法在使用评分对元级特征进
行组合这一特点上与特征组合型混合系统紧密相关。

元级特征方法已经被证明是集成式设计中的一种很有潜力的高效方法。实际上，Net-
flix 大奖赛中的两种胜出方法，即 Bellkor's Pragmatic Chaos[311] 和 The Ensemble[704] 都
使用了这一方法。接下来将会介绍元级特征模型在协同过滤算法中的应用。我们将会着重
讨论特征加权线型堆叠（feature weighted linear stacking）算法[554]。这种方法将元级特
征和 6.3 节讨论过的堆叠算法相结合。这一方法基于 The Ensemble[704] 中的混合技术。为
了加以说明，表 6-1 提供了[554]基于 Netflix 大奖赛数据集，在堆叠过程中使用的部分元级
特征。左栏中的序号和论文［554］中的序号相一致。这些特征十分具有启发意义，因为
我们通常可以为其他评分数据集提取相似的特征。需要注意的是，表 6-1 中的每一个特征
都与评分矩阵中的一个元素相对应。

表 6-1　［554］中用于集成组合的基于 Netflix 大奖赛数据集的元级特征子集

ID	描　述
1	常数 1（仅使用这一特征相当于使用 6.3 节中的全局线性回归模型）
2	表示用户是否在某一特定日期对 3 部以上电影打分的二进制变量
3	电影被评分次数的对数值
4	用户对电影打分的不同日期的个数的对数值
5	电影平均评分的贝叶斯估计值减去用户的贝叶斯估计平均值
6	用户评分次数的对数值
16	用户评分的标准偏差
17	电影评分的标准偏差
18	（评分日期－第一个用户评分日期＋1）的对数值
19	（某一日期用户评分数＋1）的对数值

我们假设一共获取了 l 个元级特征（数值型），并且它们与用户－物品对 (u, t) 相对
应的值分别为 $z_1^{ut} \cdots z_l^{ut}$。这样评分矩阵中的每一个元素 (u, t) 都有特定的元级特征与其相
对。但是有时虽然用户序号 u 或者物品序号 t 的值不同，元级特征也可能为相同的值。例
如，表 6-1 中的特征 3 不随用户序号 u 的改变而改变，却会因物品序号 t 的改变而改变。

我们假设共有 q 种基础推荐方法，并且这 q 种推荐方法的权重分别为 $w_1 \cdots w_q$。接下
来，对于评分矩阵中的一个给定元素 (u, t)，如果 q 个集成部分的预测评分分别为 $\hat{r}_{ut}^1 \cdots$
$\hat{r}_{ut}^q$，那么整体集成系统的预测结果 $\hat{r}_{ut}$ 如下：

$$\hat{r}_{ut} = \sum_{i=1}^{q} w_i \hat{r}_{ut}^i \tag{6-10}$$

我们希望集成系统的估计预测评分 $\hat{r}_{ut}$ 与观测评分 r_{ut} 尽可能趋近。6.3 节中使用了线性回
归模型来学习获得权重 $w_1 \cdots w_q$。在训练 q 个模型时，首先提取出确定比例的元素，接下
来在线性回归模型中使用取出的元素作为观测值来进行学习。这一方法是纯粹的堆叠算
法，并且可以被认为是加权混合模型。但是，我们可以使用元特征方法对这种方法进一步
优化。这种做法的主要思想是线性回归权重 $w_1 \cdots w_q$ 与评分矩阵中的每一个元素相对应，
并且这些权重都是元特征方法的线性函数。换句话说，这里的权重需要用 (u, t) 作为上
标来解释它们与评分矩阵中的元素 (u, t) 相对应：

$$\hat{r}_{ut} = \sum_{i=1}^{q} w_i^{ut} \hat{r}_{ut}^i \tag{6-11}$$

这是一个更进一步优化的模型，因为其组合是对评分矩阵中的每一个元素来说，而不能盲目地推广到整个矩阵中。这种方法存在的问题是参数w_i^{ut}的数量$m \times n \times q$过大，导致不能健壮地学习。实际上，（权重）参数的数量会比已知评分的数量多，这也会导致过拟合现象的发生。假设这些元特征为每个用户-物品组合调节了各个模型之间的相对重要性，那么这些权重就可以被视为元特征的线性组合。这里我们引入参数v_{ij}来调控第j个元特征对第i个模型的重要程度。这样元素(u, t)的权重可以表示为元素(u, t)的元特征值的线性组合，如下所示：

$$w_i^{ut} = \sum_{j=1}^{l} v_{ij} \, z_j^{ut} \tag{6-12}$$

我们现在可以用更少（$q \times l$）的参数v_{ij}来表示回归模型问题。这里v_{ij}调控第j个元特征对于第i个集成模型的相对重要性的影响。将公式（6-12）中的w_i^{ut}带入公式（6-11）中，我们可以得到总集成评分和各部件评分之间的关系，如下所示：

$$\hat{r}_{ut} = \sum_{i=1}^{q} \sum_{j=1}^{l} v_{ij} \, z_j^{ut} \, \hat{r}_{ut}^i \tag{6-13}$$

需要注意的是，这仍然是一个$q \times l$个系数的线性回归问题，其中系数个数与v_{ij}相一致。我们可以使用标准最小二乘模型对取出的⊖评分元素进行学习以获得v_{ij}的值。这一回归模型的自变量由$z_j^{ut} \hat{r}_{ut}^i$定量给出。我们可以加入限制条件来减小过拟合情况的发生概率。在使用线性回归方法得到权重之后，集成系统中的各个独立模型使用从完整训练集中去除已取出元素的训练集重新进行训练。使用取出元素集进行训练得到的权重与这q个模型协同使用。

6.9　交叉型混合系统

交叉型混合推荐系统的主要特征是在用户交互界面将来源于不同推荐系统的评分组合在一起进行呈现，而不是将预测评分进行组合。在许多情况中，每个推荐系统得分最高的物品被逐个呈现给用户[121,623]。因此，这一系统的主要区分性特征是：在呈现阶段进行整合，而不是将预测评分进行整合。

其他大多数混合系统专注于创建一个从若干推荐系统中提取出来的统一的评分。在[559]介绍的典型例子中，交叉型混合系统创建了一个个性化电视节目单。典型地，一个复合（composite）节目安排被呈现给用户。这一复合节目安排是通过将不同系统推荐的物品组合在一起创建的。虽然交叉型混合系统的适用性远不止这些场景，这种复合节目安排仍然是交叉型混合系统的最典型应用。交叉型混合系统的基本思想是：推荐结果是对一个相对复杂的包含许多成分的物品做出的，并且推荐其中的某个独立物品是无意义的。通过使用交叉型推荐系统，有新物品加入的冷启动问题的难度会减轻。电视节目安排由许多档期构成，基于内容的推荐系统和协同推荐系统都可以将节目填充入不同档期中。在一些情况中，特别是初期缺乏可用数据时，不同种类的多种推荐系统就可以为这些档期产生足够的推荐信息。但是，在一些情况中我们需要使用冲突解决方法来处理可用节目选项数量大于可用档期数量等问题。

交叉型推荐系统的另一个应用是旅游业[660,661]。这种方法将推荐结果分为若干集合，

⊖ 在 Netflix 大奖赛中，这一过程通过使用被称为试探集（probe set）的数据集来完成。接下来这一特殊数据集没有被用于建立集成模型。

每一个集合都包含多种类型的物品。例如，在旅游业推荐系统中，物品的类型包括住处、休闲活动、飞机票，等等。在旅行过程中，旅行者会消费不同类型的物品集合。对不同类型的物品会采用不同的推荐系统。比如，最适合推荐住处的推荐系统也许不是最适合推荐观光的推荐系统。因此，对每一种不同的分类都对应了一种不同的推荐系统。而且，我们需要着重分析来自相互独立分类的物品来做出一个相互协调的推荐集合。例如，如果旅行者被推荐了一项距离他住处很远的观光活动，那么整个推荐结果对于他来说就是不方便的。因此，在整合过程中，我们加入一个包含一系列域约束条件的知识库来解决这些冲突。这些约束条件被用于解决结果域中的矛盾。约束满足问题被用于确定一个相互协调的组合结果。想获取这一方法的更多细节可以参考 [660，661]。

值得注意的是，大部分交叉型混合系统经常和基于知识的推荐系统共同使用[121,660]。这并不是巧合。交叉型混合系统通常被设计使用多个组成部分，例如基于知识的推荐系统，解决复杂产品领域问题。

6.10　小结

混合推荐系统旨在利用多数据源信息做出推荐，或者用于提高现有推荐系统在特定数据模式下的性能。建立混合推荐系统的一个重要原因是不同种类的推荐系统，例如协同系统、基于内容的系统、基于知识的系统等都有着不同的优势和弱点。一些推荐系统在处理冷启动问题时更加有效，而其他一些系统则在可以获取足够数据时具有更高的效率。混合推荐系统试图利用这些系统的互补优势来创建一个具有更高整体健壮性的系统。

集成式推荐方法同样被用于提高协同过滤方法的准确度。在协同过滤方法中，多个部分使用相同的评分矩阵。在这些情况中，各个模型使用相同的基础数据而不是源自不同来源的数据。这些方法和分类领域集成分析的现有思想十分相似。其基本思想是使用若干模型来整合差异并且减少模型偏差。许多分类领域对于偏差-方差平衡问题的现有理论成果同样适用于协同过滤应用中。因此，许多技术，例如 bagging 算法和 boosting 算法，也可以在相对较小的修改后被应用于协同系统中。

混合推荐系统分为整体式系统、集成式系统和交叉式系统。集成式系统的典型设计方法是使用流水线型或者并行型推荐系统。在整体式设计中，无论是将现有推荐系统进行改进，还是创建全新的推荐系统，都需要将来源于多种数据形态的特征组合在一起。在交叉式系统中，若干推荐引擎产生的推荐信息被同时呈现在用户面前。在许多情况中，元特征也可以从一个特定的数据形态中提取出来，并用于将若干推荐系统产生的预测以元素特化的形式整合起来。混合系统和集成系统的最大优势在于这两种系统可以利用不同系统之间的长处互补。Netflix 大奖赛中的所有顶尖方法都是集成系统。

6.11　相关工作

尽管混合系统在推荐系统的发展过程中有着悠久且丰富的历史，但是直到 Burke 的研究[117]面世，这些方法才得到了一个正式的分类。[118] 介绍了特定网络环境中的混合推荐系统。最初，Burke 将推荐系统分为七类。随后，Jannach 等人[275]创建了一种更高层次的分类方法，将这些较低层次的分类方法分为流水线型系统和并行型系统。这本书中的分层分类方法大致遵循了 [275] 和 [117] 中的思路，但是仍然做出了一些变动来将若干重要的方法，例如 boosting 算法，包含进了这种分类方法中。值得注意的是，这种分类方法并不详尽，因为许多集成系统，例如 Netflix 大奖赛中的胜出方法，都利用了许多种混合系统的思想。虽然如此，Burke 的初始分类方法仍然十分具有启发意义，因为这种分类法涵盖了混合系统中大多数重要的组成模块。特别是最近两种使用了集成系统的模型[311，704]在 Netflix 大奖赛中胜出之后，集成方法得到了更加广泛的关注。

集成方法已经在分类领域得到了广泛应用。[22] 详细讨论了分类问题中偏差-方差问题。[111-113] 介绍了分类中的 bagging 算法和二次分类方法。一篇最近的论文 [67] 展示了通过改进例如 bagging 算法和 AdaBoost.RT 算法等方法，我们可以将分类领域的集成方法应用在推荐系统中。除了一些基于这种思想发展的集成系统，其他一些系统组合了不同数据类型的优点。加权模型是最常见的模型类型之一。一些模型将建立在同种数据类型上的模型组合起来。论文 [67，266] 讨论了建立同构加权集成系统的方法。Netflix 大奖赛的获胜方法[311，704]同样使用了加权集成系统，但在组合过程中使用了额外的元特征，使得集成系统结合了一些特征组合方法的性质。[180] 讨论了不同参数设定下的最大间隔矩阵分解方法中的集成方法。[338] 将基于用户和基于物品的近邻算法加以组合。其他一些研究加权模型的论文展示了如何组合构建于不同数据类型上的系统。[659] 将协同推荐方法和基于知识的推荐方法加以组合。[162] 将基于内容的推荐系统和协同推荐系统加以组合。

[601] 讨论了一种基于性能的切换型混合系统。[610] 介绍了一种有趣的基于机器学习的切换机制。其他解决冷启动问题的转换方法在 [85] 中得到了讨论。[659] 探讨了另一种产生切换型混合系统的基于知识的系统和协同系统的组合。

级联型系统将评分按照顺序进行处理来做推荐，这种系统或者使用求精方法，或者使用 boosting 算法。EntreeC 推荐系统[117]是级联型系统使用求精方法的一个最著名的实例。[67] 中讨论了使用 boosting 算法的级联型系统。后者使用一个 AdaBoost.RT 算法的加权版本来产生混合推荐信息。

特征放大型混合系统使用一种推荐系统来放大另一推荐系统的特征。Libra 系统[448]组合了亚马逊的推荐系统和其自身的贝叶斯分类器。亚马逊系统的输出被用于创建一个基于内容的推荐系统。[431] 使用基于内容的系统来对评分矩阵中的未知元素进行估计，并在协同过滤系统中对这些估计值加以使用。在 GroupLens 系统中[526]，基于知识的系统被用于创建一个人工评分数据库。这些评分被用于在协同系统中做出推荐。[600] 介绍了怎样使用特征放大型混合系统来推荐研究论文。

近来已经有很多技术被应用于创建源于评分矩阵和内容矩阵的融合特征空间或统一的表示。机器学习工具可以被用于这类特征空间或者统一表示上。根据这一思路，最早一篇论文建立了源于评分和内容信息的联合特征映射[68]，并且使用机器学习模型做出预测。一种基于张量的方法被用于实现这一目标。[557] 同样使用了一种类似的方法，这种方法将用户-物品消费的画像矩阵和物品-特征内容矩阵联合地分解形成一个共同的潜在空间。这一潜在表示法接下来被用于学习。[411] 使用了一种将评分与反馈文本相结合的潜在因子模型。[14] 提出了一种基于回归的用于评分预测的潜在因子模型，这一模型使用内容特征来进行因素估计。用户和物品潜在因子被通过基于用户和物品特征的独立回归模型进行估计。随后这一模型使用积性函数基于之前生成的用户和物品因素产生预测结果。在 [456] 中，稀疏回归模型也被用于进行融合预测。最后，基于图的模型被用于产生统一表示。[238] 着重介绍了用户行为和例如用户-物品画像和辅助信息等若干特征间的关联权重。统一玻尔兹曼机被用于产生预测。[129] 提出了一种基于图的统一表示法。这种方法创建了一个包含物品结点、用户结点和物品特征结点的贝叶斯网络。这一贝叶斯网络被用

222

于产生组合的基于内容和协同的推荐信息。

在元级型混合系统中,前一推荐方法通过学习构建的推荐模型被用作下一层推荐输入的输入。在 Pazzani 的早期工作[475]中,他提出了一种基于内容的模型[363],用于描述对餐馆进行预测的差异性特征。每一个用户都被定义为一组代表差异性特征关键词的向量。基于内容的模型被用于确定对等组,这些对等组接下来被用于创建推荐信息。[475, 534] 讨论了由基于内容的系统和协同系统组成的元级型混合系统。[166] 讨论了一种两级贝叶斯分级混合系统。[652] 提出了另一种由协同系统和基于内容的系统组合而成的分级贝叶斯模型。利用分级特征的堆叠推荐系统在论文 [65, 66, 311, 554] 中被讨论。STREAM 系统[65,66]是最早的一种利用分级特征的系统。

[121, 559, 623, 660, 661] 中提出了一些交叉型推荐系统。[559] 提出了一种用于创建电视节目单的交叉型推荐系统,[660] 讨论了用于创建旅游业推荐的系统。值得注意的是,许多交叉型混合系统被用于复杂产品领域,例如基于知识的推荐系统[121,660]。

6.12 习题

1. 在推荐系统中,潜在因子模型的等级是如何影响偏差−方差平衡的?如果必须将潜在因子模型作为 bagging 算法集成系统的基础模型,你会选择高等级的模型还是低等级的模型?

2. 如果必须将 boosting 算法与潜在因子模型联合使用,习题 1 中的答案是否会改变?

3. 使用加权型潜在因子模型作为基础模型实现一个元素上的 bagging 算法模型。

4. 假设你已经创建了一个协同系统,其中用户−物品矩阵将关键词频率作为矩阵的附加行。每一个附加行都对应一个关键词,关键词−物品组合值对应频率。一个基于物品的近邻模型被用于这一增广矩阵中。这种方法会使用哪一种混合推荐系统?讨论使用这样一个模型对推荐系统的准确性和多样性可能产生的影响。

5. 讨论你会怎样使用一个单独权重参数来控制习题 4 中协同部分和基于内容部分的相对强度。你会如何以数据驱动的方式来确定权重参数的最优值?

推荐系统评估

真正的才华体现在对未知、危险、矛盾信息的判断之中。

——Winston Churchill

7.1 引言

协同过滤的评价和分类的评价有很多的相同点。之所以有这种相似性，是因为我们可以把协同过滤看成是分类和回归模型问题的一种泛化（参见 1.3.1.3 节）。尽管如此，分类回归的评价过程还是有很多不同于协同过滤的方面。基于内容的推荐方法的评价和分类回归模型却更加相似，因为前者经常在其内部实现使用了文本分类方法。本章将介绍一系列评价多种推荐算法的机制，而且把这些技术和类似的使用分类回归建模的方法联系起来。

为了对多种多样的推荐算法的有效性有一个充分的了解，设计一个良好的评价系统是至关重要的。我们在本章的后续部分也会发现，推荐系统的评估是多方面的，所以一个单一标准不可能实现设计者的全部设计目标。一个不正确的试验评价系统会导致一个特别的算法或模型的精确性要么被过分高估，要么被过分低估。

推荐系统的评估过程可以使用在线或者离线的方法。在线系统中，用户的操作会反馈给当前的评估过程。所以，在线评估系统中，用户的参与是必不可少的。例如，在一个对新闻评论系统的在线评估过程中，它将会计算用户点击那些被评论的文章的点击率。这样的测试方法指的是类似于 A/B 的测试，并且它们在用户端测量这个推荐系统的直接反应。这样一来，在当天结束的时候，那些有着高点击率的有益的物品就会是当前推荐系统最重要的目标对象，同时它给系统的有效性提供了一个真实的评价。然而，由于在线评估要求用户动态参与其中，所以在大多数情况下，用它来当作标准和研究是不可能的。因此，在大规模用户参与其中的前提下，从系统服务器中存取用户的点击数据通常会面临重大挑战。即使成功存取了用户的点击数据，那也仅仅是针对特定的单个大规模数据系统。另一方面，用户往往希望使用来自各个领域的多种类型的数据集。这样一来，推荐系统为确保更强的概括归纳能力，以及推荐算法在一系列设置下正常运行，在多类型数据集上进行测试就显得特别重要。在某些情况下，基于使用过的历史数据集的离线评价系统就应运而生了。从研究和实践的角度来说，目前为止，离线评估方法是评估推荐系统中最常见的方法。因此，本章将会把大部分篇幅放在研究离线方法上，当然，考虑到信息的完整性，一些有关在线方法的讨论也会包含其中。

当使用离线方法时，精确性度量通常提供一个不完整的有关推荐系统真实点击率的画面。其他几种次要的指标也起着很重要的作用。因此，为了从用户角度使衡量指标真实反应系统有效性的能力，认真细致地设计评估系统就显得尤为重要。特别要说的是，从为推荐系统设计评估方法的角度来看，下面几点也很重要。

1）**评估目的**：当我们用推荐精确性来评价推荐系统的时候，但其实这种方法带来的用户体验往往并不是那么好。尽管精确性确实是整个评估过程最重要的一部分，但是还有很多次要的指标，比如新颖性、信任度、覆盖率和惊喜度等对用户体验也很重要。这是因为这些指标对转换率有着或多或少的影响。尽管如此，对这些因子的定量经常是相当主观的，而且通常也没有硬性措施来提供一个数值指标。

2）实验设计因素：尽管精确性被用来当评估标准，设计实验以确保精确性不要被高估或者低估是至关重要的。例如，如果同一个具体的评价同时被用来建模和评估精确性，那么精确性必然会被高估。在这种背景下，认真设计实验就尤其重要。

3）精确性：如果抛开那些次要标准不谈，精确性确实依然会是评估过程最重要的一部分。推荐系统将会被以预测精确性或者排名精确性来评估。因此，很多像平均绝对误差和均方误差这样的普通指标也会被广泛使用。排名评估可以使用各种方法进行，如基于效用的计算、秩相关系数以及受试者操作特征曲线（ROC 曲线）。

在本章中，除了最基本的精确性标准以外，我们将首先讨论常见的推荐系统评估指标。这几种指标包括多样性和新颖性。由于这几种指标往往都是基于用户的主观体验，所以如何定量研究是一大挑战。从定量的角度来看，精确性确实是一个相当容易测量的指标，因而它被广泛使用在市场和测试中。与此同时，我们也确实发现存在一些定量方法来评估那些诸如多样性、新颖性等次要指标。尽管本章的大部分篇幅都将关注精确性，但我们也会讨论一些针对次要指标的方法。

本章结构如下。7.2 节会给出几种不同的评估系统的概述。7.3 节研究评估推荐系统的主要目标。7.4 节将会讨论有关精确性设计的方法。7.5 节研究推荐系统的精确性。7.6 节会讨论这几种评估方法的局限性。7.7 节总结本章。

7.2 评估范例

本节仔细研究了推荐系统的三种不同类型的评估方法：用户调查、在线评估和用历史数据集的离线评估。前两种类型都是和用户有关的，尽管它们使用的方法略微不同。前两种方法的主要区别在于如何召集用户来做调查。尽管在线评估方法对推荐算法的真实作用有着深刻的研究，但是在它的发展过程中依然面临着几个障碍。接下来，我们将讨论这几种不同的评估类型。

7.2.1 用户调查

在用户调查中，测试对象被动态要求执行一些具体的需要与系统进行交互的任务。我们可以在交互之前或者之后来收集用户给出的反馈信息，而且系统会收集有关用户和推荐系统交互的信息。然后，这些信息被用来推断用户喜欢什么，不喜欢什么。例如，用户可能被要求和一个使用了推荐方法的产品页面交互，并且在之后给出对这个推荐系统的反馈。这样的方法可以用来评价推荐系统中算法的有效性。或者，用户可能被要求去听几首歌曲，然后通过给这些歌曲评分的方式来给出反馈。

用户调查的一个重要优点就是它允许收集用户和推荐系统交互的信息。一系列改变推荐系统的用户交互的设想能得到验证，比如改变某个算法或者用户界面的影响。另一方面，受试对象对推荐系统测试的积极性也会给他的选择和行为带来偏差。同时，为达到评估的目的，大量的受试对象的获取也是困难和代价昂贵的。在大多数情况下，这些测试对象并不代表真实系统的用户群，因为招募测试对象的过程本身就是一个不能完全控制的偏差。并不是所有的用户都愿意参与调查，而且考虑到余下的人数，这些自愿参加的用户也不能完全代表大众的兴趣。例如，在给音乐评分的例子中，志愿者很可能是音乐发烧友。

而且，用户意识到他们是应聘来参加一项特殊的调查也会影响他们的反应。因此，用户调查的结果不能全信。

7.2.2　在线评估

在线评估也要利用用户调查的方法，只可惜这些调查对象往往很少是已部署或者商业系统的真实用户。这种方法很少受到招募过程误差的影响，因为在通常情况下，用户往往会直接使用这个系统。这种系统经常被用来评估多个算法的不同表现[305]。通常，用户被随机抽样，并对每一个随机选择的用户来测试各种不同的算法。转化率是一个典型的用来测量推荐系统对用户有效性的指标。转化率度量某个用户选择系统推荐给他的物品的频率。例如，在一个新闻推荐系统中，可以计算用户选择系统推荐的文章的次数。如果需要，预计的花费或者利润会被添加到每个物品中，使得测试对物品的重要性敏感。这些方法同时也适用于 A/B 测试，并且会测量推荐系统在用户端的直接影响。这些方法的基本思路就是如下比较两种算法：

1）把用户分割成 A 和 B 两个小组；

2）用两个算法分别在两个小组里运行一段时间，在这期间控制两个小组的其他所有条件（比如每个小组成员的选择过程）尽可能相似；

3）测试过程结束后，比较两个小组的转化率（或者其他回报指标）。

这种方法非常类似于医学上进行的临床试验。这种方法对利润等目标而言也是所有用于测试系统长期表现的方法中最准确的一个。同时，这些方法也适用于前面小节中提到的用户调查。

一个观测结果是，如果每次和推荐系统交互的回报都能单独测试出来，那么就没有必要严格地把用户分成各个小组。在这种情况下，可以随机地把其中的一个算法呈现给同一个用户，并且这种具体交互带来的回报也是可以测量的。这些评估推荐系统的方法还可以被推广到那些更有效的推荐算法的发展中，从而得到被称为多臂赌博机（multi-arm bandit）的算法。算法的基本思想如下：在一个赌场里面，一个赌徒（推荐系统）面对一列投币机（推荐算法）选择其中一个。这个赌徒推测这些机器里面有一台机器的回报率（转化率）要比其他的都高。因此，为了探索和这些机器有关的回报，这个赌徒花费 10% 的时间来随机地尝试某台机器。在剩下的 90% 的时间里，为了利用自己在探索过程中学到的知识，该赌徒贪心选择回报率最高的那台机器。随机的方式完全贯穿于整个探索和利用过程。而且，相对于之前的评估结果，这个赌徒可能会更加重视那些最近的结果。这种通用方法是和强化学习的概念紧密相关的，而强化学习经常和在线系统成对出现。尽管强化学习已经在分类和回归建模有关的文献资料中被广泛地研究过[579]，但是其在推荐领域的相关研究是相当有限的[389,390,585]。因此，在这种算法的进一步发展方面存在着重要的研究机会。

这种方法的主要缺点是，系统只有在大量的用户已经注册的前提下，才可以切实完成部署。因此，在开始阶段想使用这种方法是很难的。此外，这样的系统往往并不完全开放使用权限，它们目前只对具体的商业系统的拥有者开放。因此，这样的测试只能在商业机构上进行，而且只能开放系统负责的有限数量的场景。这就意味着这些测试经常不能推广到由科学家或者实践者发起的与系统无关的评量基准上。在许多情况下，用一系列设置和数据域的压力测试来检验推荐算法的健壮性是值得尝试的。通过使用多样化的设置，我们能够达到理想的系统的普适性。令人遗憾的是，在线方法的设计初衷并不是为了实现这些目的。造成问题的一部分原因是，在评估过程中我们不能完全控制测试用户的行为。

7.2.3   使用历史数据集进行离线评估

离线测试使用的是评分等历史数据。在某些情况下，时间信息也可能和评分相关，比如在每个用户已经评分过的物品的时间戳。Netflix Prize 数据集是一个众所周知的历史数据集[311]。其最初发布在一个在线测试的文本中，并由此成为衡量很多算法的基准。使用历史数据集的主要优点是不用要求大量的用户参与。一旦获得了一个数据集，就能拿来作为一个通过一系列的设置来比较多种算法的标准化基准。而且，来自不同领域（如音乐、电影、新闻等）的多样化的数据集可以被用来测试推荐系统的普适性。

离线方法贯穿在测试推荐算法的大部分主流的技术中，因为在这种情况下，标准框架和评估方法已经形成。因此，本章对离线评估方法不做过多讨论。离线评估的主要缺点是它不能够测试在未来用户对于推荐系统的真实反应。例如，数据会随着时间逐步发展，然而当前的预测很可能不再适用于未来的大部分有关的预测。而且，像精确性这样的指标并不能像惊喜度和新颖度一样充分体现推荐的重要特征。这样的推荐对于推荐的转化率有着重要的长期的影响。然而，尽管有这些缺点，离线方法还是被推荐系统评估广泛接受的技术。这是因为在这些测试方法中的数据的健壮性好而且更容易被理解。

7.3   评估设计的总体目标

本节将会研究评估推荐系统的几种目标。除了众所周知的精确性以外，其他几种目标包括多样性、惊喜度、新颖度、健壮性和可拓展性。其中几个目标可以被具体量化，而其他的则是基于用户体验的主观目标。在这种情况下，唯一度量它们的方法就是通过用户调查。本节我们将会研究这几种不同的目标。

7.3.1   精确性

精确性是评估推荐系统过程中最基本的指标之一。本节将提供一个关于这个指标的简单介绍。详细的讨论会在本章的 7.5 节给出。在大多数情况下，评分是需要被评估的数字。因此，这里的精确性指标与回归建模中用到的精确性类似。假设 R 是评分矩阵，r_{uj} 就是已知的用户 u 对物品 j 的评分，$\hat{r}_{uj}$ 是推荐算法估计的分数。那么，评估的特定物品的误差等于 $e_{uj} = \hat{r}_{uj} - r_{uj}$。通过对绝对值或平方值的与物品相关的误差平均来计算总体误差。而且，很多系统不预测分数，取而代之的是仅输出推荐物品的前 k 个排名。这种方式在隐式反馈信息数据集中特别常见。有许多不同的方法可以用来评价预测分数的精确性以及排名的精确性。

我们会在 7.5 节详细讨论几种计算精确性的方法，所以这里不再展开讨论。本小节的目的就是简要引入几个指标以确保进一步讨论。精确性评估的要素如下。

1）**设计精确性评估**：所有我们在评分矩阵中观察到的数据条目不能既用来训练模型又用来评估精确性。这样做的目的是为了避免因为过拟合造成的过分高估。用不同于训练数据的其他数据来评估是很重要的。如果 S 代表评分矩阵里面观察到的物品的集合，那么用 S 的一个子集 E 来评估，并用集合 $S-E$ 来训练。这种情景和曾经遇到的分类算法的评估是完全相同的。毕竟，正如我们在之前章节中讨论过的那样，协同过滤就是分类和回归建模问题的一种泛化。因此，那些在分类和回归建模问题中用到的标准方法也同样可以用在评估推荐算法上，比如 hold-out 方法和交叉检验方法。这些问题将会在 7.4 节中进行更细致的讨论。

2）精确性指标：精确性指标被用来评估指定的用户-物品组合的评分预测精确性评测或者由推荐系统提供的前 k 个排名的精确性。具体来说，评分矩阵中集合 E 的物品的评分是隐藏的，并且精确性评估是在这些隐藏项上进行。针对以下两种情况可以运用不同方法：

- **评分的精确性**：如前所述，特定项的误差通过公式 $e_{uj} = \hat{r}_{uj} - r_{uj}$ 给出，其中 u 代表用户，j 代表物品。这个误差可以通过多种方法被充分利用，从而计算在评估过程进行的评分矩阵中集合 E 的总体误差。一个例子是 MSE：

$$\text{MSE} = \frac{\sum_{(u,j) \in E} e_{uj}^2}{|E|} \tag{7-1}$$

上述数值的平方根指的就是均方根误差，或者称为 RMSE：

$$\text{RMSE} = \sqrt{\frac{\sum_{(u,j) \in E} e_{uj}^2}{|E|}} \tag{7-2}$$

这些评测方法大部分借鉴了回归建模中的资料。其他几种重要的评测误差的方法，如 MAE，会在 7.5 节讨论。

- **评估排名的精确性**：许多推荐系统并不直接评估分数，相反，它们会提供隐藏排名的预测。依靠地面真实情况的性质，一个人可以使用和排名相关的方法、基于效用的方法或者 ROC 曲线方法。后面的两类方法是为一元（隐式反馈）数据集设计的。这些方法会在 7.5 节详细讨论。

一些精确性的方法也是为了最大化商家的利润而设计的，因为从推荐过程的角度来看，并不是所有的物品都重要。这些指标把特定物品的花费纳入计算过程。精确性指标的主要问题是它们经常没有评测推荐系统在现实设置中的真实影响。例如，一个显然的推荐可能是准确的，但是一个用户可能已经买过那个物品。因此，就提高系统的转化率而言，这样的推荐可用性很低。有关使用精确性指标的挑战的讨论请看参见文献 [418]。

7.3.2　覆盖率

即使在一个推荐系统已经高度准确的情况下，它甚至也经常不能对其中某一部分物品或者用户做出推荐。这就涉及覆盖率。推荐系统的这种局限性是评分矩阵稀疏所造成的。例如，在一个每行每列只含有一个数据元素的评分矩阵中，那么，几乎所有的推荐算法都不能够给出有意义的推荐。尽管如此，不同的推荐系统在提供覆盖率上还是有不同的倾向性。然而在实际的设置中，因为在那些不能够准确预测的矩阵里使用了系统默认值，所以系统经常有百分百的覆盖率。当某个具体的用户-物品组合不能被预测的时候，这个默认值的例子将会设为所有用户对物品的评分的均值。因此，精确性和覆盖率的折中往往需要被纳入整个评估过程当中。目前存在两种类型的覆盖率，一种指的是用户空间覆盖率，另一种指的是物品空间覆盖率。

用户空间覆盖度量可预测至少 k 个评分的用户占比。k 的值应设置为推荐列表的期望大小。当用户可以预测少于 k 个评分时，不可能向用户呈现大小为 k 的有意义的推荐列表。这种情况适用于当一个特定用户很少有和其他用户一样评分的项时。考虑一个基于用户的近邻算法。当一个用户很少有评分和别人相似的时候，我们很难稳定地计算出该用户的邻居结点。因此也很难给那位用户推荐足够的候选项。在某些高度稀疏的情况下，甚至没有一个算法能预测该用户的任何一项分数。但是，不同的算法可能有着不同等级的覆盖率，所以一个用户的覆盖率可以通过测试每一种算法然后决定给用户推荐的物品的数量来

230

评估。用户空间覆盖率的一个麻烦的地方在于，对不能够可靠预测分数的那些用户-物品组合，可以仅仅使用随机值来达到完全覆盖。因此，用户空间覆盖率应该经常在精确性和覆盖率折中的考虑下来评估。例如，在基于近邻的推荐中，增加邻居结点的数量可以提供一个精确性和覆盖率折中的曲线。

用户空间覆盖率的一个可替代的定义是，在可能给用户做出推荐之前，最小化用户画像的数量。对某个特定算法，可以通过实验估计可以进行推荐的任何用户的已知评分的最小数量。但是，通常难以评估此数量，因为度量对用户已知评分的物品很敏感。

物品空间覆盖率的概念和用户空间覆盖率的概念类似。物品空间覆盖率测量那些至少被 k 个用户评分过的物品。在实践中，这个概念很少被使用，因为推荐系统主要是为了给用户提供推荐清单，而不是仅仅为了给物品推荐用户。

物品空间覆盖率的另一种定义形式是类别覆盖率，适用于推荐列表。注意前一个定义是为评分值预测量身定做的。设想一个场景，其中矩阵里面的每一个评分值都可以被一个算法预测，但是推荐给每一个用户的前 k 项物品往往是相同的。因此，尽管之前关于物品空间覆盖率的定义意味着更好的表现，但是实际对用户来说覆盖率是非常有限的。换句话说，对用户的推荐并不是多样化的，也不能完全覆盖所有类别。令 T_u 代表推荐给用户 $u \in \{1 \cdots m\}$ 的前 k 项。类别覆盖率 CC 被定义为至少推荐给一个用户的物品的占比。

$$CC = \frac{|\bigcup_{u=1}^{m} T_u|}{n} \tag{7-3}$$

其中 n 表示物品的总数。这个值可以很容易通过实验来获取。

7.3.3 置信度和信任度

对评分的估计是一个不准确的过程，因为这个过程会随着手中特定数据集的改变而显著地变化。而且，算法采用的方法可能也会对预测的分数产生重要的影响。这就往往造成用户质疑预测的精确性。鉴于此，许多推荐系统会为系统评分赋予一个置信度估计。例如，系统提供一个预测分数的置信度区间。一般来讲，那些能准确地推荐更小置信度区间的推荐系统是更加可取的，因为这样会增强用户对于系统的信任。对于两个用同样方法来赋予置信度的算法而言，测量预测误差落在置信度区间的程度是可行的。例如，如果两个推荐系统能为每个评分提供 95% 的置信度区间，我们可以测量两个算法赋的区间的绝对宽度。其中有更小置信度区间宽度的算法将会胜出，尽管两个算法都正确（比如，都在指定的区间内）地在至少 95% 的时间在隐藏的评分中。如果其中有一个算法低于要求的 95% 精确性，那么这个算法必然输了。遗憾的是，如果一个系统使用 95% 的置信度区间而另外一个使用 99% 的置信度区间，完全有意义地比较它们是不可能的。因此，只有在两种情况下设置同样的置信度，才有可能对系统进行比较。

置信度测量的是系统对推荐的信任，而信任度测量的是用户对推荐的信任。社交信任度的概念会在第 11 章进行详细讨论。总体上来说，信任度测量的是用户对已经评分的信任程度。甚至来说，有的时候预测的评分是准确的，如果用户不相信提供的评分，那这些分数也是没用的。信任度和精确性密切相关，但是完全不一样。例如，当推荐系统给出解释的时候，特别是如果这个解释符合逻辑，用户很大程度上会相信系统。

信任度经常不是为了达到和效用一样服务于推荐系统的目标。例如，如果一个推荐系统推荐了一些用户已经喜欢或者知道的物品给这个用户，那么可以认为这样的推荐对用户来说可用性很低。另一方面，这样的推荐却可以增加用户对系统的信任。所以说在推荐已经被用户知道的前提下，信任度和类似新颖度这样的指标是矛盾的，这样的情况是不受欢迎的。因此在推荐系统中，指标对立是很常见的。最简单的测量信任度的方法就是在用户对结果信任明确怀疑的情况下，采用用户调查实验。这样的实验同时也适用于在线实验。在文献［171，175，248，486］中讨论了很多信任度评估的在线实验方法。总的来说，通过离线实验来测量信任度是很难的。

7.3.4 新颖度

推荐系统中的新颖度用来评估推荐系统向用户推荐他们不知道的物品或者他们之前没见过的物品的可能性。有关新颖度概念的讨论可参考文献［308］。没有见过的推荐物品往往会增加用户发掘他们之前并不知道的喜好的能力。这比发掘那些用户已经知道的但是还没有评分的物品显得重要多了。在多种类型的推荐系统中，比如基于内容的方法，推荐的物品更倾向于那些用户显然喜欢的，因为系统的特性是推荐期望的物品。在底层系统中，一小部分这样的推荐可以提高用户的信任度，然而就提高转化率而言它们往往不是很有用。最自然的评测新颖度的方法是在线实验，在实验中明确地询问用户他们是否之前就已经熟悉这个推荐物品了。

正如在引言中提到的那样，在线实验也不总是可行的，因为缺乏支持大量在线用户的系统。幸运的是，只要评分的时间戳是有效的，离线方法也能够大约估计新颖度。基本思想是，新颖的系统在推荐那些未来而不是现在很可能被用户选择的物品上表现好一些。因此，所有评分创建时间在某一具体时间点 t_0 之后的评分数据全部从训练数据集中拿走。而且，一部分评分时间在 t_0 之前的评分记录也会被拿走。然后用这些拿走的评分数据来训练系统。这些取出的物品也被用于评分目的。对于每一个在时间点 t_0 之前评分的被正确推荐的物品，新颖度评估的得分将受到惩罚。另一方面，每一个在时间点 t_0 之后评分的被推荐物品，新颖度得分将受到奖励。因此，这种评估方法评测了一种在过去和未来的精确性是有差别的。在一些新颖度的评测方法中，假设流行物品很少是新颖的，而且推荐流行物品的那些方法也是可信度较低的。

7.3.5 惊喜度

"惊喜度"这个单词逐字翻译的意思就是"幸运地发现"。因此，惊喜度是用来评测成功推荐的惊讶级别。换句话说，推荐应该是意想不到的。相比之下，新颖度仅仅要求用户之前不熟悉推荐的物品。惊喜度比新颖度的要求更为严格。所有的惊喜的推荐都是新颖的，但是反过来却不一定正确。考虑这样一个例子，一个用户经常在印度餐厅里面吃饭。那么把一个新的巴基斯坦餐厅推荐给用户可能就是新颖的，如果这个用户之前没有在这个餐厅吃过饭。但是，这样的一个推荐却不是惊喜的，因为众所周知的是印度和巴基斯坦的饮食基本是一样的。另一方面，如果推荐系统给用户推荐一个新的埃塞俄比亚餐厅，那么这个推荐就是惊喜的，因为它并不常见。因此，认识惊喜度的一种方式就是从"显著性"出发。

推荐系统中有几种评测惊喜度的方法。这个概念也会在信息检索应用的上下文中出现[670]。评估惊喜度的在线和离线的方法[214]如下所示：

1) **在线方法**：推荐系统收集用户对推荐的有用性和显著性的反馈信息。那部分既有用又不显著的推荐被作为惊喜度的测量标准。

2) **离线方法**：也可以使用一种原始的推荐来自动产生有关一个推荐的显著性的信息。那些原始的推荐系统可以选用基于内容的推荐系统，这种推荐系统有推荐显著物品的习

233

惯。然后，可以确定被推荐的推荐列表里面正确的前 k 个（比如，很高的隐藏评分），且没有被之前的推荐系统推荐的那些物品。这个占比可以用来度量惊喜度。

值得关注的是，仅仅评测那部分不显著的物品是不够的，因为一个系统可能推荐不相关的物品。因此，惊喜度的评价往往是和物品的有用性紧密结合的。惊喜度对于提高推荐系统的转化率有着长期的影响，尽管其有时会违背最大化精确度这一目的。对惊喜度的一些具体定义的详细讨论参见文献 [214，450]。

7.3.6 多样性

多样性的概念意味着含有单值推荐列表的被推荐集合应该尽可能是多种多样的。例如，考虑这样一种情况，有三个电影被推荐给用户在列表的前三项。如果这三个电影是同一题材而且有相似的演员，那么她有很大概率全部都不喜欢。呈现给用户多样化类型的电影能够提高用户选择其中之一的概率。注意到多样性经常是在一个推荐集合中来测量的，而且和新颖度及惊喜度密切相关。保证更复杂的多样性往往能够提高推荐列表的新颖度和惊喜度。而且，推荐的多样性还可以提高系统的销售多样性和类别覆盖率。

多样性能依据两两用户的内容相关的语意相似度来度量。物品的空间向量表示被用来进行相似度的计算。例如，如果有一个含有 k 个物品的列表推荐给用户，然后计算物品的列表里每两个物品的相似度。所有对的平均相似度就是多样性。平均相似度越低，就表明多样性越高。与使用精确性度量的情境相比，多样性经常可以提供多种不同的结果。对多样性和相似度的关联关系的讨论请参考文献 [560]。

7.3.7 健壮性和稳定性

如果推荐系统不会受到"假评分攻击"或"模式随时间显著变化"等情况的影响，那么可以认为推荐系统是稳定和健壮的。通常情况下，利益驱动等动机会使得一些用户提供虚假评分[158,329,393,444]。例如，在亚马逊购物网站上，一本书的作者或者出版商可能会提供与本书有关的虚假的正面评分，或者会给竞争对手的图书提供一些虚假的负面评分。推荐系统的攻击模型会在本书的第 12 章进行讨论。有关这些模型的评估也会在那一章进行研究。相应的评估系统健壮性和稳定性的方法会被采用来抵御攻击。

7.3.8 可扩展性

最近几年，从许多用户那里收集大量的评分和隐式反馈信息变得越来越容易。在这种情况下，随着时间的推移，数据集的大小也在持续增加。因此，设计出能够有效且高效地处理大量数据的推荐系统也变得越来越重要[527,528,587]。一些方法可以用来决定系统的可扩展性。

1) 训练时间：大多数推荐系统要求一个训练阶段，这个阶段是独立于测试阶段的。例如，一个基于近邻的协同过滤算法可能需要对一个用户的同类群体进行预计算，而一个矩阵分解系统需要确定潜在因子。被要求用来训练模型的总体时间也是一种评测方法。在大多数情况下，训练是在离线状态下进行的。因此，只要训练时间达到几小时的程度，大部分设置都是能接受的。

2) 预测时间：一旦一个模型已经训练形成，它会被用来确定对用户最合适的推荐。短的预测时间至关重要，因为它决定着用户得到响应的等待时间。

3) 存储需求：当评分矩阵非常大的时候，如何在内存中存储整个矩阵也是一项挑战。在某些情况下，设计一个最小化存储需求的算法是很有必要的。当存储要求变得非常高的时候，在大规模和实际设置中使用系统是有困难的。

由于大数据范式日益增长的重要性，近年来，可伸缩性的重要性也变得尤其重要。

7.4 离线推荐评估的设计要点

在本节中，我们将讨论推荐评估设计的要点。本节和下节的讨论都关于使用历史数据集的离线评估系统的精确性。为了确保精确性不被过分高估或者低估，用这样的方式来设计推荐系统是极其重要的。例如，你不能用同一个特定的评分数据集来训练和评估。如果那样做，将会严重高估背后算法的精确性。因此，只有用一部分数据来训练，然后用剩下的数据来测试。这个评分矩阵是典型的简单的关于条目的流行方法。换句话说，数据项的一个子集被用来训练，然后剩下的数据项被用来进行精确性评估。注意到这种方法和测试分类及回归建模算法的方法是类似的。主要的区别是分类和回归建模方法抽样调查数据集的行数据，而不是抽样所有的数据。这种区别是因为未确定的记录往往会被强制分到分类的类变量中，然而评分矩阵里面的每一个记录都是未确定的。因为推荐和分类问题的相似性，评估推荐系统的设计非常类似于分类评估系统的设计。

推荐系统的分析师经常会犯的一个错误就是使用相同的数据集来进行参数调整和测试系统。这种方法会过分高估精确性，因为参数调整是训练的一部分，而且在训练过程中使用测试用数据会导致过拟合现象。为了防止这种情况的发生，数据集经常被分为三部分：

1）**训练数据**：这部分数据被用来构建训练模型。例如，在隐因子模型中，来自评分矩阵的这部分数据被用来创建隐因子。你甚至可以用这些数据来建立多种模型，最终选出在手中数据集上运行效果最好的那个模型。

2）**验证数据**：这部分数据被用来进行模型筛选和参数调整。例如，可通过在验证数据上测试精确性来决定隐因子模型中的参数正则化。如果从训练数据集已经建立了多种模型，那么就可以利用验证数据来确定每种模型的精确性并且选出其中最佳的那一个。

3）**测试数据**：这部分数据被用来测试最终（调整的）模型的精确性。为了防止过拟合的发生，在参数调整以及模型选择的过程中，甚至都不能浏览测试数据。只有在每个过程的最后环节才可以使用测试数据。而且，如果分析师在测试数据中使用结果集，以达到让测试数据在某种程度上适应模型的目的，那么测试的结果将会受到测试数据的污染。

图 7-1a 给出了把评分矩阵分解为训练数据、验证数据、测试数据的例子。注意，验证数据也有可能被当作训练数据的一部分，因为它能用来创建最终调整的模型。评分矩阵常见的分解比例是 2∶1∶1。换句话说，评分数据的一半被用来建模，其余的四分之一分别被用来进行模型选择和模型测试。但是，当评分矩阵的规模很大时，用其中一小部分数据来验证和测试也是可能的。经典的 Netflix Prize 数据集案例就是这样的。

7.4.1 Netflix Prize 数据集的案例研究

Netflix Prize 数据集是一个众所周知用在协同过滤方法里的特别有启发的数据集，因为它展示了 Netflix 阻止竞赛参与者过拟合的特殊历程。在 Netflix 数据集中，数据集最大部分包含了 95.91% 的评分数据。这部分数据集典型地被测试参与者用来建模。另外 1.36% 的数据集被参与者用来当作探测集合（probe set）。因此，建模数据加上探测集合数据包含了 95.91%+1.36%=97.27% 的数据。探测集合主要被竞争者用来进行多种多样形式的参数调整和模型选择，所以它和验证集合的目的很相似。然而，不同的参赛者使用探测集合的方式不同，由于探测集合里面的评分数据都是最新的，所以有关训练集和探测集合中评分数据的统计学分布略微有所不同。对于组合方法[554]的情况,探测集合用来了解总体里面不同组成部分的权重值。相关评分(包括探测集合)的联合数据集相当于全部的训练集,因为它是被用来构造最终的调整后的模型。训练集的一个重要的特征就是探测集合和训练集中建模部分的分布并不是完全相同的,尽管探测集合反映了含有隐藏评分的评估集合(qualifying set)的统计学特征。造成这种差异的原因就是大部分的评分数据是相当过时的,而且这些过时的数据并不会影响最近的或者将来的评分数据的真实分布。与训练集中占据第一位的95.91%比例的评分相比,验证集合和评估集合都是基于最新的评分数据。

剩下的2.7%的数据的评分是隐藏的,而且只有表中〈User, Movie, GradeDate〉的三者联合体没有被提供确切的评分。评测集合的一个主要区别就是参与者可以把他们在评估集合中的表现提交给 Netflix,而且,通过一个排行榜把在探测集合上的表现披露给参与者。尽管把在测验集上的表现呈现给参与者是很重要的,以便于参与者能够对他们的测试结果水平有一个了解,但是这样做会带来一个问题:参与者可能会利用基于排行榜上他们对算法的了解,在测试集上反复提交并训练他们的算法。很显然,虽然评分是隐藏的,这样做也会因为了解评测集合上的表现而给结果带来污染。因此,另外评估集合中不属于评测的其他数据将被用作测试集,而且算法在这部分评估集合的测试结果被用来决定奖金评审会给出的最终表现。算法在评测集合上的表现除了让参与者在测试期间对他们的表现有一个持续的了解以外,对最终的测试结果没有影响。而且,参与者不会被告知评估集合里面究竟是哪一部分成为评测。这些安排就确保了一个真实可信的样本外的数据集被用来决定谁将会是这项测试的最终获胜者。

Netflix 数据集的总体分配图如图 7-1b 所示。图 7-1b 和图 7-1a 的唯一的区别就是额外的评测集合的出现。实际上,以任何有意义的方式把评测集合完全移除而不影响 Netflix 的测试结果是可能的,只不过参与者将不再了解他们提交的结果的质量。确实,就直到结束之前的训练过程的任何阶段都不使用在测试集上的任何表现的重要性而言,Netflix Prize 评估设计是一个出色的案例。研究和实践中的基准则经常以各种各样的方式不符合这些标准。

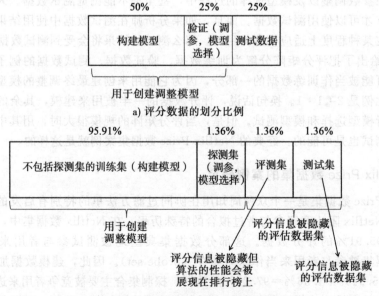

a) 评分数据的划分比例

b) Netflix大奖赛数据集的划分(未按比例绘制)

图 7-1 为评估设计划分评分矩阵

7.4.2 为训练和测试分解评分

在实际中，真实的数据集并不是被预先分为训练集、验证集和测试集。因此，能够自动地把评分矩阵的数据分割为这几部分是很重要的。大部分像 hold-out 和交叉验证这样可行的分割方法被用来把数据集分成⊖两部分而不是三部分。但是如下文所示，得到三部分也是可行的。通过首先把评分数据分为训练集和测试集，然后进一步从训练数据划分出验证集部分，这样就能够获得要求的三部分集合。因此，接下来，我们将讨论如何用诸如hold-out 和交叉验证的方法把评分矩阵分解为训练部分和测试部分。但是，这些方法还可以用来把训练数据分解为建模部分和验证部分。这种分级拆分已经在图 7-2 中阐述过。接下来，我们会一贯地使用图 7-2 中一级拆分得到"训练集"和"测试集"，甚至在第二级拆分中用同样的方法得到建模数据和验证数据。这种术语上的连贯性是为了避免混淆。

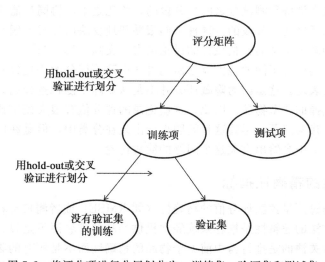

图 7-2　将评分项进行分层划分为：训练集、验证集和测试集

7.4.2.1 Hold-out

在保持方法中，评分矩阵中的一部分数据是隐藏的，而且剩下的部分被用来构建模型。然后把预测隐藏评分的精确性称为总体精确性。这样的方法确保了报告精确性不是对特定数据集过拟合的结果，因为在训练过程中用来评估的那部分数据是隐藏的。然而，这样的方法会低估真实的精确性。首先，训练过程没有使用全部的数据，因而没有发挥数据的全部作用。其次，考虑到和评分矩阵的总体平均值相比，隐藏部分的数据有一个更高的平均值。这会导致评估系统不好的偏差。

7.4.2.2 交叉验证

在交叉验证方法中，评分记录被划分为 q 个相同大小的集合。因此，如果 S 是一个评分矩阵 R 的具体记录的集合，那么每个集合中就记录的数量大小而言就是 $|S|/q$。q 部分中有一部分被用来测试，剩下的 $(q-1)$ 部分被用来训练。换句话说，每次训练过程中，共有 $|S|/q$ 条记录被隐藏，然后利用这些隐藏的记录来评估方法的精确性。通过分别把这 q 个集合当作测试集，训练过程重复了 q 次。然后得出在 q 个不同的测试集上的平均精确

⊖　在实际的方法设计中，例如交叉验证，情况会更加复杂一些，即使是在训练的特定执行阶段中，数据总是被分成两部分，它们仍会以多种不同方式被分段。

性。注意，当 q 的值很大的时候，这种方法能够很接近评估真实精确性。一个特殊的情况就是 q 的选取值几乎等于评分矩阵中的具体记录数。因此，$|S|-1$ 条评分记录被用来训练，然后一条记录被用来测试。这种方法指的就是留一交叉验证。尽管这样的一个方法能够很接近于精确性，但是通常情况下训练模型 $|S|$ 次的代价太过昂贵。实际上，q 经常是一个固定值，比如 10。尽管如此，将留一交叉验证方法用在基于近邻的协同过滤算法的特殊情况下也不是特别难实现。

7.4.3　与分类设计的比较

238
～
239

　　协同过滤的评估设计和分类的评估设计是很相似的。这并不是一个巧合。协同过滤是分类问题的一种泛化，在协同过滤中任何丢失的记录都能被预测而不是简单地选取一个特别的变量，这些被预测的记录被命名为因变量。协同过滤和分类方法的主要区别是分类中的数据是基于行（在训练和测试行之间）分段的，相比之下，协同过滤中的数据是基于物品（在训练和测试项之间）分段的。这种不同很贴切地反映出分类问题和协同过滤问题的本质。有关分类问题上下文的评估设计的讨论请参见文献 [18, 22]。

　　还有一个和分类设计不同的地方就是协同过滤中隐藏评分的表现经常不能反映系统在真实设定中的真实表现。这是因为隐藏评分并不是从矩阵中随机选择的。相反，这些隐藏评分是用户已经选择的典型物品。因此，这些记录的评分值有很大概率比缺失的真实值更大。这是样本选择误差问题。尽管这种问题也会出现在分类中，但是在协同过滤中出现的更为普遍。在 7.6 节中会给出有关这个问题的简短讨论。

7.5　离线评估的精确性指标

　　离线评估能通过测量预测评分值的精确性（如 RMSE）或者测量推荐条目排名的精确性来实施。后者方法的逻辑性是推荐系统经常提供物品的排名而不是显式地预测分数。基于排名的方法经常关注的是排行榜中前 k 个物品的精确性而不是所有的物品。这在隐式反馈的数据集中特别正确。但是在显式评分的情况下，基于排名的评估提供一个有关推荐系统真实可用性的更加切实可行的角度，因为用户仅仅关注前 k 个物品而不是所有物品。但是，一般基准更偏爱预测评分的精确性，因为它简洁。在 Netflix Prize 竞赛中，RMSE 方法被用来做最终评估。接下来，两种形式的精确性评估都会讨论。

7.5.1　度量预测评分的精确性

　　离线实验的评估设计一旦被最终确定下来，精确性评估就需要在测试集上进行测量。正如之前讨论过的那样，让 S 代表具体（观察）数据的集合，而且属于 $E \subset S$ 代表测试集中用来评估的那部分数据集合。E 中的每一个记录是成对地以用户-物品为索引的 (u, j) 值，对应于评分矩阵中的相应位置。注意到集合 E 可能相当于在 hold-out 方法中提到的 held out 记录集，或者它也可能相当于交叉验证方法中的大小为 $|S|/q$ 的那部分数据集。

　　令 r_{uj} 表示每个被测试集使用的 $(u, j) \in E$ 记录的隐藏值，$\hat{r}_{uj}$ 表示使用具体的训练算法预测的 (u, j) 的评分值。用 $e_{uj} = \hat{r}_{uj} - r_{uj}$ 表示具体记录的误差。可以在任何使用了集合 E 中记录做评估的实验中，用多种方法来利用这个误差计算总体误差。一个例子就是 MSE：

$$\text{MSE} = \frac{\sum_{(u,j) \in E} e_{uj}^2}{|E|} \tag{7-4}$$

很显然，MSE 值越小，表明实验过程表现越优秀。其平方根称为均方根误差（RMSE），它也经常用来取代 MSE。

$$\text{RMSE} = \sqrt{\frac{\sum_{(u,j) \in E} e_{uj}^2}{|E|}} \tag{7-5}$$

均方根误差是以评分为单元，而不是像 MSE 那样以评分的平方为单元。均方根误差被用来作为 Netflix Prize 竞赛的标准指标。均方根误差的一个特征就是它倾向于惩罚大误差，因为在求和中有平方项。一种称为 MAE 的评测方法不会倾向于惩罚大的误差：

$$\text{MAE} = \frac{\sum_{(u,j) \in E} |e_{uj}|}{|E|} \tag{7-6}$$

其他的相关方法，如归一化均方根误差（NRMSE）和归一化平均绝对误差（NMAE）都是以同样的方法定义的，只不过需要各自除以评分范围 $r_{max} - r_{min}$：

$$\text{NRMSE} = \frac{\text{RMSE}}{r_{max} - r_{min}}$$

$$\text{NMAE} = \frac{\text{MAE}}{r_{max} - r_{min}}$$

RMSE 和 MAE 归一化之后的值通常在（0，1）的区间范围内，因此它们从直觉的角度来看更容易解释。用这些值来比较一个特定的算法在包含不同规模评分的不同数据集上的表现也是可行的。

7.5.1.1 RMSE 与 MAE

RMSE 或者 MAE 哪个作为评测指标更好？这个问题没有一个明确的答案，因为这取决于具体的应用。因为 RMSE 计算的时候用的是误差的平方，所以它更加显著地被大的误差值或者异常值所影响。一些被预测失败的评分会显著地破坏 RMSE 方法。在各种评分的预测健壮性非常重要的应用中，RMSE 可能会是一个更加合适的方法。另一方面，当评估的异常值有限时，MAE 能更好地反映精确性。RMSE 主要的问题是它不是平均误差的真实反映，而且它有时会导致有误导的结果[632]。有关两种评测方法的相对效益的讨论请见 [141]。

7.5.1.2 长尾效应的影响

这些指标有一个共同的问题就是它们被那些流行物品的评分严重影响。那些很少有人评分的物品却被忽略了。正如在第 2 章中讨论过的那样，评分矩阵展现出一种长尾特征，表明大部分物品很少被购买或者评分。我们把第 2 章中的图 2-1 复制到图 7-3，其中 X 坐标代表物品的流行度降低指数，而 Y 轴表明评分频率。显而易见的是，只有一小部分物品收到了大量的评分，相比之下大部分剩下的物品获得很少的评分。而后者形成了长尾效应。遗憾的是，长尾中的那些物品经常给商家贡献大量的利润[49]。因此，在评估过程中，最重要的那些物品受到的重视最少。而且，由于大量的局部稀疏性，想预测长尾中的那些物品的评分往往很难[173]。因此，典型地，在稀疏物品上的预测精确性和在流行物品上的精确性是明显不同的。解决这种问题的一种方法就是为每个物品所有的隐藏评分单独计算 RMSE 或者 MAE，然后再求出不同物品的加权平均值。换句话说，式（7-5）和式（7-6）中的精确性计算方法能用与物品相关的权重来加权，这取决于商家的相关重要性、利润或者实用性。也可以用与用户有关的权重（而不是物品的相关权重）来完成计算，尽管用户相关权重实际的适用性是有限的。

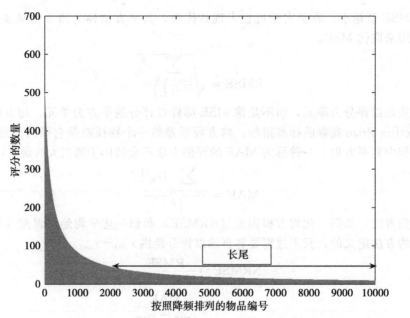

图 7-3 评分频率的长尾效应（回顾第 2 章的图 2-1）

7.5.2 通过相关性评估排名

前面提到的方法是设计用来评估用户-物品组合实际评分值的预测精确性。实际上，推荐系统为用户产生了物品的排名，而且推荐了其中的前 k 个物品。其中 k 的值是随系统、物品、用户的变化而变化。总的来说，相对于评分不高的物品来说，那些排名靠前评分很高的物品还是值得拥有的。考虑到一个用户 u，物品集合 I_u 中的评分已经通过 holdout 或者交叉验证策略被隐藏。例如，为了评估目的，用户 u（行）的物品（列）的值是 1、3、5 的评分项被隐藏，然后得到集合 $I_u = \{1, 3, 5\}$。

我们想测量集合 I_u 中的评分值排名和推荐系统给出的预测排名究竟有多像。一个需要牢记在心的要点就是，这些评分是典型地从分离的规模中选择的，而且很多贴近于真实水平。因此，当两个物品很接近的时候，不要通过把一个物品排在另一个物品之前来惩罚系统，这对于排名方法是很重要的。最常用的那些方法就是使用排名相似度。以下是两种最常见的使用排名相似度的方法：

1）Spearman 等级相关系数：第一步是把所有的物品从 1 到 $|I_u|$ 排名，同时对推荐系统预测值和参考标准值。Spearman 相关系数其实就是简单地把皮尔逊相关系数应用在物品的排名上。计算值往往在区间（-1，+1）之间，而且越大的正值越可取。

Spearman 相关系数是特定于用户 u 的，然后对所有的用户的系数求一个平均值来得到全局值。或者，Spearman 等级相关系数能够通过一次性地计算所有用户上的隐藏评分来获得，而不是只计算特定用户的值并且求它们的平均值。

这种计算方法有一个问题就是真实值可能会有一些约束，而且随机地打破约束的方法可能在评估过程中产生噪声。为此，使用了一个叫作约束校正的 Spearman 方法。操作这种校正的一个方法就是使用所有约束的平均等级，而不是使用随机的打破约束。例如，在一个包含 4 个物品的列表中，如果排名前两名的物品评分真实值是相同的，那么我们可能就使用等级列表 {1.5，1.5，3，4} 而不是等级列表 {1，2，3，4}。

2）肯德尔等级相关系数：对于每一对 j, $k \in I_i$ 的物品，下面的信用值通过对比物品的系统预测等级和真实等级来计算：

$$C(j,k) = \begin{cases} +1 & \text{如果物品 } j \text{ 和物品 } k \text{ 有同样的相关性在真实排名和预测排名中（同序）} \\ -1 & \text{如果物品 } j \text{ 和物品 } k \text{ 有不同的相关性在真实排名和预测排名中（异序）} \\ 0 & \text{如果物品 } j \text{ 和物品 } k \text{ 不相关地在真实排名和预测排名中} \end{cases}$$

(7-7)

然后，特定于用户 u 的肯德尔等级相关系数 τ_u，在一共有 $|I_u|(|I_u|-1)/2$ 个物品对上的所有的 $C(j, k)$ 的平均值：

$$\tau_u = \frac{\sum_{j<k} C(j,k)}{|I_u| \cdot \frac{(|I_u|-1)}{2}}$$

(7-8)

一个不同的理解肯德尔等级相关系数的方法如下：

$$\tau_u = \frac{\text{同序对数量} - \text{逆序对数量}}{I_u \text{ 中的对数}}$$

(7-9)

注意，这个值是和用户的肯德尔系数相关的。值 τ_u 可能通过计算所有用户的平均值来得到一个启发的全局度量。或者也可以使用式（7-8）来计算所有隐藏的用户-物品对的肯德尔系数，而不是仅仅使用用户 u 来得到一个全局的值 τ。

当然还有一系列其他的方法，比如文献中已经提出过的归一化的基于距离的表现方法（NDPM），详情请参见 7.8 节。

243

7.5.3　通过效用评估排名

在之前的讨论中，我们用真实排名来和推荐系统给出的预测排名进行比较。基于效用的方法使用的是真实评分结合推荐系统排名。对于隐式反馈的数据集的情况，评分值被一个 0～1 之间的值所代替，这取决于用户是否购买此物品。基于效用方法的总体目标就是给出用户可能找到推荐系统排名的有用程度的简单量化。这种方法下隐含的一个重要准则就是相对于物品的总量而言，推荐列表是简短的。因此，一个具体评分的效用大部分情况下应该基于在推荐列表中相关性高的物品。这种情况下，RMSE 指标有一个缺点，因为它对低排名物品和那些高排名物品赋予了同样的权重。已经提到过[713]的是在高评分物品中，RMSE 指标即使是像 1% 这样小的改变也能造成超过 15% 的大改变。这些高评分物品恰恰是推荐系统的用户实际看到的。相应地，基于效用的方法通过重视高排名物品来量化推荐列表的效用。

和之前章节一样，在评估之前我们假设 I_u 集合中每个项评分的真实值是被推荐系统隐藏的。在这里，I_u 集合代表被用户 u 评分的项列表，这些项在评估之前也是被推荐系统隐藏的。我们将同时生成特定用户和全局效用的定量值。

在基于效用的排名中，基本思想是集合 I_u 中的每个物品对用户来说有一个效用，这个效用同时取决于该物品在推荐列表中的位置和在真实情况下的评分。真实值排名较高的物品显然对用户有更大的效用。而且，推荐列表中排名靠前的物品也对用户 i 有着更大的效用，因为用户往往更倾向于注意（因为位置的优势）并最终选择这些项。理想情况下，用户更想选择那些在真实评分中排名和在推荐列表中排名都靠前的物品。

那么如何来定义这些基于评分和基于排名的要素呢？对于任意物品 $j \in I_u$，它对于用户 i 的基于排名的效用假定是 $\max\{r_{uj} - C_u, 0\}$，其中 C_u 代表用户 u 的中立评分。例如，

C_u可以被设置为用户 u 的评分平均值。另一方面，物品的基于排名的效用是 $2^{-(v_j-1)/\alpha}$，其中 v_j 代表的是推荐物品列表中物品 j 的排名而且 α 是半衰期参数。换句话说，基于排名的效用是随着物品排名以指数形式衰减的，而且效用随着排名的下降，α 以 2 的指数倍降低。基于衰减的排名要素的逻辑是为了确保一个特定物品的最终效用主要是由列表顶部的少数物品来调节的。毕竟，用户很少去浏览那些在列表中位置很靠后的物品。用户 u 的物品 $j \in I_u$ 的效用 $F(u, j)$ 被定义为基于评分的效用值和基于排名的效用值得到：

$$F(u, j) = \frac{\max\{r_{uj} - C_u, 0\}}{2^{(v_j-1)/\alpha}} \tag{7-10}$$

关于用户 u 的 R-score 度量等于在集合 I_u 的所有隐藏评分中对 $F(u, j)$ 求和。

$$\text{R-score}(u) = \sum_{j \in I_u} F(u, j) \tag{7-11}$$

注意，v_j 可以取得 $1 \sim n$ 之间的任意值，其中 n 是物品总量。然而，实际上，用户经常限制推荐列表的大小最大值为 L。用户因此能在一个特定大小为 L 的推荐列表上而不是使用全部物品集来计算 R-score，公式如下：

$$\text{R-score}(u) = \sum_{j \in I_u \atop v_j \leqslant L} F(u, j) \tag{7-12}$$

所以排名低于 L 的项对于用户来说是没有效用的，因为推荐列表的大小是 L。这种差异是基于与物品总量相比推荐列表往往很短这样的准则。总体的 R-score 值能通过对所有用户的值求和来计算得到。

$$\text{R-score} = \sum_{u=1}^{m} \text{R-score}(u) \tag{7-13}$$

效用值的衰减越来越快表明用户只对那些排名靠前的物品感兴趣，而且他们不会过多关注那些低排名的物品。这在很多应用中是不正确的，尤其是在新闻推荐系统中，因为新闻系统的用户通常浏览推荐列表底端的那些条目。在这种情况下，折扣率应该以相对温和的方式被设置。这种方法的一个例子就是折扣累计收益 DCG。这种情况下，物品 j 的折扣因子被设定为 $\log_2(v_j + 1)$，其中 v_j 是物品 j 在测试集 I_u 中的排名。然后，如下定义折扣累积收益：

$$\text{DCG} = \frac{1}{m} \sum_{u=1}^{m} \sum_{j \in I_u} \frac{g_{uj}}{\log_2(v_j + 1)} \tag{7-14}$$

在这里，g_{uj} 代表用户 u 从物品 j 中获得的效用。典型地，g_{uj} 的值通过一个含有相关性（比如非负评分或者用户点击率）的指数函数来设定：

$$g_{uj} = 2^{\text{rel}_{uj}} - 1 \tag{7-15}$$

在这里，rel_{uj} 是用户 u 和物品 j 的真实相关性，它是通过评分值或者点击率的启发函数来计算。在很多设置中，使用未经处理的评分数据。在特定大小为 L 的推荐列表上计算 DCG 是很常见的，而不是使用所有的物品。

$$\text{DCG} = \frac{1}{m} \sum_{u=1}^{m} \sum_{j \in I_u \atop v_j \leqslant L} \frac{g_{uj}}{\log_2(v_j + 1)} \tag{7-16}$$

基本观点是推荐列表的大小不能超过 L。

然后，归一化折扣累计收益（NDCG）被定义为折扣累计收益和它的理想值的比值，这个理想值又叫理想化的折扣累计收益（IDCG）。

$$\text{NDCG} = \frac{\text{DCG}}{\text{IDCG}} \tag{7-17}$$

其中，理想化折扣累计收益是通过反复计算 DCG 得到的，除此之外真实排名被用来计算。

另一种被广泛使用的方法是平均逆命中率（ARHR）[181]。这种方法是为隐式反馈数据集而设计的，这个数据集中每个数据 $r_{uj} \in \{0, 1\}$。因此，$r_{uj} = 1$ 代表的是"击中"，这种情况下用户已经购买或者点击物品。$r_{uj} = 0$ 相当于是用户没有购买或者点击某个物品的情况。在这种隐式反馈的设置中，评分矩阵中缺失的值全部假定为 0。

这种情况下，基于排名的折扣率是 $1/v_j$，其中 v_j 指的是物品 j 在推荐列表中的排名，而且物品的效用简单地用介于 0 和 1 之间的隐藏评分值 r_{uj} 来代替。注意，这个折扣率没有 R-score 指标变化剧烈，但是却比 DCG 变化快。因此，联合后的物品的效用就是 r_{uj}/v_j。这个表达式代表集合 I_u 中的物品 j 的贡献。然后，用户 i 的 ARHR 指标被定义为在集合 I_u 上的所有隐藏条目求和。

$$\text{ARHR}(u) = \sum_{j \in I_u} \frac{r_{uj}}{v_j} \tag{7-18}$$

通过只添加 $v_j \leqslant L$ 的效用值来定义一个容量为 L 大小的推荐列表的 ARHR 值也是可能的。

$$\text{ARHR}(u) = \sum_{j \in I_u} v_j \leqslant L \frac{r_{uj}}{v_j} \tag{7-19}$$

关于 ARHR 的一个巧合就是典型地在 $|I_u|$ 确定为 1 时，而且集合 I_u 中相关（隐藏）物品 j 的 r_{uj} 的值也往往是 1。因此，对于每个用户来说，确切地只有一个隐藏物品，而且用户经常购买或者点击这个物品。换句话说，ARHR 值奖励效用（通过一个逆排名的方式）为了推荐在推荐列表中的唯一正确的排名很高的答案。这就是在文献 [181] 介绍的方法使用时的设置，尽管就隐藏物品的数量和显式反馈设置而言，用户可以归纳到很多武断的设置中去。上述公式提供了这个概括性的定义，因为用户可以在一个显式反馈设置中使用任意大小的集合 I_u。全局 ARHR 值就是通过在 m 个用户群上求平均值来计算的：

$$\text{ARHR} = \frac{\sum_{u=1}^{m} \text{ARHR}(u)}{m} \tag{7-20}$$

ARHR 也被称作是平均倒数排名（MRR）。在 $|I_u|$ 值为 1 的情况下，ARHR 值经常落在区间（0，1）中。在这种情况下，隐藏物品经常是 $r_{uj} = 1$ 的物品而且推荐列表的长度被限定为 L。注意到这些情况下，只有"命中"值决定了效用。这种方法的一种简化形式是命中率，其中没有使用逆排名权重，而且 $|I_u|$ 的值确定为 1。因此，HR 仅仅是长度为 L 的推荐列表中包含正确答案的用户的一部分。HR 的缺点是对每次命中赋予了相同的重要性，而不考虑它在推荐列表中的排名。

ARHR 和 HR 也经常使用在隐式的数据集中，其中缺失值被当作 0。尽管如此，还是以一种更加普遍的方式重新定义式（7-19）。这种定义也能被用在显式反馈数据集中的上下文中，数据集中的值 r_{uj} 不需要被划定在 $\{0, 1\}$ 范围。这种情况下，每个用户的任意数量的物品的评分值都是隐藏的，而且隐藏评分的值也是任意的。而且，缺失值不必再被当作 0 看待，而且 I_u 通常是从观看的物品中来选择。

一个相关的方法是 MAP，这种方法通过为给定的用户计算推荐列表中的一部分相关物品来实现。各种各样同样放置的值 L 被使用，而且精确度是在多种长度的推荐列表中求平均值得到。再通过在所有用户上求平均值得到最终的精确性。

还有很多别的评测方法已经在评估排名有效性的文献资料中呈现出来。例如，lift index[361]变量通过把排名物品分为几部分来计算效用分数。具体请参考 7.8 节。

7.5.4 通过 ROC 曲线评估排名

排名方法被频繁使用在实际消费物品的评估中。例如，Netflix 可能给用户推荐一个有排名的物品集合，而且用户最终接受的可能只是这些物品中的一部分。因此，这些方法很好地适用于隐式反馈数据集中，比如销售、网络广告点击量或者电影观看量。这些行为能通过一元评分矩阵的形式表现出来，其中矩阵的缺失值可以被当作 0。所以，真实情况是一个二元世界。

那些最终被消费的物品也指的是像真实正值或者真正的正数。推荐算法能提供一个包含任何数量的排名列表。可是这些物品中究竟有多大比例是相关的？有关这个问题答案的一个关键要素取决于推荐列表的大小。改变排名列表中的推荐物品的数量对已推荐而且确实被消费的物品部分和未被推荐但是已经消费的物品部分的折中产生直接的影响。能够通过使用两种不同的方法来评测这种折中，一种是准确率，另一种是受试者操作特征（ROC）曲线。这样的折中情况广泛适用于很少部分的分类探测、异常值分析评估或者信息检索。实际上，这样的折中情况能在任何应用中使用，其中一个二元真实值被用来和算法获得的排名列表做比较。

基本的假定是使用一个数字评分来对所有物品进行排名是可行的，这也是手中算法的输出结果。只有排名顶端的那部分物品被推荐。通过改变推荐列表的大小，用户随后能检查推荐列表中相关（真实值为正）的物品和列表中缺失的但是相关的物品。如果推荐列表太小，那么算法将错过相关物品（假阴性）。另一方面，如果推荐列表数量太大，这将会导致很多用户压根不会使用的虚假推荐（假阳性）。这就产生了假阳性和假阴性的折中。问题的关键在于在真实的情况下，我们根本无法确切地知道推荐列表最合适的大小是多少。但是，能通过一系列的方法来量化全部的折中，而且在完整的折中曲线上来比较两种算法。关于这种曲线的一个例子就是准确率–召回率曲线和受试者操作特征曲线。

我们假定一个用户选择推荐给他的列表中的前 t 个物品。对于任意给定的推荐列表的大小值 t，推荐列表集合表示为 $S(t)$。注意 $|S(t)|=t$。因此，如果 t 变化，$S(t)$ 的大小也会变化。让 G 代表用户消费的相关物品（真阳性）的真实集合。那么，对于一个任意给定的大小为 t 的推荐列表，准确率被定义为系统推荐物品中真实相关的那部分所占的比例（比如被用户消费的）。

$$\text{Precision}(t) = 100 \cdot \frac{|S(t) \cap G|}{|S(t)|}$$

$\text{Precision}(t)$ 的值并不一定是单调的，因为随着 t 的变化，分子和分母同时也在变化。相应地，召回率指的是大小为 t 的推荐列表中正值物品在所有真实真值中的比例。

$$\text{Recall}(t) = 100 \cdot \frac{|S(t) \cap G|}{|G|}$$

在准确率和召回率之间存在一个自然的平衡因子，这个平衡因子不一定是单调的。换句话说，召回率的增长并不总是造成准确率的减少。创建一个能同时解释准确率和召回率的单一指标的一种方法是 F_1 量度，F_1 被称为是召回率和精度之间的调和均值。

$$F_1(t) = \frac{2 \cdot \text{Precision}(t) \cdot \text{Recall}(t)}{\text{Precision}(t) + \text{Recall}(t)} \tag{7-21}$$

$F_1(t)$ 度量确实提供了一种比准确率或者召回率都要好的度量方法，但是它的值也依赖于推荐列表的大小 t，因此它仍然不能完全代表准确率和召回率之间的平衡因子。通过变换 t 值和绘制准确率对召回率，视觉上来检查全部的准确率和召回率之间的折中是可行的。正如之后会提到的一个例子，准确率的非单调性造成了很难凭直觉来解释。

第二种概括折中的方法是一个更加直观的方法，这种方法使用 ROC 曲线。真实正数比例，也就是召回率，被定义为大小为 t 的推荐列表中包含的真实正数所占比例。

$$\text{TPR}(t) = \text{Recall}(t) = 100 \cdot \frac{|\mathcal{S}(t) \bigcap \mathcal{G}|}{|\mathcal{G}|}$$

假阳性 $\text{FPR}(t)$ 是推荐列表中给出但并不是实正数的正值（比如用户没有消费的不相关物品）。因此，如果 $\mathcal{U}$ 代表全部的物品集合，真实负数集就是 $\mathcal{U} - \mathcal{G}$，而且推荐列表中的虚假正值是（$\mathcal{S}(t) - \mathcal{U}$）。所以，假阳性定义如下：

$$\text{FPR}(t) = 100 \cdot \frac{|\mathcal{S}(t) - \mathcal{G}|}{|\mathcal{U} - \mathcal{G}|} \tag{7-22}$$

可以把假阳性看作是一种"不好的"的召回率，其中那部分本身应该是阴性的结果（比如不被购买的物品）被推荐列表 $\mathcal{S}(t)$ 错误地捕获。ROC 曲线是通过绘制 X 坐标轴为 $\text{FPR}(t)$ 和 Y 坐标轴为 $\text{TPR}(t)$ 在不同 t 值下的曲线得到的。换句话说，ROC 曲线绘制了"好的"召回率对抗"坏的"召回率。注意，如果推荐列表被设置定为全部物品集，那么此时任何形式的召回率都将会是 100%。因此，ROC 曲线的两个端点往往是点（0，0）和点（100，100），而且一个随机猜测的模型应该位于这两个连接点的主对角线上。对角线的上方提供一种方法的精确性。ROC 曲线下方的面积提供了评价特定模型的性能的另一种混合的量化办法。尽管用户能直接使用如图 7-4a 所示的面积，但是阶梯式 ROC 曲线计算经常被修改为使用既不和 X 轴平行也不和 Y 轴平行的线性部分。这种不规则方法[195]后来就被用来略微更精确地计算面积的方式。从一个特别的角度来看，这种改变对最终的计算结果影响很小。

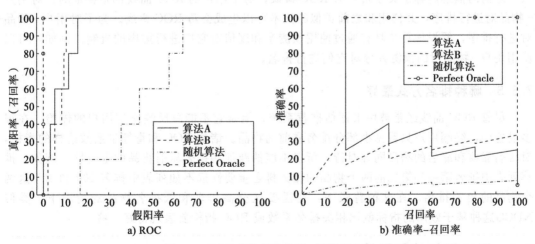

图 7-4　ROC 曲线和准确率–召回率曲线

为了举例说明从这些不同的图形描述获得的深刻见解，考虑一个含有 100 个物品的情况，其中 5 个物品是真实相关的。两个算法 A 和 B 被应用在将数据集从 1 到 100 排名，推荐列表首先选择那些排名较低的。因此，真阳性和假阳性都能从这 5 个相关物品的排名来计算。在表 7-1 中，已经为不同的算法说明了 5 个真正相关物品的一些假设排名。另外，还给出了一个随机算法对真实的正物品的排名，该算法对这些物品进行随机排名。类似地，表中还阐述了一个称为 "perfect oracle" 的排名算法，其在推荐列表中正确地给出了前 5 个物品的排名。图 7-4a 展示了结果的 ROC 曲线。图 7-4b 也展示了相对应的准确率-召回率曲线。注意，ROC 曲线总是单调增长的，而准确率-召回率曲线却不是单调的。虽然准确率-召回率曲线并不像 ROC 曲线那样直观且令人满意，但是两种情况下都很容易地从不同算法的曲线看出相关趋势。总体来说，由于更直观，ROC 曲线更常用。

表 7-1   真实正实例的排名

算　法	被真正使用的物品的排名（真实的正实例）
算法 A	1, 5, 8, 15, 20
算法 B	3, 7, 11, 13, 15
随机算法	17, 36, 45, 59, 66
Perfect Oracle	1, 2, 3, 4, 5

这些曲线到底想告诉我们的是什么？在一条曲线严重超越另一条的情况下，很明显的是前者使用的算法是更加优秀的。例如，立刻就能看出 Oracle 算法比其他所有的算法都优秀而且随机算法比别的所有算法都差。另一方面，算法 A 和 B 展现了各自在 ROC 曲线不同部分的主导权。这种情况下，很难说哪一种算法一定比另外一种好。从表 7-1 明显看到算法 A 对其中三个相关物品排名很高，但是剩下的两个物品排名却很低。算法 B 的情况是，尽管 5 个相关物品都要更靠近排名临界点，但是较高排名的物品的排名表现不如算法 A，算法 A 支配 ROC 曲线的前面的部分，而算法 B 支配后续的部分。使用 ROC 曲线下方的面积作为算法总体性能的度量指标是可行的。但是，ROC 曲线中不同部分有着不同的重要性，因为推荐列表的大小在实际中有很多限制。

之前的描述解释了关于用户的 ROC 曲线，每个用户的 ROC 曲线都是特定的。对用户-物品对进行排序，并使用和之前类似的技术可以生成全局 ROC 曲线。为了对用户-物品对进行排序，假设该算法具有通过使用预测亲和度值对它们进行排序的机制。例如，可以使用用户-物品对的预测评分对它们进行排名。

7.5.5　哪种排名方式最好

尽管 ROC 曲线经常被用来评估推荐系统，但是它不能总反映终端用户的体验。在很多设置中，终端用户只看见小部分排名靠前的物品。诸如 ROC 和肯德尔系数这样的指标，对排名靠前和靠后的物品同等对待，所以不能捕获那些排名靠前物品的重要性。例如，推荐列表中排名第一和第二的两个物品的相关排名重要性远不如列表中排名 100 和 101 这两个物品的相关排名。在这种背景下，在需要区分高排名和低排名物品的情况下，类似 NDCG 这种基于效用的指标就比相关排名系数或 ROC 指标要表现得好一些。

7.6　评估指标的局限性

基于精确性的评价指标有很多缺陷，这些缺陷会使得推荐系统出现选择偏差。尤其是，评分矩阵中的缺失值不是随机的，因为用户倾向于给那些更流行的物品评分。正如图 7-3 所示的那样，一小部分物品被大量用户评分，然而大部分的物品则落在长尾中。流行物品的评分分布往往和长尾物品的评分分布不同。当一个物品很流行的时候，很大可能是因为其中值得关注的内容。这个因素同样也会影响⊖用户的评分。因此，大部分推荐算法在流行物品和长尾物品中的预测精确性是不同的[564]。更一般的，一个特定用户选择不给某个特定物品打分的事实会对她的评分预测产生重要影响，尤其是当该用户被强迫给所有物品打分时。这个问题在文献［184］中的一个稍有不同的场景下是这样描述的：

　　"直观上，一个简单的过程能解释这样的结果：用户选择给他们听的歌曲评分，然后听那些他们想听的歌，同时避免他们不喜欢的类别。因此，大部分即将获得差评的歌曲并不是用户自愿地去评分。因为人们很少去听那些随机选择的歌曲，或者很少去看随机电影，我们应该期待去观察随机物品的评分分布和用户选择项的相关分布的差别。"

250

这些因素在评估过程中引起偏差问题。毕竟，为了在一个给定的数据集上实施评估，我们确实不能去使用那些缺失值；而且，我们必须用 hold-out 或者交叉验证机制来模拟缺失物品的具体评分值。因此，模拟缺失值得到的物品可能不会和用户理论上从将来真实消费的物品上获得的值表现出相似的精确性。因为上述原因，那些将来确实被用户消费的项也不会是用户从缺失值中随机选择的。评分分布的这种特征也适用于 MNAR，或者选择偏差（selection bias）[402,565]。这种特征能够导致一种不正确的算法相关性评估。例如，一种基于流行度的模型中推荐的有较高平均评分的物品可能会在为商家带来更多广告收入上面表现较好，而不是建议随机缺失值偏差的评分值。由于长尾中的物品对于推荐系统更加重要，这个问题会更加严重，因为不成比例的利润多来自于这种物品。

有几种解决问题的方法。最简单的解决方案就是使用一个基于未来评分习惯的模型来选择测试评分，而不是随机选择那些缺失值。另一种解决方案是不要随机地把数据集拆分为训练集和测试集，而是把更多的最新评分作为测试集的一部分；实际上，Netflix 大奖竞赛使用了很多最新评分作为评估集合，尽管很多最新的评分同样被作为探测集合的一部分。最近几年已经被使用的一种方法就是通过在缺失评分的分布上对误差建模来校正偏差[565,566]。尽管这种方法有一些价值，但是它确实有一个缺点就是评估过程本身假定了一个评分如何表现模型。这种方法可能会不经意地偏爱那些使用相似模型在评估过程中预测评分的算法。值得关注的是，很多最新的算法[309]将隐式反馈蕴含在预测过程中。这就增加了未来预测算法可能为模型量身定制的可能性，这种模型被用来适应评估过程中的用户选择误差。尽管文献［565］中提到的把缺失评分和它们的相关度联系起来的假设是相当合理的，但是给推荐机制添加很多这种假定（复杂性）也会增加评价基准"游戏"的可能性。最后，考虑到在协同过滤评估中存在这些局限性是固有的；任何推荐系统的品质是被可用真实值的品质根本限制的。多数情况下，已经通过 Netflix 数据集[309]上的实验表明，在观察的评分上使用简单的 RMSE 指标经常会很好地和这些物品的精确度紧密相连。

评估误差的另一个来源就是用户的兴趣会随着时间变化这个事实。因此，hold-out 集上的表现可能不代表将来的表现。尽管这不是一个完美的方案，但是在训练集和测试集上使用时间分段方法看起来似乎是一个合理的选择。尽管在训练集和测试集上的时间分段的结果会有一些不同的分布，但是它也能更加贴切地反映真实世界的设定。从这个意义上来

⊖　一个相关的影响是，已知评分往往是由常常打分的用户来提供的。频繁打分的用户的打分模式往往和不频繁打分的用户的打分模式不同。

说，Netflix 大奖赛也提供了一个出色的切实可行的评估设计模型。在评估过程中，一些
其他的当前方法的变体的讨论请参考文献［335］。

7.6.1 避免评估游戏

缺失值并不是随机的这个事实，有时候会导致评估在特定的用户－物品测试对上无意
识的（或者有意识的）游戏。例如，在 Netflix 大奖赛中，尽管评分值没有详细说明，但
在评估集合中的用户－物品对的坐标系是规定的。通过合并评估集合中的用户－物品对的
坐标系作为隐式反馈（如 3.6.4.6 节中的矩阵 F），我们能够提高推荐的质量。有的人可
能会争论说，相对于那些不包含任何关于已评分物品的身份信息的方法来说，这样的算法
有着不公平的优势。这是因为在现实中用户可能永远也不会了解已评分物品的未来坐标，
但在 Netflix Prize 数据集的评估集合中能够轻易获取。因此，合并这些隐式反馈的额外优
势也会在真实设定中消失。有一种解决方案就是不要规定这些测试条目的坐标从而在所有
条目上进行评估。但是，如果评分矩阵的维度过大（比如 $10^7 \times 10^5$），在所有物品上实施
预测可能会变得不切实际。而且，在 Netflix Prize 这种在线竞赛中，存储和上传这样大量
的预测数据也会很难。这种情况下，一种可选择的方法将会是包含（假的）数据集中未被
评分的物品。这些物品不能被用来进行评估，但是它们对阻止使用隐式反馈测试数据中的
坐标有一定的作用。

7.7 小结

为了对不同算法的质量有一个清晰的了解，推荐系统的评估是至关重要的。测试一个
推荐系统的性能最直接的方法就是计算推荐物品最终转化为实际使用的转化率。这可以通
过用户调查或者在线调查来实现。但是这样的调查对于研究者和从业者而言却是很难的，
因为他们很难有权限获得大规模用户相关的基础结构。离线方法的优势在于能够使用历史
数据集来研究。这种情况下，用精确性作为唯一指标是很危险的，因为从长远来看，最大
化的精确性并不总是产生最大化的转化率。所以一些如覆盖率、新颖度、惊喜度、稳定性
和可扩展性的指标也能用来评估推荐系统的性能。

为了确保评估过程没有偏差，设计正确的推荐评估系统也是必要的。例如，在一个协
同过滤的应用程序中，确保所有的评分都是通过一个样本外的方法进行评估。大量的方
法，例如 hold-out 和交叉验证，被用于确保样本外的评估。误差计算使用一些像 MAE、
MSE 和 RMSE 的指标。在一些指标中，因为物品不同的重要性而进行不同的加权。为了
评估不同排名方法和排名相关性的性能，使用基于效用的方法或者基于使用的方法。对于
基于使用的方法，准确率和召回率被用来刻画固有的平衡因子随着推荐列表的变化。同时
也会用 F_1 度量，即准确率和召回率的调和平均值。

7.8 相关工作

一些优秀的关于推荐系统的评估请参考［246，275，538］。评估可以用历史数据集或
者用户调查来实施。使用用户调查来评估的最早的工作请参考文献［339，385，433］。用
历史数据集来评估推荐算法的早期研究可参考文献［98］。推荐系统评估指标在冷启动问
题上的讨论请参考文献［533］。在 Web 应用上实施的评估推荐系统的控制性实验的有关
讨论请参考文献［305］。在线评估设计的大体讨论请看文献［93］。有关多臂赌博机评估
的讨论请参考文献［349］。在线推荐系统和用户决定的对比请看文献［317］。

文献［246］的工作呈现了几种有关评估精确性指标的变体。这篇文章或许是关于推荐系统评估的最重要的资料之一。使用 RMSE 作为评估指标的一个陷阱请参考文献［632］。使用 MAE 和 RMSE 作为评估指标的相关优点的一个简短技术注释请参考文献［141］。［418］讨论了使用精确性指标的挑战和陷阱。可选择的评估推荐系统的方法请见文献［459］。有关新颖度的重要性的讨论请见［308］。评测推荐系统新颖度的在线方法可参考文献［140，286］。使用流行度来评测新颖度的讨论可参见文献［140，539，680］。文献［670］的工作展示了在标签的帮助下，在推荐系统中能获得的惊喜度。有关惊喜度的评估指标请参考文献［214，450］。文献［214］的工作也研究了覆盖率指标。多样性指标的讨论请参考文献［560］。推荐系统在销售多样性上的影响的讨论可参考文献［203］。推荐系统健壮性和稳定性指标讨论可参考文献［158，329，393，444］。分类系统评估的研究请参考文献［18，22］。这些书中的讨论提供了对使用的诸如 hold-out 和交叉验证的标准技术的认识。

排名相关性方法的讨论见文献［298，299］。归一化的距离偏好方法请看文献［505］。基于效用的排名评估的 R-score 指标请参考文献［98］。关于 NDCG 的讨论请参考文献［59］。lift index 的讨论见［361］，ARHR 的讨论见文献［181］。分类上下文中的关于 ROC 曲线的讨论可参考文献［195］，尽管同样的观点也适用于推荐系统的情况。使用特定用户和全局的 ROC 曲线的讨论可见文献［533］。

推荐系统的一个局限性在于评分值与其相对频率有关，而且缺失值总是出现在长尾中。因此，使用交叉验证和 hold-out 机制会导致对低频率物品的选择误差。一些关于最近的校正缺失值误差的方法的讨论可参考文献［402，564-566］。就决定哪些评分是缺失的而言，文献［565］中的方法提出了对于相关物品和不相关物品使用不同的假设。基于这些假设，［565］中也设计了一个训练算法。文献［335］则讨论了注重实际的评估的时间体系架构。推荐系统同样需要在许多不同的设置（比如在特定文本的出现率）上被评估。这些文本可能包含时间、地点或者社交信息。关于推荐系统在时间信息内容上的评估框架的讨论可参考文献［130］。最新的仅仅关注于推荐系统评估的研讨评价请参考文献［4］。

253

7.9　习题

1. 假定一个商家知道利润 q_i 与第 i 个物品的销量有关。请设计一个协同过滤系统的误差指标来衡量每个含有利润的物品的重要性。

2. 假定你为协同过滤设计了一个算法而且发现它在评分值为 5 的时候表现很差，但是在别的评分值上却表现很好。你基于这种见解来修改你的算法然后再次测试这个算法。讨论第二次评估的陷阱。将你的答案和为什么 Netflix 选择从 Netflix Prize 数据集把评测集和测试集分离开来进行关联。

3. 实施一个能够构建 ROC 和准确率-召回率曲线的算法。

4. 假定你有一个隐式反馈数据集，其中评分值是一元的。是 ROC 曲线能提供更有意义的结果还是 RMSE 指标表现更好？

5. 考虑一个用户 John，你已经隐藏了 John 对于《Aliens》的评分（5）、《Terminator》评分（5）、《Nero》评分（1）和《Gladiator》评分（6）。圆括号里的值代表他的隐藏评分，而且值越大越好。现在考虑一种情景，其中推荐系统将这些电影按照《Terminator》《Aliens》《Gladiator》《Nero》的顺序排名。
   （a）计算 Spearman 排名相关系数来作为推荐系统排名性能的指标。
   （b）计算肯德尔排名相关系数作为推荐系统排名性能的指标。

6. 在习题 5 给出的问题中，有关 John 对电影 j 给出的效用用 $\max\{r_{ij}-3,0\}$ 来得到，其中 r_{ij} 是 John 给电影的评分。

(a) 基于这种效用的假设，计算特定用户 John 的 R-score。假定半衰期参数 $\alpha=1$。

(b) 对于同样的效用假设，如果系统中一共有 10 个用户，计算特定用户 John 的 DCG 要素。

7. 针对习题 5 给出的问题，假设属于 John 的隐藏评分值唯一，然后推荐系统给出的预测值分别是《Aliens》(4.3)、《Terminator》(5.4)、《Nero》(1.3) 和《Gladiator》(5)。圆括号中的值代表预测评分。

(a) 计算预测评分的 MSE。

(b) 计算预测评分的 MAE。

(c) 计算预测评分的 RMSE。

(d) 计算归一化的 MAE 和 RMSE，假设所有的评分值都分布在 {1…6} 范围内。

上下文敏感的推荐系统

> 对我而言，上下文就是关键——从中可以理解所有的事情。
>
> ——Kenneth Noland

8.1 引言

上下文敏感的推荐系统通过给推荐加上额外的信息来定制其推荐，这些额外的信息定义了推荐中的一些特殊情况。这些额外的信息称为上下文（context）。下面是一些上下文的例子。

1）时间：推荐会受到来自时间的很多方面的影响，比如工作日、周末、假日等。一个和早晨上下文相关的推荐很可能不适用于晚上，反之亦然。有关夏天和冬天的服装推荐也可能是不同的。第 9 章讨论了一些对时间敏感的推荐方法。实际上，本章中讨论过的一些方法，比如预过滤和后过滤，在第 9 章的时间上下文中会被重新考察。

2）位置：近年来，随着 GPS 手机的逐渐流行，位置敏感的推荐受到越来越多的重视。例如，一个旅行者可能希望基于他的地点来确定餐馆。通过使用位置作为上下文，上下文敏感的推荐系统能提供更相关的推荐。下一章将会呈现几种位置感知的系统的例子。

3）社交信息：从推荐系统的角度来看，社交上下文常常很重要。例如，某用户的朋友、标签和社会圈子的选择都能够影响推荐的过程。同样，一个人选择观看的电影可能不同，这取决于她是和父母一起看还是和男朋友一起看[5]。第 10 章和第 11 章将会讨论社交推荐系统。一部分系统也可以被看作是上下文推荐系统。

用户的上下文能够通过多种方式来查明。在某些情况下，几乎不用费力就可以了解到这些信息，因为这些数据已经可获取。例如，手机 GPS 的接收器将会表明该用户的位置，用户交易的时间戳表明了时间。这属于隐式搜集方法[466]。在其他情况下，上下文并不是这么容易获得。例如，可以通过调查或其他方式来明确地搜集信息。最后，在某些情况下，可以使用数据挖掘和推断工具来收集上下文的信息。

在传统的推荐系统中，用户集合用 U 来表示，物品集合用 I 来表示，集合 $U \times I$ 的每个值被映射到一个评分上。这个映射产生了一个规模为 $|U| \times |I|$（未完全指定）的评分矩阵。在一个上下文感知的系统中，用一个额外的集合 C 来表示所有可能的上下文的集合。例如，集合 C 可能是〈上午，下午，晚上〉，用这样的上下文来对应每天的时间。这种情况下，将 $U \times I$ 映射到评分变得不可能，因为同样的用户对于一个物品还可能会有不同的表现，这取决于时间是上午、下午还是晚上。所以为了呈现一个更加精练和准确的推荐，映射必须包含上下文。因此，在上下文敏感的推荐系统中，将 $U \times I \times C$ 映射到评分。正式地，h_R 函数将用户、物品和上下文映射到评分，其描述如下：

$$h_R : U \times I \times C \to \text{rating}$$

h_R 函数中下标 R 表示的是所使用的数据集。这种情况下，评分数据 R 是一个三维的评分数据立方体，维度分别对应着用户、物品和上下文。在一个推荐应用中可能会使用多种形式的上下文。例如，除了时间以外，还可以使用位置、天气或社交上下文。因此，就可能存在多种上下文的维度。这就需要用一个多维的立方体来表达评分。正如我们将在本章余下部分看到的那样，多维表征的概念能够被连续地用来表示一系列不同的上下文。本章我们将处理这种多维上下文的模型。

本章安排如下：8.2 节讨论上下文推荐的多维模型。关于上下文的预过滤和降维方法将会在 8.3 节描述。后过滤方法在 8.4 节中讨论。8.5 节探讨如何将上下文直接嵌入推荐过程中。8.6 节是本章的小结。

8.2 多维方法

传统的推荐问题可以看作是学习从用户－物品对到评分值之间的映射函数。对应的函数 f_R 可以如下表示：

$$f_R : U \times I \to \text{rating} \tag{8-1}$$

这个函数使用二维的评分矩阵来创建映射。因此，该函数是把一个用户－物品的二维空间的数据点映射到评分上。当然，理论上这些维度不仅仅可以表示用户或者物品，还可以表示任何类型的上下文。这个普遍准则促进了多维的推荐方法[6]，在这种方法中，评分问题被看作是从 w 维的值到评分的一个映射。

$$g_R : D_1 \times D_2 \times \cdots \times D_w \Rightarrow \text{rating}$$

在这种情况下，类似于传统环境中将二维的用户－物品对映射到评分上，该评分数据 R 将包含了 w 个不同维度的值映射到评分上。这就产生了一个 w 维的立方体而不是一个二维矩阵。这 w 个不同的维度分别用 $D_1 \cdots D_w$ 来表示。注意，这些维度中始终有两个维度是用户和物品，类似于多维推荐中的经典情形，但是其他 D_i 上的值可能对应着别的上下文。例如，这些上下文可能对应时间、地点，等等。因此，传统推荐问题可以被看作是多维方法的一种特殊情形，这种情形中只有两个维度，那就是用户和物品。查看这种泛化的一种很好方式就是在线分析处理（OLAP）数据立方体[145]，传统上这个立方体是用来作为数据仓库的。图 8-1 展示了一个对应用户、物品（电影）和时间的三维 OLAP 立方体的例子。这个立方体中的每个单元格包含一个关于特定用户、物品和时间组合的评分。尽管这种情况下的上下文是一个有序的变量（时间），但是在分析过程中它往往被当作离散值。而且，某些时间的表示并不是有序的，比如工作日、周末或者季节。类似地，上下文的维度也能够很好地放置，而不一定是一个有序的变量。把上下文的维度看作离散值对于数据立方体来说是至关重要的。

评分函数 g_R 被定义为一个偏函数，其中参数的数量等于维度 w 的数量。在图 8-1 的例子中，评分函数 g_R（David，Terminator，9PM）指的是用户 David 在下午 9 点钟观看电影《Terminator》时的评分值。这个单元格在图 8-1 中加了阴影。映射函数 g_R 是偏函数，因为它仅仅在已观测到的评分值的单元格上定义。剩下的值需要通过数据驱动方式来学习，从而产生上下文的推荐。注意，上下文可以是用户的某个属性、物品的某个属性、用户－物品的属性或者某个完全独立的属性。例如，当 David 下午 9 点钟观看电影《Terminator》的时候，9 点钟这个上下文就可以同时和这两个属性相关，因为这个用户在特定的时间点观看了这部电影，所以时间并不仅仅和用户相关，也不仅仅和物品相关。然而，上下文只能和两个中的一个相联系也是可能的。例如，考虑在一个电影推荐应用中，是基于评分矩阵和用户的特征给用户推荐电影。在这种情况下，上下文显然和该用户相关。总的来说，上下文和谁相关并不重要，因为它被当作和用户及物品完全独立的实体。因此，如同给用户和物品分配单独的维度一样，也会给每种上下文分配一个单独的维度。这种抽象有助于解决上下文敏感推荐中的大部分情况。

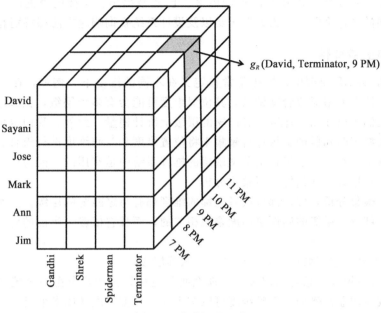

g_R (David, Terminator, 9 PM)

图 8-1　多维评分矩阵

在一个更加普遍的级别中，这种想法类似于对于 $D_1 \cdots D_w$ 中两个不相交的子集查询最好的组合排名。这些从 $D_1 \cdots D_w$ 中选择的子集要么是"什么"维度，要么是"为谁"维度。每个维度属于这两类中的一个，但是它不可能同时属于两个范畴。一个典型的查询如下：

给定"为谁"维度上的值，确定"什么"维度上前 k 个最大的可能性。

在传统的推荐系统中，物品维度往往是属于前者的类别，而用户维度总是属于后者的类别。但是，在多维的推荐系统中，这种限制不适用。正式地，多维推荐的问题可以如下定义[6]。

定义 8.2.1（多维推荐） 给定推荐空间 $D_1 \times D_2 \times \cdots \times D_w$ 和评分函数 $g_R : D_1 \times D_2 \times \cdots \times D_w \to \text{rating}$，推荐问题被定义为：选择特定的"什么"维度 $D_{i_1} \cdots D_{i_p}$ 和特定的"为谁"维度 $D_{j_1} \cdots D_{j_q}$（这两个维度子集不相交），对于一个查询元组 $(d_{j_1} \cdots d_{j_q}) \in D_{j_1} \times \cdots \times D_{j_q}$，输出评分预测值 $g_R(d_1, d_2, \cdots, d_w)$ 最大的前 k 个元组 $(d_{i_1} \cdots d_{i_q}) \in D_{i_1} \times \cdots \times D_{i_p}$。

换句话说，为了回应"为谁"的查询，系统会推荐一个"什么"维度的排名列表。传统的二维推荐模型是这种场景的一种特殊情况，这种情形下会把物品推荐给用户。因此，物品总是属于"什么"范畴，而用户往往属于"为谁"这个范畴。在一个多维的推荐系统中，会使用一个更加普遍的框架，其中"什么"和"为谁"的物品区分可能是任意的。例如，某个推荐系统可能会把最好的物品–时间组合推荐给每个用户，或者把最好的用户–时间组合推荐给每个物品。或者，系统也可能会把最好的时间推荐给每个用户–物品组合。注意，在最后一个例子中，用户和物品都是属于"为谁"的范畴。在一个社交应用中，对于一个特定的用户–电影组合，用户可能希望推荐最好的观影伙伴。注意，"什么"和"为谁"维度的联合可能是全部 w 个维度的一个合适的子集。例如，考虑当 $w = 4$ 时，除了用户和物品维度以外，我们还有时间和位置的上下文。对于查询来说，完全忽略时间而仅仅使用位置上下文来做推荐也是可行的。

正如上面描述中反映的那样，多维推荐模型是特别丰富的，而且它在决定推荐的规划方面留有更加广阔的余地。实际上，为了在多维推荐系统中定义不同形式的推荐需求，一种被称为推荐查询语言（RQL）的查询语言[9]已经被提出。这样的查询语言对于查询过程中选择不同的"什么"和"为谁"子集以及设计系统查询响应方法都特别有用。

8.2.1 层级的重要性

在传统的 OLAP 模型中，层级常常被定义在不同的维度下。例如，在一个销售应用中，数据立方体单元格对应着其销量，其位置维度可能会有多个层级，比如城市、州、国家，等等。我们可以在州、地区或者国家的层级上统计销量。此外，我们也可以通过对某特定区域和某特定时间段的销售进行聚集来将位置维度和时间维度进行组合。这样的聚集也适用于多维推荐系统。层级在上下文敏感的推荐系统中是有用的，因为层级提供了多种级别的抽象，在层级上我们能执行聚集分析。

为了执行聚集分析，假定部分或者全部的维度都有与之匹配的层级。这些层级是推荐系统输入的一部分。层级的属性是高度领域相关的，而且它依赖于当前的应用。一些例子如下：

1）位置维度对应着城市、州、区域和国家等层级。

2）如果人口统计信息与用户关联，那么我们也可以为用户分配一个统计属性上的层级，如年龄或者职业。例如，年龄维度可以按不同的粒度被离散成多个层级。

3）物品维度可以使用标准的工业层级，比如北美工业分类系统（NAICS）。或者，也可以使用一系列类型或子类型来表示不同产品领域的物品（例如电影领域）。

4）诸如时间这样的维度可以表示成不同粒度的层级，比如小时、天数、周数或者月数等。

显然，用户需要在使用这些层级之前就做出选择，以便于在一个给定的应用上执行最相关的分析。筛选出最相关的上下文的维度 $D_1 \cdots D_w$ 对于即将处理的应用来说也是很重要的。这种问题和传统分类和机器学习文献［18，22］中涉及的特征选择密切相关。或者，把这些维度交给领域专家来选择。

关于用户、物品（电影）和时间的可能层级的示例如图 8-2 所示。这些用户按年龄分类，电影按题材分类，时间按当前时刻分类。现在考虑把这些层级用于图 8-1 的例子中。通过这些层级，用户能够做出更加概要（聚集）的查询，例如 g_R(David，Terminator，Evening)，而不是 g_R(David，Terminator，7PM)。前者提供了 David 在晚上任意时刻观看《Terminator》时对这部电影的评分的平均预测，而后者提供了 David 在晚上 7 点观看《Terminator》时对这部电影的喜爱程度的预测。最极端的例子有 g_R(David，Action，Any Time)，它完全忽视时间上下文并且只关注某题材的电影。这个查询评估了 David 在任何时候看的动作片的平均评分。因此，之所以认为层级是有用的，并不仅仅是从上下文的角度，而是基于用户和物品维度上的层级分析这个角度。

在用户和物品维度把层级分析结合起来是可行的。例如，我们能通过查询年龄在 [20，30] 的用户有多么喜欢观看动作片来进一步聚集，而不是去关注某个像 David 这样的用户。可以通过使用函数 g_R(Users ∈ Age[20，30]，Action，Any Time) 来实现。注意，图 8-2 是按年龄这个层级将用户分组。这样的聚集查询可以被看作是多维推荐系统的一种聚集。例如，我们能把聚集评分 g_R(David，Action，Any Time) 看作如下的聚集函数：

$$g_R(David, Action, Any\ Time) = \text{AGGR}_{(x \in Action, 所有y)}\ g_R(David, x, y) \qquad (8\text{-}2)$$

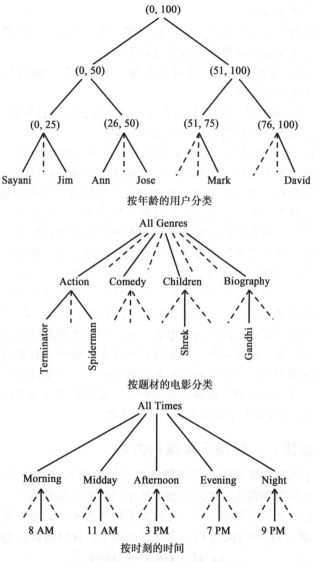

图 8-2　用户、物品和上下文的分类

在传统的 OLAP 应用中，我们能够通过对相关的单元格求和来获得相关聚集。这指的是传统 OLAP 系统中的"上卷"操作。然而，在推荐系统中，相比于总体值来说，讨论平均值更有意义。我们在意的要么是 David 对于动作片的平均评分，要么是他对于动作片里最高的前 k 个项评分的平均值。这里主要的挑战是，在原始的数据立方体中并不是所有的值都已被指定，因为数据立方体函数被看作是一个偏函数。在大多数情况下，评分数据是在最低层级上以一种非常稀疏的方式被指定的。某些情况下，也可以将已观测评分值指定在一个较高的层级上。例如，在某些系统中，David 可能直接指定他对于动作片或者喜剧片的兴趣，而不是提供各部电影的评分。多维推荐系统被设计用来解决这些情景。因此，至关重要的一步就是能够评估在所有层级上的缺失值。这些估计值将会和原始数据值一起，被用来响应多种多样的查询。因此，多级别多维度的评分估计问题如下所述：

定义 8.2.2（多级别多维度的评分估计问题） 给定一个由用户指定评分的初始集，其评分是在多维评分立方体的不同级别上被指定的，任务是对该立方体 OLAP 层级中所有级别上的所有其他评分做出估计。

尽管对所有层级做出估计不太可行，但是大部分技术还是可以在最低级别上对评分做出预测。这种执行上下文推荐的技术可以分成以下三类：

1）上下文预过滤：这类方法中，通过相关的上下文将评分值的某一段做预过滤。然后用相关的评分段做出定向推荐。

2）上下文后过滤：这类方法中，首先在全局评分集合中执行推荐。然后进行后过滤，即利用当前的上下文对推荐的排名列表进行过滤或调整。

3）上下文建模：这种情况下，上下文信息被直接嵌入预测函数中，而没有预过滤或者后过滤的步骤。这从根本上区别于前述情况，前面的情景都是以传统的二维推荐系统为背景的。上下文建模是在建模过程中对 w 维的评分矩阵做直接处理的最普遍方式。该方法提供了聚集度最好的结果，但是它有时候会计算密集或者很难在高维度上执行。

在接下来的章节中，我们将讨论用来产生推荐的不同类型的技术。值得注意的是，某些技术，比如后过滤，使用了不同维度上的额外辅助信息。这些辅助信息指的是属性值⊖。例如，某个用户可能有与其相关的统计信息，比如名字、地址、年龄、性别或者职业。某个物品，比如电影，可能有与之关联的电影名字、演员、导演等辅助信息。这些属性值并不是仅仅和用户或物品维度相结合，还可以和上下文维度结合。例如，考虑这样一种情况，某个用户想要和某个特定的同伴去看电影。这个同伴的维度可能包含名字、同伴的类型（比如，朋友或者父母）以及年龄。正如我们将在本章后续内容看到的那样，这些类型的辅助信息对于某些类型的上下文推荐应用是很重要的。与一个维度相关联的属性集合被称为它的画像。需要注意，频繁使用物品画像和用户画像来学习基于内容的推荐模型（比如第 4 章）。这些属性在许多上下文推荐算法中很有用。

8.3　上下文预过滤：一种基于降维的方法

上下文预过滤也被称为降维[6]。基于降维的方法是把 w 维问题降维成一个二维的估计问题。二维的估计问题和传统的协同过滤系统中的问题是等价的。

为了理解这一点，我们将使用一个三维推荐系统作为示例。考虑某种情况下有三个属性：用户（U）、电影（I）和时间（T）。在这种情况下，评分函数 g_R 被定义为如下：

$$g_R : U \times I \times T \to \text{rating}$$

注意，在这种情况下，数据集 R 是一个三维的立方体。考虑一个传统的二维推荐系统中映射函数 $f_{R'}$ 如下：

$$f_{R'} : U \times I \to \text{rating}$$

在这种情况下，数据立方体 R' 是一个二维的立方体，其中只呈现出 U 和 I 两个维度。显然，使用二维的推荐系统和忽略上下文维度是等效的。通过对三维评分矩阵使用简约导数，可以将三维预测函数表示成二维预测函数。在任意查询时间 t，通过对 R 使用一对标准数据库操作，来得到一个二维评分矩阵 $R'(t)$。

$$R'(t) = \text{Project}_{U, I}(\text{Select}_{T=t}(R)) = \pi_{U, I}(\sigma_{T=t}(R))$$

注意，投影和选择都是标准的数据库操作。矩阵 $R'(t)$ 是通过如下方式获得的：首先把时间固定为 t 时刻对 R 做选择操作，然后在用户和物品的维度做投影。换句话说，把时间固

⊖ 在传统数据库上下文中，维度和属性的含义相同。然而在这种情况下，是一个属性集合和一个维度相关联，所以它们不是一回事。

定为 t，对数据立方体做的二维切片正好对应着 $R'(t)$。如图 8-3 所示，其中阴影部分是下午 9 点钟时全部的用户-物品切面图。注意，这个二维的切片构建了一个用户-物品矩阵，这个矩阵可以使用传统的协同过滤算法。当上下文被固定于下午 9 点钟时，这种方法可以被用于评分预测。一般来说，通过下面的三维函数 g_R 和传统的二维协同过滤函数 $f_{R'(t)}$ 之间的关系，可以在切片上，把三维的评分预测降为二维的评分预测：

$$\forall (u, i, t) \in U \times I \times T, g_R(u, i, t) = f_{R'(t)}(u, i)$$

上述方法可以很简单地被推广到维度 $w > 3$ 的 $D_1 \cdots D_w$ 情况，只需固定余下的 $w-2$ 个维度即可。没有被固定的两个维度，被称为主要维度，相比之下，别的维度是上下文维度。在某些典型的应用中，用户和物品是主要维度。通过固定上下文维度的值，我们能提取只定义在两个主要维度上的特定切片或者段。传统的协同过滤的算法便能用在这些片段上。

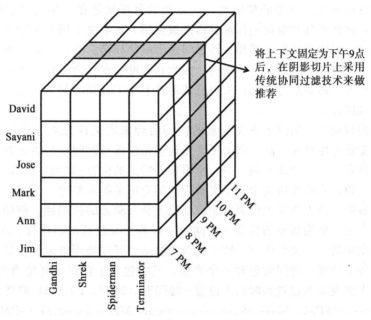

将上下文固定为下午9点后，在阴影切片上采用传统协同过滤技术来做推荐

图 8-3　在降维方法中，通过固定上下文来提取一个二维切片

　　由于给定的切片上只有很少一部分评分，所以有时并没有足够的数据去执行一个准确的推荐。这时可以通过使用与时刻 t 邻近的切片做聚集来得到更加准确的推荐。例如，可以使用晚上 7 点到 11 点之间的所有切片，而不只是使用晚上 9 点的切片，然后对这些切片上的评分求平均来生成结果矩阵。然后将二维的推荐技术应用于该平均切片上。

　　这个降维方法的主要优点是它只在相关的评分（基于上下文的内容被挑选出的评分）上做协同过滤。这在很多情况下能够提高推荐的精确性，但其代价是更少的评分被用于预测。对相邻切片做平均允许保留一定数量的相关性数据，同时又降低了数据的稀疏性。然而，稀疏问题在很多情况下会非常严重，即使用平均技术也不一定能增加太多的评分数量。当可用评分数量太少时，很容易产生过拟合现象，不难预料到在这种情况下方法的精确性也不会太高。

　　有很多自然的方法是以损失精细度为代价来处理数据稀疏的问题。一个极端的例子是，用户会忽略上下文，而在所有可能的（组合）上下文值上对评分矩阵求平均。这样的方法比本地模型（根据上下文对评分做出预选择）包含更少的相关评分。之前所述的方法只在上下文变量的相邻值上做平均（例如对从下午 7 点到 11 点的评分切片做平均），而这里所述的方法显然是前者的极端的泛化。我们把这种极端的方法称为全局方法。和使用上下文的本地切片相比，尽管全局方法使用更少的相关评分，但是它将会从平均切片中使用更多的评分数据。这两种方法精确性的优劣取决于对相关性和稀疏性的权衡。在很多实际应用中，已经观察到这两种方法中哪一种更好取决于当前所关注的是评分矩阵的哪一部分数据。

8.3.1　基于集成的改进

因为全局方法和局部方法的相关性能的不可预测性，产生了这样一种问题：如何把两种方法结合起来得到一种在大多数情况下精确度较高的技术。尽管本地方法产生了相关度更高的结果，但是如果与上下文相关的评分数据太少，可能会造成过拟合。我们将讨论一种基于集成的方法来提高预测的精确性。该方法的目标就是在预测过程中使用最好的技术。换句话说，局部矩阵和全局矩阵都有可能被使用，这取决于用户关注评分矩阵的哪一部分。这种方法会在稀疏性和局部相关性之间做出最佳权衡。在这个背景下，模型桶混合方法（见第 6 章 6.4.2 节）是非常有用的，因为它有助于在性能不同的模型中决定使用哪一种。然而这种方法需要量身定制，所以它的困难不在于选择最好的模型，而在于选择最好的数据段来训练模型。

在接下来的讨论中，使用上下文变量的值的组合来定义评分立方体上的数据段。例如，如果主要变量是用户和物品，那上下文变量就是位置和时间，然后位置－时间对的每个可能的值上都定义了一个数据段。当一个附带着特定的位置－时间的推荐问题被提出时，对于推荐算法来说，判断使用这个上下文是否真的有用是很重要的。

在训练步骤中，该方法首先识别每个数据段上交叉验证的精确性。例如，当上下文是位置和时间时，可以使用所有的位置－时间对来计算交叉验证的精确性。在某些情况下，当一个层级树结构的上下文可用时，树中高级别的结点可以被用来定义位置－时间对的所有可能性。为每个位置－时间对创建一个表格，其中包含了获得最高精确性的最佳泛化。例如，如果上下文变量是位置和时间，位置－时间对（9PM，Boston）的泛化举例可以是（night，Boston），（9PM，Massachusetts），（night，Massachusetts）（9PM，＊），（＊，Boston），（night，＊），（＊，Massachusetts）以及（＊，＊）。对于每一个类似于（9PM，Boston）这样的上下文，这个表格将会包含正确级别的泛化使得其精确性最高。级别的确定是通过在训练集上使用交叉验证。包含太少评分的段被忽略。在测试步骤，使用该表格识别出合适的数据段。只有使用特定的数据段，才能提供最佳性能的结果。

那么交叉验证的步骤究竟是如何实施的？例如，对于上下文（9PM，Boston），在训练立方体中的与其相关的评分被识别出。然后使用第 7 章中描述的交叉验证法把这些评分值叠成片段。同样的折叠片段被用来测试多种（9PM，Boston）的泛化。折叠提供了最高的精确性。实际上，一种更精细的方法是选择最佳的数据段，但是这样更容易造成过拟合。当有一个本地片段上的性能远远超过其泛化片段上的性能时，才选择使用本地片段。

这种方法的一个问题就是当上下文可能值的数量很大时，它的代价可能会很昂贵。例如，在之前提到的例子中，必须对所有可能的位置－时间组合的所有泛化计算其精确性。当上下文可能值的规模很小时是可行的。否则，训练阶段的计算就会变得非常昂贵。在某些情况下，不用精确的计算各种泛化的精确性，而可以使用更简单的启发式方法。可以将精确性的计算替换成计算每个特定上下文的所有可能泛化的训练样本（评分）数。最低级别（最具体）的泛化包含了最少数量的评分。基本的思想是确保在有限的训练集上能避免过拟合现象。

8.3.2　多级别的估计

目前为止，我们仅仅讨论了如何在低级别的层级上用已有的评分来估计其他低级别上的评分。然而，在某些情况下，某个用户可能已经指定了较高层级上的评分。例如，一个用户可能会指定某个和各电影相反的电影题材的评分，这就产生了一个问题，如何使用这个较高级别的评分来提高估计的性能。基本思想是给最低级别的赋予评分，使得更低级别（后继结点）上的已观测评分和预测评分的平均值与较高级别（祖先结点）上的已观测评分尽可能接近。例如，David 可能已经对像《Terminator》这一类的动作片指定了评分。那么如何才能将不同级别上的评分整合来提供一个整体的预测呢？

令 David 对于动作片的评分为 r_a。在这种情况下，David 对于最低级别的动作片的预测评分应该使得他的已观测评分和预测评分的平均值和 r_a 尽可能接近。在极端情况下，我们可以强行使其相等。换句话说，我们强加了让 David 对动作电影的预测评分和已观测评分的和等于 $n_a \cdot r_a$ 这样的约束，其中 n_a 是动作片的总量。注意，这是协同过滤问题中变量的一个线性约束。还将会有很多对于不同用户和不同级别上的指定评分的约束。因此，除了被用于协同过滤的那些标准技术以外，指定题材的约束也被用来进行 David 的评分预测。这种问题可以被形式化为一个附带线性约束的最优化问题。[6] 中的研究并没有提供更多的关于如何把这种方法应用于真实协同过滤算法的细节，这个问题仍有待研究。这种类型的最优化建模能够对未来的研究提供一个很有前途的方向；主要的警告是必须有足够多的评分来防止过拟合的发生。

8.4　后过滤方法

在预过滤方法中，首先把相关的数据片段提取出来，然后把协同过滤算法运用在这些被提取出的片段上。因此，过滤是在应用协同过滤算法之前，实施在输入数据上的。预过滤这个词前面的限定词"预"就源于这个事实。在后过滤中，过滤步骤是在应用一个全局协同过滤算法之后被应用在输出数据上，该算法并不考虑数据集中的上下文信息。

在后过滤方法中，上下文信息被忽略，通过对所有可能上下文上的评分做聚集得到一个全局的二维评分矩阵。例如，对于每个用户-物品组合的评分可能是通过对所有可能上下文上的可用评分做平均得到的。接着，再使用上下文对这些评分进行调整。因此，这种方法由下面两个步骤组成：

1）通过在聚集的用户-物品矩阵上应用一个传统的协同过滤模型来生成推荐。因此，在第 1 步中上下文是被忽略的。

2）然后利用上下文来对推荐列表进行调整或者过滤。

那么如何把多维评分立方体聚集成一个二维的评分矩阵呢？在显式评分情况下，聚集过程指的是对于对已观测值求平均，而在隐式反馈矩阵情况下（比如销售量），聚集过程指的是对评分值求和。注意，求和或者求平均值这两种方法一般不会产生同样的推荐结果，因为对于不同的用户-物品组合，已观测值的数量各不相同。在隐式反馈评分矩阵中，求和方法要优于求平均值的方法，因为非零值的数量说明了用户对该物品的兴趣程度。

考虑到这样一种情形，某个用户已经针对同一个物品的三种不同的上下文（比如上午、下午、晚上）提供了不同的评分。这种情况下，通过对这些不同上下文上的评分求平均值来创建一个全局的二维的用户-物品评分矩阵。对于隐式反馈矩阵，需要对不同上下文上的 1 的数量求和。结果矩阵中不再包含特定上下文信息，因为上下文维度已经被聚集。对于 w 维的立方体，需要对所有的 $(w-2)$ 维组合上的评分值进行聚集。例如，如果存在两个上下文分别对应位置和时间，用户对于同一个物品在不同的位置-时间组合上的评分需要被聚集。如果这个用户没有在任何一个上下文上对该物品进行评分，那么在聚集后的矩阵中对应项也会是缺失的。最终的结果是一个类似于传统的协同过滤中的二维矩阵。

为了对每个用户 u 创建预测评分 $\hat{r}_{uj}$ 和一个对应的物品的排名列表，可将传统的协同过滤算法应用在这个聚集矩阵上。但是，这个排名列表对上下文信息不敏感，因为在推荐过程中，上下文维度被忽略了。后过滤策略是在评估结果已经形成后对结果进行调整。具体的调整方法有两种方式。第一种方法是过滤掉那些无关项，第二种方法指的是基于潜在的上下文来调整推荐列表的排名。后者可以看作是前者的软版本。对于给定的用户-物品组合，这两种形式的后过滤技术都会对预测评分 $\hat{r}_{uj}$ 进行调整。

有一种方法是基于与用户和物品相关联的属性，使用启发式方法来调整或者过滤推荐列表。在 8.2 节的末尾讨论了和维度相关联的属性的概念。例如，如果上下文指的是〈夏天，冬天〉，那么一个服装商可能想要在夏天这个上下文上过滤掉毛衣以及厚夹克，尽管这些衣服在推荐物品的列表中排名很靠前。我们能够使用属性信息来检测到这些物品。

比如，对于某个衣服物品来说，"羊毛"属性可能是和季节属性相关的。一个启发式的方法就是对于一个给定的上下文，找到与之相关的共有物品属性。那些没有足够数量的相关属性的物品会被过滤掉。该方法的一个更加精炼的版本是，用属性来构建一个预测模型来评估物品和给定上下文的相关性。这种方法是可取的，因为我们能够使用很多传统的机器学习技术来构建预测模型。那些相关度很低的物品就会被过滤掉。这种方法类似于判定：基于上下文 C，用户 u 喜欢物品 j 的概率 $P(u,j,C)$。$P(u,j,C)$ 的值不需要使用基于上下文的模型来评估。例如，某个用户甚至会使用一个协同方法连同预过滤技术来评估 $P(u,j,C)$。这和之前章节中提及的预过滤技术完全相同。然而，并不是把预过滤预测直接作为最终结果，而是将其进行归一化到 $(0,1)$ 范围之内，然后再乘以根据全局数据估计出的预测评分 $\hat{r}_{uj}$。$P(u,j,C) \cdot \hat{r}_{uj}$ 现在被定义为经过后过滤之后的预测值的一个调整值，而且它可能会被用来调整排名。或者，当 $P(u,j,C) \cdot \hat{r}_{uj}$ 的值很小的时候，我们可以简单地从排名列表中移除物品 j。在更多的情况下，后过滤比预过滤更加健壮，因为其方法将局部信息 $P(u,j,C)$ 和利用全部数据获取到的评分 $\hat{r}_{uj}$ 结合了起来。

在对于上下文 C 的可用数据量很有限的情况下，$P(u,j,C)$ 的值可以与用户 u 独立。换句话说，训练数据被用于所有的用户，通过一个基于内容的模型将物品 j 和上下文 C 进行关联。对于每个物品 k，它的属性被当作特征变量，物品 k 在上下文 C 上被消费的时间比例被当作一个数值型独立变量。通过构建一个线性回归模型将属性和上下文进行关联。然后，对于每个物品 j，这个线性回归模型被用于估计 $P(*,j,C)$。注意，我们使用符号 $*$（无所谓）作为用户参数，因为这个模型与当前用户独立。在后过滤步骤之后，对于用户 i 对物品 j 的最终评分预测值被定义为 $P(*,j,C) \cdot \hat{r}_{uj}$。

8.5 上下文建模

在预过滤和后过滤中，协同过滤问题都被降维到二维环境中，而上下文分别被用在过程前和过程后。这种方法的主要缺点就是上下文没有被很紧凑地集成到推荐算法中。这样的方法不能充分利用不同的用户-物品组合与上下文的关系。上下文建模方法就是为了探索这种可能性而设计的。

　　通过把现有模型（例如基于近邻的方法）修改为 w 维下的场景，可以实现将上下文直接嵌入推荐过程。这样的方法提供了一种最灵活的和最泛化的上下文敏感的推荐，克服了二维算法的阻碍。接下来的章节将回顾几种这样的方法。

8.5.1　基于近邻的方法

　　可以修改现有的基于近邻的方法来实施该想法从而实现上下文敏感的推荐。[7，8]中呈现了该方法的一个例子。但是，由于在相似度计算中使用了上下文维度，所以这种方法和传统的用户－用户或者物品－物品方法相比较而言会略有不同。为了方便讨论，我们考虑上下文是时间的情况。因此，我们有三个维度，分别对应用户、物品和时间。第一步是分别单独在用户、物品和时间上来计算距离。考虑三维立方体中的两个点，分别对应于 $A=(u,i,t)$ 和 $B=(u',i',t')$。然后，A 和 B 之间的距离可以被定义为在各自维度的加权距离的和。换句话说，我们有：

$$\text{Dist}(A,B) = w_1 \cdot \text{Dist}(u,u') + w_2 \cdot \text{Dist}(i,i') + w_3 \cdot \text{Dist}(t,t') \tag{8-3}$$

在这里，w_1、w_2 和 w_3 各自表示的是用户、物品和上下文（时间）维度的相关重要性。注意，在前面的求和中，用户可以添加更多感兴趣的上下文维度，而不仅仅是时间。或者，也可以使用加权的欧氏距离测度：

$$\text{Dist}(A,B) = \sqrt{w_1 \cdot \text{Dist}(u,u')^2 + w_2 \cdot \text{Dist}(i,i')^2 + w_3 \cdot \text{Dist}(t,t')^2} \tag{8-4}$$

然后，对于三维矩阵上一个给定的单元格，通过这个指标来确定离其最近的 r 个（已观察的）评分。这些评分的加权平均值被定义为预测评分。这里权重使用的 A 和 B 之间的相似度，也被定义为 $1/\text{Dist}(A,B)$。为了对给定的用户 u 和上下文 t 做推荐，我们可能需要把这个过程应用在每个物品上，然后推荐前 k 个物品。

　　这样又产生了一个问题，就是如何计算 $\text{Dist}(u,u')$、$\text{Dist}(i,i')$ 和 $\text{Dist}(t,t')$。有几种不同的计算方法：

　　1）协同：在这种情况下，我们能使用 Pearson 方法或者调整后的余弦函数来计算 $\text{Dist}(u,u')$、$\text{Dist}(i,i')$ 和 $\text{Dist}(t,t')$。例如，可以通过提取对应用户 u 和用户 u' 的二维切片来计算 u 和 u' 之间的距离。我们可以把基于近邻的相似性测度进行泛化（参考第 2 章）来计算当用户分别为 u 和 u' 时，所有评分之间的 Pearson 系数。因此，用户 u 和 u' 在整个物品×上下文网格上的已观测数据被用于了 Pearson 计算。相似度的倒数被用来确定距离值。类似的方法能被用来计算物品方面和上下文方面的距离，也就是 $\text{Dist}(i,i')$ 和 $\text{Dist}(t,t')$。

　　2）基于内容：在这种情况下，和维度相关的属性（比如用户画像和物品画像）被用来计算画像。一系列像余弦这样的基于文本的测度被使用。也能用类似的方法来计算 $\text{Dist}(t,t')$，通过将每个上下文和与它频繁共同出现的文本属性相关联。或者，属性会与某特定上下文相关，比如季节、工作日，等等。这种方法可被看作是一个整体的混合式方法，因为它的表现是以内容为中心的，但总体方法是使用协同过滤的框架。

　　3）组合：可以把协同和基于内容的方法组合起来得到一个更加健壮的相似性测度。相关权重可以通过使用交叉验证方法推断得出，使得预测的精确度最大化。

　　根据当前特定的应用可能会设计不同的距离函数从而产生了方法的各种变形。尽管对于当前的应用可能会有特定的实现方法，但之前提到的方法描述了一个更一般的思想。值得注意的是，这种方法可以被看作是第 2 章 2.3.6 节讨论过的用户－物品方法在上下文上的泛化。

8.5.2 潜在因子模型

张量分解可以被看作是矩阵分解的一种泛化，在张量分解中是对 n 维的数据立方体（而不是二维的矩阵）的分解。传统的上下文敏感的表示确实是一个 w 维的立方体，因此它特别能够很好地适用于张量分解。从这层意义上来说，张量分解方法能够看作是推荐系统中传统的矩阵分解方法在上下文中的推广。由于对于张量的详细讨论超出了本书范围，读者可以去阅读 [212, 294, 332, 495, 496] 来查看关于这些方法的更多细节。一个有关高阶张量分解方法的特别显著的例子是多元推荐模型 [294]。多元推荐模型使用的是高阶 Tucker 分解[605]，这个分解的复杂度是随着分解的顺序以指数方式增加。

关于张量分解的应用是计算密集型的，尤其当潜在的数据立方体很大时。在大多数情况下，在这样的环境下使用高阶张量分解会有些过于夸张[496]。还存在其他几种在多维环境下应用潜在因子模型的简化的方法。其中一些简化的分解方法仅仅在不同维度之间采用成对的交互[496,498]。

这里，我们描述一种成对交互的方法。一种紧密相关的排名方法，被称为成对交互张量分解（PITF）[496]，这种方法同时也被用在标签推荐中。这个描述可以被看作是 [496] 中讨论过的分解机这个概念的一种特殊情况。令 $R=[r_{ijc}]$ 是一个大小为 $m\times n\times d$ 的三维的评分立方体，其中 m 个用户、n 个物品以及 d 个上下文维度的不同值。例如，在图 8-1 中，我们有 $m=6$、$n=4$ 和 $d=5$。让 $U=[u_{is}]$、$V=[v_{js}]$ 和 $W=[w_{cs}]$ 分别是 $m\times k$、$n\times k$、$d\times k$ 的矩阵。这里，U 表示用户-因子矩阵，V 表示物品-因子矩阵，W 表示上下文-因子矩阵。符号 k 表示潜在因子模型排名。然后，数据立方的第 (i, j, k) 个元素的简化的预测函数的基本原则就是基于在用户、物品和上下文之间的成对交互。这意味着下面的预测函数：

$$\hat{r}_{ijc} = (UV^{\mathrm{T}})_{ij} + (VW^{\mathrm{T}})_{jc} + (UW^{\mathrm{T}})_{ic} \tag{8-5}$$

$$= \sum_{s=1}^{k} (u_{is} v_{js} + v_{js} w_{cs} + u_{is} w_{cs}) \tag{8-6}$$

很容易能够看出这个预测函数是潜在因子模型的一种简单的推广。我们现在能够像在所有的潜在因子模型中那样，使用这个预测函数来建立最优化问题。令 S 是所有在 R 中已观测项的集合。

$$S = \{(i,j,c):r_{ijc} \text{ 是已观测的}\} \tag{8-7}$$

在 R 是一个隐式反馈矩阵的情况下，未知的项的一个样本也需要被包含在 S 中，假定这些已观测项的值都是 0。之所以这样做的细节原因请参考第 3 章 3.6.6.2 节。

然后，在所有已观测项上的误差需要按照如下来进行最小化：

$$\text{Minimize } J = \frac{1}{2} \sum_{(i,j,c)\in S} (r_{ijc} - \hat{r}_{ijc})^2 + \frac{\lambda}{2} \sum_{s=1}^{k} \left(\sum_{i=1}^{m} u_{is}^2 + \sum_{j=1}^{n} v_{js}^2 + \sum_{c=1}^{d} w_{cs}^2 \right)$$

$$= \frac{1}{2} \sum_{(i,j,c)\in S} \left(r_{ijc} - \sum_{s=1}^{k} [u_{is} v_{js} + v_{js} w_{cs} + u_{is} w_{cs}] \right)^2 +$$

$$\frac{\lambda}{2} \sum_{s=1}^{k} \left(\sum_{i=1}^{m} u_{is}^2 + \sum_{j=1}^{n} v_{js}^2 + \sum_{c=1}^{d} w_{cs}^2 \right)$$

最后一项是正则化项，其中 $\lambda>0$ 是正则化参数值。

我们需要求解 U、V 和 W 中的参数值。为了获得有关梯度下降方法的更新方向，我们可以考虑 U、V 和 W 中的单个元素来确定 J 的偏导数。因此，所有在 U、V 和 W 中的元素值按如下方式被同时更新：

$$u_{iq} \Leftarrow u_{iq} - \alpha \frac{\partial J}{\partial u_{iq}} \, \forall i \, \forall q \in \{1 \cdots k\}$$

$$v_{jq} \Leftarrow v_{jq} - \alpha \frac{\partial J}{\partial v_{jq}} \, \forall j \, \forall q \in \{1 \cdots k\}$$

$$w_{cq} \Leftarrow w_{cq} - \alpha \frac{\partial J}{\partial w_{cq}} \, \forall c \, \forall q \in \{1 \cdots k\}$$

这里，$\alpha > 0$ 是步骤的数量。正如在传统的潜在因子模型中那样，梯度下降的方向取决于在 S 上的所有已观测项的误差值 $e_{ijc} = r_{ijc} - \hat{r}_{ijc}$。对应的更新如下：

$$u_{iq} \Leftarrow u_{iq} + \alpha \Big(\sum_{j,c:(i,j,c) \in S} e_{ijc} \cdot (v_{jq} + w_{cq}) - \lambda \cdot u_{iq} \Big) \, \forall i \, \forall q \in \{1 \cdots k\}$$

$$v_{jq} \Leftarrow v_{jq} + \alpha \Big(\sum_{i,c:(i,j,c) \in S} e_{ijc} \cdot (u_{iq} + w_{cq}) - \lambda \cdot v_{jq} \Big) \, \forall j \, \forall q \in \{1 \cdots k\}$$

$$w_{cq} \Leftarrow w_{cq} + \alpha \Big(\sum_{i,j:(i,j,c) \in S} e_{ijc} \cdot (u_{iq} + v_{jq}) - \lambda \cdot w_{cq} \Big) \, \forall c \, \forall q \in \{1 \cdots k\}$$

一个更快的可选方案是使用随机的梯度下降。在随机梯度下降中，没有同时在 S 中所有的误差值上下降，我们可以在关于单个已观测项 $(i,j,c) \in S$ 上下降，这些项是随机选择的：

$$u_{iq} \Leftarrow u_{iq} - \alpha \left[\frac{\partial J}{\partial u_{iq}} \right]_{(i,j,c) \text{的贡献量}} \forall q \in \{1 \cdots k\}$$

$$v_{jq} \Leftarrow v_{jq} - \alpha \left[\frac{\partial J}{\partial v_{jq}} \right]_{(i,j,c) \text{的贡献量}} \forall q \in \{1 \cdots k\}$$

$$w_{cq} \Leftarrow w_{cq} - \alpha \left[\frac{\partial J}{\partial w_{cq}} \right]_{(i,j,c) \text{的贡献量}} \forall q \in \{1 \cdots k\}$$

在计算这些贡献的时候，可以对于特定的 $(i,j,c) \in S$ 和第 q 个潜在组件（$1 \leqslant q \leqslant k$）来执行下面几步：

$$u_{iq} \Leftarrow u_{iq} + \alpha \left(e_{ijc} \cdot (v_{jq} + w_{cq}) - \frac{\lambda \cdot u_{iq}}{n_i^{\text{user}}} \right) \forall q \in \{1 \cdots k\}$$

$$v_{jq} \Leftarrow v_{jq} + \alpha \left(e_{ijc} \cdot (u_{iq} + w_{cq}) - \frac{\lambda \cdot v_{jq}}{n_j^{\text{item}}} \right) \forall q \in \{1 \cdots k\}$$

$$w_{cq} \Leftarrow w_{cq} + \alpha \left(e_{ijc} \cdot (u_{iq} + v_{jq}) - \frac{\lambda \cdot w_{cq}}{n_c^{\text{context}}} \right) \forall q \in \{1 \cdots k\}$$

这里，n_i^{user}、n_j^{item}、n_c^{context} 分别代表在数据立方体中有关用户 i、物品 j 和上下文 c 的已观测项的数量。使用这些项来标准化为正则化形式就会导致更好的收敛，尽管它们是可以（启发式地）被忽略的而且取而代之的是一个更小的 λ 值。在 S 中的特定项上必须使用之前提到的每一种更新方法来重复循环。这些梯度下降的步骤可能一直被执行到收敛来获得矩阵 U、V 和 W。更新的最终结果是类似于第 3 章 3.6.4 节中讨论过的传统的矩阵分解的情况。可参考图 3-9 中的关于随机梯度下降的算法框架。对伪代码的主要改变是需要使用一个额外的上下文因子集合，而且对应的更新公式也要变化。为了执行更新，你可能需要把每一个观察到的三元组 (i, j, c) 在图 3-9 的算法框架中循环。为了得到更好的收敛，需要在矩阵 U、V 和 W 上选择不同的正则化参数。这些正则化参数的值可以使用交叉验证的方法来学习到，也可以通过使用第 3 章 3.7.1 节中基线预测器的一个三维的泛化，将偏差嵌入模型中。在应用分解过程之前，对于用户 i、物品 j 和上下文 c 的结果基线预测 B_{ijc} 可能会从对应的（已观测）项中被减去。在后过滤阶段的预测中，这些值可能会被加回去。

这种方法没有高阶张量分解模型复杂，但是它在稀疏矩阵上的性能非常好。它以一种添加的方式进行二维的交互而不需要进行更高阶的交互，从而避免了计算时间和过拟合对模型造成的不必要的阻碍。在实际环境中，评分立方体通常是特别稀疏的而不能充分利用高阶模型的优势。这些情况正如之前在多维推荐方法中强调的那样[496]。

这个总体原则也能够扩展到 w 维的立方体，其中 $w>3$。考虑一个 w 维度的数据立方体 $\boldsymbol{R}$，其中每一个评分项被记为 $r_{i_1\cdots i_w}$，对应的矩阵维度是 $n_1\cdots n_w$。然后，可以根据 w 个不同的潜在因子矩阵 $\boldsymbol{U}_{i_a}$（其大小为 $n_a\times k(a\in\{1\cdots w\})$）用如下公式来表示预测评分值：

$$\hat{r}_{i_1\cdots i_w} = \sum_{a<b\leqslant w}[\boldsymbol{U}_a(\boldsymbol{U}_b)^{\mathrm{T}}]_{i_a i_b} \tag{8-8}$$

正如在三维立方体的情况中那样，最小二乘法的最优化问题也可以被设定。可以使用一个标准化的梯度下降方法来解决这个问题。这种情况下更新公式的求导请看习题6。

8.5.2.1　分解机

前述章节中提到的潜在因子方法可以被看作是分解机的一个特殊情况。大级别的模型（比如 SVD 和 SVD++）是分解机的特殊情况。在分解机中，基本观点是把每个评分建模成一个输入变量之间交互的线性组合。输入变量来源于原始的评分矩阵。例如，考虑这样的情况，我们有一个包含 m 个用户、n 个物品和 d 个上下文维度的三维立方体，其中每个评分都和一个独一无二的三元组关联。可以把这个三维立方体推平成一个（$m+n+d$）维的行的集合，这样每一行对应于给定用户、物品和上下文上的已观测评分。因此，行的数量和已观测评分的数量相等。在这个特例中，每行表示的一个二元指示符变量的向量，向量中只有三个值为1，这取决于与已观测评分相关联的特定的用户－物品－上下文的三元组。每行所有余下的值都为0。我们把每行的变量用 $x_1\cdots x_{m+n+d}$ 来表示，其中的变量的值要么是0要么是1。而且，每行的目标变量指的就是代表那一行的评分。在图 8-4 中，我们们展示了图 8-1 中的数据立方体中的5个已观测评分的扁平化表示。乍一看，似乎我们能够在这个扁平化表示上直接使用一个分类或回归预测器；然而，这样的效果并不是很好，因为数据有严重的稀疏性（每行只有三个非零项）。这里正是通过分解机把我们从数据稀疏的风险中解救出来。

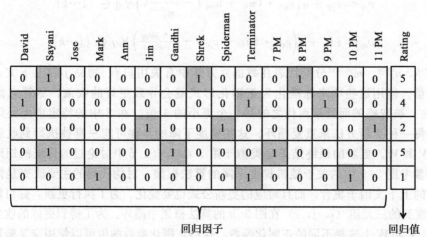

图 8-4　图 8-1 数据立方体中的5个已观测评分被推平的表示。大部分推荐问题能够转化为稀疏分类和回归问题

基本思想就是把一个 k 维的潜在因子和每个决定变量 $x_1\cdots x_p$ 相关联，其中 $p=(m+$

$n+d$）。假定因子向量和第 i 个变量关联，被记为 $\overline{v_i}=(v_{i1}\cdots v_{ik})$。类似地，第 i 列会有一个和它相关联的偏差值 b_i，我们还有一个全局的偏差变量 g。二阶分解机的评分预测 $\hat{y}(\overline{x})$ 按如下公式利用因子之间的成对交互来计算得到：

$$\hat{y}(\overline{x}) = g + \sum_{i=1}^{p} b_i \, x_i + \sum_{i=1}^{p}\sum_{j=i+1}^{p} (\overline{v_i}\cdot\overline{v_j})\, x_i x_j \qquad (8\text{-}9)$$

需要学习的变量包括：g、b_i 和 $\overline{v_i}$。尽管交互项的数量可能会惊人得大，但是在稀疏环境下，它们中大部分将会被设为零。在图 8-4 中展示的例子里，只有三个交互项不为零，这看起来和公式（8-6）中的三个分解项非常相似⊖。实际上，很明显可以看出公式（8-9）是公式（8-6）的基础上添加额外的偏差变量后的泛化，而且我们可以设置一个相似的最小二乘模型。正如在矩阵分解中的那样，在已观测评分上循环使用梯度下降法来估计之前提到的参数。对任何特定模型参数 θ 的更新步骤依赖于预测值和观测值之间的误差 $e(\overline{x})=y(\overline{x})-\hat{y}(\overline{x})$。

[273]

$$\theta \Leftarrow \theta(1-\alpha\cdot\lambda) + \alpha\cdot e(\overline{x})\frac{\partial\hat{y}(\overline{x})}{\partial\theta} \qquad (8\text{-}10)$$

在这里，$\alpha>0$ 是学习率，$\lambda>0$ 是正则化参数。更新方程的偏导数如下定义：

$$\frac{\partial\hat{y}(\overline{x})}{\partial\theta} = \begin{cases} 1 & \text{如果 }\theta\text{ 是 }g \\ x_i & \text{如果 }\theta\text{ 是 }b_i \\ x_i\sum_{j=1}^{p} v_{js}\cdot x_j - v_{is}\cdot x_i^2 & \text{如果 }\theta\text{ 是 }v_{is} \end{cases} \qquad (8\text{-}11)$$

第三种情况中的 $L_s=\sum_{j=1}^{p} v_{js}\cdot x_j$ 是值得关注的。为了避免多余的计算，这一项可以在为了计算误差项 $e(\overline{x})=y(\overline{x})-\hat{y}(\overline{x})$ 时评估 $\hat{y}(\overline{x})$ 之前被预先存储。这是因为公式（8-9）可以用如下的代数方法重新排列：

$$\hat{y}(\overline{x}) = g + \sum_{i=1}^{p} b_i\, x_i + \frac{1}{2}\sum_{s=1}^{k}\Big(\big[\sum_{j=1}^{p} v_{js}\cdot x_j\big]^2 - \sum_{j=1}^{p} v_{js}^2\cdot x_j^2\Big)$$

$$= g + \sum_{i=1}^{p} b_i\, x_i + \frac{1}{2}\sum_{s=1}^{k}\Big(L_s^2 - \sum_{j=1}^{p} v_{js}^2\cdot x_j^2\Big)$$

此外，在 $x_i=0$ 的情况下，参数 $\overline{v_i}$ 和 b_i 不需要更新。这使得在稀疏环境下可以快速地更新，该运行时间与非零项的数量和 k 的值呈线性关系。

在这个特殊的例子中，我们已假定向量 $\overline{x}$ 包含三个 1。但是为了提高表达能力，分解机允许任意值的向量 $\overline{x}$。例如，$\overline{x}$ 值可以是真实的或者在同一维度（比如上下文）包含多个非零值。这种灵活性也允许成对的用户潜在因子或者成对的上下文潜在因子的交互。某些情况下，一个上下文可能对应一个关键词集或一个实体集。在传统的数据立方体模型中，并不存在一种表示集合属性的机制。例如，考虑上下文代表去看电影的用户的同伴集合，因此每一个评分都和一个同伴集合（上下文）关联。这种情况下，上下文变量 x_i 对应于单个同伴。如果用户 John 和 Alice、Bob 还有 Jack 一起观看了这个电影，那么这三个同伴每个人的 x_i 的值都是 1/3。对于直截了当的潜在因子方法来说，这个例子并不是很简单，但是它表明了分解机具有更强大的表达能力。同时，我们可以很容易看出，这种方法能够

⊖ 这种相似性一开始可能并不明显，因为两个公式没有使用相同的符号。分解机中的每个 k 维因子向量 v_i 等价于公式（8-6）中或者是用户因子，或者是物品因子，或者是上下文因子的矩阵中的一个 k 维行。

被推广到每个上下文都是和词频相关联的文档的情况。对于任何一个给定的评分矩阵，我们必须做的就是在特征工程上花费一些时间。已观测评分（目标变量）是和一个精心设计的属性集合相关联的，某些属性可能已经给出（比如用户、物品和上下文），其他的可能需要提取（比如隐式反馈）。分解机的多功能性是很明显的。例如，通过移除图 8-4 中的上下文列，能够获得传统的矩阵分解。通过用隐式反馈变量来取代图 8-4 中的上下文列，能粗略地获得 SVD++（一些额外的添加项）。

分解机能够被应用在任何（大规模稀疏）分类或者回归任务中；推荐系统中的评分预测只是在应用中的一个例子。尽管这个模型内在地是为了回归问题设计的，但是也能够通过在数值预测上应用逻辑函数来获得 $\hat{y}(\overline{x})$ 是 +1 还是 -1 的概率，从而解决二元分类问题。第13章的13.2.1节将会讨论分类以及成对排名的应用。实际上，分解机可以看作是多项式回归[493]在抵抗稀疏问题上的泛化。注意，公式（8-9）和二阶多项式回归的预测函数差别并不大。最重要的区别就是成对交互 $x_i x_j$ 的回归系数 w_{ij} 被假定满足低秩假设，因此可以被表示为 $w_{ij} = \overline{v_i} \cdot \overline{v_j}$。例如，我们可能尝试着不做低秩假设而直接学习 w_{ij}；这和使用二阶多项式内核的核回归几乎是等价的。由于 w_{ij} 的值一共有 $O(p^2) = O([m+n+d]^2)$ 个，因此很容易发生过拟合。分解机假定 $p \times p$ 的回归系数矩阵 $\boldsymbol{W} = [w_{ij}]$ 是一个低秩矩阵，能够用 $\boldsymbol{VV}^{\mathrm{T}}$ 来表示。这就把 $\boldsymbol{W} = [w_{ij}]$ 中的 $O(p^2)$ 个系数减少到 $\boldsymbol{V} = [v_{js}]$ 中的 $O(p \cdot k)$ 个系数，因此有助于减少过拟合问题的发生。从内在来看，分解机就是对系数有低秩假设的多项式回归模型。基本思想是如果 Jim 从来没有看过电影《Terminator》，很难准确地评估 Jim 和《Terminator》的交互系数（使用现有的多项式回归）。但是，低秩假设通过在参数空间上强加的系数关系，我们就能够精确地估计回归系数。

本节的描述是基于在实际应用中的很流行的二阶分解机。在三阶的多项式回归中，我们将会有 $O(p^3)$ 个以 w_{ijk} 形式的回归系数，这系数对应于 $x_i x_j x_k$ 形式的交互关系。这些系数将会定义一个巨大的三阶张量，这个张量能够通过张量分解被压缩。尽管高阶分解机也在发展中，但是由于过大的计算复杂度和过拟合问题，所以往往是不切实际的。一个叫作 libFM[494] 的软件库提供了分解机很出色的应用集合。使用 libFM 的主要任务就是一个初始特征工程任务，模型的有效性主要依赖于分析员提取正确的特征集合的技能。

8.5.2.2 对二阶分解机的总览

尽管二阶分解机假定所有的变量对 x_i 和 x_j 会彼此交互，但这并不令人满意。例如，当上下文变量对应文件的词频时，那么词频之间不大能彼此交互。在某些情况下，比如 SVD++ 中，隐式反馈变量可能会和物品因子交互，但是也不会和用户因子交互。类似地，在 SVD++ 中隐式反馈变量不会和另一个隐式反馈变量交互。为了处理这种情况，我们定义一个交互指示器 δ_{ij}，这个指示器表明是否允许变量之间的交互：

$$\sigma_{ij} = \begin{cases} 1 & \text{如果 } x_i \text{ 和 } x_j \text{ 允许交互} \\ 0 & \text{否则} \end{cases} \tag{8-12}$$

该交互指示器是基于变量的块结构（block structure）定义的，因此所有的 p^2 个值不需要被精确地存储。例如，可能不允许用户变量和上下文变量交互，不允许上下文变量和其他上下文变量交互，等等。这为利用领域知识分析块变量之间的交互提供了灵活性。我们可以像如下这样使用指示器对公式（8-9）进行泛化：

$$\hat{y}(\overline{x}) = g + \sum_{i=1}^{p} b_i x_i + \sum_{i=1}^{p} \sum_{j=i}^{p} (\overline{v_i} \cdot \overline{v_j}) \delta_{ij} x_i x_j \tag{8-13}$$

不同于公式（8-9），这个公式在 δ_{ii} 非零时允许 x_i 和自己交互。当 x_i 是实数的时候，这在一些多项式回归的版本中是有用的。通过定义 m 个用户指示器变量、n 个物品指示器变量以及一个附加的 n 个和物品相关的隐式反馈变量集合，这个模型能够被用于准确地模拟SVD++。因此，存在两个分别对应于显式和隐式反馈的物品变量的集合。对于隐式反馈变量来说，只有在物品是属于相关用户 u 评分的集合 I_u 的时候，特征值才是非零的。这些非零的值都被设为 $1/\sqrt{I_u}$。只有在用户和隐式反馈（物品）变量之间以及显式和隐式反馈（物品）变量之间的交互下，δ_{ij} 的值才是 1。有了这个定义，很容易看出公式（8-13）就是SVD++。

解决方法和分解机几乎一样。公式（8-10）中的更新步骤可以被用于随机梯度下降中。唯一的不同就是和每个模型参数相应的预测变量的偏导数 θ 需要做如下修改：

$$\frac{\partial \hat{y}(\overline{x})}{\partial \theta} = \begin{cases} 1 & \text{如果 } \theta \text{ 是 } g \\ x_i & \text{如果 } \theta \text{ 是 } b_i \\ x_i \sum_{j=1}^{p} \delta_{ij} \cdot v_{js} \cdot x_j & \text{如果 } \theta \text{ 是 } v_{is} \end{cases} \tag{8-14}$$

一个最近的方法，被称为 SVD 特征[151]，也可以看作是这种情况下定义合适的 δ_{ij} 的一个特例。在 KDD 杯赛中（2012）[715]的网络推荐任务中，SVD 特征和分解机都是顶尖的获胜者。

8.5.2.3　潜在参数化的其他应用

分解机在大的参数空间上利用低秩结构来降低过拟合。一个很少被关注的事实就是，这个总体原则在此之前已经被用于协同过滤中的条件分解受限玻尔兹曼机（RBM）[519]。基本思想是两个连续的神经网络层之间的权重可以用一个矩阵 $W = [w_{ij}]$ 来表示（见图 8-5）。在协同过滤中这个矩阵可能相当大，因为输入层的规模是物品的数量而隐藏层的规模可能是数百个单元。W 的大小是通过这两个值的乘积来定义的。一个大的参数空间范围必然会导致过拟合。因此 [519] 中的工作假定矩阵 $W = UV^T$ 是两个低秩矩阵 U 和 V^T 的乘积。与其去学习 W，这个方法只需要学习 U 和 V 的参数。在 [519] 中已经展示了对参数空间的这种低秩降维在精确性和运行时间上都有很显著的优势。这些结果展示了一种利用低秩结构有效处理大型矩阵结构的参数空间的方法。尽管在 [519] 中它仅仅被用于传统的协同过滤，但是通过添加表示上下文特征的合适的输入结点，它能够很容易地被拓展到上下文敏感的场景中。这种方法有一个未开发的潜能是把低秩参数化应用在协同过滤的深度学习方法中。对应于连续的

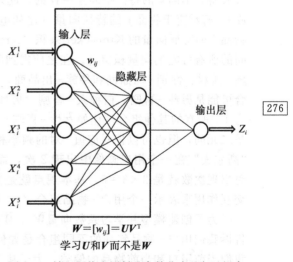

图 8-5　神经网络中用低秩参数化来避免过拟合

神经细胞层之间的权重，多层深度神经网络也可以受益于[516]矩阵的低秩分解。由于深度学习方法中普遍存在过拟合问题，所以这个方法会特别有用。

8.5.3　基于内容的模型

有一系列的机器学习模型，比如支持向量机和线性回归，被用在上下文敏感的推荐系统中。这些方法可以看作是基于内容的模型的泛化，因为它们使用了和用户、物品以及上下文相关联的属性。回想一下，基于内容的模型仅仅使用和物品关联的属性。然而，在这

种情况下，我们做出更一般的假设，即属性可以和任意维度相关联。

在大多数情况下，在特征空间中，用户或物品被表示成特征空间的向量，评分对应着因变量或类变量。最早的方法之一是使用支持向量机[458]。它提出了一个餐馆推荐系统，其中使用了附加的上下文维度，比如天气、同伴和时间。每个物品－上下文组合被表示为一个要么是喜欢要么是不喜欢的特征向量。构建一个支持向量机把不喜欢的物品和喜欢的物品分隔开。一个之前未见过的物品－上下文组合如果落在支持向量机喜欢的那一边时，它将会被推荐。可以把这种模型看作是内容为中心的模型的一个直接泛化，因为其为每个用户分别构建了一个单独的模型，而且模型的预测是针对每个用户的。此外，这个模型中没有使用用户的属性值。然而，从原则上来说，构建一个在全部用户上做预测的全局模型也是可能的。

[50]中讨论了这种模型的一个例子，其中构建了一个单一线性回归模型用来预测任意的用户－物品组合的评分。这种情况下，用户的属性值也被使用了。为了方便讨论，我们假定这些特征被当作离散关键词的频率，尽管你也可以在分离过后使用数值属性。注意，用户和物品的特征被包含在用户或者物品的画像中。

首先，我们描述一个简单的没有使用任何上下文信息的线性回归模型。然后，我们将会展现如何使用上下文来拓展这个模型。请考虑下面的线性回归模型，其中评估分数r_{ij}是一个用户特征、物品特征和 Kronecker 向量积特征的线性函数：

$$\hat{r}_{ij} = \overline{W_1} \cdot \overline{y_i} + \overline{W_2} \cdot \overline{z_j} + \overline{W_3} \cdot (\overline{y_i} \otimes \overline{z_j}) \tag{8-15}$$

在这里，$\overline{W_1}$、$\overline{W_2}$ 和 $\overline{W_3}$ 都是长度恰当的线性回归系数向量。例如，系数向量 $\overline{W_1}$ 的长度和代表所有不同 $\overline{y_i}$ 的特征空间是一样的。此外，$\overline{y_i}$ 对应于用户 i 的特征向量（比如性别或种族），$\overline{z_j}$ 对应于物品 j 的特征向量（比如电影题材和出品商），而 $(\overline{y_i} \otimes \overline{z_j})$ 表示用户 i 和物品 j 的特征向量的 Kronecker 乘积。Kronecker 乘积被定义为用户 i 和物品 j 的特征值之间的所有可能的向量积组合。在之前提到的例子中，所有可能的组合包括性别－题材、种族－题材、性别－出品商和种族－出品商。对于一个特定的用户－物品实例来说，相关的组合可能是男性－喜剧、白种人－喜剧、男性－索尼或者白种人－索尼。把这些组合的值都设为 1，所有的其他组合（比如女性－喜剧）的值都设置为 0。这种情况下，所有的特征值都是二元的，但也可以把对应值－对的频率相乘来得到任意组合的频率。例如，如果关键词"高尔夫"在一个用户画像中出现 2 次，而关键词"马车"出现 3 次，那么对应的关键词对出现次数就是 $2\times3=6$。基本观点就是依据用户 i 的特征、物品 j 的特征和它们之间的交互作用来表示一个用户－物品组合 (i, j) 的评分。

为了创建模型并学习系数向量 $\overline{W_1}$、$\overline{W_2}$ 和 $\overline{W_3}$，已观测评分被用作训练集。交互系数能告诉我们用户－物品特征的不同组合是如何影响模型的。用户特征和物品特征的系数告诉我们当前用户和当前物品的偏差。为了从已观测数据来评估这些系数以及学习模型，[50]使用了马尔可夫链蒙特卡洛（MCMC）方法。这个方法是基于内容的方法的线性回归模型的泛化，创造了附加物品特征的特定用户模型（可参考第 4 章 4.4.5 节）。这里，模型是在所有的用户和物品上建立的，而且特征也是从已评分的用户－物品组合中提取出来的。所以，这种方法比现有的基于内容的模型要更加丰富。

通过为上下文维度引入额外的特征变量，可以很容易地将该方法推广到上下文场景中[7,607]。作为一个特殊例子，考虑当时间被当作一种上下文变量的情况，与时间维度第 k 个可能的值相关联的特征变量被记为向量 $\overline{v_k}$。和时间关联的特征可能对应于不同的描述，比如每一天的时间、是否是工作日、季节，等等。因为我们有三个维度，评分 r_{ijk} 的下标也有三个不同值。在这里，i 代表用户索引，j 代表物品索引，然后 k 代表时间维度的索引。然后，评分预测值 $\hat{r}_{ijk}$ 可以通过一个特征变量和交互变量的线性函数来计算：

$$\hat{r}_{ijk} = \overline{W_1} \cdot \overline{y_i} + \overline{W_2} \cdot \overline{z_j} + \overline{W_3} \cdot \overline{v_k} + \overline{W_4} \cdot (\overline{y_i} \otimes \overline{z_j}) + \overline{W_5} \cdot (\overline{z_j} \otimes \overline{v_k})$$
$$+ \overline{W_6} \cdot (\overline{y_i} \otimes \overline{v_k}) + \overline{W_7} \cdot (\overline{y_i} \otimes \overline{z_j} \otimes \overline{v_k}) \qquad (8\text{-}16)$$

为了减少系数的数量，可以把三阶系数 $\overline{W_7}$ 设置为 0。这种模型形式上类似于二阶分解机，尽管交互只发生在来自不同维度（比如用户和物品）的属性之间。类似于公式（8-13）的模型。使用的是一个相似的梯度下降法。

实际上，这类方法可以和任意的现成的机器学习模型结合，而不仅仅是线性回归模型。总体方法如下：

1）对于每个已观测值的 r_{ijk}，生成一个多维数据记录 $\overline{X}_{ijk}$，其中记录的类标签的值是 r_{ijk}。

2）生成对应于 $\overline{y_i}$，$\overline{z_j}$，$\overline{v_k}$，$\overline{y_i} \otimes z_j$，$\overline{z_j} \otimes v_k$，$\overline{y_i} \otimes v_k$ 的离散特征的频率。让这些频率表示 $\overline{X}_{ijk}$ 的特征向量。

3）将 $(\overline{X}_{ijk}, r_{ijk})$ 和任意现成的有监督学习算法相结合来构建模型 $\mathcal{M}$。

4）对评分立方体中的任意值未知的项 (i_1, j_1, k_1)，使用之前提到的方法提取特征表示 $\overline{X}_{i_1 j_1 k_1}$ 而且用机器学习的模型 $\mathcal{M}$ 来预测评分。

随着上下文敏感的推荐系统中维度的增加，这个模型变得倾向于过拟合。而且，系统的可拓展性也受到影响。对于这样的系统来说，这是一个很严峻的挑战，当然这也是上下文模型方法的一个普遍缺点，这种方法直接去处理 w 维的评分矩阵而不是使用预过滤或者后过滤将其降维成二维的问题。然而，如果有足够多的可用的评分数据，那么直接的上下文建模更倾向于提供最健壮的结果。这样的方法更可能在"大数据"时代变得越来越重要。

8.6 小结

多种多样的上下文，比如位置、时间和社交信息对于推荐的过程有着显著的影响。多维模型被广泛地用来创建一个适用于支持多种类型的上下文感知的推荐框架。上下文感知的推荐有三种主要的方法。预过滤方法中，是在应用协同过滤算法之前，把 w 维的数据立方体过滤成一个二维的评分矩阵，从而把问题变成一个二维的协同过滤问题。在后过滤方法中，在协同过滤的第一阶段，是忽略上下文的。随后，使用一个能够调节上下文相关重要性的预测模型来调整结果。最后用一个最近提出的方法将上下文直接嵌入模型中，把它变成一个 w 维的预测问题。矩阵分解以及线性回归模型的泛化在该环境中被提出。这种方法是计算密集型的，但是当大量数据可用时，它就成为一种最有潜能的普遍式方法。

8.7 相关工作

最早期的关于上下文感知的推荐系统是在移动应用的上下文中提出的[2,3]，比如创建一个移动的上下文感知旅游指导。有关移动系统的上下文感知计算的早期研究综述请看[147]。最近的基于上下文推荐系统的综述可参考 [7]。上下文感知系统已经被广泛用在多个领域，例如新闻推荐[134]、网站搜索[336]、旅游推荐[2,3]和数据库查询[39]。一个有关使用加强学习技术的上下文感知推荐系统的综述可参考 [612]。

[6] 提出了多维推荐系统的概念。[466] 中进行了有趣的讨论。[9] 提出了一种基于上下文系统的查询语言，叫作推荐查询语言（RQL）。另外一种最新的查询语言是应用在

个性化推荐系统中，被称为 REQUEST[10]。

预过滤方法的使用在推荐系统中有着丰富的历史。基于降维的方法[6]是预过滤的一项重大技术。随后许多方法都是基于这种已经被广泛使用的方法。[62] 中的研究使用了物品切分的概念，其中一个单独的物品通过使用几种对应的上下文被分割为几种虚构的物品。[61] 提出了微画像的概念，其中每个画像是和一个特定的上下文相关的。特别地，为每个不同的上下文的用户构建一个不同的模型。这种方法被用在时间敏感的推荐系统中，第 9 章 9.2.2.1 节也讨论了这个问题。[61] 的基本观点和本章描述的基于降维的方法是类似的。[40] 讨论了一个使用预过滤技术的移动广告推荐系统。[374] 讨论了这种方法在在线零售系统的一个应用。[471] 对上下文感知系统中的预过滤和后过滤方法进行了比较。[470] 展示了上下文感知系统的精确性和多样性的结果。[7, 8] 则讨论了基于近邻的方法在上下文感知系统中的应用。在那些时间被当作一个离散的上下文值的上下文推荐系统中，许多矩阵和张量分解方法被提出[212,294,332,495,496]。分解机的概念[493]在这些环境中非常流行。分解机可以被看作是大类别的潜在因子模型的一种泛化，已经发现，它们在上下文感知的推荐应用中有着越来越高的流行度。[496] 讨论了分解机中一种可选择的最小二乘法。[151] 提出了一种相关的模型，被称为 SVD 特征。

[458] 提出了用来进行模型构建的支持向量机方法。[63] 提出了用于上下文感知推荐的一系列矩阵分解方法，本书讨论的方法和那些方法相比更具有一般性。[607] 讨论了构建上下文感知推荐系统的可扩展算法。

一个主要的问题就是为上下文方法选择合适的属性。[188] 讨论了如何为上下文方法选择合适的属性。[47] 讨论了把潜在上下文信息作为一种可能的表示。

8.8 习题

1. 对于一个特定的数据集，讨论你将如何决定哪种方法是最合适的，是预过滤、后过滤还是上下文方法。

2. 讨论你如何使用混合推荐系统将预过滤、后过滤和上下文建模组合起来。尽可能多地提出方案。如何决定应该使用哪一种方案？

3. 实现只有一个上下文属性的预过滤算法。用一个基于物品（近邻）的协同过滤作为基础方法。

4. 假设你有三个上下文属性（比如位置、时间和同伴），其中的每一个都有自己的分类。你的系统被设计用来给一个给定位置、时间和同伴的用户来推荐物品。对于一个给定的最低层级别的上下文，你可能会遇到稀疏问题，因为只有一个不多的（比如 500 个）已观测评分是可用的，这些数据的三个上下文被固定为查询的值。如果训练过程只有 500 个评分可用，这会在预过滤方法中导致过拟合。为了提取相关片段并增加训练数据的数量，你决定为这三个上下文使用更高的级别。描述如何为每个上下文属性确定要使用的分类的级别。一旦你为每个上下文抽取出分类的级别，描述具体的协同过滤算法。

5. 考虑在 8.5.2 节中讨论过的 w 维的矩阵分解，其预测函数如下：

$$\hat{r}_{i_1\cdots i_w} = \sum_{a<b\leqslant w} [\boldsymbol{U}_a (\boldsymbol{U}_b)^{\mathrm{T}}]_{i_a i_b}$$

a) 让 S 是在 w 维数据立方体中的特定项的所有 w 维坐标集合。其最优化问题（包含正则项）的目标函数如下所示：

$$J = \sum_{(i_1\cdots i_w)\in S} \left(r_{i_1\cdots i_w} - \sum_{a<b\leqslant w} [\boldsymbol{U}_a (\boldsymbol{U}_b)^{\mathrm{T}}]_{i_a i_b} \right)^2 + \lambda \sum_{a=1}^{w} \parallel \boldsymbol{U}_a \parallel^2$$

b) 你如何使用这个目标函数来获取梯度下降方法？

c) 让 $e_{i_1\cdots i_w} = r_{i_1\cdots i_w} - \hat{r}_{i_1\cdots i_w}$ 表示项 $(i_1\cdots i_w)$ 在中间阶段梯度下降更新中的预测误差。证明对每个 $U_a (1\leqslant a\leqslant w)$，每个特定项 $(i_1\cdots i_w)\in S$ 的梯度下降更新公式如下：

$$[\boldsymbol{U}_a]_{i_a q} \Leftarrow [\boldsymbol{U}_a]_{i_a q} + \alpha \left(e_{i_1\cdots i_w} \cdot \sum_{b\neq a} [\boldsymbol{U}_b]_{i_b q} \right) - \lambda \cdot [\boldsymbol{U}_a]_{i_a q} \ \forall q \in \{1\cdots k\}$$

时间与位置敏感的推荐系统

时间是最智慧的顾问。

——Pericles

9.1 引言

在许多真实的场景中，用户的购买和评分行为与时间信息相关。例如，Netflix Prize 数据集的评分和一个叫作"GradeDate"的变量有关，它最终展示了[310]如何通过使用时间组件来改进评分预测的结果。同样，许多用户活动的形式，如购买行为和网页点击流，本质上都是具有时间性的。一般来说，推荐系统有两种不同的方式来使用用户活动的时间信息：

1) 显式评分：在此情况下，日期与显式评分有关。通过使用预测方法或周期性和季节性的信息（如星期几），这些日期可以被用于提高预测过程的精确性。

2) 隐式反馈：这种情况下的反馈对应于用户的行为，如购买物品或者点击网页。使用用户行为的历史事件序列来对未来将要发生的行为进行预测。底层方法通常与基于序列模式的预测有许多相似之处。这样的技术通常被用在许多诸如网页点击流或者网页日志分析的场景中。同时这些技术也可以用于对未来用户购买行为进行预测。

一般来说，在评分中使用时间信息做推荐将会更加困难。正如我们稍后将在本章中看到的，现有的时间模型[310]以有限的和仔细校准的方式在评分中使用时间信息。另一方面，隐式反馈和离散模型的文献相当丰富，因为它已经在网页点击流与日志的上下文分析中得到了广泛的探索。之后的问题与具有分类属性的序列数据的预测密切相关。在这种情况下，离散数据的挖掘方法，如马尔可夫模型和序列模式挖掘会非常有用。在本章中，我们将会对以上两种类型的推荐系统展开学习。

可以从新近的、可预测的角度来看待时间，也可以从上下文（如季节性）的角度来看待时间。从新近的角度来说，基本思想就是新的评分比过去的评分更重要。因此，各种衰老策略和过滤策略将会给新的数据赋予更大的权重。从上下文的角度来说，会使用各种周期性的信息，比如季节或月份。

后一种情况与上下文感知推荐系统密切相关。在上下文感知推荐系统中[7]，一个如位置或者时间的附加变量会被用来优化推荐。在用户集 U 和物品集 I 的标准协同过滤中，将 $U \times I$ 中用户-物品的可能组合映射到评分上。这种映射关系是从可用数据中学习得到的。然而，上下文 C 的存在要求我们学习从 $U \times I \times C$ 到评分的映射。需要注意，上下文 C 本身可以包含多个属性，例如位置、时间、天气、季节，等等。这些属性可以彼此依赖或独立。在这一章中，我们会探讨上下文属性是时间这一单个属性的具体情况。当时间被看作是一个连续的变量时，推荐通常是作为时间的函数来创建的。我们可以从周期性、新近性或者建模的角度来看待时间上下文。当上下文是周期性的时间时，比如工作日、时刻或者月份，可以用特定的周期时间点做出更精细的推荐。例如，北美的服装零售商在 12 月份推荐冬季服装要比在 7 月份推荐更有意义。第 8 章对上下文感知推荐系统进行了一般性的讨论。但是，由于大量的文献都与时间维度相关，因此我们为其分配了独立的一章。此外，许多诸如基于预测的评分预测与离散的基于序列的方法并不能轻易地被泛化到其他的上下文感知方法和场景中。因此，虽然本章内容与基于上下文方法的联系紧密，但推荐系统时间方面的问题还是需要从上下文感知系统中被分离出来做单独的讨论。

通过将预测评分定义为时间的函数，时间可以被看作是模型的变量。可以数据驱动的方式，通过最小化预测评分和已观测评分的平方误差，来学习该函数的参数。这类模型的一个例子是 time-SVD++，其将预测评分表示成一个时间参数偏差和因子矩阵的函数。这种方法被认为是目前用来进行时间预测的最先进的技术之一。该方法最大的优点是可以捕捉未来的发展趋势，而新近的、基于衰减的或者周期性模型是不容易捕捉到这些趋势的。

许多数据域，如网页点击流，不包含明确的评分，但是却包含离散的动作行为序列。这样的数据可以被看作是隐式反馈数据集的时间版本。在这些领域中使用的方法通常与那些在评分中使用的方法大不相同。特别地，通常会使用马尔可夫模型和序列模式挖掘的方法。由于网页日志信息在数据挖掘中可以被广泛获取，所以这些方法已经在网页挖掘领域被广泛地研究。在本章，我们也会回顾在例如网页点击流等应用中的用于推荐的离散序列挖掘方法。

像时间一样，位置是推荐系统中另外一个常用的上下文信息。随着支持 GPS 定位功能的移动电话越来越受欢迎，位置上下文信息在各种场景中变得有用起来，比如查找电影院、餐馆或者其他娱乐场所。在某些情况下，位置上下文可以与时间相结合。本章将会使用基于位置的情景来作为基于上下文的推荐系统的重要示例。

本章的结构组织如下。在 9.2 节中，我们将会介绍有序评分的时间协同过滤方法。特别会介绍三种不同类型的模型。它们分别对应为基于新近的模型、周期模型和更复杂的参数化模型。之后的一个例子是 time-SVD++ 模型，它被认为是时间推荐领域中最先进的模型。同时也会讨论各个模型和第 8 章中所提到的基于上下文的模型的联系。9.3 节阐述了当在用户动作代表离散的行为，如点击事件下，如何将离散的模型扩展到包含时间的场景中。马尔可夫模型和序列模式挖掘方法将会在这一节给出。位置感知推荐系统会在 9.4 节讨论。9.5 节为本章小结。

9.2　时间协同过滤

本节我们将会学习与时间相关的推荐。为了提高预测的有效性，可以用两种方式来使用时间信息：

1）基于新近的模型：有些模型认为最近的评分比以往的评分更重要。在这些情况下，使用基于窗口的和基于衰减的模型会达到更精准的预测效果。这些模型的基本思想是在协同过滤的模型中对最近的评分给予更大的重要性。

2）周期的基于上下文的模型：在周期的基于上下文的模型中，周期上的特定属性，例如时间在不同级别（比如小时、天、周、月或季节）上的值，被用于提供推荐。例如，服装零售商会根据夏天还是冬天来做出非常不同的建议[567]。同样，圣诞节期间和奥斯卡获奖期间的电影推荐内容可能会很不一样[100]。在这些方法中，时间是为了做出推荐而被采用的一个上下文变量。这些模型和第 8 章所介绍的上下文推荐系统密切相关。

3）把时间当作独立变量的模型：最近的一种被称为 time-SVD++ 的方法在建模过程中把时间当作一个独立的变量来使用。这种方法使用特定用户和特定物品上更精细的趋势来处理局部时间的变化，并且它还能够对评分过程中的间歇性时间噪声做出解释。一般而言，这些模型比基于新近的模型更复杂，因为它们包括预测的要素。

基于窗口和基于衰减的模型在各种环境中具有简单且易于实现的优点。另一方面，它们无法捕获由 time-SVD++ 所捕获的精细的时间特征。因此，后一种方法被认为是时间协同过滤中最先进的技术。然而基于新近的模型却具有更易实现的优势。此外，更为广泛的模型可以泛化到这些情况中来。另外，目前第二类的模型被提出的数量很少。

285

9.2.1　基于新近的模型

在基于新近的模型中，最新的评分要比旧的评分更为重要。可以通过基于衰减的方法或基于窗口的方法为新近的评分赋予更大的权重。在基于衰减的方法中，通过衰减函数使得旧的评分获得了更少的权重。基于窗口的方法可以视为基于衰减的方法的特殊情况，其中使用二进制衰减函数来完全忽略比特定时间长度更久的数据点。换句话说，二进制衰减函数可确保较旧的评分权重为 0，而最近的评分权重为 1。

9.2.1.1　基于衰减的模型

在基于衰减的方法中，时间戳 t_{uj} 会与 $m \times n$ 评分矩阵 R 中用户 u 和物品 j 的已观测评分相关联。因此，已观测的 t_{uj} 的数量和在 R 中已观测的评分数量一致。假设要在未来的某一时间 t_f 进行推荐，这个未来时间也称作目标时间。那么，评分 r_{uj} 的权重 $w_{uj}(t_f)$ 在目标时间 t_f 上使用衰减函数定义，对 t_{uj} 和 t_f 之间较大的距离进行惩罚。通常使用的衰减函数[185]是一个指数函数：

$$w_{uj}(t_f) = \exp[-\lambda(t_f - t_{uj})] \tag{9-1}$$

衰减率 λ 是一个用户自定义的参数，用于调节时间的重要性。较大的 λ 值会在更大程度上降低旧评分的重要性。这些权重可以被用于在基于近邻的方法，来调节预测阶段评分的重要性。

[185] 中提出的方法通过改变最终预测函数来修改基于用户的近邻方法。在 [185] 中使用的简单方法是首先确定每个用户的 k 近邻。最近邻的确定与现成的基于用户的近邻方法完全相同。之后，与其他基于近邻的方法唯一区别在于，其他用户的评分在聚集过程中使用 $w_{uj}(t_f)$ 加权。具体而言，第 2 章的公式（2-4）现在可以修改为如下，以预测在时间 t_f 下用户 u 的物品 j 的评分：

$$\hat{r}_{uj}(t_f) = \mu_u + \frac{\sum\limits_{v \in P_u(j)} w_{vj}(t_f) \cdot \mathrm{Sim}(u, v) \cdot (r_{vj} - \mu_v)}{\sum\limits_{v \in P_u(j)} w_{vj}(t_f) \cdot |\mathrm{Sim}(u, v)|} \tag{9-2}$$

在这里，$P_u(j)$ 代表距离用户 u 对物品 j 的评分最近的 k 近邻。需要注意，上述等式和传统的协同过滤最本质的区别在于预测函数中存在权重。这些权重通过削弱陈旧的评分，使解决方案偏向于最近的评分趋势。

该方法在最后一步进行小幅度修改后就可以很简单地在基于用户和基于物品的模型中应用。在这两种情况下，最终的预测步骤需要用基于新近的权重来加强。可以使用交叉验证方法学习 λ 的最优值，尽管这种方法在 [185] 中并没有被讨论。

286

[186] 中提供了一个略微精细的模型，其中使用基于物品的近邻方法进行协同过滤。除了在预测过程中使用物品-物品的相似度对每个物品进行加权之外，在预测函数中会对每个物品的评分乘以一个时间折扣系数。当然这和 [185]（上面也讨论过）中使用的方法类似。与 [185] 中的工作不同的是，这里的折扣系数不是一个简单的指数衰减函数。每个物品所分配的折扣系数是通过估计每个物品的预期未来错误，然后分配与该错误成反比

的权重而得到的。

考虑如下场景，目标物品 j 的用户 u 已经给出评分的对等物品集合被记为 $Q_j(u)$。确定 $Q_j(u)$ 的过程与基于物品的近邻方法的过程相同。接下来，为了修改最终预测函数，需要确定每个物品 $i \in Q_j(u)$ 的折扣系数 D_{ui}。请注意，是当前用户 u 的局部折扣系数，因此在下标中包含 u。用户 u 对物品 j 的评分预测采用如下一个带折扣版本的基于物品的预测函数来计算[⊖]：

$$\hat{r}_{uj} = \frac{\sum\limits_{i \in Q_j(u)} \text{Sim}(i, j) \cdot D_{ui} \cdot r_{ui}}{\sum\limits_{i \in Q_j(u)} |\text{Sim}(i, j)| \cdot D_{ui}} \tag{9-3}$$

如何计算每个折扣系数 D_{ui} 呢？这是通过计算在物品 $i \in Q_j(u)$ 上用户的评分 r_{ui} 与用户 u 在与物品 i 相似的物品上的平均评分 O_{ui} 的归一化差异来得到的。通过计算物品到物品的相似性来识别与物品 i 相似的物品。对于每个用户 u 和物品 $i \in Q_j(u)$ 的折扣系数（权重）$D_{ui} \in (0, 1)$ 的计算如下：

$$D_{ui} = \left(1 - \frac{|O_{ui} - r_{ui}|}{r_{\max} - r_{\min}}\right)^{\alpha} \tag{9-4}$$

这里的 $r_{\max}$ 和 $r_{\min}$ 是评分值范围中的最大值和最小值。α 是一个可调参数，可以通过交叉验证来选择。这里的基本思想是，用户对物品 i 的评分与同一用户对类似物品的平均评分的差异是由时间演变引起的错误的表现。此外，不同的用户可能具有不同的进化速度；因此，折扣系数对于特定用户来说是局部的。

[185，186] 中的方法在相似度计算中不会嵌入衰减权重和折扣因子，并且这些权重仅在预测阶段使用。然而，如第 6 章 6.5.2.1 节所述，也可以以加权方式来计算相似度。实际上，一旦定义了 $w_{ij}(t)$，就可以使用任意的加权模型。虽然在 [67] 中这些加权模型是在集成方法的背景下被提出（如 bagging 法和 boosting 法），但它们也可以很容易地适用于时间场景。注意，矩阵分解模型可以被推广到加权形式的方式也在 6.5.2.1 节中提到。鉴于此，矩阵分解方法也可以很容易地推广到基于新近的技术当中。

9.2.1.2　基于窗口的方法

在基于窗口的方法中，比某个特定时间更早的评分被过滤掉。这种方法可以被视为基于上下文的模型中的预过滤或后过滤方法的特殊情况。第 8 章从一般意义上对这些方法进行了讨论。此外，这些方法也可以被看作是基于衰变的方法的（离散的）特殊情况。有几种可以建模窗口的方法：

1）如果目标时间 t_f 和评分时间 t_{ij} 之间的差异大于特定阈值，则评分将下降。协同过滤模型与第 2 章和第 3 章中讨论的任何方法相同。这种方法可以看作是基于衰变的模型的一种极端情况，其中衰减函数是二元的。[131] 建议在基于近邻的方法中，所有的评分都应该被用于相似性计算。在使用所有数据计算相似度之后，仅在预测函数中使用基于窗口的剪枝。由于评分的稀疏性，其中任何类型的剪枝会使相似度计算变得不稳定，所以这种方法有时可以提供更好的健壮性。在相似度计算时剪枝可能会导致过拟合。

2）在某些情况下，根据潜在的领域，可以对各种物品的活跃期进行一些洞察。在这些情况下，窗口是基于特定的领域和物品进行设置。例如，[131] 中的方法不仅使用最近

⊖ 原始工作[186]中不使用分母中的绝对值。我们在公式（9-3）中加入了它是因为在负相似中省略它没有多大意义。然而，在实际设置中，因为对等物品被定义为最相似的物品，因此对等物品组中的负相似性是很罕见的。

的评分，还使用了前几年同一个月的评分。因此，这种方法将基于窗口的模型与一些周期性信息相结合。该方法被称为时间周期偏移 k-NN 法。

到目前为止，所有的时间模型都是基于物品被评分的时间。一个有些不同的方法是将权重与不同的时间属性相关联，而不是评分时间。例如，[595] 中的工作讨论了如何使用电影的制作时间将其从考虑中删除。一个太陈旧的电影可能与寻找更多近期电影的用户无关。请注意，由于制作时间是与物品相关联，而不是与用户-物品组合关联，这种方法会剪掉该物品的所有评分。剪掉一个物品的所有评分等同于从评分矩阵中删除该物品。因此，这种方法通过有效地从考虑中去除它们来降低数据集的维度。但是，应谨慎使用这种方法，它只适用于在知名特征上对时间敏感的物品。

9.2.2　处理周期性上下文

周期性上下文旨在处理时间维度只表示特定周期的时间，例如一天中的时间、星期几、季节或特定周期性事件附近的时间间隔（例如，圣诞节）。如 [6] 中提出的，这种情况最好使用多维上下文模型来处理。这些方法在第 8 章中有详细的讨论。

在这种情况下，目标推荐时间定义了产生推荐的上下文。这种上下文有时在推荐过程中起到非常重要的作用。例如，对于一个超市来说，感恩节假期之前的周末的目标推荐与其他时间的目标推荐是非常不同的。以下部分将讨论几种处理周期性上下文的自然方法。

9.2.2.1　预过滤和后过滤

在基于上下文的方法中有两种类型的过滤方法，分别称为预过滤和后过滤。这些方法在第 8 章的 8.3 节和 8.4 节中有详细的讨论。这里，我们在时间推荐系统的上下文中对其进行简要的概述。

在预过滤中，在实现或执行推荐时很大一部分与特定目标时间（即上下文）无关的评分数据会被移除。例如，可能只用到每年感恩节前的两周内的评分数据，以便在感恩节之前的周末建立用于推荐的模型。这个方向上一个特别有趣的方法是使用上下文微画像[61]，它根据上下文对评分进行分段。这种分段有效地过滤掉每个段中不相关的评分。一些可能的分段方式的例子包括 {早晨，傍晚}、{工作日，周末}，等等。对每个上下文分别构建用于预测的模型。过滤后，可以使用任何非上下文的方法对每个片段中的已剪枝的数据进行预测。与预过滤方法有关的主要挑战是通过剪枝的数据集要比原始数据更稀疏，因此推荐过程的精确性会受到负面的影响。这会直接导致过拟合。预过滤的成功通常取决于剪枝数据集的稀疏性。因此，该方法不能轻易地用于过于精细（例如，一年中的一天）的上下文。在许多情况下，在周期性上下文中通过使用层次结构来提高推荐的精确性。例如，考虑上下文设置为上午 7 点的一个场景。可能会使用上午 6 点到 9 点之间收到的所有评分而不是使用上午 7 点到上午 8 点收到的评分。这将导致使用更多的评分，因此这种方法将有助于防止过拟合的发生。

在后过滤中，在所有数据上使用了非上下文的方法生成推荐之后，会基于上下文来调整推荐的结果。因此，后过滤的基本方法采用以下两个步骤：

1）使用传统的协同过滤方法为所有数据生成推荐，同时忽略时间上下文。

2）使用时间上下文来调整生成的推荐列表。可能是调整推荐列表的顺序，或者剪枝掉列表中与上下文无关的物品。

在形成推荐列表之后，或者通过上下文相关权重对列表的排序进行重新调整，或者将具有非常低的上下文相关权重的物品移除。在应用上下文做后过滤之前，令 $\hat{r}_{uj}$ 表示在全

部数据上用户 u 为物品 j 的预测评分。然后使用上下文相关权重 $P(u, j, C)$ 来调整结果评分（和排名），其中 C 是上下文。因此，调整后的评分由 $\hat{r}_{uj} \cdot P(u, j, C)$ 给出。

上下文相关性权重是如何确定的？与只使用评分的预过滤法相比，后过滤法通常使用物品的内容属性来确定上下文相关性权重。在确定上下文相关性权重的过程中，后过滤法有时会将预过滤技术小幅度地嵌入进来。对于需要预测的给定用户 u，首先将其感兴趣的时间段的评分预过滤出来，在预过滤后的评分上构建现有的推荐模型，然后对特定周期上下文 C 上的用户评分做出预测。例如，如果要在周末上下文中进行电影推荐，则在预过滤后的数据上使用协作模型或基于内容的模型来确定用户对周末每个电影的相关性。[471]中使用非常简单的模式，在预过滤数据中利用观看特定电影的用户的邻居的比例来计算上下文相关性权重。相关性权重 $P(u, j, C)$ 被假设（或缩放）为（0，1）之间的概率，较大的值意味着用户对其兴趣更大。然后，预测评分 $\hat{r}_{uj}$ 与相关性权重 $P(u, j, C)$ 相乘，或者当 $P(u, j, C)$ 非常小时，该物品直接从推荐列表中移除。这两种方法在上下文后过滤中被称为加权法或过滤法[471]。后过滤法通过同时使用这两种方法在推荐过程中来保证（大量的）全局数据集的健壮性和剪枝数据对精确性的提升。

在许多情况下，通过仅使用物品 j 中的内容信息，可以使 $P(u, j, C)$ 的评估独立于用户 u。例如，如果所有用户经常在周末观看喜剧电影和 Steven Spielberg 的电影，电影的题材/演员/导演可以被看作是内容，而标签是周末或工作日。训练数据可以包含所有用户的数据，而不仅仅是用户 u。然后，一个机器学习模型通过使用该训练数据来估计 $P(*, j, C)$ 的值，其中 "$*$" 代表 "无所谓"。这种方法在计算 $P(u, j, C)$ 时不够个性化，但它可以更有效地处理稀疏问题。注意，依据 $\hat{r}_{uj}$ 的确定方式，最终预测值 $\hat{r}_{uj} \cdot P(*, j, C)$ 仍然被个性化为针对用户 u。用于估计 $P(u, j, C)$ 的模型的具体选择取决于当前的数据集及其稀疏程度。建议读者参考第 8 章有关这两种方法的更多详细内容。后过滤法在 8.4 节中有具体讨论。

9.2.2.2 时间上下文的直接并入

在预过滤和后过滤方法中，上下文的并入是在严格地推荐过程之前或之后完成的。在这两种情况下，该方法将问题降维到二维模型上。然而，也可以直接修改诸如近邻方法的现有模型，以便结合时间上下文。在这种情况下，可以直接使用与用户、物品和上下文相对应的三维表示。例如，在基于用户的近邻方案中，可以使用上下文属性来修改两个用户之间的距离计算。如果两个用户在周末期间对某个物品给出了相同的评分，则他们之间的相似度要比与在不同时间上下文中给出这些评分的一对用户高。通过使用已修改的距离计算，上下文会自动整合到推荐过程中。人们还可以直接修改回归和潜在因子模型来并入时间上下文。这些方法通常适用于任何基于上下文的场景（例如，位置），而不仅仅是时间上下文。因此，在第 8 章中详细讨论了基于上下文的方法。请参阅第 8 章 8.5 节。

9.2.3 将评分建模为时间的函数

在这些方法中，评分被建模为时间函数，并且以数据依赖的方式学习模型的参数。在 9.6 节讨论了使用时间序列模型进行预测的几种方法。在本节中，我们将研究使用时间因子模型，这被认为是该领域最先进的技术。这些方法可以将长期趋势与短暂的和嘈杂的趋势进行智能分离。此外，这些模型具有内置的预测元素。这些区分有助于让时态模型变得健壮。这种健壮性是无法通过对时间模型使用单纯基于衰减的或过滤的方法来实现的。在本节中，我们将研究 time-SVD++ 模型，在该领域中大量的后续工作都是基于此来实现的。

9.2.3.1 time-SVD++ 模型

time-SVD++ 模型可以被看作是 SVD++ 模型的时间增强版本。建议读者重新阅读第 3

章3.6.4.6节，因为本节的讨论依赖于前面的内容。我们还会在这里简要地讨论SVD＋＋模型；随之我们将引入与第3章中略有不同的符号。这些符号与模型的时间版本相关。

　　如在SVD＋＋模型的情况下，可以不失一般性地假设，我们正在使用一个评分矩阵，其中训练数据的所有评分的平均值为0。注意，当所有评分的均值（由μ表示）非零时，该均值可以从所有元素中被减去，得到一个中心化的矩阵，接着通过在这个中心化的矩阵上执行分析来预测相应的中心化的评分。之后，平均值可以被加回到评分的预测值上。

　　回想一下，3.6.4.5节中包含偏差的因子模型，它根据用户偏差、物品偏差和因子矩阵来表示评分矩阵$\boldsymbol{R}=[r_{ij}]_{m\times n}$。用这些变量将预测评分$\hat{r}_{ij}$表示为如下：

$$\hat{r}_{ij} = o_i + p_j + \sum_{s=1}^{k} u_{is} \cdot v_{js} \tag{9-5}$$

这里，o_i是用户i的偏差变量，p_j是物品j的偏差变量，$\boldsymbol{U}=[u_{is}]_{m\times k}$，$\boldsymbol{V}=[v_{js}]_{n\times k}$是秩为$k$的因子矩阵。$(o_i+p_j)$不使用任何个性化的评分数据，它仅仅依赖于评分的全局属性。直观地，变量o_i表示用户i对所有物品进行高度评价的倾向，而变量p_j表示物品j被高度评价的倾向。例如，一个慷慨和乐观的用户可能会有很大的正o_i值，而一个票房大卖的电影可能会有很大的正p_j值。在3.6.4.6节中，通过为每个用户-物品对添加隐式反馈变量$Y=[y_{ij}]_{n\times k}$，基于偏差的基本模型被进一步增强。这些变量对每个因子-物品组合的倾向进行了编码从而对隐式反馈做出贡献。例如，如果$|y_{ij}|$很大，那就意味着对物品i的评分行为包含了用户对第j个潜在分量的紧密度的重要信息（不管评分的实际值可能是什么）。换句话说，任何已对物品i评分的用户的第j个潜在分量都应该根据y_{ij}的值进行调整。

　　让I_i是用户i已评分的物品集。那么，包含隐式反馈的评分预测值可以表示如下：

$$\hat{r}_{ij} = o_i + p_j + \sum_{s=1}^{k} \left(u_{is} + \sum_{h \in I_i} \frac{y_{hs}}{\sqrt{|I_i|}} \right) \cdot v_{js} \tag{9-6}$$

注意，在上述等式右边的$\sum_{h\in I_i} \frac{y_{hs}}{\sqrt{|I_i|}}$这一项，基于隐式反馈来调整用户$i$的第$s$个潜在因子$u_{is}$。对此更详细的说明请参考第3章3.6.4.6节。公式（9-6）与第3章的公式（3-21）等价，只是为了将偏差变量分离出来，这里的符号表示略有不同$^{\ominus}$。

　　SVD＋＋模型与time-SVD＋＋模型的主要区别在于后者的某些模型参数被假设为是时间的函数。特别地，time-SVD＋＋模型假设用户偏差o_i、物品偏差p_j和用户因子u_{is}是时间的函数。因此，这些项将被表示为$o_i(t)$、$p_j(t)$和$u_{is}(t)$以表示它们是时间函数。通过使用这些时间变量，可以获得如下随时间变化的预测值$\hat{r}_{ij}(t)$，即评分矩阵的项(i,j)在时刻t时的值：

$$\hat{r}_{ij}(t) = o_i(t) + p_j(t) + \sum_{s=1}^{k} \left(u_{is}(t) + \sum_{h \in I_i} \frac{y_{hs}}{\sqrt{|I_i|}} \right) \cdot v_{js} \tag{9-7}$$

值得注意的是，项变量v_{js}和隐式反馈变量y_{hs}没有被时间参数化，它们被假定为不随时间变化。但原则$^{\ominus}$上也可以对这些变量进行时间参数化。time-SVD＋＋模型选择了一种简化

　　$\ominus$　在3.6.4.6节的讨论中，通过将两个因子矩阵$\boldsymbol{U}$和$\boldsymbol{V}$的列数从k增加到$(k+2)$，从而将偏差变量吸收进了因子矩阵$\boldsymbol{U}$和$\boldsymbol{V}$内。然而在这里，我们不吸收偏差变量。这是因为在时间模型中处理偏差变量的方式更为复杂和特殊。例如，第3章的公式（3-21）和公式（9-6）是相同的，但它们使用了不同的符号。在头脑中记住这些标志性区别以避免混淆是很重要的。

　　$\ominus$　[293]的工作使用了随时间变化的物品因子。

的方法，其中每个时间参数化过程可以使用一些启发式参数来进行调整。下面讨论这些启发式方法以及变量 $o_i(t)$、$p_j(t)$ 和 $u_{is}(t)$ 各自时间参数化的具体形式：

1) 选择物品偏差 $p_j(t)$ 的时间形式的启发式是物品的受欢迎程度会随着时间而发生显著变化，但是它在短期内却显示出高水平的连续性和稳定性。例如，票房大卖将在电影上映后的短时间内获得大致稳定的评分分布，但在经过两年后可能会有很不同的评分结果。因此，时间的范围可以被分成相同尺寸的容器，属于相同特定容器的评分具有相同的偏差。较小容器会产生更好的粒度，但因为每个容器中可能评分不够，因此也可能导致过拟合。在 Netflix 电影评分[310] 的原始工作中，共使用了 30 个容器，每个容器表示了连续 10 周的评分。物品偏差 $p_j(t)$ 现在可以分为特定容器的常数项加偏移参数两部分，它取决于物品 j 被评分的时间 t：

$$p_j(t) = C_j + \text{Offset}_{j,\,\text{Bin}(t)} \tag{9-8}$$

请注意，常数部分 C_j 和偏移量都是需要以数据驱动方式学习的参数。这个学习过程的优化问题将在后面讨论。还要注意对于不同的评分，$p_j(t)$ 的值将不同，具体取决于评分的时间。与用户不同，物品可以更成功地使用这种容器方式，因为大多数物品通常具有足够的评分。

2) 另一种不同的方法被用来参数化用户偏差 $o_i(t)$。分容器法对用户是无效的，因为许多用户没有足够的评分。因此，可以使用一个函数形式来参数化用户偏差，其可以捕获用户随时间的漂移。令 ν_i 代表用户 i 所有评分的平均日期。然后，用户 i 在时间 t 的漂移偏差 $\text{dev}_i(t)$ 可以作为 t 的函数来进行如下计算：

$$\text{dev}_i(t) = \text{sign}(t - \nu_i) \cdot |t - \nu_i|^\beta \tag{9-9}$$

使用交叉验证来选择参数 β，β 的值一般取 0.4 左右。另外，参数 ϵ_{it} 用来捕获每个 t 时刻的瞬态噪声。然后，用户偏差 $o_i(t)$ 被分为常数部分、时间依赖部分和瞬态噪声部分，如下所示：

$$o_i(t) = K_i + \alpha_i \cdot \text{dev}_i(t) + \epsilon_{it} \tag{9-10}$$

在实际中，时间常常基于特定日期偏差的离散量。因此，ϵ_{it} 对应于瞬态特定日期的变量。如物品偏差参数的情况，必须以数据驱动的方式学习参数 K_i、α_i 和 ϵ_{it}。其想法是，用户的平均评分可能会随着评分的平均日期有明显变化。用户现在可能会对大部分物品进行积极评估（或消极评估），但是她的平均评分可能会在几年内下降（或增加）。变化性的这一部分会被 $\alpha_i \cdot \text{dev}_i(t)$ 捕获到。然而，短暂的情绪变化可能会导致评分出现突发和不可预测的上升或下降。当用户遇到糟糕的一天时，可能会对所有物品进行很差的评分。ϵ_{it} 会捕获这种变化。

3) 用户因子 $u_{is}(t)$ 对应于用户对各种概念的喜好度。例如，今天喜欢看动作电影的一个年轻用户可能会在几年后对纪录片感兴趣。在用户偏差的情况下，已经过的时间量是决定漂移量的关键因素。因此，使用与用户偏差的类似方法对用户因素的时间变化进行建模：

$$u_{is}(t) = K'_{is} + \alpha'_{is} \cdot \text{dev}_i(t) + \epsilon'_{ist} \tag{9-11}$$

类似用户偏差的情况，分别由常数影响、长期影响和瞬态影响建模。虽然我们使用类似的符号作为用户偏差，来强调两个建模案例之间的相似性，但我们为每个变量添加了一个撇号上标，以强调公式（9-10）和公式（9-11）中的变量是不同的。注意，在两种情况下使用了相同的特定用户的偏差函数 $\text{dev}_i(t)$，不过这两种情况可以使用不同形式的函数。

那么如何使用上述模型来建立优化问题呢？我们假设所有评分的时间是已知的。因此，对于在时间 t_{ij} 观测到的评分项 (i, j)，需要将观测值 r_{ij} 与预测值 $\hat{r}_{ij}(t_{ij})$ 进行比较，以便计算误差。在这种情况下，需要最小化所有已观测评分上的平方误差函数 $[r_{ij} - \hat{r}_{ij}(t_{ij})]^2$。可以借助于公式（9-7）导出 $\hat{r}_{ij}(t_{ij})$ 的值。此外，需要将各个参数的平方正则化项添加到目标函数中。换句话说，如果 S 包含在矩阵 $\boldsymbol{R}=[r_{ij}]_{m \times n}$ 中已指定评分的用户−物品对集合，则必须解决以下优化问题：

$$\text{Minimize } J = \frac{1}{2}\sum_{(i,\,j)\in S}[r_{ij}-\hat{r}_{ij}(t_{ij})]^2+\lambda\cdot(\text{正则项})$$

[293]

正则项包含模型中所有变量的平方和。与第 3 章讨论的所有因子分解模型一样，可以使用梯度下降法来优化目标函数 J 并学习相关的参数。对于每个参数，计算 J 的偏导数以确定相应的梯度方向。然后将这些学习到的参数用于预测。这些学习步骤的细节被省略。读者参考 [310] 的原始工作以了解更多细节。在这里，我们将讨论如何在参数学习之后使用该模型。

使用模型预测

在学习了模型参数之后，如何将它们用于预测呢？对于给定的用户 i 和物品 j，可以使用公式（9-7），通过将参数替换成学习到的参数值，来确定在未来时间 t 的预测评分 $\hat{r}_{ij}(t)$。这样做的主要问题是特定日期的参数，如 ϵ_{it} 和 ϵ_{ist}。这些参数只能从过去的日期中学习，而不能从未来的日期中学习。然而，这些参数仅对应于瞬态噪声，根据定义，其并不能以数据驱动的方式来学习。因此，在进行无噪声预测的假设下，这些参数的值在未来的时间上会被设置为 0；相应地，学到的这些参数值不能被用于最终的预测。虽然这些参数没有被用在最终预测中，但是由于它们吸收了瞬态噪声和评分峰值，因此它们对建模过程仍然非常重要。例如，如果某用户碰到了糟糕的一天，因此为所有物品打出了非常低的评分，那么这些参数的存在将会抑制历史数据中的这种瞬态噪声所带来的影响。因此，参数 ϵ_{it} 和 ϵ_{ist} 可以消除瞬态峰值和噪声，以一种更健壮的方式帮助其他参数的学习。换句话说，特定日期的参数 ϵ_{it} 和 ϵ_{ist} 在建模过程中起到了清理训练数据的作用。

实际的问题

一个直接感受是，与第 3 章中提到的模型相比，上述模型具有非常大量的参数。因此，有足够的数据至关重要，这样才能避免过拟合问题。这对于小数据集可能会是一个问题。然而，对于 Netflix 这样的大型数据集来说，这种方法似乎表现得相当好[310]。有趣的是，[312] 的综述显示，通过完全放弃因子分解而仅使用偏差项，可以在 Netflix Prize 数据集上获得相当不错的结果。仅使用偏差项产生的结果几乎与 Netflix 的 Cinematch 推荐系统相当。这是因为评分的非个性化方面（如特定用户的和特定物品的偏差）可以解释评分的很大一部分。这些结果表明，在潜在因子模型中融入偏差项的重要性，正如第 3 章 3.6.4.5 节所述。

此外，$o_i(t)$ 和 $u_{is}(t)$ 中的时间依赖项可以使用其他函数形式（如样条函数或周期性趋势函数）进行建模。这些不同的函数形式可以捕获不同的特定数据的时间场景。为了方便讨论，我们仅在最简单的可能的选择上进行讨论。[312] 对这些替代方案提供了详细介绍。

[294]

观察

值得注意的是，用户因子会随时间发生变化，物品因子并不会。这样的选择是合理的。回顾第 3 章的讨论，用户因子对应于用户对各种概念的密切度，而物品因子对应于物品对各种概念的密切度。这里的基本思想是用户的心情和偏好会随着时间的推移而改变，这将反映在用户对各种概念的密切度的变化中。另一方面，物品对概念的密切度对于该物品是固有的，并且可以假定不随时间变化。因此，不需要通过时间参数化物品因子来增加模型的复杂度。不必要的时间参数化会增加模型的复杂性并导致过拟合。然而，[293] 的工作显示了如何使用随时间变化的物品因子。关于对物品偏差进行时间参数化是否会导致在大多数数据集上精确性的总体提高是一个开放的问题。

9.3 离散时间模型

离散时间模型与底层数据以离散序列的形式被接收的情况相关。这种数据可以在各种应用场景中遇到，其中大部分与隐式用户反馈相关，而不是明确的评分情况。这种应用场景的一些示例如下：

1）网页日志和点击流：用户对网页日志的访问通常可以表示为序列模式。用户模式通常展示了可预测的访问模式。例如，用户会经常访问特定的网页序列。经常性的序列信息可用于推荐[182,208,440,442,443,562]。

2）超市交易：客户在超市的购买行为是一种序列化数据。事实上，序列模式挖掘问题[37]被用来处理这种情况。事实上，由于活动时间戳通常可在超市数据集里获得，因此可以将其转换为特定用户的购买行为的序列模式。时间顺序通常是相当重要的。例如，在用户购买打印机后推荐购买打印机墨盒是很有意义的，但反之亦然。

3）查询推荐：许多网站在其站点上记录用户的查询。查询的序列可用于为其他更有用的查询进行推荐。

在本节中，我们将讨论两种模型。第一种是基于马尔可夫模型，而第二种是基于序列模式挖掘。

9.3.1 马尔可夫模型

[182] 提出了一种有趣的马尔可夫模型来预测对网页的访问。虽然在网页访问的上下文中讨论了这种方法，但是只要用户操作的时间顺序可以获得，这种方法就能被泛化到推荐任何类型的操作。本节的内容是基于这项工作的[182]。

在马尔可夫模型中，为了预测，序列信息被编码成状态的形式。k 阶马尔可夫模型基于用户执行的最后 k 个动作来定义一个状态。动作是基于特定的应用被定义。它可能对应于用户访问某特定网页，或者对应于用户购买某特定物品。动作由一组符号集 Σ 来表示。由于动作是基于特定应用的，所以符号集 Σ 也是针对特定应用的。例如，符号集 Σ 可以对应于电子商务应用中的物品域的索引，或者对应于网页日志挖掘应用中的网页的 URL。我们假设符号集 Σ 为 $\Sigma = \{\sigma_1 \cdots \sigma_{|\Sigma|}\}$。因此，状态 $Q = a_1 \cdots a_k$ 由 k 个动作序列定义，这样每个 a_i 可以从 Σ 中得出。具有 k 个动作的状态是从一个 k 阶马尔可夫模型中得出的。例如，考虑 Σ 中的符号对应于观看各种电影的动作的情况。进一步地，考虑以下状态 Q：

$$Q = \text{Julius Caesar, Nero, Gladiator}$$

该状态具有三个不同的动作，对应了用户以特定顺序观看这些电影。因此，这个状态可以从一个 3 阶马尔可夫模型中得出。此外，这种马尔可夫模型中的默认假设是电影被连续地观看。在 k 阶马尔可夫模型中总共存在 $|\Sigma|^k$ 种可能的状态，尽管其中许多状态可能不会在特定数据集中频繁出现。

一般来说，一个序列定义了马尔可夫链中的转换⊖。在一个 k 阶模型中，当前状态是由马尔可夫链中的最后 k 个动作定义。考虑一个动作序列（例如网页访问），到目前为止已经发生 t 个动作 $a_1 a_2 \cdots a_t$，其中 $a_i \in \Sigma$。那么，在 t 时刻的 k 阶马尔可夫模型的当前状态为 $a_{t-k+1} a_{t-k+2} \cdots a_t$。在这个序列中的最后一个动作是 a_t，这会导致状态从 $a_{t-k} a_{t-k+1} \cdots a_{t-1}$ 转变到 $a_{t-k+1} a_{t-k+2} \cdots a_t$。因此，马尔可夫链中的状态通过边相连，对应于转换。每

⊖ 请参阅马尔可夫链的相关工作。

条边都被注上一个从 Σ 中提取的动作和一个转换概率。在这个特例中，从状态 $a_{t-k}a_{t-k+1}$ $\cdots a_{t-1}$ 到状态 $a_{t-k+1}a_{t-k+2}\cdots a_t$ 的转换与动作 a_t 相关。由于对每一个状态（共 $|\Sigma|^k$ 种状态）都有 $|\Sigma|$ 种可能的转换，因此 k 阶完整马尔可夫模型中边的总数等于 $|\Sigma|^{k+1}$。一个 k 阶马尔可夫链状态 $a_{t-k+1}a_{t-k+2}\cdots a_t$ 中即将接入的边总是用最后一个动作 a_t 来注释。一个状态的转换概率之和总是 1。可以从训练数据（例如，先前网页访问的序列）中学到转换概率。我们已经展示了如图 9-1 中在字母表 {A，B，C，D} 上绘制的 1 阶马尔可夫链。注意，该马尔可夫链具有 4 个状态和 $4\times4=16$ 条边。动作序列 AABCBCA 对应于马尔可夫链中的以下状态路径：

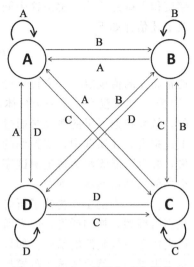

图 9-1　一个 1 阶马尔可夫模型

$$A{\Rightarrow}A{\Rightarrow}B{\Rightarrow}C{\Rightarrow}B{\Rightarrow}C{\Rightarrow}A$$

注意一个 2 阶的马尔可夫模型将会包含 $4^2=16$ 个状态和 $4^3=64$ 条边。这已经很难像图 9-1 那样以简洁的图表来展示了。动作序列 AABCBCA 对应的状态转换序列如下所示：

$$AA{\Rightarrow}AB{\Rightarrow}BC{\Rightarrow}CB{\Rightarrow}BC{\Rightarrow}CA$$

考虑这样一种情况，我们已经训练好了一个 k 阶马尔可夫模型，现在需要预测动作序列 a_1 $\cdots a_t$ 之后的下一个动作。然后，对于每个动作 $\sigma_i\in\Sigma$，我们需要估计 σ_i 的值，其中最后 k 个动作的当前状态已知。换言之，我们需要为每个 $\sigma_i\in\Sigma$ 估计出概率 $P(a_{t+1}=\sigma_i\mid a_{t-k+1}$ $a_{t-k+2}\cdots a_t)$。最大概率的前 r 个动作可以当作预测值返回。注意 $P(a_{t+1}=\sigma_i\mid a_{t-k+1}$ $a_{t-k+2}\cdots a_t)$ 需要从训练数据中估计得到。建议用如下的简单方法对 k 阶马尔可夫模型进行训练和预测。

1)（训练阶段）令 S 为长度为 k 的 $|\Sigma|^k$ 个可能序列的集合。对于每个可能的序列（状态）$S\in\mathcal{S}$，使用训练数据来学习 $|\Sigma|$ 种概率，即对于每个候选动作 $\sigma_i\in\Sigma$ 的概率 $P(\sigma_i\mid S)$。注意，需要学习的概率总共为 $|\Sigma|^{k+1}$ 个，即 k 阶马尔可夫模型中的边数。每个学习到的概率对应于马尔可夫模型中每条边的转换概率。

2)（预测阶段）对于用户动作的当前序列，使用用户的最后 k 个动作确定马尔可夫链中的相关状态 S_t。返回 Σ 中其转换概率值 $P(\sigma_i\mid S_t)$ 最大的前 r 个动作作为推荐结果。

马尔可夫方法依赖于用户动作序列的短记忆假设。想法是，用户的动作只取决于紧接着的前 k 个动作的集合。虽然这种假设在实践中可能不是完全正确的，但它常常接近许多现实世界的场景。

仍然要解释一下如何从给定的训练数据集中估计概率。这可以通过从训练数据库中抽取所有的 k 序列，并确定在这个序列之后每个动作 σ_i 发生的次数的比例。该估计被确定为相关概率。考虑一个序列 S，它是 $|\Sigma|^k$ 个可能的序列之一。如果该序列在训练数据中出现 $F(S)$ 次，并且在序列 S 之后是在数据中总共出现 $f(S,\sigma_i)\leqslant F(S)$ 次动作 σ_i，那么估计概率 $P(\sigma_i\mid S)$ 如下所示：

$$P(\sigma_i\mid S)=\frac{f(S,\sigma_i)}{F(S)} \tag{9-12}$$

注意，训练数据可能包含一个长序列或多个序列。在任一情况下，频率 $f(S,\sigma_i)$ 和 $F(S)$ 都是通过对单个序列上其目标序列重复出现的次数进行计数得到的。

当 $F(S)$ 值较小时，这种估计有时会比较困难。实际上，当 $F(S)$ 值为 0 时，估计的概率变得不确定。为了解决这个问题，我们使用拉普拉斯平滑。使用拉普拉斯平滑参数 α 修改上述估计如下：

$$P(\sigma_i \mid S) = \frac{f(S, \sigma_i) + \alpha}{F(S) + |\Sigma| \cdot \alpha} \qquad (9\text{-}13)$$

通常将 α 的值设定为一个较小的量。注意，当 $F(S)$ 值为 0 时，每个动作的概率值估计为 $1/|\Sigma|$。如果没有关于一个具体序列后的具体动作的足够的数据时，这种设定是非常合理的。拉普拉斯平滑的概念是通过提供一个与正则化相似的函数，来避免在有限的训练数据上过拟合。在实践中，零频率的状态不会在马尔可夫模型中表示。这意味着某些状态会丢失，并且可能无法为特定测试序列找到匹配的状态。这些被称为未被覆盖的测试实例。那么如何处理这些状态呢？

[182] 中的工作构建了所有最大阶数为 l 的马尔可夫模型，然后使用覆盖测试实例的最高阶模型。换句话说，如果所有不超过 3 阶的模型被创建，方法首先会尝试在 3 阶马尔可夫模型中找到匹配状态。如果存在这样的状态，则将其用于预测。否则，测试 2 阶的马尔可夫模型，然后测试 1 阶模型。对于大多数大小合理的训练数据集来说，1 阶的马尔可夫模型中包含所有可能的 $|\Sigma|$ 种状态，因此它作为未找到高阶匹配模型的复杂情况下的默认模型。如果需要，在没有找到匹配的状态时，可以返回一个对应于最常见动作的默认预测。

9.3.1.1 选择性马尔可夫模型

上一节中概述的方法的问题之一是可能的状态数量可能过大，并且大多数状态甚至不存在于特定的训练数据集中。大量的状态也使得训练模型需要付出更多代价，因此需要估计一个 k 阶马尔可夫模型的 $|\Sigma|^{k+1}$ 个可能概率。对于较大的 k 值，训练这种模型可能是不切实际的。此外，训练数据中很少出现的状态可能对于训练目的来说是不可靠的。

[182] 的主要思想是提出选择性马尔可夫模型的概念，其中许多不相关的状态在模型构建过程中被剪枝。这种剪枝可以通过以下几种方式完成：

1）支持度剪枝的马尔可夫模型：状态（或 k 序列）的支持度是其在训练数据中出现的频率。基本的假设是低支持度的状态对于未知的测试数据的预测能力是不可靠的。特别是由于过拟合，低支持度的状态的估计概率可能是不可靠的。支持度剪枝可以大大减少高阶模型中的状态数量。支持度阈值被定义为绝对频率（而不是比例），并且在不同阶的模型中被定义为相同的值。高阶模型具有较低的支持度，因此更有可能进行状态剪枝。这种方法大大降低了模型的状态空间复杂性，因为可能的状态的数量随模型的阶数呈指数增长。

2）置信度剪枝的马尔可夫模型：置信度剪枝的马尔可夫模型最趋向这样的一个状态，其中一个状态的出边的最大概率尽可能大。注意，如果存在一个状态，其对应的所有转换概率的值相似，那就不能自信地断言 Σ 中哪个动作比其他动作的可能性更大。另一种极端的情况下，如果转换状态中一条边具有几乎为 1 的概率，而其他边的概率接近为 0，那就可以自信地预测该状态下的下一个动作。这种状态更有用。那么如何为剪枝确定合适的置信度阈值呢？

该方法计算最可能动作附近 $100 \cdot (1-\alpha)$ 的置信区间，确定第二高的概率是否位于这一区间。考虑一个剪枝的候选状态，其在训练集中的行频率为 n。令 p_1 和 p_2 是退出该状态的概率第一高和概率第二高的边所对应的转换概率。我们已经确定 $p_2 \leqslant p_1$，因为 p_1 是最大的概率。令 $z_{\alpha/2}$ 为与标准正态分布前百分之 $(\alpha/2)$ 的值匹配的 Z 值的绝对值。然后，为了剪枝状态，必须满足以下条件：

$$p_2 \geqslant p_1 - z_{a/2} \sqrt{\frac{p_1(1-p_1)}{n}} \tag{9-14}$$

注意，$\sqrt{\dfrac{p_1(1-p_1)}{n}}$ 表示 n 个独立同分布的伯努利变量平均值的标准差，其中每个变量均有 p_1 的成功概率。剪枝的程度由置信度阈值 α 控制。

3）误差剪枝马尔可夫模型：在误差剪枝马尔可夫模型中，从训练数据中取出一部分数据作为验证集，而不用于建立马尔可夫模型。此验证集用于测试模型的精确性。使用验证集计算每个状态的具体精度。对于每个高阶状态，确定了其直接低阶预测方案。例如，对于一个 4 阶状态 $a_1a_2a_3a_4$，可以用低阶状态 $a_2a_3a_4$、a_3a_4 和 a_4 预测相同的动作序列。如果较高阶状态的错误率大于任意其低阶替代状态的错误率，则会被剪掉。该过程被递归地应用于所有阶的状态，从较高到较低，直到不再有更多的状态被修剪。始终保留 1 阶状态以保证最大限度的覆盖。

虽然上述方法比较了高阶和低阶状态的误差，但是它不使用相同的验证示例来比较一对状态的精确性。第二种误差剪枝法使用相同的一组验证示例来比较两种状态的误差。首先，可以用高阶状态预测所有验证示例。然后，用相同的验证示例测试低一阶的状态。如果使用较高阶状态的误差大于同一验证示例中任何较低阶状态，则高阶状态被剪枝掉。该方法递归地应用于所有低阶状态，除了阶数为 1 的状态。

这些替代方案在 [182] 中进行了实验测试。结果表明，所有形式的剪枝都具有一定的优势，不过使用误差剪枝的模型的优势最大。支持度剪枝模型和置信度剪枝模型之间的差异很小。

9.3.1.2　其他马尔可夫替代方案

在本节的马尔可夫模型中，连续的动作序列被用来预测下一个动作。此外，状态是完全可见的，并且被直接解释为最后的 k 个用户动作。一个更复杂的替代方案是隐马尔可夫模型（HMM）。在这种情况下，可以使用不连续的子序列进行预测。HMM 方法超出了本书的范围；请参考 9.6 节。

9.3.2　序列模式挖掘

序列模式挖掘最初的提出是为了对超市数据序列进行模式挖掘。序列模式可用于为时间序列创建基于规则的预测模型。这种方法可以被认为是第 3 章 3.3 节中所讨论的基于规则的方法在时间上的模拟。首先，我们定义子序列和频繁子序列的概念。

定义 9.3.1（子序列）　一个序列 $a_1a_2\cdots a_k$ 被称为是另一个序列 $b_1b_2\cdots b_n$ 的子序列，如果我们可以找到 k 个元素 $b_{i_1}\cdots b_{i_k}$，使得 $i_1 < i_2 < \cdots < i_k$ 且 $a_r = b_{i_r}$。

在序列模式挖掘的原始定义[37]中，元素本身可以为集合，并且条件 $a_r = b_{i_r}$ 被替换为条件 $a_r \subseteq b_{i_r}$。然而，在大多数推荐应用中，这个复杂的定义是不必要的，我们可以使用单个符号序列。因此，我们将在本章中使用简化的定义。值得注意的是，子序列的定义允许在匹配中存在间隙。允许这种间隙的存在对于排除序列中的噪声是很有用的。

在序列模式挖掘方法中，目标是确定数据中频繁出现的支持度在 s 之上的子序列。频率是定义在一个有多个序列的数据库 $\mathcal{D}$ 上的。

定义 9.3.2（频繁子序列）　给定序列的最小支持度 s，一个子序列 $a_1\cdots a_k$ 被称为数据库 $\mathcal{D}$ 上的一个频繁子序列，如果它在原序列中所占的比例至少为 s。

注意，支持度始终是定义的一部分。还可以定义在序列模式挖掘中规则的置信度。传统上，置信度的概念只是针对非时间关联规则而定义的，但也可以以各种方式将定义扩展到序列模式挖掘中。

定义 9.3.3（置信度） 一条规则 $a_1 \cdots a_k \Rightarrow a_{k+1}$ 的置信度等于 $a_1 \cdots a_{k+1}$ 是数据库中的一个序列的条件概率，已知 $a_1 \cdots a_k$ 是数据库中的一个序列。换言之，如果 $f(S)$ 表示序列 S 的支持度，那么可以定义规则 $a_1 \cdots a_k \Rightarrow a_{k+1}$ 的置信度如下：

$$\text{Confidence}(a_1 \cdots a_k \Rightarrow a_{k+1}) = \frac{f(a_1 \cdots a_{k+1})}{f(a_1 \cdots a_k)}$$

注意，序列规则挖掘的置信度的定义是基于关联规则挖掘而来的。置信度的概念可以根据当前的应用以其他方式来定义。例如，可以在某些应用中给出约束，令 a_{k+1} 紧随 a_k 之后而没有间隙。

支持度和置信度的定义可用于定义基于序列模式的规则。

定义 9.3.4（基于序列模式的规则） 一条规则 $a_1 \cdots a_k \Rightarrow a_{k+1}$ 若满足以下条件，则称其在最小支持度 s 和最小置信度 c 下是有效的：

1. $a_1 \cdots a_{k+1}$ 的支持度至少为 s。
2. $a_1 \cdots a_k \Rightarrow a_{k+1}$ 的置信度至少为 c。

用于确定频繁序列模式的算法在 [23] 中有讨论。在序列模式被确定之后，还可以用最小支持度和置信度来确定规则。序列模式挖掘方法的训练阶段会找出所有满足指定的最低支持度和最低置信度水平的规则。在规则被确定之后，以下方法被用于预测当前测试序列 T 的物品相关排名列表（例如，网页点击流中的点击事件）：

1）确定测试序列 T 的所有匹配规则。

2）将匹配规则的物品按置信度降序排列。当多个规则包含相同物品时，可以使用启发式方法将预测进行聚集。

在一些情况下，可能需要限制连续元素之间的间隙。例如，当序列非常长时，通常更希望在训练和预测过程期间对序列施以间隙约束。根据当前的具体应用，可以使用这种基本方法的许多变形。这些变形如下：

1）在查找频繁序列的过程中可能会使用最大间隙限制。换句话说，匹配过程可以允许一对相邻序列之间的最大间隙至多为 δ。或者，可以对序列的第一个和最后一个元素的时间差使用最大约束。这种约束可以通过约束序列模式挖掘方法来处理，并且当数据库中的单个序列非常长时，它们是特别重要的。关于约束序列模式挖掘方法的讨论可以在 [22] 中找到。

2）整个测试序列 T 可能不需要进行预测。相反，只有测试序列中预定义大小的最近的窗口可能会被用到。当单个序列的长度很长时，窗口方法是有必要的。

这类方法的最好的变形取决于当前的具体应用。9.6 节提到了各种使用序列模式挖掘的推荐系统。许多这些系统是在网页点击流的背景下开发的。序列模式挖掘方法的优点是可以使用许多现成的工具来有效地查找大型数据库中的模式。

9.4 位置感知推荐系统

位置感知推荐系统可以视为上下文感知推荐系统的特殊情况，其中上下文由位置来定义。位置可以以各种方式影响推荐的过程，其中以下两种方式特别常见：

1）用户的全球地理位置可以对她在品味、文化、服装、饮食习惯等方面的偏好产生很大影响。例如，对 MovieLens 数据集的分析[343]表明，来自威斯康星州的用户最偏爱的电影题材是战争片，而来自佛罗里达州的用户则最喜欢奇幻片。Foursquare 数据集中也显示了类似的结果。这种属性被称为偏好位置。在这种情况下，该位置本质上与用户相关联，而不与物品相关联。因此在这种情况下，用户是空间的，而物品不是。

　　2）移动用户经常想要在当前位置附近发现餐厅或休闲场所。在这种情况下，推荐的物品具有内在的空间性。这个属性被称为旅行位置。例如，Foursquare 数据集的分析[343]显示，45%的用户行走 10 英里或更少，75%的用户行走 50 英里或更少，以访问其当地的餐厅。在这些应用中，位置与物品（例如，餐厅）相关联。虽然用户可能会指定他们当前的位置，但是这种瞬态属性只在查询期间被指定，并没有本质上与用户指定的评分相关联。因此在这种情况下，物品是空间的，而用户不是。

　　3）可以想象用户和物品都是空间的场景。例如，一位旅行的用户可能会设置一个指示其久居地址的画像。同时，他们可能会记录其对餐厅等空间物品的评分。例如，考虑分别来自新奥尔良和波士顿的两个在夏威夷度假的用户。这些游客可能会在夏威夷的餐厅给出他们的评分。在这种情况下，用户和物品都是空间的，因为对餐厅的选择将受到其原始位置的影响。同时，当用户在休假期间在夏威夷的特定地点进行查询时，旅行位置偏好也将在他们选择餐厅的过程中发挥作用。

　　位置感知推荐系统可以视为上下文感知方法的特殊情况。可以使用前面几节所讨论的多维技术来处理推荐系统中的上下文。对于偏好位置的概念也是如此，通过将位置视为上下文可以使用 [6] 中的多维模型，并将网格区域的层次分类与空间位置相关联，然后将问题降维成在网格中某一个层次区域上的传统的协同过滤应用。事实上，位置感知推荐系统（LARS）[343]确实使用类似的基于还原的方法来处理偏好位置。然而，[343] 中的方法比直接应用 [6] 的多维方法更复杂。为了表示网格区域的层次分类法，它使用多维索引结构。这种索引结构可以支持评分的额外递增，因此在需要可扩展性的环境中能够有效运行。此外，该工作还提出了处理旅行位置和将旅行与偏好位置相结合的方法。

302

9.4.1　偏好位置

　　如前所述，偏好位置的概念和推荐系统的基于降维的多维模型有许多共同的特征[6]。例如，考虑 MovieLens 数据集的示例，除评分信息之外，用户的位置也是可用的。对于加州的一位用户来说，我们可能只会使用其他加州用户的评分，以便为该用户提供推荐。该方法等同于通过将位置固定为加州来提取用户×物品×位置数据立方体的一个切片。然后可以在该切片上使用二维推荐系统。这是基于降维的系统的一个直接应用[6]。

　　当然，这种方法是相当粗糙的，因为位置信息可能具有更高的粒度。例如，现在可能有每个用户的地址。南加州的用户可能会显示出与北加州的用户不同的偏好。另一方面，对于一个小的州或位置，可能没有足够的评分数据来做出强有力的推荐。因此，可能需要结合来自多个相邻区域的数据。那么如何有意义地处理这些权衡呢？

　　LARS 方法[343]使用金字塔树或四叉树以分层的方式划分整个空间区域[53,202]。注意，这种方法分配数据空间而不是数据点，以确保空间中的每个点都包含在其中一个分区中。这确保了在查询过程中可以有效地处理新的测试位置，即使它们没有在数据中表示。金字塔树将空间分解为 H 层。对于任何层 $h \in \{0 \cdots H-1\}$，空间被划分为 4^h 个网格单元。$h=0$ 的顶层只包含一个单元格，它包含了整个数据空间。例如，考虑模型的顶层包含的区域与整个美国相对应的情况。然后，下一个层将美国划分为 4 个区域，每个区域都有一个单独的模型。下一个层将这些区域再划分为 4 个区域，依此类推。每个网格单元格包含一个只对应于矩形界定的数据空间区域上的协同过滤模型。因此，顶层网格单元格包含了一个包含所有评分的传统（非局部）协同过滤模型。金字塔树的层次划分的一个例子如图 9-2 所示。在图中，单元格标识符由 CID 表示，其左侧的表项包含指向与该单元格相关的协同过滤模型的指针。该数据结构是动态维护的，以便可以从系统中插入或删除评分。在动态更新过程中一个挑战是，由于在更新期间需要对单元格的动态合并或拆分，有时无法维护单元格的一个子集的模型。请注意，如果单元格在更新期间合并或拆分，则需要从头重新创建这些新单元格的模型。这导致计算成本很大。但是，如果在没有动态更新的情况下构建树，那么就可以维护所有项的模型。因此，当仅考虑静态数据时，该方法很简单。此方法也可以通过一些修改从而扩展到动态更新。有关动态更新过程的详细信息，读者可参阅 [343]。

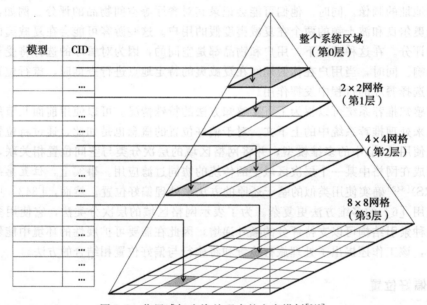

图 9-2　位置感知查询处理中的金字塔树[343]

查询处理的方法使用这个金字塔数据结构。为了给用户做出推荐，LARS 法确定了保留金字塔结构的最底层单元格。在这层的局部协同过滤模型用于预测评分。使用基于物品的（近邻）协同过滤技术来执行推荐。注意，原则上可以使用任何常规的协同过滤模型。该模型确实需要随着新进来的评分进行增量更新。因此，选择恰当的增量更新的基本模型非常重要。

该方法还能够支持用户位置随时间变化的连续查询。请注意，用户位置的变化率是与具体应用相关。当用户-位置对应其地址时，变化率会非常慢。然而可以设想其他的位置定义，某些位置的变化随着时间的推移发生得更快。但是对于一条规则来说，偏好位置通常不会非常快速地改变。在连续查询中，如上所述形成初始建议。然后，系统等待用户位置发生充分变化，使其跨越单元格边界。当单元格边界被越过时，再次使用最底层的单元格来更新推荐。因此，最后报告的答案可以随着时间逐步更新。

最后，用户还可以选择性地指定执行其推荐过程的粒度的地理层次。可以使用金字塔树中用户指定的层次，而不是使用最底层的网格单元。例如，通过指定层次为 0，则只能使用根结点。这会变成一个传统的协同过滤模型，而根本不使用位置。这种方法允许用户在她的查询中指定不同级别的地理分辨率。

9.4.2　旅行位置

在这种情况下，位置与物品相关联而不是与用户相关联。例如，在餐厅推荐系统中，位置与餐厅相关联。但是，用户可能会在一次特定查询中指定其当前位置。显然，我们希望系统可以给出接近查询指定位置的响应。结合旅行惩罚的概念，LARS 中已实现该查询处理。计算用户 i 的查询位置与物品 j 的位置之间的距离 $\Delta(i, j)$。首先用传统的协同过滤模型在整个数据上对用户 i 对物品 j 的评分 $\hat{r}_{ij}$ 进行预测。然后，用 $\Delta(i, j)$ 的一个函数 $F(\cdot)$ 来惩罚预测的评分。调整后的评分 $\hat{r}_{ij}^{\Delta}$ 的计算方法如下：

$$\hat{r}_{ij}^{\Delta} = \hat{r}_{ij} - F(\Delta(i, j)) \tag{9-15}$$

这里，$F(\cdot)$ 是距离 $\Delta(i, j)$ 的一个非递减函数，从而惩罚是被归一化到评分规模上。惩罚函数 $F(\cdot)$ 的确切定义是启发式的。[343] 将旅行距离直接归一化到评分规模上来定义惩罚函数。如果需要，甚至可以将其假设为距离的特定函数（例如，线性函数），并通过交叉验证来优化该函数的系数。最优函数的选择是一个有趣的研究问题，可以在未来的工作中进行探索，因为它直接影响系统的精确性。函数的最优选择很可能是针对当前数据集的。

9.4.3　结合偏好位置与旅行位置

可能存在位置与用户和物品都相关的情况。例如，当两位旅客在夏威夷度假时，主要地址在新奥尔良的旅客可能会与主要地址在波士顿的旅客有着不同的餐厅偏好。同时，推荐系统也应在推荐过程中考虑在夏威夷的瞬态查询位置。在这种情况下，可以组合与偏好地点和旅行地点相关的方法。首先，基于主要用户位置使用金字塔树结构，以便预测评分。然后，瞬态查询位置与上述的旅行惩罚结合使用。之后将排名最靠前的物品返回给用户。

9.5　小结

许多类型的时间和位置感知系统都属于上下文感知推荐系统的类别。时间的概念可以极大提高推荐系统的有效性。时间感知推荐系统可以使用基于新近的方法、基于上下文的方法，或者可以将时间用作建模变量。最后一种类型是最著名的方法之一，被称为 time-SVD++ 模型，其提出了推荐的潜在因子模型。对于表示为离散序列的数据，也提出了一些推荐方法。例如，网页点击流或超市数据都包含离散的活动序列。这些情况通常出现在隐式反馈数据集的上下文中。在这些情况下，使用各种离散序列方法来执行推荐。离散的马尔可夫模型和序列模式挖掘方法在这些情况下被用来进行推荐。

位置感知推荐系统是上下文感知系统的特殊情况，其中空间位置提供了做出推荐的上下文。在基于位置的系统中，位置可以与用户、物品或两者都相关联。这些不同形式的上下文会导致执行推荐的方法截然不同。

9.6　相关工作

时间推荐属于第 8 章中从一般意义上讨论的上下文感知推荐的类别。最近有关时间感知推荐系统的综述可以在 [130] 中找到。在 [185, 186] 中讨论了一些最早的基于时间加权和衰减的协同过滤模型。[635] 中测试了各种衰减函数。[249] 中的工作也将评分之间的时间相似度结合到计算之中。[230] 提出了基于时间窗口的方法，其中来自不活跃间隔的评分会被剪枝。[595] 中的工作根据制作年份在做电影推荐中进行剪枝。这种方法降低了数据集的维度，因为它删除了物品的一个子集，而不是仅对旧的评分进行剪枝。

[366] 讨论了用进化模型扩展近邻模型的方法。[333] 中讨论了使用自适应近邻进行时间协同过滤的另一种技术。这项工作还表明，许多现有的推荐算法使用过去的评分来预测未来的评分时，在 Netflix Prize 数据集上似乎并不能有很好的表现。基于位置推荐的时间感知方法在 [655] 中有所讨论。[639] 讨论了使用随机游走方法进行时间推荐的方法。与时间协同过滤有关的一类有趣的算法是推荐系统在推荐空间[92,348]中进行探索与利用的折中的多臂赌博机算法。这种方法也与第 13 章中讨论的主动学习密切相关。

执行时间感知推荐的一个通用方法是将时间信息作为离散的上下文值，以创建多维的表示[6,7]。随后的工作[626]具体处理了这一框架的时间上下文。在 [61] 中测试了各种形式的上下文，以执行音乐推荐。虽然有些形式的上下文，如"早上"和"晚上"被证明可以改进推荐，但最大的改进是使用无意义切分，例如"奇数小时"和"偶数小时"，这可能是特定数据特性的结果，因此需要进一步的研究来了解这些影响。

[335] 讨论了用于评估时间推荐系统的现实方法。最近的一项综述[130]指出，评价方法对消除在最近结果中发现的矛盾有着重要的意义，并提出了一些时间推荐系统的评估指标。[337] 探讨了如季节、几点钟和星期几等多种变量的组合。在 [231，471] 中讨论了以更复杂的方式合并时间维度的其他方式。[100] 中的工作研究了电影推荐中使用周期性的上下文。例如，圣诞节期间与奥斯卡颁奖周期间的电影推荐会非常不同。[567] 讨论了使用上下文方法来改进季节性产品的推荐。在这项工作中采用了时间回归法。上下文感知电影推荐挑战（CAMRA）[515]是对 [100] 中的工作进行测试的平台。这个挑战研究了各种类型的上下文，而不仅仅是时间上下文。上下文方法[131]评估了各种时间维度的影响，包括一天中的小时、星期几和评分日期。[458] 的工作使用支持向量机来对各种类型的上下文建模，如时间、天气和公司。

已有多项工作对评分的上下文使用的时间序列模型进行了研究[136,435]。在这些方法中，用户评分的时间序列被用于预测当前用户的兴趣。时间序列方法也被用于显式评分不可用的隐式反馈中。例如，[684] 中的工作将网页日志编码为时间序列，并且时间序列技术被用于预测。[266] 为不同的时间段构建了几个不感知时间的模型，然后使用混合方法来组合这些模型的预测。[310] 首先提出在时间推荐中使用因子分解模型。类似的模型也被应用于音乐推荐的场景中[304]。[310] 中的工作并不对基于时间的物品因子进行区分。在 [293] 中提出了一个更精细的模型，根据评分时间戳来学习不同的物品因子。随后，还提出了许多用于上下文推荐的矩阵和张量因子分解法，其中时间被视为离散的上下文值[212,294,332,495,496]。这些方法可以被看作是 [7] 中多维上下文模型的一般实现。

离散方法在网页领域的上下文中是很常见的，其中需要使用网页点击流执行个性化[109]。[296] 提出了一个初级版本的有限马尔可夫链。在超市数据的情境下定义了序列模式挖掘问题[37]。关于序列模式挖掘的常见算法的综述可以在 [22，23] 中找到。为了在网页日志中使用这些方法，需要大量的数据准备[169]。[182] 讨论了用于预测网页访问的离散马尔可夫法。马尔可夫链所需的背景可以在 [265] 中找到。[208，440，442，443，562] 中讨论了用于预测网页日志访问的序列模式挖掘方法。[479] 讨论了使用长重复子序列来预测网页访问。[532] 讨论了使用路径配置文件来预测网页请求。[218] 对预测下一请求的各种模式挖掘方法进行评估。关于隐马尔可夫模型的详细讨论可以在 [319] 中找到，关于数据挖掘应用的简单讨论可以在 [22] 中找到。

近期的大量工作集中在位置感知推荐系统上[64,108,343,447,464,645,649]。这项工作的提出大部分是由于手机技术的发展和支持 GPS 的手机的硬件逐渐增强。因此，移动推荐系统领域[504]越来越突出。最早的工作之一[54]提出了使用具有 GPS 功能的手机的数据来预测用户在不同位置上移动的方法。[654]讨论了智能手机的上下文感知推荐。[40]提出了使用协同过滤的移动广告推荐系统。已经有许多旅游指南应用程序，如 INTRIGUE[52]、GUIDE[156]、MyMap[177]、SPETA[213]、MobiDENK[318]、COMPASS[611]、Archeoguide[618]和 LISTEN[685]在文献中被提出。一些基于位置的推荐系统[633,649]使用混合系统来执行上下文感知推荐。Bohnert 等人在 [89] 中使用用户访问各种位置的模式序列来预测用户的下一个位置。他们还研究了捕捉用户兴趣的混合的基于内容的模型是如何影响推荐系统的整体有效性的。对内容的增加只能提供有限的改进。[649]的工作讨论了如何通过组合内容和协同系统并嵌入社区认可来处理位置感知推荐系统的冷启动。

| 307 |

9.7　习题

1. 设计一种使用贝叶斯模型来进行协同过滤的方法，同时结合时间衰减。参考第 3 章进行协同过滤所使用的贝叶斯算法。
2. 设计在分解过程中包含时间衰减的潜在因子模型。
3. 实现 time-SVD＋＋算法。
4. 假设你想在一组动作集合 Σ 上设计一个 k 阶马尔可夫模型，$|\Sigma| = n$。此外，我们确保在大小为 $(k+1)$ 的窗口中没有任何重复动作。假设我们不保留概率为 0 的任何状态或边，这种模型中的最大状态数和转换边数是多少？
5. 实现一个序列模式挖掘算法来进行时间推荐。你有足够的余地为你的算法做适当的设计选择。
6. 假设你有一个大型日志文件，其中包含来自各种用户的操作序列。本章中的讨论展示了如何使用基于物品的规则进行推荐。请展示如何使用基于用户的规则来设计类似的方法。你认为这样一种方法在实践中会如何？
7. 讨论为什么 R 树可能不像金字塔树那样适合协同过滤的偏好位置技术。

| 308 |

网络中的结构化推荐

在自然界中，我们从没看到过任何孤立的东西，而是一切都与其之前的、旁边的、之上的和之下的东西相关联。

——Johann Wolfgang von Goethe

10.1 引言

各种可用网络的发展已经促成了许多推荐模式的形成。例如，网络本身就是一个大型的分布式数据库，像 Google 这样的搜索引擎可以被认为是推荐概念的以关键词为中心的变体。事实上，与推荐相关文献中的一个重要论述就是区分搜索和推荐的概念。虽然搜索技术也向用户推荐内容，但搜索结果通常不会对当前用户进行个性化处理。由于追踪大量的网络用户是历史性难题，所以这种缺乏个性化的做法由来已久。然而，近年来，出现了许多个性化的搜索概念，可以基于个人兴趣将网页推荐给用户。许多搜索引擎提供商，如 Google，现在有了可以确定个性化结果的能力。这个问题与对使用了个性化偏好的网络中的结点进行排名完全相同。

在许多应用中，网络已经成为无处不在的建模工具，如社交和信息网络。因此，讨论可以在不同场景下被推荐的网络中的各种结构化元素是特别有用的。结构化推荐的每一种不同的类型都可能在不同的场景中具有不同的应用集。这些不同变体的一些关键例子如下：

1）**按权威和上下文推荐结点**：在这种情况下，结点的质量由链入其的链接判断，结点的个性化相关性由其上下文判断。高质量的结点有许多入链。这个问题与搜索引擎问题密切相关。一个主要的发现是，传统的在这种引擎中的搜索概念不区分各种类型的用户，因此不能对特定用户进行个性化设置。在搜索引擎中，网页（或网络图中的结点）均根据其权威和内容进行排名。很少强调执行搜索的用户的身份。然而，像个性化 PageRank 等概念最终得以发展，可以将结果定制为各种兴趣。这些个性化形式通过修改具有特定上下文个性化的 PageRank 的传统概念，将上下文融入排序当中。如下一章所述，在社交标签设置中使用了与 PageRank 密切相关的 FolkRank 等概念。

2）**通过示例推荐结点**：在许多推荐应用中，可能希望推荐与其他示例结点相似的结点。这是结点的集合分类（collective classification）问题。有趣的是，个性化 PageRank 经常用于集合分类的问题。所以这两种推荐方式是密切相关的。这样的应用在一个信息网络中也可能是有用的，其中该信息网络由用户和其他一些可能被标记了特定属性的结点构成。

3）**通过影响力和内容推荐结点**：在许多以网络为中心的应用中，用户可能会传播有关各种类型产品的知识。这个问题被称为病毒式营销。在这些情况下，商家正在寻找最有可能传播对于其特定产品的意见的用户。在主题敏感影响分析中，会搜索最有可能传播特定主题的用户。影响力分析的问题可以看作是基于用户影响他人的"病毒"潜力以及他们的主题特征来向商家推荐用户。

4）**推荐链接**：在许多社交网络中，如脸书，为了社交网络的利益而增加网络的连接性。因此，用户经常被推荐一些潜在的朋友。这个问题相当于在网络中推荐潜在的链接。有趣的是，许多排序方法都适用于链接的预测。许多矩阵分解法也适用于链接预测。此外，一些链接预测方法用于集合分类。这些相互关系中的一些将在本章中酌情指出。

这些结构化推荐方法的应用超出了社交网络领域的范围。这种结构化推荐方法可以用于推荐任何系统中的元素，可以将其作为一个以网络为中心的网络进行建模。示例可能包括新闻、博客帖子或其他可用网络的内容。

此外，即使是传统的产品，推荐问题也可以用这些方法来解决。这是因为任何用户产品推荐问题都可以用用户-物品图来建模。在第 2 章和第 3 章中，针对此类产品推荐问题，我们提供了如何使用用户-物品图的具体示例。下一章将详细介绍如何利用社交系统中各种形式的内容来增强推荐效果。虽然本章与下一章的材料密切相关，但本章的研究更侧重于网络的结构化方面，而不明确关注社交中心方面，如信任或用户标签行为。此外，本章讨论的方法可用于超过社交网络分析范围的应用。下一章会重点介绍改善推荐的社交感知方法，不论这些建议是否以网络为中心。

本章组织结构如下。10.2 节研究网络中结点排序的问题及其在个性化排序应用中的使用。10.3 节回顾了集合分类的问题及其在各种形式的推荐中的使用。10.4 节测试了链接预测的问题。影响分析问题在 10.5 节进行了研究。本章也研究了话题敏感影响分析问题。10.6 节为本章小结。

10.2 排序算法

PageRank 算法在网页搜索的背景下被首次提出。该算法的主要目的是提高搜索质量。由于网页允许公开发布，最早的搜索引擎所面临的一个问题是，使用关键词以纯内容为中心的网页匹配，其排序结果的质量很差。特别是，用户可以经常在网页上发布垃圾邮件、误导性信息或其他不正确的内容，纯粹以内容为中心的匹配无法区分不同质量的结果。因此，需要一种机制来确定网页的声誉和质量。这通过使用网页的引用结构得以实现。当一个页面质量很高时，许多其他网页会指向它。引用可以在逻辑上被视为网页投票。虽然链入页面的数量可以用作网页质量的粗略指标，但它并不完善，因为它不能解释指向该页面的网页的质量。为了提供一个更全面的基于引用的投票，使用了被称为 PageRank 的算法。PageRank 算法以递归的方式推广了基于引用排序的概念。

虽然 PageRank 算法不是一个直接的推荐方法，但它与推荐分析的主题密切相关。PageRank 的许多变体用于个性化排序机制。这是因为许多推荐的设置可以表示为链接网络，包括传统的用户-物品推荐场景。因此，本节将探讨搜索和推荐这两个密切相关的问题的关系以及 PageRank 算法在众多推荐场景中的应用。首先，我们将在传统的网页排序的背景下引入一般的 PageRank 算法。

10.2.1 PageRank

PageRank 算法使用网络图中的引用（或链接）结构来模拟结点的重要性。在网络图的情境中，结点对应于网页，边对应于超链接。其基本思想是，高声誉的文档更有可能被其他有良好声誉的网页所引用（或链接）。同样，在一个诸如推特的社交网络中，高声誉的用户很可能被其他有良好声誉的用户关注。为了进行以下讨论，我们将假设一个有向图（如网络），尽管通过两个有向边替换每个无向边，可以轻松地将概念扩展到无向图。对于许多推荐应用来说，无向的表示通常就足够了。

使用网络图上的随机冲浪模型来实现页面排序的目标。考虑一个随机的冲浪,其通过选择一个页面上的随机链接来访问网络上的随机页面。访问任何特定页面的长期相对频率明显受到其链入页面数量的影响。此外,如果一个页面被其他经常被访问(或有高声誉)的页面链入,那么任何页面的长期访问频率将会更高。换句话说,PageRank 算法根据随机冲浪的长期访问频率对网页的声誉进行建模。这个长期频率也被称为稳态概率,并且该模型也被称为随机游走模型。

基本的随机冲浪模型不适用于所有的可能的图拓扑结构。一个关键问题是某些网页可能没有出链,这可能导致随机冲浪陷入特定的结点中。事实上,在这样一个结点上,甚至没有意义去定义概率转换。这样的结点被称为死端。图 10-1a 中给出了一个死端结点的示例。显然,死端是不合需要的,因为在该结点上不能定义 PageRank 计算的转换过程。为了解决这个问题,随机冲浪模型中并入了两项修改。第一个修改是将链接从死端结点(网页)添加到所有结点(网页),包括自身的自循环。每个这样的边具有 $1/n$ 的转换概率。这不能完全解决问题,因为死端也可以在结点组上定义。在这些情况下,没有从一组结点到图中剩余结点的出链。这被称为死端分量或吸收分量。图 10-1b 给出了死端分量的图解。

因为网络连接不牢固,所以死端分量经常出现在网络图(和其他网络)中。在这种情况下,可以有意义地定义单个结点的转换,但是稳态转换将被困在这些死端分量中。所有稳态概率将集中在死端分量中,因为当转换发生在死端分量中后,可能没有从其中出来的转换。因此,只要死端分量⊖存在的转换的可能性极小,所有的稳态概率都会集中在这些分量中。在大型网络图中,死端分量不一定是流行度的指标,所以在大型网络图中从 PageRank 的计算的角度来看,这种情况是不可取的。此外,在这种情况下,各种死端分量的结点的最终概率分布不是唯一的,并且取决于随机游走的起始状态。通过观察可以很容易地验证,从不同死端分量开始的随机游走将使其各自的稳态分布集中在相应的分量内。

虽然添加额外的边解决了死端结点的问题,但是需要一个额外的步骤来解决更复杂的死端分量问题。因此,除了这些边的添加之外,还要在随机冲浪模型中使用传递或重启步骤。此步骤定义如下。在每个转换中,随机冲浪可以跳转到具有概率 α 的任意一个页面,或者以 $(1-\alpha)$ 的概率跟随页面上的链接之一。α 的典型值为 0.1。由于使用了传递,稳态概率变为唯一的,并独立于起始状态。α 的值也可以被看作平滑或阻尼概率。较大的 α 值通常会导致不同页面的稳态概率变得更均匀。例如,如果选择 α 的值为 1,则访问的所有页面将具有相同的稳态概率。

如何确定稳态概率?令 $G=(N, A)$ 是一个有向网络,其中结点对应于页面,边对应于超链接。结点总数由 n 表示。假设 A 还包括从死端结点到所有其他结点所添加的边。入射到 i 上的结点集合由 In(i) 表示,并且结点 i 的出链的端点集由 Out(i) 表示。结点 i 处的稳态概率由 $\pi(i)$ 表示。一般来说,一次网页浏览的转换可以被表示为一条马尔可夫链,其中为具有 n 个结点的网络图定义了大小为 $n \times n$ 的转换矩阵 $\boldsymbol{P}$。结点 i 的 PageRank 值等于结点 i 在马尔可夫链模型中的稳态概率 $\pi(i)$。从结点 i 到结点 j 转换的概率⊖ p_{ij} 被定义为 $1/|\text{Out}(i)|$。转换概率的例子如图 10-1 所示。然而,这些转换概率并不涉及传递,将在

⊖ 正式的数学处理方式是根据隐马尔可夫链的遍历特征来表示的。在遍历马尔可夫链中,一个必要的要求是可以使用一个或多个转换序列从任何其他状态到达任何状态。这种情况被称为强连接。这里提供了一个非正式的描述,以便于理解。

⊖ 在诸如书目网络的某些应用中,边 (i,j) 可以具有由 w_{ij} 表示的权重。在这种情况下,转换概率 p_{ij} 被定义为 $\dfrac{w_{ij}}{\sum\limits_{j \in \text{Out}(i)} w_{ij}}$。

下面单独解决这一问题⊖。

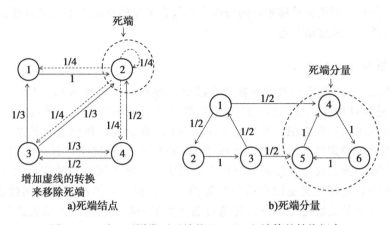

图 10-1　对于不同类型死端的 PageRank 计算的转换概率

我们来测试到给定结点 i 的转换。结点 i 的稳态概率 $\pi(i)$ 是传递到它的概率与其中一个入链结点的概率会直接转换到它的概率之和。传入结点的概率正好是 α/n，因为传递发生在具有概率 α 的步骤中，并且所有结点同样都可能是传递的受益者。转移到结点 i 的概率由 $(1-\alpha) \cdot \sum_{j \in \mathrm{In}(i)} \pi(j) \cdot p_{ji}$ 给出，作为来自不同链入结点的转换概率之和。因此，在稳态下，转换到结点 i 的概率由传递和转换事件的概率之和定义：

$$\pi(i) = \alpha/n + (1-\alpha) \cdot \sum_{j \in \mathrm{In}(i)} \pi(j) \cdot p_{ji} \tag{10-1}$$

例如，图 10-1a 中结点 2 的公式可以写作如下：

$$\pi(2) = \alpha/4 + (1-\alpha) \cdot (\pi(1) + \pi(2)/4 + \pi(3)/3 + \pi(4)/2)$$

每个结点都会有一个这样的方程，因此以矩阵形式书写整个方程组是很方便的。令 $\bar{\pi} = (\pi(1) \cdots \pi(n))^{\mathrm{T}}$ 是表示所有结点的稳态概率的 n 维列向量，并且令 $\bar{e}$ 为所有值为 1 的 n 维列向量。方程组可以以矩阵形式重写如下：

$$\bar{\pi} = \alpha \bar{e}/n + (1-\alpha) \boldsymbol{P}^{\mathrm{T}} \bar{\pi} \tag{10-2}$$

右侧的第一项对应于传递，第二项对应于来自 $\bar{\pi}$ 一个入链结点的直接转换。另外，由于向量 $\bar{\pi}$ 表示概率，所以其分量 $\sum_{i=1}^{n} \pi(i)$ 之和必须等于 1。

$$\sum_{i=1}^{n} \pi(i) = 1 \tag{10-3}$$

注意，这是一个可以使用迭代法很容易解决的线性方程组。该算法通过初始化 $\bar{\pi}^{(0)} = \bar{e}/n$ 作为开始，并通过重复以下迭代步骤从 $\bar{\pi}^{(t)}$ 导出 $\bar{\pi}^{(t+1)}$：

$$\bar{\pi}^{(t+1)} \Leftarrow \alpha \bar{e}/n + (1-\alpha) \boldsymbol{P}^{\mathrm{T}} \bar{\pi}^{(t)} \tag{10-4}$$

每次迭代后，$\bar{\pi}^{(t+1)}$ 的项通过将它们缩放为 1 来归一化。这些步骤被重复执行直到 $\bar{\pi}^{(t+1)}$ 和 $\bar{\pi}^{(t)}$ 之间的差是一个小于用户定义的阈值的向量。这种方法也被称为幂迭代法。

⊖ 实现这一目标的一个替代方法是通过将现有的边转换概率乘以因子 $(1-\alpha)$ 来修改 G，然后将 α/n 加到 G 中的每对结点间的转换概率上。结果就是，G 将成为每对结点之间存在双向边的有向团。这种强连接的马尔可夫链具有独特的稳态概率。所得到的图可以被视为一条马尔可夫链，而不必单独考虑转移分量。这个模型等同于本章的讨论。

PageRank 值可以表示为特征值为 1 的随机转移矩阵 P（的修改版本）的最大左特征向量$^{\ominus}$的 n 个分量。对随机转移矩阵的修改直接包含了在转移矩阵中的重启效果，方法是在每对结点之间添加"重启动"边。

10.2.2 个性化 PageRank

个性化 PageRank 的概念在网页推荐系统中也被称为主题敏感 PageRank。虽然 Page-Rank 是根据链接结构找到流行结点的一个很好的机制，但它对于寻找与特定用户的兴趣相匹配的物品几乎没有什么用。个性化 PageRank 的概念旨在找到流行的结点，这些结点也类似于网络中的特定结点。例如，考虑诸如 Flickr 的信息网络，其中结点可以是用户、图像描述或图像。我们希望利用网络结构来向特定用户推荐网络中的流行内容。然而，个性化地将流行内容推荐给当前用户是很重要的。那么我们如何推荐特定图像或特定用户，或反之亦然？这里的关键是要明白，传递机制提供了一种向特定结点随机游走的方法。

这种方法的另一个应用是网络推荐系统，该推荐系统在排序过程中对一些主题给予了比其他主题更多的权重。个性化在大规模商业搜索引擎中较少见，而更常见的是小规模的特定网站的搜索应用。通常，用户可能对某些主题的组合更感兴趣。由于用户的注册，对这种兴趣的了解可能由个性化搜索引擎提供。例如，一位特定的用户可能对汽车的主题更感兴趣。因此，当对该用户的查询进行响应时，我们期望对与汽车相关的页面进行更高的排序。这也可以视为排序值的个性化。那么这将如何实现呢？

考虑一个网络推荐系统，用户可以在其中表达对特定主题的兴趣。第一步是修改基础主题列表，并确定每个主题的高质量页面样本。这可以通过使用诸如（Open Directory Project）（ODP）$^{\ominus}$等资源来实现，其可以为每个主题提供一个主题的基本列表和示例网页。现在修改了 PageRank 的公式，因此只能在网页文档的这个示例集上而不是在网页文档的整个空间上执行传递。

令 $\bar{e}_p$ 为每个页面的一元 n 维个性化（列）向量。如果该页面包含在样本集中，则 $\bar{e}_p$ 中的项取值为 1，否则为 0。$\bar{e}_p$ 中的非零项的数目由 n_p 表示。然后，PageRank 公式（10-2）可以修改如下：

$$\bar{\pi} = \alpha \overline{e_p}/n_p + (1-\alpha) P^{\mathrm{T}} \bar{\pi} \tag{10-5}$$

可以使用相同的幂迭代法来解决个性化 PageRank 问题。选择性传递偏向随机游走，使得样本页面中结构化位置的页面排名更高。只要页面样本是网络图不同（结构）位置的良好代表，其中网络图中存在具有特定主题的网页，则这种方法将会很好地运行。因此，对于每个不同的主题，可以预先计算和存储单独的 PageRank 向量以供查询使用。α 的选择调节了主题标准与流行标准之间的平衡。较大的 α 值会使该方法更具主题敏感，而较小的 α 值将使该方法对网络的结构更加敏感。

考虑用户已经对一些主题的特定组合表现出兴趣的情况，如运动与汽车。显然，可能的兴趣组合的数量可以非常大，并且不可能或没必要预先存储每个个性化的 PageRank 向量。在这种情况下，只有基本主题的 PageRank 向量会被计算。该用户最终得到的结果被定义为特定主题的 PageRank 向量的加权线性组合，其中权重由用户在不同主题中指定的兴趣定义。

$\ominus$ P 的左特征向量 $\overline{X}$ 是满足 $\overline{X}P = \lambda\overline{X}$ 的行向量。右特征向量 $\overline{Y}$ 是满足 $P\overline{Y} = \lambda\overline{Y}$ 的列向量。对于不对称矩阵，左右特征向量不相同。然而，特征值总是相同的。未经限定的"特征向量"默认指右特征向量。

$\ominus$ http://www.dmoz.org

个性化 PageRank 方法可以被视为一种方法，其基于结点对于重启结点的结构相似度和结点对于其他结点的绝对连接度，向结点提供相似度分数。对这些因素的精确重要性取决于 α 的值。然而，这个控制是有限制的。选择非常大的 α 值，同时也失去了该方法计算在重启结点适度距离上的结点相似度的敏感度，只有重启结点才能接收到大部分的概率。在某些情况下，我们希望以更有意义的方式消除流行程度的影响，使数字的量只反映相似程度。减少流行程度的影响的一种方法是执行标准的 PageRank，并从个性化的 PageRank 中将其减去。通过这样做，排序值可以是正的或负的，以反映出相对相似性或不相似性。0 值将被认为是盈亏平衡点。这种方法与 FolkRank 方法有关，FolkRank 方法通常用于社交标签应用（参见第 11 章 11.4.4.2 节）。

10.2.3　基于近邻的方法应用

值得注意的是，个性化 PageRank 方法的传递机制增加了在结构上更接近执行重启结点的结点的排名。该属性在定义网络中结点的近邻时特别有用。当使用个性化 PageRank 算法时，返回的近邻在它们的引用排序上的质量也将更高。质量与局部特异性之间的权衡可通过修改重启概率来调节。近邻发现的基本问题如下：

给定图 $G=(N, A)$ 的目标结点 i_q 和结点 $S \subseteq N$ 的子集，按照与 i_q 相似度的顺序对 S 中的结点进行排序。

这样的一个查询在推荐系统中非常有用，其中用户和物品以偏好的二分图形式排布，其中结点对应于用户和物品，边对应于偏好。结点 i_q 可以对应于一个物品结点，并且集合 S 可以对应于用户结点。或者，结点 i_q 可以对应于一个用户结点，集合 S 可以对应于物品结点。使用个性化 PageRank 方法将在本章的后面部分和下一章中讨论。推荐系统与搜索密切相关，因为推荐系统也对目标对象进行排序，但是需要在考虑用户偏好的情况下进行。

这个问题可以看作是话题敏感 PageRank 的一个极限情况，其中对单个结点 i_q 执行传递。因此，个性化 PageRank 的公式（10-5）可以通过使用传递向量 $\bar{e}_p = \bar{e}_q$ 直接适用于此，该向量为一个全 0 的向量，除了对应于结点 i_q 的单个 1 之外。此外，此情况下 n_p 的值设置为 1。

$$\bar{\pi} = \alpha \bar{e}_q + (1-\alpha) \boldsymbol{P}^{\mathrm{T}} \bar{\pi} \tag{10-6}$$

上述等式的解决方案将为 i_q 结构位置中的结点提供较高的排名值。相似性的这种定义是不对称的，因为从查询结点 i 开始分配给结点 j 的相似度值不同于从查询结点 j 开始分配给结点 i 的相似度值。这种非对称的相似性度量适用于以查询为中心的应用程序，如搜索引擎和推荐系统。在典型的协同过滤应用中，会尝试确定目标用户或物品的近邻。在这些近邻被发现之后，可以根据这些结点的内容属性来提供推荐。这种方法可以用于在传统社交网络中进行推荐，或者用于在传统协同过滤应用的网络模型中查找近邻。下面我们来讨论这两种情况。如上一节末尾所述，人们可以通过从个性化 PageRank 计算中减去无偏差的 PageRank 值来消除与流行度有关的影响（如果需要）。这种方法，也称 FolkRank，也在第 11 章 11.4.4.2 节中有更详细的讨论。

10.2.3.1　社交网络推荐

考虑基础网络是社交网络的情况，其中用户明确地指定了兴趣，而链接代表友谊关系。在这种情况下，为了达到推荐的目的，可能需要利用用户的近邻的资料。可以使用个性化的 PageRank 算法在社交网络中发现一个用户的近邻，该算法在该用户结点处重新启动。可以根据指定的关键词、喜欢或明确指定的评分来检索近邻的社交资料。可以聚合目标结点附近的社交资料，并且可以将这些资料中最受欢迎的物品推荐给目标结点。因此，这种方法可以被看作是一种混合的推荐系统，其中的结构化数据用于确定近邻，而用户指定的兴趣用于做出最终的推荐。

这种方法应用了社交网络中的同质性概念。基本思想是社交网络中的连接在一起的用户通常具有相似的属性。因此，可以利用用户近邻的属性、资料和评分来做推荐。这个问题与集合分类问题密切相关，这在本章 10.3 节中有所讨论。在集合分类中，使用机器学习模型实现了相同的目标。有趣的是，随机游走算法是集合分类模型中最常用的方法之一。这是因为个性化 PageRank 方法天生就是被设计用于查找与网络中预先指定的结点的类似结点。这些预先指定的结点是集合分类算法中的训练数据。

10.2.3.2 异构社交媒体中的个性化

个性化 PageRank 方法可用于确定与网络中的特定结点或查询相关的流行内容。这种情况在各种形式的内容推荐、产品推荐或问答系统的情境中是很常见的，在这些情境中，一条查询的相关结点自然地嵌入在一个链接的网络结构中[16,81,602,640,663]。在异构社交媒体中，相同的网络可能包含用户、媒体内容和文字描述。这种情况的一个例子是 Flickr 网络[700]，其中用户、结点和文本内容与各种类型的链接相连。图 10-2 中展示了一个具有文本、用户和图像的异构社交网络的概念图。个性化 PageRank 方法可用于确定与特定查询和用户相关的高排名的结点。这些方法的主要思想是，高质量的用户和内容在网络结构中会自然地连接在一起。这个概念类似于 PageRank 算法所使用的原理。因此，通过使用底层连接结构的互增强的性质，可以同时发现相关用户和内容。同时，由于结果可能会针对特定用户或查询进行调整，因此需要使用个性化排序法。需要着重注意的是，对这种网络的查询可以是通用的，并且可以包括社交（角色）、关键词和内容信息的任意组合。同样，也可以从这些不同模式中的任何一个（或多个）来提供推荐。

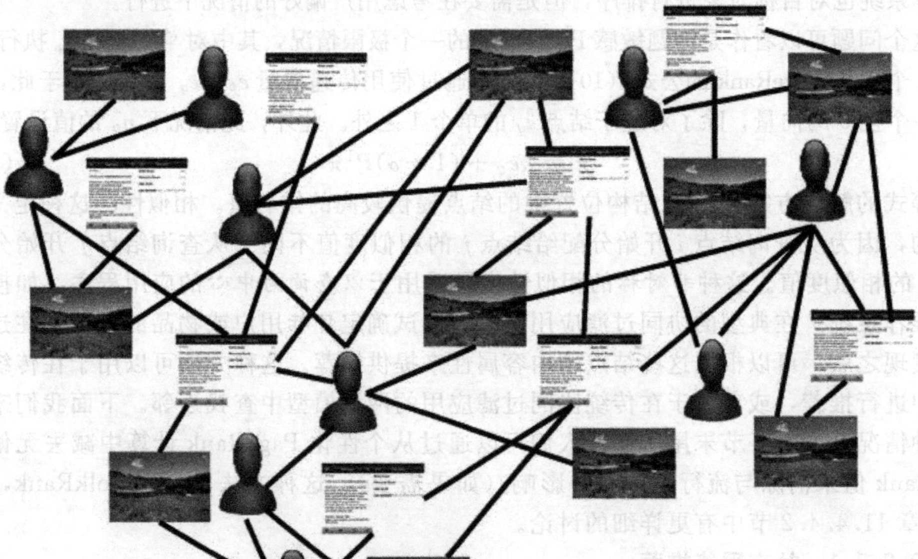

图 10-2　包含用户、图像和文本的异构社交媒体网络

一个被称为 SocialRank 的异构排序方法[602]被设计用来响应用户查询的个性化推荐。例如，考虑用户在社交媒体网络（如 Flickr）中输入关键词"鸟"的场景，目的是为了确

定其感兴趣的图像。个性化 PageRank 机制可以用于这种情况中，其包含该关键词的文本结点被给予了更大的权重以达到传递的目的。此外，如果需要，也可以为特定的用户结点分配更大的权重，以便在结点附近偏移随机游走。传递概率 α 的选择调节了给予在个性化过程的重要度和网络中特定结点的基于引用的流行度之间的权衡。

在异构网络中使用该方法的主要挑战是，如果存在明显较大数量的结点，则一个网络的特定模式（例如，用户、图像或文本）可以压倒性地控制整个排序过程。这在许多实际设置中特别常见。因此，以每种模式从其他模式获取提示的方式执行排序过程是很重要的，但是每类对象的排序过程都是独自分开进行的。因此，在［602］中使用一种迭代的方法，其中在每种模式中执行单独的排序过程，然后使用来自其他模式的排名来修改每种模式的下一次迭代中的相似矩阵。因此，该方法开始于在每个模式中构造结点到结点的相似矩阵，并使用以下两步进行迭代并直到收敛：

1）分别使用 PageRank 在每种模式（例如，文本、图像、角色）中的相似矩阵上创建每个结点的排名。

2）使用排名来重新调整相似矩阵。如果一对结点在不同模式下都与相同的结点或高度互连通的高排名结点相连，那么这对结点之间的相似度就会增加。

读者应参考［602］第二步中关于重新调整相似矩阵的细节。［602］已经展示了这种方法可以通过更加重视潜在的社交线索来产生个性化的排序结果。

318

10.2.3.3　传统的协同过滤

个性化 PageRank 方法还可用于在传统协同过滤应用程序中发现用户-物品图或用户-用户图中的近邻。在第 2 章 2.7 节中讨论了对图模型在传统协同过滤应用中的使用。根据评分矩阵中指定的元素来构建无向的用户-物品图。第 2 章的例子如图 10-3 所示。通过从给定用户开始执行的随机游走，可以发现其附近的其他用户。这是个性化 PageRank 方法的直接应用。如果需要，可以减去结点的无偏差的 PageRank，以消除上述讨论中的流行度所造成的影响。在发现用户近邻之后，可以使用近邻的已知评分进行预测。第 2 章 2.7 节更详细地讨论了从评分矩阵来构建用户-物品图的方法。

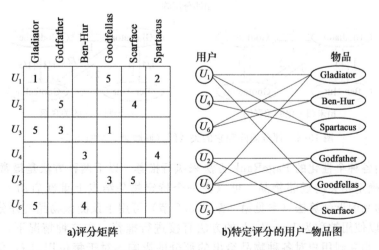

a)评分矩阵　　　　　　　b)特定评分的用户-物品图

图 10-3　评分矩阵和对应的用户-物品图（回顾第 2 章的图 2-3）

除了用户-物品图，还可以使用用户-用户图或物品-物品图。在下文中，我们将描述物品-物品图的使用。其与用户-用户图的情况类似。物品-物品图也被称为关联图[232]，

因为它定义了物品之间的关联。在这种情况下，构造加权的有向网络 $G=(N, A)$，其中 N 中的每个结点对应于一个物品，并且 A 中的每条边对应于物品之间的关系。权重 w_{ij} 与每条边 (i, j) 相关联。如果物品 i 和 j 已被至少一位用户评分，则网络中存在有向边 (i, j) 和 (j, i)。否则，结点 i 和 j 之间不存在边。然而，有向网络是不对称的，因为边 (i, j) 的权重不一定与边 (j, i) 的权重相同。令 U_i 是对物品 i 指定评分的用户集合，U_j 是对物品 j 指定评分的用户集合。边 (i, j) 的权重设置如下。首先，将边 (i, j) 的权重 w_{ij} 设为 $|U_i \cap U_j|$。然后，边的权重被归一化，这样使得结点的出边的权重之和等于 1。这个归一化步骤会导致不对称的权重，因为权重 w_{ij} 和 w_{ji} 中的每一个都除以了不同的量。该结果在一个图中，其中边的权重对应于随机游走的概率。图 10-4 中示出了一个评分矩阵的关联图的例子。很明显，由于对转换概率的权重进行缩放，经过归一化的关联图的权重不是对称的。此外，值得注意的是，在关联图的构造中没有使用评分值。而仅仅使用了两个物品之间相互指定的共同评分的数量。有时我们不希望在创建关联图中忽略掉评分。当然，也可以以其他方式定义关联图，例如使用余弦函数，在其中也使用了评分。

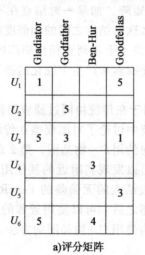

a) 评分矩阵

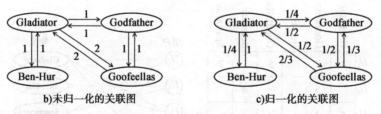

b) 未归一化的关联图　　　　　　c) 归一化的关联图

图 10-4　评分矩阵和它的关联图（回顾第 2 章的图 2-5）

可以使用各种个性化的 PageRank 方法来执行推荐。以下两种方法是最常用的：

1）为了确定相关的近邻物品，可以在一个特定物品结点上重新启动一个随机游走。传统的基于物品的近邻算法（参见第 2 章 2.3.2 节）可用于预测该物品的评分。

2）还可以使用被称为 ItemRank 的方法直接进行推荐。在这种情况下，PageRank 偏差向量会进一步受到用户对各种物品给出的评分的影响。对于每位用户 i，使用一个不同的 PageRank 重启向量。因此，PageRank 的方程组特定于用户 i，需要 m 次解该方程组，以确定所有用户的偏好。然而实际上通常希望为指定的用户做出推荐；因此，方程组只需要解一次。对于关联图中的每个结点（物品）j，重启概率被设置为与用户 i 对物品 j 的评

分 r_{ij} 成比例。在不同结点上的 PageRank 值会产生用户 i 对每个物品的偏好。返回前 k 个值作为相应的推荐结果。

对 ItemRank 方法的主要批评是，其仍然重视那些通过重启用户已指定评分的每个结点的得分很差的结点。一般来说，只有在用户提供了正评分而不是用户同时提供了正和负评分的结点上重新启动才有意义。排序方法在一元评分的背景下特别有效，其中有一种机制来指定一件物品的喜好，但没有可以指定不喜欢的机制。在这种情况下，ItemRank 方法将会非常有效。

10.2.4 SimRank

在某些应用中，需要结点之间的对称成对相似性。虽然可以通过反向平均两个敏感主题的 PageRank 值来创建一个对称的方法，但 SimRank 方法提供了一个优雅直观的解决方案。该方法可用于确定特定查询结点的有声誉的近邻。SimRank 的概念被定义为计算结点之间的结构相似性。SimRank 确定了结点之间的对称相似性。换句话说，结点 i 和 j 之间的相似度与 j 和 i 之间的相似度是相同的。显然，这种方法只适用于无向网络。

SimRank 方法的工作原理如下。令 $\text{In}(i)$ 表示 i 的入链结点。SimRank 方程可以自然地以递归的方式定义如下：

$$\text{SimRank}(i,j) = \frac{C}{|\text{In}(i)| \cdot |\text{In}(j)|} \sum_{p \in \text{In}(i)} \sum_{q \in \text{In}(j)} \text{SimRank}(p,q) \qquad (10\text{-}7)$$

这里的 C 是（0，1）中的一个常数，其可以看作是递归的一种衰减率。作为边界条件，当 $i=j$ 时，$\text{SimRank}(i, j)$ 的值被设置为 1。当 i 或 j 没有入链结点时，$\text{SimRank}(i, j)$ 的值被设置为 0。为了计算 SimRank，使用迭代的方法。如果 $i=j$，$\text{SimRank}(i, j)$ 的值被初始化为 1，否则为 0。该算法随后更新所有结点对之间的 SimRank 值，迭代地使用公式（10-7）直到达到收敛为止。

SimRank 的概念在随机游走方面有一个有趣的直观解释。考虑两个随机冲浪，从结点 i 和结点 j 向后遍历直到它们相遇。它们中的每一个采取的步数是随机变量 $L(i, j)$。然后，$\text{SimRank}(i, j)$ 可以被证明为等于 $C^{L(i,j)}$ 的期望值。衰减常量 C 用于将长度为 l 的随机行走映射到相似度值 C^l 上。请注意，由于 $C<1$，较小的距离将导致更高的相似度，较大的距离将导致较低的相似度。

SimRank 方法的一个缺点是从每个用户到公共结点的路径必须具有相同的长度。因此，当到公共结点不存在长度相同的路径时，两个直接相连的结点之间的 SimRank 值可能为 0。当在一对相连结点之间仅出现奇数长度的路径时，这才可能发生。例如，在图 10-5 中，结点 A 和 B 仅通过长度为 3 的路径相连。因此，即使这些结点连接良好，结点 A 和结点 B 之间的 SimRank 值始终为 0。另一方面，即使结点 A 和 C 没有很好地连接，结点 A 和 C 之间的 SimRank 值也不是 0。因此，了解不适用 SimRank 方法情况很重要⊖。例如，一个用户和物品结点之间的 SimRank 值在二分的用户-物品图中将始终为

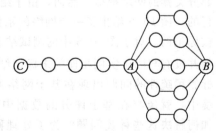

图 10-5 SimRank 的一个不理想情况

⊖ 可以通过进行微小的修改来在一定程度上改善这个问题，如对图添加自循环。然而，这种方法不是原始 SimRank 算法的正式部分。

0。这是因为用户和物品结点之间的所有路径都是奇数长度。另外，SimRank 方法可用于于有效地计算用户对之间或物品对之间的相似度。因此，通过计算用户同类群体或物品同类群体，该方法可以在传统协同过滤应用中的基于近邻的方法中使用。

10.2.5　搜索与推荐的关系

　　本节的讨论展示了搜索和推荐的两个问题之间的密切关系。这两个问题的主要区别在于个性化方面。当用户在 Google 搜索引擎上搜索文档时，他们不一定会期望找到根据自己喜好而量身定制的结果。他们唯一的希望是看到为搜索短语而量身定制的高质量内容。然而，在个性化搜索应用中，用户期望发现他们将会喜欢的新内容。一些应用程序，如 Google 新闻，都有个性化和非个性化搜索两个版本。主要区别在于后者与以前的用户行为无关，而前者直接将用户兴趣纳入搜索过程中。然而即使在个性化应用中，搜索算法的目标也是被期望的。例如，搜索结果相关性和质量在这两种情况下都很重要。这就是为什么在排序过程中的两种情况下，需要使用随机游走算法的许多变体的原因。事实上，近年来，搜索和推荐的问题越来越一体化。例如，Google 的搜索结果可能通常取决于用户的位置或浏览历史记录，具体取决于⊖其浏览器的设置或 Google 账户的登录状态。

10.3　使用集合分类的推荐

　　集合分类法对于将内容纳入推荐过程特别有效。例如，考虑一个社交网络应用的情况，其中高尔夫设备制造商希望确定对“高尔夫”感兴趣的所有个人。假设制造商可能已经有一些对高尔夫感兴趣的个体的样例。这可以通过社交网络中的一些机制来实现，例如利用用户的画像，或者是脸书上与高尔夫相关的帖子中点“喜欢”按钮的信息。此外，在某些情况下，如果客户的反馈是可用的，则制造商是可以拥有网络中的对各种结点喜欢或不喜欢的信息的。可以使用标签来指定网络中的这些特定角色的类别。因此，结点的子集与标签相关联。需要使用这些标签作为训练数据来确定未被指定的其他结点的标签。假设对于标记结点，标签的索引来自 $\{1\cdots r\}$。与协同过滤问题一样，这也是一个不完整的数据估计问题，只是它是在网络结构的上下文中完成的。

　　解决这个问题的方法取决于同质性的概念。这个概念可以被看作是使用了近邻的社交网络模拟。这种模式的解决方案在很大程度上取决于同质性的概念。由于具有相似属性的结点通常是连接在一起的，因此假设结点标签也是如此。这个问题的一个简单的解决方案是检查在一个给定结点附近的 k 个标记结点并报告大多数标签。实际上，这种方法是最近邻分类器的网络模拟。然而，由于结点标签的稀疏性，这种方法通常在集合分类中是不可行的。图 10-6 给出了一个网络的示例，其中两个类别被标记为 A 和 B。剩下的结点是未被标记的。对于图 10-6 中的测试结点来说，很明显，它一般更接近网络结构中 A 的实例，但并没有与测试实例相连的未标记结点。因此，标签稀疏性的问题出现在基于网络的预测的情境中，就像与在基于评分的数据中情况一样。如何解决这些稀疏问题？为了处理稀疏性，不仅要使用与标记结点的直接连接，还要使用通过未标记结点的间接连接。在本章中，我们将简

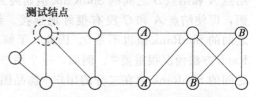

图 10-6　在集合分类中标注稀疏问题

⊖　http://googleblog.blogspot.com/2009/12/personalized-search-for-everyone.html

要讨论两种算法，其中之一是迭代分类算法，另一种是基于随机游走的方法。

10.3.1　迭代分类算法

迭代分类算法（ICA）是文献记载中最早的分类算法之一，且已被应用于各种各样的数据域。考虑从一个（无向）网络 $G=(N, A)$，其中类标签属于 $\{1 \cdots r\}$。每条边 $(i, j) \in A$ 与权重 w_{ij} 相关联。此外，内容 $\overline{X_i}$ 可以在结点 i 处以多维特征向量的形式存在。结点总数由 n 表示，其中 n_t 结点是未标记的测试结点。

ICA 算法的一个重要步骤是除了 $\overline{X_i}$ 中可用的内容特征之外，还派生出一组链接特征。最重要的链接特征对应于结点近邻中类的分布。因此，为每个类生成一个特征，其中包含属于该类的事件结点的一部分。对于每个结点 i，其相邻结点 j 用 w_{ij} 来加权，以计算其相关类别的信誉。原则上，还可以基于图的结构化属性得出其他的链接特征，例如结点的度、PageRank 值、涉及结点的闭合三角形数量或连接特征。这种链接特征可以通过对基于对网络数据集的特定应用的理解而得到。

基本迭代分类算法被构造为一个元算法。在一个迭代框架内使用一个基本分类器 $\mathcal{A}$。许多不同的基本分类器已被用于不同的实现中，例如朴素贝叶斯分类器、逻辑回归分类器和近邻投票分类器。主要的需求是这些分类器应该能够输出一个数字分数来量化一个结点属于特定类的可能性。虽然框架独立于分类器的特定选择，但朴素贝叶斯分类器的使用是特别常见的，因为它的数值分数可以作为概率的解释。因此，以下的讨论将假定算法 $\mathcal{A}$ 被实例化为朴素贝叶斯分类器。

链接和内容特征用于训练朴素贝叶斯分类器。对于许多结点来说，难以健壮地估计重要的特定类别的特征，例如在其近邻中不同类别的部分存在。这是标签稀疏的直接结果，它使得对这些结点的类预测变得不可靠。因此，迭代方法用于扩展训练数据集。在每次迭代中，n_t/T（测试）结点标签通过该方法"确定"，其中 T 是一个用来控制最大迭代次数的用户自定义参数。选择贝叶斯分类器给出最高的类成员概率的测试结点作为最终结果。这些标记的测试结点可以添加到训练数据中，并且通过使用扩展的训练数据集再次提取链接特征使分类器得到再训练。重复该方法，直到所有结点的标签都已完成。因为 n_t/T 结点的标签在每个迭代中都被完成，所以整个过程完全以 T 次迭代结束。整段伪代码如图 10-7 所示。

324

Algorithm ICA(Graph $G = (N, A)$, Weights: $[w_{ij}]$, Node Class Labels: $\mathcal{C}$,
　　　　　　Base Classifier: $\mathcal{A}$, Number of Iterations: T)
begin
　repeat
　　Extract link features at each node with current training data;
　　Train classifier $\mathcal{A}$ using both link and content features of
　　　current training data and predict labels of test nodes;
　　Make (predicted) labels of most "certain" n_t/T
　　　test nodes final, and add these nodes to training
　　　data, while removing them from test data;
　until T iterations;
end

图 10-7　迭代分类算法

迭代分类算法的一个优点是可以在分类过程中无缝使用内容和结构。例如，如果一个结点包含了与其他相关产品中的兴趣相对应的特征，则这些特征也可以用于标记过程。分类器可以使用现成的特征选择算法来自动选择最相关的特征。另一方面，由于增加了非正确标签的训练示例，迭代分类的早期阶段的错误可以在后期阶段中传播和增加。这会增加噪声训练数据集中的累积误差。

10.3.2 使用随机游走的标签传播

标签传播法直接在无向网络结构 $G=(N, A)$ 上使用随机游走。边 (i, j) 的权重由 $w_{ij}=w_{ji}$ 表示。为了对未标记结点 i 进行分类，从结点 i 开始执行随机游走，并在遇到的第一个标记结点处终止。随机游走获得最高概率的类被作为结点 i 的预测标签。这种方法的直觉是，行走更有可能在结点 i 附近的标记结点处终止。因此，当一个特定类的许多结点位于其附近时，结点 i 更可能被标记为该类。

一个重要的假设是图必须是标签连通的。换句话说，每个未标记的结点需要能够在随机游走中到达一个标记结点。对于无向图 $G=(N, A)$，这意味着图的每个连通分量都需要包含至少一个标记的结点。在下面的讨论中，将假设图 $G=(N, A)$ 是无向的并且是标签连通的。

第一步是对随机游走进行建模，使得其始终在首次到达标记结点时终止。这可以通过从标记的结点中删除出边并用自循环来替换它们来实现。此外，为了使用随机游走方法，我们需要用一个 $n \times n$ 的转换矩阵 $P=[p_{ij}]$ 将无向图 $G=(N, A)$ 转换为有向图 $G'=(N, A')$。对于每个无向边 $(i, j) \in A$，将有向边 (i, j) 和 (j, i) 加到相应结点之间的 A' 上。边 (i, j) 的转换概率 p_{ij} 定义如下：

$$p_{ij} = \frac{w_{ij}}{\sum\limits_{k=1}^{n} w_{ik}} \tag{10-8}$$

边 (j, i) 的转换概率 p_{ji} 定义如下：

$$p_{ji} = \frac{w_{ji}}{\sum\limits_{k=1}^{n} w_{jk}} \tag{10-9}$$

例如，从图 10-6 的无向图所创造的有向转换图如图 10-8 所示。

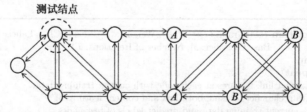

图 10-8 在图 10-6 的无向图基础上构建有向转换图

通过使用这个转换图，各种随机游走的方法对于传播标签都是可行的。考虑标签属于 $\{1 \cdots k\}$ 的情况。该想法是执行 k 次个性化 PageRank 算法，其中第 c 次执行的个性化向量在属于第 c 类的标记结点处重新启动。每个特定类的个性化 PageRank 的概率与该类的先验概率相乘，或等价于该类中标记的训练结点的数量。对于每个结点，报告产生最高（优先的）个性化 PageRank 概率的类索引。

10.3.3　社交网络中协同过滤的适用性

集合分类技术也可用于社交网络用户的协同过滤。考虑一个场景，我们现在有不同用户对各种产品的评分数据。此外，我们还有与各种用户的社交关系对应的数据。因此，这个问题可以看作是传统协同过滤问题的泛化。在这种情况下，用于协同过滤的纯基于近邻的算法将会考虑到评分的相似性，但不会考虑不同用户的同质性。显然，为了进行协同过滤，考虑在用户之间进行同质性是有利的。如第 1 章和第 3 章所述，协同过滤方法是传统分类问题的泛化。即使在社交网络设置中，这种类比仍然是真实的。

可以使用集合分类法轻松处理这个问题的某些版本。考虑到评分是一元的情况，其中用户有一种机制来指定对一个物品的喜欢，但没有指定不喜欢的机制。在这种情况下，一个产品的喜欢规范可以作为在该结点上的关键词。一个结点的标签由感兴趣的特定产品定义。其他产品的标签被视为以内容为中心的关键词。现在问题降低为结点内容的集合分类的问题。该问题的这种变化可以通过 ICA 算法很容易地处理。

在评分不是一元的情况下，该问题可以被模拟为多标签集合分类问题，其中每个产品的评分被视为单独的标签[306]。当可能的评分数量很小时，每个评分的值都可以被视为离散值。由于所有物品都是一次性处理的，因此单个结点可能具有与各种物品的评分相对应的多个结点。目标是使用结点上的特定评分与网络结构一起预测各种物品的评分值。在这种情况下，可以直接应用 [306] 中的技术。

10.4　推荐好友：链接预测

在许多社交网络中，我们希望预测网络中结点对之间的未来链接。例如，商业社交网络（如脸书）通常会推荐用户作为潜在的朋友。正如我们将在后面看到的，这种方法也直接适用于协同过滤技术。在本节中，我们将讨论各种常用于链接预测的技术。

326

10.4.1　基于近邻的方法

基于近邻的方法以不同的方式使用一对结点 i 和 j 之间的公共邻居的数量来量化未来它们之间的一条链接的可能性。例如，在图 10-9a 中，Alice 和 Bob 共享 4 个公共的邻居。因此，推测他们之间可能会形成一个链接是合理的。除了他们的共同邻居，他们也有各自的不相交的邻居集。有很多不同的方法来规范化基于近邻的方法，以解释不同邻居的数量和相对重要性。这些将在下面讨论。

定义 10.4.1（公共邻居度量）　结点 i 和 j 之间的公共邻居度量等于结点 i 和 j 之间的公共邻居数。换句话说，如果 S_i 是结点 i 的邻居集合，并且 S_j 是结点 j 的邻居集合，则公共邻居度量被定义如下：

$$\text{CommonNeighbors}(i,j) = |S_i \bigcap S_j| \tag{10-10}$$

公共邻居度量的主要缺点是，与其他连接的数量相比，它并不考虑结点之间的公共邻居的相对数量。在图 10-9a 的例子中，Alice 和 Bob 各自具有相对较小的结点度。考虑一种不同的情况，其中 Alice 和 Bob 是垃圾邮件制造者或是与大量其他演员相关的非常受欢迎的公众人物。在这种情况下，Alice 和 Bob 可能很轻易地拥有很多共同的邻居，只是偶然地讲。Jaccard 度量被设计为对不同程度的分布进行归一化。

定义 10.4.2（Jaccard 度量）　结点 i 和 j 之间的基于 Jaccard 的链接预测度量分别等于它们的邻居集 S_i 和 S_j 之间的 Jaccard 系数。

$$\text{JaccardPredict}(i,j) = \frac{|S_i \bigcap S_j|}{|S_i \bigcup S_j|} \qquad (10\text{-}11)$$

图 10-9a 中的 Alice 和 Bob 之间的 Jaccard 度量是 4/9。如果 Alice 或 Bob 的度增加，它们之间的 Jaccard 系数就会降低。因为结点的幂律分布，这种归一化是很重要的。

Jaccard 度量对于进行链接预测的结点的度的变化进行更好的调整。然而，它不能很好地适应其中间邻居的度。例如，在图 10-9a 中，Alice 和 Bob 的公共邻居是 Jack、John、Jill 和 Mary。然而，所有这些公共的邻居可能是具有高度数的非常受欢迎的公众人物。因此，这些结点在统计学上更可能成为许多结点对的公共邻居。这使得它们在链接预测的度量中不那么重要。Adamic-Adar 测量旨在说明不同的公共邻居的不同重要性。它可以被视为公共邻居测量的加权版本，其中一个公共邻居的权重是其结点度的一个递减函数。在 Adamic-Adar 测量的情况下使用的典型函数是反对数。在这种情况下，具有索引 k 的公共邻居的权重被设置为 $1/\log(|S_k|)$，其中 S_k 是结点 k 的邻居集合。

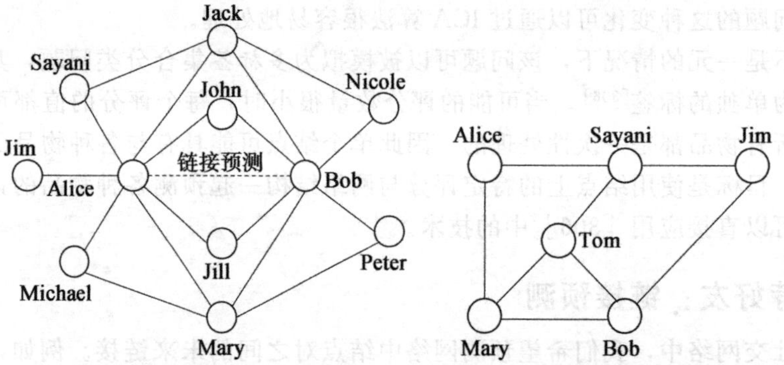

a)Alice和Bob之间的许多公共邻居   b)Alice和Bob之间的许多间接连接

图 10-9 不同链接预测度量的多种效果举例

定义 10.4.3（Adamic-Adar 度量） 结点 i 和 j 之间的公共邻居度量等于结点 i 和 j 之间公共邻居的加权数。结点 k 的权值被定义为 $1/\log(|S_k|)$。

$$\text{AdamicAdar}(i,j) = \sum_{k \in S_i \bigcap S_j} \frac{1}{\log(|S_k|)} \qquad (10\text{-}12)$$

对数的基数在之前的定义中无关紧要，只要为所有对结点都选择一致的值即可。在图 10-9a 中，Alice 和 Bob 之间的 Adamic-Adar 度量是 $\frac{1}{\log(4)} + \frac{1}{\log(2)} + \frac{1}{\log(2)} + \frac{1}{\log(4)} = \frac{3}{\log(2)}$。

10.4.2 Katz 度量

虽然基于近邻的度量在一对结点之间形成链接的可能性上提供了一个健壮的估计，但是当一对结点之间的公共邻居的数量很少时，这些度量不是很有效。例如，在图 10-9b 的情况下，Alice 和 Bob 共享同一个邻居。Alice 和 Jim 也共享一个邻居。因此在这些情况下，基于近邻的度量难以区分不同的成对预测的强度。然而，在这些情况下，通过更长的路径来看，似乎也存在着明显的间接连接。在这种情况下，基于行走的度量更为合适。通常用于测量链接预测强度的一个特定的基于行走的度量是 Katz 度量。

定义 10.4.4（Katz 度量） 令 $n_{ij}^{(t)}$ 是结点 i 和 j 之间长度 t 的行走的数量。对于用户定义的参数 $\beta < 1$，结点 i 和 j 之间的 Katz 度量定义如下：

$$\text{Katz}(i,j) = \sum_{t=1}^{\infty} \beta^t \cdot n_{ij}^{(t)} \qquad (10\text{-}13)$$

β 的值是一个折扣系数以弱化长的行走距离。对于足够小的 β 值，公式（10-13）的无限求和将会收敛。如果 A 是一个无向网络的对称邻接矩阵，则可以计算 $n \times n$ 成对的 Katz 系数矩阵 K 可被计算如下：

$$K = \sum_{i=1}^{\infty} (\beta A)^i = (I - \beta A)^{-1} - I \qquad (10-14)$$

A^k 的特征值是 A 的特征值的 k 次幂。β 的值应该总是选择为小于 A 的最大特征值的倒数，以确保无限求和的收敛。可以通过用图的权重矩阵替换 A 来计算该度量的加权版本。Katz 度量通常提供了出色的预测结果。

值得注意的是，结点 i 相对于其他结点的 Katz 系数的和被称为其 Katz 中心性。用来度量中心性的其他机制，如亲近度和 PageRank 也以一种修改后的方式用于链接预测。中心性和链接预测度量之间的这种关联是因为高度中心性的结点倾向于与许多结点形成链接。

10.4.3　基于随机游走的度量

基于随机游走的度量是一种定义结点对之间连通性的不同方式。两个属于此的度量是 PageRank 和 SimRank。这些方法在 10.2 节中有详细描述。

计算结点 i 和 j 之间的相似度的第一种方法是使用结点 j 的个性化 PageRank，其中在结点 i 上执行重新启动。该思想是，如果 j 是 i 的结构上的邻近，则当在结点 i 执行重启时，其将具有非常高的个性化 PageRank 度量值。这表明结点 i 和 j 之间的链接预测强度较高。个性化 PageRank 是结点 i 和 j 之间的非对称度量。因为本节的讨论针对的是无向图的情况，因此可以使用 PersonalizedPageRank(i, j) 和 PersonalizedPageRank(j, i) 的平均值。SimRank 度量的另一种可能性是其已经是一个对称的度量。该度量计算了一个通过两个随机冲浪向后移动以达到相同点所需的行走长度的反函数。报告作为链接预测度量的对应值。

10.4.4　作为分类问题的链接预测

上述方法是无监督的启发式的。对于一个给定的网络，其中的一个方法可能更有效，而另一个可能对不同的网络更有效。如何解决这个困境，并选择对于一个给定网络的最有效的方法？

通过将一对结点之间的一个链接的存在或不存在，作为二进制类别指示符来将链接预测问题视为分类问题。因此，可以为每对结点提取一条多维数据记录。这种多维记录的特征包括结点之间的所有不同的基于近邻、基于 Katz 或基于行走的相似性。此外，还使用了许多其他优先附加特征，例如该对结点中的每个结点的结点度。因此，对于每个结点对，构建一条多维数据记录。结果是一个正的未标记的分类问题，其中具有边的结点对是正面示例，其余的是未被标记的示例。未被标记的例子可以大致被视为用于训练的负面样本。因为在大型的和稀疏的网络中存在太多的负面样例，所以只使用一个负面例子的样本。因此，有监督的链接预测算法的工作原理如下所述：

1）训练阶段：生成一个多维数据集，其中为每对结点（结点之间有边）包含一条数据记录，并且结点对（结点之间无边）包含一组数据记录的样本。特征对应于所提取的结点对之间的相似性和结构特征。类标签是该结点对之间存在或不存在边。在数据上构建一个训练模型。

2）测试阶段：将每个测试结点对转换为一条多维记录。使用任何常规的多维分类器进行标签预测。

逻辑回归[22]是基本分类器的一种常用选择。由于基本分类问题的不平衡性质，通常使用各种分类器的成本敏感版本。

这种方法的一个优点是可以以无缝的方式使用内容特征。例如，可以使用一对结点之间的内容相似性。分类器将在训练过程中自动学习这些特征的相关性。此外，与许多链接预测方法不同的是，该方法还可以通过以不对称方式提取特征来处理有向网络。例如，可以使用入度和出度作为特征来代替使用结点的度。随机游走特征也可以以非对称的方式在有向网上定义，例如在结点 i 处重新启动以计算结点 j 的 PageRank 值，反之亦然。一般来说，有监督的模型更加灵活，因为它有能力学习各种类型的链接和特征之间的关系。

10.4.5 链接预测的矩阵分解

像协同过滤一样，链接预测法可以被视为具有隐式反馈矩阵的矩阵求解问题。令 A 为基图的 $n \times n$ 邻接矩阵。我们假设矩阵 A 是二值的，其中边的存在和不存在分别由 1 和 0 表示。注意，矩阵 A 对于有向图是不对称的，对于无向图是对称的。矩阵分解法可以以两种不同的方式使用，这取决于图是有向还是无向的。对于有向图，分解过程与协同过滤非常相似：

$$A \approx UV^{\mathrm{T}} \tag{10-15}$$

这里，A 是图的邻接矩阵。此外，$U = [u_{is}]$ 和 $V = [v_{js}]$ 都是大小为 $n \times k$ 的因子矩阵。在学习 U 和 V 之后，可以推荐在 UV^{T} 中具有最大预测权重的边。

矩阵 A 可以被看作是与隐式反馈矩阵相似，其中我们需要一组正和负元素的样本（参见第 3 章 3.6.6.2 节）。注意，我们可以使用矩阵 A 中的所有元素作为观察元素，但是当结点数 n 大时，这种方法的计算复杂度会很高。此外，邻接矩阵的稀疏性能够确保分解过程由不太重要的零元素控制。因此，我们仅使用矩阵中的一组"观察到的"元素样本。我们定义正、负元 S_P 和 S_N 如下：

$$S_P = \{(i,j) : a_{ij} \neq 0\}$$
$$S_N = \{(i,j) \text{ 的随机样本} : a_{ij} = 0\}$$

所有的正的元素都包括在内，因为它们是罕见的，因此非常有价值而不能被丢弃。然后，我们将 A 的"观察到的"元素定义为 $S = S_P \cup S_N$，用于优化过程。只有集合 S 用于训练，因此 S_N 的选择会对算法获得的结果有影响。S_P 和 S_N 的相对大小将控制这两种类型元素的相对重要性。注意，如果 S_N 被选择为等于矩阵中的所有零元，则分解将由零元控制进行，并且有可能不能在捕获所有重要边时奏效。在所有稀有类检测的问题中，两种类型的元素的差异重要性是适当的。例如，S_N 的大小可以设置为等于 S_P。

对于任何元素 $(i,j) \in S$，可以如下预测 $\hat{a}_{ij}$ 的值：

$$\hat{a}_{ij} = \sum_{s=1}^{k} u_{is} v_{js} \tag{10-16}$$

预测一个元素的误差已给出为 $e_{ij} = a_{ij} - \hat{a}_{ij}$。我们想在所有观察到的元素上最小化这个误差。正则化的目标函数如下给出：

$$
\begin{aligned}
\text{Minimize } J &= \frac{1}{2} \sum_{(i,j) \in S} e_{ij}^2 + \frac{\lambda}{2} \sum_{i=1}^{n} \sum_{s=1}^{k} u_{is}^2 + \frac{\lambda}{2} \sum_{j=1}^{n} \sum_{s=1}^{k} v_{js}^2 \\
&= \frac{1}{2} \sum_{(i,j) \in S} \left(a_{ij} - \sum_{s=1}^{k} u_{is} \cdot v_{js} \right)^2 + \frac{\lambda}{2} \sum_{i=1}^{n} \sum_{s=1}^{k} u_{is}^2 + \frac{\lambda}{2} \sum_{j=1}^{n} \sum_{s=1}^{k} v_{js}^2
\end{aligned}
$$

这里，λ 是正则化参数。值得注意的是，除了矩阵 A 是一个 $n \times n$ 方阵之外，这个目标函数实际上与第 3 章 3.6.4.2 节中讨论的相同。然而，解决方法和梯度下降更新完全相同。可以使用向量化的梯度下降（其中相对于所有元素上的误差计算梯度），或随机梯度下降（其中使用随机选择的边上的误差来随机逼近导数）。在常规的梯度下降中，矩阵 U 和 V 被随机初始化，并且对于 U 的每个元素 (i, q) 和 V 的每个元素 (j, q) 重复执行以下更新：

$$u_{iq} \Leftarrow u_{iq} - \alpha \frac{\partial J}{\partial u_{iq}} = u_{iq} + \alpha \Big(\sum_{j:(i,j) \in S} e_{ij} \cdot v_{jq} - \lambda \cdot u_{iq} \Big)$$

$$v_{jq} \Leftarrow v_{jq} - \alpha \frac{\partial J}{\partial v_{jq}} = v_{jq} + \alpha \Big(\sum_{i:(i,j) \in S} e_{ij} \cdot u_{iq} - \lambda \cdot v_{jq} \Big)$$

这里，$\alpha > 0$ 是学习率。可以在第 3 章图 3-8 的框架内执行这些更新。还可以使用稀疏矩阵运算来执行更新。

第一步是计算一个误差矩阵 $E = [e_{ij}]$，其中 E 的未被观察的元素（即不在 S 中的元素）被设置为 0。注意，E 是一个非常稀疏的矩阵，并且仅为观察到的元素 $(i, j) \in S$ 计算 e_{ij} 的值，同时使用一个稀疏的数据结构来存储该矩阵才有意义。随后，更新可以如下计算：

$$U \Leftarrow (1 - \alpha \cdot \lambda)U + \alpha EV$$

$$V \Leftarrow (1 - \alpha \cdot \lambda)V + \alpha E^{T}U$$

接下来，我们描述随机梯度下降。基本思想是关于由单个元素（包括 S_N 中的一个"零"边）贡献的误差分量随机逼近梯度。集合 S 中的边以随机打乱的顺序被处理，并且基于相对于该边的误差梯度来更新潜在因子。从 U 和 V 的随机初始化开始，可以使用关于随机选择元素 $(i, j) \in S$ 的以下更新

$$u_{iq} \Leftarrow u_{iq} - \alpha \cdot \Big[\frac{\partial J}{\partial u_{iq}} \Big]_{(i,j) \text{的贡献量}} \quad \forall q \in \{1 \cdots k\}$$

$$v_{jq} \Leftarrow v_{jq} - \alpha \cdot \Big[\frac{\partial J}{\partial v_{jq}} \Big]_{(i,j) \text{的贡献量}} \quad \forall q \in \{1 \cdots k\}$$

可以扩展上述表达式，并通过对 $q \in \{1 \cdots k\}$ 不同值合并更新转换成 U（或 V）对应行的一个单向量化更新。令 $\overline{u_i}$ 为矩阵 U 的第 i 行，$\overline{v_j}$ 为矩阵 V 的第 j 行。然后，随机梯度下降更新可以写成如下：

$$\overline{u_i} \Leftarrow \overline{u_i} + \alpha \Big(e_{ij} \overline{v_j} - \frac{\lambda \overline{u_i}}{\text{OutDegree}(i)} \Big)$$

$$\overline{v_j} \Leftarrow \overline{v_j} + \alpha \Big(e_{ij} \overline{u_j} - \frac{\lambda \overline{v_j}}{\text{OutDegree}(j)} \Big)$$

这里，$\alpha > 0$ 是学习率。我们继续循环 S 中的各种边，直到达到收敛。随机梯度下降法的总体框架如图 10-10 所示。

```
Algorithm LinkPrediction(Adjacency Matrix: A, Regularization: λ, Step Size: α)
begin
    Randomly initialize matrices U and V;
    S_P = {(i, j) : a_{ij} ≠ 0};
    S_N = {Random sample of (i, j) : a_{ij} = 0};
    S = S_P ∪ S_N ;
    while not(convergence) do
    begin
        Randomly shuffle observed entries in S;
        for each (i, j) ∈ S in shuffled order do
        begin
            e_{ij} ⇐ a_{ij} − ∑_{s=1}^{k} u_{is}v_{js};
            ū_i^(+) ⇐ ū_i + α ( e_{ij}v̄_j − (λū_i)/OutDegree(i) )
            v̄_j^(+) ⇐ v̄_j + α ( e_{ij}ū_i − (λv̄_j)/InDegree(j) )
            ū_i = ū_i^(+); v̄_j = v̄_j^(+);
        end
        Check convergence condition;
    end
end
```

图 10-10　有向链接预测的随机梯度下降

　　我们在这里使用了比在第 3 章中稍微更精确的正则化项。这里，OutDegree(i) 和 In-Degree(j) 分别表示结点 i 和 j 的出度和入度。请注意，需要针对 $S_P \bigcup S_N$ 而不是仅 S_P 来计算结点的出度和入度。

　　可以通过一种集合方法进一步提高方法的精确性。利用负样本 S_N 的不同绘制将矩阵多次分解。每个分解可能会提供一条边的一个稍微不同的预测。然后对矩阵中的一个特定元素的不同预测取平均值以创建最终结果。除了采样，也可以在 S_N 中包括所有的零值元素，然后定义一个加权优化问题，其中非零元素被赋予比零元素更大的权重 $\theta > 1$。使用交叉验证来学习权重参数 θ 的真实值。在这种情况下，随机梯度下降不再可行，因为矩阵的（指定）元素数量很多。然而，由于大多数元素是零，可以使用一些技巧[260]有效地利用加权的 ALS 方法。

　　这种方法是非常通用的，因为它可以应用于有向和有符号网络。在无符号网络的情况下，可以对潜在因素施加非消极性约束，以避免过拟合。更新公式的唯一变化是一次迭代后的任何负因子的值都被设置为 0。可以通过用两个有向边替换每个无向边来处理无向网络。此外，无向网络中的集合 S_N 应该首先通过采样结点对（在它们之间没有边）然后包含在 S_N 中的两个方向上的边来进行构造。在下一节中，我们将提出一种通过减少学习参数的数量来针对无向网络进行专门优化的方法。

10.4.5.1　对称矩阵分解

　　对于无向图，我们不需要两个单独的因子矩阵 U 和 V，因为矩阵 A 是对称的。使用较少优化的参数具有减少过拟合的优点。在这种情况下，我们可以使用一个单独的因子矩阵 U 并如下表示分解⊖：

$$A \approx UU^T \tag{10-17}$$

这里，$U = [u_{is}]$ 是一个 $n \times k$ 的因子矩阵。如前所述，$S = S_P \bigcup S_N$ 中观察到的元素包括 S_P 中的存在的边，以及 S_N 中的一些"零"边。对于无向图中的每条边 (i, j)，(i, j) 和 (j, i) 都包含在 S_P 中。零边从结点对之间不存在边的结点对中进行选择，边的两个方向都包含在 S_N 中。换句话说，如果 (i, j) 包含在 S_N 中，则 (j, i) 也包含在其中。由于条件 $A \approx UU^T$ 的性质，每个观察元素 $(i, j) \in S$ 可以预测如下：

$$\hat{a}_{ij} = \sum_{s=1}^{k} u_{is} u_{js} \tag{10-18}$$

预测的相应误差由 $e_{ij} = a_{ij} - \hat{a}_{ij}$ 给出。我们希望在观察的元素上最小化该误差。正则化的目标函数如下：

$$\begin{aligned}
\text{Minimize } J &= \frac{1}{2} \sum_{(i,j) \in S} e_{ij}^2 + \frac{\lambda}{2} \sum_{i=1}^{n} \sum_{s=1}^{k} u_{is}^2 \\
&= \frac{1}{2} \sum_{(i,j) \in S} \left(a_{ij} - \sum_{s=1}^{k} u_{is} \cdot u_{js} \right)^2 + \frac{\lambda}{2} \sum_{i=1}^{n} \sum_{s=1}^{k} u_{is}^2
\end{aligned}$$

对于上面每一个决策变量，对 J 求偏导，可得如下结果：

$$\frac{\partial J}{\partial u_{iq}} = \sum_{j:(i,j) \in S} \left(a_{ij} + a_{ji} - 2 \sum_{s=1}^{k} u_{is} \cdot u_{js} \right)(-u_{jq}) + \lambda u_{iq}$$

$$\forall i \in \{i \cdots n\}, q \in \{1 \cdots k\}$$

⊖　这里的一个隐含的假设是矩阵 A 是正半定的。然而，通过将 A 的（未观察到的）对角线元素设置为结点度，可以证明 A 是正半定的。这些未观察的对角线元素不会影响最终解决方案，因为它们不是优化问题的一部分。

$$= \sum_{j:(i,j)\in S} (e_{ij} + e_{ji})(-u_{jq}) + \lambda u_{iq} \ \forall \ i \in \{1 \cdots n\}, q \in \{1 \cdots k\}$$

$$= \sum_{j:(i,j)\in S} 2(e_{ij})(-u_{jq}) + \lambda u_{iq} \ \forall \ i \in \{1 \cdots n\}, q \in \{1 \cdots k\}$$

$$\frac{\partial J}{\partial u_{jq}} = \sum_{i:(i,j)\in S} 2(e_{ij})(-u_{iq}) + \lambda u_{jq} \ \forall \ j \in \{1 \cdots n\}, q \in \{1 \cdots k\}$$

注意，由于原始矩阵 $\boldsymbol{A}$、预测矩阵 $\hat{\boldsymbol{A}}$ 和误差矩阵 $[e_{ij}]$ 都是对称的，所以 $e_{ij} + e_{ji}$ 的值被替换为 $2e_{ij}$。执行梯度下降的步骤与前面的情况相似。令 $\boldsymbol{E} = [e_{ij}]$ 是仅将 S 中的观察元素设置为 $a_{ij} - \sum_{s=1}^{k} u_{is} u_{js}$ 并且将未观察的元素设置为 0 的误差矩阵。可以对在 S 中的所有元素逐元地计算矩阵并以稀疏形式存储。随后，可以使用如下的稀疏矩阵乘法来执行更新：

$$\boldsymbol{U} \Leftarrow \boldsymbol{U}(1 - \lambda\alpha) + 2\alpha \boldsymbol{E}\boldsymbol{U} \tag{10-19}$$

在这里，$\alpha > 0$ 表示步长。注意，通过适当调整步长和正则化参数，可以忽略 $2\alpha\boldsymbol{E}\boldsymbol{U}$ 中的常数系数 2。

随机梯度下降方法可以用于更快的收敛，尽管所得到的解决方案的质量通常较低。在随机梯度下降的情况下，导数被分解成单个元素（边）的误差分量，并且对于每个元素（边）中的误差来说，更新是特定的。在这种情况下，可以对每个观察元素 $(i, j) \in S$ 执行以下 $2 \cdot k$ 次更新：

$$u_{iq} \Leftarrow u_{iq} + \alpha\left(2e_{ij} \cdot u_{jq} - \frac{\lambda \cdot u_{iq}}{\text{Degree}(i)}\right) \forall \ q \in \{1 \cdots k\}$$

$$u_{jq} \Leftarrow u_{jq} + \alpha\left(2e_{ij} \cdot u_{iq} - \frac{\lambda \cdot u_{jq}}{\text{Degree}(j)}\right) \forall \ q \in \{1 \cdots k\}$$

这里 $\text{Degree}(i)$ 表示入射到 i 上的边数，包括 S_N 中的"边"。还可以根据 $\boldsymbol{U}$ 的第 i 行 $\overline{u_i}$ 和 j 行 $\overline{v_j}$ 书写这些更新：

$$\overline{u_i} \Leftarrow \overline{u_i} + \alpha\left(2e_{ij}\ \overline{u_j} - \frac{\lambda\ \overline{u_i}}{\text{Degree}(i)}\right)$$

$$\overline{u_j} \Leftarrow \overline{u_j} + \alpha\left(2e_{ij}\ \overline{u_i} - \frac{\lambda\ \overline{u_j}}{\text{Degree}(j)}\right)$$

通常使用交叉验证方法或通过在保留集上尝试各种 λ 值来选择 λ 的值。矩阵分解法的一个很好的特点是，它可以无缝地在有符号和无符号网络上工作。此外，该方法的适当变体可用于有向和无向网络。而对于许多其他的针对无向和无符号网络而设计的链接预测方法来说是不一定的。

在传统的协同过滤（参见第 3 章 3.6.4.5 节）的情况下，也可以在矩阵分解过程中引入偏差变量。在用于链接预测的矩阵分解框架内引入偏差变量，直观地等同于在网络中使用优先依附原理[22]。在无符号图的情况下，可以使用非负矩阵分解方法。当评分矩阵可以表示为用户-物品图[235]时，这些方法中的一些在协同过滤中具有双重用途。下一节将详细讨论这些关联。

10.4.6　链接预测和协同过滤的关联

链接预测和协同过滤都试图估计缺失的值。因此，探索它们之间的联系是很自然的。链接预测非常类似于协同过滤的隐式反馈设置，其中一条链接的存在类似于一个一元评分。用户-物品图的概念提供了链接预测和协同过滤之间的一种自然联系。关于创建用户-物品图的过程的详细讨论在第 2 章 2.7 节中给出。对于一元评分矩阵（或隐式反馈数据集），传统的链接预测方法可以应用于用户-物品图，以便预测用户和物品之间的紧密度（链接）。每个用户对应于用户-物品图中的一个用户结点，并且每个物品对应于一个物品结点。矩阵中的所有的 1 对应于用户结点和物品结点之间的边。评分为一元的情况的例子分别如图 10-11a 和图 10-11b 所示。请注意，用户结点和物品结点之间的链接的预测强度提供了相应用户对相应物品的喜爱程度的预测。由于这种关联，链接预测方法可以用于执行协同过滤。此外，相反的是，协同过滤算法也可以适应于链接预测。

10.4.6.1 使用链接预测算法进行协同过滤

通过预测在用户-物品图中的一个用户结点处可能形成的前 k 个用户-物品链接，可以为该用户预测前 k 个物品。此外，通过确定在一个物品结点处可能形成的前 k 个用户-物品链接，商家可以确定前 k 个用户，她可以向其宣传特定的物品。值得注意的是，即使在用户的社交网络结构是已知的情况下也可以使用该方法。在这种情况下，用户之间的边被包含在链接预测的过程中。包含这些边将导致在推荐过程中并入社交链接的同质性效果。这些方法将在第 11 章 11.3.7 节更详细地讨论。

明确指定评分的情况更具挑战性，因为评分可能预示着喜欢或不喜欢当前的物品。传统的链接预测问题本质上是为了处理正面关系的概念，而不是负面关系的概念。然而，链接预测中的一些最新进展也可以处理这些情况了。为了方便讨论，请考虑评分是属于 $\{-1, +1\}$ 的情况，对应于用户喜欢或不喜欢一个物品。在这种情况下，使用评分的符号来标记边。评分是二值的例子分别如图 10-11c 和图 10-11d 所示。所得到的网络是一个有符号的网络，我们期望它预测进入一位用户的前 k 个正链接，以便确定用户最喜欢的物品。通过预测前 k 个的负链接，人们甚至可以发现用户最不喜欢的前 k 个物品。这个问题是在有符号网络中的正或负链接预测。虽然本章没有讨论有符号的链接预测问题，但在文献 [324-326，346，591] 中已经展示了无符号链接预测的方法是如何扩展到有符号网络的情况。链接预测方法对于一元的或二值的评分数据是最有效的，尽管也可以使用任意的评分。在那种情况下，对每个用户的评分需要以均值为中心，然后一个正的或负的权重与跟评分的中心平均值对应的链接相关联。该过程的结果是产生一个链接被加权的有符号网络，并且许多用于有符号链接预测的方法都可以处理这样的设置。[324，325] 中的工作还展示了如何在协同过滤应用的上下文中使用有符号网络，尽管使用的方法与此处讨论的不同。

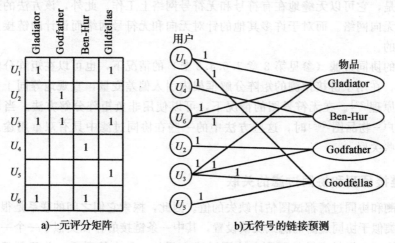

a) 一元评分矩阵   b) 无符号的链接预测

图 10-11 用于协同过滤的链接预测

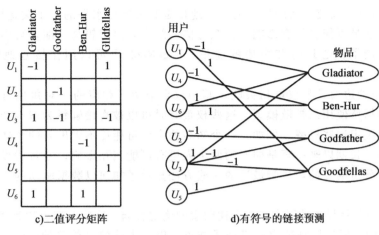

c)二值评分矩阵   d)有符号的链接预测

图 10-11   （续）

10.4.6.2 使用协同过滤算法进行链接预测

协同过滤和链接预测都缺失值估计问题。唯一的区别是在用户-物品矩阵上执行协同过滤，而在结点-结点矩阵上执行链接预测。尽管矩阵维数的差异可能会影响算法的表现，但一个相对不被赏识的事实是，几乎所有的协同过滤方法都可以用于链接预测。然而，对协同过滤算法的一些适应是很需要的。

例如，可以使用几乎所有的基于近邻的方法，稀疏的线性模型和用于链接预测的矩阵分解法。一个基于用户的近邻方法映射到邻接矩阵上的一个逐行的方法，并且一个基于物品的近邻方法映射到邻接矩阵上的一个逐列的方法。然而，由于无向网络的邻接矩阵是对称的，所以不能区分基于用户的和基于物品的方法（参见习题 8 和习题 9）。一个重要的发现是，这些方法均可以用于无向的和有向的链接预测，而许多其他的链接预测方法仅适用于无向网络。在有向网络的情境中，基于用户和基于物品的方法将分别映射到基于出边的方法和基于入边的方法。最近，链接预测与协同过滤之间的这种关系已经越来越受到关注。[432]的工作特别有启发性，因为它适应了用于链接预测的矩阵分解方法。然而，利用协同过滤方法进行链接预测仍然存在很大的余地。在链接预测的背景下，大多数近邻方法和线性回归模型都没有进行深入探索。

10.5 社会影响力分析和病毒式营销

所有的社交互动会导致个人之间的不同程度的影响。在传统的社交互动中，这有时被称为"口碑"的影响。这个一般性原则也适用于在线社交网络。例如，当一个演员在推特中发布了一条消息时，演员的粉丝将收到该消息。粉丝们可能经常在网络中转发这个消息。这会导致信息、想法和意见在社交网络中传播。许多公司把这种信息的传播看成是一个有价值的广告渠道。通过将一个热门的消息推送给正确的参与者，若该消息通过社交网络作为级联的方式来传播，就可以产生价值数百万美元的广告效益。这种方法允许信息在网络中快速的传播，这与一种病毒在生物流行病或计算机网络中传播的方式大致相同。事实上，这两种情况下使用的模型都有许多相似之处。因此，这种影响市场参与者的方法也被称为病毒式营销。

不同的演员有不同的能力来影响社交网络中的同龄人。控制一个演员影响力的两个最常见因素如下：

336
～
337

1) 一个演员在社交网络结构中的核心地位是其影响力水平的一个关键因素。例如，核心地位高的演员可能更具有影响力。在有向网络中，声望较高的演员可能更具有影响力。[22] 讨论了核心地位和声望的度量。PageRank 也可以用作核心地位和声望的度量。

2) 网络中的边通常与权重相关联，其中权重取决于相应的一对角色可能相互影响的可能性。根据所使用的扩散模型，这些权重有时可以被直接解释为影响传播概率。有几个因素可能决定这些概率。例如，一个知名的个体可能比不太出名的个体具有更高的影响力。同样，长期以来一直是朋友的两个人更有可能相互影响。通常假设影响传播概率已经可用于分析的目的，尽管最近的一些方法显示了如何以数据驱动的方式估计这些概率。

一个影响力传播模型被用来量化上述因素的确切影响。这些模型也称为扩散模型。影响力传播模型的主要目标是确定一组种子结点，以最大化信息传播的影响。在这个意义上，影响最大化模型可以被看作对商家推荐有价值的社交演员。因此，影响最大化问题如下定义：

定义 10.5.1（影响最大化）　已知一个社交网络 $G=(N, A)$，确定一个包含 k 个种子结点的集合 S，其会影响最大化网络中的影响的总体传播。

k 的值可以被视为允许最初影响的种子结点的数量的预算。这与广告商所面临的初始广告能力预算的现实生活模型是一致的。社会影响力分析的目标是通过口碑的方式来扩展这种初始广告能力。

每个模型或启发式的方法可以使用 S 的一个由 $f(\cdot)$ 表示的函数来量化一个结点的影响水平。该函数将结点的子集映射到表示影响力数值的实数上。因此，在选择用于量化给定集合 S 的影响 $f(S)$ 的模型之后，优化问题是确定使 $f(S)$ 最大化的集合 S。在非常多的影响分析模型中的一个有趣的属性是优化函数 $f(S)$ 是子模块化的。

子模块化是什么意思？这是用于表达收益递减的自然规律的一种数学方式，适用于集合。换句话说，如果 $S \subseteq T$，则通过将个体添加到集合 T 而获得的附加影响不能大于将相同个体添加到集合 S 的附加影响。因此，相同个体的增量影响会减小，因为较大队列的超集可作为种子来取得。集合 S 的子模块化正式定义如下：

定义 10.5.2（子模块化）　若对于任何集合 S、T 的集合对，满足 $S \subseteq T$，并且对于任何集合元素 e，满足如下条件为真，则说函数 $f(\cdot)$ 是子模块化的：

$$f(S \cup \{e\}) - f(S) \geqslant f(T \cup \{e\}) - f(T) \tag{10-20}$$

几乎所有用于量化影响力的自然模型都是子模块化的。子模块化在算法上是方便的，因为只要对于 S 的给定值，可以估计 $f(S)$，就存在用于最大化子模块化函数的非常有效的贪心优化算法。该算法通过设置 $S=\{\}$ 为开始，并逐渐地将结点添加到 S，以尽可能地增加 $f(S)$ 的值。重复该过程直到集合 S 包含所需数量的影响者 k。该启发式算法的近似水平是基于对子模块化函数优化的著名经典结果。

引理 10.5.1　*用于最大化子模块化函数的贪心算法提供了一个目标函数值的解，该目标函数值至少为最优值的 $\left(\dfrac{e-1}{e}\right)$ 部分。e 是自然对数的底数。*

因此，这些结果表明，可以有效地优化 $f(S)$，只要可以为给定的一组结点 S 定义适当的子模块化影响力函数 $f(S)$。

定义结点集 S 的影响力函数 $f(S)$ 的两种常用方法是线性阈值模型和独立级联模型。

这两种扩散模型都是在社会影响力分析最早的工作之中被提出的。这些扩散模型中的一般操作性假设是结点要么处于活跃状态，要么处于非活跃状态。直觉上，一个活跃的结点已经受到了所期望行为集的影响。一旦一个结点移动到活跃状态，它就不会被停用。根据模型，活跃结点可以在一段时间内或者更长时间段内触发对相邻结点的激活。连续激活结点，直到在给定的一次迭代中不再有结点被激活。$f(S)$ 的值可以被计算为激活终止时所激活的结点总数。

10.5.1　线性阈值模型

在该模型中，算法最初以一个活跃的种子结点集 S 开始，并且基于相邻活跃结点的影响力迭代地增加活跃结点的数量。允许活跃结点在整个算法执行过程中通过多次迭代来影响其邻居结点，直到不再有结点被激活。利用指定边的权重 b_{ij} 的一个线性函数可以量化相邻结点的影响力。对于网络 $G=(N，A)$ 中的每个结点 i，如下假定为真：

$$\sum_{j:(i,j)\in A} b_{ij} \leqslant 1 \tag{10-21}$$

每个结点 i 与一个在算法执行过程中固定在前面并保持恒定的随机阈值 $\theta_i \sim U[0，1]$ 相关联。在给定时刻，结点 i 对 i 的活跃邻居的总影响 $I(i)$ 被计算为 i 的所有活跃邻居结点的权重 b_{ij} 之和。

$$I(i) = \sum_{j:(i,j)\in A, j是活跃的} b_{ij} \tag{10-22}$$

当 $I(i) \geqslant \theta_i$ 时，结点 i 在一个步骤中会变为活跃状态。重复此过程，直到没有结点可以被激活。总影响 $f(S)$ 可以被度量为由一给定种子集 S 所激活的结点数。给定种子集 S 的影响力 $f(S)$ 通常使用模拟方法来计算得到。

10.5.2　独立级联模型

在上述线性阈值模型中，一旦一个结点变为活跃状态，它会有很多机会来影响其邻居结点。随机变量 θ_i 与一个阈值形式的结点相关联。另一方面，在独立级联模型中，在一个结点变为活跃状态之后，其仅获得一次激活其邻居的机会，其传播概率与边相关联。与一条边相关联的传播概率由 p_{ij} 表示。在每次迭代中，仅允许新的活跃结点影响其邻居，且这些邻居是尚未被激活的。对于一个给定的结点 j，连接它到其新的活跃邻居 i 的每条边 $(i，j)$，以成功概率 p_{ij} 独立地翻转一枚硬币。如果为边 $(i，j)$ 投掷硬币的结果是成功的，则结点 j 被激活。如果结点 j 被激活，它将在下一次迭代中获得一个机会来影响它的邻居。在一次迭代中没有新的结点被激活的情况下，算法终止。影响力函数值等于终止时活跃结点的数量。因为在算法的运行过程中，仅允许结点影响其邻居一次，所以在算法的运行过程中，每条边最多抛掷一次硬币。

10.5.3　影响力函数评估

线性阈值模型和独立级联模型都被设计通过使用一个模型来计算影响力函数 $f(S)$。$f(S)$ 的估计通常通过模拟来完成。

例如，考虑线性阈值模型的情况。对于一个给定的种子结点集 S，可以使用随机数生成器来设置结点处的阈值。在设置了阈值之后，可以使用从 S 中的种子结点开始的任何确定性图搜索算法来标记活跃结点，并且当阈值条件满足时逐渐激活结点。可以在随机生成的阈值的不同集合上重复计算，并且可以对结果取平均值以获得更健壮的估计。

339

在独立级联模型中，可以使用一个不同的模拟。对于每条边，可以翻转一枚具有概率 p_{ij} 的硬币。如果投掷硬币是成功的，边则被指定为活的。可以看出，当 S 中至少有一个结点到该结点存在一条活边路径时，该结点将最终被独立级联模型激活。这可以用于通过模拟来估计（最终）活跃集的大小。在不同的运行中重复计算，并对结果取平均值。

线性阈值模型和独立级联模型都是子模块化优化问题的证明，可以在 10.7 节中带有指示的地方找到。但是，这个属性并不是特定于这些模型的。子模块化是收益递减法则的一个非常自然的结果，适用于个人影响力在较大群体中的增量影响。因此，大多数合理的影响力分析模型将满足子模块化。

340

10.5.4 社交流中的目标影响力分析模型

上述的影响力分析模型是高度静态的，对于感兴趣的特定主题是完全不确定的。考虑一个场景，棒球设备中的经销商希望使用推特流来影响感兴趣的客户。网络上最有影响力的演员通常是与主题无关的，可能对棒球不感兴趣。例如，如果一个人使用推特中一个演员粉丝的数量作为其影响力的粗略代理，那么很容易看出，这些人通常是著名的演员、政治家或运动员。针对著名政治家的关于棒球设备的推文或宣传不一定是经销商增加产品覆盖面的最有效途径。然而，对于经销商来说，影响运动员，尤其是棒球运动员，一定是有用的。显然，上一节的影响力挖掘方法将无法实现这些目标。此外，在上一节中假设的边的影响力传播概率是可用的。这个概率的确定也需要一个单独的模型，因为这些信息不能直接从推特流中获得。因此，上一节讨论的影响力分析模型是不完整的，因为它们假设了比从基本数据中真实获得的更多输入。事实上，用户可以使用的唯一数据是推特流，其中包含了大量推文。通常，诸如推特的流被称为社交流。在这样的流中，网络中的趋势可能随着时间的推移而演变，最相关的影响者也可能随时间而发生变化。

在社交流的背景下，使影响力分析模型以数据驱动或以内容为中心是很重要的。在 [573] 讨论的方法中，通过根据社交流的表达内容选择一组相关的关键词，该方法是主题敏感的。然后可以在网络中追踪这些关键词的流，以确定各种演员是如何相互影响的，具体到当前的主题。例如，棒球制造商将选择与棒球主题相关的一组关键词。因此，特征选择的初始阶段是至关重要的。例如，在推特流的上下文中，为了进行追踪，可能使用属于特定主题的标签。

在选择这些关键词之后，他们通过网络结构的传播是根据基本流路径进行分析的。一条有效的流路径是一系列按照顺序推送（或发布）相同关键词的演员，演员序列也通过社交网络的链接进行连接。例如，考虑我们有一个与棒球比赛有关的标签的情况。通过演员的社交网络，这个标签的传播路径提供了非常有用的与棒球话题相关的特定主题影响的信息。例如，在图 10-12 所示的网络中，沿着各种路径的 ♯ baseball 和 ♯ sammy-sosa 的标签⊖流是社交网络中的转推（或复制行为）的结果。在这种情况下，很明显，Sayani 是棒球的特定话题中有影响力的推主，而且她的关于这个话题的推特通常被认为是具有权威性的，可以被其他参与者所接受。然而，如果这些标签与其他的与棒球无关的主题相关，那么即使有相同的传播模式，Sayani 也不会在棒球的特定情境下被认为是有影响力的。

341

⊖ Sammy Sosa 是一位退役的职棒联盟运动员。

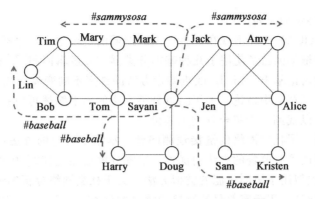

图 10-12   与棒球相关的推特的传播路径示例

有影响力的演员经常会出现在这些路径的早期阶段。因此，通过确定频繁出现的路径，还可以确定各种级联中的重要焦点中心。[573] 中的工作使用了一种有约束的序列模式挖掘模型[23]，以确定流中最常发生的流路径。这些流路径的早期点作为当前特定于主题的有影响力的演员。其他最近的方法明确地使用了主题建模技术来发现这些有影响力的演员。有关这些方法的更多细节，请参阅 10.7 节。

10.6   小结

实际情景中的许多推荐问题能够以在网络中的结构化推荐问题来建模。例如，传统的协同过滤问题可以用用户-物品图来建模。各种方法，例如排序技术、集合分类方法和链接预测技术都可以用在这些用户-物品图中。

排序和搜索是与推荐分析密切相关的两个问题。主要区别在于后者的结果是针对特定用户进行个性化的。近年来，用于搜索和推荐的方法越来越多地被整合到一起，因为搜索提供者已经开始使用用户特定的信息来个性化搜索结果。结构化推荐算法的许多变体可以与社交网络分析或用户-物品图相结合使用。例如，集合分类和链接预测可以与用户-物品图一起使用。

在集合分类中，目标是从顶点的一个子集处预先存在的标签中推导出剩余顶点的标签。集合分类技术在社交网络中的以内容为中心的推荐分析情境中特别有用。

在链接预测问题中，目标是预测来自网络中当前可用结构的链接。结构化方法使用局部聚类的方法，如 Jaccard 度量或个性化 PageRank 值以进行预测。有监督的方法能够有区别性地确定链接预测的最相关特征。链接预测方法可用于预测社交网络中的朋友。

社交网络通常用于使用"口碑"技术来影响个人。这些方法可以被看作是为了病毒式营销而向商家做推荐的技术。通常，具有中心地位的角色在网络中更具影响力。扩散模型用于表征社交网络中信息的流动。这些模型的两个例子包括线性阈值模型和独立级联模型。近年来，已经将这些方法扩展到在社交流情境中使用主题特定的技术中。

342

10.7   相关工作

[104，465] 中描述了 PageRank 算法。HITS 算法也用于主题敏感搜索[302]。主题敏感的 PageRank 算法在 [243] 中有描述，SimRank 算法在 [278] 中有描述。在 [16，81，350，602，640，663] 中讨论了在各种形式的社交推荐系统中使用个性化 PageRank 算法的方法。[350] 中的工作展示了如何使用随机游走来进行杂货购物的推荐。在 [639] 中讨论

了在图上使用随机游走的时间推荐。

迭代分类算法（ICA）已经出现在许多不同数据域的情境之中，包括文档数据[143]和关系数据[453]。在这个框架内已经使用了几种基本分类器，如逻辑回归[379]和一个加权的投票分类器[387]。本章的讨论基于 [453]。随机游走方法的许多不同变体也被提出[56,674,678]。有向图的集合分类在 [675] 中讨论。关于结点分类方法的详细综述可以在 [77，375] 中找到。在 [388] 中可以找到一个集合分类工具包。

在 [354] 中提出了社交网络的链接预测问题。本章中讨论的方法都是基于这项工作的。在 [355] 中讨论了有监督的方法的优点，矩阵分解法在 [432] 中讨论。链接预测的矩阵分解可以看作类似用于协同过滤的类似方法。关于社交网络分析的链接预测方法的综述可以在 [42] 中找到。用于有符号的链接预测的方法在 [157，324-326，346，591] 中讨论。[324，325] 中讨论了用于协同过滤的其他有符号网络技术。[157] 中的工作是值得注意的，因为它展示了用于链接预测和协同过滤的矩阵分解方法之间的联系。有大量的和不断增长的研究是在异构网络的背景下[36,576,577]进行的，该网络中多种类型的链接是相互预测的。在其他相关工作中，预测了多重网络的链接[488]。

影响力分析的问题已经在病毒式营销和社交网络的背景下进行了研究。这个问题首先在 [176，510] 病毒式营销的背景下进行研究。随后，在社交网络的背景下也研究了这个问题[297]。本工作提出了线性阈值和独立级联模型。[152] 提出了一种度折扣的启发式方法。关于子模块化性质的讨论可以在 [452] 中找到。其他最近的社交网络影响力分析模型在 [153，154，369，589] 中有所讨论。社会影响力模型的主要问题之一是学习影响力传播概率很困难，尽管最近这个问题受到了一定关注[234]。最近的工作也展示了如何直接从社交流中进行影响力分析[80,233,573]。[573] 中的方法也展示了如何使这种方法主题敏感。[575] 提供了一个关于社会影响力分析模型和算法的综述。

10.8　习题

1. 将 PageRank 算法应用于图 10-1b 的图中，分别使用 0.1、0.2 和 0.4 作为传递概率。这对提高传递概率的死端分量（概率）有什么影响？

2. 重复上述习题，除了从结点 1 执行重启以外，稳态概率是如何通过增加传递概率而受到影响的？

3. 可以看出图 10-1b 中图的转换矩阵将具有多于一个的特征值为 1 的特征向量。为什么在这种情况下，具有单位特征值的特征向量不是唯一的？

4. 在一个隐式反馈矩阵上实现用于协同过滤的个性化 PageRank 方法。你的实现应该自动地构建用户 – 物品图。

5. 实现用于链接预测的 Jaccard 和 Adamic-Adar 度量。

6. 创建一个可以进行度的归一化的链接预测度量，其中这个归一化可由 Jaccard 度量和 Adamic-Adar 度量得到。

7. 实现用于影响力分析的线性阈值和独立级联模型。

8. 描述用于无向链接预测的在协同过滤中基于用户的近邻模型的适应性。在无向网络中适应基于用户的方法或基于物品的方法是否有所区别？在有向网络中又会是什么情况？

9. 描述第 3 章中的稀疏线性模型对有向链接预测的适应性。

社交和以信任为中心的推荐系统

如果社会是一大块冻结的冰，那社会生活的艺术就是在冰上漂亮地滑行。

——Letitia Elizabeth Landon

11.1 引言

随着得到用户信息的渠道增加，商家可以直接用协同过滤算法合并社交数据。其中的一些方法在第 10 章讨论过了，这章的主题是推荐结点和链接。社交上下文是一个更广泛的概念，它不仅包括社交（网络）链接，还包括各种辅助信息，比如标签或者分众分类。此外，也可以从网络无关的角度把社交上下文看作是上下文敏感的推荐系统的一个特例（第 8 章）。社交上下文导致了有许多人为的因素，比如信任。当用户了解到参与反馈的人的身份时，信任因子就起到了很重要的作用。尽管这章的内容和第 10 章关系密切，但这章也有足够鲜明的理由被作为单独的一章。特别地，我们将学习推荐系统中社交上下文的以下几方面：

1）社交上下文作为上下文敏感的推荐系统的一个特例：上下文敏感的推荐系统在第 8 章已经讨论过了。一个上下文推荐的重要框架是多维模型[6]。一种可能的上下文形式是把社交上下文当作辅助信息来提高推荐过程的有效性。例如，一个用户在选择所观看的电影时可能依赖于与她观看电影的伴侣。换句话说，用户和她的朋友所观看的电影类型会与和她父母观看的电影类型有所不同。因此不需要使用社交网络的结构，而是用多维模型来处理推荐。

2）从以网络为中心和以信任为中心的角度看社交上下文：在这种情况下，假设商家知道用户的社交结构。用户会经常向朋友们询问关于电影或者餐馆之类的建议。因此，用户的社交结构可以被看作是一个对推荐过程有益的社交信任网络。例如，如果有一位用户的很多朋友都看过一部电影，那么她很可能也想看这部电影。此外，用户与一个对电影有兴趣的社区关系紧密也可以作为用户兴趣的进一步证据。因此，社交结构和邻近用户的兴趣在推荐过程中起着关键作用。

在一些社交网络中，比如 Epinions.com[705]，信任网络是建立在用户中的，它提供了在推荐过程中用户对其他人意见的依赖程度。信任因子是特别重要的，因为可以通过一个用户在过去所信任的其他用户的评分模式来更好地预测她的个人兴趣。当前的研究工作已表明信任因子的加入能显著地提高推荐效果。其方法和第 10 章讨论的以网络为中心的方法比较相似。在这里，我们对这些方法做一个更加细致的讨论，特别是在以信任为中心的系统中。

3）从用户交互的角度：用户与社交网络的交互创造了许多反馈形式，比如评论或标签。这些标签可以被看作是协同注释和划分内容的大众分类（folksonomy）。这些大众分类非常丰富，可以被用于改进推荐过程。这些方法和以内容为核心的推荐密切相关，是协同和以内容为中心的方法的整合。这是非常自然的事情，因为有足够的数据可以用于协同过滤和以内容为核心的推荐系统。

值得注意的是，这些方法适用于完全不同的推荐环境和输入数据。此外，不同的推荐环境下会以不同的形式使用社交信息。社交推荐系统可以从不同的角度被理解，这取决于是否将社交参与者当作上下文、同行推荐者或交互数据的提供者。

在本章中，我们将讨论所有上述情景下的社交推荐系统。我们将讨论应用每种方法的关键设置和使得每种方法有效性最大化的设置。我们还将讨论有多少种技术和之前的章节中讨论的方法有关联。利用多维的上下文来解决社交上下文和第 8 章的技术紧密相关。而以网络为核心的方法和第 10 章介绍的技术关系密切。本章的讨论按照涉及的社交数据展开。

本章安排如下。在 11.2 节中，我们将讨论对社交上下文的使用，即把其当作社交推荐系统的一种特例。换句话说，我们将讨论使用多维模型[6]来解决社交数据问题。以网络为中心的社交推荐方法在 11.3 节中讨论。用户交互的社交推荐在 11.4 节中讨论。总结在 11.5 节中给出。

11.2 社交上下文的多维模型

在第 8 章中提到的多维模型是在推荐过程中并入社交信息的最简单的方法。这种方法的优点是，我们可以通过利用第 8 章的基于降维的方法来重用传统协同过滤模型。比如，使用与社交上下文相关联的评分是使用这种方法的一个实例。社交上下文的数据可以是直接采集也可以是从其他来源推导得到。关于收集社交上下文数据的一些典型模式如下所述：

1) 显式反馈：如果数据是评分项这样直接的反馈信息，那么系统就可以设计成捕获多种类型的信息，比如谁和谁一起看了电影这样的细节。同样，旅游的目的地可能取决于旅行的伴侣。例如，游客在有孩子陪同时更有可能前往迪士尼乐园，而不是拉斯维加斯。这种方法的主要挑战是，用户一般不是很愿意花太多精力提供这些详细信息同时提供评分。收集足够多的数据变得困难。然而，当可以通过显式反馈来收集这样的数据时，质量一般都很高。因此，如果该方法有实行的可能，那么它应该作为首选。

2) 隐式反馈：用户的社交数据可以通过某物品是何时何地购入的或者他的其他社交活动推断出。例如，如果一个游客使用同样一张信用卡为自己和她的旅伴预订套票，这就为旅行社未来的推荐系统提供了有用的上下文信息。在一些情况下，相关内容数据的收集可能需要利用机器学习的方法。随着手机的日益普及和执行在线用户活动分析能力的提升，手机以自动化的方式来收集这些信息变得越来越容易。

假设 U 是用户的集合，I 是物品的集合，C 是代表社交上下文中可供选择元素的集合。评分 R 则可被看作是 g_R 在三维评分立方体 R 上的映射。映射的值域被定义为 $U \times I \times C$，其范围对应了评分值。这个映射可以写成如下形式：

$$g_R : U \times I \times C \to \text{rating}$$

例如，考虑一个旅游推荐应用，其社交上下文是旅游伴侣。图 11-1 展示了一个有社交上下文的三维评分立方体。这里的物品即是旅游地点，社交上下文即是旅游伴侣。立方体的每个项对应于一个用户在特定的旅游景点和特定的社交上下文的评分。注意，本例是对第 8 章图 8-3 的简单调整。它也可以有多种社交上下文。在这种情况下，立方体的维度将相应地增加，并可以成为一个 w 维的评分立方体。一个显著的事实是，包含社交上下文的多维模型和其他上下文类型的模型并没有太大差别。因此，第 8 章中的算法可以以相对简单的方式被推广到现在的情况。

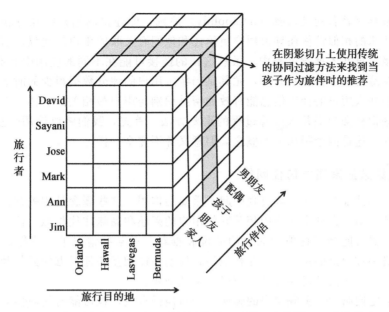

在阴影切片上使用传统的协同过滤方法来找到当孩子作为旅伴时的推荐

图 11-1　在不同社交上下文下的旅游推荐（对第 8 章的图 8-3 稍作修改）

其查询可以把维度分割成"什么"的维度和"为谁"的维度，用与多维模型相似的方式来完成。一个典型的查询如下：

在"为谁"维度上的值确定的情况下，判断"什么"维度上最大的 k 种可能。

在上述的例子中，有如下可能的不同的查询：

1）对特定用户，确定前 k 个目的地。

2）对特定用户，确定前 k 个目的地-伴侣对。

3）对特定用户-伴侣对，确定前 k 个目的地。

4）对特定用户-目的地对，确定前 k 个伴侣。

可以采用第 8 章的 8.2 节中的降维方法来回答这些查询。设 $f_{R'}:U\times I\rightarrow$rating 是一个在二维评分矩阵 $\boldsymbol{R}'$ 上的传统协同过滤算法。然后，上述每个查询可以被降维到一个标准的协同过滤的问题。例如，要查询带着孩子参观的最佳旅游地，我们可以从原始的三维评分矩阵 $\boldsymbol{R}$ 提取相应的二维矩阵 $\boldsymbol{R}'$（孩子）。在图 11-1 中已经用阴影来表示这个内容。此时，一个标准协同过滤算法就可以应用在这个二维矩阵中。在有多个旅游伙伴的情况下，内容会被设置成 V。数据立方体中的每个切片可以被提取，并且评分可以被平均在不同上下文值对特定用户-物品的组合上。这个过程与第 8 章的公式（8-2）非常相似：

$$g_R(\text{User},\text{Item},V) = \text{AVERAGE}_{[y\in V]}g_R(\text{User},\text{Item},y) \qquad (11\text{-}1)$$

因此，通过在社交上下文集合 V 上求平均切片，可以将该问题简化成二维的情况。类似的方法也可用于不考虑任何特定上下文的情况下对给定用户推荐前 k 个目的地。在这种情况下，可以对所有不同的上下文求出平均评分。这种方法被称为预过滤（prefiltering）。然而，其他的方法，如后过滤、潜在因子模型或其他机器学习模型，也在第 11 章中有所涉及。在这些设置下，所有这些方法都可以很容易地被应用于推荐。

11.3　以网络为中心的方法和以信任为中心的方法

以网络为中心的方法的基本思想是，一个用户的社交结构会对她的品味、选择或消费模式产生深远的影响。用户经常会寻求他们的朋友有关电影、旅游或其他方面的建议。此外，社会关系具有著名的趋同性（homophily）原则，即连接的用户往往有相似的兴趣和品味。这种趣味的相似性往往导致用户更信任和他们有关联的用户的建议。有许多方法可以将这些链接信息并入推荐过程中。虽然这样的链接可能在不同的应用中其有效性不同，但它们通常在冷启动中都非常有效，尤其是当特定用户的评分数据很少的时候。在这种情况下，把知识并入用户的社交信息能有效地帮助识别与用户最相关的群体。在下文中，我们将讨论一些把社交知识并入推荐过程的重要方法。首先，我们将讨论两个重要的概念：信任和趋同性，这是两个很相关的概念，但意义并不完全一样。

11.3.1 收集数据来建立信任网络

信任和趋同性都在社交推荐过程中起了重要的作用。这些概念是相关的，但它们不太一样。趋同性是指，在社交网络中相关联的用户的兴趣和品味往往相似。信任是指，相比其他人，用户更可能会信任他们朋友的品位和推荐。在某些情况下，信任是趋同性的结果。而在网络中被链接的用户是彼此相似的，他们往往相互信任对方的品位和推荐。信任和趋同性之间的强相关性已在 [224，681] 中被证实。

在一个给定网络中，关联用户的确认可能与信任有关，也可能与趋同性有关，也可能二者皆有关。在一些社交网络中，比如脸书，信任和趋同性都是相关的，这是因为链接通常代表用户的朋友关系。事实上，信任关系往往可以从基于 Web 的社交网络中推断出来[226]。许多特征，诸如特征相似度和互发电子邮件都可以用来推断信任链接。例如，一个人可能会用下面的用户到用户的相似度[588]去推断用户 i 和用户 j 之间的信任度 t_{ij}：

$$t_{ij} = \begin{cases} \text{Cosine}(i,j) & \text{如果 } i \text{ 和 } j \text{ 相连} \\ \text{未定义的} & \text{其他} \end{cases} \tag{11-2}$$

余弦相似度是在用户 i 和用户 j 的评分上计算出来的。需要注意的是，如果 i 和 j 没有连接，那么他们之间的信任度是未定义的。我们之后将会看到，这些未定义的值也可以用信任传播方法推断出来。因此，不同于已连接用户之间的相似度定义，这些方法会用一种不同的方法来推断未连接的用户之间的信任度。

上述方法可以被看作是推断信任度的一个隐式的方式。在一些网络中，如 Epinions[705]，信任链接由用户明确指定。这种网络的一些例子如下：

1）在 Golbeck 的 Filmtrust 系统[225]中，用户将被要求评价他们对熟人的信任度。然后，该数据被推荐系统采用。

2）在 Epinions 网站[705]中，用户被明确要求指出他们信任或不信任的其他用户。

3）在 Moleskiing 网站[461]中，用户间的信任信息是在显式反馈中得到的。用户可以评价其他用户的评论是否有用。这可以为推断用户之间的信任关系提供帮助。当用户经常对另一用户的观点表示赞同，就可以添加一条从前者到后者的有向边。一种建模方法是利用这种频率来表示具体的信任值。[591] 提出了这个建模方法的一个样例，但其重点是研究不信任关系而不是信任关系。一些网站能够支持用户对评论留下反馈，比如 Amazon.com。

4）信任和不信任关系，也在一个名为 Slashdot[706] 的科技博客网站中被使用。这个网站的信任关系直接由用户明确指定。

在所有情况下，无论是在信任关系是由用户隐式地推断或显式指定的情况下，信任网络都可以被创建。本章的目的是，我们让信任度被指定为一个 $m \times m$ 的矩阵 $T = [t_{ij}]$，其中 t_{ij} 属于（0，1）。t_{ij} 越大，表明用户 i 对用户 j 信任度越高。其中 $t_{ij} \in (0，1)$ 表示了信任度的概率模型。这个方法提供了一个对信任度建模的方法，但并没有对不信任度建模。

一般来说，t_{ij} 的值与 t_{ji} 并不相同，但是也有一些隐式模型会使用这个假设。

在某些情况下，使用不信任的关系也是可行的。例如，Epinions 为用户提供了列出不信任用户的功能。在理想的情况下，不信任关系应该是负值，由此我们可以把模型的取值范围扩展到 [−1，+1]。然而，将信任网络中的推理算法泛化成支持信任和不信任关系的推理算法是极具挑战性的，因此大多数文献仅仅关注于对信任关系的使用而忽略了不信任关系。因此，这个章节的大多数讨论也都基于结点间的正面的信任关系。在 11.6 节则包含了更多使用不信任关系的方法的信息。

信任感知推荐系统能运用网络中的信任知识来提出个性化和准确的推荐。这样的推荐系统也被称为信任增强推荐系统。许多这些方法使用专门的操作符，被称为信任聚集和信任传播。有一些机制利用信任网络中的传递性来估计用户之间未知的信任级别。换句话说，一旦知道 A 多信任 B 和 B 多信任 C，就可以估计 A 多信任 C。对网络中已有的信任关系，信任测度被用于评估一个用户对另一个用户的信任程度[682]。

信任网络一般是有向的，特别是当其被指定为针对用户之间时。这是因为信任关系是非对称的，也就是说 A 和 B 之间的信任等级可能与 B 和 A 之间的信任等级完全不同。大多数的基于信任度的算法会在计算中考虑到边的方向。然而，在一些情况下，我们会使用无向图的简化假设，特别是在信任关系在基于 Web 的社交网络中被隐式指定的时候。例如，公式（11-2）的信任关系就是对称的。

11.3.2　信任的传播和聚合

信任的传播和聚集在社交推荐系统中发挥着重要的作用。这些方法是受到了信任网络是稀疏的这一事实的启发，因为所有的用户之间可能都没有信任关系。因此，信任关系的传递性需要通过传播和聚集这样的算子来推断缺失的信任关系。

那么什么是传递性呢？例如，如果 Alice 信任 John，而且 John 信任 Bob，那么我们可以推断出 Alice 可能信任 Bob。事实上，反过来，我们可以利用已知的 Bob 喜欢的东西来给 Alice 做建议。换句话说，我们需要通过信任网络中的路径来做出这样的推断。确定一条路径上两个端点之间的未知信任值被称为信任传播。然而，在信任网络中，一对用户间通常有很多路径。例如，在图 11-2 的简单信任网络中，假设边上的信任度属于（0，1）。从任意用户 A 到任意其他用户 B 的有向边的值就代表了 A 对 B 的信任度。图上 Alice 和 Bob 间有两条路径，所以 Alice 和 Bob 之间的（传播）信任度需要对这两条路径的信任度做聚集。如果要定量计算 Alice 对 Bob 的信任度，则把 Alice 当作源结点（source）而 Bob 当作汇结点（sink）。信任的传播操作和聚集操作的计算过程如下：

1）在单个路径上的信任传播：在信任传播中一般会用乘法原则[241,509]。在这个情况下，两个点之间的信任度是由边上的信任度相乘得到的。例如，考虑图 11-2 中的 Alice→John→Bob 的路径。在这种情况下，我们把边上的信任度相乘，得到最终的信任度：$0.7 \times 0.6 = 0.42$。同样，对于 Alice→Mary→Tim→Bob 这条路径，结果是 $0.3 \times 0.4 \times 1 = 0.12$。在很多方法中，我们也使用信任衰减来淡化长路径，或者干脆直接使用最短的路径。例如，使用用户定义的衰减因子 $\beta < 1$，通过将传播结果乘以 β^q 来计算信任度，其中 q 是路径的传播长度。例如在图 11-2 中，第一条路径的信任传播结果会乘以 β^2，第二条路径的信任传播结果会乘以 β^3。由此产生的计算值分别为 $0.42 \times \beta^2$ 和 $0.12 \times \beta^3$。还有一种更复杂的考虑到衰减的算法被称为苹果籽（Appleseed）算法[682]，它使用了扩散激活模型。

这些乘法传播算法仅仅适用在范围为（0，1）的非负信任度下。而不信任关系的引入会带来巨大的挑战，这是因为两个不信任的关系并不能推导出一种信任关系[241,590,591]。因此，乘法原则不能直接用于负的信任值。更多细节请参阅 11.6 节中对不信任关系的传播方式的介绍。

2) 多条路径的信任聚集：在信任聚集中，多条路径的信任值都会被聚集为一个值。常见的聚集方法包括使用最大值、最小值、平均值、加权平均或加权和等。在加权平均的方法中，一些传播路径被认为比别的路径更加重要。例如，短路径或者亲密朋友的推荐就可以被认为更加重要。这些权重也可以使用信任传播方法中的衰减函数进行处理。

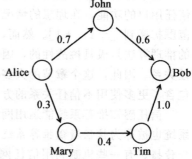

图 11-2　一个简单的信任网络

考虑图 11-2 中的例子，使用平均算子估计出的 Alice 和 Bob 之间的信任值为 $(0.42+0.12)/2=0.27$，而使用加和因子的估计值为 $(0.42+0.12)=0.54$。在 11.6 节中提到了更多的信任聚集的方法。

信任传播和聚集是以信任为中心的推荐系统中的非监督方法，因为它们使用无关数据的固定的启发式方法。而监督的方法往往使用低级别的表示，如矩阵分解，来学习这些依赖性。在稍后的部分中，我们也将讨论监督方法，它们会学习不同路径的重要性。值得注意的是，一些基于衰减的传播算法和基于求和的聚集与链路预测中的无监督 Katz 度量非常相似。我们在第 10 章中讨论了在链路预测中对 Katz 度量的使用。我们将在 11.3.7 节看到，信任感知建议的问题可以直接转化为链接预测问题的一个实例。

11.3.3　没有信任传播的简单推荐

考虑这样一种情形，有一个信任网络是可用的，但只能直接观察到信任值（例如 Epinions 的用户反馈）被使用。此外，传播和聚合并不被用于推断不直接相连的用户之间的信任值。换句话说，如果用户 i 没有直接提供对用户 j 的反馈，则 i 与 j 之间就没有可用的信任值。我们有一个 $m \times n$ 的评分矩阵 $R=[r_{ij}]$ 来表示 m 个用户和 n 个物品，还有一个 $m \times m$ 矩阵 $T=[t_{ij}]$ 代表信任关系。换句话说，t_{ij} 表示用户 i 信任用户 j 的程度。

一个预测用户 i 对物品 j 的评分的简单方法是，定义用户 i 的对等组，其中所有的成员 $N(i,\theta)$ 都对物品 j 做过评分，而且在一个给定的阈值 θ 下是被用户 i 所信任的。然后，我们可以使用一个在基于近邻的方法中经常用到的公式：

$$\hat{r}_{ij} = \frac{\sum_{k \in N(i,\theta)} t_{ik} r_{kj}}{\sum_{k \in N(i,\theta)} t_{ik}} \qquad (11\text{-}3)$$

这种方法可以被看作是邻近法中基于用户的推荐方法，其中的 Pearson 相关系数被信任值替换掉了。这个公式也被称为信任加权平均值。另一种方案是用每个用户 k 的平均评分 μ_k 作为评分中心，正如在传统协同过滤中做的那样：

$$\hat{r}_{ij} = \mu_i + \frac{\sum_{k \in N(i,\theta)} t_{ik} (r_{kj} - \mu_k)}{\sum_{k \in N(i,\theta)} t_{ik}} \qquad (11\text{-}4)$$

这种做法可能会导致预测评分不位于指定范围中。在这种情况下，我们可以把评分调整为在阈值范围内的与初始值最接近的评分。

11.3.4　TidalTrust 算法

蒂达尔信任算法（TidalTrust algorithm）是基于越短的路径在信任传播中越可靠这样

一个事实。因此，我们应该使用从源结点到汇结点的最短路径来计算信任度。为了进一步讨论，我们假设我们要计算源结点 i 到汇结点 j 的信任度。这个算法的基本思想如下：在第一个阶段，即前向阶段，用广度优先搜索遍历图中的结点，找到从源结点 i 到汇结点 j 的所有最短路径，并设置一个信任度阈值 $\beta(i, j)$。接着算法在第二阶段，即后向阶段，按结点在第一阶段被遍历的逆序来递归计算信任度。只有在最短路径上且信任度大于 $\beta(i, j)$ 的边（在前向阶段来确定）才会进行第二阶段的计算。因此，该算法可以被概括如下：

1）前向阶段：前向阶段的目标是基于信任度确定信任度最小阈值 $\beta(i, j)$，这和计算源结点 i 到汇结点 j 的信任度相关。用于计算 $\beta(i, j)$ 的办法将在稍后讨论。此外，从源结点到汇结点的所有最短路径都在此阶段用广度优先搜索来确定。注意，从源结点 i 到汇结点 j 的所有最短路径的生成子图 $\mathcal{G}(i, j)$ 是一个有向无环图。每个结点 q 的孩子 $C(q)$ 被定义为在图 $\mathcal{G}(i, j)$ 中从 i 到 j 的最短路径上的所有结点。只有在子图上的边才是后向阶段中相关的边。前向阶段将在后面更详细地描述。

2）后向阶段：在后向阶段里，算法从汇结点 j 开始，结点将按照距离源结点 s 的距离的逆序被依次处理。换句话说，离汇结点最近的点将最先被处理。令当下被处理的结点为 q。如果信任网络中存在边 (q, j)，那么我们就可以把预测的信任值 $\hat{t}_{qj}$ 设为观察到的信任值 t_{qj}。反之，如果信任网络中不存在边 (q, j)，那么用户结点 q 和汇结点 j 的预测信任值 $\hat{t}_{qj}$ 会使用图 $\mathcal{G}(i, j)$ 中的信任值大于等于 $\beta(i, j)$ 的边来递归地计算：

$$\hat{t}_{qj} = \frac{\sum_{k \in C(q), t_{qk} \geqslant \beta(i, j)} t_{qk} \hat{t}_{kj}}{\sum_{k \in C(q), t_{qk} \geqslant \beta(i, j)} t_{qk}} \tag{11-5}$$

值得注意的是，根据公式（11-5）计算出的信任值 $\hat{t}_{qj}$ 总是需要对所有孩子结点 $k \in C(q)$ 计算值 $\hat{t}_{kj}$。在计算信任度 $\hat{t}_{qj}$ 的时候，$\hat{t}_{kj}$ 的值总是可用的，这是因为 k 是 q 的一个孩子，而对结点信任值的计算都是按照逆序来进行的。虽然该方法计算了很多中间值 $\hat{t}_{kj}$，但是对于给定的源结点-汇结点对 (i, j)，只有 $\hat{t}_{ij}$ 是唯一相关的，其他的所有计算结果都会被丢弃。因此这种方法需要对不同的源结点-汇结点对不断地重复上述计算。

现在让我们解决遗留下来的前向阶段的问题。在前向阶段中，对广度优先搜索方法进行修改使其用从结点 i 开始计算从 i 到 j 的所有最短路径对应的生成图 $\mathcal{G}(i, j)$。标准的广度优先搜索只能发现 i 和 j 之间的第一条最短路径（取决于结点搜索顺序），但是我们要找到所有的最短路径。这个方法和标准广度优先搜索的主要区别在于，一个结点的先前访问的邻居也要被检查，以便于知道它是否是给定结点的孩子。源 i 的距离值 $d(i)$ 被标记为 0。所有其他的距离值被标记为 ∞。所有结点 i 的传出邻居的距离被标记为 1，并被添加到列表 L 中。在每次迭代中，在列表 L 中具有最小距离标记 $d(q)$ 的结点 q 会被选中。而对 q 的每条出边的邻居的距离标记做如下修改：

$$d(k) = \min\{d(k), d(q) + 1\} \tag{11-6}$$

结点 k 会被添加到 q 的孩子 $C(q)$ 中，当且仅当更新后 $d(k) = d(q) + 1$。在列表 L 更新了 q 所有的邻居（包括先前被访问过的）的距离标记后，结点 q 会被删除。算法会在当结点在 L 中的最小距离标签是汇结点 j 的时候终止。这时，图中所有距离标签大于等于汇结点 j 的结点都会被从网络中删除。此外，任何不满足 $d(k) = d(q) + 1$ 的边 (q, k) 都会被删除。剩下的子图 $\mathcal{G}(i, j)$ 包含着结点 i 到结点 j 中的所有最短路径。例如，图 11-3a 的信任网络的最短路径子图 $\mathcal{G}(i, j)$ 就是图 11-3b 所示。注意，图 11-3b 中 6 号结点丢失了，因为它与任何源结点 1 和汇结点 8 之间的路径都不相关。原图中的一些边被丢弃了，因为它们不在任何最短路径上。$\mathcal{G}(i, j)$中的每条从源结点到汇结点的路径的最小权重都被确定了。$\beta(i, j)$的值被设置为这些极小值中的最大值。同时,在前向过程中可以用动态规划方法,通过保存中间结果$\beta(i, k)$的值来更加有效地计算$\beta(i, j)$。我们做如下初始化:$\beta(i, i) =$ ∞且$\beta(i, k)=0$,当$k\neq i$时。无论何时,结点k的距离标记都会因为入边(q, k)的原因严格递减(根据公式(11-6)),以下的更新也会被执行:

$$\beta(i, k) = \max\{\beta(i, k), \min\{t_{qk}, \beta(i, q)\}\} \tag{11-7}$$

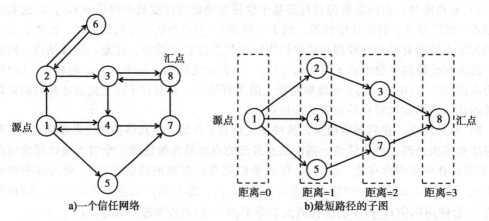

图11-3 对于一个信任网络,由TidalTrust算法发现的最短路径生成子图

其结果是,前向阶段结束时也会生成$\beta(i, j)$的值。

到目前为止,我们只讨论了TidalTrust算法中用户对用户的信任度的计算。怎么能从这个计算中得到推荐物品的帮助呢?类似于公式(11-3),一个物品的最终评分是通过信任度加权平均得到的。主要的区别在于,除了结点i的邻居们的已观测的信任值,预测的信任值$\hat{t}_{ik}$也可以被用于公式(11-3)的右手边。我们让I_i作为用户i已评价物品的索引。因此,公式(11-3)被修改为如下:

$$\hat{r}_{ij} = \frac{\sum_{k:k\in I_i, \hat{t}_{ik}\geq\theta} \hat{t}_{ik} r_{kj}}{\sum_{k:k\in I_i, \hat{t}_{ik}\geq\theta} \hat{t}_{ik}} \tag{11-8}$$

和之前一样,θ是一个由用户定义的预测信任值的阈值。这些方法会对那些物品评分与其他用户有显著差异的争议用户有特别有益的影响[223]。

11.3.5 MoleTrust算法

莫尔信任算法(MoleTrust algorithm)和蒂达尔信任算法(TidalTrust algorithm)有很多概念上的相似之处,但在实现上大相径庭。TidalTrust算法对前向阶段和后向阶段的一个应用是能够计算从一个特定源结点到一个特定汇结点的信任度。而MoleTrust算法则可以使用两个前向阶段计算一个最大距离阈值内,结点i到所有结点的信任度。由于在MoleTrust算法中并未指定汇结点,故其采用了一种不同的标准(根据最大路径长度δ)来终止最短路径的计算。此外,一个由用户指定的信任阈值α会被用于所有的源结点-汇结点对,而不是为每一个源结点-汇结点对重新计算。因此,这两个阶段的描述如下:

1)前向阶段1:确定所有的从源结点i开始的长度至多为δ的最短路径。在TidalTrust算法中,我们用到了改进的广度优先搜索,而这里的不同之处在于终止的条件是基于最大路径长度,而不是到达的汇结点。我们需要确定有向无环图$\mathcal{G}(i, \delta)$,该图中的每个边都在这些最短路径的其中之一上。我们把$\mathcal{G}(i,\delta)$中指向结点q的所有结点称为祖先$P(q)$。需要注意的是，在 MoleTrust 算法中祖先的概念对应于 TidalTrust 算法的孩子的概念。

2）前向阶段2：算法开始时，对所有结点k，如果边（i，k）在图$\mathcal{G}(i,\delta)$中，我们会设置：$\hat{t}_{ik}=t_{ik}$。这些结点和源结点的距离为1。接着，源和相距更远的各个结点之间的距离会被计算出来。任何图$\mathcal{G}(i,\delta)$中与源结点距离为2或者更远的结点的信任度$\hat{t}_{iq}$计算如下：

$$\hat{t}_{iq}=\frac{\sum_{k\in P(q),\,t_{kq}\geqslant a}\hat{t}_{ik}\cdot t_{kq}}{\sum_{k\in P(q),\,t_{kq}\geqslant a}t_{kq}} \tag{11-9}$$

注意该方法与 TidalTrust 算法的相似性。它们的主要区别在于，这次计算是前向的，而且阈值α是用户定义的。而且对所有的源结点－汇结点对，其阈值都是不变的。而 Tidal-Trust 算法中，每个源结点－汇结点对的特定阈值$\beta(\cdot,\cdot)$是在前向阶段中计算出来的。

而物品推荐的最终方法是和 TidalTrust 算法非常相似的。在所有的信任值都被计算后，我们就可以使用公式（11-8）做评分预测。

我们看到图 11-3a 的有向无环子图（图 11-4）的最大距离阈值为 2。在图 11-3 的例子中，结点 1 被视作源结点。注意和图 11-3b 不同，结点 6 存在于图 11-4 中，但结点 8 不在。在 TidalTrust 算法中，与源结点之间的距离超过阈值的结点的信任值是不能计算的。因此，$\hat{t}_{18}$不能用 MoleTrust 算法计算。算法假定对信任值$\hat{t}_{18}$的计算很不可信，因此不能被用于推荐过程。因此，这些信任值被隐式地设置为 0。MoleTrust 算法的效率比 TidalTrust 算法要高，因为不用在每个源结点－汇结点对中都使用该算法，而是仅仅在每个源结点中使用一次该算法即可。

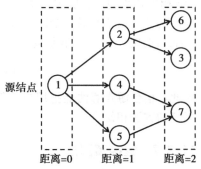

图 11-4　对于图 11-3a 中的信任网络，给定最大距离阈值 2，用 MoleTrust 发现的最短路径的生成子图

11.3.6　信任游走算法

信任游走（TrustWalker）算法[269]是基于如下的观察：社交网络链接能提供一个与评分独立的信息源[172]。因此，随机游走算法被用于发现相似的用户。然而，一个主要的难题是，如果一个人在随机游走里走得太远，那么会发现一些无关的用户。一个重要的观察是，非常信任的朋友对相似物品的预测是比不太信任的用户对相同物品的评分更好的预测。因此，信任游走算法将基于信任的用户相似度和基于物品的协同过滤模型整合在一个统一的随机游走框架下。

信任游走算法对社交网络中的用户使用随机游走。该算法从源用户i开始，确定每个物品j的评分$\hat{r}_{ij}$。在随机游走的每一步中，都会检查所访问的用户k是否评价了物品j。如果确实如此，那么观测到的评分r_{kj}就会被返回。否则，算法会有两种选择，都可以被看作是随机游走中重启方法的改进版本：

1）在随机游走的第l步，算法以概率φ_{kjl}在结点k处终止。在这种情况下，算法返回用户k在一个与j近似的随机物品上的评分。在所有被用户k评分过的物品中，物品被选中的概率与它和目标物品j的相似度成正比。这里的评分预测可以被看作是一个随机化和基于用户信任的基于物品的协同过滤算法。

2）算法以概率（$1-\varphi_{kjl}$）随机游走到k的邻居。

随机游走会重复多次，评分会在每次游走中以概率的方式平均。这个加权方法是基于每次随机游走停止的概率和选择特定的物品去做预测的概率。请参阅 [269] 获取详细信息。

值得注意的是，重启概率 φ_{kjl} 取决于当前被访问的用户 k、物品 j 和运行步数 l。确定这个概率值的方法如下。终止概率 φ_{kjl} 会随着步数 l 的增加而增加，这是为了避免距离源用户过远的非信任用户所造成的影响。这与所有基于信任的算法在信任传播时需要避免使用长路径是一致的。此外，如果我们确信被用户 k 评分的相似物品能提供可靠的预测时，终止概率的值也应该很高。例如，当目标物品 j 和被用户 k 评价过的最相似的物品之间的相似度很高时，我们可以增加终止概率的值。令这个最高相似度值为 $\Delta_{kj} \in (0, 1)$。那么终止概率的设定如下：

$$\varphi_{kjl} = \frac{\Delta_{kj}}{1 + \exp(-l/2)} \tag{11-10}$$

上述计算需要已知物品-物品的相似性。为了计算两个物品的相似性，我们会使用 Pearson 相关系数的折扣版本。第一，只有具有正相关系数的物品会被考虑。第二，当评价该物品的公共用户数量较少时，只有具有正相关的物品会被考虑。因此，对于两个物品 j 和 s 的共同评价者 N_{js}，我们有：

$$\text{Sim}(j, s) = \frac{\text{Pearson}(j, s)}{1 + \exp(-N_{js}/2)} \tag{11-11}$$

因此，信任游走算法能把用户信任度和物品-物品相似度在单一的随机游走框架下以一个无缝的方法相结合。

11.3.7 链接预测法

上述大多数方法都被设计成基于信任传播和聚集的启发式方法。而对于特定的启发式方法的有效性也许取决于手中的数据。这是因为这些方法是无监督的，所以它们并不总能很好地适应网络的特定结构。一个自然的问题是，在进行传播和聚集时，能否以数据驱动的方式直接学习信任网络中不同部分的相关性。如果只需要推荐的物品的分级列表，而不是精确的评分值的预测，链接预测法会起到作用。这个警告主要是因为大多数链接的预测方法擅长于推荐边上的排名名单，但在具体边的预测上做得不是很好。

正如在第 10 章 10.4.6 节讨论的那样，传统的协同过滤问题可以被看作用户-物品图上的链接预测问题。10.2.3.3 节和 10.4.6 节详细讨论了将用户-物品的图用于传统协同过滤。关于用户-物品的图的构建过程的详细讨论在第 2 章的 2.7 节中。在这种情况下，用户-物品图需要用不同用户之间的社交链接来增强。对用户-物品图的社交链接增强允许在协同过滤的过程中使用社交信息。

考虑一个 $m \times n$ 的评分矩阵，其中有 m 个用户，n 个物品。假定用户被安排在社交网络 $G_s = (N_u, A_u)$ 中。其中，N_u 表示用户结点集合，A_u 表示用户间的社交链接集合。用户集合和 N_u 中的结点存在一一对应的关系。由于用户的数量为 m，我们有 $|N_u| = m$。图 11-5a 给出了一个小社交网络的例子。

用户-物品图可以被看作是一个含有物品的社交网络图的增强。令 N_i 表示物品对应的结点集合。物品集合和 N_i 中的结点也存在一一对应的关系。因为物品个数为 n，故 $|N_i| = n$。我们构建图 $G = (N_u \cup N_i, A_u \cup A)$。其中，$A$ 是一个用户结点 N_u 和物品结点 N_i 之间的边的集合。注意，此图的结点和边是原社交网络 G_s 的超集。A 中的边对应于用户-物品图的关系。（参见第 2 章 2.7 节的部分）。具体地说，如果某用户评价了一个物品，那么在图 G 中对应用户结点和对应物品结点之间就存在一条边。该边的权重等于用户对该

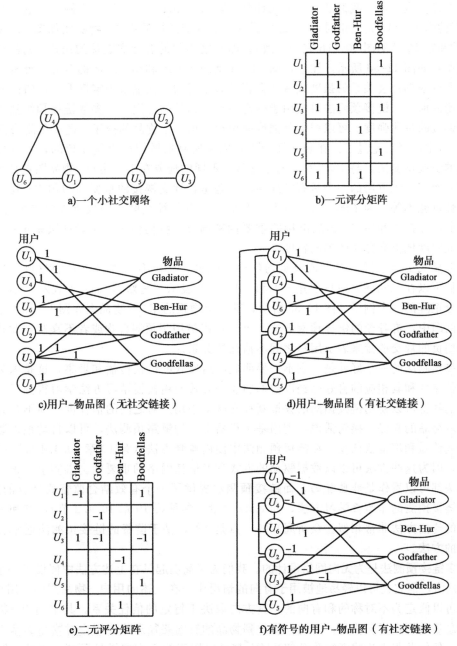

图 11-5　融合社交链接和用户-物品图的小例子

物品的均值中心化后的评分。这往往会导致负权重的出现。在隐式反馈的数据集中，反馈并不是均值中心化的但仍然可以使用权重（例如一个 0-1 的值或者购买的物品数量）。之前的例子中使用均值中心化的原因是，评分可以表明喜爱或者讨厌这两种情况，而隐式反馈采用了一元评分的一种形式，该形式并没有明确地指定用户对物品的厌恶。在隐式反馈情况中，最后得到的网络是一个链路上没有负权重的常规网络。在显式反馈情况下，所得到的网络是一个有符号的网络，即同时有正权重的边和负权重的边。值得注意的是，所得到的网络可以被看作是原始社交网络与第 2 章 2.7 节中讨论的用户-物品图的一个合并。

为了说明这一点，我们举一个一元评分矩阵（见图 11-5b）的一个例子（这个矩阵和第 10 章的图 10-11a 完全相同）。与之关联的没有社交链接的用户-物品图如图 11-5c 所示（这个图和第 10 章的图 10-11b 完全一致）。而与之相关的有社交链接的用户-物品图（有社交链接）如图 11-5d 所示。注意，图 11-5d 是图 11-5a 和图 11-5c 的合并。此外，社交链接也可以根据社会关系的强度或者社会行动者之间的信任度来决定权重。正如在 10.4.6 节中讨论的那样，链接预测法可被用于确定用户对物品的喜爱。大多数链接预测法也会给出预测链接的量化强度。可以根据其强度向用户给出一个物品的排序。链接预测法在第 10 章 10.4 节中已经讨论过了。在隐式评分中，因为所有的链接权重是非负的，所以可以使用传统的链接预测法。与 10.4.6 节的方法唯一不同的地方在于，用户-物品图被社交链接增强了。而使用该方法的一个具有挑战性的问题是，社交链接的重要性和用户-物品链接的重要性可能不等。为了解决这个问题，我们把所有的社交联系的权重乘以参数 λ。λ 会根据社交信任链接和用户-物品链接的重要性来调节。我们使用交叉验证法来选择 λ，以便于最大限度地提高算法的预测精度。

对于显式反馈来说，因为评分是均值中心化的，所以会出现带符号的权重。为了简单，我们可以在二元评分中只使用 -1 和 $+1$。$+1$ 表示"喜欢"，而 -1 表示"不喜欢"。二元评分矩阵的一个例子如图 11-5e 所示，其社交增强的用户-物品图如图 11-5f 所示。在这样的问题中，有符号的链接预测方法[346,591]可以被用于预测喜欢或者不喜欢。此外，还可以利用负的社交链接来表示用户之间不信任的关系。

链接预测法的一个好处是，它不需要明确的启发式的信任传播和聚集，这是因为用户信任的传递性和其相应的喜好已经以数据驱动的方式使用机器学习方法学习得到了。事实上，人们甚至可以使用链接预测法去推断社交网络中用户对之间的信任度，而不是直接推断用户对物品的喜好。换句话说，利用基于机器学习的链路预测法，可以自动地以数据驱动的方式传播和聚集信任度。在链接预测法中使用监督方法（第 10 章 10.4.4 节）是非常有用的，因为这些方法可以以数据驱动的方式学习信任网络的重要性。事实上，很多信任传播算法都可以看作是非监督的，而链接预测法提供了一个有效结合监督式计算的途径。的确，链接预测的非监督学习方法，如 Katz 度量（参见第 10 章 10.4.2 节），都和一些基于衰变的传播方法非常相似。众所周知的一点是[355]，基于监督的链接预测法通常会优于无监督的方法。

许多链接预测法是为无向网络设计的。我们为了简明起见在上述方法中假设了一个无向的信任网络，但它也可以轻易地被用于有向的情况中。在上述的用户-物品图中，用户-用户链接可以假定为不对称的和有向的，其方向取决于特定的信任关系，其中用户-物品的链接就总是由用户指向物品。因此，用户到物品的有向路径意味着用户对物品的基于信任的喜好。任何监督方法或者矩阵分解法[432]都可以用于执行有向链接预测。因此，链接预测法为各种场景都提供了一个非常通用的架构。11.6 节中有一些最新的使用链接预测法的推荐系统。

11.3.8 矩阵分解法

矩阵分解法和链接预测法[432]关系紧密。虽然我们可以用上一章中的链接预测框架的方法[432]作为主算法做矩阵分解，但是为信任网络直接设计和优化矩阵分解法会更为有效。令 R 是一个 $m \times n$ 的矩阵，其中有 m 个用户，n 个物品。让我们假设给定一个 $m \times m$ 的社交信任矩阵 $T = [t_{ip}]$。注意 R 和 T 都是高度稀疏的矩阵。令 S_R 和 S_T 是这些矩阵中已观测值的索引：

$$S_R = \{(i,j):r_{ij} \text{ 是已观测的}\}$$
$$S_T = \{(i,p):t_{ip} \text{ 是已观测的}\}$$

在所有已观测的 t_{ip} 的值都是严格正值的情况下，把某些未知的 t_{ip} 值设为 0 并且将 S_T 中的对应索引包含在内是有意义的。这样的方法可以防止过拟合，因为它弥补了负反馈的缺陷。（参见第 3 章 3.6.6.2 节。）

　　我们将从介绍 SoRec 算法开始。SoRec 算法[381]可以被看作是包含社交信息的矩阵分解法的一个扩展。我们强调这里介绍的方法原本是一个概率分解算法的社交推荐算法的简易版本。简单的版本有助于我们理解算法背后的主要思想。请读者阅读［381］了解具体的描述。

361

　　在第 3 章中，我们创建了 k 级的一个矩阵分解模型 $m \times k$ 的用户－因子矩阵 $U = [u_{ij}]$ 和一个 $n \times k$ 的物品－因子矩阵 $V = [v_{ij}]$，所以以下条件会在已观测的项上被尽量满足：

$$R \approx UV^T \qquad (11\text{-}12)$$

为了组合社交信息，我们介绍第二个 $m \times k$ 的用户因子矩阵 $Z = [z_{ij}]$，所以以下条件会在观察到的信任值上被尽量满足：

$$T \approx UZ^T \qquad (11\text{-}13)$$

两个用户－因子矩阵会在这里被使用，因为矩阵 U 起着发起者的作用，而矩阵 Z 则是作为接收者。此外，T 也许是不对称的且 U 和 Z 不必相同。直观地看，发起者是指选择是否相信的参与者（比如源结点），而接收者是指是否被相信的参与者（比如汇结点）。需要注意的是用户矩阵 U，即发起者，在两个因子分解中共享。由于发起者是共享的（而不是接收者），因为源结点的信任选项被用于在类似的系统中预测评分。正是这个共享的 U 导致了社交信任信息的分解。因此，一个联合的分解目标函数会被建立，并在其中加入 R 和 T 的分解误差。那么每个分解中的误差要占多少权重呢？这里可以通过一个平衡参数 β 来实现。然后，总的目标函数可以被表示为如下：

$$\text{Minimize } J = \underbrace{\| R - UV^T \|^2}_{R\text{中的已观测值}} + \beta \cdot \underbrace{\| T - UZ^T \|^2}_{T\text{中的已观测值}} + \underbrace{\lambda(\| U \|^2 + \| V \|^2 + \| Z \|^2)}_{\text{正则化}}$$

参数 λ 会控制正则化水平。注意，这个目标函数仅仅计算已观测的项，所有未知的项都会在计算中使用 Frobenius 范式被忽略。这个方法与第 3 章的方法是一致的。因此，产生的目标函数会是一个直接的结合社交信息的矩阵分解算法的扩展。我们依照观察到的 S_R 和 S_T 重写目标函数：

$$\text{Min } J = \underbrace{\sum_{(i,j) \in S_R} \left(r_{ij} - \sum_{s=1}^{k} u_{is}v_{js} \right)^2}_{R\text{中的已观测值}} + \beta \underbrace{\sum_{(i,p) \in S_T} \left(t_{ip} - \sum_{s=1}^{k} u_{is}z_{ps} \right)^2}_{T\text{中的已观测值}} + \underbrace{\lambda(\| U \|^2 + \| V \|^2 + \| Z \|^2)}_{\text{正则化}}$$

我们可以用梯度下降的方法来确定因子矩阵 U、V 和 Z。对于 U、V 和 Z 中的所有参数，J 的梯度向量被用于更新表示 U、V 和 Z 所有项的参数向量。梯度下降的步骤取决于观测矩阵和预测矩阵之间的错误率 $e_{ij}^{(r)}$ 和 $e_{ip}^{(t)}$：

$$e_{ij}^{(r)} = r_{ij} - \hat{r}_{ij} = r_{ij} - \sum_{s=1}^{k} u_{is}v_{js}$$

$$e_{ip}^{(t)} = t_{ip} - \hat{t}_{ip} = t_{ip} - \sum_{s=1}^{k} u_{is}z_{ps}$$

362

评分的错误率矩阵可以被记为 $E_r = [e_{ij}^{(r)}]$，其中未知的值（不在 S_R 中的项）全部被设为

0。信任度的错误率矩阵可以被记为 $E_t = [e_{ij}^{(t)}]$，其中未知的值（不在 S_T 中的项）全部被设为0。然后，梯度下降的步骤可以被写成如下矩阵更新的方式：

$$U \Leftarrow U(1 - \alpha \cdot \lambda) + \alpha E_r V + \alpha \cdot \beta E_t Z$$

$$V \Leftarrow V(1 - \alpha \cdot \lambda) + \alpha E_r^T U$$

$$Z \Leftarrow Z(1 - \alpha \cdot \lambda) + \alpha \cdot \beta E_t^T U$$

在这里，$\alpha > 0$ 表示步长。梯度下降法的推导细节留给读者作为练习。请注意，只有 E_r 和 E_t 中已观测到的项会在每次迭代中被计算。因为未知项被设为0，所以使用一个稀疏的数据结构来表示这些矩阵是合理的。对于所有更新，我们使用了单一的正则化参数 λ 和步长 α，但为不同的矩阵 U、V 和 Z 设置不同的步长和正则参数也是有必要的。

接下来，我们描述了随机梯度下降法，其中的每个项上的误差是以一个随机的方式被近似。该方法首先会以一个随机的顺序选择项，其项属于评分矩阵或者信任矩阵。接着，随机梯度下降算法会按照随机序对每个已观测到的项 $(i, j) \in S_R$ 进行如下的迭代更新：

$$u_{iq} \Leftarrow u_{iq} + \alpha \left(e_{ij}^{(r)} \cdot v_{jq} - \frac{\lambda \cdot u_{iq}}{2 \cdot n_i^{user}} \right) \forall q \in \{1 \cdots k\}$$

$$v_{jq} \Leftarrow v_{jq} + \alpha \left(e_{ij}^{(r)} \cdot u_{iq} - \frac{\lambda \cdot v_{jq}}{n_j^{item}} \right) \forall q \in \{1 \cdots k\}$$

在这里，$\alpha > 0$ 表示步长。此外，n_i^{user} 表示用户 i 的已评分数量，n_j^{item} 表示物品 j 的已知的评分数量。注意，这组更新与之前使用过的不带信任矩阵的协同过滤（参见第 3 章的 3.6.4.2 节）的矩阵分解是相同的。一个仅有的区别是，我们分别为用户和物品做了两次正则化和归一化[⊖]。

随后，随机梯度下降随机遍历每个信任矩阵中的项 $(i, p) \in S_T$，并进行以下更新：

$$u_{iq} \Leftarrow u_{iq} + \alpha \left(\beta \cdot e_{ip}^{(t)} \cdot z_{pq} - \frac{\lambda \cdot u_{iq}}{2 \cdot n_i^{out}} \right) \forall q \in \{1 \cdots k\}$$

$$z_{pq} \Leftarrow z_{pq} + \alpha \left(\beta \cdot e_{ip}^{(t)} \cdot u_{iq} - \frac{\lambda \cdot z_{pq}}{n_p^{in}} \right) \forall q \in \{1 \cdots k\}$$

这里 n_i^{out} 表示 S_T 中 i 是边的起点的已观测的项数，其中，n_p^{in} 则表示 S_T 中 p 是边的终点的已观测的项数。我们对评分矩阵和信任矩阵中已观测项交替地周期性执行这些更新直至其收敛。在一个特定的周期中，所有的项会被随机处理，这正体现了这个梯度下降算法的随机性的本质。参数 β 和 λ 可以通过交叉验证来选择，或通过简单地尝试这些参数并选择最好的值。不同的正则化参数可以用在不同的矩阵上，用于获得更好的结果，尽管这样做会增加参数调整的复杂性。

在所有的矩阵分解的情况下，评分矩阵可以重组为 $\hat{R} = UV^T$。注意，人们也可以把信任矩阵 T 完全重建，即 $\hat{T} = UZ^T$。事实上，信任矩阵的重建可以被看作是一种用于信任传播和聚集的数据驱动的方法，除了已有的信任关系还会使用用户的评分信息。

11.3.8.1 逻辑回归的改进

上述的说明提供了一个 SoRec 算法的简易版本，使得它和第 3 章结合更加紧密。真正的 SoRec 算法有一个较为复杂的目标函数。矩阵分解法的不足是它所预测的值可能会超出（R 中的物品评分或 T 中的信任度）阈值范围。一种解决办法是在分解中使用逻辑回归函

[⊖] 严格地说，该正则化也应该在传统的矩阵分解中被使用，但它经常作为一个启发式的基础被忽略了。在信任为中心的系统的特定例子中，归一化变得更加重要，因为评分矩阵和信任矩阵的大小并不相同。

数 $g(x)=1/(1+\exp(-x))$。逻辑回归函数的值总是在（0，1）内。不失一般性，我们可以假设[⊖]R 中的评分和 T 中的信任度的阈值范围是（0，1）。换句话说，评分矩阵 R 和信任矩阵 T 可以被重建为 $R \approx g(UV^{\mathrm{T}})$ 和 $T \approx g(UZ^{\mathrm{T}})$。表达式 $g(UV^{\mathrm{T}})$ 的意思是对矩阵 UV^{T} 的每个元素进行 $g(\cdot)$ 运算。然后，上述目标函数被修改如下：

$$\text{Minimize } J = \underbrace{\| R - g(UV^{\mathrm{T}}) \|^2}_{R \text{中的已观测值}} + \beta \cdot \underbrace{\| T - g(UZ^{\mathrm{T}}) \|^2}_{T \text{中的已观测值}} + \lambda \underbrace{(\| U \|^2 + \| V \|^2 + \| Z \|^2)}_{\text{正则化}}$$

注意目标函数中使用的逻辑回归函数。相应地，梯度下降算法中也会以乘法的形式加入逻辑回归导数。值得注意的是，基于逻辑回归的增强是真正的优化，对于第 3 章中的任意矩阵分解方法它都适用，而不仅仅在基于信任的方法中使用。

11.3.8.2　社交信任成分的变形

上述矩阵分解法的变形有很多，特别是如何形式化定义目标函数中的社交信任成分。

1）除了使用一个 $m \times k$ 的社交因子矩阵 Z 强加到 T 上，使得 $T \approx UZ^{\mathrm{T}}$，我们还可以用一个 $k \times k$ 的矩阵 H 替换 Z，使得 $T \approx UHU^{\mathrm{T}}$。相应目标函数中的社交相关项会被修改为 $\| T - UHU^{\mathrm{T}} \|^2$。直观上，矩阵 H 捕捉各种用户潜在组件之间的成对的相关性。该方法被称为 LOCALBAL[594]。另外，如同 SoRec 一样，也可以在目标函数里使用逻辑回归函数，尽管原来的工作中不使用这种方法。

需要注意的是，这种方法的形式类似于 SoRec 算法，除了参数 $Z=UH^{\mathrm{T}}$。矩阵 H 仅仅有 k^2 个变量，而 Z 有 $m \cdot k$ 个变量。因此，LOCALBAL 比起 SoRec，对于用户的社交关联结构做了更强的假设。更少的变量减小了过拟合的可能性，其代价是增加了高偏差的可能性。

2）SocialMF 算法[270]的强制约束是 $U \approx TU$。需要注意的是，TU 是未定义的，因为 T 的一些项可能是未知的。为了计算 TU，我们把未知的项设为 0。相应目标函数中的社交成分被定义为 $\| U - TU \|^2$。假设 T 的每一行被归一化，使其求和为 1。逻辑回归函数仅仅被用于 $\| R - g(UV^{\mathrm{T}}) \|^2$。需要注意的是，由于没有矩阵 Z，因子变量的数量会更少。事实上，其因子变量的数量和常规矩阵分解中的完全一样。减少因子变量的数量将有助于避免过拟合，但会以高偏差作为代价。

该方法将每个用户在其所有邻居上的信任加权平均偏好矩阵设置为该用户的偏好向量。这是 T 的每一行都被归一化的结果。一个基本的假设是，由于社会影响力，用户的行为会受到她直接邻居行为的影响。

3）社交正则化：在这种方法中[382]，用户因子会强制性地在链接中更加相似，用目标函数中信任值加权体现相似性的差异。换言之，如果 $\overline{u_i}$ 是 U 的第 i 行，那么目标函数的社交部分就是 $\sum_{(i,j):t_{ij}>0} t_{ij} \| \overline{u_i} - \overline{u_j} \|^2$。这种方法也可以被看作是强制同质化的间接方式，而且在隐式推断信任值 t_{ij} 中工作得很好。公式（11-2）说明了一个这样的隐式推断信任值的例子。这种方法的许多变形（比如基于平均值的正则化方法）也在论文中被讨论。基于平均值的正则化方法和 SocialMF 算法有些相似。

本章的 11.6 节也提到了其他一些对基本目标函数的变形。

11.3.9　社交推荐系统的优点

社交推荐系统有很多优点，因为它们在推荐过程中包含了信任度信息。这对提高物品推荐的质量、处理冷启动问题，以及防止攻击是特别有用的。

⊖　评分不总在（0，1）之间。如果需要，评分矩阵可以被缩放为 $(r_{ij} - r_{\min})/(r_{\max} - r_{\min})$，这样取值就会一直在（0，1）之间。

11.3.9.1 对有争议的用户和物品的推荐

包含信任度信息的最大的优势就在于对于有争议的用户和物品的推荐质量能得到改善。有争议的用户是指那些不同意其他用户对一些具体的物品的评分的用户[223]。争议的物品是指那些接受两极化评分的物品。在这样的情况下，使用信任度量一般会显著提高在特定的用户或特定物品上的推荐精确性[223,406,617]，因为在这种情况下用户的意见是高度个性化的。例如，更相似的用户或者彼此信任的用户就更有可能为有争议的物品提供类似的评分。

365

11.3.9.2 对冷启动的好处

社交链接对处理新用户的冷启动问题特别有益。考虑一个链接预测系统被用于推荐的情况。新用户进入系统后，没有对推荐系统中的任何物品进行评分；相应的也没有任何涉及该用户的物品-用户链接。另一方面，如果有该用户的社交链接，那么链接预测方法仍然可以被用于预测最好的匹配物品。对其他一些推荐方法，例如矩阵分解，这样的观察依然成立。其主要的假设即是虽然用户还未使用该推荐系统，但用户的社交链接已经可用。这在隐式推断的信任网络中尤其正确。在任何情况下，社交链接总是增加更多的数据，这对缓解推荐系统中的稀疏问题很有帮助。

11.3.9.3 防止攻击

一般对商家而言，总是有显著的商业目的会试图"欺骗"由第三方托管的推荐系统。例如，一个物品的制造商可能会为其在 Amazon.com 的物品张贴虚假评论。在许多情况下，这样的评论是由制造商创建的虚拟用户画像发表的。基于信任的推荐系统对这样的攻击更有抵抗力，这是因为它们的算法是基于值得信任的用户对物品的评分进行推荐。例如，公式（11-3）和公式（11-4）在预测过程中为用户之间的信任度进行了明确地加权。用户极不可能使用虚假画像来建立信任关系。因此，这种方法不太可能在推荐过程中使用虚假画像的评分。防止攻击的推荐系统的相关内容将在下一章中详细讨论。

11.4 社交推荐系统中的用户交互

新一代网络，也被称为 Web 2.0，已经支持许多开放式系统的发展，用户在其系统中能积极地参与并留下反馈。尤其是社会标签系统（social tagging system），它们允许用户去创造和分享有关媒体对象的元数据。这样的元数据也被称为标签（tag）。用户可以给被社交网络支持的任何形式的对象做标签，比如图像、文档、音乐或录像。事实上，所有的社交媒体网站允许若干形式的标签。以下是一些标签系统的例子：

- Flickr[700] 允许用户使用关键词去标记图像。例如，一个关键词可能描述了一个特定图像中的场景或物品。
- 网站"last.fm"[692] 以音乐为主题，并允许用户标记音乐。
- Dilicious[702] 促进了书签共享和在线链接的发展。
- Bibsonomy[256,708] 系统允许用户共享并标记出版物。
- Amazon 网站曾允许其顾客标记物品[709]。

去检验社会标签网站（例如"last.fm"）所创建的标签的本质是有启发意义的。关于

366

迈克尔·杰克逊的著名唱片《战栗》，在"last.fm"网站的热门标签如下：

"死前必听的 1001 张唱片"、"20 世纪 80 年代"、"1982"、"1983"、"80 年代流行"、"唱片"、"我所拥有的唱片"、"我所拥有的黑胶唱片"、"避开"、"经典"、"流行经典"、"摇滚经典"、"黑胶货箱"、"流行舞曲"、"迪斯科"、"史诗"、"战栗"……

因为这些标签是在一个开放的供人分享的环境下由用户而非专家所创建的，因此它们非常通俗日常。注意，"thirller"（战栗）是一个错拼词，在这样的设置中，错拼是非常常见的。此外，所有歌曲按照其标签被创建了索引。例如，点击"摇滚经典"的标签，便可以访问与此标签有关的不同资源（艺术家、唱片或事件）。换言之，标签"摇滚经典"如同书签或索引一样，能用其访问相关资源。

这种标记过程，也被称为"大众分类法"，导致了对内容的组织和对知识的构建。"大众分类法"这一术语源于它的词根"民间"和"分类学"，因此该名字直观地表示了这一过程，即是由非专业人士、志愿者、参与者（也就是普通民众）在万维网上对网络对象的分类。这个名字是由 Thomas Vander Wal 提出的，他对这个词的定义如下[707]：

"大众分类法是：由个人自由地标记被检索出的信息和对象（任何附有 URL 网址的事物）的结果。标签在一个社交环境（通常是共享以及向他人开放的）中完成。大众分类法是在人们在消费信息时对事物做标记而产生的。

这种外部标签的值来源于人们运用自己的词汇对事物添加明确的含义，这样的含义可能来自于人们对该信息/对象所推断出的理解。相比分类而言，人们更愿意根据自己的理解来提供信息/对象的含义，从而把信息/对象关联起来。"

另一个用于描述社会性标签的术语包括协作标记（collaborative tagging）、社会分类（social classification）和社会索引（social indexing）。标签提供了对对象主题的理解，其常常是通用并易于理解的词汇。因此，社会性标签的本质是：其参与者实际上是一笔财产，它们为这样的系统做出了协同合作的贡献。标签也被称为社会索引，因为它们还起到了组织物品的作用。例如，通过点击一个标签，用户能够浏览和标签相关的物品。

大众分类法有许多的应用，包括推荐系统[237]。在特定应用下的推荐系统，大众分类法因为其提供了关于对象的可用知识而十分有价值。尽管有时标签对对象的描述是有噪声的并且不太相关的，但至少每个标签都能被看作是描述对象的一个特征。虽然标签具有噪声，但观察发现，通过对评分或其他数据源中的知识进行补充，社会标签法能显著提高推荐系统的有效性。

11.4.1　大众分类法的代表

在标签系统中，用户用标签来注释物品（或资源）。而物品的特性取决于其所在的系统。比如对 Flickr 来说，其物品可能是一张图片，或者对 last.fm 来说，一个物品即是一首歌。因此，在用户、物品和标签之间存在着一种三方关系。相应地，它可以被表示成一个超图，其中每一个超边连接着三个对象。它也可以被表示为一个三维立方体（或张量），其中包含着一个用户是否已经为一个特定物品（如图像）标记了一个特定的标签（例如，"风景"）的一元二进制信息。如果标记了，则对应的位设为 1，否则对应位设为未指定的（unspecified）。在许多情况下，为了分析的目的，我们将未指定的值约等于 0。图 11-6 中给出了一个由超图和张量表示的由 6 个用户、4 个物品（图像）和 5 个标签构成的小例子。图 11-6a 给出了超图的表示，而图 11-6b 给出了三维立方体的表示。例如，Ann 将物品 2 标记为"花朵"，这在图 11-6a 中则表示为对应三个实体之间的一条超边，而在图 11-6b 中则表示为对应位被设置为 1。大众分类法的形式化定义如下：

定义 11.4.1（大众分类法）　　给定 m 个用户、n 个物品和 p 个标签，其大众分类法是一个大小为 $m \times n \times p$ 的三维数组 $\boldsymbol{F} = [f_{ijk}]$，$f_{ijk}$ 是一个一元的数值，表明用户 i 是否将物品 j 标记为第 k 个标签。换言之，f_{ijk} 的值被定义如下：

367

$$f_{ijk} = \begin{cases} 1 & \text{如果用户 } i \text{ 将第 } j \text{ 个物品标记为第 } k \text{ 个标签} \\ \text{未指定的} & \text{其他} \end{cases} \tag{11-14}$$

在实际设置中，未指定的值被默认设置为 0，如果在高度稀疏的隐式反馈中的设置一样。今后，我们将用 F 表示"标签立方体"。从图 11-6 可以看出，大众分类法和上下文敏感的推荐系统（见第 8 章）中的多维表示形式有很多共同点。我们在后面将会看到，这种共同点十分有用，因为可以用第 8 章中许多方法来处理其中一些查询。

尽管图 11-6 是一个小例子，而实际的社交平台上，用户和物品的数量会是数以亿计的，例如 Flickr，而标签的数量大约有百万个。因此，这样的系统在数据丰富的环境中面临着可扩展性的挑战。对于社会性标签推荐系统来说，这样的问题既是我们的挑战，但同样也是机遇。

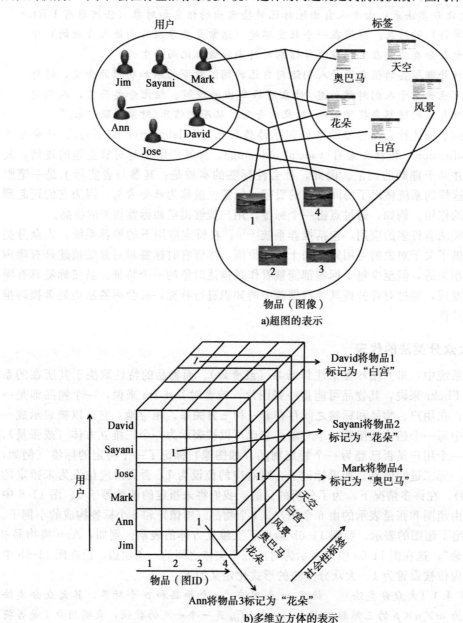

a) 超图的表示

b) 多维立方体的表示

图 11-6   大众分类法的不同表示方法

11.4.2 社会性标签系统中的协同过滤

推荐的形式依赖于应用的类型。对一些网站，例如 Flickr，其标签信息可用但评分信息并不可用。在这样的情况下，仍可以开发一个基于标签立方体对标签或者物品进行推荐的系统。在其他一些情况下，$m \times n$ 的评分矩阵 R 和 $m \times n \times p$ 的标签矩阵 F 都是可用的。其评分矩阵和标签立方体都定义在相同的用户集合和物品集合上。例如，MovieLens 网站既包含了评分信息，也包含了标签信息。其相应的协同过滤系统被称为标签已知的推荐系统，其中评分矩阵是主要数据，而标签信息则提供了额外的辅助信息来提高评分预测的精确度。注意，评分矩阵可以是一个隐式反馈矩阵，例如对于网站 last.fm，用户对物品的访问历史都被记录下来。事实上，隐式反馈在社会性标签网站中更加普遍。从算法角度来看，隐式反馈模型因其通常不包含负评分，未知项通常被设为是 0 作为近似，而更易使用。在下文中，除非另作说明，我们将假设存在一个明确的评分矩阵。

当评分矩阵可用时，协同过滤查询的形式比只有标签信息可用时的查询形式要丰富很多。在这种情况下，标签立方体和评分矩阵的用户和物品维度相同，但评分矩阵不包含标签这一维度。为了提供推荐，这两处来源的信息被集成到一起。值得注意的是，这一方法可以被看作是基于内容的协同过滤应用的泛化。在基于内容的协同过滤中，关键词只与物品关联，然而在标签立方体中关键词与"用户-物品"的组合关联。可以将基于内容的推荐系统看成是标签立方体的一个特例，在这其中"物品-标签"的二维切片对于每一个用户而言是完全相同的。因此，后面章节讨论的许多方法也能被用于基于内容的协同过滤。

由于应用的多样性，协同过滤问题的形式也多种多样，而当前的研究工作并没有完全都涵盖。实际上，仍有许多的协同过滤问题有待研究，正巧这也是近期的热门研究领域。下面给出了一些查询的例子：

1）（**只有标签数据**）给定一个 $m \times n \times p$ 的标签立方体 F，推荐：

（a）给用户 i 一份标签排序表。

（b）给用户 i 一份有着相同兴趣（标签模式）的用户排序表。

（c）给用户 i 一份物品的排序表。

（d）给用户 i 一份关于物品 j 的标签排序表。

（e）给用户 i 一份符合 k 标签语境的物品排序表。

2）（**有标签数据和评分矩阵**）给定一个评分矩阵 R 和一个 $m \times n \times p$ 的标签立方体 F，推荐：

（a）给用户 i 一份物品的排序表。

（b）给用户 i 一份符合 k 标签语境的物品排序表。

上述的查询可以被分成两类。第一类查询并不使用评分矩阵。在这样的查询中，对标签和用户的推荐比对物品的推荐更为重要，尽管其方法也可能被用于物品推荐。因为标签充当着资源（物品）的书签和索引，所以寻找相关的标签也是寻找相关物品的一种方法。第二类查询与传统推荐系统关联更紧密，因为它们主要是基于评分矩阵 R。与传统推荐系统唯一的不同之处在于，标签立方体被当作辅助信息使用，并因其中包含了噪声，故扮演着一个次等的角色。这样的方法也被称为"标签推荐"[535] 或"提供标签的协同过滤"[673]。此类系统最主要的优势在于它们能将用户评分和标签活动的这两个重要的方面整合在一起。一般来说，第二种类型的查询方法较少，但有越来越多的方法可以把评分矩阵和标签立方体的知识集成到一起。值得一提的是，可能并没有明确的评分矩阵，可用的只有隐式反馈（例如，购买行为），那么矩阵 R 就是一个一元评分矩阵。注意，即使 R 是隐式反馈得来的，它仍然是独立于标签立方体的数据。

11.4.3 选择有价值的标签

由于对标签的创建和使用都是开放式的，因此标签通常有很多噪声。在许多情况下，用户可能会使用不规范的词汇或错拼词去标记物品。这就导致出现了很大比例的噪声和不相关标签。若使用不相关的标签，将会对许多推荐应用产生有害的影响。因此，预先挑选出一个小规模的标签会带来帮助。从计算复杂性来说，对标签的预先选择也减少了数据挖掘过程中的计算。因此，标签选择算法通常是基于简易的规则对标签进行排序并依据这些标准预先挑选出排在前面的标签。

许多标签网站会使用一种简单的方法，被称为"数量－物品－应用"。该方法用给一个物品添加一个特定标签的人数来估计未来会有多少人愿意看到这个标签。这个评估也可以看作是该标签的权重。还有其他一些启发式的特征常常被用于评估标签的质量。例如，一些标签可能是全局有价值的，而其他一些标签可能只针对特定物品。[536] 中提出了大量的这样的特征来评估标签的质量。表 11-1 中列出了其中一些特征。标签的特异性（全局或局部）也被指明。值得一提的是，其中某些特征 [536] 假设用户对标签进行了"喜欢"或"不喜欢"的评分。这样的信息并不在所有系统中都有用，因此在表 11-1 中并没有包括这类特征。[535，536] 中讨论了对这些特征的实验性评估。实验结果发现：在例如数量－物品－应用、标签－共享和平均－比例－物品－被标记这类特征上的推荐性能很好。另一方面，对于其他一些特征，例如数量－应用、数量－用户和标签－长度，其推荐性能并不是最佳。进一步地，如果把 5 个最好的特征合并为一个特征，被称为"全部－隐式"，会使得系统的性能比使用单一特征时更好。推导这一特定特征的更多详情请参见 [535，536]。

表 11-1 用于评估标签质量的特征列表[536]

特 征	特 异 性	标签被排序的标准
数量－物品－应用	每个物品－标签	标签被应用于一个特定物品的次数
数量－应用	每个标签	标签被应用于物品的次数
数量－用户	每个标签	使用该标签的用户的数目
数量－搜索	每个标签	该标签被搜索的次数
数量－搜索－用户	每个标签	搜索该标签的用户数目
标签－共享	每个物品－标签	一个特定标签占所有标签的比例
平均－比例－物品－被标记	每个标签	对于一个给定标签，每个使用该标签的用户所使用的所有标签所占的比例的平均值
应用－每个－物品	每个标签	标签被用于其所对应物品次数的平均数
数量－标签－单词	每个标签	标签中的单词数
标签－长度	每个标签	标签中的字母数

撇开这些研究方法，特征选择方法在第 4 章 4.3.4 节中也可能被使用。第一步是把标签立方体通过对不同用户上的物品－标签频率进行聚集从而转化成一个二维的物品－标签的切片。通过把每个标签当作一个"词"，该方法能产生一个"词语－文档"矩阵。4.3.4 节中的任何的方法都可能被用于选择最有区别性的标签。

11.4.4 无评分矩阵的社会性标签推荐

这种情况也可以被看作是在上下文敏感推荐系统的多维模型的一个特例。标签立方体可以被看作是一个多维立方体，其中标签表示上下文。因此，上下文敏感模型可以用来解决这些查询。事实上，从原则上讲，被用于上下文敏感排序的张量分解模型[495,496]与标签推荐中的张量分解模型[497,498]没有太大区别。有关上下文敏感推荐系统的多维模型在第8章8.2节有详细讨论。

如前面所讨论的，在社会标签推荐中的查询可以有多种形式，可能是推荐物品、者标签或者用户。标签立方体是三维的，且人们可能从各种维度上做推荐。在这些不同的形式中，推荐标签是最常见的。这样做的原因是推荐标签对用户和平台都是有益的：

1）对平台的效用：由于标签不规范，不同的用户对同样的物品（资源）可以使用不同的关键词描述。对一个特定物品推荐标签有助于巩固其描述。这种隐式描述的巩固有助于系统收集更好的标签，因此需提高推荐的质量。

2）对用户的效用：可能会根据一个物品向用户推荐标签，也可能根据用户的兴趣对用户推荐标签。基于物品的标签推荐的动机是：用户可能会觉得给物品添加标签很麻烦。当对一个给定物品推荐相关标签时，这使得他们的工作变得更容易，而且他们更有可能参与对物品标记的过程。相应地，系统也因此收集到更多的标签数据。对特定用户的标签推荐是有益的，因为标签的目的常常是对不同用户个性化地组织物品。例如，图11-6可能代表了如Flickr的图像浏览环境。如果根据Ann的其他标签，Ann被推荐了标签天空（sky），通过点击这个标签，她可能会发现其他感兴趣的物品。也可以将标签数据与评分矩阵相结合，得到高质量的推荐。

以下部分回顾了已经提出的用于在社会标签系统的各类推荐方法。

11.4.4.1　上下文敏感系统的多维方法

在第8章8.2节中讨论的多维方法可用于构建社会性标签推荐系统。其基本思想是在查询的一对特定维度上对数据进行投影，然后在三个维度上使用基于内容查询的预过滤方法。

例如，为了给特定用户推荐最佳标签，可以对不同物品上的标签的频率做聚集。换句话说，就是计算一个用户在所有物品上使用特定标签的次数。这就产生了一个二维的用户-标签的非负频率矩阵。任何传统的协同过滤算法可以用在该矩阵上给特定用户来推荐标签。这是给用户推荐标签的最好的方法，但它们不使用物品信息。尽管如此，这种方法在现实生活中仍很有用。由于标签还有索引功能，标签可以被用于发现用户感兴趣的资源。类似地，沿标签维度对频率的聚集导致产生了一个用户-物品矩阵。这个矩阵能够被用于向用户推荐物品。

使用这些聚合方法的一个缺点是，沿着某一维的信息会被忽略。也可以在推荐过程中，整合所有维度的信息。假设我们要给一个特定用户推荐最佳的标签或最优的物品。其中一种方法就是基于聚集的用户-标签矩阵来计算用户之间的相似度。同样，也可以在聚集的用户-物品矩阵上做这样的计算。两个测度的线性组合被用于生成一个和目标用户最相似的用户。接着，可以使用标准预测方法（参见第2章中公式（2-4））来推荐最相关的物品或者最相关的标签。类似的方法也可以被用于基于物品的协同过滤。即从一个目标物品开始，根据聚集的用户-物品矩阵或者聚集的标签-物品矩阵，找到和它最相似的物品。

另一个有用的查询是针对某个特定标签的上下文向用户做物品推荐。上下文敏感系统中的预过滤和后过滤方法（参见8.3节和8.4节）可以被用于实现这一目标。例如，如果想要推荐和标签"animation"（卡通片）相关的电影，那么对应着"animation"的标签-立方体的切片就可以被提取出来。这个过程会产生一个关于卡通电影的二维的用户-物品

372

矩阵。传统的协同过滤算法可以被用于该矩阵来做推荐。使用该方法的一个挑战是所提取的用户-物品切片可能会过于稀疏。为了解决稀疏性问题，可以将相关的标签分成一组，即标签的聚类。例如，一个标签类可能包含"animation""children"（儿童）"for kids"（给小孩的）等。这些相关标签对应的用户-物品的标签频率可以被加和到一起构成一个聚集的用户-物品矩阵，这比之前的矩阵要稠密。从而可以在这个聚集的矩阵上做有效的推荐。[70, 215, 542] 提出了一系列标签-聚类的方法。尽管它们的工作是研究标签聚类在基于文本方法中的应用，这类技术也可以被用于提高协同过滤的有效性。

最后，张量分解方法在社会性标签推荐中日益普及。在第 8 章 8.5.2 节中，这些方法被作为上下文敏感系统的一种特例被探讨。该节中讨论的一个特别流行的方法是"相互作用张量分解"（PITF）。此外，这些方法已经被泛化成因子分解机器的概念，可以被看作是潜在因子模型的泛化。请参见 8.5.2.1 节。

11.4.4.2 基于排名的方法

基于排名的方法使用 PageRank 的方法，以便在有标签的情况下做出推荐。第 10 章 10.2 节提供了排名方法的详细说明。其中有两个著名的方法：FolkRank[256] 和 Social-Rank[602]。FolkRank 和 SocialRank 之间的主要区别在于，SocialRank 在排名过程中还使用了对象之间以内容为中心的相似性。例如，可能基于图像内容的相似性在两个图像之间添加链接。此外，SocialRank 可以被应用于任意的社交媒体网络，而不只是带标签的超图。为了对不同形式的效果进行平衡，SocialRank 算法相比 PageRank 算法有了显著的变化。该方法也能被应用于大众分类（folksonomy）。而 FolkRank 是专门为大众分类中带标签的超图而设计的。由于 SocialRank 在第 10 章 10.2.3.2 节中讨论过，在此我们将集中描述 FolkRank 方法。

FolkRank 是个性化 PageRank 算法（参照第 10 章 10.2.2 节）的简单调整。应用 Folk-Rank 的第一步是从标签超图中提取一个三分图。从标签超图中提取的三分图 $G=(N, A)$ 描述如下：

1）每个标签、用户和物品成构成图 G 的一个结点。换句话说，每个 $i \in N$ 为一个用户、标签或物品。因此，对于 m 个用户、n 个物品和 p 个标签，图 G 中包含 $(m+n+p)$ 个结点。

2）对于标签、用户和物品之间的每条超边来说，其中每对实体之间都会添加一条无向边。因此，每个超边对应会添加三条边。

然后在该网络上直接应用个性化的 PageRank 方法。10.2.2 节中的个性化向量被设置为：喜欢的物品、用户或标签具有更高的重启概率。通过对重启概率的不同设置方法，可以对特定的用户、标签、物品、"用户-物品"对、"用户-标签"对或"标签-物品"对进行查询。对查询响应的形式也可以不同。

作为这一进程的结果，高排名的标签、用户和物品对网络中相关结点提供了不同的观点。FolkRank 的一个重要特点是，它在特定用户相关性中加入了对全局流行度（声望）的考虑。这是因为所有的排名机制倾向于选择高联通度的结点。例如，即使在个性化的 PageRank 机制中，一个被大量使用的标签也总是被排得很靠前。重启概率的值在特异性和普及性之间权衡。为了取消这些因素产生的作用，差异版本的 FolkRank 被提出。其基本思路是执行以下步骤：

1）PageRank 在被提取出的三分图上进行无偏计算。换言之，所有结点的重启概率都是相同的值：$1/(m+n+p)$。回想一下，标签立方体的大小为 $m \times n \times p$，网络中的结点数是$(m+n+p)$。令所得的概率向量为$\overline{\pi_1}$。

2）对于被查询的特定的"用户-物品"组合，个性化的 PageRank 设置一个增加的偏差。例如，考虑对一个特定"用户-物品"组合的查询。令被查询的用户结点的重启概率正比于$(m+1)/(2m+2n+p)$，被查询的物品结点的重启概率正比于$(n+1)/(2m+2n+p)$，剩余结点的重启概率正比于$1/(2m+2n+p)$。令所得的概率向量为$\overline{\pi_2}$。

3）结点的相关性可以从向量$\pi_2-\pi_1$中提取。其值可能为正也可能为负，这取决于相似性或不相似性的程度。

这种方法的主要优点是，它在很大程度上抵消了全局流行度的影响。

11.4.4.3　基于内容的方法

基于内容的方法既可以向用户推荐物品也可以向用户推荐标签。为了将物品推荐给用户，可以创建一个特定用户的训练数据集，训练集中对每个物品的描述被表示成m个用户描述该物品所使用的标签的频率。这些频率可以用 tf-idf 格式来表示。对于一个给定的用户，其训练数据中包含所有标记的物品，和一个没有添加任何标签的物品的负样本。这些对象的标记频率需要被学习。特征变量和因变量（学习处理过程中）对应于每个物品的 tf-idf 表示，以及标签的用户给每个物品标记的标签数目。注意到对负样本来说，因变量为 0。我们在该训练数据集上使用基于回归的模型来进行预测。

类似的方法可以用于推荐标签给用户。其主要区别是标签被表示为物品的 tf-idf 向量而非其他形式。训练集把标签当作对象进行分类。因此，根据用户在不同物品上使用标签的次数，可以对标签进行标记。这个训练集被用于在用户兴趣未知的情况下预测用户对标签的兴趣。对于标签推荐的各种基于内容的方法的比较可参见［264］。

一个基于标签聚类的物品推荐算法在［542］中提出。该算法根据标签的 tf-idf 描述来创建簇。换句话说，每个标签被视为物品频率的向量，然后这些向量被用于创建m个簇。聚类为用户兴趣和物品之间的关联性的度量和集成提供了中间表示形式。

令第s个簇中的第i个用户的兴趣记为 ucW(i,s)，第j个物品（资源）和第s个簇的关联度被记为 rcW(j,s)。ucW(i,s)被定义为用户i所使用的标签在第s个簇所占的比例，rcW(j,s)被定义为物品j的标签在第s个簇中所占的比例。那么用户i对物品j的总的兴趣$I(i,j)$的计算如下：

$$I(i,j)=\sum_{s=1}^{m}\text{ucW}(i,s)\times\text{rcW}(j,s) \tag{11-15}$$

图 11-7 中展示了如何把簇当作中间步骤来计算用户对物品的兴趣。注意，这样的兴趣值可以被用作物品推荐排名。其基本思想是簇为稀疏的用户-物品标签行为提供了一个更具健壮性的总结，可以被用于高品质的兴趣计算。

此外，［542］的工作根据用户的标签查询向用户提供个性化的物品推荐。例如，如果 Mary 搜索"动画"，她得到的推荐电影可能和 Bob 搜索"动画"得到的推荐电影并不完全相同。对于给定的查询标签q，它和物品j的相似度$S(j,q)$的定义如下，它是根据物品j被标记为标签q的频率f_{jq}同物品j被标记为其他标签的频率相比较来定义的：

$$S(j,q)=\frac{f_{jq}}{\sqrt{\sum_s f_{js}^2}} \tag{11-16}$$

对于一个特定用户i的搜索，虽然$S(j,q)$的值也可直接被用于物品排名，但我们需要利用用户兴趣$I(i,j)$对结果进行个性化。$I(i,j)$的值使用公式（11-15）计算。因此，查询结果按照$S(j,q)\times I(i,j)$而非$S(j,q)$排序。值得注意的是，对标签查询的物品推荐不一

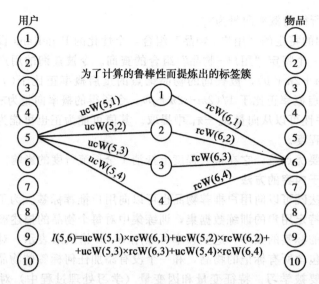

图 11-7　用簇作为桥梁来计算用户对物品的兴趣。这个例子阐述了如何计算用户 5 对物品 6 的兴趣。这样的计算方法可以应用在任何用户-物品对上

定需要对特定用户进行个性化，我们可以简单地使用 $S(j, q)$ 来排序物品。进一步地，对物品推荐标签也同样不需要进行个性化。可以简单使用物品的标签特征为用户做推荐。在这种情况下，被推荐的标签取决于被查询的物品，而不会依赖于进行查询的用户。事实上，最早的关于标签推荐的研究工作就使用标签和物品同时出现的统计信息来做推荐。因此，其结果也并不依赖提出查询的用户。

　　类似地，[316] 提出的一种以内容为中心的使用潜在狄利克雷分布模型（LDA）的推荐方法。该方法把每个物品看作一个包含标签（或"单词"）频率的"文档"。和传统的文档主题生成模型类似，该方法按下面的关系表示了第 q 个标签和物品 j 的关联：

$$P(\text{Tag} = q \mid \text{Item} = j) = \sum_{s=1}^{K} P(\text{Tag} = q \mid \text{Topic} = s) \cdot P(\text{Topic} = s \mid \text{Item} = j) \quad (11\text{-}17)$$

在这里，K 表示主题的数量，这是一项由用户定义的参数。注意到公式（11-17）的左边提供了一个以排序为目的的推荐概率，而右边的量可以通过 LDA 方法中的参数学习来进行评估。没有必要使用 LDA 做主题建模。例如，可以用更简单的概率隐语义分析（PL-SA）模型来替换 LDA。注意，我们也可以把用户所使用的标签看作"文档"，利用主题建模方法对这些用户按照主题进行聚类，从而实现推荐的个性化。在确定了主题以后，我们可以按如下方法计算不同标签和每个用户的关联度：

$$P(\text{Tag} = q \mid \text{User} = i) = \sum_{s=1}^{K} P(\text{Tag} = q \mid \text{Topic} = s) \cdot P(\text{Topic} = s \mid \text{User} = i) \quad (11\text{-}18)$$

注意，公式（11-18）相较于公式（11-17）使用了一个不同的主题集合，前者对用户聚类，而后者对物品聚类。给定用户 i 的个性化内容，公式（11-17）和公式（11-18）的线性组合可以被用来确定标签 q 和物品 j 的相关性。这一线性组合的权重确定了用户特异性和物品特异性之间的权衡。

　　还有一些其他的方法，通过在主题建模过程中利用贝叶斯的思想来组合用户特异性和物品特异性[315]。特别地，我们可以直接计算个性化的和特定物品的推荐概率 $P(\text{Tag} = q \mid \text{User} = i, \text{Item} = j)$。使用朴素贝叶斯规则，可以将此概率简化为如下：

$$P(\text{Tag} = q \mid \text{User} = i, \text{Item} = j)$$

$$= \frac{P(\text{User} = i, \text{Item} = j \mid \text{Tag} = q) \cdot P(\text{Tag} = q)}{P(\text{User} = i, \text{Item} = j)} \tag{11-19}$$

$$\approx \frac{P(\text{User} = i \mid \text{Tag} = q) \cdot P(\text{Item} = j \mid \text{Tag} = q) \cdot P(\text{Tag} = q)}{P(\text{User} = i, \text{Item} = j)} \tag{11-20}$$

$$\propto P(\text{User} = i \mid \text{Tag} = q) \cdot P(\text{Item} = j \mid \text{Tag} = q) \cdot P(\text{Tag} = q) \tag{11-21}$$

注意到，以上我们忽略了分母的项：$P(\text{User} = i, \text{Item} = j)$。这是因为我们希望在特定用户和物品的情况下，按照标签推荐概率来排列不同的标签。因此，这一常数项可以在排序过程中被忽略。

现在，上述公式右手边的 $P(\text{User} = i \mid \text{Tag} = q)$ 和 $P(\text{Item} = j \mid \text{Tag} = q)$ 可以依据用户推荐概率和物品推荐概率，运用贝叶斯规则表示为：

$$P(\text{User} = i \mid \text{Tag} = q) = \frac{P(\text{User} = i) P(\text{Tag} = q \mid \text{User} = i)}{P(\text{Tag} = q)} \tag{11-22}$$

$$P(\text{Item} = j \mid \text{Tag} = q) = \frac{P(\text{Item} = j) P(\text{Tag} = q \mid \text{Item} = j)}{P(\text{Tag} = q)} \tag{11-23}$$

因此，将这些项代入公式（11-21）中，我们可获得如下：

$$P(\text{Tag} = q \mid \text{User} = i, \text{Item} = j) \propto \frac{P(\text{Tag} = q \mid \text{User} = i) \cdot P(\text{Tag} = q \mid \text{Item} = j)}{P(\text{Tag} = q)}$$

$$\tag{11-24}$$

类似于任何贝叶斯分类器，公式右边的项可以很容易地以数据驱动的方式被估计。例如，$P(\text{Tag} = q)$ 的值可以被估计为标签立方体中第 q 个标签对应的非空项所占的比例。$P(\text{Tag} = q \mid \text{User} = i)$ 的值可以被估计为标签立方体中用户 i 对应切片上第 q 个标签所对应的非空项所占的比例。$P(\text{Tag} = q \mid \text{Item} = j)$ 的值可以被估计为标签立方体中物品 j 对应切片上第 q 个标签所对应的非空项所占的比例。拉普拉斯算符也经常用于避免过度拟合。

公式（11-24）中的概率被用于在特定的用户-物品组合上对标签排名。[315] 也讨论了一个更简单的基于频率的推荐模型。

11.4.5　使用评分矩阵的社会性标签推荐

当标签作为物品评分的附加信息被加入系统时，它对提高推荐的质量具有巨大的潜力。例如，设想一个情节，Mary 已观看了《Shrek》和《Lion King》这样的许多被评分网站（例如 IMDb）标记为"动画"的电影。然而，Mary 也许还未在标签立方体中标记任何这样的电影，这些喜好是通过评分矩阵得到的。

现在设想一个情景，有一部电影，例如《Despicable Me》，也被标记为"动画"，但 Mary 并没有看过这部电影。在这样的情况下，可以合理地猜测 Mary 可能会对《Despicable Me》感兴趣。即使评分矩阵也提供了同样的预测，但是当加入标签信息的时候其预测的错误率降低了。这是因为标签提供了独立于评分数据的信息。尤其是对于新电影来说，往往没有足够的评分或者标签来对用户的喜好做预测。在这样的情况下，评分和标签可以互补，使其做出更有健壮性的判定。在绝大多数的情况下，标签系统在评分矩阵中包含了隐式评分（例如用户是否浏览过一个物品）。这是因为像"last.fm"这样的网站能够自动地将用户对物品的浏览记录保存下来。注意，隐式评分是一项独立的信息来源，因为一个用户可能浏览过一个物品，但却没有对它进行标记。在这一节中，我们将学习隐式和显式评分这两种情况。

一种最直接的方法是使用混合式推荐系统将基于标签的预测和基于评分的预测进行结合。例如,在 11.4.4 节中讨论的任何方法,可以被用于基于标签做预测。此外,任何传统的协同过滤算法可以进行基于评分的预测。对两类评分的加权平均可以被用于做最终的预测。权重可以使用第 6 章 6.3 节混合式推荐系统中讨论的方法来学习。然而,这样的方法并未将两个来源的预测密切地统一起来。将不同来源的数据密切统一的算法可能会获得更好的结果。

11.4.5.1 基于近邻的方法

[603] 中的方法适用于隐式反馈数据集,其评分矩阵被设为一元的。这在社会性标签系统中很常见。例如,在像诸如 "last.fm" 的网站中,用户对物品的访问记录是可获取的,但显式的评分不能被获取。此论文中将未知项设为 0。因此,评分矩阵 R 被看作一个二元矩阵而非一元矩阵。

通过创造附加的伪用户和伪物品,[603] 利用 $m \times n \times p$ 标签立方体 F 的数据对 $m \times n$ 的评分矩阵 R 进行增广。例如,可以在基于扩展物品集的评分矩阵上使用基于用户的协同过滤。为了创建一个物品维度被扩展的评分矩阵 R_1,每一个标签被看作是一个伪物品。此外,如果用户至少使用了一次该标签(可年能对多个物品而言),那么用户-标签组合的值被设为 1。否则,该值被设为 0。注意,一共有 $m \times p$ 个用户-标签组合。通过将标签看作新的伪物品,可以将 $m \times p$ 个组合添加到 $m \times n$ 的评分矩阵后面。这就产生了一个大小为 $m \times (n+p)$ 的扩展的矩阵 R_1。可以利用这个扩展矩阵来计算用户 i 和其他用户的相似度。因为附加列上包含了用户-标签的活动信息,所以用于相似度计算的信息得以丰富。用户 i 对物品的评分通过 i 的相似用户群对应 1 的个数来计算。预测评分 $\hat{r}_{ij}^{user}$ 被归一化,使得它们表示访问(或购买)不同物品的概率。注意,在隐式反馈中评分表示了活动的频率。

可以用类似的方法来扩展基于物品的方法。在这个情况下,一个 $p \times n$ 的对应 "标签-物品" 组合的矩阵被创造出来。如果物品被某标签标记过至少一次,那么此矩阵中的值为 1。现在标签被看作是伪用户,因此在原始评分矩阵 R 上需要附加行。这导致了一个大小为 $(m+p) \times n$ 的扩展矩阵 R_2。这一扩展矩阵被用于执行基于物品的协同过滤的相似度计算。然后对于一个给定的用户 i,预测评分 $\hat{r}_{ij}^{item}$ 将被归一化,使它们在所有 j 上求和为 1。因此,在这个情况中,预测的评分也表示了访问或购买物品的概率。

在完成基于用户的和基于物品的协同过滤后,通过一个参数 $\lambda \in (0, 1)$ 将两种评分预测进行如下融合:

$$\hat{r}_{ij} = \lambda \cdot \hat{r}_{ij}^{user} + (1 - \lambda) \cdot \hat{r}_{ij}^{item} \qquad (11-25)$$

λ 的最优值可使用交叉验证法来选择。[603] 的结果展示了加入标签信息后对传统协同过滤的性能的提升。为了实现标签信息的嵌入,将基于用户的和基于物品的方法进行融合是必不可少的。

11.4.5.2 线性回归

[535] 在推荐过程中使用了线性回归的方法来嵌入标签信息。相比用户评分,标签在识别用户喜好方面的精确性较差,因此选取对于推荐过程中唯一有价值的标签是十分重要的。为了达到这个目标,可以利用 11.4.3 节所描述的方法。[535] 中采用的基本方法是通过融合用户评分的信息来补充用户对不同物品的标签的喜好信息。例如,如果一个用户已对《Lion King》和《Shrek》有了高评分,且两部电影都被标记为 "动画",那么可以推测出这个用户很有可能对于这一标签的电影感兴趣。该方法的第一步是确定物品和标签

之间的相关性权重。例如，在表 11-1 中任何"物品-标签"的特定概率可以被当作相关性权重。设 q_{jk} 是物品 j 对于标签 k 的相关性，第二步是用 s 型函数将其转化成物品对标签的偏好值：

$$v_{jk} = \frac{1}{1 + \exp(-q_{jk})}$$

之后，结合"标签-物品"关联性和用户对于物品的兴趣，来计算用户 i 对于标签 k 的偏好 u_{ik}。可以使用评分矩阵 $\boldsymbol{R} = [r_{ij}]$ 来推导出用户对物品的偏好。用户 i 对标签 k 的偏好 u_{ik} 可以按如下推导：

$$u_{ik} = \frac{r_{ij} \cdot v_{jk}}{\sum_{s=1}^{n} r_{is} \cdot v_{sk}} \tag{11-26}$$

以上公式的分子和分母中忽略了没有被用户 i 评分的物品。当评分不可用时，u_{ik} 的值也可以通过用户的访问、点击、购买、给物品做标签的频率的相关信息间接推导出。例如，在公式（11-26）中 r_{ij} 的值可以为用户对物品 j 标记的次数（并不一定是标签 k）。

　　一个预测物品 j 对用户 i 的偏好值 p_{ij} 的简单方法是：确定物品 j 上的所有标签的集合 T_j，并对 T_j 中所有标签 r 求 u_{ir} 的平均值：

$$p_{ij} = \frac{\sum_{r \in T_j} u_{ir} \cdot v_{jr}}{\sum_{r \in T_j} v_{jr}} \tag{11-27}$$

379

注意，p_{ij} 的值可能不在评分的取值范围中。尽管如此，仍然可以利用 p_{ij} 对物品进行排序。

　　一个预测评分更加有效的方法是使用线性回归。其基本思路是假设用户 i 对物品 j 的评分 r_{ij} 是基于一个线性关系，当固定 j，把 i 当作变量时，这个假设是成立的。

$$r_{ij} = \sum_{r \in T_j} u_{ir} \cdot w_{jr} \quad \forall i: r_{ij} \text{ 是观测到的} \tag{11-28}$$

其中（未知）系数 w_{jr} 表示标签 r 对于物品 j 的重要度，且它能通过对物品 j 的所有已知评分用回归方法学习得到。它与公式（11-27）中最主要的不同点在于，对标签 r 不再使用一个启发式的权重值 v_{jr}（对物品 j），而是在评分矩阵上使用线性回归学习得到权重值 w_{jr}。该方法因其更好的监督性而更为优胜。因为回归训练过程中使用了所有用户对物品 j 的评分，所以这一方法运用了不同用户评分的协作力量。此外，相比传统的协同过滤算法，这一方法具有更好的结果，因为它在推荐过程中使用了标签这一辅助信息。在一个混合系统中，如果将这一方法和一个简单的矩阵分解法相结合则会产生更好的结果[535]。研究结果表明在训练过程中回归支持向量机方法的结果最佳，而最小二乘法回归可作为一个简单的替代。线性回归方法在第 4 章 4.4.5 节中讨论。

11.4.5.3 矩阵分解

　　一种矩阵分解的方法被称为 TagiCoFi[673]，通过使用第 3 章中的方法的变形可以将评分矩阵 $\boldsymbol{R}$ 近似分解为两个矩阵，一个 $m \times q$ 的矩阵 $\boldsymbol{U}$ 和一个 $n \times q$ 的矩阵 $\boldsymbol{V}$。此条件可以被表达为如下：

$$\boldsymbol{R} \approx \boldsymbol{UV}^{\mathrm{T}}, \quad \forall \boldsymbol{R} \text{ 中已观测的项} \tag{11-29}$$

对 $\boldsymbol{R}$ 中的已观测项，可以通过对 Frobenius 范数 $g(\boldsymbol{U}, \boldsymbol{V}, \boldsymbol{R}) = \| \boldsymbol{R} - \boldsymbol{UV}^{\mathrm{T}} \|^2$ 近似最小化来实现该条件。

　　另外，一种相似性约束被应用于用户因子矩阵 $\boldsymbol{U}$，使得有相似标记行为的用户有着相似的因子。令 S_{ij} 为用户 i 和 j 之间的相似性，并令 $\overline{u_i}$ 为 $\boldsymbol{U}$ 的第 i 行。为了确保有着相似标记行为的用户有着相似的因子，我们想要将下列相似性目标函数 $f(U)$ 最小化：

$$f(U) = \sum_{i=1}^{m} \sum_{j=1}^{m} S_{ij} \parallel \overline{u_i} - \overline{u_j} \parallel^2 \qquad (11\text{-}30)$$

因为有两个不同的目标函数 $g(U, V, R)$ 和 $f(U)$，我们引入平衡参数 β，用于将 $g(U, V, R) + \beta f(U)$ 最小化。此外，我们在矩阵分解（对 Frobenius 范数求和）中有标准正则项，其正则项为 $\lambda(\parallel U \parallel^2 + \parallel V \parallel^2)$，$\lambda$ 为正则化参数。将这些不同的项求和，我们将获得以下目标函数：

$$\text{Minimize } J = \underbrace{\parallel R - UV^{\mathrm{T}} \parallel^2}_{R\text{中的已观测到的项}} + \beta \cdot \underbrace{\sum_{i=1}^{m} \sum_{j=1}^{m} S_{ij} \parallel \overline{u_i} - \overline{u_j} \parallel^2}_{\text{标签相似性目标}} + \underbrace{\lambda(\parallel U \parallel^2 + \parallel V \parallel^2)}_{\text{正则化}}$$

在所有的矩阵分解法中，梯度下降法被用于求解矩阵 U 和 V。β 和 λ 的值可以用交叉验证法来计算。

值得注意的是，此法在技术上与 11.3.8.2 节中讨论的信任推荐系统中的社会正则法[382]相似。在其方法中，一个信任矩阵 T 被用于在目标函数中增加相似项 $\sum_{i,j:t_{ij}>0} t_{ij} \parallel \overline{u_i} - \overline{u_j} \parallel^2$。在这里，标签相似性矩阵被用于增加项 $\sum_{i=1}^{m} \sum_{j=1}^{m} S_{ij} \parallel \overline{u_i} - \overline{u_j} \parallel^2$。换句话说，在用户 i 和 j 之间的信任/趋同性被用户 i 和用户 j 之间的标签相似性 S_{ij} 所替换。因此，相同技术模型的较小变化可以被用于解决不同的社交推荐场景。此外，与其要求基于标记行为的用户因子更加相似，我们也可以要求基于标记行为的物品因子更加相似（见习题 5）。

计算标签相似性

上述方法需要计算用户 i 和用户 j 之间的标签相似性 S_{ij}。首先，由标签立方体 F 生成 tf-idf 矩阵，其中用户使用一个特定标签的次数被计算出来。换句话说，所有特定的"用户-标签"组合的 1 的个数被求和。因此，对每个用户会生成一个频率向量。然后，利用信息检索中的标准 tf-idf 归一化方法将该频率归一化。[673] 中提出了两种计算相似性的不同方法：

1) Pearson 相似性：Pearson 相关系数 ρ_{ij} 是根据用户 i 和用户 j 使用的所有标签计算得出。两者都未使用的标签忽略不计。Sigmoid 函数被用于将相关系数转化为一个在（0, 1）的非负相似性 S_{ij}：

$$S_{ij} = \frac{1}{1 + \exp(-\rho_{ij})} \qquad (11\text{-}31)$$

2) 余弦相似性：频率向量之间的标准余弦相似性被用作相似度值。参考第 4 章对于相似度函数的讨论。

3) 欧几里得相似性：欧几里得距离 d_{ij} 在相似性向量之间计算，然后用一个高斯函数将欧几里得距离转化为一个取值在（0, 1）的相似度值：

$$S_{ij} = \exp\left(-\frac{d_{ij}^2}{2\sigma^2}\right) \qquad (11\text{-}32)$$

在这里，σ 是一个用户控制的参数，可以通过交叉验证来选择该参数。在 [673] 的结果中，Pearson 相似性表现最优，欧几里得相似性表现最差。

11.4.5.4　基于内容的方法

社会性标记方法对使用基于内容的方法提供了一个直截了当的途径。对于一部电影的标签的频率向量可以被看作是对该电影的描述。用户对电影做出的评分可以被看作是用标签定义的特征空间上的训练样本。评分被看作标签类。通过该训练样本可以构建特定用户的训练模型。该模型被用于预测用户对其他电影的评分。使用分类还是回归模型取决于评分是一元的还是基于区间的。这样基于内容的模型也可以与任何上述的协同系统相结合。

[584] 提出了一种在 IMDb 数据集上的简单的基于内容的推荐模型。它使用标签云的概念来表示基于标签的电影描述。各个关键词根据其相关性加权，然后和用户评分结合，以做出最终的预测。使用基于内容的方法的一个挑战是，大量同义性词导致了标签的噪声很大。[178] 使用语言学方法消歧，然后与朴素贝叶斯分类法相结合。此外，利用第 4 章中所讨论的特征选择法去提高表达质量也是十分有益的。

11.5 小结

在推荐系统中，社交信息可以以各种方式使用。利用标准的多维模型可以在推荐过程中嵌入社交信息。以信任为中心的方法可以被用来创建健壮的推荐系统。无监督方法使用信任传播和聚集将信任信息嵌入推荐系统中。为了得到更好的性能，有监督的方法使用链接预测和矩阵分解。有监督学习方法被公认为是当前最先进的方法。将信任知识嵌入推荐中能使得系统有效抵抗攻击，并避免冷启动问题。

近年来，社会性标签系统使得用户能够以一种自由的描述方法对网络上的资源进行协同标记。这些描述也被称为大众分类法，它被表示为标签立方体。这些用户的描述十分有用，因为它们包含了有关用户兴趣的丰富的知识。标签立方体既可以独立地被使用，也可以与评分矩阵相结合以提供推荐。前一类方法和推荐系统中的多维模型有相似之处。后一类方法可以是基于协作或者是基于内容的方法。目前已有各种不同的技术被提出，例如近邻法、线性回归和矩阵分解。

11.6 相关工作

基于信任的推荐系统的概述可在 [221，588，616，646] 中找到。Jennifer Golbeck[222] 的博士论文提供了该领域的几个开创性的算法。[224，681] 讨论了社交网络中趋同性和信任的概念之间的关联。在这些情况下，信任关系可以从基于网络的社交网络中推导出来。[187] 的工作展示了如何直接从评分数据[187]推导信任关系，但对于该论文中的信任的概念是否被普遍接受还有争议。一个最早的使用基于信任的方法是在电影推荐中被提出[223,225]。该网站 "Filmtrust" 系统[225]介绍了如何使用信任度对电影做出推荐。[592] 的工作研究了利用交互数据对不信任关系的预测。还有其他一些收集信任信息的网站，包括 "Epinions"[705]、Moleskiing[461] 和 Slashdot[706]。

信任度在信任网络的推荐中起到了关键作用[344,680]。[680] 的工作提供了相关的信任度的一个很好的概述。虽然大部分的信任网络的工作重点是只相信（正）的关系，最近的一些工作还讨论了使用信任与不信任两种关系[241,287,590,593,614,680]。此外，大多数这些方法只讨论了（正）信任传播方法，[287] 的工作除外，它提出了不信任聚合方法。[590，591] 研究了推荐和链接预测问题下信任与不信任概念之间的相互作用。[241，509] 讨论了利用乘法进行信任传播的方法。各种其他信任传播方法包括沿路径[240]使用衰减因子，使用最短路径[222]，到一个固定的传播地平线的距离[403]，扩频因子[682,683]，规则[345,597] 和语义距离[1]。[227] 的实验结果表明，用最短距离推导的传播信任值比使用所有路径计算的传播信任值更加精确。这种观察形成了 TidalTrust 算法的基础。Appleseed 算法[682]

382

采用了扩散激活模型，用较复杂的方法来削弱较短路径的影响。信任被建模为能量，被注入源结点中。根据边的信任值大小，将能量分给后续结点。最后到达汇点的能量则是信任总量。显然，如果汇点和源点之间的短路径越多，那么到达汇点的能量就越多。EigenTrust 算法[292]使用信任网络的主特征向量来计算源点到其他所有结点的信任值。然而，该方法仅仅提供了信任的排名，而不是真实的信任值。[594] 讨论了趋同性对信任传播的影响，其中引入了矩阵分解模型。

信任计算的第二个重要方面是聚集。社交网络中的聚集规则在 [1，221，222，287，449，615] 中讨论。[405] 讨论了利用路径的长度或友谊的亲密度对聚集的不同组件进行加权的方法。

传播和聚集的结合使得信任测度[221,344]的建立。[344] 中所述的 Advogato 是经典的信任度量，它被广泛应用于各种应用中（不仅仅是推荐系统）。本章讨论的信任度是专门针对推荐算法。对 TidalTrust 算法的最佳描述见 [222]。[406] 中描述了 MoleTrust 算法。[403，404] 说明了 MoleTrust 算法对冷启动问题的有效性。[269] 提出了 Trust-Walker 方法，[48] 为基于信任的推荐提出了一个公理化方法。[157，324，325，580，581] 研究了在有符号网络中和无符号网络中利用链接预测进行推荐。[157] 的工作是显著的，因为它说明了链接预测中的矩阵分解方法和协同过滤的矩阵分解方法之间的关联。[381] 提出了 SoRec 算法，[594] 提出了 LOCALBAL 算法。[383] 探讨了矩阵分解方法中对信任关系和不信任的关系的使用。[270] 中讨论了 SocialMF 算法，而基于相似性的正则化方法在 [382] 中被提出。[384] 提出了使用矩阵分解的集成方法，被称为社交信任集成（Social Trust Ensemble，STE）。

若干工作[222,406,617]研究了在有争议的物品和用户上推荐系统的性能。人们普遍认为在这样的情况下，基于信任的方法是非常有用的。[403，404] 中讨论了这些系统在冷启动问题中的有效性。信任感知系统的抗攻击性在 [344] 中有讨论。

社会性标记技术的一般性综述可参考 [237]。标签推荐系统的综述请参考 [671]，但综述中大部分的工作没有在推荐过程中使用评分矩阵。最后，推荐系统手册包含了社会标记推荐系统的概述[401]。对标签推荐的最早的研究工作发表在 [553]，该方法中使用了共现、投票和求和这些简单的方法做推荐。基于内容推荐的分层聚类方法在 [542] 中提出。概率隐语义分析模型在 [316] 中提出。一些工作[135,179,584]主要集中在基于内容的系统。

标签推荐中基于张量的方法可参考 [497，498，582，583]。在这些情况下分解机的概念非常普及[493,496]。PITF 是一种特别值得注意的配对方法[496]。[487] 提出了根据标签信息利用潜在因子模型来挖掘算法。虽然这项工作没有特别针对推荐系统，但潜在因子模型可以在包括推荐系统的几乎任何应用中使用。对于标签推荐算法的机器学习方法在 [250，555，556] 中被讨论。在这些工作中，[556] 所提出的技术专门针对实时标签推荐。标签聚类方法[70,215,542]常常被用来减轻在协同过滤应用的矩阵稀疏问题。社会性标签方法的加权混合方法在 [216] 中进行了讨论。

[264，277] 提供了对于标签推荐方法的各种评估技术。评价标签质量的方法在 [536] 中进行了讨论。在今天，只有一小部分的系统将评分矩阵和社会性标签相结合[535,603,673]。[179，584] 讨论了将评分数据和标签数据相结合的基于内容的方法。对于特定的数据，如音乐，可以从音乐文件中收集到一些有价值的见解被用于推荐过程[191]。一个解决社会性标签的冷启动问题在 [672] 中讨论。

383

11.7　习题

1. 使用在"用户－标签"矩阵和"物品－标签"矩阵上的结果的线性组合，运用基于近邻的方法，完成对于一个特定物品上的对某用户的标签推荐。

2. 讨论用于链接预测的 Katz 度量和信任传播及聚集方法的关系。

3. 实现 11.3.8 节中的梯度下降法。

4. 11.4.5.3 节中的方法，基于用户－标签相似性，促使用户因子之间更加相似。

　(a) 设计一个方法，基于物品－标签相似性，促使物品因子之间更加相似。

　(b) 设计一个方法，基于用户和物品标签的相似性，促使用户和物品因子之间更加相似。

384

抵抗攻击的推荐系统

真相是无可争议的。恶意会攻击它，愚昧会嘲笑它。但是最终，它仍存在。

——Winston Churchill

12.1 引言

推荐系统的输入信息通常由开放平台提供。几乎所有人都可以在诸如 Amazon.com 和 Epinions.com 等网站上注册和提交评论。与其他一些数据挖掘系统类似，推荐系统的有效性几乎仅仅取决于可用信息的质量。遗憾的是，存在一些重要的动机，使得平台的参与者为了个人利益或者恶意原因去提交不正确的反馈：

- 物品制造商或者书籍的作者可能会为了提高销量去提交虚假（负面的）评论。这样的攻击也被称为**产品推送攻击**。
- 物品制造商的竞争对手可能会提交关于物品的恶意评论。这样的攻击也被称为**核攻击**。

同时，也可能有人设计一些攻击仅仅是为了制造恶作剧，破坏底层系统，尽管这种攻击的产生动机很少是为了个人利益。本章只研究在推荐过程中为实现特殊目的的攻击。在推荐系统中实施攻击的人也被称作对手（adversary）。

通过创建来自许多不同的用户的一组虚假评论集合，可以改变推荐系统的预测结果。这样的用户在一个攻击进程中成为欺诈者。因此，这样的攻击方式被称为**欺诈攻击**。显然，只添加单个欺诈者用户或者评分不太可能达到预想的目的。在很多情况下，对手将会需要创建大量的欺诈者用户（或者欺诈者画像）去达成预期目的。对于本章而言，画像指的是由欺诈者创造出的大量假用户的虚假评分。当然，所注入的画像数量可能取决于被攻击的推荐系统的特殊算法和攻击者所使用的特殊攻击方式。使用小数量的注入画像的攻击方式通常被称为**有效攻击**，因为这样的攻击方式经常难以被探测到。另一方面，如果一次攻击需要注入大量的画像，那么这样的攻击方式通常被称为**非有效攻击**，因为对于少量物品，很多推荐系统都可以轻松探测到突发的大量注入评分。此外，攻击的有效性可能取决于推荐系统正在使用的特殊推荐算法，一些推荐系统算法更加具有健壮性，因此难以被攻击。并且，不同的攻击方式对于不同的推荐算法总是会有或多或少的作用。

也可以按照实施攻击所需的知识量对攻击进行分类。一些攻击对于评分分布只需要非常少的知识量，这样的攻击方式被称为**低知识攻击**。另一方面，一些攻击对于评分分布需要非常大的数据量，那么这样的攻击方式被称为**高知识攻击**。一个一般性的规则是，需要在一场攻击中对所需的知识量和攻击的有效性进行权衡。如果对手对于评分分布拥有更多的了解，他当然也会进行更加有效的攻击。

本章按照以下结构进行组织。在 12.2 节中，我们讨论所需知识量和攻击的有效性之间权衡的性质。我们也会讨论在推荐系统中使用特定算法对于攻击有效性的影响。在 12.3 节我们讨论攻击的不同种类。12.4 节我们讨论推荐系统中探测攻击时可能出现的问题。12.5 节讨论推荐系统健壮性的设计。12.6 节给出了本章的小结。

12.2　对攻击模型中的权衡的理解

为了实施一次成功的攻击，攻击模型需要在攻击的有效性和所需知识量之间进行各种权衡。而且，一个特定攻击的有效性也取决于推荐系统所使用的特定算法。为了理解这一点，我们将用一个具体的例子来说明。

考虑表 12-1 中的小示例，这里我们给出了 5 个物品和 6 个（真实的）用户。评分从 1 到 7，其中 1 表示最不喜欢，而 7 表示最喜欢。而且，一个攻击者注入了 5 个虚假的画像，我们使用标签 Fake-1、Fake-2、Fake-3、Fake-4 和 Fake-5 来指代。攻击者的目标是去提高物品 3 的评分。因此，这位攻击者采用了更加原始的攻击方式，攻击者插入了关于物品 3 的单个物品虚假画像。然而，这样的攻击方式并不是特别有效。这样的方式特别容易被探测到，因为每个注入画像中的单个物品拥有相似的评分。并且，在许多推荐系统的算法下，这样的评分注入不可能产生严重的影响。考虑一个非个性化的推荐系统算法，在这样的推荐系统中，评分最高的物品将会被推荐。在这样的情况下，原始的攻击算法会增加物品 3 的预测评分，那么物品 3 将有更大的可能被推荐。当物品偏差被当作模型框架的一部分明确使用时，物品 3 的预测评分也将增加。然而这样的攻击不太可能会对基于近邻的算法产生明显的影响。例如，考虑一个基于用户的近邻算法，在这种算法下，Mary 的画像将会被用来预测评分结果。注入画像都跟 Mary 的评分画像没有相似性。因此，Mary 对物品 3 的预测评分不会被虚假画像的注入信息影响。因此，这种特殊的注入评分并没有产生太大影响。即使有大量虚假用户注入，这样的方式也很难去影响预测评分。同时，这样的注入画像在大多数情况下都可以被探测出来，因为注入评分只针对单个物品。

考虑攻击方式的第二个例子，如表 12-2 所示，在这种情况下攻击者希望去提高物品 3 的排名，并同时降低系统的探测率，这样他对其他物品产生了一个随机的评分。注意第二个例子中的真实评分和第一个例子中一样，但是虚假画像是不同的。这样的攻击比表 12-1 中展示的第一个例子会更加有效。考虑一个使用基于用户的近邻算法的推荐系统。只有当使用真实的画像时，John 和 Sayani 才是 Mary 的临近用户，对于 Mary 而言，物品 3 拥有一个较低的预测评分。当虚假画像在用户近邻推荐系统之前注入，许多虚假画像与 Mary 并不临近，因为评分是被随机选择的。然而，Fake-3 的画像偶然地跟 Mary 评分临近。结果是，Mary 关于物品 3 的预测评分将会被增加。因此，从对手的视角来看，对于一个仅包含单个物品的原始攻击方式而言，这样的攻击方式显然更加有效。不过，这样的攻击方式也是非常低效的，因为需要大量地注入画像才能去影响基于用户的近邻算法的结果。一般来说，很难去确保注入画像的评分和推荐系统中的特定目标用户的评分临近。毕竟，为了提高攻击的有效性，必须使得虚假画像与目标用户的评分接近。

为了理解在攻击进程中获取更多知识量的重要性，考虑这样一个例子，攻击者拥有潜在评分分布的重要信息。表 12-3 中展示了这样的例子，其真实评分和表 12-1 一样。然而所注入的评分被设计为反映了潜在物品关联，同时物品 3 的评分被抬高。例如，攻击者意识到，在评分数据库中，物品 1 和物品 2 的评分是正相关关系，同时物品 4 和物品 5 也是正相关关系。并且，这两组物品彼此之间呈现负相关关系。因此，攻击者注入的画像信息正好迎合了这个相关关系。相应地，表 12-3 中所注入的虚假画像也明显符合这个相关性。在这种情况下，对 Mary 而言，物品 3 的评分显然更容易被虚假画像影响了，这样的影响比表 12-1 和表 12-2 更大。这是因为三个画像 Fake-3、Fake-4、Fake-5 都跟 Mary 临近，在近邻算法中他们可能被包含在 Mary 的同类群体里。因此，这样的攻击方式更加有效，因

386

为这种方式注入了更少的虚假画像信息，却产生了更有效的影响。另一方面，这样的攻击方式也需要一定的知识量，而在实际情况中并不总能获取这样的知识。

表 12-1　原始攻击方式：注入对单个物品的虚假用户画像

物品⇒ 用户⇓	1	2	3	4	5
John	1	2	1	6	7
Sayani	2	1	2	7	6
Mary	1	1	?	7	7
Alice	7	6	5	1	2
Bob	?	7	6	2	1
Carol	7	7	6	?	3
Fake-1	?	?	7	?	?
Fake-2	?	?	6	?	?
Fake-3	?	?	7	?	?
Fake-4	?	?	6	?	?
Fake-5	?	?	7	?	?

表 12-2　比原始攻击方式略好的方式：注入对单个物品的虚假用户画像以及对其他物品的随机评分

物品⇒ 用户⇓	1	2	3	4	5
John	1	2	1	6	7
Sayani	2	1	2	7	6
Mary	1	1	?	7	7
Alice	7	6	5	1	2
Bob	?	7	6	2	1
Carol	7	7	6	?	3
Fake-1	2	4	7	6	1
Fake-2	7	2	6	1	5
Fake-3	2	1	7	6	7
Fake-4	1	7	6	2	4
Fake-5	3	5	7	7	4

値得注意的是，特定的攻击方式的有效性同时取决于推荐系统所使用的特定算法。例如，基于用户和基于物品的近邻算法在被攻击时会产生不同的倾向。如果基于物品的近邻算法被应用到表 12-3 中，那么对于 Mary 的预测评分而言，物品 3 并不会产生明显的影响。这是因为基于物品的近邻算法只在"物品－物品"的简单计算表中使用其他用户的评分。虚假信息影响了应用到物品 3 上关于最相似物品的相似度计算。随后 Mary 自己关于这些物品的评分将用于预测。为了改变物品 3 的最相似物品，攻击者必须注入大量特定的评分，但是这样就使得这场攻击更容易

表 12-3　高知识量的攻击者注入虚假用户画像

物品⇒ 用户⇓	1	2	3	4	5
John	1	2	1	6	7
Sayani	2	1	2	7	6
Mary	1	1	?	7	7
Alice	7	6	5	1	2
Bob	?	7	6	2	1
Carol	7	7	6	?	3
Fake-1	6	7	7	2	1
Fake-2	7	7	6	1	1
Fake-3	1	1	7	6	7
Fake-4	1	1	6	7	6
Fake-5	2	1	7	7	7

被探测到。而且，通过改变特定物品的相似物品来改变特定目标物品的预测结果也是一件很困难的事情。毕竟，Mary 自己关于这些物品的评分在预测评分的权重上是大于虚假画像的。不容易被成功攻击的算法称为健壮算法。推荐系统算法设计的目标之一就是去设计一个更健壮且不容易被攻击的算法。

上述的例子让我们得到了如下观察结果：

1）仔细设计的攻击能够通过插入少量虚假画像来影响预测结果。另一方面，一个随便设计的注入攻击可能对于预测评分而言一点效果都没有。

2）如果更多评分数据库的统计信息是可用的，那么就更容易制造一场有效的攻击。然而，通常很难获得关于评分数据库的信息。

3）特定的攻击算法的有效性取决于被攻击的推荐系统所使用的特定算法。

为了理解这些权衡的性质，考虑这样一个推荐算法。A 算法十分健壮，所以难以被攻击，而 B 算法并不健壮。同样，考虑一个简单的攻击方式（标记为 1）和一个有效的攻击方式（标记为 2），它们两个都推送攻击。因此，对于算法和攻击方式的结合有 4 种不同方

式。在图 12-1 中，我们展示了特定推荐系统对于特定攻击方式的响应的例子。X 轴表示在这场攻击中注入的虚假画像的百分比，而 Y 轴表示预测评分的偏移量。在这样的情况下，预测评分的偏移量都是正值，因为这是推送攻击。直观来看，偏移量被定义为对于所有用户而言预测评分相对于平均预测评分的差。偏移量可能基于一个特殊（推送）的物品计算，也有可能基于一个（推送）物品的子集。关于计算偏移量的更多详细信息在 12.2.1 节介绍。

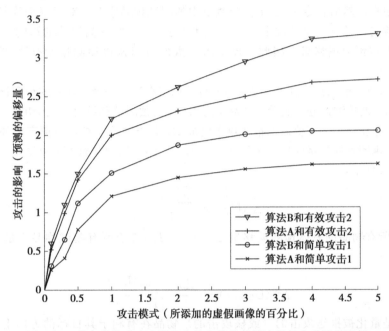

图 12-1　特定的推送攻击算法和特定的推荐算法相结合的效果示例

　　图中的曲线越高，则说明这场攻击越有效。攻击者更希望自己的攻击是有效的，因为这样它们就更加难以被探测到。可以证明，推荐算法 B 和攻击类型 2 的结合曲线是最高的，这不仅仅是因为推荐算法 B 是最脆弱的，也因为攻击类型 2 是最有效的。可能还存在其他形式的评估度量去探测某次攻击的有效性，例如通过命中比例而不是预测偏移量。无论如何，对于某个特殊的评估度量来说，注入虚假画像的影响总是可量化的。

　　然而，有的时候，在攻击者进行一次特定攻击之前，我们无法轻易去预测该推荐系统算法健壮性的具体结果。这是因为攻击者可能会针对特定的推荐系统算法去调整自己的攻击方式，因此这时，推荐算法的健壮性就取决于攻击方式的类型。例如，一个攻击算法可能对于基于用户的近邻算法十分有效，但是对物品近邻技术就并不奏效，反之亦然。通过针对特定的推荐系统算法提前调整攻击方式，攻击者可以创建更有效的攻击。幸运的是，攻击者通常很难去实现这个目标，除非他真地得到了推荐系统正在使用的算法信息。

　　推荐系统和攻击者之间一直存在一个敌对的关系。攻击者努力去设计更聪明的算法去影响推荐系统，然而推荐系统的设计者努力设计出更加健壮的推荐算法。尽管这个章节的目的是教会我们如何去设计更加健壮的算法，但是理解攻击者的对策对于设计出更加健壮的算法也是十分重要的。因此，在讨论健壮算法之前，我们首先将会介绍各种类型的攻击方式。

12.2.1 量化攻击的影响

为了评价各种攻击方式的影响，量化这些攻击的影响就变得十分重要。例如，在图 12-1、图 12-2 和图 12-3 中，攻击方式的影响都使用"预测偏移量"来量化。这些测量值在图 12-1 的 Y 轴中展示。十分详细地研究预测偏移量如何被计算出来是非常有用的。

考虑一个评分矩阵 R，对应用户集合 U 和物品集合 I。第一步是选择一个子集 $U_T \subseteq U$ 作为测试用户。然后，令 $I_T \subseteq I$ 作为测试中的测试物品集合。对于每个物品 $j \in I_T$，每次执行一次攻击，并且测量其攻击对 U_T 中用户对物品 j 的预测评分的影响。测量所有用户和物品的平均预测偏移量。因此，攻击需要执行 $|I_T|$ 次以便测量所有测试物品的预测偏移量。

令 $\hat{r}_{ij}$ 作为攻击前用户 $i \in U_T$ 对物品 $j \in I_T$（原书有误——译者注）的预测评分，$\hat{r}'_{ij}$ 是攻击之后对物品 j 的预测评分。然后，物品 j 的用户 i 的预测偏移量由下式给出：$\delta_{ij} = \hat{r}'_{ij} - \hat{r}_{ij}$。注意，$\delta_{ij}$ 可以是正或负。正值表示推送攻击已成功，因此物品 j 被给出更高的评分。如果攻击是核攻击，则预测偏移量的负值表示成功。然后，测试用户集合 U_T 和物品 j 的平均偏移量 $\Delta_j(U_T)$ 计算如下：

$$\Delta_j(U_T) = \frac{\sum_{i \in U_T} \delta_{ij}}{|U_T|} \tag{12-1}$$

然后，I_T 中所有物品的总体预测偏移量 $\Delta^{\text{all}}(U_T, I_T)$ 等于所有测试物品上的平均物品偏移量值：

$$\Delta^{\text{all}}(U_T, I_T) = \frac{\sum_{j \in I_T} \Delta_j(U_T)}{|I_T|} \tag{12-2}$$

预测偏移量是量化被推送攻击的（或核攻击的）物品在有利于其目标的方向上被移动的程度。注意，δ_{ij} 可以是正或负；因此，在与所期望的结果相反的方向上的偏移量被惩罚。此外，预测偏移量曲线在推送攻击的情况下将是向上倾斜的，而在核攻击的情况下它们将是向下倾斜的。例如，在核攻击的情况下，预测偏移量的典型曲线如图 12-2 所示。很明显，这些图的走势与图 12-1 所示的走势相反。

虽然预测偏移量是量化等级变化的好方法，但是它通常不能从最终用户的角度来测量真实的影响。最终用户只关心她被推送的物品是否被置于前 k 个列表中（或从前 k 个列表中移除）。在许多情况下，大的预测偏移量可能不足以将物品移动到前 k 个列表中。因此，更适当的度量是定义在物品 j 和测试用户集 U_T 上的命中率 $h_j(U_T)$。命中率 $h_j(U_T)$ 被定义为物品 j 出现在前 k 个推荐列表中的用户占 U_T 的比例。然后，对总的命中率 $h^{\text{all}}(U_T, I_T)$ 被定义为所有测试用户和物品的命中率在测试物品集 I_T 上的平均值：

$$h^{\text{all}}(U_T, I_T) = \frac{\sum_{j \in I_T} h_j(U_T)}{|I_T|} \tag{12-3}$$

值得注意的是，命中率不是差分测量，因为它不计算评分的偏移量。因此，与预测偏移量不同，需要绘制攻击前后的命中率。在这种类型的图中，X 轴描绘了推荐列表的大小，Y 轴描绘了命中率；攻击的大小（即注入的画像的数量）是固定的。在图 12-3 中展示出了这样的图的示例，其中展示出了原始算法和被攻击算法的命中率。这两条曲线之间的距离大致反映了对手将物品推送到推荐列表上的成功程度。还可以固定推荐列表的大小，绘制命中率与攻击规模的关系。这样的图与图 12-1 有些类似，因为它反映了增加攻击规模对命中率所产生的影响。

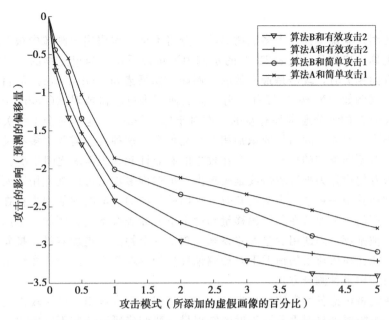

图 12-2　核攻击的预测偏移的典型示例（与图 12-1 中的推送攻击相比较）

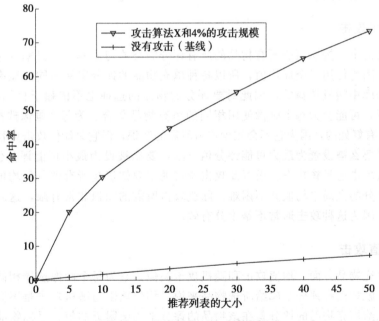

图 12-3　推送攻击对命中率的影响

12.3　攻击类型

尽管特定物品的评分可能是攻击的目标，但更重要的是注入其他物品的评分以使得本次攻击有效。如果仅仅只有一个物品的假画像被注入，它通常不会显著影响很多推荐算法的结果。并且，这样的攻击通常很容易被自动化检测方法探测到。因此，注入虚假画像时通常要附加对其他物品的评分，这样的物品叫作填充物品。包含填充物品的重要性已经在表 12-1 中的例子得到了体现。我们可以看到仅仅添加单个物品的评分并不足以创造一次有效的攻击。

　　和真正的用户画像一样，大多数物品的评分将不会在虚假用户画像中被指定。这种未指定的物品也称为空物品。从表 12-3 的示例中还可以看出，当填充物品与目标物品在底层评分模式方面相关时，攻击是最有效的。例如，如果诸如《Gladiator》的目标电影经常被另一个电影（例如《Nero》）评分，则当尝试使用推进攻击或对《Gladiator》的核攻击时，添加《Nero》的评分通常是有益的。而对于像《Shrek》这样完全不相关的电影添加评分则收益很小。然而，因为需要识别相关物品集合，这种攻击需要更多有关评分分布的知识。因此，对不同类型的攻击，需要在攻击的有效性和知识需求之间权衡。

　　一些攻击专门设计为推送攻击或是核攻击。虽然许多攻击可以被应用于两种情况，但每种攻击通常在其中一种情况中会更有效。这两种类型的攻击的评估中也存在着微妙的差异。这两种类型的攻击通常在预测偏移量和命中率方面表现不同。例如，考虑到只有少数顶级的物品会被推荐，因此用少量的差评来核攻击一个物品会更加容易。换句话说，对命中率的影响可能比在核攻击的情况下对预测偏移量的影响更强。因此，在评估推送攻击和核攻击时应该使用多种测量方式。

　　下面，我们将讨论各种常用的攻击，并讨论它们是常常被用于推送攻击还是被用于核攻击。这些攻击需要来自对手不同程度的知识量。我们将研究这些不同的攻击，首先从需要最少知识的攻击开始。

12.3.1　随机攻击

　　在随机攻击中，按照围绕所有物品的所有评分的全局均值的一个概率分布来对填充物品进行评分。因为使用了全局均值，所以各种填充物品的评分服从相同的概率分布。填充物品是从数据库中随机选择的，因此对要评分的物品的选择也不依赖于目标物品。然而，在一些情况下，可能会为每个画像使用相同的填充物品集合。为每个画像选择相同的填充物品集合是没有好处的，因为它不会减少攻击所需的知识，但它只能使攻击更容易被发现。

　　目标物品要么被设置为最大可能评分值 r_{max}，要么被设为最小可能评分值 r_{min}，这取决于它是推送攻击还是核攻击。设置此攻击所需的主要知识是所有评分的均值。在大多数设置中确定评分的全局平均值并不困难。随机攻击所需的知识非常有限，这对于攻击者来说是不利的，因为这种攻击通常不是十分有效。

12.3.2　均值攻击

　　在选择填充物品方面，均值攻击和随机攻击类似。它为每个画像选择相同的填充物品集合。然而，就如何将评分分配给所选物品来说，均值攻击与随机攻击是不同的。在平均攻击中，分配给填充物品的评分是在该物品的评分平均值附近的值。目标物品则被分配了最大等级或最小等级，这取决于攻击是推送攻击还是核攻击。注意，均值攻击需要有比随机攻击更多的知识，因为仅仅知道全局平均值是不够的。还需要知道每个填充物品的平均值。此外，攻击在某种程度上是显而易见的，因为对于每个虚假画像都使用相同的填充物品集合。

　　为了降低被检测到的可能性，还可以针对每个注入用户的画像使用随机选择的填充物品。这样做的缺点是需要更大量的知识来进行攻击。例如，需要每个注入填充物品的全局平均值。然而，在公开评分的情况下，这有时是合理的。例如，Amazon.com 上的评分是公开的，并且可以容易地计算平均值。在其他系统中，例如 IMDb，每个物品的平均评分通常直接公告的。或者，可以从候选物品的小集合中随机选择物品，以便确定每个假画像的填充物品。这种方式需要的知识少得多。此外，[123] 已经表明该方法不会损失过多的知识。

12.3.3　bandwagon 攻击

许多上述攻击的主要问题是评分矩阵的固有稀疏性，这导致注入画像与现有画像很难相似。当选择太多物品作为填充物品时，攻击会变得明显。另一方面，当针对假画像随机选择少量填充物品时，则可能没有与其他用户共同的观察到的足够数量的评分。在基于用户的协作过滤中，当虚假画像与目标用户的评分没有相似性时，其攻击是无效的。故攻击的有效性降低。

bandwagon 攻击依赖于一个事实，即根据物品所受到的评分，只有少数的物品很流行。例如，大片电影或广泛使用的教科书可能会收到很多评分。因此，如果这些物品总是在虚假用户画像中被评分，则增加了虚假用户与目标用户相似的机会。在这种情况下，目标用户的预测评分更可能受到攻击的影响。因此，可以使用关于物品的流行性的知识来提高攻击的有效性。除了受欢迎的物品外，一组随机物品被当作额外的填充物品。

在 bandwagon 攻击中，流行物品的评分被设置为其最大可能评分值 r_{max}。其他填充物品是随机评分的。将最大评分值分配给最受欢迎的物品的原因是增加在找到更多与假画像用户相似的用户的机会。这是因为受欢迎的物品更可能在实际设置中被分配为正分级。目标物品被设置为最大值 r_{max} 或最小值 r_{min}，这取决于它是推送攻击还是虚假攻击。

值得注意的是，在该特定情况下，"流行"物品的概念不一定指最频繁评分的物品，而是指被广泛喜欢的物品。这样的物品可能在评分数据库中经常被以积极的方式评分。人们不需要使用评分矩阵来确定最受欢迎的物品。通常容易从独立于评分矩阵的来源确定任何类型的最受欢迎的产品。这是 bandwagon 攻击比均值攻击需要少得多的知识的主要原因。尽管 bandwagon 攻击需要的知识更少，但它通常和均值攻击一样有效。一般来说，bandwagon 攻击可以显著影响基于用户的协同过滤算法，但它们很难影响基于物品的算法。

394

12.3.4　流行攻击

流行攻击与 bandwagon 攻击有许多相似之处，它也使用流行物品来创建填充物品。然而，流行物品可能被广泛地喜欢或广泛地不喜欢，但它们必须有很多评分。为了设置这些流行物品的评分，流行攻击还假定有更多关于评分数据库的知识。此外，它不假定存在附加的一组填充物品。因此，在这种攻击必须使用比在 bandwagon 攻击下更受欢迎的物品。

为了智能地设置流行物品的评分，需要假定对底层评分数据库掌握更多的知识。特别地，假设流行物品的评分的平均值是已知的。为了实现推送攻击，虚假用户画像中的各种填充物品的等级被设置如下：

1）如果填充物品在评分矩阵中的平均评分小于所有物品的全局评分平均值，则该物品的评分被设置为其最小可能值 r_{min}。

2）如果填充物品的平均评分大于所有物品的全局评分平均值，则物品的评分被设置为 $r_{min}+1$。

3）在虚假用户画像中，目标物品的评分总是设置为 r_{max}。

以这种不寻常的方式设置评分的原因是：（a）通过选择填充物品的 r_{min} 和 $r_{min}+1$ 的差分评分来增加在虚假画像中找到与目标用户类似画像的可能性；（b）增加目标物品和填充物品之间的评分间隙以更有效地推动物品这种攻击，也可以用于轻微修改的虚假攻击的情况。在核攻击中，对于低评分的流行物品，填充物品的评分被设置为 $r_{max}-1$，对于高评分流行物品，填充物品的评分被设置为 r_{max}，并且目标物品的评分被设置为 r_{min}。

如在 bandwagon 攻击的情况下，流行物品不需要从评分数据库推断。这样的信息可以容易地从其他数据源推断。然而，人们需要知道评分的平均值，尽管只针对流行的物品。也可以使用外部源来估计具有较低或较高评分的流行物品。例如，可以使用评论的文本来确定具有积极或消极情绪的物品。然而，流行攻击的知识要求总是大于 bandwagon 攻击的知识要求。

12.3.5 爱/憎攻击

爱/憎攻击专门针对核攻击，它的主要优点是它需要非常少的知识来启动这种攻击。在爱/憎攻击中，虚假物品被设置为最小评分 r_{min}，而其他物品被设置为最大评分 r_{max}。尽管知识要求很低，但这种攻击是非常有效的。如前所述，核攻击通常比推送攻击更容易启动。因此，与推送攻击相比，这种低知识攻击通常具有更好的成功机会。例如，对称设计的攻击，其中填充物品的评分被设置为 r_{min}，并且目标物品的评分被设置为 r_{max}，对于推送物品来说不是那么成功。爱/憎攻击高度用于基于用户的协同过滤算法，但它对于物品的协同过滤算法几乎完全无效。

12.3.6 反向 bandwagon 攻击

这种攻击是专门针对核攻击。反向 bandwagon 攻击是 bandwagon 攻击的变形，其中广泛不被喜欢的物品被用作填充物品来实施攻击。"广泛不被喜欢"意味着该物品已经收到很多评分。例如，如果电影在其发行之前被高度营销，但是事实上票房失败，那么它将收到许多低评分。这些物品被选为填充物品。这样的填充物品与核物品一起被分配低评分。如同在 bandwagon 攻击的情况下，从其他频道发现这样的物品通常不是很困难。当基于物品的协同过滤算法被用于推荐时，这种核攻击方式非常有效。虽然它也可以在基于用户的协同过滤算法的情况下使用，但是采用其他攻击方法（例如均值攻击）通常会更有效。

12.3.7 探测攻击

上述方法的一个重要方面是，总是将许多画像中的评分人为地设为相等的值，例如 r_{min} 和 $r_{min}+1$。使用这种评分方式使攻击变得容易被检测。探测攻击试图直接从基于用户的推荐系统获得更逼真的物品评分，以便在攻击中使用这些值。换句话说，通过探测推荐系统的操作来实施攻击。

在探测攻击中，攻击者创建种子画像，并且由推荐系统生成的预测被用于学习相关物品及其评分。由于这些推荐已由该种子画像的用户邻居生成，所以它们很可能与种子画像相关。也可以使用这种方法来学习特定类型的物品的评分。例如，在电影推荐场景中，被推送或被贬低的目标物品对应于动作电影的情况。种子画像可以包含一组流行动作电影的评分。然后，当种子画像被用作目标用户时，可以通过观察基于用户的协同过滤算法的操作来进一步扩展种子画像。其所推荐的物品及其预测的评分可以被用于添加种子画像信息。目标物品的评分分别被设置为 r_{max} 或 r_{min}，这取决于它是否被推送或被贬低。从探测方法学习到的其他填充物品的评分被设置为推荐系统所预测的平均值。

12.3.8 分段攻击

几乎所有上述攻击方法可以与基于用户的协同过滤算法有效地工作，但是它们不能与基于物品的算法有效地工作。唯一的例外是反向 bandwagon 攻击，它只用于贬低物品，但不推送物品。基于物品的协同过滤算法通常更难攻击。这种现象的原因之一是基于物品的算法利用目标用户自己的评分来进行推荐。目标用户始终是真实用户。显然，不能使用注入虚假画像来操纵真正用户的指定评分。

但是，可以使用虚假画像来更改对等（peer）物品。修改对等物品会对预测评分的质量产生影响。在分段攻击中，攻击者使用其领域知识来识别他们推送物品的目标用户组（即具有特定兴趣的用户）。例如，攻击者可能会决定将历史电影（如《Gladiator》）推送给过去喜欢历史电影的用户。注意，特定电影的相关类型通常是常识，并且其不需要来自评分矩阵的任何特定信息。因此，攻击者的第一步是确定哪些段（即类别或类型）的物品最接近给定物品。这样的物品与被推送的物品一起被分配最大可能的评分。附加的一组抽样填充物品被分配最小评分。这使得对于相同类型的物品的相似性的变化最大化。基本思想是攻击者确保在基于物品的推荐过程中仅使用非常相似的物品。人们通常假设使用与目标物品的类型相似的物品会比使用其他物品更有利。毕竟，用户倾向于以类似的方式评价相似的物品。因此，对于过去喜欢这种类型的电影的用户，由于目标物品具有最大的相关性，因此目标物品的预测评分将比相同类型的其他物品更高，故更有可能被推荐。虽然人们也可以使用分段攻击的变种做核攻击，但是它对于推送攻击最有效。此外，分段攻击还可以有效地用于用户协同过滤算法的上下文中。

分段攻击是对最喜欢的物品攻击的概念的泛化[123]。最喜欢的物品攻击是专为特定用户设计的。填充物品被选择为一组物品，使得它们的评分大于平均用户评分。在这种情况下，这些物品和推送物品的评分被设置为它们的最大值，并且填充物品的评分被设置为其中的最小值。尽管最喜欢的物品攻击对基于用户和基于物品的协同过滤算法都很有效，但攻击仅限于特定用户。此外，攻击需要大量的关于评分值的知识。这些特征往往使这种攻击相当不切实际。它的主要作用是为其他攻击的有效性建立上限。

12.3.9　基本推荐算法的效果

如之前所讨论的，对攻击方式的选择高度依赖于当前的推荐算法。一般来说，基于用户的推荐算法比起基于物品的推荐算法更容易受到攻击。只有一少部分攻击算法，例如反向 bandwagon 攻击和分段攻击是专门针对基于物品的推荐算法。大多数的攻击算法只对基于用户的算法有效，而对基于物品的算法的影响不大。某些攻击算法，例如爱/憎攻击对基于物品的算法完全无效。

有趣的是，攻击算法的大部分工作主要集中在基于近邻的方法上，并且对于基于模型的算法的有效性只有少数研究。一些最近的工作[446,522]分析了基于模型的算法对攻击的脆弱性。分析算法的示例包括基于聚类的算法、基于 PCA 的方法、基于 LSA 的方法和关联规则方法。实验表明，与基于用户的协同过滤算法相比，基于模型的算法对攻击通常更加健壮，但是在不同算法之间存在一些变化。混合算法倾向于使得方法更加健壮，特别是当使用外部领域知识时。这是因为领域知识不能受注入机制的影响。各种攻击对各种基于模型的协同过滤算法的影响的总结可以在［523］中找到。

虽然本章主要集中于明确的评分，但也为隐式反馈数据集设计了几种攻击方法[79]。正如显式数据集需要注入假画像一样，隐式反馈数据集需要注入假操作。基本思想是将假动作与其他流行的动作相关联，以便给出假动作与这些流行的动作类似的印象。考虑一个网站，希望通过在点击流中注入假动作来增加推荐特定网页的可能性。注入假动作的机制是使用一个模拟 Web 浏览会话的自动爬虫。爬虫访问精选的网页，以便有效地推送目标物品。这种攻击的一个例子是流行的页面攻击[79]，其中目标页面与其他流行页面一起被抓取。这种攻击可以被视为 bandwagon 攻击的隐式版本。

12.4　探测推荐系统中的攻击

在攻击者和推荐系统的设计者之间存在一个对抗关系。从维护一个健壮的推荐系统的角度来看，抵御攻击最好的方式是探测到它们。攻击被探测到后，我们可以采取修正措施（例如删除伪造的用户画像）。因此，探测虚假用户画像对于设计健壮推荐系统而言是关键的元素。然而，在虚假用户画像移除的过程中是极其容易发生错误的，因为真实的用户画像也有可能被移除。不产生过多的移除错误是十分重要的，因为移除认证用户的画像是会产生反作用的。另一方面，过多虚假用户画像没有被移除也是不可取的。这就需要在精度和虚假用户的查全率之间做一个权衡。相应地，探测攻击的算法往往以准确率和召回率这两个指标进行测量。因此，我们也可以使用⊖受试者工作特征（ROC）曲线（参见第 7 章），这条曲线展示了真阳性率（TPR）和假阳性率（FPR）之间的权衡。为了评估移除攻击操作的有效性，一种可供选择的方法是测量移除用户画像后对推荐系统精确度的影响。例如，我们可以测量过滤某条用户画像前后推荐系统的平均绝对误差。可以用该测度对各类探测算法进行比较。

几乎所有的攻击都是使用多个画像去破坏推荐系统。因此，用户移除时可能是作为独立的个体，也可能是作为某个画像组之一。不同的攻击算法会依据各自的用例去进行设计。进一步讲，探测攻击的算法可以是有监督的或者是无监督的。这两种类别的探测算法之间的区别如下：

1）无监督式探测攻击的算法：在这种算法下，特殊的规则被应用于探测虚假画像。例如，如果一个画像（或者其中的重要特征）和许多其他画像是大体一致的，那么所有这些相似的画像都有可能是为了创造某次攻击而注入的。这种类别的算法的基本思想是识别攻击画像和真实画像不相似的关键特征。这样的特征可以被用来设计无监督启发式算法去进行虚假画像探测。

2）监督式探测攻击的算法。监督探测算法使用了分类模型去探测攻击。独立的用户画像或者一组用户画像被特征化为多维特征向量。在许多情况下，多维特征向量是根据无监督用例中使用的特征派生的。例如，完全相同的用户画像的数量可以作为这些用户画像的特征。多个特征可以从不同类型的攻击中的各种特征中提取。一个这样的二元分类器可以被训练出来：已知的攻击画像被标记为+1，其余的画像被标记为-1。训练好的分类器可以被用于预测给定画像真实的可能性。

监督式探测攻击的算法通常比无监督式探测攻击的算法更加有效，因为前者已经利用先前的数据进行了学习。但是，通常很难去获得攻击画像的用例。

探测攻击的方法分为单体画像探测方法和群体画像探测方法。当探测单体攻击画像时，在估计每一个用户画像是否为攻击画像时会被独立对待。在探测群体攻击时，一组画像被当作一个组群。这里需要注意的是，监督式探测攻击的算法和无监督式探测攻击的算法都有单体探测和群体探测之分。下面，我们将要讨论单体攻击画像的探测方法和群体攻

⊖ 在这里，ROC 曲线与第 7 章的不同。在第 7 章，ROC 曲线衡量的是排名项目的有效性。这里，我们基于用户画像可能为假的情况衡量其有效性。在这两种情况下，使用 ROC 曲线的一般原则是相似的，因为在这两种情况下，排序都与二进制的基本事实相比较。

击画像的探测方法。

12.4.1　单体攻击画像的探测

一个用于单体攻击画像探测（single attack-profile detection）的无监督式算法在 [158]中讨论。在这项技术中，每个用户的画像被抽象出一组特征。在一组画像中特征值过高或者过低的画像极有可能是攻击画像。在很多情况下，这些特征测量了某个特定的画像与系统中其他画像的一致性。因此，特征中具有特殊值的部分可以用于对攻击的探测。其他启发式函数也可以被用于计算这些特征，例如我们可以按照如下步骤计算：

1）预测差异值（NPD）：对于一个给定的用户，NPD 被定义为在系统中移除该用户后预测结果的改变量。大体上，对画像的进攻往往具有更高的预测差异值，因为攻击画像是从最初就要控制系统的预测。

2）彼此不一致度（DD）：对于评分矩阵 $\boldsymbol{R}=[r_{ij}]_{m \times n}$，设 ν_j 为物品 j 的平均评分。然后，对于物品 j，用户 i 与其他用户的差异度是 $|r_{ij} - \nu_j|$。从用户 i 上的 $|I_i|$ 阶我们可以得到该值的平均数，即用户 i 的不一致度 DD(i)：

$$\text{DD}(i) = \frac{\sum_{j \in I_i} |r_{ij} - \nu_j|}{|I_i|} \tag{12-4}$$

不一致度高的用户有更大的概率是攻击画像。因为攻击画像大多与其他评分的分布情况不同。

3）评分差异（RDMA）：评分差异被定义为一个物品距离均值评分的平均绝对误差。对每个物品 j 来说，计算均值时均值的评分偏差是逆频率 if_j。逆频率 if_j 被定义为对物品 j 进行评分的用户数的倒数。令 ν_j^b 为物品 j 的带偏差的均值评分。令 I_i 为被用户 i 评分过的物品。那么，对于用户 i 来说，RDMA(i) 的值定义如下：

$$\text{RDMA}(i) = \frac{\sum_{j \in I_i} |r_{ij} - \nu_j^b| \cdot if_j}{|I_i|} \tag{12-5}$$

注意在上述等式中存在逆频率 if_j，使得稀有物品有更大的重要性。将该公式与公式（12-4）进行比较是有益的，公式（12-4）在计算的任何阶段不使用这种加权。此度量值的大小表示了用户画像是攻击的可能性。

4）用户评分中的标准偏差：这是特定用户的评分中的标准偏差。如果 μ_i 是用户 i 的平均评分，并且 I_i 是被该用户评分过的物品集合，则标准偏差 σ_i 计算如下：

$$\sigma_i = \frac{\sum_{j \in I_i} (r_{ij} - \mu_i)^2}{|I_i| - 1} \tag{12-6}$$

即使虚假画像的评分与其他用户显著不同，但是它们彼此通常非常相似，因为许多填充物品被设置为相同的评分值，对于假画像，标准偏差 σ_i 趋向于较小。

5）与前 k 个邻居的相似度（SN）：在许多情况下，攻击画像是以协同的方式被插入，结果是用户与她最近的邻居的相似度增加了。因此，如果 w_{ij} 是用户 i 和 j 之间的相似度，并且 $N(i)$ 是用户 i 的邻居的集合，则相似度 SN(i) 定义如下：

$$\text{SN}(i) = \frac{\sum_{j \in N_{(i)}} w_{ij}}{|N(i)|} \tag{12-7}$$

可以使用任何标准的用户-用户相似性度量（例如 Pearson 相关系数）来计算 w_{ij} 的值。

值得注意的是，除了 RDMA 外，以上大部分度量，也被 [43] 应用在推荐系统中寻找有影响的用户。之所以产生这个巧合，是因为攻击者设计虚假画像就是为了操作预测评分，而有影响的用户也可以起到这个作用。同时，除了标准差，以上所有测度在攻击画像的用例上呈现出了偏大的值。[158] 提出的算法证明了在一场模拟的攻击中，攻击画像上的所有这些测度都呈现出了差异值。基于以上基本原则的测度也可以用于探测算法。其他特征同样也可以抽象出来。例如，一个不寻常的评分较高的数字也是十分可疑的[630]。

上述提到的特征不仅仅对无监督式探测攻击有效，对监督式探测攻击也很有效。无监督式探测攻击的算法和监督式探测攻击的算法的主要差异是先前的攻击画像用户是否可用。如果可用，这些特征可以被用于创建多维向量并且构建分类模型。对于某个给定的用户画像而言，攻击行为是未知的，这些特征都可以被抽象出来。通过攻击用例的训练集构建出的分类模型，可以被用在这些特征上来计算某个画像是攻击的可能性。

一个监督式探测攻击的算法的例子在 [124] 中讨论。以上讨论的测度被用作探测攻击的算法的特征。除了这些测度，文中还讨论了一些泛类和特殊模型特征。特殊模型特征用于探测特定的攻击类型。例如均值攻击和分段攻击。泛类特征在 [124] 中讨论如下：

1）平均一致性的加权偏差（WDMA）：WDMA 度量与 RDMA 度量类似，但它对稀有物品的评分给予更大的权重。因此，在 WDMA 计算中使用逆频率的平方而不是逆频率。因此，使用与公式（12-5）相同的符号，WDMA 特征计算如下：

$$\text{WDMA}(i) = \frac{\sum_{j \in I_i} |r_{ij} - \nu_j| \cdot \text{if}_j^2}{|I_i|} \tag{12-8}$$

2）加权一致度（WDA）：RDMA 度量的第二种变形，仅使用由公式（12-5）的右边定义的 RDMA 度量的分子：

$$\text{WDA}(i) = \sum_{j \in I_i} |r_{ij} - \nu_j| \cdot \text{if}_j \tag{12-9}$$

3）修改的相似度：修改的相似度类似于公式（12-7）中相似度的定义。主要区别在于，公式（12-7）中的相似度值 w_{ij} 与评估物品 i 和 j 的用户的数量成比例地折扣。该折扣是基于一个假设：用户 i 和 j 之间共同的物品数量越小，所计算的相似度就越不可靠。

除此以外，一些特殊模型特征在 [124] 中得到了应用。读者可以在 [124] 中阅读到这些特征的详细信息。该工作对 k 近邻分类器、C4.5 决策树、支持向量机三种不同的算法进行了测试。我们可以发现这些不同的分类器在权衡探测攻击画像的准确率和召回率之间有不同的权衡。支持向量机体现出最优的整体性能。

12.4.2　群体攻击画像的探测

在以下用例中，攻击画像作为群体去探测，而不再是独立的个体。此处的基本原则是同一次攻击往往基于相近的画像组成的画像组。因此，许多方法使用聚类策略去探测攻击。其中许多方法是在推荐时执行探测[397]，而其他方法则使用了更传统的预处理策略[427]，这种策略会优先执行探测攻击，预先删除掉虚假画像。

12.4.2.1　预处理方法

最常见的方法是使用聚类来删除假画像。由于攻击画像的设计方式，正规画像和假画像构成不同的集群。这是因为假画像中的许多评分是相同的，因此更可能形成紧凑的簇。事实上，假画像的簇的相对紧密度是检测它们的一种方式。[427] 中提出的方法使用 PLSA 来执行用户画像的聚类。注意，PLSA 已经创建了软聚类，其中每个用户画像具有属于某一类的特定概率。通过将每个用户画像分配给具有最大成员概率的类，可将该软聚类转换为硬聚类。虽然我们在这里使用 PLSA 方法聚类，但是实际上可以使用任何聚类算法。在已经识别硬簇之后，计算每个簇的平均 Mahalanobis 半径。假定具有最小 Mahalanobis 半径的簇包含假用户。这种方法是基于一个假设：包含假画像的簇相对紧凑。这种方法对于相对明显的攻击的探测效果很好，但不一定适用于微小的攻击。

更简单的方法仅使用主成分分析（PCA）[425]。其基本思想是假用户之间的协方差很大。另一方面，当用户被视为维度时，虚假用户经常与其他用户展现非常低的协方差。那么如何利用 PCA 识别出那些彼此之间高度关联，但与正常用户不相关联的维度呢？这个问题与 PCA 中的变量选择有关[285]。让我们来看看将用户视为维度的评分矩阵的转置。根据主成分分析中的变量选择理论[427]，这个问题相当于在小的特征向量中找到具有小系数的维度（在转置的评分矩阵中的用户）。这样的维度（用户）可能是假画像。

首先将评分矩阵归一化为零均值和单位标准偏差，然后计算其转置的协方差矩阵。计算该矩阵的最小特征向量。选择在特征向量中具有小贡献（系数）的那些维度（用户）。在 [427] 中讨论了一种稍微强化的方法。在这种情况下，识别 top（最小）3～5 个特征向量，而不是仅使用最小特征向量。使用这些特征向量的贡献的总和以便确定垃圾邮件用户。

另一种检测群体虚假画像的算法是 UnRAP[110]。在 UnRAP 算法中，使用了称为 H_v 分数的度量。该度量源于生物信息学领域，被应用于基因簇的双聚类的上下文中。令 μ_i 为用户 i 的平均评分，ν_j 为物品 j 的平均评分，γ 为所有评分的平均值，I_i 为被用户 i 评分过的物品集合。然后，用户 i 的 H_v 分数定义如下：

402

$$H_v(i) = \frac{\sum_{j \in I_i} (r_{ij} - \mu_i - \nu_j + \gamma)^2}{(r_{ij} - \mu_i)^2} \tag{12-10}$$

H_v 分数值越大说明越有可能是攻击画像。基本思想是虚假画像在评分值中是自相似的，但是它们与其他正常用户往往不相似。因为 H_v 分子和分母的构造方式，所以该信息可以通过 H_v 分数来捕获。当评分随机时，H_v 分数将接近 1。算法首先确定具有 H_v 分数最大的前 10 个用户。然后使用该组用户来识别偏离用户评分平均值最大的目标物品。

对目标物品的标识为算法的下一阶段做了准备。算法接下来会放宽识别虚假用户的条件，多于 10 个用户简档会被认为是虚假画像的候选。然而，这样的候选将包含许多假阳性。UnRAP 算法还讨论了去除那些没有对目标物品进行评分或者已经在"错误"方向上对目标物品进行评分的用户的方法。关于如何使用滑动窗口方法计算更大的候选集合的细节，请参考 [110]。

12.4.2.2　在线方法

这些方法都是在推荐时检测虚假画像。考虑如下场景：有一个基于用户的近邻算法被用于推荐。其基本思想是从活动用户的邻居创建两个聚类[397]。注意，攻击者的主要目标是推送或者贬低特定的物品。因此，如果两个类中的活动物品的平均评分存在足够大的差异，则假定发生了攻击。其中方差小的类被认定为攻击群集。该类的所有画像将被删除。这种检测方法的优点是在创建近邻时能够直接被集成到抵抗攻击的推荐算法中。因此，这个方法不仅仅是一种删除虚假画像的方法，还是一种能提供更可靠的推荐的在线方法。如果需要，可以在系统的操作期间递增地移除虚假画像。

12.5　健壮推荐设计策略

多种策略可以用来以更健壮的方式构造推荐系统。这些策略从使用更好的推荐系统设计一直到使用更好的算法设计。在下面的章节中，我们会对这些策略的使用进行讨论。

12.5.1 用 CAPTCHA 防止自动攻击

[403]

值得注意的是，它需要大量的虚假画像才能使得预测评分有显著变化。要启动攻击需要 3%～5% 的可信画像是虚假画像，这对攻击者来说并不现实。例如，考虑包含超过一百万个真实用户的评分矩阵。

在这种情况下，可能需要多达 50 000 个虚假画像。手动插入这么多虚假画像是很困难的。因此，攻击者经常使用自动化系统与评分系统的 Web 界面交互，并插入伪造画像。

如何检测这种自动攻击？CAPTCHA 被设计[619]为在 Web 交互的上下文中描述人和机器之间的差异。首字母缩略词 CAPTCHA 代表 "Completely Automated Public Turing test to tell Computers and Humans Apart"（完全自动的公开图灵测试来区分人和机器）。基本思想是给人提供扭曲的文本，这对于机器来说很难解密，但仍然可以被人阅读。为了进一步交互，需要将所识别的文本输入 Web 界面中。CAPTCHA 的示例如图 12-4 所示。推荐系统可以提示 CAPTCHA 以允许评分的输入，特别是当从相同的 IP 地址输入大量的评分时。

图 12-4　来自官网 CAPTCHA（http://www.captcha.net）的 一 个 CAPTCHA 的例子

12.5.2　使用社交信任

前一章回顾了在推荐系统的上下文中使用社交信任的方法。在这些方法中，参与者之间的社交信任被用于影响评分。例如，用户可以基于他们对其他用户的评价的经验来指定信任关系。然后，这些信任关系用于提供更可靠的建议。这样的方法能够降低攻击的有效性，因为用户不可能指定对虚假画像的信任关系，这是相当勉强的。第 11 章中详细讨论了如何使用社交信任来获得更有效的推荐。

［502，503］中的工作提出了一种称为影响限制器的算法来构建可信赖的推荐系统。每个用户信誉的全局度量值被用于推荐过程。即在做推荐时，对每个用户按照她的信誉分数进行加权。信誉分数本身是基于用户对她近邻的评分预测的精确性而学习得到的。该工作给出了负面攻击的理论界限。

12.5.3　设计健壮的推荐算法

从本章的讨论中可以看出，不同的算法对攻击的敏感水平不同。例如，基于用户的算法通常比基于物品的算法更容易受到攻击。因此，有许多算法已经专门设计为抵抗攻击。

[404]

本节将对这些算法进行讨论。

12.5.3.1　在近邻方法中包含聚类

在［446］中已经显示，如何在基于近邻的方法的上下文中使用聚类。这项工作使用 PLSA 和 k 均值技术对用户画像进行聚类。对每个类创建一个聚集画像。聚集画像是基于段中每个物品的平均评分。然后，使用类似于基于用户的协同过滤的方法，不同之处在于使用聚集画像而不是单个用户画像。对于每个预测，使用与目标用户最接近的聚集画像来进行推荐。在［446］中显示，基于聚类的方法提供了比 vanilla 最近邻方法更健壮的结果。其健壮性的主要原因是聚类过程通常是将画像都映射到一个簇，从而限制了单个画像对预测的影响。

12.5.3.2　在推荐时检测虚假画像

在前面讨论的攻击检测算法也可以用于产生健壮性的建议，特别是在推荐时进行攻击检测。这种方法在 12.4.2.2 节中讨论。在该方法中，活动用户的近邻被划分为两个簇。当活动物品在两个簇中的平均值差异大时，会怀疑发生了攻击。最自相似（即更小的半径）的簇被认为是攻击群体。然后删除该簇的画像。然后使用来自剩余簇的画像执行推荐。这种方法既能检测攻击又能产生健壮的推荐算法。

12.5.3.3　基于关联的算法

基于规则的协同过滤算法在第 3 章 3.3 节中讨论。[522] 中表明，当最大攻击规模小于 15％时，这样的算法对于均值攻击是健壮的。这种现象的原因是攻击画像通常没有足够的支持来实施攻击。然而这类算法不能抵抗分段攻击。

12.5.3.4　健壮的矩阵分解

对于攻击，矩阵分解方法通常更加具有健壮性，因为它们将攻击画像当作了噪声。在 [424，427] 中讨论了如何使用 PLSA 方法来检测和消除攻击。注意，许多矩阵分解推荐器本身基于 PLSA。因此，如果在中间步骤中移除攻击画像并且概率参数被重新归一化，则它们可以被直接用于推荐。

另一种方法[428]是修改用于矩阵分解的优化函数，以使其对于攻击更加健壮。在矩阵分解中，$m \times n$ 评分矩阵 R 被如下因子分解为用户因子和物品因子：

$$R \approx UV^{\mathrm{T}} \tag{12-11}$$

这里 $U = [u_{is}]$ 和 $V = [v_{js}]$ 是 $m \times k$ 和 $n \times k$ 矩阵。物品的预测值 $\hat{r}_{ij}$ 如下：

$$\hat{r}_{ij} = \sum_{s=1}^{k} u_{is} v_{js} \tag{12-12}$$

因此，预测观察到的物品的误差由 $e_{ij} = r_{ij} - \hat{r}_{ij}$ 给出。如第 3 章所讨论的，通过使矩阵 R 中所有观察到的物品的 e_{ij} 的平方和最小化，以及一些正则化项来确定 U 和 V 的矩阵项。

如何改变目标函数来减弱攻击的贡献？其主要思想是，在剩余矩阵（residual matrix）$(R - UV^{\mathrm{T}})$ 中，攻击画像常常会产生绝对值 $|e_{ij}|$ 很大的奇异点。因此，如果简单地使用 $(R - UV^{\mathrm{T}})$ 中已观测部分的 Frobenius 范数，虚假画像的存在将显著地改变用户因子和物品因子。一个自然的解决方案是削弱剩余矩阵中具有大绝对值的项的贡献。令 S 是评分矩阵 R 中已观测到的项的集合。换句话说，我们有：

$$S = \{(i, j) : r_{ij} \text{ 是已观测的}\} \tag{12-13}$$

如第 3 章所讨论的，矩阵分解的目标函数定义如下：

$$\text{Minimize } J = \frac{1}{2} \sum_{(i, j) \in S} e_{ij}^2 + \frac{\lambda}{2} \sum_{i=1}^{m} \sum_{s=1}^{k} u_{is}^2 + \frac{\lambda}{2} \sum_{j=1}^{n} \sum_{s=1}^{k} v_{js}^2$$

为了减弱 e_{ij} 的绝对值很大的项的影响，定义了一组新的误差项：

$$\epsilon_{ij} = \begin{cases} e_{ij} & \text{如果 } |e_{ij}| \leqslant \Delta \\ f(|e_{ij}|) & \text{如果 } |e_{ij}| > \Delta \end{cases} \tag{12-14}$$

这里 Δ 是用户定义的阈值，其定义考虑了绝对值变大时的情况。$f(|e_{ij}|)$ 是 $|e_{ij}|$ 的阻尼（即亚线性）函数并满足 $f(\Delta) = \Delta$。这个条件确保当 e_{ij} 范围在 $\pm \Delta$ 时 ϵ_{ij} 是一个连续函数。阻尼确保大的误差值不会给出过大的重要性。这种阻尼函数的示例如下：

$$f(|e_{ij}|) = \sqrt{\Delta(2|e_{ij}| - \Delta)} \tag{12-15}$$

这种类型的阻尼函数已在 [428] 中使用。然后在健壮矩阵分解的目标函数中，用调整值 ϵ_{ij} 替换误差值 e_{ij}，如下：

405

$$\text{Minimize } J^{\text{robust}} = \frac{1}{2} \sum_{(i,j) \in S} \epsilon_{ij}^2 + \frac{\lambda}{2} \sum_{i=1}^m \sum_{s=1}^k u_{is}^2 + \frac{\lambda}{2} \sum_{j=1}^n \sum_{s=1}^k v_{js}^2$$

在［426］中描述的迭代重加权最小二乘法算法用于优化过程。在这里，我们描述一个简化的算法。第一步是计算关于每个决策变量的目标函数 J^{robust} 的梯度：

$$\frac{\partial J^{\text{robust}}}{\partial u_{iq}} = \frac{1}{2} \sum_{j:(i,j) \in S} \frac{\partial \epsilon_{ij}^2}{\partial u_{iq}} + \lambda u_{iq}, \quad \forall i \in \{1 \cdots m\}, \forall q \in \{1 \cdots k\}$$

$$\frac{\partial J^{\text{robust}}}{\partial v_{jq}} = \frac{1}{2} \sum_{i:(i,j) \in S} \frac{\partial \epsilon_{ij}^2}{\partial v_{jq}} + \lambda v_{jq}, \quad \forall j \in \{1 \cdots n\}, \forall q \in \{1 \cdots k\}$$

注意，上述梯度包含相对于决策变量的多个偏导数。$\dfrac{\partial \epsilon_{ij}^2}{\partial u_{iq}}$ 的值计算如下：

$$\frac{\partial \epsilon_{ij}^2}{\partial u_{iq}} = \begin{cases} 2 \cdot e_{ij}(-v_{jq}) & \text{如果 } |e_{ij}| \leqslant \Delta \\ 2 \cdot \Delta \cdot \text{sign}(e_{ij})(-v_{jq}) & \text{如果 } |e_{ij}| > \Delta \end{cases}$$

这里，符号函数对正数值取 $+1$，对负数取 -1。导数的逐个说明可以合并为以下简化形式：

$$\frac{\partial \epsilon_{ij}^2}{\partial u_{iq}} = 2 \cdot \min\{|e_{ij}|, \Delta\} \cdot \text{sign}(e_{ij}) \cdot (-v_{jq})$$

值得注意的是，当误差大于 Δ 时，梯度被衰减。梯度的这种阻尼直接使得该方法对于评分矩阵中的大误差更加健壮。类似地，我们可以如下计算关于 v_{jq} 的偏导数：

$$\frac{\partial \epsilon_{ij}^2}{\partial u_{jq}} = \begin{cases} 2 \cdot e_{ij}(-u_{iq}) & \text{如果 } |e_{ij}| \leqslant \Delta \\ 2 \cdot \Delta \cdot \text{sign}(e_{ij})(-u_{iq}) & \text{如果 } |e_{ij}| > \Delta \end{cases}$$

如前所述，可以将该导数合并如下：

$$\frac{\partial \epsilon_{ij}^2}{\partial u_{jq}} = 2 \cdot \min\{|e_{ij}|, \Delta\} \cdot \text{sign}(e_{ij}) \cdot (-u_{iq})$$

现在可以得到如下的更新步骤，其需要对每个用户 i 和每个物品 j 执行如下更新以收敛：

$$u_{iq} \Leftarrow u_{iq} + \alpha \Big(\sum_{j:(i,j) \in S} \min(|e_{ij}|, \Delta) \cdot \text{sign}(e_{ij}) \cdot v_{jq} - \lambda \cdot u_{iq} \Big) \forall i, \forall q \in \{1 \cdots k\}$$

$$v_{jq} \Leftarrow v_{jq} + \alpha \Big(\sum_{j:(i,j) \in S} \min(|e_{ij}|, \Delta) \cdot \text{sign}(e_{ij}) \cdot u_{iq} - \lambda \cdot v_{jq} \Big) \forall j, \forall q \in \{1 \cdots k\}$$

上述步骤对应于全局更新。这些更新可以在梯度下降的算法框架内执行（参见第 3 章的图 3-8）。

还可以针对各个物品中的错误来隔离梯度，并且以随机顺序处理它们。这种方法对应于随机梯度下降。对于每个观察到的物品 $(i, j) \in S$，执行以下更新步骤：

$$u_{iq} \Leftarrow u_{iq} + \alpha \Big(\min(|e_{ij}|, \Delta) \cdot \text{sign}(e_{ij}) \cdot v_{jq} - \frac{\lambda \cdot u_{iq}}{n_i^{\text{user}}} \Big) \forall q \in \{1 \cdots k\}$$

$$v_{jq} \Leftarrow v_{jq} + \alpha \Big(\min(|e_{ij}|, \Delta) \cdot \text{sign}(e_{ij}) \cdot u_{iq} - \frac{\lambda \cdot v_{jq}}{n_j^{\text{item}}} \Big) \forall q \in \{1 \cdots k\}$$

这里，n_i^{user} 表示用户 i 的已观测评分的数量，n_j^{item} 表示物品 j 的已观测评分的数量。对评分矩阵中的已观测项以随机顺序循环，执行前述更新步骤，直到收敛为止。这是基于图 3-9（参见第 3 章）的框架，其具有上述更新步骤的修改。当误差大于 Δ 时，这些更新步骤仅在覆盖梯度分量的绝对值方面不同于传统的矩阵分解。这与健壮矩阵分解方法的所述目标一致，其中大误差可能是评分矩阵结构中的异常的结果。这些异常可能是攻击。

重要的是要注意，该方法将仅在攻击画像的数量小于正确物品时有效。另一方面，如果攻击画像的数量非常大，则它将显著影响因子矩阵，并且阻尼方法将不起作用。健壮矩阵分解和 PCA 对于恢复损坏矩阵结构已有悠久的历史。请参阅 12.7 节，以获取此领域工作的指南。

直观地，健壮矩阵分解的概念与健壮回归的概念没有很大不同，健壮回归通常用于减少异常值在回归模型中的影响[512]。在这种情况下，以类似于健壮矩阵分解的方式修改最小二乘优化函数。事实上，健壮回归模型可以用来使第 2 章 2.6 节中的许多协同过滤方法更加健壮。虽然在这些方法上没有实验结果，但仍可以合理地认为健壮回归建模方法是抵抗攻击的。这将是该领域未来研究的一个有趣的方向。

12.6 小结

欺诈（shilling）攻击可以显著降低推荐系统的有效性，因为虚假的画像会扭曲向真实用户提供的建议。各种推送攻击方法被设计出来试图影响推荐系统。其中一些包括随机攻击、均值攻击、bandwagon 攻击和分段攻击。存在另一组策略，例如反向 bandwagon 攻击和爱/憎攻击，被设计为贬低物品（降低其在系统中的评分）。核攻击通常比推送攻击更容易执行。检测攻击的方法使用各种常见的攻击特征。这些特征包括注入画像的自相似性以及这些画像与其他用户画像的差异。检测攻击的方法可用于设计健壮的推荐系统。许多强大的推荐系统直接将虚假画像去除过程并入推荐过程。还有一些其他技术使用可信赖的推荐系统或增加虚假画像注入的成本。强大的推荐系统的设计是攻击者和推荐系统设计者之间永久的游戏，双方发展出越来越聪明的措施和对策。

12.7 相关工作

关于欺诈攻击和对抗攻击的推荐系统的研究可见 [119，236]。[424] 研究了协同过滤的攻击阻抗方法。[394] 提出了制造虚假用户画像攻击推荐系统的算法。一些最早的方法，如均值攻击和随机攻击，在 [122，329] 中被提出和评估。各种推荐算法的差分行为在 [329] 中讨论。例如，研究结果显示物品-物品推荐算法比用户-用户推荐算法更能抵抗攻击。相关的问题是要求用户对物品重新评分以减少推荐系统中的噪声 [44]。然而，嘈杂评分与虚假画像并不相同，它并非故意地误导推荐系统。因此，[44] 解决了对抗攻击的另一种情况。

bandwagon 攻击有效地用于用户-用户协作过滤算法，但是对于基于物品的算法不是那么有效[246,329,445]。bandwagon 攻击的主要优点是它几乎与均值攻击方法一样有效，但它需要的知识少得多[329]。[395] 中提供了关于流行物品攻击的讨论，以及对预测偏移量的解释。这种攻击的有效性也在 [396] 中研究。分段攻击在 [445] 中提出，并且它被证明对物品间协同过滤算法有效。分段攻击是对收藏项攻击的泛化[123]。在 [444] 中提出了两个核攻击模型，即反向攻击和爱/憎攻击。在群体欺诈攻击中[572]，几个人一起合作推送或贬低一个物品。

大多数上述攻击系统是针对显式评分的情况而设计的。用于隐式评分的攻击系统需要注入假动作，而不是伪造画像。这样的系统可以用模拟 Web 浏览会话的自动爬行器来实现。爬虫访问精选的网页，以便有效地推送目标物品。这种攻击的示例是流行页面攻击，其中目标页面与其他流行页面一起被爬取。这种攻击可以被视为 bandwagon 攻击的隐式版本。有关这些策略的讨论，请参见 [79]。

用于个人/单画像攻击检测的无监督算法在 [158] 中讨论。该算法基于以下事实：对评分具有不适当影响的用户是可疑的。该方法使用前面讨论的许多度量来检测有影响力的用户[43]。用户画像的异常大量评分的存在也可以被认为是可疑的[630]。这些方法与 RD-MA 度量结合用于无监督攻击检测。这些特征进一步与监督的攻击检测的其他特征组合[124]。在［668］中提出了一种攻击检测算法，用于监控评分随时间的变化。这种方法的基本思想是，突然的虚假等级画像注入通常导致额定值随时间的异常变化，因此它们可以用时间序列监视来检测。相关方法[78]使用异常检测来检测攻击。在［572］中讨论了用于检测群体欺诈攻击的方法。在该方法中，如果一个用户群体对许多相同的物品进行了不正常的评分，那么该群体被认为是虚假画像。

多种用于检测群体攻击的方法[110,425,427]被提出。［425］使用主成分分析（PCA）检测垃圾邮件。［427］中的工作讨论了用 PLSA 聚类对组攻击进行检测。［427］中给出了［425］中讨论的 PCA 方法的增强版。［110］中讨论了 UnRAP 算法。

可以设计各种方法来构建抗攻击推荐系统。CAPTCHA[619]给出了区分人类和计算机的方法。CAPTCHA 可以增加将虚假画像注入系统的成本。社交信任的概念也可以用来降低攻击的有效性。这样的系统在第 11 章中详细讨论。在［502，503］中提出了影响限制器的概念以构建抗攻击推荐算法。［397］讨论了将攻击检测集成到抗攻击推荐算法中。在［522］中讨论了使用关联方法建立健壮算法。在［424，426-428，609］中讨论了抵抗攻击的推荐器系统的各种健壮的矩阵分解方法。在传统机器学习文献中也提出了健壮 PCA 和矩阵分解的方法，用于恢复损坏数据的低秩结构[132]。为了减少异常值对推荐过程的影响，这一领域未来的研究方向可能还会有健壮回归[512]。

抗攻击推荐系统的挑战之一是攻击者继续设计更复杂的方法来攻击推荐系统。例如，攻击者可能会利用检测虚假画像的条件来实施攻击[397]，使用模糊方法来实施攻击[631]或者针对特定协同过滤模型设计攻击方法[522]。因此，在攻击者和推荐系统设计者之间的永久游戏中，抵抗攻击的研究需要跟上攻击算法的发展。

12.8 习题

1. 对于本章中讨论的每种攻击方法，编写一个程序来实现它。
2. 假设你知道你的推荐系统已经受到了均值攻击。讨论一种删除虚假画像的方法。
3. 假设你对推荐系统中的评分有完整的知识。换句话说，推荐系统中的所有评分都可以使用。显示如何设计一个很难被检测的攻击。［这个问题的答案不是唯一的。］
4. 实现检测攻击的在线近邻方法（见 12.4.2.2 节）。如果需要请参阅［397］。

推荐系统高级主题

> 过去 50 年，科学的发展已经超过之前 2000 年的发展，其赋予了人类比自然更强大的力量，远超过了古人所描述的上帝的力量。
>
> ——John Boyd Orr

13.1 引言

推荐系统经常会被用于许多特定的环境中，这在本书前面的章节中并没有涉及。许多情况下，推荐的环境可能有多个用户或者多个评估标准。例如，考虑一组游客希望共同度假的场景。显然，他们想要获得满足小组中所有成员兴趣的推荐。在其他一些场景中，用户可能使用多个评估标准对物品进行评分。这些变化的推荐问题有时会使得预测变得更有挑战性。本章我们将学习推荐系统的如下高级变化：

1）排名学习：在前面章节中讨论的大部分模型都将推荐问题视为一个最小化平方误差的排名预测问题。然而，在真实环境中，只有前 k 个推荐会呈现给用户，而其余的推荐都被忽略了。因此，我们可以直接优化基于排名的评估标准，比如平均倒数排名或者在受试者操作特征曲线下的区域。

2）利用多臂赌博机的在线学习：在许多推荐领域，比如推荐新文章，冷启动问题无处不在。新的文章和故事不断出现，并且不同算法的功效也随时间发生变化。在这种情况下，当新的数据被接收到时需要不断地探索当前可能的选择空间。同时，运用学习到的数据，依据转化率来最优化利润。多臂赌博机算法能帮助系统在探索和利用之间进行有效的权衡。

3）组推荐系统：在许多环境中，推荐可能不是针对个人，而是面向用户构成的小组。这样的推荐通常与用户组的行为有关。比如，小组观看的电影，小组购买的旅行服务，小组播放的音乐或者观看的电视节目，等等。在这些情况下，用户可能有着不同的品味和兴趣，这都反映在他们不同的选择上。组推荐系统为了做出有意义的推荐，需要对这些不同的兴趣进行折中。

4）多标准推荐系统：在多标准系统中，一个用户可能依据多个不同的标准来评分。例如，一个用户会根据情节、音乐和特效等来评价电影。这类技术常常通过对不同的标准构建评分向量来对用户效用进行建模从而提供推荐。[271，410] 证明了一些组推荐系统的方法也可以被用于多标准推荐系统。然而，这两个主题通常被认为是不同的，因为在推荐过程中它们所强调的方面不同。

5）推荐系统中的主动学习：主动学习是一个著名的技术，在分类中它被用于获取训练样本的标注，使得分类的精确性最大化。获取标注的代价一般是昂贵的，因此必须谨慎地选择训练数据，从而在开支预算下能最大化分类的精确性。由于推荐问题可以视为分类问题的泛化，主动学习的方法也可以推广到推荐系统上。在给定开支预算下，主动学习提供了一种获取评分的方法来最大化预测精确性。

6）推荐系统中的隐私保护问题：推荐系统十分依赖于用户提供的个人兴趣的信息。这种信息是非常敏感的，因为它可能会暴露政治观点、性取向，等等。因此，开发保护隐私的推荐过程是至关重要的。如果隐私有公开泄露的风险，评分数据的所有者必定不愿公开它。一个典型的案例就是 Netflix 大奖赛事件，这个比赛就是由于隐私问题而没有继续进行下去[714]。

除了上述主题以外，本章还将学习推荐系统在许多领域的应用，比如新闻推荐、计算广告和互惠推荐系统。学习这些主题是为了能够更好地理解前面章节中讨论的方法是如何应用到不同的领域之中的。有些时候，这些章节中的方法不能直接应用，因此必须有新的方法提出。所以，理解各种方法在当前环境中的局限性是本章的目标之一。

本章组织结构如下。13.2 节将介绍排名学习中的问题。13.3 节介绍多臂赌博机算法。各种组推荐系统的设计技术将在 13.4 节讨论。13.5 节讨论多标准推荐系统。13.6 节介绍主动学习方法。13.7 节讨论协同过滤中的隐私问题。13.8 节介绍许多有趣的应用领域。13.9 节是本章小结。

13.2 排名学习

在前面章中讨论的大部分模型都将推荐问题视为最小化平方误差的评分预测问题。而实际上，推荐系统很少将所有的评分呈现给用户。一般只有前 k 个物品的集合会以排名表的形式呈现给用户。而且，用户更倾向于关注排名表中的前几名，而非那些低排名的物品。那些不包含在列表中的物品的预测值与用户观点无关。很多时候，对排名预测值的优化可能并不会给用户提供最好的推荐列表。例如，如果所有低排名的评分都被十分精准地预测，然而高排名等级有明显的错误，这时，解决方案就不能给用户提供高质量的推荐列表。另一方面，因为排名低的物品也被给予了和排名高的物品同等的重要性，所以基于预测的目标函数可能会报告这是个高质量的推荐。该问题的产生是由于基于预测的目标函数方法不能很好地满足用户的体验。

推荐系统中经典的优化模型（例如矩阵分解）的目标函数是总平方误差。这种类型的目标函数是 RMSE 测度，它被用于评估推荐系统。从算法角度来说，这种优化很容易。这也是推荐系统中采用基于预测的目标函数的原因。然而，除此以外，正如在第 7 章中讨论的推荐系统评估问题，还有许多以排名为中心的度量被用于评估推荐系统。这些以排名为中心的度量也可以在协同过滤（或者基于内容）的模型中直接被优化。正如在评估推荐系统的章节（第 7 章）中讨论的，有两种主要类型的排名度量：

1）全局排名度量：这些度量对所有物品构成的排名列表进行评价。比如，包括 Kendall 系数、Spearman 系数以及受试者操作特征（ROC）曲线下面的区域。

2）不稳定的排名（top-heavy ranking）度量：这些是典型的基于效用的度量，排名靠前的物品被给予了更高的权重。这种度量的例子包括归一化累计折扣收益（NDCG）和平均倒数排名（MRR）。这种度量对于终端用户来说更实际，因为低排名物品被忽略了，这些物品在推荐列表中对于终端用户而言是不可见的。

有许多基于排名的度量用于评估隐式数据环境。相应地，在隐式数据环境下也有许多基于排名的学习方法被提出。

例如，考虑将用户评分矩阵 R 分解为用户因子和物品因子的问题，相应地记为 U 和 V。通过对一个特定的排名目标进行优化来确定 U 和 V。然后，一个可能的优化问题如下：

$$最优化 J = \left[定量计算 R 和 UV^{\mathrm{T}} 间的排名的目标函数 \right]$$

$$满足：$$

$$U 和 V 上的约束$$

在传统的矩阵分解问题中，可以通过添加一个正则项来提高目标函数的泛化能力。U 和 V 上的限制可能取决于特定的应用背景。例如，在一个隐式反馈问题中，在 U 和 V 上可能会施加非负限制。优化目标函数可能来自一些基于排名的措施，比如 NDCG、MRR、AUC 等。矩阵分解方法的一个最优化 AUC 的例子在 [432] 中进行讨论。链接推荐问题通过基于 AUC 的目标得以解决。

　　基于排名的目标函数往往是不光滑的[490]，现成的梯度下降技术很难用来进行优化。预测评分的微小变化会导致物品的排名和相应的目标函数的改变。例如，考虑一个这样的情景，有两部电影《Nero》和《Gladiator》，相应的真实的评分分别为 0 和 1，预测的评分能够被转化为排名，并且排名第一的电影会被报道。预测评分的各种组合的 RMSE 方法如图 13-1a 所示，而（非光滑）预测排名第一的点击率显示在图 13-1b 中。注意在图 13-1b 的情况下，目标函数在预测评分取特定值时发生突然跳跃。在基于排名的目标函数中，这种非光滑跳跃或微小的变化不只是在预测值改变时发生，也在基本模型参数改变时发生。例如，在矩阵分解方法中，用户和物品因子的参数的微小变化，可能会导致基于排名的目标发生突然的跳跃或下降。这种非光滑的变化，在传统的度量比如平方误差（更加容易优化的一种方法）中不会被观察到。例如，一个非光滑的目标函数的梯度下降方法在确定正确的下降方向上会有困难，这是因为目标函数的重要变化可能发生在参数空间中的不可微点。绕过这个问题，基本目标函数的光滑近似经常被使用。对于每一个单独的基于排名的目标函数，一个特定的下限或近似被用来设计一个基本的目标函数的光滑变化。由于这些光滑的变化仅仅是近似的，算法的质量往往取决于底层的近似。接下来，我们提供一些常见的基于排名的方法的简短讨论。

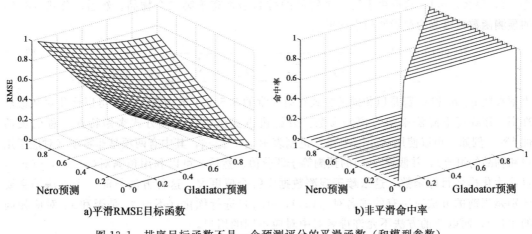

a)平滑RMSE目标函数　　　　　　　　　b)非平滑命中率

图 13-1　排序目标函数不是一个预测评分的平滑函数（和模型参数）

414

　　排名的传统方法是先预测评分和损失函数，然后使用预测评分来对物品进行排名。我们可以把这个方法作为一个点态（pointwise）方法。这些方法没有对排名进行特别优化，因为它们专注于预测评分的值。一个特别引人注目的工作是 OrdRec[314]，将评分视为顺序值而不是数值。有两个主要的方法专门优化以排名为中心的学习，它们被称为成对的或列表的学习方法[128]。接下来，我们将讨论这些不同类型的学习方法。

13.2.1　成对排名学习

　　在成对排名学习中，将用户提供了偏好的"物品对"作为训练数据。每一对所包含的信息是第一项是否比第二项更加受用户喜爱，相应的值为 +1 或者 -1。例如，考虑一个场景：John 为电影《Terminator》《Alien》《Gladiator》给出的评分分别为 4、3 和 5。相应地，可以创建以下训练点对。

John，*Terminator*，*Alien*，+1

John，*Terminator*，*Gladiator*，-1

John，*Alien*，*Gladiator*，-1

对于 Peter、Bob、Alice 等人也可以创建相似的点对，从而对所有用户创建训练数据。对于隐式反馈的数据集，可以将未观察到的值视为 0。有了这个训练数据，现在可以尝试学习相关的物品偏好，如下所示：

Alice，*Terminator*，*Gladiator*，?

Bob，*Terminator*，*Gladiator*，?

John，*Nero*，*Cleopatra*，?

可以发现，这个转换本质上构建一个二元分类问题，并且这个学习方法试图隐式地减少训练数据中的两两倒置。该目标与肯德尔排名相关系数密切相关。在这种情况下，也可以优化例如 AUC 等其他测度。可以使用任何现成的排名分类方法（如排名 SVM）学习一个合适的排名目标。其主要挑战是由于每个训练示例中只包含形式为〈用户，物品 1，物品 2〉的三个非零元素，因此其数据表示会非常稀疏。注意，基本维度可能包含数百上千个用户和物品。这样的设置特别适合于分解机（参见第 8 章 8.5.2.1 节）。有了 m 个用户和 n 个物品，可以创建一个 $p = (m + 2 \cdot n)$ 维的二进制表示 $x_1 \cdots x_p$，其中有三个位被设置为 1，其余被设为 0。其中，m 个元素对应用户，$2n$ 个元素对应物品对。预测值 $y(\overline{x})$ 要么是 +1，要么是 -1，这取决于第一个物品的排名是否高于第二个物品。然后，公式（8-9）的预测函数被修改为逻辑回归中的形式：

$$P(y(\overline{x}) = 1) = \cfrac{1}{1 + \exp\left(-\left[g + \sum_{i=1}^{p} b_i x_i + \sum_{i=1}^{p} \sum_{j=i+1}^{p} (\overline{v_i} \cdot \overline{v_j}) x_i x_j\right]\right)} \qquad (13\text{-}1)$$

模型参数 g、b_i 和 $\overline{v_i}$ 都是以相同的方式在第 8 章的 8.5.2.1 节中被定义。可以优化对数似然准则，用梯度下降法来学习模型参数。分解机也提供了用其他方式来做特征工程的灵活性[493]。例如，可以使用 $(m+n)$ 维二进制表示 $x_1 \cdots x_{m+n}$，其中有两项是非零项（对应于用户和物品的组合），并假设 $y(\overline{x})$ 的预测等于评分值。然后，可以利用预测对 $(y(\overline{x_i}), y(\overline{x_j}))$ 直接优化排名目标函数，这依赖于观测数据中哪个值更大。这种方法与前一个方法的主要区别是当前的方法对所有的排名对 $(y(\overline{x_i}), y(\overline{x_j}))$ 进行优化（不论 $\overline{x_i}$ 是否和 $\overline{x_j}$ 对应相同的用户），而以前的方法不允许排名对中对应不同的用户。

其他用来学习预测的著名的模型包括贝叶斯个性化排序模型（BPR）[499]、Eigen Rank 模型[367]、pLPA[368] 和 CR[59]。其中许多方法都对目标函数使用了基于排名的测度。

13.2.2 列表排名学习

在列表排名学习中，整个列表的质量通过基于排名的目标函数进行评估。这样的目标函数的例子包括归一化累积折扣增益（NDCG）、平均倒数排名（MRR），等等。可以把一个列表排名看作是依赖于排名度量的某特定目标函数下的物品的排列。因此，关键是要设计出一个可以直接确定排列的优化模型。由于基于排序方法的自然重要性，这些方法通常更关注隐式反馈矩阵。列表排名方法的一些例子如下：

1) CoFiRank：此方法[624,625]是使用结构化估计方法来最大化 NDCG。结构化的评估方法被设计用于处理复杂的输出，比如序列。可以把列表排名方法的输出看作一种结构化的输出，因为列表也是一个有序序列。其想法是定义一个列表上的（而非单个点）结构化损失函数，其最优化结果产生一个最佳的排名。基本思想是，使得所有物品上的预测评分的排列（基于 Polya- LittlewoodHardy 不等式对预测评分按降序排列）与向量 $\bar{c} = \left(\frac{1}{\sqrt{2}}, \frac{1}{\sqrt{3}}, \cdots, \frac{1}{\sqrt[4]{n+1}} \right)$ 的点积最大化。换句话说，要使得 $\overline{r_u}$ 的排列 $\overline{r_u^\pi}$（按降序排列）同 $\bar{c}$ 的点积 $\bar{c} \cdot \overline{r_u^\pi}$ 最大化。总的损失函数被定义为对于所有可能的 π 的取值，使得 $1-\text{NDCG}(\pi)$ 和 $\bar{c} \cdot (\overline{r_u^\pi} - \overline{r_u})$ 的和最大。由 Poly- Littlewood- Hardy 不等式可以得出该损失函数的上界。这个损失函数是对所有的用户进行全部加和。为了确定预测评分的最优值，将其定义为最大边缘优化问题。 |416|

2) CLiMF：该方法[545,546]优化了平均倒数排名（MRR），它倾向于获取列表中排名靠前的有趣的物品。该基本方法确定了 MRR 的一个平滑版本，并确定该版本的一个下界。注意，因为使用 MRR，所以该方法被用于隐式反馈数据集。一个称为 xCLiMF 的相关方法被设计用于显式评分。

还有许多其他方法考虑了将上下文也嵌入这类技术中[549]。

可以进一步使用集成学习方法提高排名方法的质量。多种技术可以被用来学习排名，不同的排名可以被聚集为一个排名列表。这个问题是排名聚集[190]。例如，可以对不同的排名采用平均数或者中位数来做聚集。然而，也可以采用其他复杂的方法，比如使用最佳排名或者将两种方法以某种形式相组合。中位数排名也因为其在聚集质量上具有一些很好的理论结果而闻名。该领域仍有待开发，是未来一个不错的研究方向。

13.2.3　与其他领域中排名学习方法的比较

关于推荐排名方法的一个很好的教程可以在 [323] 中找到。值得注意的是，基于预测的模型和基于排名的模型之间的二分法也存在于分类和回归模型中。例如，[284] 所提出的排名支持向量机是在互联网搜索引擎的背景下被引入。[115] 中提出了基于神经网络模型的排名的梯度下降法。神经网络的优势在于它们是通用函数的近似，因此，多层神经网络对于基于排名的代价函数总是非常有效。机器学习背景下的排名问题的详细教程在 [15] 中可以被找到。在这类工作中讨论的典型应用是互联网搜索，这也可以被看作是一种推荐。由于推荐问题可以被看作是分类和回归建模的泛化，设计推荐算法的排名变形也是很自然的。事实上，在推荐系统设计的背景下的排名变形是更重要的，这是因为大多数用户只被提供了一组有限的排名列表，而不是所预测的值。这类排名方法在信息检索领域也被广泛研究。这类方法的教程可在 [370] 中被找到，并且该方法与在互联网上的机器学习文献中使用的方法有很大的重叠[15,115,284]。信息检索的方法可以直接被用来提高在推荐领域中基于内容的方法的有效性。 |417|

13.3　多臂赌博机算法

在许多推荐系统背景中的一个重要挑战是，新的用户和物品不断出现在系统中，对于推荐系统来说，能够不断适应数据中的变化模式是很重要的。因此，不同于离线推荐算法，需要对推荐系统的搜索空间进行探索和利用。每次向用户显示一个推荐的机会，推荐系统策略、对象或算法之间进行选择，从而决定展示给用户什么内容。这些选择是不同的，这取决于对应的应用领域。一些例子如下：

1）系统可能使用许多不同的推荐算法，对于不同的用户可能会有或多或少的作用。例如，一个以知识为基础的推荐系统可能会更好地服务于喜欢高层次内容的用户，而对一个"懒惰"的用户来说，一个协同推荐系统可能会更好。因此，可能需要不断地学习来获取每个用户最佳的推荐策略。

2）上述一个特殊的（也很重要的）情况是，一个物品对应一个策略。例如，一个新闻门户可能会在一段时间里向一个特定用户显示各个主题的文章，所推送的文章会出现偏差，这取决于用户对不同文章的历史兴趣（即点击）。在上下文无关的情况下，推荐是独立于用户的。然而，在实际中，每个用户会和一个特征向量相关联，它描述了用户在特定主题中的兴趣。这为在多臂赌博机算法中嵌入个性化信息提供了渠道。如果一个用户对体育和娱乐更感兴趣，那么推荐系统需要在运行时学习这一事实，并经常向该用户推送属于这些主题的推荐。

这些系统的主要挑战是，新的用户和新的文章会不断进入系统。因此，在系统运行过程中必须同时学习用户的兴趣并探索这些兴趣。这不同于在本书中讨论的离线环境。这个问题与强化学习相关，在强化学习中，对搜索空间的探索和利用是同时执行的。这样的一类重要的强化学习算法就是多臂赌博机算法。

这一类算法的名字源自这样一个事实：将推荐系统视为赌场里的一个赌徒，他需要对一些赌博机（推荐算法或策略）做出选择，这种情况如图 13-2 所示。通过拉动每一个机器的摇臂，赌徒将获得以一个特定的概率分布的回报。赌徒怀疑其中的一个赌博机可能有比其他赌博机更高的（预期）回报，虽然对于赌徒来说，如果没有尝试所有的赌博机是无法确定这样一台赌博机的。出于学习目的来玩这些赌博机可以被看作是一个对于策略搜索空间的探索。当然，这个学习阶段很可能会浪费试验，因为它并不能找到最好的赌博机。然而，一旦赌徒学习到其中一个机器会有更好的回报，他可以通过玩这台机器来获得更好的回报。像所有的强化学习算法一样，多臂赌博机算法都面临着对搜索空间的探索和利用之间的折中。

图 13-2 多臂赌博机类比

我们用网页推荐系统来解释这种场景。每当推荐系统必须为用户提供网页推荐时，就会面临着策略选择问题。例如，推荐系统可能不得不决定选择哪个网页进行推荐。这些选择对应于各种赌博机的摇臂。当用户点击推荐页面的链接时，推荐系统依据推荐的成功来获得回报。在最简单的情况下，点击问题被建模成二进制收益模型，一次点击对应着 1 个单位的回报。这种回报可以被看作是一种类似于由一个赌徒从赌博机得到回报的方式。在大多数实际环境中，附加的上下文信息对于推荐系统中的用户或推荐的内容是可用的。上下文信息的一些例子如下：

1）一组描述用户信息或者物品信息的特征是可以获取的。物品上下文的例子包括：被推荐物品所在的网页中所显示的内容。例如，描述电影《Terminator》的网页上的推荐与描述电影《Nero》的网页上的推荐可能有很大的不同。在计算广告中，这一类上下文信息特别普遍。

2）用户可以被聚集成为小组，组的聚类标志可以被用作关于用户的语义知识。这是因为类似的用户可能有类似的收益，因此以组对的形式对用户进行分段分析。

当上下文信息对于用户是可用时，往往假设用户识别机制是可用的。为了解释多臂赌博机算法的使用，我们将首先讨论传统的没有上下文信息的场景。然后再讨论如何将上下文信息与多臂赌博机算法结合。

有一些策略可以被赌徒用来对搜索空间的探索与利用进行折中。下面我们将简要介绍在多臂赌博机中使用的一些常见策略。

13.3.1 朴素算法

在这种方法中，在探索阶段，赌徒会以一个固定的试验次数来玩每台机器。随后，在利用阶段，有最高收益的机器将永远被使用。这种策略与用于在线推荐系统评估的 A/B 测试有很多相似性。不同的是，A/B 测试仅使用为了评估目的的探索阶段，而多臂赌博机算法还有一个利用阶段。

虽然这种方法乍一看似乎是合理的，但它有一些缺点。第一个问题是，想要确定一台机器是否比别的机器好，需要进行的试验次数是难以确定的。估计收益的过程可能需要很长的时间，尤其是当收益事件和非收益事件分布非常不均匀的时候。例如，在一个 Web 推荐算法中，因为自信地确定一个推荐算法优于其他算法所需要进行的试验次数会很多，因此，点击率可能不够。使用大量的试验会导致大量的尝试被浪费在寻找次优策略上。此外，如果最终的策略是错误的，那赌徒将永远使用错误的赌博机。实际上，不同机器的收益（推荐算法）可能会随着时间的推移而变化。这种赌徒赌博机算法所强调的动态推荐环境是特别真实的。因此，在现实世界的问题中，永远固定一个策略的方法是不现实的。

13.3.2 ϵ 贪心算法

ϵ 贪心算法被设计为尽可能快地使用最好的策略，而不要浪费大量的试验。基本的想法是对于试验的一个小比例 ϵ，随机选择一个赌博机。这些探索试验是从全部试验中（以概率 ϵ）随机挑选出来的，因此完全与利用阶段的试验交错。在剩下的 $(1-\epsilon)$ 部分的试验，会使用目前有最好的平均收益的赌博机。这种方法的一个重要优点是，这样可以保证不会永远地被困在错误的策略中。此外，由于利用阶段开始得很早，往往有很大一部分的时间会使用最好的策略。

ϵ 值是一个算法参数。例如，在实际设置中，可能设置 $\epsilon = 0.1$，尽管 ϵ 最好的选择将会随着当前的应用有所不同。在特定的环境中，往往很难知道最好的 ϵ 值。然而，为了在利用阶段有足够的优势，ϵ 的值需要足够小。然而，选择一个小的 ϵ 值，在新的赌博机（物品）不断进入系统的环境下，就会面临着巨大的挑战。在这种情况下，只会偶尔探索这个新的赌博机从而错过了一个获得更好回报的机会。

我们用一个例子来说明这种挑战。考虑这样一个情形，赌博机对应不同的物品，基于用户的特性将用户聚类。对于每组中的相似用户都独立地执行 ϵ 贪心算法。每当有机会给

419

用户提供推荐时，就使用 ϵ 贪心算法，根据该用户所在群组的累计的统计信息来选择所推荐的物品。某时刻，一个新的物品进入该系统，John 所在的小组可能对它很有兴趣。然而，在 ϵ 值很小的情况下，这个物品只会非常偶尔地被展示给 John 所在的小组，特别是当其他物品的数目很大时。在一个有着 10 000 个物品并且 $\epsilon = 0.1$ 的系统中，近似地取 100 000 处才会出现一次该新物品。这意味着，在该物品和 John 小组的关联被学习到之前将有大量的试验被浪费。

13.3.3 上限方法

即使 ϵ 贪心策略比动态环境中的朴素策略更好，但它在学习新赌博机的收益方面仍然相当低效。在动态推荐设置中，这个问题是普遍存在的，因为一直会有新物品进入系统。在上限策略中，赌徒不使用赌博机的平均收益，相反，赌徒更看好很少被尝试的赌博机。因此在收益问题中使用具有最佳统计上限的投币机。注意，很少被测试的赌博机将倾向于有更大的上限（因为较大的置信区间），因此也将更频繁地被尝试。此外，不再需要明确使用参数 ϵ 将试验分为两类；选择具有最大上界的投币机的过程具有编码探索和利用资源的双重效果。

这里一个重要问题是为每台机器确定收益的统计上限。这通常可以在中心极限定理的帮助下实现，即大量独立同分布的随机变量的总和（收益）收敛于正态分布。可以在试验中估计正态分布的平均值和标准偏差，然后在所需的统计置信度的水平下设置每个赌博机的上限。注意，新的赌博机将有更大的置信区间，因此上界也将相应得更大。增加试验次数减少了置信区间的宽度，因此上界将趋向于随着时间增加而减小。当一个新的赌博机进入系统，它会经常重复，直到其上限低于现有赌博机中的某一个的上限为止。可以通过使用特定置信度水平来对探测和利用进行权衡。例如，一个有 99% 统计置信度水平的算法与有 95% 统计置信度水平的算法相比，将执行更大比例的探测。

这种上限策略最近已经被用于设计推荐算法[348]。许多这些算法使用用户的上下文特征和推荐的环境来设计各种多臂赌博机探索策略和利用策略。其基本思想是，向赌徒展示与该试验相关的一个特征向量（例如，推荐系统中的用户或物品画像），然后赌徒基于对特征向量的知识对赌博机做出选择（对推荐策略的选择或者对物品的选择）。这样的算法也被称为上下文赌博机算法。赌徒的主要目标是根据以往的经验来学习上下文特征和摇臂奖励之间的关联关系。上下文特征向量可以从诸如用户简档或推荐所在的网页等侧面信息中提取。因此，上下文特征为多臂赌博机算法嵌入不同类型的个性化信息提供了工具。

考虑赌博机的摇臂对应推荐中不同的物品。这些算法的基本思想是重复使用以下步骤：

1）（增量）训练：用历史的特征–收益对来训练分类或回归学习模型，从而学习每个摇臂的收益期望。大多数情况下，随着新的特征–收益对不断地进入系统，该阶段被增量式地执行。每当推荐系统选择一个特定的摇臂时，其特征属性和增益值就被加入相应摇臂的训练集中。因此，训练集的数目（被增量更新的模型）和摇臂的数量一样多。对于每个摇臂来说，其训练样本的数量等于该摇臂被玩的次数。所以，对于每个摇臂，会使用不同的训练数据为其构建单独的模型。一般会采用概率或统计学习算法，对每个摇臂（物品）和特定的特征向量（上下文），输出其期望的收益和估计标准差（或最大偏差）。注意，对应着新物品的摇臂其训练集较小。训练集小会导致预测的偏差更大。一般来说，在选择收益预测基本模型时要记住两个标准：

- 基本模型应该是增量更新的，因为新的特征–收益对会被不断地加入训练集。

- 基本模型应该能够输出一些预期预测误差的度量（或紧上界）。

2）上界估计：对于当前的上下文画像，我们使用学习模型为每个摇臂构建期望收益的上界。其上界通过计算期望收益与标准差的一个适当的倍数的和来获得。在一些情况下，会用最大偏差的紧上界来替代标准差。不同的选择通常取决于计算度量的容易程度。

3）推荐：选择具有最大上界的摇臂。将其对应的物品推荐给用户。

随着时间的推移，当给用户做出推荐以及有新的示例加入训练集时，上面的步骤就会被执行。在某些情况下，当收益是二进制的值（例如，是否点击了一个链接）时，会用分类模型来替代回归模型。

LinUCB 算法是基于 [348] 的一个类似的上限算法。它使用线性回归算法来学习预期的收益。考虑这样一个环境，其中第 i 个摇臂到目前为止已经被玩了 n_i 次。特别地，如果 $\overline{X}$ 是对应于当前上下文的 d 维（行）向量，D_i 是第 i 个摇臂的训练数据集的 $n_i \times d$ 特征矩阵，$\overline{y_i}$ 是第 i 个摇臂的 n_i 维收益（列）向量，那么可以使用岭回归来预测 $\overline{X}$ 第 i 个摇臂的期望收益如下：

$$\text{Payoff}_i = \underbrace{\overline{X}}_{d\text{个特征}} \underbrace{[(D_i^{\mathrm{T}} D_i + \lambda \boldsymbol{I})^{-1} D_i^{\mathrm{T}} \overline{y_i}]}_{d\text{个系数}} \tag{13-2}$$

这里，$\lambda > 0$ 是正则化参数，$\boldsymbol{I}$ 是 $d \times d$ 单位矩阵。此外，期望偏差的紧上界可以在收益（响应）变量是条件独立的假设下被量化。特别地，如 [348] 所示，对于二进制收益⊖来说，下面的公式以至少 $(1-\delta)$ 的概率为真。

$$\text{Deviation}_i \leqslant (1 + \sqrt{\ln(2/\delta)/2}) \cdot \sqrt{\overline{X}(D_i^{\mathrm{T}} D_i + \lambda \boldsymbol{I})^{-1} \overline{X}^{\mathrm{T}}} \tag{13-3}$$

422

D_i 具有更大数量的行（训练样本）时，偏差将减小，因为 $(D_i^{\mathrm{T}} D_i + \lambda \boldsymbol{I})^{-1}$ 通常随着 $D_i^{\mathrm{T}} D_i$ 中的项的变大而变小。此外，对于较小的 δ 值，偏差会增加。$\text{Payoff}_i + \text{Deviation}_i$ 值最大的摇臂被选为相关的一个。通过增加或减少 δ，可以在探索－利用的权衡曲线上选择所需的点。实际上，可以直接使用 $\alpha = (1 + \sqrt{\ln(2/\delta)/2})$ 替代 δ，作为相关输入参数，尽管前者与 δ 的关系可以在值的选择上提供一些直观的指导。值得注意的是，$D_i^{\mathrm{T}} D_i$ 和 $D_i^{\mathrm{T}} \overline{y_i}$ 可以被增量地更新，因为它们可以被表示成个体训练点的属性/收益的函数的线性和。然而，仍需要在每个预测期间对 $d \times d$ 矩阵 $(D_i^{\mathrm{T}} D_i + \lambda \boldsymbol{I})$ 求逆。在 d 很大的情况下，可以周期性地进行求逆。

实际上，任何概率算法都可以被用来计算期望收益的鲁棒预测和给定特征向量的最大偏差。值得一提的是，LinUCB 使用了偏差的紧上界，而不是标准差，因为它更容易被估计。在许多情况下，系统可能期望以排名列表的形式呈现出不止一个推荐。最简单的方法可以使用前 k 个上界作为近似。一个更复杂的方法是使用石板（slate）设置，这在 [290] 中有详细讨论。

13.4　组推荐系统

组推荐系统的提出是为了处理消费物品的对象是一个用户群体而非单个用户的情形。这些情况的一些例子和为处理这些问题而开发的系统包括：

1）电影领域：在许多情况下，一群用户可能希望出去看一组电影。因此，推荐必须适合于小组。这种推荐系统的示例是 PolyLens[168]，它提供推荐给用户组。PolyLens 可以看作是一个 MovieLens 系统的扩展。

⊖　如果收益位于 [0，Δ] 之间，那么偏差也需要按比例放大 Δ 倍。

2）电视领域：像电影一样，人们可能想为用户组推荐节目进行观看。[653]中讨论了对用户兴趣进行合并的电视节目推荐的示例。

3）音乐领域：虽然用户组中的成员一起听音乐并不十分常见，但在健身中心或体育馆还是会出现以组来（例如健身）播放音乐。这样的系统的示例包括 MusicFX[412]组推荐系统。

4）旅游领域：旅游领域可能是最常见的组推荐。这是因为计划一起团体旅行是很常见的。这种系统的一些例子包括 Intrigue[52]、旅游决定论坛（Travel Decision Forum）[272]和合作咨询旅游系统（CATS）[413]。

这些过程引出一个很自然的问题：为什么在这些情况下不使用直接的平均化来向小组推荐物品？毕竟，如果目标是最大化整体效用，那么使用平均值似乎是最有效的选择。但是，用户可以经常基于社会现象影响其他人，如情感传染和一致性[409]。这些现象可以定义为如下：

1）情感传染：各种用户的满意程度可以对其他人产生深刻的影响。例如，如果一组用户正在一起观看电影，并且如果小组中的一些成员不喜欢这部电影，这就会对其他用户产生传染性的效果。在这种情况下，平均化不能很好地工作，因为用户的喜好会互相感染，小组的最终体验可能与平均评分所指示的体验非常不同。

2）一致性：一致性与情感传染的概念密切相关，情感传染中用户表达的意见会相互影响。但是，社会现象略有不同，因为用户可能会有意识地想和同伴有相同或者相似的意见（尽管有隐藏的意见分歧），或者用户的意见会受到同伴的影响而发生无意识的改变。结果，最后该组的最终体验可能与平均评分所指示的评分存在显著偏离。

这两个与社会选择理论相关的社会现象对推荐系统的性能具有重要的影响。因此，平均化策略往往行不通。例如，[654]对基于平均化策略的电视推荐服务进行了评估，证明了当群体具有均匀的喜好时，推荐系统表现良好，但是当喜好变化很大时效果较差。因此，在建模过程中使用社会现象是至关重要的。此外，组推荐的定义也往往各不相同，这取决于它们是否是协同的、基于内容的或基于知识的环境。虽然基于协同和基于内容的群体推荐的一般原则比较类似，但基于知识的推荐系统的原则则完全不同。接下来，我们将会就各种情况进行研究。

13.4.1 协同和基于内容的系统

依据用于创建组推荐的方法，协作和基于内容的系统通常非常相似。一般方法包括以下两个步骤：

1）在任何协作或基于内容的系统中，对每个用户独立地执行推荐。对于给定的组和给定的物品集，确定每个用户-物品组合的评分预测。

2）对于每个物品，用一个聚集函数将组中各个成员的预测评分聚集成单个的组评分。该函数可以是简单的加权平均，或者使用基于社会选择理论的聚集方法，或两者的结合。然后基于预测的组评分，对所有物品进行排名。

各类方法的主要区别是第二个聚集步骤的实现。在第二个步骤中，会采用各种不同的聚集策略将不同的评分转换为单个值。这些策略如下：

1）最低痛苦策略：在最低痛苦策略中，总体评分被定义为组中所有成员中的最低评分。这种方法的基本思想是为了防止社会传染和一致性的负面影响。系统使用这种方法的实例是 PolyLens[168]。

2）加权平均：这种方法对各个评分做加权平均，权重与每个个体相关联。权重常常被用于建模一些特定类型以避免极端的不喜欢或不可行的情况。例如，一个赌场度假村不应该被推荐给一个包含孩子的旅游群体。一个艰苦的旅行不应该被推荐给包含残疾人的团体。这种为个人喜好提供更大权重的能力增加了组推荐系统的可接受性和可行性。这种策略的一种变形被用于 Intrigue 旅行推荐系统[52]。[168] 建议应该给来自专家的评分分配更大的权重。最后，还可以对每个物品，利用加权求和的方式将最低痛苦策略与加权平均策略相结合。

3）没有痛苦的平均：这种方法是在去掉组内最低的评分之后，对该组成员的预测评分进行平均。注意这种方法与最低痛苦策略关注的正好相反，它只对有最大满意度的成员的评分进行平均。这种类型的方法在 MusicFX 系统中有使用[412]。当考虑这种方法时，需要注意，与不愉快的经历一样，愉快经历的情绪也会以相同的方式被传染。

平均方法的一种变形是使用中值替代平均值。使用中值的优点是它不易受噪声和异常值的影响。例如，单个高度负面评分可能显著影响平均值，但它可能不会影响中位数。当用户注意到其他用户对推荐做出特别高的正评分或负评分从而导致对整个推荐有很大影响时，这种方法会特别有用。这里，平均值不再代表组评分。旅行决策论坛[272]使用了这种方法。[407] 中提出了各种其他的聚集策略。请参考 13.10 节。

13.4.2 基于知识的系统

上述系统都基于确定的评分。然而，基于知识的系统不是基于用户评分，而是基于用户指定的需求。因此，这种系统的一个自然方法是让每个用户指定他的要求，这些要求被聚合成单个集合。然后，满足大多数要求的物品会被推荐。这种方法被协作咨询旅行系统（Collaborative Advisory Travel System，CATS)[413] 使用。这样的系统还允许交互式反馈，即允许以交互的方式探索用户群体的兴趣。基于知识的系统特别适合组推荐，因为它们允许用户群体在实际使用该物品之前以交互方式达成共识。这减少了在最终推荐中不满意的可能性。虽然基于知识的系统是为复杂产品域设计的，它们也可用于复杂用户域的环境。组推荐就可以被视为复杂的用户域。基于知识的推荐系统在第 5 章中已经讨论过。

13.5 多标准推荐系统

在许多推荐应用中，用户可能对基于不同的标准的物品感兴趣。例如，在电影推荐系统中，一个用户可能对视觉效果感兴趣，而另一个用户可能对情节感兴趣。在这种情况下，一个总体评分很难反应用户的全部选择。考虑如表 13-1 所示的例子。在这种情况下，三个用户对电影《Gladiator》分别基于

表 13-1　用户评测定义相似度的效果

评测⇒ 用户⇓	视觉效果	情节	总体
Sayani	3	9	7
Alice	9	3	7
Bob	8	3	5

视觉效果、情节和总体效果给出了评分。注意整体评分由用户直接指定，可能并不代表所有评分的均值。评分值的范围在 1 到 10 之间。很显然，Alice 和 Sayani 具有完全相同的总体评分，但他们对情节和视觉效果的评分模式非常不同。另一方面，Alice 和 Bob 在整体评分上略有不同，但在视觉效果和情节上有相似的评分。因此，在任何基于组的预测方法上，Alice 和 Bob 之间应该被认为比 Alice 和 Saynani 之间更加类似。仅仅基于总评分的相似性计算，常常会产生误导性的预测。

多标准系统中的总体评分可以由用户明确指定，也可以使用全局效用函数（例如，简单平均）来导出。当总体评分是由用户指定时，可以使用线性回归方法（例如第 5 章所讨

论的基于知识的推荐系统）来学习特定用户的效用函数。当用户没有指定总体评分时，我们不需要计算一个总体评分，而可以通过对来自不同评测标准的预测评分进行聚集从而对物品直接进行排名。在其他情况下，可以隐式地对各种标准的评分进行平均来计算一个总体评分。如果需要，也可以对各种评测标准使用特定领域知识（例如，效用函数）来进行加权。

应当指出，多标准推荐系统与基于知识的推荐系统有内在联系，它被设计用于复杂的产品域，如汽车。这些产品有多个评测标准，如性能、车内设计、豪华选择、导航等。在这样的域中，用户希望根据产品是否满足他所指定的标准来进行排名。由于这些方法已在第 5 章中讨论过，本章将主要关注基于内容和协同过滤的方法。

接下来，我们将讨论在多标准推荐系统中一些常用的方法。有关最近研究的讨论，请参阅 13.10 节。为了方便下面的讨论，我们假设总共有 c 个标准，分别为 $\{1, 2, \cdots, c\}$。第 k 个标准对应的 $m \times n$ 的评分矩阵，被记作 $R^{(k)}$，在 $R^{(k)}$ 中用户 i 对于物品 j 的评分为 $r_{ij}^{(k)}$。在用户指定总体评分的情况下，相应的评分矩阵由 $R^{(0)}$ 表示，用户 i 对于物品 j 的总体评分的相应值记为 $r_{ij}^{(0)}$。

13.5.1 基于近邻的方法

基于近邻的方法可以很容易地适应多标准系统的工作，因为它可以很容易地将多个标准并入相似度函数。大多数现有的基于近邻的方法是基于用户的协同过滤方法，而不是基于物品的协同过滤方法。然而，原则上来说，是可以将基于物品的方法推广到多标准场景下的。接下来，我们仅讨论基于用户的近邻方法，因为它被更广泛地接受，并且实验结果可用。

让 $\text{sim}^k(i, j)$ 代表用户 i 和 j 关于标准 k 的相似度，其中 $k \in \{1 \cdots c\}$。进一步，我们假设总体评分矩阵 $R^{(0)}$ 是可用的，并且用户 i 和用户 j 的总体评分相似度用 $\text{sim}^0(i, j)$ 表示。然后，基于近邻的方法可以用如下方法实现：

1）对每个 $k \in \{0 \cdots c\}$，计算每对用户 i、j 的相似度 $\text{Sim}^k(i, j)$。第 2 章所介绍的任何方法，比如 Pearson 相关系数，都可以用来计算 $\text{Sim}^k(i, j)$。

2）对任意用户对 i、j，通过聚集函数 $F(\cdot)$ 对不同标准上的相似度值做聚集，来计算 i 和 j 的聚集相似度 $\text{Sim}^{\text{aggr}}(i, j)$ 如下：

$$\text{Sim}^{\text{aggr}}(i,j) = F(\text{Sim}^0(i,j), \text{Sim}^1(i,j), \text{Sim}^2(i,j), \cdots, \text{Sim}^c(i,j)) \quad (13\text{-}4)$$

使用该聚集相似度来确定每个用户的 k 近邻伙伴。

3）通过对用户 t 的所有伙伴在物品 j 上的（总体）评分使用相似度加权，来预测用户 t 对物品 j 的评分。通常，这个方法会与基于行的均值中心化方法相结合来避免特定用户的偏差。因此，这种方法在总体评分矩阵 $R^{(0)}$ 上的计算基本等效于第 2 章的公式（2-4），除了使用聚集相似度函数 $\text{Sim}^{\text{aggr}}(.,.)$ 来确定用户的近邻伙伴以及公式（2-4）的加权目标有所不同。

值得注意的是，公式（13-4）中的聚集函数也使用了 $\text{Sim}^0(i, j)$（基于整体评分的相似度）。各种方法的主要区别在于公式（13-4）中的聚集如何被计算。常见的聚集方法有：

1）平均相似度：这种方法[12]是对（$c+1$）个不同的评分（包括整体评分）求平均。因此，公式（13-4）中的函数 $F(\cdot)$ 按如下定义：

$$\text{Sim}^{\text{aggr}}(i,j) = \frac{\sum_{k=0}^{c} \text{Sim}^k(i,j)}{c+1} \quad (13\text{-}5)$$

2）最坏情况相似度：这种方法[12]选择所有标准（包括全部等级）中最小的相似度作为最坏情况相似度。因此，我们有：

$$\text{Sim}^{\text{aggr}}(i,j) = \min_{k=0}^{c} \text{Sim}^k(i,j) \tag{13-6}$$

3）加权聚集：这种方法[596]是对均值技术的泛化，它对不同标准的相似度做加权和。令 $w_0, \cdots, w_c$ 为不同标准的权重。则聚集相似度的定义如下：

$$\text{Sim}^{\text{aggr}}(i,j) = \sum_{k=0}^{c} \text{Sim}^k(i,j) \tag{13-7}$$

w_i 的值确定了标准 i 的权重，可以使用直接的参数调优技巧来确定权重，比如交叉验证（见第 7 章）。

除了使用相似度之外，还可以对用户的近邻使用距离函数。注意，相似的物品上用户之间会有更小的距离。为了执行加权，我们需要以启发式方式将距离转换成相似度。对于任何一对用户，仅当这两个用户有共同物品上的评分时，它们的距离才会被计算。通过对各种标准做聚集，我们为每个物品单独计算用户的距离。在第二个聚集步骤中，会对不同物品上用户之间的距离做平均。

对一个特定的物品 q，第一步是如何计算用户 i 和 j 之间的距离 $\text{ItemDist}^{\text{aggr}}(i, j, q)$？注意，为了计算该距离，要求用户 i 和用户 j 都已对物品 q 做出过评分。一个自然的方法是 L_p 范数，其定义如下：

$$\text{ItemDist}_{\text{aggr}}(i,j,q) = \Big(\sum_{k=0}^{c} |r_{iq}^k - r_{jq}^k|^p\Big)^{(1/p)} \tag{13-8}$$

通常使用的 p 的值有 $p=1$（曼哈顿距离）、$p=2$（欧氏距离）还有 $p=\infty$（L_∞ 范式）。

对每个被用户 i 和用户 j 共同评分过的物品，都需要用该方法计算。我们将该物品集记为 $I(i, j)$。全部物品上的总体距离 $\text{Dist}^{\text{aggr}}(i, j)$ 可以被定义为 $I(i, j)$ 中所有物品上的距离的平均：

$$\text{Dist}^{\text{aggr}}(i,j) = \frac{\sum_{q \in I(i,j)} \text{ItemDist}^{\text{aggr}}(i,j,q)}{|I(i,j)|} \tag{13-9}$$

可以用简单的核计算或反转技巧将距离转换成相似度值：

$$\text{Sim}^{\text{aggr}}(i,j) = \frac{1}{1 + \text{Dist}^{\text{aggr}}(i,j)} \tag{13-10}$$

在计算出相似度值之后，则可以利用上述的基于用户的协同过滤方法。

13.5.2　基于集成的方法

为了执行推荐，上述的技术都相应地做出了改动，变成一个特定的算法，例如基于近邻的算法。然而，也可以使用基于集成的方法，利用现有的任意技术来做推荐[12]。基本方法包含两个步骤：

1）对于每一个 k 值，其中 $k \in \{1 \cdots c\}$，对评分矩阵 $\boldsymbol{R}^{(k)}$，使用任何现成的协同过滤算法对标准 k 填入预测评分。

2）对于每个用户 i 和物品 q，其中 q 在各个标准下的评分已被预测，用聚集函数 $f()$ 将不同标准下的预测评分做聚集：

$$\hat{r}_{iq}^{(0)} = f(r_{iq}^{(1)} \cdots r_{iq}^{(c)}) \tag{13-11}$$

所计算出的聚集值提供了用户 i 对物品 q 的一个总体预测评分。可以将给用户 i 推荐的物品按照该评分进行排名。

聚集函数 $f()$ 的构造仍有待解释。[12] 中有三种常见的技术：

1）特定域与启发式方法：在这种情况下，由域专家感知各种标准的重要性来定义聚集函数。最简单的方法是使用不同标准上预测评分的平均值。

2）统计方法：这些代表了线性和非线性的回归方法。例如，总体预测评分可以被表示为各种标准上预测评分的线性加权和：

$$\hat{r}_{iq}^{(0)} = \sum_{k=1}^{c} w_k \cdot r_{iq}^{(k)} \tag{13-12}$$

如在第 6 章 6.3 节所讨论的，$w_1 \cdots w_c$ 的值可以使用线性回归技术来学习。注意，不同标准上各种评分的观察值可以被用作训练数据来学习权重。

3）机器学习方法：这种方法与第二种方法在原理上没有很大不同。除了回归技术以外，任何机器学习方法（例如神经网络）也都可以被使用。注意，简单版本的神经网络也可以被当作线性回归的近似。然而，神经网络具有更强大的能力来建立任意复杂函数模型。

上述讨论是基于全局聚集的假设。然而，如果有关于用户和物品的足够数量的已观测评分，也可能是要学习特定用户或者特定物品的聚集函数。基于集成的方法易于实现，因为它提供了在过程的各个阶段中使用现成工具的能力。集成方法的这一特性为模型选择，以及选择合适的学习方法来调优系统提供了更大的灵活性。

13.5.3   无整体评分的多标准系统

上述方法需要有可用的总体评分信息才能做推荐。在总体评分不可用时，前面章节中讨论的方法就不能以它当前的形式使用。但仍可以使用上一节中讨论的基于集成的方法中的第一步。主要的差别在于第二步，需要在没有任何可用的学习数据的情况下对预测评分做聚集。因此，线性回归、非线性回归、神经网络或其他机器学习方法不再可行。然而，仍然可以使用启发式和特定域的组合函数。然后基于聚集值对物品进行排名。向用户呈现物品的第二种方法是对不同的标准的预测评分使用 pareto 最优解。满足 pareto 最优解的物品连同它们被推荐的理由会一同呈现给用户。13.10 节中介绍了总体评分不可用情况下的各类多标准系统。

13.6   推荐系统中的主动学习

推荐系统严重依赖于用户提供的历史数据。然而，评分矩阵有时过于稀疏，这给提供有意义的推荐带来挑战。在启动时尤其如此，在启动时经常会遇到冷启动问题。在这种情况下，重要的是要快速获得更多的评分以建立评分矩阵。获取评分的过程是耗时的，并且成本高，因为用户没有感到效益时，通常不愿意自愿提供评分。事实上，有人认为[303]用户只有在协同过滤应用程序中得到相当的补偿时才愿意分享私人信息。这意味着评分的获取需要先付出一定的成本（通常是隐含的）。主动学习系统选择特定的用户-物品组合来获取评分，从而最大化预测评分的精确度。例如，考虑电影推荐系统的场景，其中许多动作电影已经评分，但没有已经被评分的喜剧电影。在这种情况下，为了最大化预测的精确性，主动获得喜剧电影的评分（而不是获得动作电影的评分）是直观有效的。这是因为通过获取其他动作电影的评分对精度的增加量很可能小于通过获取喜剧电影的评分对精度的增加量。毕竟，根据已有的评分信息，已经能够对动作电影的评分进行很好的预测，而通过已有评分对喜剧电影的预测则较差。这里的问题是不能随意获得任意用户-物品组合的评分。例如，不能指望一个没有消费某物品的用户对该物品做出评分。

主动学习通常被用于分类应用[18]；因此，基于内容的方法的适用性是显而易见的。因为基于内容的方法的本质就是特定用户上训练数据的分类问题。在协同过滤的应用中，通常没有指定内容和类型信息，必须使用当前可用的评分矩阵来做出预测。在最简单的形式中，可以用如下方式定义评分获取问题：

给定评分矩阵 R、成本预算 C 和评分获取成本 c，确定一个能使得预测精度最大化的用户−物品组合的集合，该集合中的评分必须被获取。

显然，用于分类的主动学习的定义与协同过滤类似。在分类问题中，训练点的标签被查询。在协同过滤中，用户−物品组合的评分被查询。由于协同过滤是分类问题的泛化（参见第 1 章的图 1-4），分类中的主动学习方法也可以推广到协同过滤的场景。然而，协同过滤和分类有一个关键的区别。在分类中，假设存在一个能提供任何查询数据点标签的神。这个假设并不适用于协同过滤。例如，如果一个用户没有消费某物品，则不能期望她为其提供评分。然而，在协同过滤中主动学习的基本原理与它在分类中的原理是类似的，至少在确定哪些用户−物品的组合是最值得获取这一方面它们是类似的。在许多情况下，可以向用户提供评价特定物品的动机。例如，可以向用户赠送物品作为她提供一定数量评分的交换。

主动学习最简单的方法是查询已由用户评分过的但评分稀疏的物品。这有助于解决冷启动问题。但是，这样的方法仅在推荐系统设置的初始阶段有用。在后期阶段，需要更精细的技术，对特定用户和特定物品的组合进行选择。这种方法是基于分类中已有的思想。

主动学习仍然是协同过滤主题中的一个新兴领域，而且在这一领域提出的方法相对较少。因此，本节将简要讨论在分类中使用的两种被用于协同过滤的常用方法[18,22] 及其适用性。这两种方法是基于异质性的模型和基于性能的模型。在前一种情况下，会选择在执行查询之前预测评分值最不确定的数据点（用户−物品组合）进行查询。在基于性能的模型中，被查询的数据点要满足，将新查询的评分纳入矩阵后，对剩余项的预测精确性的期望值最佳。

13.6.1　基于异质性的模型

在基于异质性的模型中，目标是对在执行查询之前其预测评分最不确定的用户−物品组合做查询。判断不确定性的具体方法取决于手头的模型。例如，如果用特定方差来预测数字评分，则每个用户应该选择具有最大预测方差的物品来查询。在用贝叶斯方法的二进制评分预测中，先验概率 p_q 最接近 0.5（即 $|p_q - 0.5|$ 的值最小）的物品 q 会被查询。在特定模型背景下如何使用这个方法的例子如下：

1）在基于用户的近邻方法中，给定用户−物品组合 (i, q)，可以通过用户 i 的近邻对物品 q 的评分的样本方差来计算 (i, q) 的预测的方差。如果用户 i 的近邻都没有对物品 q 做出评分，那么样本方差是 ∞。

2）在基于物品的近邻方法中，可以根据用户 i 对与 q 最相似的物品的评分来计算其预测的方差。如果用户 i 没有对任何与 q 相似的物品进行评分，那么样本方差为 ∞。因此，该方法趋向于引导用户对不同的物品评分从而自然地增加推荐系统的覆盖程度。在这个意义上，这种方法对冷启动适应良好。

3）在贝叶斯模型中，贝叶斯分类器（参见第 3 章）被用于预测评分。考虑二进制评分的情况，其中对值 1 的预测的后验概率为 p_q。在这种情况下，不确定性被量化为 $1 - |p_q - 0.5|$。具有最大不确定性的物品被选择用于查询。

4）可以使用多个模型来预测评分。当不同的模型的预测不相同时，评分被认为是不确定的。不同模型上预测的方差可以用来量化不确定性。

上述方法是对分类中的技术的简单修改。它以一种自然的方式来计算不确定性，从而适用于大多数协同过滤算法。在协同过滤中，也可以启发式地将一些附加因素（例如，乘法）与不确定性组合：

1）可以包括一个用户可能对一个物品进行评分的概率的因子。这是因为用户无法为尚未消费的物品提供评分。考虑隐式反馈矩阵，如果用户已经评分物品（不考虑实际评分值），则项的值为 1，否则为 0。使用任何协同过滤算法对评分做出的预测实际表示了用户将评价该物品的概率。

2）[513] 中建议不应该查询非常受欢迎的物品，因为它们的评分通常不代表其他物品。

注意，很少有关于主动学习方法在协同过滤的上下文中如何实际执行的实验结果。因此，这一领域有很大的机会供进一步研究。

13.6.2 基于性能的模型

查询评分的目标是为了提高预测的精度并减少对当前可用项的预测的不确定性。在基于性能的模型中，通过查询某些数据点，使得在增加了新的查询评分后，对剩余项的预测精度能产生最佳的期望性能或最佳的确定性。注意，基于不确定性的模型集中在当前查询实例的预测特性上，而基于性能的模型集中于所添加的实例对当前可用项的预测的影响。要确定在查询了一个用户-物品组合的评分之后会产生什么后果是具有挑战性的，因为预期性能必须在实际查询评分之前被计算。贝叶斯方法用于计算此预期性能。相应的技术在 [18，22] 中描述。

13.7 推荐系统中的隐私

协同过滤应用程序在很大程度上依赖于对多个用户的反馈的收集。在协同过滤应用程序中，用户需要指定物品的评分。这些评分反映了用户的兴趣、观点、性格，等等。伴随评分物品而来的私人信息的暴露带来了许多挑战，因为它使得用户不愿意去贡献评分。

所有隐私保护方法都是以某种方式改变数据，以降低其表示的精确性。这样做是为了增加隐私。其权衡是让数据表示变得模糊。因此，挖掘算法不再有效。有两类技术被用于保护隐私：

1）**数据收集时的隐私**：在这些技术中，数据收集的方法被修改，使得不收集单独的评分。相反，采用分布式协议[133]或扰动技术[35,38,484,485]以扰动的方式或在聚集中收集数据。通常，需要专用（安全）的用户界面和数据收集插件才能实现该方法。此外，对收集来的数据使用专门的数据挖掘方法，因为许多这些技术使用聚集分布（而不是对单个数据记录）进行挖掘。

这种方法的优点是用户确信没有单个实体可以访问他们的私人数据。虽然数据的隐私集合提供了最严格的隐私形式，这方面的大部分工作还仅在研究阶段。据我们所知，还没有这种系统的大规模的商业实现。其部分原因是这样的系统通常需要用户投入更多的努力来获得特殊接口的访问权限，同时还需要在聚集数据变得可用后数据挖掘者投入更多的努力。

2）**数据发布时的隐私**：在大多数实际设置中，一个受信任的实体（例如 Netflix 或

IMDb）可以访问其随时间收集的所有评分数据。在这样的情况下，受信任实体可能希望将数据发布到更广泛的技术社群以实现协同过滤领域的进一步发展。这样的例子包括 Net-flix Prize 数据集，它在标识评分之后被发布。在这种情况下，使用 k 匿名模型[521]保护隐私。通常，这样的方法使用基于群组的匿名化技术，其中最小规模的组中的记录变得不可区分。这是通过对数据记录上所挑选的属性进行小心扰动来实现的，这样就不能将公开的信息与这些记录做连接从而精确识别记录的主题。这样的系统更常见，并且具有比第一种情况更广泛的适用性。

上述两种模型具有不同的权衡。第一个模型提供更强的隐私保证，因为个人的评分不存储在任何地方，至少是不以具体的形式存储。在某些情况下，评分只以聚集的方式存储。因此，这种方法提供了更大的隐私保证。但另一方面，对这种形式的数据收集很难采用现成的协同过滤算法。这是因为数据或者被干扰得厉害，或者是基本表示已更改为某种聚集形式。在使用基于群组匿名化的方法时，隐私保证通常较弱。而另一方面，释放的数据记录通常与原始数据具有相同的格式。因此，在这些情况下，更容易使用现成的协同过滤算法。下面对基于群组匿名化模型进行了简要概述。

基于群组的匿名化方法通常是可信实体在数据发布时使用。其典型目标是防止识别出数据记录的主题。例如，当 Netflix 发布其评分数据集，数据记录的主题要避免被识别。此外，为了让数据记录的群组变得不可区分，记录的属性通常被扰乱。这些方法的基本思想是充分扰乱数据记录，以使攻击者无法把记录与其他公开可用的数据相匹配，以确定其记录的主题。一些常见的以分组方式干扰数据记录的模型包括 k 匿名化[521]、冷凝（conden-sation）[27]、ℓ 多样性[386]和 t 接近[352]。读者可以阅读 13.10 节对常见的隐私保护方法的细节做进一步的了解。下面我们简要讨论一个基于冷凝的方法，它能很容易地被应用于协同过滤中。我们也会讨论当这些方法用于高维数据时面临的一些挑战。 [433]

13.7.1 基于冷凝的隐私

基于冷凝的方法最初是为完全指定的多维数据记录所设计的[27]。然而，该方法也可以容易地被用于不完全指定的数据记录。算法的输入之一是匿名级别 p，其定义了我们希望彼此不可区分的行的数目。p 的值越大，匿名性越高，但降低了修改后数据的精度。考虑一个不完全指定的 $m \times n$ 评分矩阵 R：

1）将 R 的行分成聚簇 $C_1 \cdots C_k$，使得每个簇至少包含 m 条记录。

2）对于每个簇 C_r，生成 $|C_r| > m$ 条合成记录，使得与簇中记录的数据分布一致。

这两个步骤都需要考虑矩阵 R 中的行是未完全指定的。对于不完全数据，聚类方法的修改相对容易。例如，k 中值算法在中值计算中可以只用已指定的项。类似地，距离的计算也可以仅使用已指定的项，然后用已观测维度的数量进行归一化。类似地，同时从 C_r 生成合成数据记录时，可以在评分值上使用简单的多变量伯努利分布对每个物品建模。这个多变量伯努利分布是从簇中记录的评分分布导出的。必须注意，数据中物品的评分次数等于它在簇中的出现次数。

这种生成合成数据的方法具有两个主要优势。第一是合成数据与原始评分矩阵的格式相同，允许应用任何现成的协同过滤算法；第二是合成数据的匿名通常更加安全。这种方法也可以推广到动态的环境中[27]。

13.7.2 高维数据的挑战

评分数据通常是高维的。例如，典型的评分矩阵可以包含数千个维度。此外，一些用户可能很容易地指定出多于 10 或 20 个评分。这种情况下，即使数据记录被干扰，也很难用基于分组的匿名化方法来保护这些用户的隐私。例如，如果特定源释放了一组未识别的评分，攻击者可能使用了来自不同源的未识别的评分，对两个数据集进行匹配从而确定未识别记录的主题。指定评分的数量越大，则反识别记录就越容易。在 [30] 中已经证明，为了生成一个有力的攻击，只需要在一行中有约 10～20 个指定的值。著名的 Netflix Prize 数据集就被这种方法攻击[451]。高维数据的挑战并不是微不足道的，对于匿名化限制仍存在着理论上的障碍[30]。开发新的高维和稀疏数据集的匿名化方法仍然是一个开放的研究领域。

13.8　一些有趣的应用领域

在本节中，我们将研究推荐系统的一些有趣的应用领域。本节的目标是研究不同应用领域中推荐系统的应用，以及在每个领域中出现的具体挑战。一些例子如下：

1）查询推荐：一个有趣的问题是如何使用 Web 日志向用户推荐查询。有关查询推荐是否应该看作个性化应用还不清楚，因为推荐是一种典型的特定会话（例如，依赖于用户在短期会话中的历史行为），它不需要了解用户长期的行为。因为查询的提出往往是在用户的重新识别机制不可用的情况下。这个主题的细节我们将不再讨论，相关文献在 13.10 节中。

2）门户内容和新闻个性化：许多在线门户具有强大的用户识别机制，通过该机制可以返回被识别的用户。在这种情况下，提供给用户的内容可以个性化。新闻个人化引擎（例如 Google 新闻）也使用此方法，其中 Gmail 账户用于用户识别。新闻个性化通常基于包含用户行为（点击）的隐式反馈，而不是明确的评分。

3）计算广告：计算广告是一种推荐形式，因为公司很希望基于相关上下文（网页或搜索查询）为用户识别广告。因此，推荐系统的很多想法被直接用于计算广告领域。

4）互惠推荐系统：在这些情况下，用户和物品都有偏好（而不仅仅是用户）。例如，在线约会应用程序中，两者（男性和女性）都有偏好，并且成功的推荐可以仅通过满足双方的偏好而创建。互惠推荐系统与第 10 章讨论的链路预测方法密切相关。

本章将概述不同的应用程序，特别关注以上的门户内容个性化、计算广告和互惠推荐系统。基本想法是给读者一种如何在各种场景中使用推荐技术的感觉。

13.8.1　门户内容个性化

许多新闻门户通过使用用户过去的访问历史为他们提供个性化新闻。这样的个性化系统的示例是 Google 新闻引擎。Google 有强大的使用 Gmail 账户的用户身份识别机制。这种机制用于跟踪用户点击行为的历史记录。历史被用来给用户推荐感兴趣的新闻。许多门户网站也用类似的方法向用户推荐内容。所有这些情况的主要假设是用户过去的操作记录是可用的。

13.8.1.1　动态分析器

动态分析器[636]是一种将协同技术与基于内容的技术相组合的门户内容个性化引擎。该系统可以用于任何形式的门户内容个性化，包括新闻个性化。该方法包含几个步骤，其中大多数是定期地重复地刷新需要随时间更新的汇总统计，以防止它们过时。这些汇总统计被用于提供实时推荐。整体方法包含以下步骤：

1）（定期更新）使用门户网站中文档的样本来创建群组。使用半监督的聚类方案 [29]

进行聚类。聚类监督是在属于语义相关主题的文档样本的帮助下完成的。这些样品被作为种子，使用聚集和 k 均值方法的组合来创建聚类。因此，簇中包含了在语义上很重要的类别。

2）（**定期更新**）用户访问日志与上述聚类结合以创建用户画像。用户画像包含了用户对属于每个簇的文档的访问次数的统计。因此，用户画像是一个多维记录，其维度与簇数目相同。

3）（**定期更新**）用户画像使用高维聚类方法被聚集成群组（peer group）。几个高维聚类方法在［19］中讨论。

4）（**在推荐时的在线阶段**）用基于近邻的方法与这些用户群组一同被用于执行推荐。对于任何给定的目标用户，最近群组中的频繁类别构成了相关的推荐类别。也可以向目标用户使用下面描述的方法来推荐个人文档。

仍然要解释执行推荐的最后步骤是如何执行的。对于给定用户，第一步是确定离她最近的群组。这是通过计算她的画像和各个群组的质心之间的距离来实现的。最接近的群组被称为她的近邻。由该近邻访问的所有文档的频率被有效地从日志的索引版本中确定。此近邻中最常访问的且未被目标用户所访问的文档被作为相关的推荐呈现给目标用户。

13.8.1.2　Google 新闻个性化

Google 新闻个性化引擎[175]是一个类似动态分析器模型的问题陈述。因此，用户点击的隐式反馈数据集在这个场景中是可用的。用户的 Gmail 账户在 Google 新闻中提供了强大的识别机制。当用户登录并访问网页时，会存储其点击行为。目标是利用所存储的用户点击的统计数据向这些用户从候选项列表 L 中提供推荐。我们暂且假设候选列表 L 已被给出。稍后，我们将讨论如何生成候选列表。

Google 新闻系统使用与动态分析器非常不同的算法。动态分析器被设计用于单个网站，而 Google 新闻系统被设计用于 Web 级环境。该方法的基本思想是使用基于相似度的机制做出推荐。作为基于用户的近邻算法，用户与已访问过特定物品的其他用户的加权相似度被用于做出推荐。令 r_{iq} 为指示器变量，如果用户 i 已经访问过物品 q，取值为 1，否则，取值为 0。注意到 r_{iq} 可以被视为评分矩阵的隐式反馈的版本。相似的，让 w_{ij} 为用户 i 和用户 j 在网页访问模式上的相似度。然后，用户 i 访问新物品 q 的预测倾向 p_{iq} 被定义为如下：

$$p_{iq} = \sum_{j \neq i} w_{ij} \cdot r_{jq} \tag{13-13}$$

由于等级 r_{jq} 被假设是二进制的，因此预测倾向 p_{iq} 也可以用一个合适的阈值被二进制化。相似度可以以各种方式被计算。例如，可以把相似度测度定义为两个用户对物品访问的 Pearson 相关系数或余弦相似度。

上述公式是对基于用户的协同过滤机制的直接泛化。注意，在 Web 级环境中计算预测倾向是代价很高的，因为每对用户之间的相似度 w_{ij} 需要预计算。成对计算的代价很高，并且右侧求和还将包含与用户数目一样多的项。因此，[175] 中的工作还提出了一些更有效的基于模型的替代方案。这些方法使用聚类来加速计算。此外，聚类方法在降噪上有一些优点，从而更有效地进行协同过滤。

在基于模型的技术中，用户被概率地或确定性地分配给具有相似访问行为的群组。换句话说，拥有类似访问模式的用户通常以较高的概率属于类似的群组。所使用的聚类模式有两种，分别为 MinHash 和 PLSI，它们中的任一个可以被用于实现该方法。前者将用户硬分配到群组中，后者将用户软分配到群组中。这些方法的更多细节将在本节后面讨论。

假设总共有 m 个簇被定义，并且用户 i 到簇 k 的比例由 f_{ik} 表示。在确定性聚类中，f_{ik} 的值要么是 0，要么是 1，而在软聚类中，f_{ik} 的值在 (0，1) 之间。然后，用户 i 访问物品 q 的倾向被定义为：

$$p_{iq} = \sum_{k=1}^{m} f_{ik} \sum_{j:f_{jk}>0} r_{jq} \qquad (13-14)$$

通过包含 f_{jk} 可以进一步优化这个公式，尽管在 [175] 中没有提及：

$$p_{iq} = \sum_{k=1}^{m} f_{ik} \sum_{j} f_{jk} r_{jq} \qquad (13-15)$$

在聚类是硬分配时，比如 (Minhash 模式)，这个表达式可以简化为如下：

$$p_{iq} = \sum_{j} \text{CommonClusters}(i,j) \cdot r_{jq} \qquad (13-16)$$

这里，$\text{CommonClusters}(i，j)$ 对应于用户 i 和 j 共同出现的公共集群的数量。此外，如果仅仅执行一次严格分割的聚类，则 $\text{CommonClusters}(i，j)$ 的值为 0 或 1。另一方面，如果聚类用快速随机方法重复执行若干次，$\text{CommonClusters}(i，j)$ 的值等于用户 i 和 j 在同一群集中出现的次数。对于动态数据集，隐式反馈"评分"r_{jq} 的值可以与时间衰减值相乘。

此外，将共同访问得分加入由聚类产生的得分中。共同访问得分在原理上类似于基于物品的算法。当两个物品在预定时间跨度内由同一用户访问，则这两个物品是共同访问的。对于每个物品，与其他物品共同访问的数量 (时间衰减) 是动态维护的。对于目标用户 i 和目标物品 q，需要确定物品 q 的频繁共同访问物品是否也存在于用户 i 的最近访问物品中。对于每个这样的存在，归一化的值被添加到公式 (13-14) 的推荐得分中。可以使用专门的数据结构来有效地实现该操作。

聚类方法

如前所述，我们采用 MinHash 和 PLSI 两种聚类模式。MinHash 模式基于由用户共同访问的物品集合上的 Jaccard 系数所定义的内部相似性对用户进行隐式地聚类。虽然 MinHash 方案是一种随机聚类方法，它创建了确定性聚类中，其中两个用户属于同一簇的概率与他们的 Jaccard 系数成正比。另一方面，PLSI 模式是一种基于概率的聚类方法，其中每个点以特定概率被分给一个簇。MinHash 和 PLSI 方法详见 [175]。[175] 中的工作描述了如何用 MapReduce 来有效实现这些方案。MapReduce 方法可以将该方案扩展到大数据上。

候选列表生成

到目前为止，我们还未对如何为特定目标用户 i 生成候选列表 L 进行描述。有两种方式可以用来生成候选列表。新闻前端可以新闻编排、用户 i 对语言的偏好、故事的新鲜度、用户 i 的定制等来生成候选列表。或者，候选列表可以是以下两个集合的并：i) 和用户 i 在同一簇中的成员所点击的所有故事；ii) 用户 i 的点击历史中所有共同访问的故事集合。

13.8.2 计算广告与推荐系统

近年来，随着互联网逐渐成为内容消费、信息搜索和商业交易的重要媒介，在线计算广告也已受到越来越多的关注。这些行为代表了用户经常参与的活动，这给了在线广告商机会，因为消费的内容和完成的交易能够提供给被服务的广告提供上下文。用户从事的活动通常显示了很多关于用户的信息，可以被用于对该次活动定向推荐产品。例如，当用户使用诸如 Google 或 Bing 的搜索引擎查询关键词"高尔夫"时，除了真正的搜索之外，常见的还有许多"赞助搜索结果"。这些赞助搜索结果是搜索引擎放置的广告，并且通常与搜索引擎查询（即"高尔夫"）相关。这种广告方法被称为赞助搜索。一般来说，两种最常见的计算广告模型如下：

1）赞助搜索：在这种情况下，搜索引擎作为媒介，它负责将广告放置在与用户查询结果的相邻处。查询结果为广告提供了上下文，因为广告商和媒介的目标都是显示与搜索结果相关的广告。这是因为用户更有可能点击与搜索相关的赞助结果。这有助于增加广告商的业务收入以及媒介公司的广告收入，因为搜索公司通常是基于来自用户对广告搜索结果的成功点击率或者广告搜索结果显示的次数来获得报酬。也可以使用这两种度量的组合来获取报酬。

2）显示广告：在这种情况下，内容的发布者（例如，新闻门户）物理地在与其内容相对应的网页上放置广告。因此，内容发布者扮演媒介的角色。此时，网页服务的内容被作为上下文。例如，新闻门户上正在显示关于高尔夫球比赛的文章，可能在同一页面上显示与高尔夫相关的广告。内容发布者可以以不同的度量方式从广告商那里获取报酬。例如，可以根据广告的成功点击，或广告的成功交易，或显示广告的次数（即印象数）来获得报酬。也可以使用这些度量的组合。因此，显示广告的模式与赞助搜索有许多相似之处。

在这两种情况下，都是根据一个特定的上下文（上下文被定义为用户搜索的结果或显示广告的网页的主题），将一个广告（类似于物品）推荐给一个用户。在这两种情况下，媒介商均是提供广告上下文的内容的发布者。请注意，搜索结果也是一种内容发布形式，虽然它是动态生成的，并且它是对特定的用户查询做出的反应。此外，确保所推荐的广告尽可能地符合相关广告商和媒介商的利益。这种在线广告场景中的各种实体之间的关系如图 13-3 所示。

计算广告方法和推荐系统之间有几个重要的相似点和区别。广告类似于物品，媒介商扮演着用户的推荐者。但是，在讨论把推荐技术用于计算广告之前，我们需要先了解它们之间的区别。这有助于我们理解能有效使用推荐方法的场景，以及为了实现目标需要对原有方法做出的改动。推荐和计算广告之间的具体区别如下：

1）在传统的推荐系统中，向用户提供最相关的推荐，能给诸如 Amazon.com 的推荐系统带来最佳利益。因此，用户和推荐系统的兴趣是完全一致的。在计算广告中，媒介商由广告商支付以给用户推荐物品。这提高了发布商（媒介商）增加广告点击率的动机。广告商、发布商和用户的兴趣可能并不是完全一致的。当发布商是由广告商按照广告的展示次数来支付报酬时尤其如此。其成本模型可以从博弈论的角度被理解，三个实体试图最大化他们的效用。在许多情况下，三个实体的利益或多或少地一致。

2）传统推荐系统具有强大的用户识别机制。甚至当用户匿名化时，一个返回的用户的长期历史仍是已知的。计算广告的情况与其不同，对于一个在搜索引擎上提交搜索的用户，很可能并没有保存该用户的长

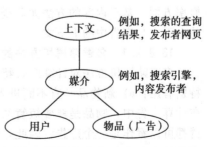

图 13-3　在计算广告中不同当事人之间的关系

期历史行为。在许多情况下，有关过去的用户与广告（物品）的互动的数据甚至是不可用的。这是特别重要的，因为推荐都是关于个性化的，而计算广告都是关于即时上下文的。然而，有一些网站具有强用户识别机制，则上下文和个性化都很重要。例如，如果在线报纸有一个登录机制，它可以利用用户标识提供更相关的广告结果。同样，Google 也提供了使用基于 Gmail 的识别机制执行个性化搜索的能力。

3）物品在推荐系统内具有长寿命。然而，在计算广告系统中，一个特定的广告活动只有很短的寿命。因此，广告本质上是暂时的。然而，为了使用推荐技术，计算广告可能会将相同主题的广告逻辑地表示成一个"伪-物品"。

从上述讨论中显而易见，计算广告和推荐模型存在显著区别。然而，某些情况下可以将推荐技术应用于计算广告。

如果强用户识别机制可用，并且广告商的利益与发布商的利益一致时，其广告模型可以被看作一个推荐过程。执行建模所需的步骤如下：

1）为了长期跟踪和分析的目的，假定参与系统的（识别的）用户 U 的集合是预先已知的。

2）虽然广告活动是短暂的，它们仍被划分为若干物品集合。例如，在相同类型的高尔夫球杆上的两个不同的广告被当作一个物品。整个物品集由 I 表示。

3）用户动作，诸如点击广告的动作，被视为隐式反馈。由于广告已经合并到物品中，用户操作可用于创建用户和物品之间的隐式反馈。该隐式反馈可以对应于用户动作的频率并且可以被有效地视为"评分"。

4）所有的出版源（例如，搜索短语或网页）在适当的粒度级别被分类成离散的类别集合。这些类别被视为一组固定的上下文，用 C 表示。如第 8 章所讨论的，附加的上下文集合可以被用于定义一个三维评分映射函数 h_R：

$$h_R : U \times I \times C \rightarrow 隐式反馈评分$$

这种关系如图 13-4 所示。该图展示出了报纸的假设示例，其中所有文章已经被分类为特定主题。当用户点击与该网页上特定主题相关的广告时，此信息被记录。结果是一个多维上下文表示，正如第 8 章所讨论的。图 13-4 与第 8 章图 8-1 和第 11 章图 11-6 非常相似。对上下文敏感的推荐使用多维方法[7]是一个强大的技术，它在本书的不同场景中已经反复出现。

许多与第 8 章相同的技术可以通过将它们作为物品，用于推荐广告。然而，这种技术的使用可能需要成本信息进一步增强，例如发布商用于在广告上具有成功的点击支付的金额。换句话说，成本敏感可以使用上下文协同过滤算法的变体，其中物品具有优先于其他的较高的收益。这可以在预期收益方面通过对预测进行排名来实现，而不是在点击的预期概率方面。基于内容的方法尤其受欢迎[105,142,327]，并且它们使用内容相似性来匹配网页的上下文与广告中的上下文。

13.8.2.1 多臂赌博机方法的重要性

多臂赌博机方法对计算广告特别有用。值得注意的是，多臂赌博机方法在以下设置中特别有用：a）新物品一直不断进入系统，以及 b）选择一个特别的策略来精确计算收益。在计算广告中，物品是非常短暂的，因此勘探和利用需要同时执行。一个赌博机的每个手臂都可以看作是一个广告。因此，赌博机将不断从系统中添加和删除。此外，由于有各种类型的上下文与广告相关联，所以利用上下文赌博机算法会特别有效，其中广告的上下文（例如，搜索引擎查询关键词或显示广告）被用于决定是否投放广告。参考 13.3 节讨论的

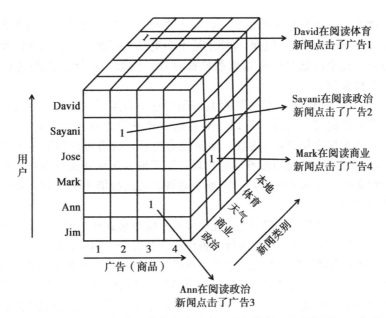

David在阅读体育
新闻点击了广告1

Sayani在阅读政治
新闻点击了广告2

Mark在阅读商业
新闻点击了广告4

Ann在阅读政治
新闻点击了广告3

图 13-4　在报纸显示广告的场景中，将广告表示为上下文推荐（注意与图 8-1 和图 11-6 的相似性）

多臂赌博机方法。上下文赌博机算法也能在［348］中找到。

　　在许多情况下，计算广告的场景不适合传统的多臂赌博机框架。例如，发布商可能在页面上一次展示多个广告，并且用户也可以点击呈现给他们的多个广告。为了让多臂赌博机处理这种变化，石板问题（slate problem）[290] 被提出。在这种多臂赌博机的变形中，在赌徒意识到奖励与尝试有关联之前，允许他在一次尝试中玩多个赌博机。这种允许一次玩多个赌博机的设置对应了在一个给定网页上放置多个广告的场景。与特定尝试相关联的奖励等于从各个赌博机上所获得的奖励的总和。其对应着在计算广告中在一个网页上放置多个广告（赌博机的摇臂）。在这个问题的一种有序变形中，不同的收益与广告在网站中放置的位置相关联。例如，排名列表中较高位置的广告比较低位置的广告有更高的预期回报。有关计算最优策略的随机算法的详细信息请参见［290］。

441
〜
442

13.8.3　互惠推荐系统

　　计算广告的问题与互惠推荐的问题有关[481]。基本思想是当考虑对多个具有不对称兴趣的利益相关人的推荐的效用时，推荐的任务会发生改变。这种情况的一个例子是在线约会[480,482]，虽然基本的方法可以采用诸如雇主、雇员匹配[253] 和导师－学员[103,621] 匹配。甚至在第 10 章中讨论的链路预测问题也可以看作是一种互惠的推荐系统的形式。一个与链接预测特别相关的变形是互惠关系预测[254]，其中尝试预测在一个有向社交网络中双向"追随者"发生的概率。传统推荐系统和互惠推荐系统之间有几个主要区别。这些差异[480] 对被用于这些场景的算法的性质造成了影响：

　　1）在传统的推荐系统中，用户接收关于物品的推荐，并且是使用或购买物品的唯一决定者。另一方面，在如在线约会的互惠推荐系统中，用户意识到交易的成功取决于另一方的许可。其实，另一方是互惠环境中的"物品"。因此，在传统推荐系统中，物品是丰富的，消费该物品无需任何其他方的许可。而在互惠推荐系统中并非如此。

　　2）在传统的推荐系统中，用户和产品在系统中都不断地重复。因此，更容易收集有关用户喜好的数据。而在互惠推荐系统（例如在线约会）中，用户和物品在系统中可能只出现一次，在一次成功的事务后它们可能永远不会重现。因此，冷启动问题在互惠场景中更加显著。但是，这个问题对所有互惠领域都存在。例如，在社交网络的链路预测问题中，结点通常是持久的。

术语"互惠"是由用户和"物品"都具有偏好这一事实所激发的，并且成功的事务必须是同时满足两者的偏好。此外，可以以对称的方式查看该问题。在雇主–雇员匹配中，可以将（潜在）雇主视为用户，（潜在）雇员视为物品，或者可以将雇主视为物品，雇员视为用户。因此，有两种不同的推荐同时出现，需要最大化成功交易的可能性。例如，如果员工对一个特定的雇主非常感兴趣，但雇主对该雇员的技能不感兴趣，把他们介绍给彼此并没有什么意义。

与由用户行为产生的隐式反馈相比，在这样的系统中显式评分较不常见。因此，大多数系统是基于隐式反馈数据，其中用户的行为被用来代替评分。例如，在线约会应用中，联系的发起、消息的交换或对消息的响应被给予了不同级别的权重作为兴趣的隐含表示。在这样的系统中主要挑战是冷启动的问题，因为成功的事务有从系统中删除用户和物品的倾向。

在冷启动问题很严重的情况下，以内容为中心的方法可以直接或间接地发挥关键作用。在直接方法中，可以在推荐技术内使用以内容为中心的方法，以补偿评分的缺乏。此外，在这样的系统中，用户和物品⊖常常有描述性画像，这也促进了对以内容为中心的方法的使用。第二种处理用户和物品的非持久性问题的（间接）方法是创建持久的表示。例如，考虑作业匹配应用。对于系统中每个发布的作业，可以把过去发布的类似的作业当作这个作业的实例。这种"相似性"是基于以内容为中心的属性来定义的。类似地，对于系统中的每个候选者，可以将过去的类似的候选者视为该候选者的实例。在网上约会应用中，可以将具有相似简档的（过期的）用户视为当前用户画像的实例。过去代表之间的成功事务可被视为它们当前化身之间的伪事务。历史表示之间的成功事务可以被看作它们当前化身的伪事务。这种伪事务的权重可以通过代表用户和"物品"的当前化身和过去之间的相似度函数来计算。可以使用此增强的数据集，结合各种协同过滤和链路预测方法进行预测。通常可以向另一个人推荐用户–物品对，即使当伪事务已经存在于它们之间。注意一些伪事务可能相当嘈杂和不可靠。但是，由于底层推理方法使用了数据集的聚集结构，预测的健壮性可能很好。在伪事务嘈杂的情况下，相应的用户–物品对不太可能被预测算法推荐，例如健壮的矩阵分解。

在下面，我们将对互惠推荐系统的两种常见的关键技术给出简要描述。然而，由于这是一个新兴领域，我们认识到这些方法只触碰到这一领域的表面。还有更大的机会存在于这个领域，等待进一步的研究。

13.8.3.1　利用混合方法

在这些方法中，两个传统的推荐方法被构造出来，分别对应着两个互惠方的喜好。然后，这两个互惠方的预测被组合起来。例如，在一个作业匹配应用中，对于某个雇主，一个传统的推荐系统 $\mathcal{R}_1$ 可用于为其生成潜在员工的排名列表。然后，对于某个员工，一个传统的推荐系统 $\mathcal{R}_2$ 可用于为其生成潜在雇主的排名列表。最后将这两个推荐列表的结果结合起来，使得事务成功的概率最大化。组合方法可以使用在第 6 章讨论的加权混合方法。如第 6 章所讨论的，权重可以使用线性回归方法学习，其中观察数据由过去的成功的

⊖　在传统推荐系统中，物品比用户更有可能拥有描述性画像。

交易定义。在冷启动没有足够的观察数据的情况下，可以使用简单平均或特定域权重。如果其中一方比另一方有更重要的偏好时，则可以使用级联混合。例如，在求职者数量远远大于工作数量的情况下，推荐系统可以选择优先考虑雇主利益在员工利益之上。在这样的设置中，级联混合是理想的，因为在级联混合中，第一级联自然优先于第二级联。

在决定如何将推荐相结合上有许多其他因素也可以起到重要作用。例如，双方中的一方可能是自然地主动（即发起接触），另一方可能是自然反应的（即响应初始接触）。在这种情况下，混合的性质可以取决于系统满足主动方和被动方的相对兴趣。例如，可以在被动当事人不拒绝建议的条件下，以主动方的兴趣为主。来自被动方的重复拒绝成本很高，并且可以影响系统的普及。因此，可以创建两个模型：第一个模型 $\mathcal{R}_1$ 计算主动方可能喜欢的"物品"，第二个模型 $\mathcal{R}_2$ 计算反应方（即"物品"）不喜欢的用户。第二个模型的思想是从第一个模型中删除反应方不喜欢的推荐物品。这些模型的各种组合方法在 [482] 中讨论。

由于冷启动问题，推荐系统 $\mathcal{R}_1$ 和 $\mathcal{R}_2$ 通常是以内容为中心的系统。然而，在一些情况下，评分数据可以通过将过去的用户和物品视为当前在系统中的相似用户的实例，并且在用户和物品之间构造伪交易来进行扩展。在这种情况下，协同过滤方法可以被使用，这是因为可以从伪交易中使用附加数据。

13.8.3.2 利用链路预测方法

当冷启动问题不是很严重或者可以用来自类似用户和物品的数据来增加评分数据时，可以在系统中采用链路预测方法。用于定向和非定向的链路预测的矩阵分解方法在第 10 章 10.4.5 节中讨论过。在这些情况下，可以构造一个二分网络，其中两个互惠方形成网络的两个分区。例如，一个分区可能是雇主，另一个分区可能是雇员。在约会应用中，一个分区可能对应于男性，另一个分区可能对应于女性。该网络中的边缘对应于（之前）这些分区中的结点之间的成功交易（或它们的类似代表）。这些情况分别如图 13-5a 和图 13-5b 所示。然而，在其他应用中，基础图可能不是二分的。例如，在一个同性约会应用中，偏好图可能不是二分的。在一些情况下，当偏好不对称时，基础图可能会是有向的。在所有这些情况下，在 10.4.5 节讨论的非对称和对称矩阵分解方法可能非常有用。链路预测问题实际是互惠推荐系统的特殊情况这一事实并不令人意外。在使用代表并且以嘈杂的方式构建链接的情况下，可以基于第 12 章的思想，使用健壮的矩阵分解方法来提高精确度。

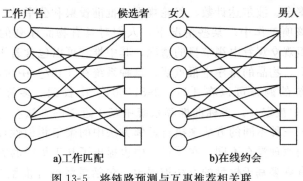

图 13-5 将链路预测与互惠推荐相关联

444
～
445

13.9 小结

本章回顾了推荐系统中的几个高级主题，如组推荐、多标准推荐、主动学习和隐私。此外，本章涵盖了推荐系统的一些有趣的应用。

　　小组推荐旨在向可能有不同兴趣的用户构成的小组提供建议。一般来说，直接的平均方法可能不总是奏效，因为在推荐过程中有各种社会因素。在多标准推荐系统中，使用不同的用户兴趣来提供更多强大的建议。基本思想是当不同标准的用户评分细节可用时，用户行为可以更精确地被建模。

　　主动学习的问题旨在研究推荐系统中评分获取的问题。评分获取有时是昂贵的。因此，需要设计技术以明智地查询用于评分的特定用户－物品组合。在推荐系统中的主动学习与分类中的主动学习非常相似。

　　隐私仍然是推荐系统的重大挑战，正如在任何其他领域一样。隐私保护可以在数据收集时或在数据发布时执行。在数据收集时保护隐私的方法通常提供更好的保证，但是从基础设施的角度来看，它们更难实现。

　　近年来已经提出了用于推荐系统的许多应用。一些示例包括查询推荐、新闻个性化、计算广告和互惠推荐。本章对这些领域的一些基本方法进行了介绍。

13.10　相关工作

　　排名学习问题在分类、互联网搜索和信息检索中被广泛研究[15,115,284,370]。从推荐系统的角度，排名学习的教程可以在 [323] 中找到。排名方法可以是成对的方法或列表的方法[136]。成对的方法包括贝叶斯个性化排名模型（BPR）[499]、EigenRank 模型[367]、pLPA[368] 和 CR[59]。列表的方法包括 CoFiRank[624]、CLiMF、xCLiMF 和几个其他变形[545-548]。这些方法中的一些也已被推广到上下文情境[549]。

　　多臂赌博机方法可以看作是一类增强的学习算法[579]。关于几个赌博机算法的简单讨论可以在 [628] 中找到，尽管这本书是关于网站优化的。为推荐系统设计的赌博机算法在 [92，348] 中讨论。[349] 中的工作引入了在离线环境中评估赌博机算法的问题。计算广告中使用多臂赌博机的内容在 [160，290] 中讨论。

　　组推荐系统在 [271，272，407，408] 中有详细讨论。有关组推荐系统中社会因素的综述可以在 [489] 中找到。组推荐的基于案例的方法在 [413，415] 中讨论。组推荐已经在许多领域被应用，如电影[168]、电视[653]、音乐[412]和旅游[52,272,413]。在 [409，654] 中讨论了组推荐系统的平均策略的限制。[407] 中介绍了组推荐系统的各种聚集策略，例如多重投票、乘法聚合、波尔达计数、谷轮规则、批准投票和公平性。对不同策略之间的实验比较也包括在该项工作中。某些情况下，人们对具有物品序列的复杂物品推荐感兴趣。一个例子是一组观众观看电视节目的情况，其中推荐可以包含若干个不同类型的电视节目。在这种情况下，物品的排序也很重要。这种系统在 [407] 中讨论。

　　多标准推荐系统的调查可以在 [11，398，604] 中找到。多标准推荐问题首先在 [12] 的开创性工作中被定义。多标准推荐系统中基于近邻的方法在 [12，399，596] 中讨论。[399] 提出了三种不同的方法来执行近邻方法中的聚集相似性计算。然而，整体方法和 [12] 中讨论的原理没有不同。在 [12] 中也提出了基于集成的方法。在多标准推荐系统的背景下，也有许多基于模型的方法被提出，包括灵活混合模型[514]和多线性奇异值分解（MSVD）方法[353]。对于总体评分不可用的情况，也有方法提出。例如，[328] 提出将各种标准下的预测评分与一种效用添加方法（UTA）相结合的技术。[276] 中的工作使用支持向量回归模型来确定不同标准的相对重要性。这些技术被用于将基于用户和基于物品的回归模型与加权方法相结合。Pareto-最优方法在 [340] 中提出了在餐厅评分系统上使用 skyline 查询。

主动学习方法的详细综述参见 [513]。但这个综述主要是基于分类问题，因为它在推荐系统中的可用工作很有限。近年来只有有限的关于推荐系统上主动学习的工作[192-194,257,295,330,578]被提出。主动学习领域就推荐的问题而言仍然相当开放。有趣的一类算法，涉及时间协同过滤，是多臂赌博机类算法中的一种，其中推荐者在推荐空间中需要对探索与利用进行权衡[92,348]。

隐私保护技术可以包括使用扰动技术[35,38,484,485]、基于群组的匿名化方法[27,352,386,521]或分布式方法[75,133,334,551,606]。扰动方法和分布式技术都是在数据收集时执行隐私保护。这提供了更高的隐私级别。另一方面，这些系统通常更难实现，因为涉及了更大的基础设施和使用存储数据的定制问题。出现这些问题是因为存储的数据不能被传统的协同过滤算法所使用。基于组的匿名化技术是把实体集中化的数据进行发布。这样的技术更受欢迎，因为输出可以与传统的协同过滤算法结合使用。所有这些方法都受到维度[30]的影响，其阻碍了对高维数据的有效隐私保护。在 [657] 中提出了一些高维和稀疏数据集上的匿名化方法。最近，[189] 提出了差分隐私的概念，这在理论界很受欢迎，但它的实际应用和商业用途仍然受限。差别隐私矩阵分解最近在 [372] 中被提出。将收集系统视为不信任实体的隐私保护方法在 [642] 中提出。

在 Web 域中的推荐系统有许多专门的应用。查询推荐方法尝试着向特定时期内提出查询的用户推荐类似的查询。[57] 中的工作返回与当前查询最相似的具有足够的流行度（支持度）的查询。支持度的大小是依据由其他用户发出该查询且对应结果被认为相关的次数来度量。[137] 将当前查询以及当前的会话作为查询建议的上下文。该领域中一个有趣的想法是查询流图（query flow graph）[90]，通过用图形表示用户的潜在查询行为来做推荐。[429] 使用随机游走的方法在查询-URL 图上做查询推荐。[244] 中讨论了使用马尔可夫模型做查询推荐。 447

动态分析器系统在 [636] 中讨论。Web 门户个性化的方法在 [34] 中讨论。[134] 中讨论了使用语义语境化做新闻推荐。这项工作是基于第 8 章中上下文推荐的思想。[175] 更详细地描述了 Google 新闻个性化引擎。移动推荐系统在 [504] 中讨论。

[28] 中讨论了最早的一种计算广告系统。然而，这个系统不是基于计算广告的现代模型。最近有关该系统的讨论可以在 [106，107] 中找到。计算广告的石板法在 [290] 中讨论。在一些情况下，线性收益与网页和广告的特征相关联。在这类情况下，[160] 提出了 LinUCB 算法的变形。计算广告的问题与互惠推荐[481]问题有关。基本思想是当考虑对多个具有不对称兴趣的利益相关人的推荐的效用时，推荐的任务会发生改变。这种应用的示例包括在线约会[480,482]、工作匹配[253]和导师–学员推荐[103,621]。 448

参 考 文 献

[1] A. Abdul-Rahman and S. Hailes. Supporting trust in virtual communities. *Proceedings of the 33rd Annual Hawaii International Conference on System Sciences*, pp. 1769–1777, 2000.

[2] G. Abowd, C. Atkeson, J. Hong, S. Long, R. Kooper, and M. Pinkerton. Cyberguide: A mobile context-aware tour guide. *Wireless Networks*, 3(5), pp. 421–433, 1997.

[3] G. Abowd, A. Dey, P. Brown, N. Davies, M. Smith, and P. Steggles. Towards a better understanding of context and context-awareness. *Handheld and Ubiquitous Computing*, pp. 304–307, 1999.

[4] P. Adamopoulos, A. Bellogin, P. Castells, P. Cremonesi, and H. Steck. REDD 2014 – International Workshop on Recommender Systems Evaluation: Dimensions and Design. Held in conjunction with *ACM Conference on Recommender systems*, 2014.

[5] G. Adomavicius, and A. Tuzhilin. Toward the next generation of recommender systems: A survey of the state-of-the-art and possible extensions. *IEEE Transactions on Knowledge and Data Engineering*, 17(6), pp. 734–749, 2005.

[6] G. Adomavicius, R. Sankaranarayanan, S. Sen, and A. Tuzhilin. Incorporating contextual information in recommender systems using a multidimensional approach. *ACM Transactions on Information Systems*, 23(1), pp. 103–145, 2005.

[7] G. Adomavicius and A. Tuzhilin. Context-aware recommender systems. *Recommender Systems handbook*, pp. 217–253, Springer, NY, 2011.

[8] G. Adomavicius and A. Tuzhilin. Incorporating context into recommender systems using multidimensional rating estimation methods. *International Workshop on Web Personalization, Recommender Systems and Intelligent User Interfaces (WPRSIUI)*, 2005.

[9] G. Adomavicius and A. Tuzhilin. Multidimensional recommender systems: a data warehousing approach. *International Workshop on Electronic Commerce. Lecture Notes in Computer Science*, Springer, Vol. 2232, pp. 180–192, 2001.

[10] G. Adomavicius, A. Tuzhilin, and R. Zheng. REQUEST: A query language for customizing recommendations. *Information Systems Research*, 22(1), pp. 99–117, 2011.

[11] G. Adomavicius, N. Manouselis, and Y. Kwon. Multi-criteria recommender systems. *Recommender Systems Handbook*, Springer, pp. 769–803, 2011.

[12] G. Adomavicius and Y. Kwon. New recommendation techniques for multicriteria rating systems. *IEEE Intelligent Systems*, 22(3), pp. 48–55, 2007.

[13] D. Agarwal, and B. Chen. Regression-based latent factor models. *ACM KDD Conference*, pp. 19–28. 2009.

[14] D. Agarwal, B.-C. Chen, and B. Long. Localized factor models for multi-context recommendation. *ACM KDD Conference*, pp. 609–617, 2011.

[15] S. Agarwal. Ranking methods in machine learning. Tutorial at *SIAM Conference on Data Mining*, 2010. Slides available at: http://www.siam.org/meetings/sdm10/tutorial1.pdf

[16] E. Agichtein, C. Castillo, D. Donato, A. Gionis, and G. Mishne. Finding high-quality content in social media. *Web Search and Data Mining Conference*, pp. 183–194, 2008.

[17] C. Aggarwal. Social network data analytics. *Springer*, New York, 2011.

[18] C. Aggarwal. Data classification: algorithms and applications. *CRC Press*, 2014.

[19] C. Aggarwal. Data clustering: algorithms and applications. *CRC Press*, 2014.

[20] C. Aggarwal and P. Yu. Privacy-preserving data mining: models and algorithms, *Springer*, 2008.

[21] C. Aggarwal and C. Zhai. A survey of text classification algorithms. *Mining Text Data*, Springer, 2012.

[22] C. Aggarwal. Data mining: the textbook. *Springer*, New York, 2015.

[23] C. Aggarwal and J. Han. Frequent pattern mining. *Springer*, New York, 2014.

[24] C. Aggarwal and S. Parthasarathy. Mining massively incomplete data sets by conceptual reconstruction. *ACM KDD Conference*, pp. 227–232, 2001.

[25] C. Aggarwal, C. Procopiuc, and P. S. Yu. Finding localized associations in market basket data. *IEEE Transactions on Knowledge and Data Engineering*, 14(1), pp. 51–62, 2001.

[26] C. Aggarwal and T. Abdelzaher. Social sensing. *Managing and Mining Sensor Data*, Springer, New York, 2013.

[27] C. Aggarwal and P. Yu. On static and dynamic methods for condensation-based privacy-preserving data mining. *ACM Transactions on Database Systems (TODS)*, 33(1), 2, 2008.

[28] C. Aggarwal, J. Wolf, and P. Yu. A framework for the optimizing of WWW advertising. *Trends in Distributed Systems for Electronic Commerce*, pp. 1–10, 1998.

[29] C. Aggarwal, S. Gates, and P. Yu. On using partial supervision for text categorization. *IEEE Transactions on Knowledge and Data Engineering*, 16(2), pp. 245–255, 2004.

[30] C. Aggarwal. On k-anonymity and the curse of dimensionality, *Very Large Databases Conference*, pp. 901–909, 2005.

[31] C. Aggarwal, Z. Sun, and P. Yu. Online generation of profile association rules. *ACM KDD Conference*, pp. 129–133, 1998.

[32] C. Aggarwal, Z. Sun, and P. Yu. Online algorithms for finding profile association rules, *CIKM Conference*, pp. 86–95, 1998.

[33] C. Aggarwal, J. Wolf, K.-L. Wu, and P. Yu. Horting hatches an egg: a new graph-theoretic approach to collaborative filtering. *ACM KDD Conference*, pp. 201–212, 1999.

[34] C. Aggarwal and P. Yu. An automated system for Web portal personalization. *Very Large Data Bases Conference*, pp. 1031–1040, 2002.

[35] D. Agrawal and C. Aggarwal. On the design and quantification of privacy-preserving data mining algorithms. *ACM PODS Conference*, pp. 247–255, 2001.

[36] C. Aggarwal, Y. Xie, and P. Yu. On dynamic link inference in heterogeneous networks. *SIAM Conference on Data Mining*, pp. 415–426, 2012.

[37] R. Agrawal and R. Srikant. Mining sequential patterns. *International Conference on Data Engineering*, pp. 3–14, 1995.

[38] R. Agrawal, and R. Srikant. Privacy-preserving data mining. *ACM SIGMOD Conference*, pp. 439–450, 2000.

[39] R. Agrawal, R. Rantzau, and E. Terzi. Context-sensitive ranking. *ACM SIGMOD Conference*, pp. 383–394, 2006.

[40] H. Ahn, K. Kim, and I. Han. Mobile advertisement recommender system using collaborative filtering: MAR-CF. *Proceedings of the 2006 Conference of the Korea Society*

of Management Information Systems, 2006.

[41] J. Ahn, P. Brusilovsky, J. Grady, D. He, and S. Syn. Open user profiles for adaptive news systems: help or harm? *World Wide Web Conference*, pp. 11–20, 2007.

[42] M. Al Hasan, and M. J. Zaki. A survey of link prediction in social networks. *Social network data analytics*, Springer, pp. 243–275, 2011.

[43] G. K. Al Mamunur Rashid, G. Karypis, and J. Riedl. Influence in ratings-based recommender systems: An algorithm-independent approach. *SIAM Conference on Data Mining*, 2005.

[44] X. Amatriain, J. Pujol, N. Tintarev, and N. Oliver. Rate it again: increasing recommendation accuracy by user re-rating. *ACM Conference on Recommender Systems*, pp. 173–180, 2009.

[45] S. Amer-Yahia, S. Roy, A. Chawlat, G. Das, and C. Yu. (2009). Group recommendation: semantics and efficiency. *Proceedings of the VLDB Endowment*, 2(1), pp. 754–765, 2009.

[46] S. Anand and B. Mobasher. Intelligent techniques for Web personalization. Lectures Notes in Computer Science, Vol. 3169, pp. 1–36, Springer, 2005.

[47] S. Anand and B. Mobasher. Contextual recommendation, *Lecture Notes in Artificial Intelligence*, Springer, 4737, pp. 142–160, 2007.

[48] R. Andersen, C. Borgs, J. Chayes, U. Feige, A. Flaxman, A. Kalai, V. Mirrokni, and M. Tennenholtz. Trust-based recommendation systems: An axiomatic approach. *World Wide Web Conference*, pp. 199–208, 2008.

[49] C. Anderson. The long tail: why the future of business is selling less of more. *Hyperion*, 2006.

[50] A. Ansari, S. Essegaier, and R. Kohli. Internet recommendation systems. *Journal of Marketing Research*, 37(3), pp. 363–375, 2000.

[51] F. Aiolli. Efficient top-*n* recommendation for very large scale binary rated datasets. *ACM conference on Recommender Systems*, pp. 273–280, 2013.

[52] L. Ardissono, A. Goy, G. Petrone, M. Segnan, and P. Torasso. INTRIGUE: personalized recommendation of tourist attractions for desktop and hand-held devices. *Applied Artificial Intelligence*, 17(8), pp. 687–714, 2003.

[53] W. G. Aref and H. Samet. Efficient processing of window queries in the pyramid data structure. *ACM PODS Conference*, pp. 265–272, 1990.

[54] D. Ashbrook and T. Starner. Using GPS to learn significant locations and predict movement across multiple users. *Personal and Ubiquitous Computing*, 7(5), pp. 275–286, 2003.

[55] F. Asnicar and C. Tasso. IfWeb: a prototype of user model-based intelligent agent for document filtering and navigation in the world wide web. *International Conference on User Modeling*, pp. 3–12, 1997.

[56] A. Azran. The rendezvous algorithm: Multiclass semi-supervised learning with markov random walks. *International Conference on Machine Learning*, pp. 49–56, 2007.

[57] R. Baeza-Yates, C. Hurtado, and M. Mendoza. Query recommendation using query logs in search engines. *EDBT 2004 Workshops on Current Trends in Database Technology*, pp. 588–596, 2004.

[58] R. Battiti. Accelerated backpropagation learning: Two optimization methods. *Complex Systems*, 3(4), pp. 331–342, 1989.

[59] S. Balakrishnan and S. Chopra. Collaborative ranking. *Web Search and Data Mining Conference*, pp. 143–152, 2012.

[60] M. Balabanovic, and Y. Shoham. Fab: content-based, collaborative recommendation. *Communications of the ACM*, 40(3), pp. 66–72, 1997.

[61] L. Baltrunas and X. Amatriain. Towards time-dependant recommendation based on implicit feedback. *RecSys Workshop on Context-Aware Recommender Systems*, 2009.

[62] L. Baltrunas and F. Ricci. Context-dependant items generation in collaborative filtering. *RecSys Workshop on Context-Aware Recommender Systems*, 2009.

[63] L. Baltrunas, B. Ludwig, and F. Ricci. Matrix factorization techniques for context aware recommendation. *ACM Conference on Recommender systems*, pp. 301–304, 2011.

[64] J. Bao, Y. Zheng, and M. Mokbel. Location-based and preference-aware recommendation using sparse geo-social networking data. *International Conference on Advances in Geographic Information Systems*, pp. 199–208, 2012.

[65] X. Bao. Applying machine learning for prediction, recommendation, and integration. *Ph.D dissertation*, Oregon State University, 2009. http://ir.library. oregonstate.edu/xmlui/bitstream/handle/1957/12549/Dissertation_ XinlongBao.pdf?sequence=1

[66] X. Bao, L. Bergman, and R. Thompson. Stacking recommendation engines with additional meta-features. *ACM Conference on Recommender Systems*, pp. 109–116, 2009.

[67] A. Bar, L. Rokach, G. Shani, B. Shapira, and A. Schclar. Boosting simple collaborative filtering models using ensemble methods. *Arxiv Preprint*, arXiv:1211.2891, 2012. Also appears in *Multiple Classifier Systems*, Springer, pp. 1–12, 2013. http://arxiv.org/ ftp/arxiv/papers/1211/1211.2891.pdf

[68] J. Basilico, and T. Hofmann. Unifying collaborative and content-based filtering. *International Conference on Machine Learning*, 2004.

[69] C. Basu, H. Hirsh, and W. Cohen. Recommendation as classification: using social and content-based information in recommendation. *AAAI*, pp. 714–720, 1998.

[70] G. Begelman, P. Keller, and F. Smadja. Automated tag clustering: Improving search and exploration in the tag space. *Collaborative Web Tagging Workshop* (colocated with *WWW Conference*), pp. 15–23, 2006.

[71] R. Bell, Y. Koren, and C. Volinsky. Modeling relationships at multiple scales to improve accuracy of large recommender systems. *ACM KDD Conference*, pp. 95–104, 2007.

[72] R. Bell and Y. Koren. Scalable collaborative filtering with jointly derived neighborhood interpolation weights. *IEEE International Conference on Data Mining*, pp. 43–52, 2007.

[73] R. Bell and Y. Koren. Lessons from the Netflix prize challenge. *ACM SIGKDD Explorations Newsletter*, 9(2), pp. 75–79, 2007.

[74] R. Bergmann, M. Richter, S. Schmitt, A. Stahl, and I. Vollrath. Utility-oriented matching: a new research direction for case-based reasoning. *German Workshop on Case-Based Reasoning*, pp. 264–274, 2001.

[75] S. Berkovsky, Y. Eytani, T. Kuflik, and F. Ricci. Enhancing privacy and preserving accuracy of a distributed collaborative filtering. *ACM Conference on Recommender Systems*, pp. 9–16, 2007.

[76] D. P. Bertsekas. Nonlinear programming. *Athena Scientific Publishers*, Belmont, 1999.

[77] S. Bhagat, G. Cormode, and S. Muthukrishnan. Node classification in social networks. *Social Network Data Analytics*, Springer, pp. 115–148. 2011.

[78] R. Bhaumik, C. Williams, B. Mobasher, and R. Burke. Securing collaborative filtering against malicious attacks through anomaly detection. *Workshop on Intelligent Techniques for Web Personalization (ITWP)*, 2006.

[79] R. Bhaumik, R. Burke, snd B. Mobasher. Crawling Attacks Against Web-based Recommender Systems. *International Conference on Data Mining (DMIN)*, pp. 183–189, 2007.

[80] B. Bi, Y. Tian, Y. Sismanis, A. Balmin, and J. Cho. Scalable topic-specific influence analysis on microblogs. *Web Search and Data Mining Conference*, pp. 513–522, 2014.

[81] J. Bian, Y. Liu, D. Zhou, E. Agichtein, and H. Zha. Learning to recognize reliable users and content in social media with coupled mutual reinforcement. *World Wide*

Web Conference, pp. 51–60, 2009.

[82] D. Billsus and M. Pazzani. Learning collaborative information filters. *ICML Conference*, pp. 46–54, 1998.

[83] D. Billsus and M. Pazzani. Learning probabilistic user models. *International Conference on User Modeling, Workshop on Machine Learning for User Modeling*, 1997.

[84] D. Billsus and M. Pazzani. A hybrid user model for news story classification. *International Conference on User Modeling*, 1999.

[85] D. Billsus and M. Pazzani. User modeling for adaptive news access. *User Modeling and User-Adapted Interaction*, 10(2–3), pp. 147–180, 2000.

[86] C. M. Bishop. Pattern recognition and machine learning. *Springer*, 2007.

[87] C. M. Bishop. Neural networks for pattern recognition. *Oxford University Press*, 1995.

[88] J. Bobadilla, F. Ortega, A. Hernando, and A. Gutierrez. Recommender systems survey. *Knowledge-Based Systems*, 46, pp. 109–132, 2013.

[89] F. Bohnert, I. Zukerman, S. Berkovsky, T. Baldwin, and L. Sonenberg. Using interest and transition models to predict visitor locations in museums. *AI Communications*, 2(2), pp. 195–202, 2008.

[90] P. Boldi, F. Bonchi, C. Castillo, D. Donato, A. Gionis, and S. Vigna. The query-flow graph: model and applications. *ACM Conference on Information and Knowledge Management*, pp. 609–618, 2008.

[91] K. Bollacker, S. Lawrence, and C. L. Giles. CiteSeer: An autonomous web agent for automatic retrieval and identification of interesting publications. *International Conference on Autonomous Agents*, pp. 116–123, 1998.

[92] B. Bouneffouf, A. Bouzeghoub, and A. Gancarski. A contextual-bandit algorithm for mobile context-aware recommender system. *Neural Information Processing*, pp. 324–331, 2012.

[93] G. Box, W. Hunter, and J. Hunter. Statistics for experimenters, *Wiley*, New York, 1978.

[94] K. Bradley and B. Smyth. Improving recommendation diversity. *National Conference in Artificial Intelligence and Cognitive Science*, pp. 75–84, 2001.

[95] K. Bradley, R. Rafter, and B. Smyth. Case-based user profiling for content personalization. *International Conference on Adaptive Hypermedia and Adaptive Web-Based Systems*, pp. 62–72, 2000.

[96] M. Brand. Fast online SVD revisions for lightweight recommender systems. *SIAM Conference on Data Mining*, pp. 37–46, 2003.

[97] L. Branting. Acquiring customer preferences from return-set selections. *Case-Based Reasoning Research and Development*, pp. 59–73, 2001.

[98] J. Breese, D. Heckerman, and C. Kadie. Empirical analysis of predictive algorithms for collaborative filtering. *Conference on Uncertainty in Artificial Inetlligence*, 1998.

[99] L. Breiman. Bagging predictors. *Machine Learning*, 24(2), pp. 123–140, 1996.

[100] A. Brenner, B. Pradel, N. Usunier, and P. Gallinari. Predicting most rated items in weekly recommendation with temporal regression. *Workshop on Context-Aware Movie Recommendation*, pp. 24–27, 2010.

[101] D. Bridge. Diverse product recommendations using an expressive language for case retrieval. *European Conference on Case-Based Reasoning*, pp. 43–57. 2002.

[102] D. Bridge, M. Goker, L. McGinty, and B. Smyth. Case-based recommender systems. *The Knowledge Engineering Review*, 20(3), pp. 315–320, 2005.

[103] A. Brun, S. Castagnos, and A. Boyer. Social recommendations: mentor and leader detection to alleviate the cold-start problem in collaborative filtering. *Social Network Mining, Analysis, and Research Trends: Techniques and Applications: Techniques and Applications*, 270, 2011.

[104] S. Brin, and L. Page. The anatomy of a large-scale hypertextual web search engine. *Computer Networks*, 30(1–7), pp. 107–117, 1998.

[105] A. Broder, M. Fontoura, V. Josifovski, and L. Riedel. A semantic approach to contextual advertising. *SIGIR Conference*, pp. 559–566, 2007.

[106] A. Broder. Computational advertising and recommender systems. *ACM Conference on Recommender Systems*, pp. 1–2, 2008.

[107] A. Broder and V. Josifovski. Introduction to Computational Advertising. *Course Material*, Stanford University, 2010. http://www.stanford.edu/class/msande239/

[108] M. Brunato and R. Battiti. PILGRIM: A location broker and mobility-aware recommendation system. *International Conference on Pervasive Computing and Communications*, pp. 265–272, 2003.

[109] P. Brusilovsky, A. Kobsa, and W. Nejdl. The adaptive web: methods and strategies of web personalization, *Lecture Notes in Computer Sceince*, Vol. 4321, Springer, 2007.

[110] K. Bryan, M. O'Mahony, and P. Cunningham. Unsupervised retrieval of attack profiles in collaborative recommender systems. *ACM Conference on Recommender Systems*, pp. 155–162, 2008.

[111] P. Buhlmann. Bagging, subagging and bragging for improving some prediction algorithms, *Recent advances and trends in nonparametric statistics*, Elsivier, 2003.

[112] P. Buhlmann and B. Yu. Analyzing bagging. *Annals of statistics*, 20(4), pp. 927–961, 2002.

[113] L. Breiman. Bagging predictors. *Machine learning*, 24(2), pp. 123–140, 1996.

[114] C. Burges. A tutorial on support vector machines for pattern recognition. *Data mining and knowledge discovery*, 2(2), pp. 121–167, 1998.

[115] C. Burges, T. Shaked, E. Renshaw, A. Lazier, M. Deeds, N. Hamilton, and G. Hullender. Learning to rank using gradient descent. *International Conference on Machine Learning*, pp. 89–96, 2005.

[116] R. Burke. Knowledge-based recommender systems. *Encyclopedia of library and information systems*, pp. 175–186, 2000.

[117] R. Burke. Hybrid recommender systems: Survey and experiments. *User Modeling and User-adapted Interaction*, 12(4), pp. 331–370, 2002.

[118] R. Burke. Hybrid Web recommender systems. *The adaptive Web*, pp. 377–406, Springer, 2007.

[119] R. Burke, M. O'Mahony, and N. Hurley. Robust collaborative recommendation. *Recommender Systems Handbook*, Springer, pp. 805–835, 2011.

[120] R. Burke, K. Hammond, and B. Young. Knowledge-based navigation of complex information spaces. *National Conference on Artificial Intelligence*, pp. 462–468, 1996.

[121] R. Burke, K. Hammond, and B. Young. The FindMe approach to assisted browsing. *IEEE Expert*, 12(4), pp. 32–40, 1997.

[122] R. Burke, B. Mobasher, R. Zabicki, and R. Bhaumik. Identifying attack models for secure recommendation. *Beyond Personalization: A Workshop on the Next Generation of Recommender Systems*, 2005.

[123] R. Burke, B. Mobasher, and R. Bhaumik. Limited knowledge shilling attacks in collaborative filtering systems. *IJCAI Workshop in Intelligent Techniques for Personalization*, 2005.

[124] R. Burke, B. Mobasher, C. Williams, and R. Bhaumik. Classification features for attack detection in collaborative recommender systems. *ACM KDD Conference*, pp. 542–547, 2006.

[125] R. Burke. The Wasabi personal shopper: a case-based recommender system. *National Conference on Innovative Applications of Artificial Intelligence*, pp. 844–849, 1999.

[126] D. Cai, S. Yu, J. Wen, and W. Y. Ma. Extracting content structure for web pages based on visual representation. *Web Technologies and Applications*, pp. 406–417, 2003.

[127] J. Cai, E. Candes, and Z. Shen. A singular value thresholding algorithm for matrix completion. *SIAM Journal on Optimization*, 20(4), 1956–1982, 2010.

[128] Z. Cao, T. Qin, T. Liu, M. F. Tsai, and H. Li. Learning to rank: from pairwise approach to listwise approach. *International Conference on Machine Learning*, pp. 129–137, 2007.

[129] L. M. de Campos, J. Fernandez-Luna, J. Huete, and M. Rueda-Morales. Combining content-based and collaborative recommendations: A hybrid approach based on Bayesian networks. *International Journal of Approximate Reasoning*, 51(7), pp. 785–799, 2010.

[130] P. Campos, F. Diez, and I. Cantador. Time-aware recommender systems: a comprehensive survey and analysis of existing evaluation protocols. *User Modeling and User-Adapted Interaction*, 24(1–2), pp. 67–119, 2014.

[131] P. Campos, A. Bellogin, F. Diez, and J. Chavarriaga. Simple time-biased KNN-based recommendations. *Workshop on Context-Aware Movie Recommendation*, pp. 20–23, 2010.

[132] E. Candes, X. Li, Y. Ma, and J. Wright. Robust principal component analysis?. *Journal of the ACM (JACM)*, 58(3), 11, 2011.

[133] J. Canny. Collaborative filtering with privacy via factor analysis. *ACM SIGR Conference*, pp. 238–245, 2002.

[134] I. Cantador and P. Castells. Semantic contextualisation in a news recommender system. *Workshop on Context-Aware Recommender Systems*, 2009.

[135] I. Cantador, A. Bellogin, and D. Vallet. Content-based recommendation in social tagging systems. *ACM Conference on Recommender Systems*, pp. 237–240, 2010.

[136] H. Cao, E. Chen, J. Yang, and H. Xiong. Enhancing recommender systems under volatile user interest drifts. *ACM Conference on Information and Knowledge Management*, pp. 1257–1266, 2009.

[137] H. Cao, D. Jiang, J. Pei, Q. He, Z. Liao, E. Chen, and H. Li. Context-aware query suggestion by mining click-through and session data. *ACM KDD Conference*, pp. 875–883, 2008.

[138] O. Celma, M. Ramirez, and P. Herrera. Foafing the music: A music recommendation system based on RSS feeds and user preferences. *International Conference on Music Information Retrieval*, pp. 464–467, 2005.

[139] O. Celma, and X. Serra. FOAFing the music: Bridging the semantic gap in music recommendation. *Web Semantics: Science, Services and Agents on the World Wide Web*, 6(4), pp. 250–256, 2008.

[140] O. Celma and P. Herrera. A new approach to evaluating novel recommendations. *ACM Conference on Recommender Systems*, pp. 179–186, 2008.

[141] T. Chai and R. Draxler. Root mean square error (RMSE) or mean absolute error (MAE)?– Arguments against avoiding RMSE in the literature. *Geoscientific Model Development*, 7(3), pp. 1247–1250, 2004. ,

[142] D. Chakrabarti, D. Agarwal, and V. Josifovski. Contextual advertising by combining relevance with click feedback. *World Wide Web Conference*, 2008.

[143] S. Chakrabarti, B. Dom, and P. Indyk. Enhanced hypertext categorization using hyperlinks. *ACM SIGMOD Conference*, pp. 307–318, 1998.

[144] S. Chakrabarti. Mining the Web: Discovering knowledge from hypertext data. *Morgan Kaufmann*, 2003.

[145] S. Chaudhuri and U. Dayal. An overview of data warehousing and OLAP technology. *ACM SIGMOD Record*, 26(1), pp. 65–74, 1997.

[146] S. Chee, J. Han, and K. Wang. Rectree: An efficient collaborative filtering method. *Data Warehousing and Knowledge Discovery*, pp. 141–151, 2001.

[147] G. Chen and D. Kotz. A survey of context-aware mobile computing research. *Technical Report TR2000-381*, Department of Computer Science, Dartmouth College, 2000.

[148] L. Chen and P. Pu. Survey of preference elicitation methods *EPFL-REPORT-52659*, 2004. http://hci.epfl.ch/wp-content/uploads/publications/2004/IC_TECH_REPORT_200467.pdf

[149] L. Chen and P. Pu. Critiquing-based recommenders: survey and emerging trends. *User Modeling and User-Adapted Interaction*, 22(1–2), pp. 125–150, 2012.

[150] L. Chen, and K. Sycara. WebMate: a personal agent for browsing and searching. *International conference on Autonomous agents*, pp. 9–13, 1998.

[151] T. Chen, Z. Zheng, Q. Lu, W. Zhang, and Y. Yu. Feature-based matrix factorization. *arXiv preprint* arXiv:1109.2271, 2011.

[152] W. Chen, Y. Wang, and S. Yang. Efficient influence maximization in social networks. *ACM KDD Conference*, pp. 199–208, 2009.

[153] W. Chen, C. Wang, and Y. Wang. Scalable influence maximization for prevalent viral marketing in large-scale social networks. *ACM KDD Conference*, pp. 1029–1038, 2010.

[154] W. Chen, Y. Yuan, and L. Zhang. Scalable influence maximization in social networks under the linear threshold model. *IEEE International Conference on Data Mining*, pp. 88–97, 2010.

[155] Y. Chen, I. Hsu, and C. Lin. Website attributes that increase consumer purchase intention: a conjoint analysis. *Journal of Business Research*, 63(9), pp. 1007–1014, 2010.

[156] K. Cheverst, N. Davies, K. Mitchell, A. Friday, and C. Efstratiou. Developing a context-aware electronic tourist guide: some issues and experiences. *ACM SIGCHI Conference on Human Factors in Computing Systems*, pp. 17–24, 2000.

[157] K. Y. Chiang, C. J. Hsieh, N. Natarajan, I. S., Dhillon, and A. Tewari. Prediction and clustering in signed networks: a local to global perspective. *The Journal of Machine Learning Research*, 15(1), pp. 1177–1213, 2014.

[158] P. Chirita, W. Nejdl, and C. Zamfir. Preventing shilling attacks in online recommender systems. *ACM International Workshop on Web Information and Data Management*, pp. 67–74, 2005.

[159] E. Christakopoulou and G. Karypis. HOSLIM: Higher-order sparse linear method for top-n recommender systems. *Advances in Knowledge Discovery and Data Mining*, pp. 38–49, 2014.

[160] W. Chu, L. Li, L. Reyzin, and R. Schapire. Contextual bandits with linear payoff functions. *AISTATS Conference*, pp. 208–214, 2011.

[161] A. Cichocki and R. Zdunek. Regularized alternating least squares algorithms for non-negative matrix/tensor factorization. *International Symposium on Neural Networks*, pp. 793–802. 2007.

[162] M. Claypool, A. Gokhale, T. Miranda, P. Murnikov, D. Netes, and M. Sartin. Combining content-based and collaborative filters in an online newspaper. *Proceedings of the ACM SIGIR Workshop on Recommender Systems: Algorithms and Evaluation*, 1999.

[163] W. Cohen, R. Schapire and Y. Singer. Learning to order things. *Advances in Neural Information Processing Systems*, pp. 451–457, 2007.

[164] W. Cohen. Learning rules that classify e-mail. *AAAI symposium on machine learning in information access*. pp. 18–25, 1996.

[165] W. Cohen. Fast effective rule induction. *ICML Conference*, pp. 115–123, 1995.

[166] M. Condliff, D. Lewis, D. Madigan, and C. Posse. Bayesian mixed-effects models for recommender systems. *ACM SIGIR Workshop on Recommender Systems: Algorithms*

and Evaluation, pp. 23–30, 1999.

[167] M. O'Connor and J. Herlocker. Clustering items for collaborative filtering. *Proceedings of the ACM SIGIR workshop on recommender systems*, Vol 128. 1999.

[168] M. O'Connor, D. Cosley, J. Konstan, and J. Riedl. PolyLens: a recommender system for groups of users. *European Conference on Computer Supported Cooperative Work*, pp. 199–218, 2001.

[169] R. Cooley, B. Mobasher, and J. Srivastava. Data preparation for mining World Wide Web browsing patterns. *Knowledge and Information Systems*, 1(1), pp. 5–32, 1999.

[170] L. Coyle and P. Cunningham. Improving recommendation ranking by learning personal feature weights. *European Conference on Case-Based Reasoning*, Springer, pp. 560–572, 2004.

[171] H. Cramer, V. Evers, S. Ramlal, M. Someren, L. Rutledge, N. Stash, L. Aroyo, and B. Wielinga. The effects of transparency on trust in and acceptance of a content-based art recommender. *User Modeling and User-Adapted Interaction*, 18(5), pp. 455–496, 2008.

[172] D. Crandall, D. Cosley, D. Huttenlocher, J. Kleinberg, and S. Suri. Feedback effects between similarity and social influence in online communities. *ACM KDD Conference*, pp. 160–168, 2008.

[173] P. Cremonesi, Y. Koren, and R. Turrin. Performance of recommender algorithms on top-n recommendation tasks. *RecSys*, pp. 39–46, 2010.

[174] A. Csomai and R. Mihalcea. Linking documents to encyclopedic knowledge. *IEEE Intelligent Systems*, 23(5), pp. 34–41, 2008.

[175] A. Das, M. Datar, A. Garg, and S. Rajaram. Google news personalization: scalable online collaborative filtering. *World Wide Web Conference*, pp. 271–280, 2007.

[176] P. Domingos and M. Richardson. Mining the network value of customers. *ACM KDD Conference*, pp. 57–66, 2001.

[177] B. De Carolis, I. Mazzotta, N. Novielli, and V. Silvestri. Using common sense in providing personalized recommendations in the tourism domain. *Workshop on Context-Aware Recommender Systems*, 2009.

[178] M. De Gemmis, P. Lops, and G. Semeraro. A content-collaborative recommender that exploits WordNet-based user profiles for neighborhood formation. *User Modeling and User-Adapted Interaction*, 17(3), pp. 217–255, 2007.

[179] M. De Gemmis, P. Lops, G. Semeraro and P. Basile. Integrating tags in a semantic content-based recommender. *Proceedings of the ACM Conference on Recommender Systems*, pp. 163–170, 2008.

[180] D. DeCoste. Collaborative prediction using ensembles of maximum margin matrix factorizations. *International Conference on Machine Learning*, pp. 249–256, 2006.

[181] M. Deshpande and G. Karypis. Item-based top-n recommendation algorithms. *ACM Transactions on Information Systems (TOIS)*, 22(1), pp. 143–177, 2004.

[182] M. Deshpande and G. Karypis. Selective Markov models for predicting Web page accesses. *ACM Transactions on Internet Technology (TOIT)*, 4(2), pp. 163–184, 2004.

[183] C. Desrosiers and G. Karypis. A comprehensive survey of neighborhood-based recommendation methods. *Recommender Systems Handbook*, pp. 107–144, 2011.

[184] R. Devooght, N. Kourtellis, and A. Mantrach. Dynamic matrix factorization with priors on unknown values. *ACM KDD Conference*, 2015.

[185] Y. Ding and X. Li. Time weight collaborative filtering. *ACM International Conference on Information and Knowledge Management*, pp. 485–492, 2005.

[186] Y. Ding, X. Li, and M. Orlowska. Recency-based collaborative filtering. *Australasian Database Conference*, pp. 99–107, 2009.

[187] J. O'Donovan and B. Smyth. Trust in recommender systems. *International Conference on Intelligent User Interfaces*, pp. 167–174, 2005.

[188] P. Dourish, What we talk about when we talk about context. *Personal and ubiquitous computing*, 8(1), pp. 19–30, 2004.

[189] C. Dwork. Differential privacy. *Encyclopedia of Cryptography and Security*, Springer, pp. 338–340, 2011.

[190] C. Dwork, R. Kumar, M. Naor, and D. Sivakumar. Rank aggregation methods for the web. *World Wide Web Conference*, pp. 613–622, 2010.

[191] D. Eck, P. Lamere, T. Bertin-Mahieux, and S. Green. Automatic generation of social tags for music recommendation. *Advances in Neural Information Processing Systems*, pp. 385–392, 2008.

[192] M. Elahi, V. Repsys, and F. Ricci. Rating elicitation strategies for collaborative filtering. *E-Commerce and Web Technologies*, pp. 160–171, 2011.

[193] M. Elahi, F. Ricci, and N. Rubens. Active learning strategies for rating elicitation in collaborative filtering: a system-wide perspective. *ACM Transactions on Intelligent Systems and Technology (TIST)*, 5(1), 13, 2013.

[194] M. Elahi, M. Braunhofer, F. Ricci, and M. Tkalcic. Personality-based active learning for collaborative filtering recommender systems. *Advances in Artificial Intelligence*, pp. 360–371, 2013.

[195] T. Fawcett. ROC Graphs: Notes and Practical Considerations for Researchers. *Technical Report HPL-2003-4*, Palo Alto, CA, HP Laboratories, 2003.

[196] A. Felfernig and R. Burke. Constraint-based recommender systems: technologies and research issues. *International conference on Electronic Commerce*, 2008. (p.

[197] A. Felfernig, G. Friedrich, D. Jannach, and M. Zanker. Developing constraint-based recommenders. *Recommender Systems Handbook*, Springer, pp. 187–216, 2011.

[198] A. Felfernig, G. Friedrich, D. Jannach, and M. Stumptner. Consistency-based diagnosis of configuration knowledge bases. *Artificial Intelligence*, 152(2), 213–234, 2004.

[199] A. Felfernig, G. Friedrich, M. Schubert, M. Mandl, M. Mairitsch, and E. Teppan. Plausible repairs for inconsistent requirements. *IJCAI Conference*, pp. 791–796, 2009.

[200] A. Felfernig, E. Teppan, E., and B. Gula. Knowledge-based recommender technologies for marketing and sales. *International Journal of Pattern Recognition and Artificial Intelligence*, 21(02), pp. 333–354, 2007.

[201] A. Felfernig, K. Isak, K. Szabo, and P. Zachar. The VITA financial services sales support environment. National conference on artificial intelligence, 22(2), pp. 1692–1699, 2007.

[202] R. A. Finkel and J. L. Bentley. Quad trees: A data structure for retrieval on composite keys. *Acta Informatica*, 4, pp. 1–9, 1974.

[203] D. M. Fleder and K. Hosanagar. Recommender systems and their impact on sales diversity. *ACM Conference on Electronic Commerce*, pp. 192–199, 2007.

[204] F. Fouss, A. Pirotte, J. Renders, and M. Saerens. Random-walk computation of similarities between nodes of a graph with application to collaborative recommendation. *IEEE Transactions on Knowledge and Data Engineering*, 19(3), pp. 355–369, 2007.

[205] F. Fouss, L. Yen, A. Pirotte, and M. Saerens. An experimental investigation of graph kernels on a collaborative recommendation task. *IEEE International Conference on Data Mining (ICDM)*, pp. 863–868, 2006.

[206] Y. Freund, and R. Schapire. A decision-theoretic generalization of online learning and application to boosting. *Computational Learning Theory*, pp. 23–37, 1995.

[207] Y. Freund and R. Schapire. Experiments with a new boosting algorithm. *ICML Conference*, pp. 148–156, 1996.

[208] X. Fu, J. Budzik, and K. J. Hammond. Mining navigation history for recommendation. *International Conference on Intelligent User Interfaces*, 2000.

[209] S. Funk. Netflix update: Try this at home, 2006. http://sifter.org/~simon/journal/20061211.html

[210] E. Gabrilovich and S. Markovitch. Computing semantic relatedness using wikipedia-based explicit semantic analysis. *IJCAI Conference*, pp. 1606–1611, 2007.

[211] E. Gabrilovich, and S. Markovitch. Overcoming the brittleness bottleneck using Wikipedia: Enhancing text categorization with encyclopedic knowledge. *AAAI Conference*, pp. 1301–1306, 2006.

[212] Z. Gantner, S. Rendle, and L. Schmidt-Thieme. Factorization models for context-/time-aware movie recommendations. *Workshop on Context-Aware Movie Recommendation*, pp. 14–19, 2010.

[213] A. Garcia-Crespo, J. Chamizo, I. Rivera, M. Mencke, R. Colomo-Palacios, and J. M. Gomez-Berbis. SPETA: Social pervasive e-Tourism advisor. *Telematics and Informatics* 26(3), pp. 306–315. 2009.

[214] M. Ge, C. Delgado-Battenfeld, and D. Jannach. Beyond accuracy: evaluating recommender systems by coverage and serendipity. *ACM Conference on Recommender Systems*, pp. 257–260, 2010.

[215] J. Gemmell, A. Shepitsen, B. Mobasher, and R. Burke. Personalization in folksonomies based on tag clustering. *Workshop on Intelligent Techniques for Web Personalization and Recommender Systems* , 2008. http://www.aaai.org/Papers/Workshops/2008/WS-08-06/WS08-06-005.pdf

[216] J. Gemmell, T. Schimoler, B. Mobasher, and R. Burke. Resource recommendation in social annotation systems: A linear-weighted hybrid approach. *Journal of Computer and System Sciences*, 78(4), pp. 1160–1174, 2012.

[217] R. Gemulla, E. Nijkamp, P. Haas, and Y. Sismanis. Large-scale matrix factorization with distributed stochastic gradient descent. *ACM KDD Conference*, pp. 69–77, 2011.

[218] M. Gery and H. Haddad. Evaluation of Web usage mining approaches for user's next request prediction. *ACM international workshop on Web information and data management*, pp. 74–81, 2003.

[219] L. Getoor and M. Sahami. Using probabilistic relational models for collaborative filtering. *Workshop on Web Usage Analysis and User Profiling*, 1999.

[220] F. Girosi, M. Jones, and T. Poggio. Regularization theory and neural networks architectures. *Neural Computation*, 2(2), pp. 219–269, 1995.

[221] J. Golbeck. Computing with social trust. *Springer*, 2008.

[222] J. Golbeck. Computing and applying trust in Web-based social networks, *Ph.D. Thesis*, 2005.

[223] J. Golbeck. Generating predictive movie recommendations from trust in social networks, *Lecture Notes in Computer Science*, Vol. 3986, pp. 93–104, 2006.

[224] J. Golbeck. Trust and nuanced profile similarity in online social networks. *ACM Transactions on the Web (TWEB)*, 3(4), 12, 2009.

[225] J. Golbeck and J. Hendler. Filmtrust: Movie recommendations using trust in Web-based social networks. *IEEE Consumer Communications and Networking Conference*, 96, pp. 282–286, 2006.

[226] J. Golbeck and J. Hendler. Inferring binary trust relationships in Web-based social networks. *ACM Transactions on Internet Technology (TOIT)*, 6(4), pp. 497–529, 2006.

[227] J. Golbeck and A. Mannes. Using Trust and Provenance for Content Filtering on the Semantic Web. *Models of Trust on the Web (WWW'06 Workshop)*, 2006.

[228] K. Goldberg, T. Roeder, D. Gupta, and C. Perkins. Eigentaste: A constant time collaborative filtering algorithm. *Information Retrieval*, 4(2), pp. 133–151, 2001.

[229] N. Good, J. Schafer, J. Konstan, A. Borchers, B. Sarwar, J. Herlocker, and J. Riedl. Combining collaborative filtering with personal agents for better recommendations. *National Conference on Artificial Intelligence (AAAI/IAAI)*, pp. 439–446, 1999.

[230] S. Gordea and M. Zanker. Time filtering for better recommendations with small and sparse rating matrices. *International Conference on Web Information Systems Engineering*, pp. 171–183, 2007.

[231] M. Gorgoglione and U. Panniello. Including context in a transactional recommender system using a pre- filtering approach: two real e-commerce applications. *International Conference on Advanced Information Networking and Applications Workshops*, pp. 667–672, 2009.

[232] M. Gori and A. Pucci. Itemrank: a random-walk based scoring algorithm for recommender engines. *IJCAI Conference*, pp. 2766–2771, 2007.

[233] A. Goyal, F. Bonchi, and L. V. S. Lakshmanan. A data-based approach to social influence maximization. *VLDB Conference*, pp. 73–84, 2011.

[234] A. Goyal, F. Bonchi, and L. V. S. Lakshmanan. Learning influence probabilities in social networks. *ACM WSDM Conference*, pp. 241–250, 2011.

[235] Q. Gu, J. Zhou, and C. Ding. Collaborative filtering: Weighted nonnegative matrix factorization incorporating user and item graphs. *SIAM Conference on Data Mining*, pp. 199–210, 2010.

[236] I. Gunes, C. Kaleli, A. Bilge, and H. Polat. Shilling attacks against recommender systems: a comprehensive survey. *Artificial Intelligence Review*, 42(4), 767–799, 2014.

[237] M. Gupta, R. Li, Z. Yin, and J. Han. A survey of social tagging techniques, *ACM SIGKDD Explorations*, 12(1), pp. 58–72, 2010.

[238] A. Gunawardana and C. Meek. A unified approach to building hybrid recommender systems. *ACM Conference on Recommender Systems*, pp. 117–124, 2009.

[239] R. Guttman, A. Moukas, and P. Maes. Agent-mediated electronic commerce: A survey, *Knowledge Engineering Review*, 13(2), pp. 147–159, 1998.

[240] R. Guha. Open rating systems. *Techical Report*, Stanford University, 2003. http://www.w3.org/2001/sw/Europe/events/foaf-galway/papers/fp/open_rating_systems/wot.pdf

[241] R. Guha, R. Kumar, P. Raghavan, and A. Tomkins. Propagation of trust and distrust. *World Wide Web Conference*, pp. 403–412, 2004.

[242] T. Hastie, R. Tibshirani, and J. Friedman. The elements of statistical learning. *Springer*, 2009.

[243] T. H. Haveliwala. Topic-sensitive pagerank. *World Wide Web Conference*, pp. 517–526, 2002.

[244] Q. He, D. Jiang, Z. Liao, S. Hoi, K. Chang, E. Lim, and H. Li. Web query recommendation via sequential query prediction. *IEEE International Conference on Data Engineering*, pp. 1443–1454, 2009.

[245] J. Herlocker, J. Konstan, A. Borchers, and J. Riedl. An algorithmic framework for performing collaborative filtering. *ACM SIGIR Conference*, pp. 230–237, 1999.

[246] J. Herlocker, J. Konstan, L. Terveen, and J. Riedl. Evaluating collaborative filtering recommender systems. *ACM Transactions on Information Systems (TOIS)*, 22(1), pp. 5–53, 2004.

[247] J. Herlocker, J. Konstan,, and J. Riedl. An empirical analysis of design choices in neighborhood-based collaborative filtering algorithms. *Information Retrieval*, 5(4), pp. 287–310, 2002.

[248] J. Herlocker, J. Konstan, and J. Riedl. Explaining collaborative filtering recommendations. *ACM Conference on Computer Supported Cooperative work*, pp. 241–250, 2000.

[249] C. Hermann. Time-based recommendations for lecture materials. *World Conference on Educational Multimedia, Hypermedia and Telecommunications*, pp. 1028–1033, 2010.

[250] P. Heymann, D. Ramage, and H. Garcia-Molina. Social tag prediction. *ACM SIGIR*

Conference, pp. 531–538, 2008.

[251] W. Hill, L. Stead, M. Rosenstein, and G. Furnas. Recommending and evaluating choices in a virtual community of use. *ACNM SIGCHI Conference*, pp. 194–201, 1995.

[252] T. Hofmann. Latent semantic models for collaborative filtering. *ACM Transactions on Information Systems (TOIS)*, 22(1), pp. 89–114, 2004.

[253] W. Hong, S. Zheng, H. Wang, and J. Shi. A job recommender system based on user clustering. *Journal of Computers*, 8(8), 1960–1967, 2013.

[254] J. Hopcroft, T. Lou, and J. Tang. Who will follow you back?: reciprocal relationship prediction. *ACM International Conference on Information and Knowledge Management*, pp. 1137–1146, 2011.

[255] A. Hotho, R. Jaschke, C. Schmitz, and G. Stumme. Folkrank: A ranking algorithm for folksonomies. *Fachgruppe Informatik Ret. (FGIR)*, pp. 111–114, 2006.

[256] A. Hotho, R. Jaschke, C. Schmitz, and G. Stumme. BibSonomy: A social bookmark and publication sharing system. *Conceptual Structures Tool Interoperability Workshop*, pp. 87–102, 2006.

[257] N. Houlsby, J. M. Hernandez-Lobato, and Z. Ghahramani. Cold-start active learning with robust ordinal matrix factorization. *International Conference on Machine Learning (ICML)*, pp. 766–774, 2014.

[258] A. Howe, and R. Forbes. Re-considering neighborhood-based collaborative filtering parameters in the context of new data. *Proceedings of the 17th ACM Conference on Information and Knowledge Management*, pp. 1481–1482, 2008.

[259] C. Hsieh, N. Natarajan, and I. Dhillon. PU learning for matrix completion. *ICML Conference*, 2015.

[260] Y. Hu, Y. Koren, and C. Volinsky. Collaborative filtering for implicit feedback datasets. *IEEE International Conference on Data Mining*, pp. 263–272, 2008.

[261] Z. Huang, X. Li, and H. Chen. Link prediction approach to collaborative filtering. *ACM/IEEE-CS joint conference on Digital libraries*, pp. 141–142, 2005.

[262] Z. Huang, H. Chen, and D. Zheng. Applying associative retrieval techniques to alleviate the sparsity problem in collaborative filtering. *ACM Transactions on Information Systems*, 22(1), pp. 116–142, 2004.

[263] G. Hurley and D. Wilson. DubLet: An online CBR system for rental property accommodation. *International Conference on Case-Based Reasoning*, pp. 660–674, 2001.

[264] J. Illig, A. Hotho, R. Jaschke, and G. Stumme. A comparison of content-based tag recommendations in folksonomy systems. *Knowledge Processing and Data Analysis*, Springer, pp. 136–149, 2011.

[265] D. Isaacson and R. Madsen. Markov chains, theory and applications, *Wiley*, 1976.

[266] M. Jahrer, A. Toscher, and R. Legenstein. Combining predictions for accurate recommender systems. *ACM KDD Conference*, pp. 693–702, 2010.

[267] P. Jain and I. Dhillon. Provable inductive matrix completion. *arXiv preprint arXiv:1306.0626* http://arxiv.org/abs/1306.0626.

[268] P. Jain, P. Netrapalli, and S. Sanghavi. Low-rank matrix completion using alternating minimization. *ACM Symposium on Theory of Computing*, pp. 665–674, 2013.

[269] M. Jamali and M. Ester. TrustWalker: A random-walk model for combining trust-based and item-based recommendation. *ACM KDD Conference*, pp. 397–406, 2009.

[270] M. Jamali and M. Ester. A matrix factorization technique with trust propagation for recommendation in social networks. *ACM Internatonal Conference on Recommender Systems*, pp 135–142, 2010.

[271] A. Jameson and B. Smyth. Recommendation to groups. *The Adaptive Web*, pp. 596–

627, 2007.

[272] A. Jameson. More than the sum of its members: challenges for group recommender systems. *Proceedings of the working conference on Advanced visual interfaces*, pp. 48–54, 2004.

[273] D. Jannach. Finding preferred query relaxations in content-based recommenders. *Intelligent Techniques and Tools for Novel System Architectures*, Springer, pp. 81–97, 2006.

[274] D. Jannach. Techniques for fast query relaxation in content-based recommender systems. *Advances in Artificial Intelligence*, Springer, pp. 49–63, 2006.

[275] D. Jannach, M. Zanker, A. Felfernig, and G. Friedrich. An introduction to recommender systems, *Cambridge University Press*, 2011.

[276] D. Jannach, Z. Karakaya, and F. Gedikli. Accuracy improvements for multi-criteria recommender systems. *ACM Conference on Electronic Commerce*, pp. 674–689, 2012.

[277] R. Jaschke, L. Marinho, A. Hotho, L. Schmidt-Thieme, and G. Stumme. Tag recommendations in folksonomies. *Knowledge Discovery in Databases (PKDD)*, pp. 506–514, 2007.

[278] G. Jeh, and J. Widom. SimRank: a measure of structural-context similarity. *ACM KDD Conference*, pp. 538–543, 2003.

[279] Z. Jiang, W. Wang, and I. Benbasat. Multimedia-based interactive advising technology for online consumer decision support. *Communications of the ACM*, 48(9), pp. 92–98, 2005.

[280] R. Jin, J. Chai, and L. Si. An automatic weighting scheme for collaborative filtering. *ACM SIGIR Conference*, pp. 337–344, 2004.

[281] R. Jin, L. Si, and C. Zhai. Preference-based graphic models for collaborative filtering. *Proceedings of the Nineteenth conference on Uncertainty in Artificial Intelligence*, pp. 329–336, 2003.

[282] R. Jin, L. Si, C. Zhai, and J. Callan. Collaborative filtering with decoupled models for preferences and ratings. *ACM CIKM Conference*, pp. 309–316, 2003.

[283] T. Joachims. Training linear SVMs in linear time. *ACM KDD Conference*, pp. 217–226, 2006.

[284] T. Joachims. Optimizing search engines using click-through data. *ACM KDD Conference*, pp. 133–142, 2002.

[285] I. Jolliffe. Principal component analysis, 2nd edition, *Springer*, 2002.

[286] N. Jones and P. Pu. User technology adoption issues in recommender systems. *Networking and Electronic Conference*, pp. 379–394, 2007.

[287] A. Josang, S. Marsh, and S. Pope. Exploring different types of trust propagation. In Trust management, *Lecture Notes in Computer Science*, Springer, 3986, pp. 179–192, 2006.

[288] P. Juell and P. Paulson. Using reinforcement learning for similarity assessment in case-based systems. *IEEE Intelligent Systems*, 18(4), pp. 60–67, 2003.

[289] U. Junker. QUICKXPLAIN: preferred explanations and relaxations for over-constrained problems. *AAAI Conference*, pp. 167–172, 2004.

[290] S. Kale, L. Reyzin, and R. Schapire. Non-stochastic bandit slate problems. *Advances in Neural Information Processing Systems*, pp. 1054–1062, 2010.

[291] M. Kaminskas and F. Ricci. Contextual music information retrieval and recommendation: State of the art and challenges. *Computer Science Review*, 6(2), pp. 89–119, 2012.

[292] S. Kamvar, M. Schlosser, and H. Garcia-Molina. The eigentrust algorithm for reputation management in P2P networks. *World Wide Web Conference*, pp. 640–651, 2003.

[293] A. Karatzoglou. Collaborative temporal order modeling. *ACM Conference on Recommender Systems*, pp. 313–316, 2011.

[294] A. Karatzoglou, X. Amatriain, L. Baltrunas, and N. Oliver. Multiverse recommendation: N-dimensional tensor factorization for context-aware collaborative filtering. *ACM Conference on Recommender Systems*, pp. 79–86, 2010.

[295] R. Karimi, C. Freudenthaler, A. Nanopoulos, L. Schmidt-Thieme. Exploiting the characteristics of matrix factorization for active learning in recommender systems. *ACM Conference on Recommender Systems*, pp. 317–320, 2012.

[296] J. Kemeny and J. Snell. Finite Markov chains. *Springer*, New York, 1983.

[297] D. Kempe, J. Kleinberg, and E. Tardos. Maximizing the spread of influence through a social network. *ACM KDD Conference*, pp. 137–146, 2003.

[298] M. Kendall. A new measure of rank correlation. *Biometrika*, pp. 81–93, 1938.

[299] M. Kendall and J. Gibbons. Rank correlation methods. *Charles Griffin*, 5th edition, 1990.

[300] D. Kim, and B. Yum. Collaborative filtering Based on iterative principal component analysis, *Expert Systems with Applications*, 28, pp. 623–830, 2005.

[301] H. Kim and H. Park. Nonnegative matrix factorization based on alternating nonnegativity constrained least squares and active set method. *SIAM Journal on Matrix Analysis and Applications*, 30(2), pp. 713–730, 2008.

[302] J. Kleinberg. Authoritative sources in a hyperlinked environment. *Journal of the ACM (JACM)*, 46(5), pp. 604–632, 1999.

[303] J. Kleinberg, C. Papadimitriou, and P. Raghavan. On the value of private information. *Proceedings of the 8th Conference on Theoretical Aspects of Rationality and Knowledge*, pp. 249–257, 2001.

[304] N. Koenigstein, G. Dror, and Y. Koren. Yahoo! Music recommendations: modeling music ratings with temporal dynamics and item taxonomy. *ACM Conference on Recommender Systems*, pp. 165–172, 2011.

[305] R. Kohavi, R. Longbotham, D. Sommerfield, R. Henne. Controlled experiments on the Web: survey and practical guide. *Data Mining and Knowledge Discovery*, 18(1), pp. 140–181, 2009.

[306] X. Kong, X. Shi, and P. S. Yu. Multi-Label collective classification. *SIAM Conference on Data Mining*, pp. 618–629, 2011.

[307] J. Konstan. Introduction to recommender systems: algorithms and evaluation. *ACM Transactions on Information Systems*, 22(1), pp. 1–4, 2004.

[308] J. Konstan, S. McNee, C. Ziegler, R. Torres, N. Kapoor, and J. Riedl. Lessons on applying automated recommender systems to information-seeking tasks. *AAAI Conference*, pp. 1630–1633, 2006.

[309] Y. Koren. Factorization meets the neighborhood: a multifaceted collaborative filtering model. *ACM KDD Conference*, pp. 426–434, 2008. Extended version of this paper appears as: "Y. Koren. Factor in the neighbors: Scalable and accurate collaborative filtering. *ACM Transactions on Knowledge Discovery from Data (TKDD)*, 4(1), 1, 2010."

[310] Y. Koren. Collaborative filtering with temporal dynamics. *ACM KDD Conference*, pp. 447–455, 2009. Another version also appears in the *Communications of the ACM,*, 53(4), pp. 89–97, 2010.

[311] Y. Koren. The Bellkor solution to the Netflix grand prize. *Netflix prize documentation*, 81, 2009. http://www.netflixprize.com/assets/GrandPrize2009_BPC_BellKor.pdf

[312] Y. Koren and R. Bell. Advances in collaborative filtering. *Recommender Systems Handbook*, Springer, pp. 145–186, 2011. (Extended version in 2015 edition of hand-

book).

[313] Y. Koren, R. Bell, and C. Volinsky. Matrix factorization techniques for recommender systems. *Computer*, 42(8), pp. 30–37, 2009.

[314] Y. Koren and J. Sill. Collaborative filtering on ordinal user feedback. *IJCAI Conference*, pp. 3022–3026, 2011.

[315] R. Krestel and P. Fankhauser. Personalized topic-based tag recommendation. *Neurocomputing*, 76(1), pp. 61–70, 2012.

[316] R. Krestel, P. Fankhauser, and W. Nejdl. Latent dirichlet allocation for tag recommendation. *ACM Conference on Recommender Systems*, pp. 61–68, 2009.

[317] V. Krishnan, P. Narayanashetty, M. Nathan, R. Davies, and J. Konstan. Who predicts better? Results from an online study comparing humans and an online recommender system. *ACM Conference on Recommender Systems*, pp. 211–218, 2008.

[318] J. Krosche, J. Baldzer, and S. Boll. MobiDENK -mobile multimedia in monument conservation. *IEEE MultiMedia*, 11(2), pp. 72–77, 2004.

[319] A. Krogh, M. Brown, I. Mian, K. Sjolander, and D. Haussler. Hidden Markov models in computational biology: Applications to protein modeling. *Journal of molecular biology*, 235(5), pp. 1501–1531, 1994.

[320] B. Krulwich. Lifestyle finder: Intelligent user profiling using large-scale demographic data. *AI Magazine*, 18(2), pp. 37–45, 1995.

[321] S. Kabbur, X. Ning, and G. Karypis. FISM: factored item similarity models for top-N recommender systems. *ACM KDD Conference*, pp. 659–667, 2013.

[322] S. Kabbur and G. Karypis. NLMF: NonLinear Matrix Factorization Methods for Top-N Recommender Systems. *IEEE Data Mining Workshop (ICDMW)*, pp. 167–174, 2014.

[323] A. Karatzoglou, L. Baltrunas, and Y. Shi. Learning to rank for recommender systems. *ACM Conference on Recommender Systems*, pp. 493–494, 2013. Slides available at http://www.slideshare.net/kerveros99/learning-to-rank-for-recommender-system-tutorial-acm-recsys-2013

[324] J. Kunegis, S. Schmidt, A. Lommatzsch, J. Lerner, E. De Luca, and S. Albayrak. Spectral analysis of signed graphs for clustering, prediction and visualization. *SIAM Conference on Data Mining*, pp. 559–559, 2010.

[325] J. Kunegis, E. De Luca, and S. Albayrak. The link prediction problem in bipartite networks. *Computational Intelligence for Knowledge-based Systems Design*, Springer, pp. 380–389, 2010.

[326] J. Kunegis and A. Lommatzsch. Learning spectral graph transformations for link prediction. *International Conference on Machine Learning*, pp. 562–568, 2009.

[327] A. Lacerda, M. Cristo, W. Fan, N. Ziviani, and B. Ribeiro-Neto. Learning to advertise. *ACM SIGIR Conference*, pp. 549–556, 2006.

[328] K. Lakiotaki, S. Tsafarakis, and N. Matsatsinis. UTA-Rec: a recommender system based on multiple criteria analysis. *ACM Conference on Recommender Systems*, pp. 219–226, 2008.

[329] S. Lam and J. Riedl. Shilling recommender systems for fun and profit. *World Wide Web Conference*, pp. 393–402, 2004.

[330] B. Lamche, U. Trottmann, and W. Worndl. Active learning strategies for exploratory mobile recommender systems. *Proceedings of the 4th Workshop on Context-Awareness in Retrieval and Recommendation*, pp. 10–17, 2014.

[331] A. Langville, C. Meyer, R. Albright, J. Cox, and D. Duling. Initializations for the nonnegative matrix factorization. *ACM KDD Conference*, pp. 23–26, 2006.

[332] L. Lathauwer, B. Moor, and J. Vandewalle. A multilinear singular value decomposition. *SIAM Journal on Matrix Analysis and Applications*, 21(4), pp. 1253–1278. 2000.

[333] N. Lathia, S. Hailes, and L. Capra. Temporal collaborative filtering with adaptive neighbourhoods. *ACM SIGIR Conference*, pp. 796–797, 2009.

[334] N. Lathia, S. Hailes, and L. Capra. Private distributed collaborative filtering using estimated concordance measures. *ACM Conference on Recommender Systems*, pp. 1–8, 2007.

[335] N. Lathia, S. Hailes, L. Capra, and X. Amatriain. Temporal diversity in recommender systems. *ACM SIGIR Conference*, pp. 210–217, 2010.

[336] S. Lawrence. Context in Web search. *IEEE Data Engineering Bulletin*, 23(3):25, 2000.

[337] D. Lee, S. Park, M. Kahng, S. Lee, and S. Lee. Exploiting contextual information from event logs for personalized recommendation. Chapter in *Computer and Information Science*, Springer, 2010.

[338] J.-S. Lee and S. Olafsson. Two-way cooperative prediction for collaborative filtering recommendations. *Expert Systems with Applications*, 36(3), pp. 5353–5361, 2009.

[339] B.-H. Lee, H. Kim, J. Jung, and G.-S. Jo. Location-based service with context data for a restaurant recommendation. *Database and Expert Systems Applications*, pp. 430–438, 2006.

[340] H. Lee and W. Teng. Incorporating multi-criteria ratings in recommendation systems. *IEEE International Conference on Information Reuse and Integration (IRI)*, pp. 273–278, 2007.

[341] J. Lees-Miller, F. Anderson, B. Hoehn, and R. Greiner. Does Wikipedia information help Netflix predictions?. *Machine Learning and Applications*, pp. 337–343, 2008.

[342] D. Lemire and A. Maclachlan. Slope one predictors for online rating-based collaborative filtering. *SIAM Conference on Data Mining*, 2005.

[343] J. Levandoski, M. Sarwat, A. Eldawy, and M. Mokbel. LARS: A location-aware recommender system. *IEEE ICDE Conference*, pp. 450–461, 2012.

[344] R. Levien. Attack-resistant trust metrics. *Computing with Social Trust*, Springer, pp. 121–132, 2009.

[345] M. Lesani and S. Bagheri. Applying and inferring fuzzy trust in semantic web social networks. *Canadian Semantic Web, Semantic Web and Beyond*, Springer, Vol 2, pp. 23–43, 2006.

[346] J. Leskovec, D. Huttenlocher, and J. Kleinberg. Predicting positive and negative links in online social networks. *World Wide Web Conference*, pp. 641–650, 2010.

[347] M. Levy and K. Jack. Efficient Top-N Recommendation by Linear Regression. *Large Scale Recommender Systems Workshop (LSRS) at RecSys*, 2013.

[348] L. Li, W. Chu, J. Langford, and R. Schapire. A contextual-bandit approach to personalized news article recommendation. *World Wide Web Conference*, pp. 661–670, 2010.

[349] L. Li, W. Chu, J. Langford, and X. Wang. Unbiased offline evaluation of contextual-bandit-based news article recommendation algorithms. *International Conference on Web Search and Data Mining*, pp. 297–306, 2011.

[350] M. Li, B. M. Dias, I. Jarman, W. El-Deredy, and P. J. Lisboa. Grocery shopping recommendations based on basket-sensitive random walk. *KDD Conference*, pp. 1215–1224, 2009.

[351] M. Li, T. Zhang, Y. Chen, and A. Smola. Efficient mini-batch training for stochastic optimization. *ACM KDD Conference*, pp. 661–670, 2014.

[352] N. Li, T. Li, and S. Venkatasubramanian. t-closeness: Privacy beyond k-anonymity and ℓ-diversity. *IEEE International Conference on Data Enginering*, pp. 106–115, 2007.

[353] Q. Li, C. Wang, and G. Geng. Improving personalized services in mobile commerce by a novel multicriteria rating approach. *World Wide Web Conference*, pp. 1235–1236, 2008.

[354] D. Liben-Nowell and J. Kleinberg. The link-prediction problem for social networks. *Journal of the American society for information science and technology*, 58(7), pp. 1019–1031, 2007.

[355] R. Lichtenwalter, J. Lussier, and N. Chawla. New perspectives and methods in link prediction. *ACM KDD Conference*, pp. 243–252, 2010.

[356] H. Lieberman. Letizia: An agent that assists Web browsing, *IJCAI*, pp. 924–929, 1995.

[357] C.-J. Lin. Projected gradient methods for nonnegative matrix factorization. *Neural Computation*, 19(10), pp. 2576–2779, 2007.

[358] W. Lin. Association rule mining for collaborative recommender systems. *Masters Thesis*, Worcester Polytechnic Institute, 2000.

[359] W. Lin, S. Alvarez, and C. Ruiz. Efficient adaptive-support association rule mining for recommender systems. *Data Mining and Knowledge Discovery*, 6(1), pp. 83–105, 2002.

[360] G. Linden, B. Smith, and J. York. Amazon.com recommendations: item-to-item collaborative filtering. *IEEE Internet Computing*, 7(1), pp. 76–80, 2003.

[361] C. Ling and C. Li. Data Mining for direct marketing: problems and solutions. *ACM KDD Conference*, pp. 73–79, 1998.

[362] R. Little and D. Rubin. Statistical analysis with missing data. *Wiley*, 2002.

[363] M. Littlestone and M. Warmuth. The weighted majority algorithm. *Information and computation*, 108(2), pp. 212–261, 1994.

[364] B. Liu. Web data mining: exploring hyperlinks, contents, and usage data. *Springer*, New York, 2007.

[365] B. Liu, W. Hsu, and Y. Ma. Mining association rules with multiple minimum supports. *ACM KDD Conference*, pp. 337–341, 1999.

[366] N. Liu, M. Zhao, E. Xiang, and Q Yang. Online evolutionary collaborative filtering. *ACM Conference on Recommender Systems*, pp. 95–102, 2010.

[367] N. Liu and Q. Yang. Eigenrank: a ranking-oriented approach to collaborative filtering. *ACM SIGIR Conference*, pp. 83–90, 2008.

[368] N. Liu, M. Zhao, and Q. Yang. Probabilistic latent preference analysis for collaborative filtering. *ACM Conference on Information and Knowledge Management*, pp. 759–766, 2009.

[369] L. Liu, J. Tang, J. Han, M. Jiang, and S. Yang. Mining topic-level influence in heterogeneous networks. *ACM CIKM Conference*, pp. 199–208, 2010.

[370] T. Y. Liu. Learning to rank for information retrieval. *Foundations and Trends in Information Retrieval*, 3(3), pp. 225–331, 2009.

[371] X. Liu, C. Aggarwal, Y.-F. Lee, X. Kong, X. Sun, and S. Sathe. Kernelized matrix factorization for collaborative filtering. *SIAM Conference on Data Mining*, 2016.

[372] Z. Liu, Y.-X. Wang, and A. Smola. Fast differentially private matrix factorization. *ACM Conference on Recommender Systems*, 2015.

[373] S. Lohr. A $1 million research bargain for Netflix, and maybe a model for others, *The New York Times*, September 21, 2009. http://www.nytimes.com/2009/09/22/technology/internet/22netflix.html?_r=0

[374] S. Lombardi, S. Anand, and M. Gorgoglione. Context and customer behaviour in recommendation. *Workshop on Customer Aware Recommender Systems*, 2009.

[375] B. London, and L. Getoor. Collective classification of network data. *Data Classification: Algorithms and Applications*, CRC Press, pp. 399–416, 2014.

[376] P. Lops, M. de Gemmis, and G. Semeraro. Content-based recommender systems: state of the art and trends. *Recommender Systems Handbook*, Springer, pp. 73–105, 2011.

[377] F. Lorenzi and F. Ricci. Case-based recommender systems: a unifying view. *Intelligent

Techniques for Web Personalization, pp. 89–113, Springer, 2005.

[378] L. Lu, M. Medo, C. Yeung, Y. Zhang, Z. Zhang, and T. Zhou. Recommender systems. *Physics Reports*, 519(1), pp. 1–49, 2012. http://arxiv.org/pdf/1202.1112.pdf

[379] Q. Lu, and L. Getoor. Link-based classification. *ICML Conference*, pp. 496–503, 2003.

[380] H. Ma, I. King, and M. Lyu. Effective missing data prediction for collaborative filtering. *ACM SIGIR Conference*, pp. 39–46, 2007.

[381] H. Ma, H. Yang, M. Lyu, and I. King. SoRec: Social recommendation using probabilistic matrix factorization. *ACM Conference on Information and knowledge Management*, pp. 931–940, 2008.

[382] H. Ma, D. Zhou, C. Liu, M. Lyu, and I. King. Recommender systems with social regularization. *ACM International Conference on Web search and Data Mining*, pp. 287–296, 2011.

[383] H. Ma, M. Lyu, and I. King. Learning to recommend with trust and distrust relationships. *ACM International Conference on Recommender Systems*, pp. 189–196, 2009.

[384] H. Ma, M. Lyu, and I. King. Learning to recommend with social trust ensemble. *ACM SIGIR Conference*, pp. 203–210, 2009.

[385] Z. Ma, G. Pant, and O. Sheng. Interest-based personalized search. *ACM Transactions on Information Systems*, 25(1), 2007.

[386] A. Machanavajjhala, D. Kifer, J. Gehrke, and M. Venkitasubramaniam. ℓ-diversity: privacy beyond k-anonymity. *ACM Transactions on Knowledge Discovery from Data (TKDD)*, 1(3), 2007.

[387] S. Macskassy, and F. Provost. A simple relational classifier. *Second Workshop on Multi-Relational Data Mining (MRDM) at ACM KDD Conference*, 2003.

[388] S. A. Macskassy, and F. Provost. Classification in networked data: A toolkit and a univariate case study. *Joirnal of Machine Learning Research*, 8, pp. 935–983, 2007.

[389] T. Mahmood and F. Ricci. Learning and adaptivity in interactive recommender systems. *International Conference on Electronic Commerce*, pp. 75–84, 2007.

[390] T. Mahmood and F. Ricci. Improving recommender systems with adaptive conversational strategies. *ACM Conference on Hypertext and Hypermedia*, pp. 73–82, 2009.

[391] H. Mak, I. Koprinska, and J. Poon. Intimate: A web-based movie recommender using text categorization. *International Conference on Web Intelligence*, pp. 602–605, 2003.

[392] B. Magnini, and C. Strapparava. Improving user modelling with content-based techniques. *International Conference on User Modeling*, pp. 74–83, 2001.

[393] M. O'Mahony, N. Hurley, N. Kushmerick, and G. Silvestre. Collaborative recommendation: A robustness analysis. *ACM Transactions on Internet Technology*, 4(4), pp. 344–377, 2004.

[394] M. O'Mahony, N. Hurley, and G. Silvestre. Promoting recommendations: An attack on collaborative filtering. *Database and Expert Systems Applications*, pp. 494–503, 2002.

[395] M. O'Mahony, N. Hurley, G. Silvestre. An evaluation of the performance of collaborative filtering. *International Conference on Artificial Intelligence and Cognitive Science (AICS)*, pp. 164–168, 2003.

[396] M. O'Mahony, N. Hurley, G. Silvestre. Recommender systems: Attack types and strategies. *National Conference on Artificial Intelligence (AAAI)*, pp. 334–339, 2005.

[397] M. O'Mahony, N. Hurley, G. Silvestre. An evaluation of neighbourhood formation on the performance of collaborative filtering. *Artificial Intelligence Review*, 21(1), pp. 215–228, 2004.

[398] N. Manouselis and C. Costopoulou. Analysis and classification of multi-criteria rec-

ommender systems. *World Wide Web*, 10(4), pp. 415–441, 2007.

[399] N. Manouselis and Costopoulou. Experimental Analysis of Design Choices in a Multi-Criteria Recommender System. *International Journal of Pattern Recognition and AI*, 21(2), pp. 311–332, 2007.

[400] C. Manning, P. Raghavan, and H. Schutze. Introduction to information retrieval. *Cambridge University Press*, Cambridge, 2008.

[401] L. Marinho, A. Nanopoulos, L. Schmidt-Thieme, R. Jaschke, A. Hotho, G, Stumme, and P. Symeonidis. Social tagging recommender systems. *Recommender Systems Handbook*, Springer, pp. 615–644, 2011.

[402] B. Marlin and R. Zemel. Collaborative prediction and ranking with non-random missing data. *ACM Conference on Recommender Systems*, pp. 5–12, 2009.

[403] P. Massa and P. Avesani. Trust-aware collaborative filtering for recommender systems. *On the Move to Meaningful Internet Systems*, pp. 492–508, 2004.

[404] P. Massa and P. Avesani. Trust-aware recommender systems. *ACM Conference on Recommender Systems*, pp. 17–24, 2007.

[405] P. Massa and B. Bhattacharjee. Using trust in recommender systems: An experimental analysis. *Trust Management*, pp. 221–235, Springer, 2004.

[406] P. Massa and P. Avesani. Trust metrics on controversial users: balancing between tyranny of the majority. *International Journal on Semantic Web and Information Systems*, 3(1), pp. 39–64, 2007.

[407] J. Masthoff. Group recommender systems: combining individual models. *Recommender Systems Handbook*, Springer, pp. 677–702, 2011.

[408] J. Masthoff. Group modeling: Selecting a sequence of television items to suit a group of viewers. *Personalized Digital Television*, pp. 93–141, 2004.

[409] J. Masthoff and A. Gatt. In pursuit of satisfaction and the prevention of embarrassment: affective state in group recommender systems. *User Modeling and User-Adapted Interactio*, 16(3–4), pp. 281–319, 2006.

[410] J. Masthoff. Modeling the multiple people that are me. *International Conference on User Modeling*, Also appears in *Lecture Notes in Computer Science*, Springer, Vol. 2702, pp. 258–262, 2003.

[411] J. McAuley and J. Leskovec. Hidden factors and hidden topics: understanding rating dimensions with review text. *ACM Conference on Recommender systems*, pp. 165–172, 2013.

[412] J. McCarthy and T. Anagnost. MusicFX: An Arbiter of Group Preferences for Computer Supported Collaborative Workouts. *ACM Conference on Computer Supported Cooperative Work*, pp. 363–372, 1998.

[413] K. McCarthy, L. McGinty, B. Smyth, and M. Salamo. The needs of the many: a case-based group recommender system. *Advances in Case-Based Reasoning*, pp. 196–210, 2004.

[414] K. McCarthy, J. Reilly, L. McGinty, and B. Smyth. On the dynamic generation of compound critiques in conversational recommender systems. *Adaptive Hypermedia and Adaptive Web-Based Systems*, pp. 176–184, 2004.

[415] K. McCarthy, M. Salamo, L. McGinty, B. Smyth, and P. Nicon. Group recommender systems: a critiquing based approach. *International Conference on Intelligent User Interfaces*, pp. 267–269, 2006.

[416] K. McCarthy, L. McGinty, and B. Smyth. Dynamic critiquing: an analysis of cognitive load. *Irish Conference on Artificial Intelligence and Cognitive Science*, pp. 19–28, 2005.

[417] L. McGinty and J. Reilly. On the evolution of critiquing recommenders. *Recommender Systems Handbook*, pp. 419–453, 2011.

[418] S. McNee, J. Riedl, and J. Konstan. Being accurate is not enough: how accuracy metrics have hurt recommender systems. *SIGCHI Conference*, pp. 1097–1101, 2006.

[419] D. McSherry. Incremental relaxation of unsuccessful queries. *Advances in Case-Based Reasoning*, pp. 331–345, 2004.

[420] D. McSherry. Diversity-Conscious Retrieval. *European Conference on Case-Based Reasoning*, pp. 219–233, 2002.

[421] D. McSherry. Similarity and Compromise. *International Conference on Case-Based Reasoning*, pp. 291–305, 2003.

[422] D. McSherry and D. Aha. The ins and outs of critiquing. *IJCAI*, pp. 962–967, 2007.

[423] D. McSherry and D. Aha. Avoiding long and fruitless dialogues in critiquing. *Research and Development in Intelligent Systems*, pp. 173–186, 2007.

[424] B. Mehta, and T. Hofmann. A survey of attack-resistant collaborative filtering algorithms. *IEEE Data Enginerring Bulletin*, 31(2), pp. 14–22, 2008.

[425] B. Mehta, T. Hofmann, and P. Fankhauser. Lies and propaganda: detecting spam users in collaborative filtering. *International Conference on Intelligent User Interfaces*, pp. 14–21, 2007.

[426] B. Mehta, T. Hofmann, and W. Nejdl. Robust collaborative filtering. *ACM Conference on Recommender Systems*, pp. 49–56, 2007.

[427] B. Mehta and W. Nejdl. Unsupervised strategies for shilling detection and robust collaborative filtering. *User Modeling and User-Adapted Interaction*, 19(1–2), pp. 65–97, 2009.

[428] B. Mehta and W. Nejdl. Attack resistant collaborative filtering. *ACM SIGIR Conference*, pp. 75–82, 2008.

[429] Q. Mei, D. Zhou, and K. Church. Query suggestion using hitting time. *ACM Conference on Information and Knowledge Management*, pp. 469–478, 2009. .

[430] N. Meinshausen. Sign-constrained least squares estimation for high-dimensional regression. *Electronic Journal of Statistics*, 7, pp. 607–1631, 2013.

[431] P. Melville, R. Mooney, and R. Nagarajan. Content-boosted collaborative filtering for improved recommendations. *AAAI/IAAI*, pp. 187–192, 2002.

[432] A. K. Menon, and C. Elkan. Link prediction via matrix factorization. *Machine Learning and Knowledge Discovery in Databases*, pp. 437–452, 2011.

[433] S. Middleton, N. Shadbolt, and D. de Roure. Ontological user profiling in recommender systems. *ACM Transactions on Information Systems*, 22(1), pp. 54–88, 2004.

[434] A. Mild and M. Natter. Collaborative filtering or regression models for Internet recommendation systems?. *Journal of Targeting, Measurement and Analysis for Marketing*, 10(4), pp. 304–313, 2002.

[435] S. Min and I. Han. Detection of the customer time-variant pattern for improving recommender systems. *Expert Systems and Applications*, 28(2), pp. 189–199, 2005.

[436] T. M. Mitchell. Machine learning. *McGraw Hill International Edition*, 1997.

[437] K. Miyahara, and M. J. Pazzani. Collaborative filtering with the simple Bayesian classifier. *Pacific Rim International Conference on Artificial Intelligence*, 2000.

[438] D. Mladenic. Machine learning used by Personal WebWatcher. *Proceedings of the ACAI-99 Workshop on Machine Learning and Intelligent Agents*, 1999.

[439] D. Mladenic. Text learning and related intelligent agents: A survey. *IEEE Intelligent Systems*, 14(4), pp. 44–54, 1999.

[440] B. Mobasher, R. Cooley, and J. Srivastava. Automatic personalization based on Web usage mining. *Communications of the ACM*, 43(8), pp. 142–151, 2000.

[441] B. Mobasher, H. Dai, T. Luo, and M. Nakagawa. Effective personalization based on

association rule discovery from Web usage data. *ACM Workshop on Web Information and Data Management*, pp. 9–15, 2001.

[442] B. Mobasher, H. Dai, T. Luo, and H. Nakagawa. Using sequential and non-sequential patterns in predictive web usage mining tasks. *International Conference on Data Mining*, pp. 669–672, 2002.

[443] B. Mobasher, H. Dai, M. Nakagawa, and T. Luo. Discovery and evaluation of aggregate usage profiles for web personalization. *Data Mining and Knowledge Discovery*, 6: pp. 61–82, 2002.

[444] B. Mobasher, R. Burke, R. Bhaumik, and C. Williams. Toward trustworthy recommender systems: an analysis of attack models and algorithm robustness. *ACM Transactions on Internet Technology (TOIT)*, 7(4), 23, 2007.

[445] B. Mobasher, R. Burke, R. Bhaumik, and C. Williams. Effective attack models for shilling item-based collaborative filtering systems. *WebKDD Workshop*, 2005.

[446] B. Mobasher, R. Burke, and J. Sandvig. Model-based collaborative filtering as a defense against profile injection attacks. *AAAI Conference*, Vol. 6, p. 1388, 2006.

[447] M. Mokbel and J. Levandoski. Toward context and preference-aware location-based services. *ACM International Workshop on Data Engineering for Wireless and Mobile Access*, pp. 25–32, 2009.

[448] R. J. Mooney and L. Roy. Content-based book recommending using learning for text categorization. *ACM Conference on Digital libraries*, pp. 195–204, 2000.

[449] L. Mui, M. Mohtashemi, and A. Halberstadt. A computational model of trust and reputation. *IEEE International Conference on System Sciences*, pp. 2413–2439, 2002.

[450] T. Murakami, K. Mori, and R. Orihara. Metrics for evaluating the serendipity of recommendation lists. *New Frontiers in Artificial Intelligence*, pp. 40–46, 2008.

[451] A. Narayanan and V. Shmatikov. How to break anonymity of the Netflix prize dataset. *arXiv preprint cs/0610105*, 2006. http://arxiv.org/abs/cs/0610105

[452] G. Nemhauser, and L. Wolsey. Integer and combinatorial optimization. *Wiley*, New York, 1988.

[453] J. Neville, and D. Jensen. Iterative classification in relational data. *AAAI Workshop on Learning Statistical Models from Relational Data*, pp. 13–20, 2000.

[454] Q. Nguyen and F. Ricci. User preferences initialization and integration in critique-based mobile recommender systems. *Artificial Intelligence in Mobile Systems*, pp. 71–78, 2004.

[455] X. Ning and G. Karypis. SLIM: Sparse linear methods for top-N recommender systems. *IEEE International Conference on Data Mining*, pp. 497–506, 2011.

[456] X. Ning and G. Karypis. Sparse linear methods with side information for top-n recommendations. *ACM Conference on Recommender Systems*, pp. 155–162, 2012.

[457] D. Oard and J. Kim. Implicit feedback for recommender systems. *Proceedings of the AAAI Workshop on Recommender Systems*, pp. 81–83, 1998.

[458] K. Oku, S. Nakajima, J. Miyazaki, and S. Uemura. Context-aware SVM for context-dependent information recommendation. *International Conference on Mobile Data Management*, pp. 109–109, 2006.

[459] F. Del Olmo and E. Gaudioso. Evaluation of recommender systems: A new approach. *Expert Systems with Applications*, 35(3), pp. 790–804, 2008.

[460] P. Paatero and U. Tapper. Positive matrix factorization: A non-negative factor model with optimal utilization of error estimates of data values. *Environmetrics*, 5(2), pp. 111–126, 1994.

[461] A. Paolo, P. Massa, and R. Tiella. A trust-enhanced recommender system application: Moleskiing. *ACM Symposium on Applied Computing*, pp. 1589–1593, 2005.

[462] D. Park, H. Kim, I. Choi, and J. Kim. A literature review and classification of recommender systems research. *Expert Systems with Applications*, 29(11), pp. 10059–10072,

2012.

[463] Y. Park and A. Tuzhilin. The long tail of recommender systems and how to leverage it. *Proceedings of the ACM Conference on Recommender Systems*, pp. 11–18, 2008.

[464] M. Park, J. Hong, and S. Cho. Location-based recommendation system using Bayesian user's preference model in mobile devices. *Ubiquitous Intelligence and Computing*, pp. 1130–1139, 2007.

[465] L. Page, S. Brin, R. Motwani, and T. Winograd. The PageRank citation engine: Bringing order to the web. *Technical Report*, 1999–0120, Computer Science Department, Stanford University, 1998.

[466] C. Palmisano, A. Tuzhilin, and M. Gorgoglione. Using context to improve predictive modeling of customers in personalization applications. *IEEE Transactions on Knowledge and Data Engineering*, 20(11), pp. 1535–1549, 2008.

[467] R. Pan, Y. Zhou, B. Cao, N. Liu, R. Lukose, M. Scholz, Q. Yang. One-class collaborative filtering. *IEEE International Conference on Data Mining*, pp. 502–511, 2008.

[468] R. Pan, and M. Scholz. Mind the gaps: weighting the unknown in large-scale one-class collaborative filtering. *ACM KDD Conference*, pp. 667–676, 2009.

[469] W. Pan and L. Chen. CoFiSet: Collaborative filtering via learning pairwise preferences over item-sets. *SIAM Conference on Data Mining*, 2013.

[470] U. Panniello, A. Tuzhilin, and M. Gorgoglione. Comparing context-aware recommender systems in terms of accuracy and diversity. *User Modeling and User-Adapted Interaction*, 24: pp. 35–65, 2014.

[471] U. Panniello, A. Tuzhilin, M. Gorgoglione, C. Palmisano, and A. Pedone. Experimental comparison of pre- vs. post-filtering approaches in context-aware recommender systems. *ACM Conference on Recommender Systems*, pp. 265–268, 2009.

[472] S. Parthasarathy and C. Aggarwal. On the use of conceptual reconstruction for mining massively incomplete data sets. *IEEE Transactions on Knowledge and Data Engineering*, 15(6), pp. 1512–1521, 2003.

[473] A. Paterek. Improving regularized singular value decomposition for collaborative filtering. *Proceedings of KDD Cup and Workshop*, 2007.

[474] V. Pauca, J. Piper, and R. Plemmons. Nonnegative matrix factorization for spectral data analysis. *Linear algebra and its applications*, 416(1), pp. 29–47, 2006.

[475] M. Pazzani. A framework for collaborative, content-based and demographic filtering. *Artificial Intelligence Review*, 13, (5–6), 1999.

[476] M. Pazzani and D. Billsus. Learning and revising user profiles: The identification of interesting Web sites. *Machine learning*, 27(3), pp. 313–331, 1997.

[477] M. Pazzani and D. Billsus. Content-based recommendation systems. *Lecture Notes in Computer Science*, Springer, 4321, pp. 325–341, 2007.

[478] M. Pazzani, J. Muramatsu, and D. Billsus. Syskill and Webert: Identifying interesting Web sites. *AAAI Conference*, pp. 54–61, 1996.

[479] J. Pitkow and P. Pirolli. Mining longest repeating subsequences to predict WWW surfing. *USENIX Annual Technical Conference*, 1999.

[480] L. Pizzato, T. Rej, T. Chung, I. Koprinska, and J. Kay. RECON: a reciprocal recommender for online dating. *ACM Conference on Recommender systems*, pp. 207–214, 2010.

[481] L. Pizzato, T. Rej, T. Chung, K. Yacef, I. Koprinska, and J. Kay. Reciprocal recommenders. *Workshop on Intelligent Techniques for Web Personalization and Recommender Systems*, pp. 20–24, 2010.

[482] L. Pizzato, T. Rej, K. Yacef, I. Koprinska, and J. Kay. Finding someone you will like and who won't reject you. *User Modeling, Adaption and Personalization*, Springer, pp. 269–280, 2011.

[483] B. Polak, A. Herrmann, M. Heitmann, and M. Einhorn. Die Macht des Defaults – Wirkung von Empfehlungen und Vorgaben auf das individuelle Entscheidungsverhalten. [English Translation: *The power of defaults: Effect on individual choice behavior.*] *Zeitschrift fur Betriebswirtschaft*, 78(10), pp. 1033–1060, 2008.

[484] H. Polat and W. Du. Privacy-preserving collaborative filtering using randomized perturbation techniques. *IEEE International Conference on Data Mining*, pp. 625–628, 2003.

[485] H. Polat and W. Du. SVD-based collaborative filtering with privacy. *ACM symposium on Applied Computing*, pp. 791–795, 2005.

[486] P. Pu and L. Chen. Trust building with explanation interfaces. *International conference on Intelligent User Interfaces*, pp. 93–100, 2006.

[487] G. Qi, C. Aggarwal, Q. Tian, H. Ji, and T. S. Huang. Exploring context and content links in social media: A latent space method. *IEEE Transactions on Pattern Analysis and Machine Intelligence*, 34(5), pp. 850–862, 2012.

[488] G. Qi, C. Aggarwal, and T. Huang. Link prediction across networks by biased cross-network sampling. *IEEE ICDE Conference*, pp. 793–804, 2013.

[489] L. Quijano-Sanchez, J. Recio-Garcia, B. Diaz-Agudo,and G. Jimenez-Diaz. Social factors in group recommender systems. *ACM Transactions on Intelligent Systems and Technology (TIST)*, 4(1), 8, 2013.

[490] C. Quoc and V. Le. Learning to rank with nonsmooth cost functions. *Advances in Neural Information Processing Systems*, 19, pp. 193–200, 2007.

[491] J. Reilly, B. Smyth, L. McGinty, and K. McCarthy. Critiquing with confidence. *Case-Based Reasoning Research and Development*, pp. 436–450, 2005.

[492] J. Reilly, K. McCarthy, L. McGinty, and B. Smyth. Explaining compound critiques. *Artificial Intelligence Review*, 24(2), pp. 199–220, 2005.

[493] S. Rendle. Factorization machines. *IEEE International Conference on Data Mining*, pp. 995–100, 2010.

[494] S. Rendle. Factorization machines with libfm. *ACM Transactions on Intelligent Systems and Technology (TIST)*, 3(3), 57, 2012.

[495] S. Rendle. Context-aware ranking with factorization models. *Studies in Computational Intelligence*, Chapter 9, Springer, 2011.

[496] S. Rendle, Z. Gantner, C. Freudenthaler, and L. Schmidt-Thieme. Fast context-aware recommendations with factorization machines. *ACM SIGIR Conference*, pp. 635–644, 2011.

[497] S. Rendle, L. Balby Marinho, A. Nanopoulos, and A. Schmidt-Thieme. Learning optimal ranking with tensor factorization for tag recommendation. *ACM KDD Conference*, pp. 727–736, 2009.

[498] S. Rendle and L. Schmidt-Thieme. Pairwise interaction tensor factorization for personalized tag recommendation. *ACM International Conference on Web Search and Data Mining*, pp. 81–90, 2010.

[499] S. Rendle, C. Freudenthaler, Z. Gantner, and L. Schmidt-Thieme. BPR: Bayesian personalized ranking from implicit feedback. *Uncertainty in Artificial Intelligence (UAI)*, pp. 452–451, 2009.

[500] J. Rennie and N. Srebro. Fast maximum margin matrix factorization for collaborative prediction. *ICML Conference*, pp. 713–718, 2005.

[501] P. Resnick, N. Iacovou, M. Suchak, P. Bergstrom, and J. Riedl. GroupLens: an open architecture for collaborative filtering of netnews. *Proceedings of the ACM Conference on Computer Supported Cooperative Work*, pp. 175–186, 1994.

[502] P. Resnick and R. Sami. The influence limiter: provably manipulation-resistant recommender systems. *ACM Conference on Recommender Systems*, pp. 25–32, 2007.

[503] P. Resnick and R. Sami. The information cost of manipulation resistance in recommender systems. *ACM Conference on Recommender Systems*, pp. 147–154, 2008.

[504] F. Ricci. Mobile recommender systems. *Information Technology and Tourism*, 12(3), pp. 205–213, 2010.

[505] F. Ricci, L. Rokach, B. Shapira, and P. Kantor. Recommender systems handbook. *Springer*, New York, 2011.

[506] F. Ricci and P. Avesani. Learning a local similarity metric for case-based reasoning. *International Conference on Case-Based Reasoning Research and Development*, pp. 301–312, 1995.

[507] F. Ricci, B. Arslan, N. Mirzadeh, and A. Venturini. LTR: A case-based travel advisory system. *European Conference on Case-Based Reasoning*, pp. 613–627, 2002.

[508] E. Rich. User modeling via stereotypes. *Cognitive Science*, 3(4), pp. 329–354, 1979.

[509] M. Richardson, R. Agrawal, and P. Domingos. Trust management for the semantic Web. *The Semantic Web*, Springer, pp. 351–368, 2003.

[510] M. Richardson and P. Domingos. Mining knowledge-sharing sites for viral marketing. *ACM KDD Conference*, pp. 61–70, 2002.

[511] J. Rocchio. Relevance feedback information retrieval. *The SMART retrieval system – experiments in automated document processing* , pp. 313–323, Prentice-Hall, Englewood Cliffs, NJ, 1971.

[512] P. Rousseeuw and A. Leroy. Robust regression and outlier detection *John Wiley and Sons*, 2005.

[513] N. Rubens, D. Kaplan, and M. Sugiyama. Active learning in recommender systems. *Recommender Systems Handbook*, Springer, pp. 735–767, 2011.

[514] N. Sahoo, R. Krishnan, G. Duncan, and J. Callan. Collaborative filtering with multi-component rating for recommender systems. *Proceedings of the sixteenth workshop on information technologies and systems*, 2006.

[515] A. Said, S. Berkovsky, and E. de Luca. Putting things in context: challenge on context-aware movie recommendation. *Proceedings of the Workshop on Context-Aware Movie Recommendation*, 2010.

[516] T. Sainath, B. Kingsbury, V. Sindhwani, E. Arisoy, and B. Ramabhadran. Low-rank matrix factorization for deep neural network training with high-dimensional output targets. *Acoustics, Speech and Signal Processing (ICASSP)*, pp. 6655–6659, 2013.

[517] R. Salakhutdinov, and A. Mnih. Probabilistic matrix factorization. *Advances in Neural and Information Processing Systems*, pp. 1257–1264, 2007.

[518] R. Salakhutdinov, and A. Mnih. Bayesian probabilistic matrix factorization using Markov chain Monte Carlo. *International Conference on Machine Learning*, pp. 880–887, 2008.

[519] R. Salakhutdinov, A. Mnih, and G. Hinton. Restricted Boltzmann machines for collaborative filtering. *International conference on Machine Learning*, pp. 791–798, 2007.

[520] J. Salter, and N. Antonopoulos. CinemaScreen recommender agent: combining collaborative and content-based filtering. *Intelligent Systems*, 21(1), pp. 35–41, 2006.

[521] P. Samarati. Protecting respondents identities in microdata release. *IEEE Transaction on Knowledge and Data Engineering*, 13(6), pp. 1010–1027, 2001.

[522] J. Sandvig, B. Mobasher, and R. Burke. Robustness of collaborative recommendation based on association rule mining. *ACM Conference on Recommender Systems*, pp. 105–12, 2007.

[523] J. Sandvig, B. Mobasher, and R. Burke. A survey of collaborative recommendation and the robustness of model-based algorithms. *IEEE Data Engineering Bulletin*, 31(2), pp. 3–13, 2008.

[524] B. Sarwar, G. Karypis, J. Konstan, and J. Riedl. Item-based collaborative filtering recommendation algorithms. *World Wide Web Conference*, pp. 285–295, 2001.

[525] B. Sarwar, G. Karypis, J. Konstan, and J. Riedl. Application of dimensionality reduction in recommender system – a case study. *WebKDD Workshop at ACM SIGKDD Conference, 2000*. Also appears at *Technical Report TR-00-043*, University of Minnesota, Minneapolis, 2000. https://wwws.cs.umn.edu/tech_reports_upload/tr2000/00-043.pdf

[526] B. Sarwar, J. Konstan, A. Borchers, J. Herlocker, B. Miller, and J. Riedl. Using filtering agents to improve prediction quality in the grouplens research collaborative filtering system. *ACM Conference on Computer Supported Cooperative Work*, pp. 345–354, 1998.

[527] B. Sarwar, G. Karypis, J. Konstan, and J. Riedl. Incremental singular value decomposition algorithms for highly scalable recommender systems. *International Conference on Computer and Information Science*, pp. 27–28, 2002.

[528] B. Sarwar, G. Karypis, J. Konstan, and J. Riedl. Recommender systems for large-scale e-commerce: Scalable neighborhood formation using clustering. *International Conference on Computer and Information Technology*, 2002.

[529] J. Schafer, D. Frankowski, J. Herlocker,and S. Sen. Collaborative filtering recommender systems. *Lecture Notes in Computer Science*, Vol. 4321, pp. 291–324, 2006.

[530] J. Schafer, J. Konstan, and J. Riedl. Recommender systems in e-commerce. *ACM Conference on Electronic Commerce*, pp. 158–166, 1999.

[531] L. Schaupp and F. Belanger. A conjoint analysis of online consumer satisfaction. *Journal of Electronic Commerce Research*, 6(2), pp. 95–111, 2005.

[532] S. Schechter, M. Krishnan, and M. D. Smith. Using path profiles to predict http requests. *World Wide Web Conference*, 1998.

[533] A. Schein, A. Popescul, L. Ungar, and D. Pennock. Methods and metrics for cold-start recommendations. *ACM SIGIR Conference*, 2002.

[534] I. Schwab, A. Kobsa, and I. Koychev. Learning user interests through positive examples using content analysis and collaborative filtering. Internal Memo, GMD, St. Augustin, Germany, 2001.

[535] S. Sen, J. Vig, and J. Riedl. Tagommenders: connecting users to items through tags. *World Wide Web Conference*, pp. 671–680, 2009.

[536] S. Sen, J. Vig, and J. Riedl. Learning to recognize valuable tags. *International Conference on Intelligent User Interfaces*, pp. 87–96, 2009.

[537] D. Seung, and L. Lee. Algorithms for non-negative matrix factorization. *Advances in Neural Information Processing Systems*, 13, pp. 556–562, 2001.

[538] G. Shani and A. Gunawardana. Evaluating recommendation systems. *Recommender Systems Handbook*, pp. 257–297, 2011.

[539] G. Shani, M. Chickering, and C. Meek. Mining recommendations from the Web. *ACM Conference on Recommender Systems*, pp. 35–42, 2008.

[540] U. Shardanand and P. Maes. Social information filtering: algorithms for automating word of mouth. *ACM Conference on Human Factors in Computing Systems*, 1995.

[541] H. Shen and J. Z. Huang. Sparse principal component analysis via regularized low rank matrix approximation. *Journal of multivariate analysis*. 99(6), pp. 1015–1034, 2008.

[542] A. Shepitsen, J. Gemmell, B. Mobasher, and R. Burke. Personalized recommendation in social tagging systems using hierarchical clustering. *ACM Conference on Recommender Systems*, pp. 259–266. 2008.

[543] B. Sheth and P. Maes. Evolving agents for personalized information filtering. *Ninth Conference on Artificial Intelligence for Applications*, pp. 345–352, 1993.

[544] Y. Shi, M. Larson, and A. Hanjalic. Collaborative filtering beyond the user-item matrix: A survey of the state of the art and future challenges. *ACM Computing Surveys (CSUR)*, 47(1), 3, 2014.

[545] Y. Shi, M. Larson, and A. Hanjalic. List-wise learning to rank with matrix factorization for collaborative filtering. *ACM Conference on Recommender Systems*, 2010.

[546] Y. Shi, A. Karatzoglou, L. Baltrunas, M. Larson, N. Oliver, and A. Hanjalic. CLiMF: Learning to maximize reciprocal rank with collaborative less-is-more collaborative filtering. *ACM Conference on Recommender Systems*, pp. 139–146, 2012.

[547] Y. Shi, A. Karatzoglou, L. Baltrunas, M. Larson, and A. Hanjalic. GAPfm: Optimal top-*n* recommendations for graded relevance domains. *ACM Conference on Information and Knowledge Management*, pp. 2261–2266, 2013.

[548] Y. Shi, A. Karatzoglou, L. Baltrunas, M. Larson, and A. Hanjalic. xCLiMF: optimizing expected reciprocal rank for data with multiple levels of relevance. *ACM Conference on Recommender Systems*, pp. 431–434, 2013.

[549] Y. Shi, A. Karatzoglou, L. Baltrunas, M. Larson, A. Hanjalic, and N. Oliver. TFMAP: Optimizing MAP for top-*n* context-aware recommendation. *ACM SIGIR Conference on Research and Development in Information Retrieval*, pp. 155–164, 2012.

[550] H. Shimazu, A. Shibata, and K. Nihei. ExpertGuide: A conversational case-based reasoning tool for developing mentors in knowledge spaces. *Applied Intelligence*, 14(1), pp. 33–48, 2002.

[551] R. Shokri, P. Pedarsani, G. Theodorakopoulos, and J. Hubaux. Preserving privacy in collaborative filtering through distributed aggregation of offline profiles. *ACM Conference on Recommender Systems*, pp. 157–164, 2009.

[552] M.-L. Shyu, C. Haruechaiyasak, S.-C. Chen, and N. Zhao. Collaborative filtering by mining association rules from user access sequences. *Workshop on Challenges in Web Information Retrieval and Integration*, pp. 128–135, 2005.

[553] B. Sigurbjornsson and R. Van Zwol. Flickr tag recommendation based on collective knowledge. *World Wide Web Conference*, pp. 327–336, 2008.

[554] J. Sill, G. Takacs, L. Mackey, and D. Lin. Feature-weighted linear stacking. *arXiv preprint*, arXiv:0911.0460, 2009. http://arxiv.org/pdf/0911.0460.pdf

[555] Y. Song, L. Zhang and C. L. Giles. Automatic tag recommendation algorithms for social recommender systems. *ACM Transactions on the Web (TWEB)*, 5(1), 4, 2011.

[556] Y. Song, Z. Zhuang, H. Li, Q. Zhao, J. Li, W. Lee, and C. L. Giles. Real-time automatic tag recommendation. *ACM SIGIR Conference*, pp. 515–522, 2008.

[557] A. P. Singh and G. J. Gordon. Relational learning via collective matrix factorization. *ACM KDD Conference*, pp. 650–658, 2008.

[558] B. Smyth. Case-based recommendation. *The Adaptive Web*, pp. 342–376, Springer, 2007.

[559] B. Smyth and P. Cotter. A personalized television listings service. *Communications of the ACM*, 43(8), pp. 107–111, 2000.

[560] B. Smyth and P. McClave. Similarity vs. diversity. *Case-Based Reasoning Research and Development*, pp. 347–361, 2001.

[561] H. Sorensen and M. McElligott. PSUN: a profiling system for Usenet news. *CIKM Intelligent Information Agents Workshop*, 1995.

[562] J. Srivastava, R. Cooley, M. Deshpande, and P.-N. Tan. Web usage mining: discovery and applications of usage patterns from Web data. *ACM SIGKDD Explorations*, 1(2), pp. 12–23, 2000.

[563] A. Stahl. Learning feature weights from case order feedback. *International Conference on Case-Based Reasoning*, pp. 502–516, 2001.

[564] H. Steck. Item popularity and recommendation accuracy. *ACM Conference on Recommender Systems*, pp. 125–132, 2011.

[565] H. Steck. Training and testing of recommender systems on data missing not at random. *ACM KDD Conference*, pp. 713–722, 2010.

[566] H. Steck. Evaluation of recommendations: rating-prediction and ranking. *ACM Con-*

ference on Recommender Systems, pp. 213–220, 2013.

[567] H. Stormer. Improving e-commerce recommender systems by the identification of seasonal products. *Conference on Artificial Intelligence*, pp. 92–99, 2007.

[568] G. Strang. An introduction to linear algebra. *Wellesley Cambridge Press*, 2009.

[569] N. Srebro, J. Rennie, and T. Jaakkola. Maximum-margin matrix factorization. *Advances in neural information processing systems*, pp. 1329–1336, 2004.

[570] X. Su and T. Khoshgoftaar. A survey of collaborative filtering techniques. *Advances in artificial intelligence*, 4, 2009.

[571] X. Su, T. Khoshgoftaar, X. Zhu, and R. Greiner. Imputation-boosted collaborative filtering using machine learning classifiers. *ACM symposium on Applied computing*, pp. 949–950, 2008.

[572] X. Su, H. Zeng, and Z. Chen. Finding group shilling in recommendation system. *World Wide Web Conference*, pp. 960–961, 2005.

[573] K. Subbian, C. Aggarwal, and J. Srivasatava. Content-centric flow mining for influence analysis in social streams. *CIKM Conference*, pp. 841–846, 2013.

[574] B. O'Sullivan, A. Papadopoulos, B. Faltings, and P. Pu. Representative explanations for over-constrained problems. *AAAI Conference*, pp. 323–328, 2007.

[575] J. Sun and J. Tang. A survey of models and algorithms for social influence analysis. *Social Network Data Analytics*, Springer, pp. 177–214, 2011.

[576] Y. Sun, J. Han, C. Aggarwal, and N. Chawla. When will it happen?: relationship prediction in heterogeneous information networks. *ACM International Conference on Web Search and Data Mining*, pp. 663–672, 2012.

[577] Y. Sun, R. Barber, M. Gupta, C. Aggarwal, and J. Han. Co-author relationship prediction in heterogeneous bibliographic networks. *Advances in Social Networks Analysis and Mining (ASONAM)*, pp. 121–128, 2011.

[578] D. Sutherland, B. Poczos, and J. Schneider. Active learning and search on low-rank matrices. *ACM KDD Conference*, pp. 212–220, 2013.

[579] R. Sutton and A. Barto. Reinforcement learning: An introduction, *MIT Press*, Cambridge, 1998.

[580] P. Symeonidis, E. Tiakas, and Y. Manolopoulos. Transitive node similarity for link prediction in social networks with positive and negative links. *ACM Conference on Recommender Systems*, pp. 183–190, 2010.

[581] P. Symeonidis, E. Tiakas, and Y. Manolopoulos. Product recommendation and rating prediction based on multi-modal social networks. *ACM Conference on Recommender Systems*, pp. 61–68, 2011.

[582] P. Symeonidis, A. Nanopoulos, and Y. Manolopoulos. A unified framework for providing recommendations in social tagging systems based on ternary semantic analysis. *IEEE Transactions on Knowledge and Data Engineering*, 22(2), pp. 179–192, 2010.

[583] P. Symeonidis, A. Nanopoulos, and Y Manolopoulos. Tag recommendations based on tensor dimensionality reduction. *ACM Conference on Recommender Systems*, pp. 43–50, 2008.

[584] M. Szomszor, C. Cattuto, H. Alani, K. O'Hara, A. Baldassarri, V. Loreto, and V. Servedio. Folksonomies, the semantic web, and movie recommendation. *Bridging the Gap between the Semantic Web and Web 2.0*, pp. 71–84, 2007.

[585] N. Taghipour, A. Kardan, and S. Ghidary. Usage-based web recommendations: a reinforcement learning approach. *ACM Conference on Recommender Systems*, pp. 113–120, 2007.

[586] G. Takacs, I. Pilaszy, B. Nemeth, and D. Tikk. Matrix factorization and neighbor based algorithms for the Netflix prize problem. *ACM Conference on Recommender Systems*, pp. 267–274, 2008.

[587] G. Takacs, I. Pilaszy, B. Nemeth, and D. Tikk. Scalable collaborative filtering approaches for large recommender systems. *Journal of Machine Learning Research*, 10, pp. 623–656, 2009.

[588] J. Tang, X. Hu, and H. Liu. Social recommendation: a review. *Social Network Analysis and Mining*, 3(4), pp. 1113–1133, 2013.

[589] J. Tang, J. Sun, C. Wang, and Z. Yang. Social influence analysis in large-scale networks. *ACM KDD Conference*, pp. 807–816, 2009.

[590] J. Tang, C. Aggarwal, and H. Liu. Recommendations in signed social networks. *World Wide Web Conference*, 2016.

[591] J. Tang, S. Chang, C. Aggarwal, and H. Liu. Negative link prediction in social media. *Web Search and Data Mining Conference*, 2015.

[592] J. Tang, X. Hu, Y. Chang, and H. Liu. Predictability of distrust with interaction data. *ACM International Conference on Information and Knowledge Management (CIKM)*, pp. 181–190, 2014.

[593] J. Tang, X. Hu and H. Liu. Is distrust the negation of trust? The value of distrust in social media. *ACM Hypertext Conference (HT)*, pp. 148–157, 2014.

[594] J. Tang, H. Gao, X. Hu, and H. Liu. Exploiting homophily effect for trust prediction. *ACM International Conference on Web Search and Data Mining*, pp. 53–62, 2013.

[595] T. Tang, P. Winoto, and K. C. C. Chan. On the temporal analysis for improved hybrid recommendations. *International Conference on Web Intelligence*, pp. 214–220, 2003.

[596] T. Tang and G. McCalla. The pedagogical value of papers: a collaborative-filtering based paper recommender. *Journal of Digital Information*, 10(2), 2009.

[597] W. Tang, Y. Ma, and Z. Chen. Managing trust in peer-to-peer networks. *Journal of Digital Information Management*, 3(2), pp. 58–63, 2005.

[598] N. Tintarev and J. Masthoff. Designing and evaluating explanations for recommender systems. *Recommender Systems Handbook*, pp. 479–510, 2011.

[599] E. G. Toms. Serendipitous information retrieval. *DELOS Workshop: Information Seeking, Searching and Querying in Digital Libraries*, 2000.

[600] R. Torres, S. M. McNee, M. Abel, J. Konstan, and J. Riedl. Enhancing digital libraries with TechLens+. *ACM/IEEE-CS Joint Conference on Digital libraries*, pp. 228–234, 2004.

[601] T. Tran and R. Cohen. Hybrid recommender systems for electronic commerce. *Knowledge-Based Electronic Markets, Papers from the AAAI Workshop*, Technical Report WS-00-04, pp. 73–83, 2000.

[602] M.-H. Tsai, C. Aggarwal, and T. Huang. Ranking in heterogeneous social media. *Web Search and Data Mining Conference*, 2014.

[603] K. Tso-Sutter, L. Marinho, L. Schmidt-Thieme. Tag-aware recommender systems by fusion of collaborative filtering algorithms. *ACM Symposium on Applied Computing*, pp. 1995–1999, 2008.

[604] A. Tsoukias, N. Matsatsinis, and K. Lakiotaki. Multi-criteria user modeling in recommender systems. *IEEE Intelligent Systems*, 26(2), pp. 64–76, 2011.

[605] L. Tucker. Some mathematical notes on three-model factor analysis. *Psychometrika*, 31, pp. 279–311, 1966.

[606] A. Tveit. Peer-to-peer based recommendations for mobile commerce. *Proceedings of the International Workshop on Mobile Commerce*, pp. 26–29, 2001.

[607] A. Umyarov, and A. Tuzhilin. Using external aggregate ratings for improving individual recommendations. *ACM Transactions on the Web (TWEB)*, 5(1), 3, 2011.

[608] L. Ungar and D. Foster. Clustering methods for collaborative filtering. *AAAI Workshop on Recommendation Systems*. Vol. 1, 1998.

[609] B. van Roy and X. Yan. Manipulation-resistant collaborative filtering systems. *ACM Conference on Recommender Systems*, pp. 165–172, 2009.

[610] M. van Satten. Supporting people in finding information: Hybrid recommender systems and goal-based structuring. *Ph.D. Thesis*, Telemetica Instituut, University of Twente, Netherlands, 2005.

[611] M. van Setten, S. Pokraev, and J. Koolwaaij. Context-aware recommendations in the mobile tourist application compass. *Adaptive Hypermedia*, Springer, pp. 235–244, 2004.

[612] K. Verbert, N. Manouselis, X. Ochoa, M. Wolpers, H. Drachsler, I. Bosnic, and E. Duval. Context-aware recommender systems for learning: a survey and future challenges. *IEEE Transactions on Learning Technologies*, 5(4), pp. 318–335, 2012.

[613] K. Verstrepen and B. Goethals. Unifying nearest neighbors collaborative filtering. *ACM Conference on Recommender Systems*, pp. 177–184, 2014.

[614] P. Victor, C. Cornelis, M. De Cock, and P. Da Silva. Gradual trust and distrust in recommender systems. *Fuzzy Sets and Systems*, 160(10), pp. 1367–1382, 2009.

[615] P. Victor, C. Cornelis, M. De Cock, and E. Herrera-Viedma. Practical aggregation operators for gradual trust and distrust. *Fuzzy Sets and Systems*, 184(1), pp. 126–147, 2011.

[616] P. Victor, M. De Cock, and C. Cornelis. Trust and Recommendations. *Recommender Systems Handbook*, Springer, pp. 645–675, 2011.

[617] P. Victor, C. Cornelis, M. De Cock, and A. Teredesai. Trust-and distrust-based recommendations for controversial reviews. *Proceedings of the WebSci*, 2009. http://journal.webscience.org/161/2/websci09_submission_65.pdf

[618] V. Vlahakis, N. Ioannidis, J. Karigiannis, M. Tsotros, M. Gounaris, D. Stricker, T. Gleue, P. Daehne, and L. Almeida. Archeoguide: an augmented reality guide for archaeological sites. IEEE Computer Graphics and Applications, 22(5), pp. 52–60, 2002.

[619] L. von Ahn, M. Blum, N. Hopper, and J. Langford. CAPTCHA: Using hard AI problems for security. *Advances in Cryptology – EUROCRYPT*, pp. 294–311, 2003.

[620] S. Vucetic and Z. Obradovic. Collaborative filtering using a regression-based approach. *Knowledge and Information Systems*, 7(1), pp. 1–22, 2005.

[621] C. Wang, J. Han, Y. Jia, J. Tang, D. Zhang, Y. Yu, and J. Guo. Mining advisor-advisee relationships from research publication networks. *ACM KDD Conference*, pp. 203–212, 2010.

[622] J. Wang, A. de Vries, and M. Reinders. Unifying user-based and item-based similarity approaches by similarity fusion. *ACM SIGIR Conference*, pp. 501–508, 2006.

[623] A. M. Ahmad Wasfi. Collecting user access patterns for building user profiles and collaborative filtering. *International Conference on Intelligent User Interfaces*, pp. 57–64, 1998.

[624] M. Weimer, A. Karatzoglou, Q. Le, and A. Smola. CoFiRank: Maximum margin matrix factorization for collaborative ranking. *Advances in Neural Information Processing Systems*, 2007.

[625] M. Weimer, A. Karatzoglou, and A. Smola. Improving maximum margin matrix factorization. *Machine Learning*, 72(3), pp. 263–276, 2008.

[626] S.-S. Weng, L. Binshan, and W.-T. Chen. Using contextual information and multidimensional approach for recommendation. *Expert Systems and Applications*, 36, pp. 1268–1279, 2009.

[627] D. Wettschereck and D. Aha. Weighting features. *International Conference on Case-Based Reasoning*, pp. 347–358. 1995.

[628] J. White. Bandit algorithms for Website optimization. *O'Reilly Media, Inc*, 2012.

[629] S. Wild, J. Curry, and A. Dougherty. Improving non-negative matrix factorizations

through structured initialization. *Pattern Recognition*, 37(11), pp. 2217–2232, 2004.

[630] C. Williams, B. Mobasher, and R. Burke. Defending recommender systems: detection of profile injection attacks. *Service Oriented Computing and Applications*, 1(3), pp. 157–170, 2007.

[631] C. Williams, B. Mobasher, R. Burke, J. Sandvig, and R. Bhaumik. Detection of obfuscated attacks in collaborative recommender systems. *ECAI Workshop on Recommender Systems*, 2006.

[632] C. Willmott and K. Matsuura. Advantages of the mean absolute error (MAE) over the root mean square error (RMSE) in assessing average model performance. *Climate Research*, 30(1), 79, 2005.

[633] W. Woerndl, C. Schueller, and R. Wojtech. A hybrid recommender system for context-aware recommendations of mobile applications. *IEEE International Conference on Data Engineering Workshop*, pp. 871–878, 2007.

[634] D. H. Wolpert. *Stacked generalization*. Neural Networks, 5(2), pp. 241–259, 1992.

[635] P. Wu, C. Yeung, W. Liu, C. Jin, and Y. Zhang. Time-aware collaborative filtering with the piecewise decay function. *arXiv preprint*, arXiv:1010.3988, 2010. http://arxiv.org/pdf/1010.3988.pdf

[636] K. L. Wu, C. C. Aggarwal, and P. S. Yu. Personalization with dynamic profiler. *International Workshop on Advanced Issues of E-Commerce and Web-Based Information Systems*, pp. 12–20, 2001. Also available online as *IBM Research Report*, RC22004, 2001. Search interface at http://domino.research.ibm.com/library/cyberdig.nsf/index.html

[637] M. Wu. Collaborative filtering via ensembles of matrix factorizations. *Proceedings of the KDD Cup and Workshop*, 2007.

[638] Z. Xia, Y. Dong, and G. Xing. Support vector machines for collaborative filtering. *Proceedings of the 44th Annual Southeast Regional Conference*, pp. 169–174, 2006.

[639] L. Xiang, Q. Yuan, S. Zhao, L. Chen, X. Zhang, Q. Yang, and J. Sun. Temporal recommendation on graphs via long-and short-term preference fusion. *ACM KDD Conference*, pp. 723–732, 2010.

[640] Z. Xiang and U. Gretzel. Role of social media in online travel information search. *Tourism Management*, 31(2), pp. 179–188, 2010.

[641] H. Xie, L. Chen, and F. Wang. Collaborative Compound Critiquing. *User Modeling, Adaptation, and Personalization*, Springer, pp. 254–265, 2014.

[642] Y. Xin and T. Jaakkola. Controlling privacy in recommender systems. *Advances in Neural Information Processing Systems*, pp. 2618–2626, 2014.

[643] B. Xu, J. Bu, C. Chen, and D. Cai. An exploration of improving collaborative recommender systems via user-item subgroups. *World Wide Web Conference*, pp. 21–30, 2012.

[644] G. Xue, C. Lin, Q. Yang, W. Xi, H. Zeng, Y. Yu, and Z. Chen. Scalable collaborative filtering using cluster-based smoothing. *ACM SIGIR Conference*, pp. 114–121, 2005.

[645] W. Yang, H. Cheng, and J. Dia. A location-aware recommender system for mobile shopping environments. *Expert Systems with Applications*, 34(1), pp. 437–445, 2008.

[646] X. Yang, Y. Guo, Y. Liu, and H. Steck. A survey of collaborative filtering based social recommender systems. *Computer Communications*, 41, pp. 1–10, 2014.

[647] H. Yildirim, and M. Krishnamoorthy. A random walk method for alleviating the sparsity problem in collaborative filtering. *ACM Conference on Recommender Systems*, pp. 131–138, 2008.

[648] H. Yin, B. Cui, J. Li, J. Yao, and C. Chen. Challenging the long tail recommendation. *Proceedings of the VLDB Endowment*, 5(9), pp. 896–907, 2012.

[649] H. Yin, Y. Sun, B. Cui, Z. Hu, and L. Chen. LCARS: A location-content-aware recommender system. *ACM KDD Conference*, pp. 221–229, 2013.

[650] H. F. Yu, C. Hsieh, S. Si, and I. S. Dhillon. Scalable coordinate descent approaches to parallel matrix factorization for recommender systems. *IEEE International Conference on Data Mining*, pp. 765–774, 2012.

[651] K. Yu, S. Zhu, J. Lafferty, and Y. Gong. Fast nonparametric matrix factorization for large-scale collaborative filtering. *ACM SIGIR Conference*, pp. 211–218, 2009.

[652] K. Yu, A. Shcwaighofer, V. Tresp, W.-Y. Ma, and H. Zhang. Collaborative ensemble learning. combining collaborative and content-based filtering via hierarchical Bayes, *Conference on Uncertainty in Artificial Intelligence*, pp. 616–623, 2003.

[653] Z. Yu, X. Zhou, Y. Hao, and J. Gu. TV program recommendation for multiple viewers based on user profile merging. *User Modeling and User-Adapted Interaction*, 16(1), pp. 63–82, 2006.

[654] Z. Yu, X. Zhou, D. Zhang, C. Y. Chin, and X. Wang. Supporting context-aware media recommendations for smart phones. *IEEE Pervasive Computing*, 5(3), pp. 68–75, 2006.

[655] Q. Yuan, G. Cong, Z. Ma, A. Sun, and N. Thalmann. Time-aware point-of-interest recommendation. *ACM SIGIR Conference*, pp. 363–372, 2013.

[656] R. Zafarani, M. A. Abbasi, and H. Liu. Social media mining: an introduction. *Cambridge University Press*, New York, 2014.

[657] H. Zakerzadeh, C. Aggarwal and K. Barker. Towards breaking the curse of dimensionality for high-dimensional privacy. *SIAM Conference on Data Mining*, pp. 731–739, 2014.

[658] F. Zaman and H. Hirose. Effect of subsampling rate on subbagging and related ensembles of stable classifiers. *Lecture Notes in Computer Science*, Springer, Volume 5909, pp. 44–49, 2009.

[659] M. Zanker and M. Jessenitschnig. Case studies on exploiting explicit customer requirements in recommender systems. *User Modeling and User-Adapted Interaction*, 19(1–2), pp. 133–166, 2009.

[660] M. Zanker, M. Aschinger, and M. Jessenitschnig. Development of a collaborative and constraint-based web configuration system for personalized bundling of products and services. *Web Information Systems Engineering–WISE*, pp. 273–284, 2007.

[661] M. Zanker, M. Aschinger, and M. Jessenitschnig. Constraint-based personalised configuring of product and service bundles. *International Journal of Mass Customisation*, 3(4), pp. 407–425, 2010.

[662] Y. Zhai, and B. Liu. Web data extraction based on partial tree alignment. *World Wide Web Conference*, pp. 76–85, 2005.

[663] J. Zhang, M. Ackerman, and L. Adamic. Expertise networks in online communities: structure and algorithms. *World Wide Web Conference*, pp. 221–230, 2007.

[664] J. Zhang and P. Pu. A comparative study of compound critique generation in conversational recommender systems. *Adaptive Hypermedia and Adaptive Web-Based Systems*, pp. 234–243, Springer, 2006.

[665] J. Zhang, N. Jones, and P. Pu. A visual interface for critiquing-based recommender systems. *Proceedings of the ACM conference on Electronic Commerce*, pp. 230–239, 2008.

[666] S. Zhang, W. Wang, J. Ford, and F. Makedon. Learning from incomplete ratings using nonnegative matrix factorization. *SIAM Conference on Data Mining*, pp. 549–553, 2006.

[667] S. Zhang, J. Ford, and F. Makedon Deriving Private Information from Randomly Perturbed Ratings. *SIAM Conference on Data Mining*, pp. 59–69, 2006. .

[668] S. Zhang, A. Chakrabarti, J. Ford, and F. Makedon. Attack detection in time series for recommender systems. *ACM KDD Conference*, pp. 809–814, 2006.

[669] T. Zhang and V. Iyengar. Recommender systems using linear classifiers. *Journal of Machine Learning Research*, 2, pp. 313–334, 2002.

[670] Y. Zhang, J. Callan, and T. Minka. Novelty and redundancy detection in adaptive filtering. *ACM SIGIR Conference*, pp. 81–88, 2002.

[671] Z. Zhang, T. Zhou, and Y. Zhang. Tag-aware recommender systems: A state-of-the-art survey. *Journal of Computer Science and Technology*, 26(5), pp. 767–777, 2011.

[672] Z. Zhang, C. Liu, and Y, Zhang. Solving the cold-start problem in recommender systems with social tags. *EPL (Europhysics Letters)*, 92(1), 2800, 2010.

[673] Y. Zhen, W. Li, and D. Yeung. TagiCoFi: tag informed collaborative filtering. *ACM Conference on Recommender Systems*, pp. 69–76, 2009.

[674] D. Zhou, O. Bousquet, T. Lal, J. Weston, and B. Scholkopf. Learning with local and global consistency. *Advances in Neural Information Processing Systems*, 16(16), pp. 321–328, 2004.

[675] D. Zhou, J. Huang, and B. Scholkopf. Learning from labeled and unlabeled data on a directed graph. *ICML Conference*, pp. 1036–1043, 2005.

[676] K. Zhou, S. Yang, and H. Zha. Functional matrix factorizations for cold-start recommendation. *ACM SIGIR Conference*, pp. 315–324, 2011.

[677] Y. Zhou, D. Wilkinson, R. Schreiber, and R. Pan. Large-scale parallel collaborative filtering for the Netflix prize. *Algorithmic Aspects in Information and Management*, pp. 337–348, 2008.

[678] X. Zhu, Z. Ghahramani, and J. Lafferty. Semi-supervised learning using gaussian fields and harmonic functions. *ICML Conference*, pp. 912–919, 2003.

[679] C. Ziegler. Applying feed-forward neural networks to collaborative filtering, Master's Thesis, Universitat Freiburg, 2006.

[680] C. Ziegler, S. McNee, J. Konstan, and G. Lausen. Improving recommendation lists through topic diversification. *World Wide Web Conference*, pp. 22–32, 2005.

[681] C. Ziegler and J. Golbeck. Investigating interactions of trust and interest similarity. *Decision Support Systems*, 43(2), pp. 460–475, 2007.

[682] C. Ziegler and G. Lausen. Propagation models for trust and distrust in social networks. *Information Systems Frontiers*, 7(4–5), pp. 337–358, 2005.

[683] C. Ziegler and G. Lausen. Spreading activation models for trust propagation. *IEEE International Conference on e-Technology, e-Commerce and e-Service*, pp. 83–97, 2004.

[684] A. Zimdars, D. Chickering, and C. Meek. Using temporal data for making recommendations. *Uncertainty in Artificial Intelligence*, pp. 580–588, 2001.

[685] A. Zimmermann, M. Specht, and A. Lorenz. Personalization and context management. *User Modeling and User-Adapted Interaction*, 15(3–4), pp. 275–302, 2005.

[686] http://www.foursquare.com

[687] http://grouplens.org

[688] http://grouplens.org/datasets/movielens/

[689] http://eigentaste.berkeley.edu/user/index.php

[690] http://www.netflix.com

[691] http://www.facebook.com

[692] http://www.last.fm

[693] http://www.pandora.com

[694] http://www.youtube.com

[695] http://www.tripadvisor.com

[696] http://www.google.com

[697] http://news.google.com

[698] http://www.amazon.com

[699] http://www.imdb.com

[700] http://www.flickr.com

[701] http://www.bibsonomy.org

[702] http://delicious.com

[703] http://www.pandora.com/about/mgp

[704] http://www.the-ensemble.com/

[705] http://www.epinions.com

[706] http://www.slashdot.org

[707] http://vanderwal.net/folksonomy.html

[708] http://www.bibsonomy.org

[709] http://www.amazon.com/gp/help/customer/display.html?nodeId=16238571

[710] http://opennlp.apache.org/index.html

[711] http://snowball.tartarus.org/

[712] https://code.google.com/p/ir-themis/

[713] http://www.netflixprize.com/community/viewtopic.php?id=828

[714] http://blog.netflix.com/2010/03/
this-is-neil-hunt-chief-product-officer.html

[715] http://www.kddcup2012.org/workshop

索　引